二申野录校注

（上）

（清）孙之騄◎著
于德源◎点校

北京燕山出版社
BEIJING YANSHAN PRESS

图书在版编目（CIP）数据

二申野录校注（清）孙之騄辑．于德源点校．—北京：北京燕山出版社，2019.12

ISBN 978-7-5402-5492-6

Ⅰ．①二…　Ⅱ．①孙…②于…　Ⅲ．①灾害—史料—中国—明代

Ⅳ．① X4-092

中国版本图书馆 CIP 数据核字（2019）第 261397 号

二申野录校注

责任编辑：贾　勇　王　迪
项目策划：金贝伦
责任校对：石　英　岳　欣
装帧设计：汪要军
出版发行：北京燕山出版社有限公司
地　　址：北京市丰台区苇子坑路 138 号
邮政编码：100078
发行电话：（010）65243837
印　　刷：三河市灵山芝兰印刷有限公司
开　　本：710×100mm 1/16
印　　张：35.5
字　　数：750 千字
版　　次：2019 年 12 月第 1 版
印　　次：2019 年 12 月第 1 次印刷
定　　价：128.00 元（全二册）

内容介绍

《二申野录》是清初著名文人孙之騄的笔记，以编年的形式记述明朝二百余年间发生的地震、水灾、旱灾、蝗虫、大疫、雷雹等各种灾害，以及种类繁多的奇异自然现象。因为明朝建国于洪武元年（戊申，1368 年），亡于崇祯十七年（甲申，1644 年），所以该书命名为《二申野录》。该书成书、刊刻于康熙年间，是作者《晴川八识》丛书中的一部。

《四库全书总目存目》记载：“国朝孙之騄撰。之騄有重编《尚书大传》，已著录。是编采录明一代妖异之事，编年记载。始于洪武元年戊申，终于崇祯十七年甲申，故以二申为名。与《明史・五行志》亦多相合。其诞者则小说家言也。”四库馆臣虽对该书评价不高，但也不得不承认《明史》采用了不少该书的资料。另外，清代各地志书，如光绪《顺天府志》、雍正《陕西通志》等书和清代学者个人著作中也都大量引用该书的材料，“其好古之勤，亦不可没”。谢国桢先生《明季奴变考》也引用了该书中关于崇祯十七年（1644 年）上海奴变的记载。

古代缺乏科学研究手段，对很多奇异的事情都无法解释而斥为荒诞。但在科学昌明的现代，这些现象大多得到了科学解释。例如该书多处记载孕妇生子有尾，近年经科学家研究，证明这是双胞胎中其一没有发育起来，故在另一个婴儿体中生成残留物，形状像尾巴，癌变可能性相当高，应尽快切除。该书记述明代日食之多也多不能为人理解，但经天文学家证明，书中日食是计算出来的，很多在中国境内观察不到，可见中国古代天文学水平之高。类似其他各种自然界的奇异现象，现代也有科学的解释。

近年安徽师范大学杨国宜教授在《具有重要史料价值的“明朝灾异编年史”——孙之騄及其〈二申野录〉》(《安徽师范大学学报》2007年）一文中更明确肯定了该书的史料价值。他指出该书资料来源丰富，内容广博，可补《明史》之不足；同时也是研究明代天文史、地质史、气象史、社会史的珍贵史料。北京师范大学哲学与社会学学院博士杨玲也著文《〈二申野录〉文献学研究》(《江汉论坛》2006年)，同样充分肯定了该书的史料价值。

为此，本人据四库全书存目丛书编纂委员会《四库全书存目丛书》中所收天津图书馆藏清初刻本八卷本，不惮困难，细心标点，翻阅近千种地方志和明清笔记、野史、杂史，以及明代实录，进行注释，总计出注3000余条，这是迄今为止尚无人做过的工作。

不过，在对待古籍方面我们也应该采取“取其精华，去其糟粕”的科学态度。本书中记载了很多明代天象变化，是研究古代天文史的珍贵资料，但受数千年来“天人合一”唯心主义观的支配，又往往把这些天象的变化和地面人世发生的事件相对应比照，这显然是非常荒唐的。中国古代唯物主义的学者对此也多有批判，即所谓“天变不足畏”，今天读者对此更应当会有清醒的认识。

本书成稿以后，因为限于是古籍整理，又限于出版经费和发行量有限等因素，迟迟不能出版。今幸得北京燕山出版社金贝伦先生和贾勇先生的大力支持得以付梓，笔者深为感谢。

北京市社会科学院李宝臣研究员、郑永华研究员多年来一直支持笔者的工作，慨然向社会各方面热情推荐，没有他们热情、无私的帮助，也不会有今天这样圆满的结果，特在此深致谢意。

于德源

目　录

卷◎一
洪武戊申（洪武元年，1368年）
至宣德乙卯（宣德十年，1435年）
/
一

卷◎二
正统丙辰（正统元年，1436年）
至成化丁未（成化二十三年，1487年）
/
五三

卷◎三
弘治戊申（弘治元年，1488年）
至正德辛巳（正德十六年，1521年）
/
一四一

卷◎四
嘉靖壬午（嘉靖元年，1522年）
至嘉靖丙寅（嘉靖四十五年，1566年）
/
二〇三

卷◎五

隆庆丁卯（隆庆元年，1567 年）

至万历癸卯（万历三十一年，1603 年）

/

二七七

卷◎六

万历甲辰（万历三十二年，1604 年）

至泰昌庚申（泰昌元年，1620 年）

/

三三七

卷◎七

天启辛酉（天启元年，1621 年）

至天启丁卯（天启七年，1627 年）

/

三七七

卷◎八

崇祯戊辰（崇祯元年，1628 年）

至崇祯甲申（崇祯十七年，1644 年）

/

四一九

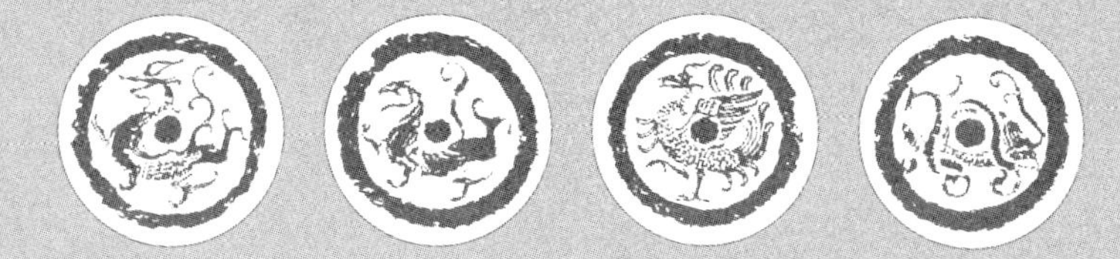

卷一

洪武戊申（洪武元年，1368 年）
至宣德乙卯（宣德十年，1435 年）

戊申（洪武元年，1368年）春正月庚寅，彗星见毕、昴之间[1]。己亥，命道士周原德往登、莱州谕祭海神。未至前数日，并海之民闻空中神语，及祭，烟云交合，异香郁然，灵风清肃，海潮应响[2]。三月辛卯，彗星出昴北，大白昼见[3]。五月庚午朔，日有食之[4]。秋七月，火星犯上将[5]。元都城（今北京）红气满空，如火照人，自旦至辰[6]方息。越二日，又黑气起，百步内不见人，从寅至巳方消[7]。闰七月，徐达克通州[8]。八月甲戌夜，京师（今江苏南京）天鸣，如河倾海注[9]。九月，金星犯上将[10]。是年冬，贵州去城百步，有泉流溢于江，其色深紫，光洁可染[11]。临川（今江西抚州）献瑞木[12]。高密（今山东高密）东十里遍产灵芝[13]。其时吴与弼[14]母居江右，父官于京师，同梦相交合而生弼，非人道之异与？又曹州（今山东菏泽）老妪，遇异人指州治前石狮语曰："此狮目赤，水患至，亟去可免。"妪自后，日往视狮目，人怪，问其故，阴以朱涂之。妪见狮目赤，不辨伪也，遂亟走。既去数百武，回顾州境已成巨浸[15]。

【1】（明）王圻《续文献通考·象纬考·彗孛》："洪武元年，正月庚寅，彗星见于昴、毕之间。"按，毕、昴：古人将黄、赤道附近的星座选出二十八个作为标志，合称二十八星宿。东、西、南、北，每方向七星。毕、昴分别是西方七宿之一，是帝王必祭之星。古代占星术把星相和人事相对应，以作预测，是一种迷信观念。《明史·天文志二》云："历代史志凌犯多系以事应，非附会即偶中耳。兹取纬星之掩犯恒星者次列之，比事以观，其有验者，十无一二，后之人可以观矣。"明代人对此已经有比较明确的认识，现代人更不应受此迷惑。

【2】《明太祖实录》："洪武元年春正月己亥，命道士周原德往登、莱州，谕祭海神。原德未至前数日，并海之民见海涛恬息，闻空中洋洋然若有神语者，皆惊异。及原德至，临祭，烟云交合，异香郁然，灵风清肃，海潮响应。竣事，父老皆欣喜相贺，争至原德所曰：'海涛不息者，十余年矣。今圣人应运，太平有兆。海滨之民何幸，身亲见之。'原德还奏，上悦。"

（明）朱国祯《涌幢小品·祭海香云》："吴元年大将军平定山东。次年上即皇帝位，改元洪武。正月己亥，命道士周原德往登莱州，谕祭海神。原德未至前数日，并海之民见海涛恬息，闻空中洋洋然，若有神语者，皆惊异。及原德至，临祭，烟云交合，异香郁然，灵风清肃，海潮响应。竣事，父老皆忻喜相贺，争至原德所曰：'海涛不息者十余年矣，今圣人应运，太平有兆。海滨之民，何幸身亲见之。'原德还奏，上悦。"

【3】(明)王圻《续文献通考·象纬考·彗孛》:“洪武元年春三月,彗星见于昴北。”(明)王圻《续文献通考·象纬考·星昼见》:“洪武元年,三月壬申,太白昼见。”按,太白即金星,又称启明、长庚,是二十八星宿之外的古代人认为最亮的星宿。传说太白星主杀伐。太白星夜现,昼隐。如果太阳升起太白星还没完全隐没,看起来就好像天空有两个太阳,所以占星术认为这种罕见的现象为封建王朝“易主”之兆。

【4】(明)王圻《续文献通考·象纬考·日食》:“洪武元年五月庚午朔,日食。”按,日有食之:又书日有蚀之,有日食发生的意思。

【5】【10】(明)王圻《续文献通考·象纬考·星昼见》:“上谕徐达曰:七月,火星犯上将,此月(指九月)金星又犯之,占有奸人刺客,当谨备之。”按,火星又称荧惑,属东方七宿之一的心宿。心宿有三星,其中间的象征天王,又称天王星、大火星。火星犯上将,金星犯上将,在星相学上都是指将对主将不利。

【6】旦:早晨,太阳刚升起。辰:7时至9时。

【7】(明)幻轮编《稽古略续集》:“元都城红气满空。如火照人。越二日黑气起。百步内不见人。”

【8】徐达,明初朱元璋手下的大将军。元末至正二十七年(1367年),他奉命率军与常遇春北上,连陷山东、河南,洪武元年(1368年)闰七月克通州(今北京通州),八月初二克大都(今北京)。

【9】(明)王圻《续文献通考·象纬考·天变》:“洪武元年八月,京师天鼓鸣。”(明)田艺蘅《留青日札·天鼓鸣》:“洪武元年八月六日之夜,京师(今江苏南京)天鸣,因大赦。”

【11】雍正《广西通志·机祥》:“洪武元年冬十一月己未,郁江之旁有泉出溢流于江,其色深紫,光洁可染。”按,《二申野录》系于贵州。

【12】(明)朱国祯《涌幢小品》:“洪武元年,临川献瑞木。木中析有文曰:天下平。质白而文玄。当有文处,木理随画顺成。无错迕者。考之前代。往往有之。”

(明)吕毖《明朝小史·洪武纪·瑞木》:“帝即位之年,江西临川县献瑞木一本,木中隐有文曰:天下平。质白而文玄。当有文处,木理随画顺成焉。”

【13】民国《高密县志》:“明洪武九年,县东十里遍产灵芝。明成祖永乐十六年,战氏茔内产紫芝三十五茎。”

【14】吴与弼,字子傅(一作子传),号康斋,明崇仁县莲塘(今江西抚州市崇仁县东来乡)小陂人,崇仁学派创立者,明前期著名学者、诗人,理学家、教育家。其成长于世代书香世家,其父吴溥官至国子监司业。

【15】出处不详。按,巨浸:大湖泽、大水。

己酉（洪武二年，1369年）春三月，陕西宝鸡进瑞麦[1]。夏四月癸巳，淮安（今江苏淮安）、宁国（今安徽宁国）、镇江（今江苏镇江）、扬州（今江苏扬州）、台州（今浙江临海）各献瑞麦[2]。五月甲午朔，日有食之[3]。十月壬戌朔，甘露降乾清宫后苑[4]。是岁，吴山三茅观[5]雷击白蜈蚣，长尺许，广可二寸，有楷书“秦白起”三字[6]。

【1】一株多穗或异株同穗的小麦，古人以为是丰年的祥瑞之兆。

【2】《明太祖实录》：“洪武二年四月癸巳，淮安、宁国、镇江、扬州、台州府并泽州各献瑞麦，凡十二本。群臣皆贺。”

【3】《明太祖实录》：“洪武二年五月甲午朔，日有食之。”（明）王圻《续文献通考·象纬考·日食》亦载。

【4】《明太祖实录》：“洪武二年十月甲戌，甘露降于钟山，群臣称贺。”（明）王圻《续文献通考·物异考·甘露》：“洪武二年己酉冬十月甲戌，膏露降于乾清宫后苑苍松之上，光润如酒，凝结如珠，肪白饴甘，弥布松柯。”按，乾清宫，明、清皇宫大内皇帝居住的宫殿。

【5】吴山位于今杭州西湖东南，是著名风景区。春秋时期，这里是吴国的南界，由紫阳、云居、金地、清平、宝莲、七宝、石佛、宝月、骆驼、峨眉等十几个山头形成西南—东北走向的弧形丘冈，总称吴山。吴山的南面三茅观原名三茅堂，是符箓派道教的著名圣地，祀三茅真君。三茅，相传是指秦汉时得道成仙的茅氏三兄弟，大茅君茅盈、中茅君茅固、小茅君茅衷，后世称为三茅真君。

【6】（明）朱国祯《涌幢小品》：“洪武己酉（洪武二年，1369年），吴山三茅观雷击白蜈蚣。长尺许。广可二寸。有楷书‘秦白起’三字。”按，白起：战国时期秦国的著名将领，秦昭王五十年（公元前257年）被含冤赐死。

庚戌（洪武三年，1370年）夏六月，京师（今江苏南京）旱[1]。岳州府（今湖北岳阳）群蚁同穴，无故自斗死（原注：其后独岳州将臣张斌军师大败于潞州，死[2]）。冬十二月，日中屡有黑子[3]。

【1】《明太祖实录》：“洪武三年六月戊午朔。先是，久不雨。”（明）王圻《续文献通考·物异考·恒旸》：“洪武三年庚戌，夏久不雨。上命择日诣山川坛躬祷，先命皇后与诸妃执爨为昔日农家之食。”

【2】文、注均见于（明）叶子奇《草木子·克谨篇》："庚戌年，岳州府群蚁同穴，无故自斗而死，处处皆积成小堆。其后独岳州将臣张斌军师大败于潞州（今山西潞城），死。"雍正《湖广通志·祥异》："洪武三年，岳州蚁斗而死，处处积成小堆。"

【3】《明太祖实录》："洪武三年十二月壬午，上以正月至是月，日中屡有黑子，诏廷臣言得失。"按，《晋书·天文志中》："日中有黑子、黑气、黑云……臣废其主。"

辛亥（洪武四年，1371年）秋九月庚戌朔，日有食之[1]。十二月，蒋山寺佛会[2]自辛酉至癸亥，凡三日，云中雨五色子如豆，或曰婆罗子，或曰天花坠地所变[3]。陕西旱饥，汉中（今陕西汉中）尤甚[4]。休宁县（今安徽休宁）蝴蝶大如纨扇，飞止人室，忽变怪鸟，集乡村，居民设香炬供之[5]。

【1】《明太祖实录》："洪武四年九月庚戌朔，日有食之。"（明）王圻《续文献通考·象纬考·日食》亦载。

【2】蒋山：即今江苏南京紫金山，又古称钟山。据说汉末秣陵尉蒋子文葬于此，被视为山神，故称蒋山。

蒋山寺的前身是南朝梁武帝时所建开善精舍和埋葬高僧宝志和尚的志公塔。唐宋时先后改称宝公院、太平兴国禅寺，明初改称蒋山禅寺。明初，明太祖朱元璋几乎年年在这里做法会，祈福、消灾、超度在战争中死亡的将士和百姓。《明史·李仕鲁传》："帝自践阼后，颇好释氏教，诏征东南戒德僧，数建法会于蒋山。"洪武十四年（1381年）改建蒋山太平兴国禅寺为灵谷寺。

【3】（明）王世贞《弇山堂别集·异典述十·特赐蒋山寺广荐佛会》："翰林学士宋濂记略：洪武四年冬十有二月，诏征江南高僧十人，钦天监择日，于蒋山太平兴国禅寺建广荐法会。上宿斋室，却荤肉，弗御者一月……明年春正月辛酉，昧爽，上服皮弁，临奉天殿……视疏已，授礼部尚书陶凯凯，捧从黄道出午门，置龙舆中，备法仗鼓吹，导至蒋山，天界总持万金及蒋山主僧行容率僧伽千人持香华出迎，取疏入大雄殿，用梵法从事，白而焚之，退阅三藏诸文，自辛酉至癸亥止。当癸亥日，时加申诣浮屠行祠事已，上法驾临幸，云中雨五色子如豆，或谓娑罗子，或谓天华坠地所变。"

【4】《明太祖实录》："洪武四年十二月癸巳，汉中府知府费震有罪，逮至京，诏释之。初，震在汉中多善政，值大军平蜀之后，陕西旱饥，汉中尤甚，乡民多聚为盗，莫能禁戢。"

《明史·五行志三》："洪武四年，陕西洊饥。"

【5】（明）吕毖《明朝小史·洪武纪·蝶怪》："洪武辛亥（洪武四年，1371年），徽州休宁县，胡蝶大如纨扇，飞至人室，忽变怪鸟，散集乡村，居民设香炬供之乃已。是年大水。"嘉靖《徽州志·祥异》、弘治《徽州志·祥异》亦载。按，纨扇：中国古代

用细绢做成的有直把的圆形扇子，又叫宫扇、团扇。北宋以后才有折扇，从日本传来。

壬子（洪武五年，1372年），河南黄河竭，行人可涉[1]。夏四月，广州（今广东广州）地震。八月，又震，有声如雷，地坼二三里许[2]。六月，句容（今江苏句容）生嘉瓜，双实同蒂[3]。秋七月，余杭（今浙江余杭）大风，山谷水涌，漂流庐舍，人民孳畜溺死者众[4]。十七日戌时，建康（今江苏南京的古称）地震[5]。大雷震死男女十六人[6]。杨载至琉球（今日本冲绳）[7]，海中五色云见[8]。八月，河南献白兔[9]。山东饥[10]。

【1】（明）王圻《续文献通考·物异考·水异》："洪武五年，河南黄河竭，行人可涉。"（明）王圻《稗史汇编·志异门·怪异总纪》亦载。

【2】嘉靖《广东通志初稿·祥异》："洪武五年，夏四月，广州地震。按，郡志：四月二十一日地震，是年八月又震，震之不停。时西北有声如雷，地坼二里许。"《明太祖实录》："洪武五年九月乙丑，广州府地震，有声如雷。"

【3】《明太祖实录》："洪武五年六月癸卯，句容县民献嘉瓜二，同蒂而生。"（明）廖道南《殿阁词林记·褒答》："洪武五年六月，句容县民张观，园生嘉瓜双实同蒂，圆如合璧。礼部尚书陶凯奉之以献，宋濂进嘉瓜颂。"（明）王圻《续文献通考·物异考·草异》："洪武五年壬子夏六月，嘉瓜生于句容张谷宾家圃，双实同蒂。礼部尚书陶凯以献。"按，（明）黄瑜《双槐岁钞·嘉瓜祥异》亦载，称句容民张谷宾。

【4】《明太祖实录》："洪武五年八月乙酉，绍兴府嵊县、金华府义乌县、杭州府余杭县大风，山谷水涌，漂流庐舍，人民、孳畜溺死者众。"

【5】《明太祖实录》："洪武五年七月壬戌夜，京师（今江苏南京）风雨地震。"（明）王圻《续文献通考·物异考·地震》："洪武五年秋七月十七日戌时，建康地震、大雷，震死男女十六人、驴一。"

【6】（明）王圻《稗史汇编·志异门·怪异总纪》："洪武壬子（五年，1372年）七月，雷震死男女十六人。"

【7】《明太祖实录》："洪武五年正月甲子，遣杨载持诏谕琉球国……十二月壬寅，杨载使琉球国，（琉球国）中山王察度遣弟泰期等奉表，贡方物。"

【8】《明太祖实录》："洪武五年正月甲子，遣杨载持诏谕琉球国。"按，五色云：即青、赤、白、黑、黄五种正色的云彩，古人认为是祥瑞之兆。

【9】《明太祖实录》："洪武五年八月丙戌，河南民献白兔，命放之野。"

【10】《明太祖实录》："洪武五年四月己卯，山东行省奏：'济南、莱州二府连年

旱涝，伤禾麦，民食草实、树皮。'"《明史·五行志三》："五年，济南、东昌、莱州大饥，草实树皮，食之为尽。"

癸丑（洪武六年，1373年）夏六月，河北旱蝗[1]。广州（今广东广州）天雨米如早白谷[2]，时童谣曰："鬍胖长，官人不商量。[3]"

【1】《明太祖实录》："洪武六年六月，是月，北平、河间、河南、开封、陕西、延安诸府州县蝗，山西汾州旱，诏并免田租。"（明）王圻《稗史汇编·志异门·怪异总纪》："洪武癸丑（六年，1373年），大旱。杀死囚三千人，七日乃大雨。"

【2】嘉靖《广东通志初稿·祥异》："洪武六年六月，广东天雨米（原注：郡志：六月十九日未时，广州天雨米如早白谷，米身短小长，黑色如火烧。米蒸炊之，为饭甚柔软，人争□□，有收至二三斗者）。"《番禺县志》："明太祖洪武六年六月，广州天雨米如早白谷。"

【3】（明）杨慎《古今风谣·洪武中童谣》："胡胖长，官人不商量。"《解缙奏疏》云："椎埋嚚悍之夫，阘茸下愚之辈，朝捐刀镊，暮拥冠裳，左弃筐箧，右符簪组，剔履之贱，衣绣巍峨，负贩之佣，车马赫奕，贤者羞为之等列，庸人患习其风流。故有官人不商量，做官没盘缠之谚。"

甲寅（洪武七年，1374年）春二月丁酉朔，日有食之[1]。夏五月，大雩，甘露降于钟山（今江苏南京紫金山）[2]。六月，杭州旱[3]。冬十月，广州（今广东广州）黑气亘天[4]。十一月壬午，太阴[5]犯轩辕左角[6]。

【1】《明太祖实录》："洪武七年二月丁酉朔，日有食之。"（明）王圻《续文献通考·象纬考·日食》亦载。

【2】同治《上江两县志·大事下》："洪武七年十一月，甘露降钟山。"

【3】万历《杭州府志·郡事纪上》："洪武七年夏六月，杭州旱。"

【4】嘉靖《广东通志初稿·祥异》："洪武七年十月，广州黑气亘天。"

【5】太阴：即月亮。月为太阴之精，以之配日，女主之象。

【6】《明太祖实录》："洪武七年十一月壬午，太阴犯轩辕左角。上谕中书省臣曰：'太阴犯轩辕。占云：'大臣黜免。'尔中书宜告各省、卫官知之，凡公务有乖政体者，宜速改之，以求自安。'"（明）王圻《续文献通考·象纬考·太阴五星陵犯下》："洪

武七年十二月，太阴犯轩辕左角。”按，轩辕：轩辕十七星，象征黄帝的星座，在七星北。其左一星称少民，主皇后；右一星称大民，主皇太后。

乙卯（洪武八年，1375年）夏四月，青气在赵分，恒山之北[1]。杭州等府水灾[2]。秋八月，京师（今江苏南京）大旱[3]。广积库银穿屋飞出，莫知所往。顷之，有书生夜行，见田中光起，异之，因掘土尺余，见白金一锭，上有“广积”二字。南畿御库钱忽飞出，侧立民家屋瓦上[4]。秋七月己未朔，日有食之[5]。冬十月，有星孛于南斗[6]。十一月，甘露降南郊[7]（原注：近有一种，名曰爵锡，其色白浊，其味甚甜，其臭松脂，嚼之胶舌颇重，饥食之则病，多食之则死[8]。今人不辨真伪，概以为甘露，谬矣）。

【1】（明）王圻《续文献通考·象纬考·日变》：“洪武八年四月甲寅，钦天监言：日上有青气，在赵分，恒山之北。”道光《万全县志·变占》：“洪武八年己卯四月甲寅，日上有青气，在赵分恒山之北，辽东之地。”

【2】原文无月份，《明史·五行志一》：“洪武八年十二月，直隶苏州、湖州、嘉兴、松江……浙江杭州俱大水。”

【3】（明）王圻《续文献通考·物异考·恒旸》：“洪武八年秋八月，京师大旱。”万历《应天府志·郡纪下》亦载。

【4】（明）王同轨《耳谈·钱飞》：“洪武乙卯（八年，1375年），南畿御库钱忽飞出，侧立于民间屋瓦上。家家各以竹篾穿其孔，或得一二十文。又一日，广积库银，每锭重数百斤，亦穿库屋飞出，莫知所在。久之，有一书生夜行，见田中光起，异焉，就其地标记而去。明日寻标，掘土尺余，见白金一锭，大不能举归，约十八人，并力举之，上有‘广积’字。众分不得，以闻于官，官以闻上。上曰：‘此银已失三块，此块天赐儒生者也。’即命赐之。其同掘者命给佣雇钱而已。嘉甫谈。”

【5】《明太祖实录》：“洪武八年秋七月己未朔，日有食之。”（明）王圻《续文献通考·象纬考·日食》亦载。

【6】星孛：星孛是我国古代对彗星的称呼，又称蓬星、长星。《晋书·天文志中》：“妖星。一曰彗星，所谓扫星。二曰孛星，彗之属也。偏指曰彗，芒气四出曰孛。”南斗：二十八星宿中北方的七个星宿之一。星相学上，南斗象征丞相太宰之位，主褒贤进士，禀授爵禄。（唐）瞿昙悉达《大唐开元占经》：“甘氏曰：彗星出南斗，大臣谋反，兵水并起，天下乱。将军有战若流血。”

【7】《明太祖实录》：“洪武八年十一月甲戌，甘露降于南郊，群臣咸称贺，献歌

诗以颂德。”（明）田艺蘅《留青日札·甘露》：“洪武八年八月十一日，上诣圜丘，见森松极杪，露水凝枝垂悬上下，有若明珠，蜜蜂交杂，采而啖之，甘如饧糖。”

【8】（明）幻轮编：《稽古略续集》：“近有一种名曰爵饧。其色白浊其味甚甜。其臭松脂。嚼之胶舌颇重。饥食之致病。多食之则死。此其验也。”

丙辰（洪武九年，1376年）春正月朔，京城（今江苏南京）水溢，百官乘船以朝[1]。二月，泰安（今山东泰安）州民于蒿里[2]得玉匣，内有玉简十六，献于朝，验其刻，乃宋真宗祀太山后土文，命仍瘗其地[3]。三月壬申，太白昼见[4]。京师四月、五月雨[5]。钱塘、仁和（今浙江杭州两附郭县）、余杭（今浙江余杭）大水，下田被浸者九十五顷[6]。秋七月癸丑朔，日有食之[7]。五日，有星孛于北斗[8]，火星犯上将。九月，金星又犯之[9]。苏、松、嘉、湖大水[10]。闰九月，七耀紊度[11]。冬十月，有虎昼入汉西门，伤二人[12]。

【1】（明）王圻《续文献通考·物异考·水灾》：“太祖洪武九年丙辰，京城水溢，百官乘船以朝。”

【2】蒿里：蒿里在泰山下，自先秦以来，泰山神主管生死的说法就见诸经史，而位于泰山南方的蒿里山也随之被视为“阴曹地府”的象征。

【3】《明太祖实录》：“洪武九年二月己丑，泰安州民于蒿里得玉匣，内有玉简十六，有司献诸朝。验其刻，乃宋真宗祀泰山后土文。上曰：“古者祀天用玉，后世祀后土亦用玉，岂非推广其义欤？今观此，乃先代帝王致敬神祇之物。”命仍瘗其所。

【4】《明太祖实录》：“洪武九年二月己酉，太白昼见，自乙巳至于是日。三月壬申，太白昼见。”

太白昼见：太白即金星，它在夜晚出现，日出的时候隐没。可是如果太阳升起太白星还没完全隐没时，看起来就好像天空中有两个太阳，所以占星术又以这种罕见的现象为封建王朝“易主”之兆。

【5】《明太祖实录》：“洪武九年五月癸酉，自四月庚戌雨，至是凡二十四日始霁。”

【6】《明太祖实录》：“洪武九年五月壬辰，浙江省臣言杭州府钱塘、仁和、余杭三县水下田被浸者九十五顷，诏遣国子生田龄等往验之。”

【7】《明太祖实录》：“洪武九年秋七月癸丑朔，日有食之。”（明）王圻《续文献通考·象纬考·日食》亦载。

【8】（明）王圻《续文献通考·象纬考·彗孛》："洪武九年，秋七月，五日有星孛于北斗。钦天监奏：仇星见，杀气多，遂释被刑之家亲属还乡，诸司为之一空。"按，星孛：古代对彗星的称呼，又称蓬星、长星，被视为妖星。北斗：即北斗七星，由天枢、天璇、天玑、天权、玉衡、开阳和摇光7颗星组成，与南斗相对。（唐）瞿昙悉达《大唐开元占经》："刘向《洪范传》曰：'孛入于北斗，邪乱之臣将弑其君。'《京房》曰：'星孛入北斗则大臣叛。'"

【9】《明太祖实录》："洪武九年九月癸丑，上遣指挥佥事吴英往北平，谕大将军徐达曰：'七月火星犯上将，八月金星又犯之。'占云：'当有奸人、刺客、阴谋事。'凡阅兵马、习骑射、进退之间，皆当谨备。"按，火星，古代称荧惑，七曜之一。上将，属太微垣的星官。金星犯上将，《二申野录》系于九月，不确。

【10】《明史·五行志一》："洪武九年，江南大水。"（清）龙文彬《明会要·祥异》引《三编》："洪武九年，苏、松、嘉、湖及常州、太平、宁国、浙江杭州、湖广荆州、黄州诸府水。"

【11】《明太祖实录》："洪武九年闰九月庚寅，以灾异，诏求直言。诏曰："迩来钦天监报五星紊度，日月相刑，于是静居，日省古今，乾道变化，殃咎在乎人君，思之至此，皇皇无措，惟冀臣民许言朕过。""丙午，淮安府海州儒学正曾秉正上疏曰："近者，钦奉明诏，以五星紊度，日月相刑，圣心戒谨，诏臣民言过。"（明）王圻《续文献通考·象纬考·太阴五星陵犯下》亦载。按，七曜亦称"七政""七纬"，是日（太阳）、月（太阴）和金（太白）、木（岁星）、水（辰星）、火（荧惑）、土（填星、镇星）五大行星的总称。七曜紊度是指日、月与五大行星的运行发生紊乱，又叫作"五星紊乱，日月相刑"。

【12】万历《应天府志·郡纪下》："洪武十年十月，有虎白日入汉西门，伤人。"同治《上江两县志·大事下》："洪武十年冬十月，虎入汉西门，伤人。"按，《二申野录》系于洪武九年。汉西门：明代南京内城十三门之正西门，城外临秦淮河，是在南唐大西门的基础上改建，民间俗称旱西门、汉西门。

丁巳（洪武十年，1377年）春正月丁酉夜，应天（今江苏南京）雨如墨汁，池水尽黑。浙江金华（今浙江金华）、处州（今浙江丽水）诸境皆有之[1]。占曰：黑霭露下，天下冤。二月，白虹贯日[2]。三月，钱塘、仁和（今浙江杭州两附郭县）、余杭（今浙江余杭）以水灾被赈，户给米一石[3]。秋七月，海潮啮江岸[4]。九月，浙西大水[5]。十二月乙巳朔，日有食之[6]。

【1】万历《应天府志·郡纪下》："洪武十年正月，雨水如墨汁。"（清）嵇璜《续

通志·灾祥略》:"明太祖洪武十年正月丁酉,金华、处州雨水如墨汁。"(明)王圻《续文献通考·物异考·黑眚黑祥》:"洪武十年丁巳,春正月丁酉夜,雨黑水如墨汁,池水皆黑。浙江金华、处州诸境皆有之。占云:黑霭露下天下冤。"按,雍正《湖广通志·祥异》:"十年正月,黄梅夜雨黑水如墨。"可见其范围不限于浙江一地。

【2】《明太祖实录》:"洪武十年二月己巳,白虹贯日。"(明)王圻《续文献通考·象纬考·日变》载在洪武十年十月乙亥。按,白虹贯日,《晋书·天文志中》:"日为太阳之精……人君之象也。"白色的长虹横贯太阳,古人认为将有不祥之事发生,或是兵祸,不利于君主。其实所谓白虹并不是虹而是晕,是一种大气光学现象。

【3】《明太祖实录》:"洪武十年二月甲子,赈济苏、松、嘉、湖等府民去岁被水灾者户米一石,凡一十三万一千二百五十五户。先是,以苏、湖等府被水,常以钞赈济之,继闻其米价翔踊,民业未振,复命通以米赡之。"按,《二申野录》词条系于三月之下,误。

【4】万历《杭州府志·郡事纪上》:"洪武十年七月,海潮啮江岸。"

《明太祖实录》:"洪武十年九月丙子朔,免浙西民尝被水者今年田租。敕曰:"去年浙西尝被水灾,民人缺食……今虽时和岁丰,念去岁小民贷息必重,既偿之后,窘乏犹多……若不全免旧尝被水之民今年田租,不足以苏其困苦。"按,此指洪武九年浙西水灾,并非十年。《二申野录》误。同书载:"九月丙申,以绍兴、金华、衢州水灾,民乏食,命赈给之。"按,绍兴、金华、衢州旧属浙东路。

【5】《明太祖实录》"洪武十年十二月乙巳朔,日有食之。"(明)王圻《续文献通考·象纬考·日食》:"洪武十年,十月乙亥朔,日食。"按,洪武十年十月是"丙午朔",并非"乙亥朔"。

戊午(洪武十一年,1378年),处州遂昌县(今浙江遂昌)有大声如钟,自天而下,无形,或以为鼓妖[1]。夏四月,安东(今江苏涟水)、沭阳(今江苏沭阳)二县之野,暮夜见持炬者数百,或成列,或四散。民人相惊,逐之不见,击之若有应者[2]。秋八月,苏(今江苏苏州)、松(今上海松江)、杨(今江苏扬州)、台(今浙江临海)海溢[3]。九月,有星孛于天矢[4]。

【1】(明)叶子奇《草木子·克谨篇》:"处州府遂昌县,昼忽有大声如钟,自天而下,无形,盖鼓妖也。次年,县中官民俱灾。"(明)王圻《续文献通考·物异考·物自鸣》亦载。按,鼓妖:无故发生的怪异声音。《汉书·五行志》曰:"君严猛而闭下,臣战栗而塞耳,则妄闻之气发于音声,故有鼓妖。"

【2】《明太祖实录》:"洪武十一年四月戊午,永嘉侯朱亮祖奏安东、沭阳二县之

野有鬼，民人暮惊……谓野有持夜炬者数百，或成列，或四散，巡检逐之无有也，击之若有应之者。”

【3】(明）王圻《续文献通考·物异考·水灾》:“洪武九年，苏、松、杨、台等处海溢。”《明太祖实录》:“洪武十一年八月丁卯，诏四州诸府濒海居民被风潮者，官为赈济之。”海溢：即海啸现象。《苏州府志》：“洪武十一年七月，海溢，苏州人多溺死。”

【4】天矢：又书天屎，属二十八星宿中参宿的一颗星。（唐）瞿昙悉达《大唐开元占经》：“石氏曰：客星出天矢而守之，天下民多病，若多死。以五色占之：色黄吉、青白疾、黑死。”星孛即慧星，属客星。

己未（洪武十二年，1379年）夏四月庚申，日交晕在秦分。己未，太白见东方，至甲子，顺行而西[1]。闰五月，北平（今北京）久不雨[2]。胡惟庸宅井中忽生石笋，渐长出水，碍汲，使人取之，笋傍复出三枝[3]。

【1】《明太祖实录》:“洪武十二年四月乙丑，遣使敕曹国公李文忠、西平侯沐英等曰：‘四月庚申，日交晕，在秦分，主有战斗之事。己未，太白见东方，至于甲子，顺行而西。西征太利，尔等宜顺天时，追击番寇。’”按，日交晕：即日晕，是日光通过冰晶时发生的光学折射现象，在太阳周围形成光环。

秦分：古人为了观测和说明日月五星的位置、运行，把黄道带自西向东划分为十二个部分，称十二星次。每个星次两个星宿，有的是三个。古代占星术把各个星次和地面的州、国相对应，就是分野。十二星次中的鹑首对应的是东井、舆鬼星宿，地面的分野就是秦地。《晋书·天文志上》：“鹑首……秦之分野。”（明）王圻《续文献通考·象纬考·日变》亦载。太白即金星，夜晚出现，日出隐没。可是如果太阳升起，太白星还没完全隐没，看起来就好像天空中有两个太阳，所以占星术又以这种罕见的现象为封建王朝“易主”之兆。

【2】《明太祖实录》：“洪武十二年五月癸未，免北平税粮。诏曰：“民之休息长养，惟君主之，至于水旱灾伤，虽出于天而亦作民父母者之责也。近者，广平所属郡邑天久不雨，致民艰于树艺，衣食不给。朕为天下主，凡吾民有不得其所者，皆朕之责，其北平今年夏秋税粮悉行蠲免，以苏民力。”按，此系于五月，非闰五月，《二申野录》误。

【3】《明太祖实录》：“洪武十三年正月甲午，御史中丞涂节告左丞相胡惟庸与御史大夫陈宁等谋反：‘一日，其定远旧宅井中忽生石笋出水，高数尺，谀者争言为丞相瑞应，又言其祖、父三世冢上皆夜有火光烛天，于是惟庸益自负，有邪谋矣。’”按，胡惟庸：明初朱元璋的宰相，位居百官之上。洪武十三年，为了加强君权，制造冤狱，

以谋反罪名杀胡惟庸，并株连杀戮者达三万余人。受株连至死或已死而追夺爵位的开国功臣有李善长、南雄侯赵庸、荥阳侯郑遇春、永嘉侯朱亮祖、靖宁侯等一公二十一侯，前后延续十年之久。（明）王圻《续文献通考·物异考·玉石异》："洪武十二年，胡惟庸宅井中忽生石笋，渐长出水，碍汲，使人取之，笋傍复出三枝。次年，惟庸以谋逆诛。"

庚申（洪武十三年，1380年）夏五月甲午，雷震谨身殿，帝亲见炎火自空下，雷火绕身追帝，再拜曰："上帝赦臣，臣赦天下。"盖帝时刑戮过厉，故云[1]。南京（今江苏南京）太学相传无蜘蛛。初起太学时，帝亲临视，见蜘蛛布网屋隅，曰："我才建屋，尔辄据之。"呵之出，语讫而蛛绝[2]。

【1】《明太祖实录》："洪武十三年五月甲午，雷震谨身殿。"（明）徐祯卿《翦胜野闻》："洪武十三年五月四日，雷震谨身殿，帝亲见火光自天而下，乃再拜曰：'上帝赦朕，朕赦天下。'（或云雷火绕宫追帝。）盖帝时刑戮过滥，故上帝戒之。"

【2】（明）吕毖《明朝小史·太学无蛛网》："帝时太学初成，幸观之，见蜘蛛布网屋隅。上曰：我才建屋，尔辄据之耶？顾呵之出，语讫而蛛遁，至今太学诸堂中都无蜘蛛。"（明）来集之《倘湖樵书·草木各物仰遵朝旨》："《庚巳编》云：高皇帝初起太学，临观之，顾学制宏丽，意甚悦。行至广业堂前偶发一言云：天下有福儿郎，应得居此……上见蛛布网屋隅，曰：我暂造屋，尔则据之耶？顾呵之，语讫而蛛遂绝。"按，太学，即封建国家最高的教育机构，又称国子监。

辛酉（洪武十四年，1381年）夏六月八日己卯，杭州（今浙江杭州）晴日飞雪[1]。秋八月，河南原武（今河南原阳县原武镇）、祥符（今河南开封）、中牟（今河南中牟）诸县河决[2]。冬十月壬子朔，日有食之[3]。

【1】《晋江县志·祥异》："洪武十四年夏六月八日己卯，杭州晴日飞雪。"

【2】《明太祖实录》："洪武十四年八月庚辰，河南原武、祥符、中牟诸县河决为患，有司以为言。上曰：'此天灾也，今欲塞之，恐徒劳民力，但令防护旧堤，勿重困吾民。'"

【3】《明太祖实录》："洪武十四年冬十月壬子朔，日有食之。"（明）王圻《续文献通考·象纬考·日食》亦载。

壬戌（洪武十五年，1382年）秋九月乙丑夜，荧惑犯南斗[1]。

【1】《明太祖实录》："洪武十四年九月乙丑夜，荧惑犯南斗。"（明）王圻《续文献通考·象纬考·太阴五星陵犯下》："洪武十五年壬戌，秋九月乙丑，荧惑犯南斗。时大将傅有德征云南，太祖因雌敕曰：上天垂象，宜严加戒饬，以备不虞。"按，荧惑即火星，古代将其作为七曜之一称做荧惑。它在天空中运动情况复杂，令人迷惑。《晋书·天文中》："荧惑曰南方夏火……外则理兵，内则理政，为天子之理也……其入守犯太微、轩辕、营室、房、心，主命恶之。"南斗：二十八星宿中北方的七个星宿之一。占星术上，南斗掌管生存，还象征丞相太宰之位，主褒贤进士，禀授爵禄。古人认为荧惑凌犯南斗星，是凶兆。

癸亥（洪武十六年，1383年）春正月己巳朔，元旦，早朝，钟忽断为二[1]。又有鸱鸮（音：吃消）[2]自天陨死丹墀[3]。戊申，白虹贯日[4]。秋八月壬申朔，日有食之[5]。冬十一月，河南大水，禾稼荡尽。

【1】《明史·五行志三》："洪武十一年正月元旦甲戌，早朝，殿上金钟始叩，忽断为二。"

【2】鸱鸮：鸟名，俗称猫头鹰。

【3】丹墀：皇宫前的台阶称墀，漆上红色故称丹墀，是臣子朝见皇帝的地方。

【4】《明太祖实录》："洪武十六年正月戊申，白虹贯日。"（明）王圻《续文献通考·象纬考·日变》亦载。按，白虹贯日：《晋书·天文志中》："日为太阳之精……人君之象也。"白色的长虹横贯太阳，古人认为将有不祥事情发生，或是兵祸，不利于君主。所谓白虹并不是虹而是晕，是一种大气光学现象。

【5】《明太祖实录》："洪武十六年八月壬申朔，日有食之。"（明）王圻《续文献通考·象纬考·日食》亦载。

甲子（洪武十七年，1384年）秋七月，河南大水[1]。

【1】《明太祖实录》："洪武十七年十月丙子，河南、北平水，命驸马都尉李祺、欧阳伦、王宁、李坚、梅殷、陆贤往赈之。敕曰："迩来河南河决，北平水灾，稼穑荡尽，时将严寒，不早为赈恤，民何赖焉？今命尔驸马都尉李祺、欧阳伦、王宁诣河南，李坚、梅殷、陆贤往北平，同有司验其户口以赈之。"雍正《河南通志·祥异》："洪武

十七年，河南大水。"《明史·五行志一》："洪武十七年（1384年）八月丙寅，河决开封，横流数十里。是岁，河南、北平俱水。"按，洪武十四年（1381年）、十五年（1382年）河南黄河连发大水。

乙丑（洪武十八年，1385年）春二月，久雨，阴晦不解，间雷雹雨雪[1]。五星并见[2]。夏四月，彗星见，扫翼，复扫天庙[3]。未几，太白经天，五色云再见[4]。

【1】《明太祖实录》："洪武十八年二月甲午，雷电，雨雪。甲辰，上以当春久雨，阴晦不解，间雪雹而雷，虽时气不和，亦人事有以致之，乃谕中外百司：'凡军民利病，政事得失，条陈以进，下至编民卒伍，苟有所见，皆得尽言无讳。'"（明）王圻《续文献通考·物异考·恒阴》："洪武十八年春二月，久雨，阴晦不解，雪雹而雷随。"

【2】《明太祖实录》："洪武十八年二月乙巳，初昏，五星俱见。"（明）王圻《续文献通考·象纬考·太阴五星陵犯下》亦载。按，五星并见：指金（太白）、木（岁星）、水（辰星）、火（荧惑）、土（填星、镇星）五大行星同一天在星空中出现。如果排列得接近在一条线上，又称五星连珠，因为是罕见的天文现象，古人认为是祥瑞之兆。《史记·天官书》："五星皆从而聚于一舍，其下之国可以义致天下。"《晋书·天文志中》："凡五星所聚，其国王，天下从。"

【3】（明）王圻《续文献通考·象纬考·彗孛》："洪武十八年九月乙酉日，彗长丈扫翼。冬十月，彗星扫天庙。"按，彗星：又称星孛、蓬星、长星，被古人视为妖星。扫翼：翼是星宿名，即南方朱雀七宿中的第六宿。《晋书·天文志上》："翼二十二星，天之乐府……星明大，礼乐兴，四夷宾。"这里是说，彗星凌犯了翼星。《晋书·天文志下》："有星孛于翼……占曰：为兵丧。"天庙：即北方七星宿之一的南斗六星。《晋书·天文志上》："北方，南斗六星，天庙也，丞相太宰之位，主褒贤进士，禀授爵禄。"《史记·天官书》："南斗为庙。"这里是说，彗星先后凌犯翼星、南斗，古人认为都是凶兆。

【4】《明太祖实录》："洪武十八年四月癸巳（初二），五色云见。乙未（初四），五色云再见。辛丑（初十），太白昼见，自己亥至于是日。"（明）王圻《续文献通考·象纬考·星昼见》："洪武十八年，秋九月戊寅，太白经天。"（明）王圻《续文献通考·象纬考·云气》亦载。按，五色云：即青、赤、白、黑、黄五种正色的云彩，又叫庆云、卿云，古人认为是祥瑞之兆。太白昼见：太白即金星，它夜出昼隐。太阳升起太白星还没完全隐没时，就好像天空有两个太阳，占星术认为这种罕见的现象为封建王朝"易主"之兆。《二申野录》所述"太白经天"与"五色云见"的顺序与此不同。

丙寅（洪武十九年，1386年）春正月戊午朔。夏四月，荧惑留守南斗[1]。

【1】《明太祖实录》："洪武十九年四月己亥夜，荧惑留斗宿。"（明）王圻《续文献通考·象纬考·太阴五星陵犯下》亦载。按，荧惑：即火星。《晋书·天文中》："荧惑曰南方夏火……外则理兵，内则理政，为天子之理也……其入守犯太微、轩辕、营室、房、心，主命恶之。"这是说，荧惑居南斗星宿的位置。古人认为是凶兆。

丁卯（洪武二十年，1387年）春二月，五星皆见[1]。夏五月丁丑，三辰昼见[2]。六月，太白经天[3]。溧阳（今江苏溧阳）大旱[4]。

【1】《明太祖实录》："洪武二十年二月壬午朔，是夕，五星皆见。"（明）王圻《续文献通考·象纬考·星昼见》亦载。古人认为是祥瑞之兆。《史记·天官书》："五星皆从而聚于一舍，其下之国可以义致天下。"《晋书·天文志中》："凡五星所聚，其国王，天下从。"

【2】《明太祖实录》："洪武二十年五月丁丑，三辰昼见。"（明）王圻《续文献通考·象纬考·星昼见》亦载。按，三辰即日、月、星。这里是指日、月、星同时在白天出现的现象。

【3】《明太祖实录》："洪武二十年六月戊戌，太白经天。"（明）王圻《续文献通考·象纬考·星昼见》亦载。按，古代占星术以这种罕见的天文现象为封建王朝"易主"之兆。

【4】嘉庆《溧阳县志·瑞异》："洪武二十年大旱，六月大雨。"

戊辰（洪武二十一年，1388年）夏五月甲戌朔，日有食之[1]。乙酉，五色云见[2]。秋七月，荆州雨米如小麦形，色淡黄，炊为饭，香甜[3]。

【1】《明太祖实录》："洪武二十一年五月甲戌朔，日有食之。"（明）王圻《续文献通考·象纬考·日食》亦载。

【2】《明太祖实录》："洪武二十一年五月乙酉，五色云见。翰林院学士刘三吾进曰：'云物之祥，征乎治世。'上曰：'古人有言：天降灾祥在德。诚使吾德靡悔，灾亦可弭，苟爽其德，虽祥无福，要之国家之庆，不专于此也。'"按，五色云：即青、赤、白、黑、

黄五种正色的云彩，古人认为是祥瑞之兆。

【3】雍正《湖广通志·祥异》："洪武二十二年（1389年）七月，荆州雨米约二石余，形如小麦，色淡黄，爨为饭，香甜。"《二申野录》系于二十一年，误。

己巳（洪武二十二年，1389年）秋九月丙辰朔，日有食之[1]。十二月，白虹贯日[2]。

【1】《明太祖实录》："洪武二十二年九月丙寅朔，日有食之。"（明）王圻《续文献通考·象纬考·日食》亦载。按，洪武二十二年九月是"丙寅朔"，并非"丙辰朔"，《二申野录》误。

【2】《明太祖实录》："洪武二十二年十二月戊午，白虹贯日，良久乃散。"（明）王圻《续文献通考·象纬考·日变》亦载。按，白虹贯日，古人认为将有不祥事情发生，或是兵祸，不利于君主。所谓白虹并不是虹而是晕，是一种大气光学现象。

庚午（洪武二十三年，1390年）春正月朔，荧惑入南斗[1]。秋七月，江南、北海溢，河决[2]。九月庚寅朔，日有食之[3]。德庆州（今广东德庆）大饥[4]。

【1】《明太祖实录》："洪武二十三年正月甲戌晓刻，荧惑入斗宿。"（明）王圻《续文献通考·象纬考·太阴五星陵犯下》亦载。按，荧惑即火星，由于它在天空中运动，情况复杂，令人迷惑。《晋书·天文中》："荧惑曰南方夏火……外则理兵，内则理政，为天子之理也……其入守犯太微、轩辕、营室、房、心，主命恶之。"荧惑居南斗星宿的位置。古人认为是凶兆。

【2】《明太祖实录》："洪武二十三年七月癸巳，苏州府崇明县大风雨三日，海潮泛溢，坏圩岸，偃禾稼，诏以在京仓粮赈之。通州海门县风潮，坏官民庐舍，漂溺者众，遣监察御史周志清赈之。仍命工部主事郑兴发淮安、扬州、苏州、常州四府民丁二十五万二千八百余人修筑堤岸，以障潮汐，计二万三千九百三十三丈。"（明）王圻《续文献通考·物异考·水灾》："洪武二十三年七月，江南、北海溢。"

【3】《明太祖实录》："洪武二十三年九月庚寅朔，日有食之。"（明）王圻《续文献通考·象纬考·日食》亦载。

【4】光绪《德庆州志·纪事》："洪武二十三年，旱，大饥。"

辛未（洪武二十四年，1391年）春三月戊子朔，日有食之[1]。夏四月，彗星出紫薇垣[2]。六月，河决原武（今河南原阳县原武镇），入淮[3]。冬十月，北平（今北京）、河间（今河北河间）大水[4]。河南府龙门（今河南龙门）内有妇人司牡丹者，为夫蹴，其魂往薄姬庙中服事三年。后有本处袁马头死，牡丹遂借还魂，言前事甚详。时懿文太子往陕西[5]，回至河南府，官启袁马头还魂事。太子回朝奏之，遂遣内官取来，廷问是实，乃赏以钞帛，仍诏令两家同给养之。事在本年八月[6]。

【1】《明太祖实录》："洪武二十四年三月戊子朔，日有食之。"（明）王圻《续文献通考·象纬考·日食》亦载。

【2】《明太祖实录》："洪武二十四年四月丙子夜，彗星二：一入紫微垣阊阖门，犯天床；一犯六甲，扫五帝座。"（明）王圻《续文献通考·象纬考·彗孛》："洪武二十四年夏四月，彗星三入紫微垣。"（唐）瞿昙悉达《大唐开元占经》："陈卓曰：星孛（按，即彗星）于紫宫，有大变，拔兵上殿。"

【3】《明太祖实录》："洪武二十五年正月庚寅，河决河南开封府之阳武县，浸淫及于陈州、中牟、原武、封丘、祥符、兰阳、陈留、通许、太康、扶沟、杞十一州县，有司具图以闻，乞发军民修筑堤岸，以防水患。从之。"

【4】嘉靖《河间府志·祥异》：："洪武二十四年，河间大水。"

【5】懿文太子：明太祖朱元璋的长子朱标，建文帝的父亲。因朱标先于太祖去世，未即皇位，故谥称懿文太子。

【6】（明）姚广孝《道余录》："本朝洪武二十四年八月内，河南府龙门南司牡丹，被夫踢死，其魂径到薄姬娘娘庙中，在内伏侍三年后，借本处袁马头死尸还魂，时懿文太子往陕西，驾回至河南，府官启袁马头借尸还魂事。太子回朝，奏太祖高皇帝，遂遣内官取来，廷问是实，赏赐钞帛，有旨令两家给养，天下人之所共知者。"（明）王圻《续文献通考·物异考·人异》亦载。按，薄姬是汉高祖刘邦的嫔妃，汉文帝刘恒的生母。薄妃崇尚道家无争无为思想，为国人树立了一个与世无争的慈母形象。东汉以后光武帝刘秀推行仁孝治国理念，把薄后晋升为高皇后，奉上神坛。从此各地广建薄姬庙。

壬申（洪武二十五年，1392年）春正月癸未朔，河决阳武（今河南原阳）[1]。夏六月，台州（今浙江临海）有飞蝗自北来，禾稼、竹叶如扫[2]。

南京齐化门[3]东街，有妇人髭须长尺许[4]。

【1】《明太祖实录》："洪武二十五年正月庚寅，河决河南开封府之阳武县，浸淫及于陈州、中牟、原武、封丘、祥符、兰阳、陈留、通许、太康、扶沟、杞十一州县，有司具图以闻，乞发军民修筑堤岸，以防水患。从之。"

【2】民国《临海县志稿·祥异》："明洪武二十五年，台州有飞蝗自北来，禾稼竹木皆尽。"

【3】南京齐化门：即明南京城东门朝阳门。

【4】（明）郎瑛《七修类稿·奇谑类·女须》："《鸡肋编》载：唐李光弼母有须数十，长五寸许。又《宋史》载：都下朱节妻须长尺许，徽宗赐为女冠。洪武初，南京齐化门东街达达（鞑靼）妇人，亦有髭须长尺许。"

癸酉（洪武二十六年，1393年）夏四月，太白经天[1]。京师（今江苏南京）大旱[2]。秋七月甲辰朔，日有食之[3]。

【1】（明）王圻《续文献通考·象纬考·星昼见》："洪武二十六年癸酉夏四月，太白经天。"

【2】《明太祖实录》："洪武二十六年四月庚寅，上以天久不雨，必朝政有缺失，诏群臣直陈时事。甲辰，太白昼见乾位。"万历《应天府志·郡纪下》："洪武二十六年，大旱，诏求直言。"按，太白即金星，占星术认为"太白经天"的现象为封建王朝"易主"之兆。

【3】《明太祖实录》："洪武二十六年秋七月甲辰朔，日有食之。"（明）王圻《续文献通考·象纬考·日食》亦载。

甲戌（洪武二十七年，1394年），撒马儿罕[1]入贡。其国有照世杯，光明洞达，照之可知世事[2]。

【1】撒马儿罕：今乌兹别克斯坦的第二大城市撒马儿罕州首府。

【2】（明）朱国祯：《涌幢小品·照世杯》："撒马儿罕在西边。其国有照世杯。光明洞达。照之可知世事。洪武二十七年始入贡。"

乙亥（洪武二十八年，1395年）秋七月，河南确山县（今河南确山）野蚕成茧[1]。九月，龙门（今河南龙门）生嘉禾，异茎同穗[2]。是年冬，遣使修陂塘，山阴（今浙江绍兴）天乐湖（今浙江杭州萧山天乐湖）掘一物如小儿，臂红润如生，众骇，弃之。识者曰："此肉芝也，食之延年。"[3]

【1】《明太祖实录》："洪武二十八年七月戊戌，河南汝宁府确山县野蚕成茧，群臣表贺。"

【2】《明太祖实录》："洪武二十八年八月庚戌，今上进永清左卫龙门东屯嘉禾一茎三穗者二本、二穗者六本。"

【3】（明）方以智《物理小识·异事类·太岁肉》："洪武乙亥（二十八年，1395年）山阴天乐瀛掘得一物如小儿臂，红润如生。萧静之，食肉芝如人手，肥红。九真守陶潢，土穴中得白物如蛹，长数丈，割肉如豚，三军尽食。"嘉庆《山阴县志·机祥》亦载。

丙子（洪武二十九年，1396年）冬十二月，五星紊度[1]。溧阳（今江苏溧阳）大旱，禾槁[2]。

【1】《明太祖实录》："洪武二十九年十二月癸卯，荧惑守太微垣。"按，五星即指金（太白）、木（岁星）、水（辰星）、火（荧惑）、土（填星、镇星）五大行星。五星的运行如果出现异常，则被视为上天示儆垂戒。《明史·天文二》："洪武二十九年六月庚子，岁星犯井、钺；七月丙辰朔，入井；十月癸卯，退入井。"

【2】万历《应天府志·郡纪下》："洪武二十九年，溧阳大旱，禾槁。"嘉庆《溧阳县志·瑞异》："洪武二十九年，大旱。"

丁丑（洪武三十年，1397年）春二月，白虹亘天贯日[1]。五月壬子朔，日有食之[2]。庚申夜，有星自天厨入紫微垣，大如鸡子，尾迹有光，下有二星随之，至游气中没[3]。六月，杭州旱[4]。八月，河决开封[5]。冬十月，荧惑犯南斗[6]。

【1】《明太祖实录》："洪武三十年二月辛亥，白虹亘天贯日。"（明）王圻《续文献通考·象纬考·虹霓》亦载。按，白虹亘天贯日，即白色的长虹横贯太阳，古人认

为将有不祥事情发生，或是兵祸，不利于君主。所谓白虹并不是虹而是晕，是一种大气光学现象。

【2】《明太祖实录》："洪武三十年五月壬子朔，日有食之。"（明）王圻《续文献通考·象纬考·日食》亦载。

【3】（明）王圻《续文献通考·象纬考·星变至虹霓》："洪武三十年丁丑，夏五月庚申夜，有星大如鸡尾，有光自天厨入紫微垣，后有二小星随之，至游气中没。"按，天厨：紫微垣的三十九星官之一，主一般官员的厨房。紫微垣是三垣的中垣，居于北天中央，所以又称中宫，或紫微。占星术认为紫微垣之内是天帝居住的地方，因此预测帝王家事。流星现则内宫有丧，星象异则内宫不宁。

【4】万历《杭州府志·郡事纪上》："洪武三十年夏六月。杭州旱。"

【5】《明太祖实录》："洪武三十年八月丁亥，黄河决，开封城三面皆受水，水将及府之军储仓巨盈库。事闻，诏于荥阳高阜筑仓库，以储偫之。"

【6】《明太祖实录》："洪武三十年十月癸巳夜，荧惑犯南斗杓第二星。"（明）王圻《续文献通考·象纬考·太阴五星陵犯下》亦载。按，荧惑即火星，荧惑犯南斗即荧惑居南斗星宿的位置。《晋书·天文志上》："北方，南斗六星，天庙也，丞相太宰之位，主褒贤进士，禀授爵禄。"所以古人认为荧惑犯南斗是凶兆。

戊寅（洪武三十一年，1398年）秋九月，长星西陨，有声如雷[1]。冬十月，荧惑守心[2]。阊门内二里，夜有二石马饮于河，天曙为负刍者惊见，叱之，遂昂首而止地。人损其额，今名石马鞍头[3]。又疯李秀者[4]，不知何许人也，阳狂奇谲，人因呼云。洪武之末，秀已老，托迹燕府（按，即燕王朱棣的府邸）赤籍[5]，无他异，独王知其人。数召，与语多不伦。府殿鸱（音：吃）吻无故堕地，王甚恶之，左右莫敢进释王意，秀闻，突至前，王曰："秀！吾殿兽无故堕地，何也？"秀曰："此兽要换色耳。"王曰："这痴子胡说。"一日启云："来日臣生辰，欲请三护卫饮酒，乞殿下为臣召之。"王笑，为令诸将校咸诣秀。秀已出茆屋，萧然略无营具。老妻坐屋下云："秀请客未归，请少待之。"诸校坐门外地上以俟。比午，秀贸贸远来，持楮钱，揖谢曰："劳诸公至，俟烧纸毕，奉款也。"乃置楮钱于地，不抖擞使开散，便举火煨之。烟勃然起，冲人，涕泪交出，诸校不胜忿，姑待之。纸既烬，秀乃持箕簸运灰，大飏，沾及群衣。秀大言曰："如此模样，汝等指挥每[6]还不起来。"众以为狂，咸诟詈去，复于命。王问："秀召饮醉乎？"众以实对。王大笑，更为命酒赐诸校，及秀饮。太师张英公[7]时位极臣位[8]，坐堂上，梁间积埃堕其背。秀疾趋进，从后拍其背。三公讶之。秀谩言曰："如此大尘，还不起乎？我拍公起耳。"如此类甚多。又尝密启王曰："某地贵不可言，殿下宁有可葬者否？"王曰："谁耶？"秀曰："固知殿下无当葬者，独不知殿下幼时乳母为谁，今存否耳？"王曰："既死，而藁葬某所。"秀曰："可矣。"因劝更葬，王从之。其地去西山四十里平壤间，今人呼奶母坟是也。及太宗（按，即燕王朱棣，即位后庙号太宗）即位，秀尚在。无几，忽隐不见，后莫知其所终云[9]。

【1】（明）王圻《续文献通考·象纬考·流星星陨星摇》："洪武三十一年九月，长星西陨，有声如雷。"按，《汉书·文帝纪》："八年，有长星出于东方。"（唐）颜师古引（东汉）文颖曰："孛、彗、长三星，其占略同，然其形象小异……孛、彗多为除旧布新、火灾，长星多为兵革事。"

【2】（明）王圻《续文献通考·象纬考·太阴五星陵犯下》："洪武三十一年，荧惑守心。"（清）夏燮《明通鉴》："洪武三十一年冬十月，荧惑守心。"按，荧惑守心：即荧惑占据心宿的位置。心宿是二十八星宿中东方的第五星宿，共有三星，象征天子之位。《宋书·天文志一》："太康八年三月，守心。占曰：'王者恶之。'太熙元年四月己酉，武帝崩。"古代占星术认为荧惑据心宿是最不祥的，对君主不利，象征皇帝驾崩，丞相罢官。

【3】（明）施显卿《古今奇闻类记·地理纪·石马饮河》引《西樵野记》："姑苏阊阖门内二里，夜有二石马饮于河，天曙为负刍者惊见，叱之，遂昂首而止。是晓遍访市野，城东禅法寺有一妙善公主墓，已失二石马矣。地人惧其复为怪，损其额，遂堕于此，今名石马鞍头。此元末国初之事也。"

【4】按，癫狂原书作"风"，今改"疯"字。

【5】赤籍：即军籍。

【6】每：按，元、明时期"们"字的口语。

【7】张英公指英国公张辅。《明史·张辅传》："张辅，子文弼，河间王玉长子也。燕师起，从父力战，为指挥同知……永乐三年（1405年）进封新城侯……六年（1408年）进封英国公。仁宗即位（1424年）……进太师。"《明史·功臣世表二》："张辅永乐六年（1408年）七月癸丑以安南功封英国公……二十一年（1423年）加太师。"误，当为二十二年加太师。《明史·仁宗纪》："永乐二十二年七月明成祖崩，八月，仁宗即位，复设三公。"

《弇山堂别集》卷七《异典述二》“文臣加三公”：“太师太傅太保曰三公。高帝时李韩公善长为太师，而徐魏公达为太傅，常开平遇春赠太保，已后绝不轻授，其重惜之意可知。仁宗始加张英公为太师，嗣后武臣得之不以为异。”

【8】原文“未极臣位”，误，三公乃正一品，当为“位极臣位”。

【9】（明）蒋一葵《长安客话》“风秀才”内容与此近似：“秀才不知何许人，太宗在藩邸时，秀才寄赤籍中，佯狂奇谲，众因呼之云……”

己卯（建文元年，1399年）春三月，京师（今江苏南京）地震[1]。太史奏，赤日无光[2]。江北蝗，帝自责，蝗不为灾[3]。秋七月，燕王兵起[4]。先时，童谣曰：“烟烟北风吹上天，团团旋，窠里乱，北风来，便吹散。”[5]又，京师有道士谣于途曰：“莫逐燕，逐燕日高飞，高飞上帝畿。”已，忽不见[6]。初，太祖尝夜寝，梦二龙入殿搏击，其黄者胜而飞，其白者负而如蝘蜓（音：眼停）[7]。明旦视朝，见皇太孙居殿右角，燕王侍于左厕，位居太孙上[8]。周颠仙[9]乡谈[10]常谣云：“世间什么动得人心？只有胭脂、胚粉[11]动得婆娘嫂里人。”[12]

【1】万历《应天府志·郡纪下》：“革除元年（建文元年，1399年）三月，地震。”

【2】（明）王圻《续文献通考·象纬考·日变》：“建文元年，太史奏：赤日无光。”

【3】《明成祖实录》：“建文元年十一月，比者京师地震，府库灾，四方山崩、水溢，大风雨雹，蝗旱千里，天心警戒至矣。”（明）王圻《续文献通考·物异考·地震》：“建文元年，京师地震。”

【4】（清）谷应泰《明史纪事本末》：“建文元年七月癸酉，燕王誓师，以诛齐泰、黄子澄为名，去建文年号，仍称洪武三十二年。”

【5】（明）杨慎《古今风谣·革除中童谣》：“烟，烟，北风吹上天。团团旋，窠里乱。北风来，便吹散。”

【6】（清）谷应泰《明史纪事本末·燕王起兵》：“先是，建文中，有道士歌于途曰：‘莫逐燕，逐燕日高飞，高飞上帝畿。’已而忽不见。”《明成祖实录》：“初，建文时，有道士歌于途曰：‘莫逐燕，逐燕日高飞，高飞上帝畿。’已忽不见，人莫能测。”

【7】蝘蜓：俗名壁虎，体形小的蜥蜴。

【8】（明）佚名《建文皇帝遗迹》：“太祖尝因夜寝，梦二龙入殿搏击，其黄者胜而得气，其白者负而如蝘蜓。明旦，太祖亲朝，见皇太孙居于殿右角，燕王侍于左前，太祖见之怒，以王位居太孙上，始知其有夺嫡计，然不形于言。上命幽于别苑，令宫

中不许进食。赖高后怜之，因私自饮食，得不死。久之，始从释放。洪武中，大分封诸王居国，而王实得燕冀地，与母太妃居北平。”

【9】《明太祖实录》卷二百二十九：“洪武二十六年秋七月辛未，遣礼部员外郎潘善应、司务谭孟高往祭庐山，为周颠仙立碑。颠仙姓周，不知其名，自言建昌（今江西南城）人，身长壮，貌奇崛，举止不类常人，年十余病癫。尝操一瓢入南昌，乞食于市，久之至临川，未几复还南昌。日施力于人，夜卧阊檐间，祁寒暑雨自若。尝趋省府曰：“告太平。”人皆异其言，遂呼为“颠仙”。不数年，天下果乱。陈友谅据江汉，引兵入南昌，颠仙隐迹不见。及上自将伐友谅，既定南昌，将还，颠仙从道左拜谒，潜随上至金陵。每遇上出，辄趋进曰：“告太平，告太平。”间见或扪虱而谈，击节而歌，词多隐语。上颇厌之特，命饮以烧酒，酣畅不辍。明日复至，上命赐以新衣，视其旧衣带系菖蒲三寸许，曰：“细嚼饮水，腹无痛。”又自言入火不热，乃以巨瓮覆之，积芦薪五尺许，燔瓮四旁，火尽灭，发而视之，端坐如故，如是者凡三。及寓蒋山寺月余，寺僧言颠仙与沙弥争饭怒，不食半月矣。上幸翠微亭，召之，步趋无异平时，因赐之食，乃食。上问曰：“能不食一月乎？”曰：“能。”乃坐之一密室中，不食者二十三日矣。上将幸寺，赐之食。京师将士闻之，争持酒肴往食之，既食而尽吐之。须臾，上至，与之食，乃复饮食如常时。既醉，上将还，颠仙于道侧以手画地作圈曰：“破一桶，成一桶矣。”是时，中原尚未定，友谅复围南昌，上欲亲勒兵往援，问颠仙曰：“陈氏已僭号，吾此行何如？”颠仙仰视良久曰：“可行。”上面无此人分，曰：“与汝偕行，可乎？”曰：“可。”即踊跃持杖，摇舞如壮士挥戈状，以示必胜之兆。舟次皖城，无风，不能进。颠仙曰：“行则有，不行则无。”既而行不数里，风果大作。至马当，见江豚戏水，曰：“水怪见前，损人必多。”上曰：“颠者言何妄也？复尔，则弃之江中。”乃自言能入水不濡，遂命投之于江。久之，复来谒见，欲求食，上命赐之食。食已，正衣襟，前引颈曰：“今可杀矣。”上笑曰：“杀尔何为？”乃纵其还庐山。及友谅败死，遣人往庐山求之，至太平宫侧，有言：“一老人止民舍曰‘我告太平来’，不食且半月，今去不见矣。”洪武癸亥秋，有僧名觉显者，自言庐山岩中老人使来见，上以其虚诞，却之。至是，上不预，饮药未瘳，前僧复徒跣至，云周颠仙遣进药。上不纳，僧具言前事，乃饵其药，觉有菖蒲丹砂之气。是夕，疾愈，僧亦去不知所之。遂亲为文勒石，纪其事，命善应等往祠焉。”

【10】乡谈，即仙乡谈：本义指六朝至唐代的仙乡小说。

【11】胭脂、胚粉：都是妇女使用的化妆品。

【11】（明）杨慎《古今风谣·周颠仙乡谭常谣》：“世间甚麽动得人心？只有胭脂胚粉，动得婆娘嫂里人。”

庚辰（建文二年，1400 年）春三月丙寅朔，日有食之[1]。夏四月，赐李景隆玺书及斧钺渡江，忽大风雷雨暴至，舟破尽沉诸江[2]。六月，金华大水入城市[3]。秋八月，承天门灾[4]。

【1】《明史·恭闵帝纪》："建文二年三月丙寅朔，日有食之。"（明）王圻《续文献通考·象纬考·日食》亦载。

【2】（清）谷应泰《明史纪事本末·燕王起兵》："建文二年夏四月朔，李景隆会兵德州，武定侯郭英、安陆侯吴杰等，进兵真定以图燕。帝赐景隆斧钺、旌旄，中官赍往。忽风雨舟坏，沉于江，复赐之。"

按，李景隆：朱元璋外甥李文忠之子，袭父爵封曹国公，出身将门，饱读兵书，却只会纸上谈兵。建文元年燕王起兵靖难，建文帝派老将耿炳文率十三万大军北征，结果军败于滹沱河。建文帝改派李景隆率五十万大军复北征，即此建文二年事，结果溃败于北平城外，乃弃兵粮，晨夜南奔。建文四年，燕军包围南京，李景隆开城门迎降。

【3】康熙《金华府志·祥异》："洪武三十三年（即建文二年）六月，金华大水入城。"

【4】《明史·五行志二》："建文二年八月癸巳，承天门灾。"又，《明史·恭闵帝纪》："建文二年秋八月癸巳，承天门灾，诏求直言。"

辛巳（建文三年，1401 年）春正月辛酉朔，常州（今江苏常州）地震，夏有蝗[1]。

【1】康熙《常州府志·祥异》："建文四年，地震，蝗。"

壬午（建文四年，1402 年），溧阳（今江苏溧阳）地震，蝗遍野[1]。相传建文时新宫初成，见男子提一人头，血色模糊，直入宫中，大索之，无得也。夜宴张灯，忽不见人，狐狸满宫，遍置鹰犬逐之，不能止[2]。彗星扫军门，荧惑守心犯斗。山崩地震，锦衣卫火，武库自焚[3]。

【1】嘉庆《溧阳县志·瑞异》："建文四年，溧阳地震，飞蝗遍野。"《明史·五行志》："建文四年，京师飞蝗蔽天。"

【2】（明）佚名《奉天靖难记》："寝宫初成，见男子提一人头，血色模糊，直入宫内，随索之，寂无所有。狐狸满室，变怪万状，遍置鹰犬，亦不能止。""夜宴张灯荧煌，忽不见人。"（明）王圻《稗史汇编·志异门·怪异总纪》："建文时，新宫初成，见男子提一人头，血色模糊，直入宫中，大索之，无得，夜宴张灯，忽不见人，狐狸满宫，遍置鹰犬逐之方止。"

【3】（明）佚名《奉天靖难记》："日赤无光，星辰无度，彗扫军门，荧惑守心犯斗，飞煌蔽天，山崩地震，水旱疫疠，连年不息，锦衣卫火，武库自焚，文华殿毁，承天门灾。"（明）王圻《稗史汇编·志异门·怪异总纪》："日赤无光，彗扫天门，荧惑守心犯斗，山崩地震，锦衣卫火，武库自焚，文华、承天俱焚。"按军门：二十八星宿之外的星官。《晋书·天文志上》："轸宿西四星曰土司空……土司空北二星曰军门，主营候彪尾威旗。"轸宿是二十八星宿中的南方第七星宿，主冢宰、车骑……有军出入皆占于轸。荧惑守心犯斗：即荧惑占据心宿的位置，继而又凌犯南斗，古人认为都是凶兆。心宿象征天子之位。《晋书·天文志上》："心，三星，天王正位也。中星曰明堂，天子位，为大辰，主天下之赏罚……前星为太子，后星为庶子。"占星术认为荧惑据心宿是最不祥的，对君主不利，象征皇帝驾崩，丞相下台。南斗为天庙，丞相太宰之位，主褒贤进士，禀授爵禄。这一年，燕王陷南京，夺得帝位，建文帝死于战火。

癸未（永乐元年，1403年）春正月己卯朔，月当食，阴雨不见[1]。夏四月戊午，太白出昴北[2]。六月，京师（今江苏南京）久雨[3]。八月辛未，潮州（今广东潮州）地震[4]。冬十月，修筑江岸。先是，杭州府（今浙江杭州）汤镇方家塘边，江堤岸为风潮冲激，沦于江者几四百余步，延袤四十余步，沉溺民居及田地四十七顷[5]。十二月，北京、山西、宁夏地震[6]。

【1】《明成祖实录》："永乐元年正月甲午（十六日）夜，月食，阴雨不见。"（明）王圻《续文献通考·象纬考·月食》："永乐元年正月，月当食，不食。时礼部尚书李至刚请率百官称贺。上曰：王者能修德行政，任贤去邪，然后日月当食不食。适以阴雨不见，岂果不食耶？勿贺。"按，永乐元年正月甲午是十六日，《二申野录》系于正月初一日。误。

【2】《明成祖实录》："永乐元年夏四月戊午，遣书谕郡王高煦曰：'占书：金星出昴北，北军胜；出昴南，南军胜。今钦天监奏金星出昴北，而我军在南，宜益加慎，不可忽略。'"（明）王圻《续文献通考·象纬考·太阴五星陵犯下》："永乐元年夏四月，太白出昴北。"按，太白即金星，又称启明、长庚，是古人认为二十八星宿之外的最亮

星宿。传说太白星主杀伐。昴是二十八星宿中西方第四星，共有七星，象征天之耳目，主狱事。又称旄头，胡星也。《晋书·天文志下》："晋穆帝永和四年四月，太白入昴。是时戎晋相侵，赵地连兵尤甚。"占星术认为"太白奔昴，若出北者，为阴国有忧"。阴国即夷狄之国。

【3】《明成祖实录》："永乐元年六月辛亥，上以久雨，谓户部左侍郎古朴等曰：'苏、松、嘉、湖四郡水必泛溢，宜遣人驰往视之。'"

【4】《明成祖实录》："永乐元年八月辛未，广东潮州府地震。"

【5】《明成祖实录》："永乐元年十月戊申，筑浙江杭州府缘江堤岸。先是，浙江都司布政司言：杭州府汤镇方家塘边江堤岸为风潮冲激沦于江者几四百步，延袤四十余步，沉溺民居及田地四十七顷，宜改筑以捍潮汐。上以农务方殷，命秋成后为之，至是始筑云。"

【6】《明成祖实录》："永乐元年十一月甲午夜，北京顺天府地震。闰十一月癸亥，书谕世子曰：北京、山西地震。神道贵静，占法：地震主兵数动，人不宁。辛未，上御奉天门，顾谓侍臣曰：今北京、山西、宁夏皆言地震，天变垂戒，朕用惕然，尔等试言其故。侍臣对曰：地震应兵戈土木之事。"按，《明史·五行志三》："永乐元年十一月甲午，北京地震，山西、宁夏亦震。"

甲申（永乐二年，1404 年）春三月，惠州（今广东惠州）大水[1]。秋九月，周王献驺虞[2]。冬十一月，杭州（今浙江杭州）水[3]，京师（今江苏南京）地震[4]。山西河津县（今山西河津）禹门渡黄河清，自是月十七日至明年三月十八日始复旧[5]。湖州（今浙江湖州）慈感寺前桥曰潮音，水清澈，有蚌浮水而吐珠，人皆见之。每风雨即有蛟龙来攫。是岁，夏忠靖公原吉治水，至湖，宿寺中，夜有神黑衣白里，率一美妇来见，公不为动。徐诉曰："久窟于此，岁被邻豪欲夺吾女。若得大人一字为镇，彼即慑服，永不敢动。"公书一诗与之，中有蚌倾心之句。神拜领而去。未几，公至吴淞江，有金甲神来诉曰："聘一邻女已久，无赖赚大人手笔，抵塞不肯嫁，请改判。"公张目视之，金甲神甚怖，冉冉而退。公因悟曰："是已，慈感蚌珠之仇也。"牒于海神，次日大风雨震雷，有一蛟死于钱溪（湖州大场镇别名）之北[6]。

【1】嘉靖《惠州府志·郡事纪》："成祖文皇帝永乐三年，惠州大水。（原注：涨至

府署堂下）”按，惠州大水是三年事，《二申野录》系于二年下，误。

【2】《明成祖实录》：“永乐二年九月丙午，周王橚来朝，且献驺虞。百僚称贺，以为皇上至仁格天所至。”按，驺虞：又名驺吾、驺牙，是中国古代传说中的动物。其形状虎躯狮首，“白毛黑纹，尾巴修长”，而天性柔仁，不吃活着的动物，被古人视为瑞兽。最早见于《山海经》记载。

【3】《明成祖实录》：“永乐二年六月乙未，命太子少师姚广孝等往苏、湖赈济。十一月戊午，以苏、松、嘉、湖、杭等府水灾蠲其今年粮六十万五千九百余石。”按，《明史·五行志一》：“永乐二年六月，苏、松、嘉、湖四府俱水。”

【4】《明成祖实录》：“永乐二年十一月癸丑夜，京师地震，济南府城西地震有声。”按，《明史·五行志三》：“永乐二年十一月癸丑，京师、济南、开封并震。”

【5】《明成祖实录》：“永乐二年十月乙酉，蒲城、河津二县黄河清。”（明）王圻《续文献通考·物异考·水异》：“永乐二年冬十有二月，禹门渡黄河清，亘数百里。”雍正《陕西通志·祥异二》：“永乐二年十二月，禹门渡黄河清，亘数百里。”雍正《山西通志·祥异二》：“永乐二年十二月二十九日，河津黄河清至次年正月十八日，始复故。三年，河清于蒲津。”

【6】（明）张岱《夜航船·牒蚌珠之仇》：“夏原吉治浙西水患，宿湖州慈感寺，夜有妪携一女来诉曰：‘久寓于潮音桥下，岁被邻豪欲夺吾女，乞大人一字为镇。’公书一诗与之。公至吴淞江，有金甲神来告曰：“聘一邻女已久，无赖赚大人手笔，抵塞不肯嫁，请改判。”公张目视之，神逡巡畏避。公忆曰：‘是慈感蚌珠之仇也。’牒于海神。次日，大风雨，震死一蛟于钱溪之北。”按，潮音桥在今湖州城外慈感寺前。夏原吉牒海神斩蛟故事亦见载于康熙《宝山县志·集识》。夏原吉，字维喆，湖南湘阴人。明洪武中，得太祖朱元璋赏识，永乐时为户部尚书，明仁宗、宣宗时是辅佐朝政的重臣，宣德五年（1430年）病逝，赠太师，谥忠靖。《明史》有传。

乙酉（永乐三年，1405年）夏六月，江东饥[1]。秋八月，杭州大水，淹民田七十四顷，漂庐舍千一百八十二间，溺死民男女四百四十口，苏、松、嘉、湖饥[2]。

【1】今皖南、苏南、浙江、江西东北部、上海统称江东。《明成祖实录》：“永乐三年六月甲申，命户部尚书夏原吉、都察院佥都御史俞士吉、通政司左通政赵居任、大理寺少卿袁复，赈济苏、松、嘉、湖饥民。

【2】《明成祖实录》：“永乐三年八月戊辰，浙江杭州等府，仁和等县，水淹

民田七十四顷四十六亩，漂庐舍千一百八十二间，溺死民男女四百四十一口。九月丁酉，命户部核实苏、松、嘉、湖、杭、常六府被水灾民，悉免其今年租税，凡免三百三十七万九千七百石有奇。”

丙戌（永乐四年，1406年）夏六月己未朔，日有食之[1]。冬十一月己巳，甘露降孝陵（南京明太祖陵）松柏。醴泉出神乐观[2]。是年，议建北京[3]。工部尚书宋礼取材于蜀，得大木若干，于马湖府（今四川屏山）计庸万夫，力刊除过路出之。一夕，木忽自行，达于坦途，所经声吼如雷，巨石为开，度越岩阻，肤寸不损。事闻，上遣官致祭，封其山为神木山[4]。

【1】《明成祖实录》：“永乐四年六月己未朔，日有食之，时阴云不见。礼部尚书郑赐等言，此圣德所感召……上曰：‘此一方阴云不见，天下至大，他处见者多矣。且阴阳家言：日食而阴云不见者，水将为灾，以此言之，可贺乎？’乃止。”（明）王圻《续文献通考·象纬考·日食》亦载。

【2】《明成祖实录》：“永乐四年十一月己巳，甘露降孝陵松柏，醴泉出神乐观。命中使取献宗庙，并分赐廷臣。”（明）王圻《续文献通考·物异考·水异》：“永乐四年丙戌十一月庚午，祭酒兼翰林院侍讲胡俨献《孝感醴泉甘露颂》。”按，《列子·汤问》：“甘露降，澧泉涌。”均被古人视为祥瑞。神乐观，今江苏南京著名风景区。原名真武大帝行宫，洪武十二年（1379年），明太祖敕建为神乐观。今已无寻，仅存六角井栏、赑屃及澧泉碑遗物。

【3】《明成祖实录》：“永乐四年闰七月壬戌，文武群臣淇国公丘福等，请建北京宫殿，以备巡幸，遂遣工部尚书宋礼诣四川，吏部右侍郎师逵诣湖广，户部左侍郎古朴诣江西，右副都御史刘观诣浙江，右佥都御史仲成诣山西，督军民采木。”按，宋礼，字大本，河南永宁人。明成祖永乐二年授工部尚书。永乐四年朝廷议建北京城，准备迁都。《明史·宋礼传》：“初，帝将营北京，命礼取材川蜀。礼伐山通道，奏言：‘得大木数株，皆寻丈。一夕，自出谷中抵江上，声如雷，不偃一草。’朝廷以为瑞。”

【4】乾隆《屏山县志·艺文》：“（明）胡广《神木善祠记》：‘永乐四年秋……工部尚书宋礼取材于蜀，得大木于马湖府，围以寻尺若干，寻丈者数株，计庸万夫力乃可运。将谋刊除道路以出，一夕木忽自行达于坦途，有巨石屹然当其冲，夜闻吼声如雷，石划自开，木由中出，无所龃龉。夜越险岩，肤寸不损，所经指出，一草不偃。百工执事顾视，欢哗交庆……爰作新庙，岁以飨之。’”

丁亥（永乐五年，1407年）冬十月辛巳朔，日有食之[1]。杭州沿江堤岸复沦于江[2]。

【1】道光《万全县志·变占》："太宗永乐五年冬十月辛巳朔，日食在尾。"（明）王圻《续文献通考·象纬考·日食》亦载。

【2】《明成祖实录》："永乐五年六月庚戌，浙江布政司言：杭州府沿江堤岸复沦于江。"《二申野录》系于十月，误。

戊子（永乐六年，1408年）春二月，福建奏，柏树生花。苏、杨二府奏，桧花为瑞[1]。夏四月己卯朔，日有食之[2]。海宁县（今浙江余杭东南）海决，陷没赭山（今浙江钱塘江南岸萧山南阳赭山湾）巡检司[3]。江宁（今江苏南京）府学灾[4]。苏、松诸郡大水[5]。冬十月乙亥朔，日有食之[6]。

【1】《明成祖实录》："永乐六年三月癸巳，巡按福建监察御史赵昇及布政司按察司奏：以柏生花为瑞。上赐敕切责之。丁丑，苏州、杨州二府言：桧花为瑞。上曰：近苏松诸郡水潦为灾，有司往往蔽不以闻。昨有奏柏花为瑞者，已责其欺罔。今又言桧花，小人之务諛说也可恶。遂降玺书切责之。"（明）释幻轮编：《稽古略续集》："戊子永乐六年三月。福建柏生花为瑞。上赐敕责之。既而苏州、扬州二府奏言：桧花为瑞。"

【2】（明）王圻《续文献通考·象纬考·日食》："永乐六年戊子夏四月己卯朔，日食。"

【3】《海昌外志·祥异》："永乐六年，海决，赭山巡检司陷波没。"按，巡检司：明清时县级衙门下的基层机构，以军事为主，稽查往来行人，打击走私，缉捕盗贼、逃犯。

【4】万历《应天府志·郡纪下》："永乐六年，府学灾。"同治《上江两县志·大事下》："永乐六年，是岁府学灾。"按，府学：地方"府"一级政府设立的官学。封建社会中除中央政府设太学外，各地方府州县也都各设学校，分别称府学、州学、县学。

【5】《明成祖实录》："永乐六年三月丁丑，上曰：近苏松诸郡水潦为灾，有司往往蔽不以闻。"

【6】道光《万全县志·变占》："永乐六年冬十月乙亥朔，日食在尾。"（明）王圻《续文献通考·象纬考·日食》："永乐六年戊子，冬十月乙亥朔，日又食。"

己丑（永乐七年，1409年）春正月甲辰朔，命太监郑和领兵航海[1]。

黄岩（今浙江黄岩）飓风坏官舍，案牍俱毁[2]。时有刘西江者，好游，一山寺僧颇厌之。寺有空室，宿者多死，西江至，僧盛馔享之此室，劝酢令大醉，就宿焉。二鼓[3]犹醉，闻诵观世音经。其声渐迩。西江起坐，时月色如昼，因从窗隙窥之，乃美妇人也。诵毕，向窗合什作礼，窗自开。妇人从窗入，便据上坐。俄而吐舌长丈余，将逼西江。西江仓皇以被扑之，妇人若呕哕状，遂去，不见。早起亦不言，谢诸僧去。行过山侧，见一巨蛇吐舌而死。西江曰："此蛇精即宵间之妇也，非吾必为彼一饱矣。"还以告僧，僧愧谢之，自后其室谧矣[4]。又南京教坊司妓刘二[5]，永乐初避地淮阳（今河南淮阳），时王师已过，积尸遍野。夜闻人鼓门云："我欲托生汝家，奈首在某处，身在某处，冀汝为我拾而聚之。"其家如其言，以火烛之，果见身首各地，乃拾聚之而归。未几，复闻鼓门云："蒙汝拾聚矣，奈不得正何。"其家恶其烦扰，詈叱之而去。顷间，妓果生一子，侧首者[6]。

【1】《明史·郑和传》：永乐三年六月，明成祖命郑和率两万七千八百名船员组成的船队远航，访问了30多个在西太平洋和印度洋的国家和地区。六年九月，再次出使西洋锡兰山。十年十一月，再出使苏门答腊。十四年十二月再次出使西洋。二十二年，再次出使西洋。按，《二申野录》称七年正月，误。郑和原姓马，出身于云南世家。明初被明军所虏，入燕王府为太监。永乐二年（1404年）被赐姓"郑"，从此改称为"郑和"。同时，升迁为"内官监太监"，相当于正四品官员。史称"三宝太监"。

【2】民国《台州府志·灾异》："永乐七年八月，台州大风雨，拔木，没禾稼，暴流冲毁临川桥；黄岩飓风，坏官舍。"

【3】二鼓：即二更天。我国古代以敲鼓打更报时，一夜共是五更、五鼓。黄昏：一更、一鼓、甲夜，19时-21时；人定：二更、二鼓、乙夜，21时-23时；夜半：三更、三鼓、丙夜，23时-1时；鸡鸣：四更、四鼓、丁夜，1时-3时；平旦：五更、五鼓、戊夜，3时-5时。

【4】（明）祝允明《志怪录·刘西江》："永乐间有刘西江先生好游，一山寺僧颇厌之，寺有空室二间，人宿者多死。一日西江至，寺僧乃盛馔享之此室，劝之扺醉，就宿焉。二鼓酒醒，闻诵观音经，其声渐近。西江以僧徒耳，揽衣起坐，时窗外月色如昼。西江自窗隙窥之，乃一美妇人也，诵毕即向窗合掌作礼，窗忽自开，妇人从窗入，便据上坐。俄而吐舌长丈余，将逼西江。西江仓皇以被扑之，妇人若呕哕状，遂去不见。早起，谢诸僧去，行过山侧，见一巨蛇吐舌而死。西江曰：此蛇精也，即夜来妇人耳，

非我必为彼一饱。还以告僧，僧愧谢之。”

【5】教坊司：教坊本是中国古代宫廷音乐机构，明代改教坊为教坊司，隶属于礼部，主管乐舞和戏曲。教坊司除召募部分女子外，还将犯官和俘虏的妻女送入教坊司，地位如同妓女。明初教坊司因永乐的瓜蔓抄，厂卫的酷刑，使教坊妓女大增。引人注目的是明末南京礼部教坊司的秦淮名妓如董小宛、李香君、顾横波、卞玉君、陈圆圆，更是名噪一时，她们通琴棋书画、能歌度曲。明末名士很看重这些歌妓，甚至影响名士、东林、阉党，涉及朝野党争。

【6】见于（明）祝允明《志怪录·斩鬼托生》。

庚寅（永乐八年，1410年）春正月戊辰朔，青城山（今四川都江堰西南，道教四大名山之一）有牡丹树，高十丈，花甲一周始作花。永乐中适当花开，蜀献王[1]遣使视之，取花以回[2]。

【1】蜀献王：蜀献王朱椿，明太祖朱元璋第十一子。洪武三年三月生，二十三年（1390年）就藩成都。椿性孝友慈祥，博综典籍，容止都雅，太祖尝呼为“蜀秀才”。成祖朱棣即位，朱椿来朝得到的赐予数倍于其他诸藩。谷王朱橞，是朱椿同母弟，图谋不轨。朱椿的儿子朱悦燇，被朱椿责罚，躲到朱橞府邸，朱橞伪称是故建文君以欺骗众人。永乐十四年，朱椿揭发其罪。帝报曰：“王此举，周公安王室之心也。”入朝，赉金银缯彩钜万。二十一年（1423年）二月十一日薨。谥号献王。《明史·诸王列传》有传。

【2】（明）朱国祯《涌幢小品·花》：“青城山有牡丹。树高十丈。花甲一周始一作花。永乐中适当花开。蜀献王遣使视之。取花以回。”

辛卯（明成祖永乐九年，1411年），浙江潮水冲决仁和（今浙江杭州）黄濠塘三百余丈、孙家围塘岸二十余里。海宁县（今浙江余杭东南）风潮，溺死居民，漂流庐舍，坍塌城垣[1]。临城县（今河北临城）饥[2]。

【1】《明成祖实录》：“永乐九年七月辛未，工部言：浙江潮水冲决仁和县黄濠塘岸三百余丈、孙家围塘岸二十余里。海宁县风潮溺死居民，漂流庐舍，坍塌城垣。请发军民修筑，从之，仍命户部遣官巡抚被灾之家。”乾隆《浙江通志·海塘一》：“永乐九年，工部言：浙江潮水冲决仁和县黄濠塘三百余丈，孙家围塘岸二十余里。海宁县风潮，

溺死人民，漂流庐舍，坍塌城垣，请发军民修筑。从之。冬十一月，修浙江仁和、海宁及海盐县土石塘岸万一千一百八十五丈。”

【2】《明成祖实录》：“永乐九年七月戊子，户部言：赈北京临城县饥民三百六十五户给粮二千七十石有奇。”

壬辰（永乐十年，1412年）夏六月，河南饥[1]。冬十月，甘露降方山（今江苏南京方山）[2]。十二月，奏文星坠[3]。定州卫（今河北定县）赵四献马，产驹有肉角类麟[4]。

【1】《明成祖实录》：“永乐十年六月癸亥，河南鄢陵、漳二县骤雨，河水坏堤岸，没田禾。事闻。皇太子遣人抚视。甲戌，敕户部臣曰：近者河南民饥，有司不以闻，而往往有言谷丰者，若此欺罔，获罪于天，此亦朕任非其人之过。其速令河南发粟赈民。”

【2】《明成祖实录》：“永乐十年丁卯，命皇太孙演武于方山。是日，甘露降方山，遂采以进，群臣表贺。”

【3】文星，就是文曲星，也叫文昌星，简称文星，古人认为主管文运兴衰的星官。

【4】《明成祖实录》：“永乐十年三月癸巳，定州卫军赵四献马，产驹有肉角类麟。升四为小旗，赐钞一百锭、绢四匹。”类麟：即与麒麟相似。

癸巳（永乐十一年，1413年）春正月辛巳朔，日有食之[1]。夏五月，曹县（今山东曹县）献驺虞[2]。是月，大风潮，仁和县（今浙江杭州）十九都、二十都俱没于海。南北约十余里，东西五十余里，居民陷溺死者无算[3]。秋八月，仁和县饥[4]。十一月，以野蚕茧丝制衮以荐于宗庙[5]。

【1】《明成祖实录》：“永乐十一年春正月，辛巳朔，日有食之。”（明）王圻《续文献通考·象纬考·日食》：“永乐十一年春正月，辛巳朔，日有食之。先是钦天监奏，日食占在元旦。已而鸿胪寺奏，习元旦贺仪。成祖召礼部翰林官问，尚书吕震对曰：日食与朝贺之时先后不相妨。侍郎仪智曰：终是同日，免贺为当。成祖再顾翰林诸臣曰：古有日食行贺礼否？杨士奇曰：日食，天变之大者，前代多不受朝。宋仁宗时，元旦日食，富弼请罢宴撤乐，吕夷简不从。弼曰：万一契丹从之，为中国羞。后有自契丹回者言：虏是日罢宴。仁宗深悔。今免贺为当。诏从之。”

【2】《明成祖实录》：“永乐十一年五月丁未，曹县献驺虞。行在礼部尚书吕震奏：

驺虞上瑞，请明旦率群臣上表贺。上曰：百谷丰登，雨旸时顺，家给人足，此为瑞。驺虞何与民事，不必贺。”按，驺虞又名驺吾、驺牙，是中国古代传说中的动物。其形状虎躯狮首，“白毛黑纹，尾巴修长”，而天性柔仁，不吃活动物，被古人视为瑞兽。

【3】乾隆《浙江通志·祥异》引《杭州府志》：“永乐十一年五月，杭州大风潮，仁和十九、二十两都没于海，平地水高数丈，田庐殆尽，溺者无算。”按，明、清时农村行政基层单位是图，图下分十庄，图有地保；图上设都，相当于区或乡。

【4】《明成祖实录》：“永乐十一年八月戊申，赈浙江之仁和、嘉兴二县饥民三万三千七百八十余口，给米稻六千七百三十石。”

【5】《明成祖实录》：“永乐十一年十一月戊寅，以野蚕丝衾命皇太子奉荐太庙。先是，山东民有献野蚕茧丝者，群臣奉贺瑞应。上曰：此祖宗所祐也。特命织帛，染柘黄，以荐焉。”

甲午（永乐十二年，1414年）春正月丙子朔，日有食之[1]。夏六月壬申朔，日有食之[2]。九月，榜葛剌国献麒麟[3]。溧水（今江苏溧水）大水[4]。冬十一月甲午朔，日有食之[5]。

【1】（明）王圻《续文献通考·象纬考·日食》：“永乐十二年甲午春正月丙子朔，日食。”

【2】（明）王圻《续文献通考·象纬考·日食》：“永乐十二年夏六月丙寅朔，日又食”。按，永乐十二年六月是壬寅朔，《二申野录》壬申朔、《续文献通考》丙寅朔，皆误。

【3】《明成祖实录》：“永乐十二年九月丁丑，榜葛剌国王赛弗丁遣使奉表，献麒麟，并贡名马、方物。”按，榜葛剌国：古国名。《明史·外国列传》称“榜葛剌则东印度也”。即今孟加拉国。明永乐六年榜葛剌国曾遣使同中国建立友好关系，中国也曾遣使回访。马欢《瀛涯胜览》、费信《星槎胜览》等均有专条记述。《明史》中屡有榜葛剌国献麒麟的记载。

【4】万历《应天府志·郡纪下》：“永乐十三年九月，溧水大水。”光绪《溧水县志·庶征》亦载。按，《二申野录》系于永乐十二年。

【5】（明）王圻《续文献通考·象纬考·日食》：“永乐十二年冬十一月甲午朔，日又食。”按，永乐十二年十一月当是庚子朔，《二申野录》、《续文献通考》甲午朔，皆误。日食几乎每年都发生，只是在同一地区短时间内重复发生的可能性较小。这里出现的多次日食记载，应该不是同一个地区观察到的日食。

乙未（永乐十三年，1415年）春正月庚子朔。壬子，灯山焚，都督同知马旺死焉[1]。三月，礼官请贺大岩山（在今贵州务川县），呼万岁。不许[2]。会稽旱[3]。秋八月，有星孛于南斗[4]。冬十一月，苏禄国献麒麟。又吕震奏，麻林国进麒麟，将至，请于至日率群臣上表贺[5]。是岁，嘉定县（今上海嘉定）东北白气一道，有声如雷，坠于宝山之南，获一黑石[6]。

【1】《明成祖实录》："永乐十三年正月壬子夜，午门外灯山火，有仓促不及避而死者，都督同知马旺预焉。"按，相传自汉代以来，旧历正月十五是传统的上元节，有燃灯、观灯之俗。唐宋时五夜。明太祖洪武年间，增加到十日。明成祖永乐十年，令在皇城午门外扎"鳌山万岁灯"，赐百官宴，允许百姓到午门外观灯三日。所谓鳌山万岁灯就是将万盏彩灯叠成山形，高十余层，形状似鳌，中间用五色，熠熠生辉，观之眼花缭乱，可以说是集全国灯彩之萃。

【2】《明成祖实录》："永乐十三年三月丁未，贵州布政司右布政使蒋廷瓒言：去年北征班师，诏至思南府婺川县（今贵州务川），闻大岩山有声连呼万岁者三，咸谓皇上恩威加山川效灵之征，礼部尚书吕震请率群臣上表贺。上曰：人臣事君当以道，阿谀取容非贤人君子所为。呼噪山谷之间空虚之声，相应理固有之，岂是异事？布政司官不察以为祥，尔为国大臣不能辨正其非，又欲进表媚朕，非君子事君之道。遂已。"

【3】万历《绍兴府志·灾祥》："永乐十三年，会稽旱。"

【4】《明成祖实录》："永乐十三年冬十月乙丑朔夜，太白犯南斗魁第三星。"按，太白即金星。南斗：《晋书·天文志上》："北方，南斗六星，天庙也，丞相太宰之位，主褒贤进士，禀授爵禄。"《宋书·天文志一》："占曰：太白犯斗，国有兵，大臣有反者。"

【5】《明成祖实录》："永乐十三年十一月壬子，麻林国及诸番国进麒麟天马神鹿等物，上御奉天门受之。"按，苏禄国：古国名，位于今菲律宾苏禄群岛，信奉伊斯兰教的酋长国。郑和船队曾到其地。麻林国：古国名，位于今非洲肯尼亚马林迪。郑和船队曾到其地。

【6】乾隆《江南通志·禨祥》："永乐十三年，嘉定县东北白气一道，有声如雷，堕于宝山之南，获一石。"

丙申（永乐十四年，1416年）夏五月壬辰朔，日有食之[1]。秋七月，台州（今浙江临海）、兰溪（今浙江兰溪）大水[2]。八月癸酉旦，寿星见[3]。

【1】《明成祖实录》："永乐十三年，夏五月丁酉朔，日有食之。"（明）王圻《续文献通考·象纬考·日食》："永乐十四年丙寅，夏五月壬辰朔，日有食之。"按，永乐十四年是丙申年，《续文献通考》记为"丙寅"，误。《续文献通考》、《二申野录》均系于十四年五月，皆误。

【2】光绪《兰溪县志·祥异》："明永乐十四年（1416年），兰溪大水漂溺人畜田庐无数。"万历《黄岩县志·祥异》、《仙居县志·灾异志》："永乐十四年七月，台州大水；仙居皆水。"

【3】《明成祖实录》："永乐十三年八月戊寅旦，寿星见丙位，色黄而明润。"（明）王圻《续文献通考·象纬考·瑞星》亦载。按，寿星又称老人星、南极老人星，位于十二星次之首，与二十八星宿之长的角、亢相对应，故又称寿星。其位置接近参宿。《晋书·天文志上》："老人一星在弧南，一曰南极……见则治平，主寿昌。"《史记·天官书》："有大星，曰南极老人。老人见，治安；不见，兵起。"

丁酉（永乐十五年，1417年）夏四月丁巳朔，日有食之[1]。五月，山东旱蝗[2]。秋七月戊寅旦，寿星再见[3]。冬十月癸未朔，日有食之[4]。十一月壬申，金水河及太液池冰凝，具龙凤花卉之状[5]。

【1】（明）王圻《续文献通考·象纬考·日食》："永乐十五年丁酉夏四月丁巳朔，日食。"

【2】出处不详。

【3】《明成祖实录》："永乐十五年七月戊寅旦，寿星见，百官请贺。上曰：比岁寿星见，卿等以为瑞，致贺。然四方旱涝蝗疫比比有之，而鲜有为朕言者。朕之所愿，时和岁丰，天下之人俱得其所。"（明）王圻《续文献通考·象纬考·瑞星》亦载。按，寿星，又称老人星、南极老人星。《史记·天官书》："老人见，治安；不见，兵起。"

【4】（明）王圻《续文献通考·象纬考·日食》："永乐十五年冬十月癸未朔，日又食。"道光《万全县志·变占》："永乐十五年冬十月癸未朔，日食在尾。"

【5】（明）余继登《典故纪闻》："永乐十五年十一月，金水河及太液池冰凝，具楼阁龙凤花卉之状，奇巧特甚，此冰异也。成祖赐群臣往观，群臣请贺，不允。"按，（明）王圻《续文献通考·物异考·冰雹》系于永乐十二年十一月。

《明太宗宝训·警戒》："永乐十五年十一月壬申，金水河及太液池冰凝，具楼阁龙凤花卉之状，奇巧特异，赐群臣观之。行在礼部尚书吕震以为祯祥屡见，率百官上表贺。上拒不受。"

戊戌（永乐十六年，1418年）春正月，陕西耀州（今陕西耀县）民献玄兔[1]。江宁（今江苏南京）县治火[2]。秋八月，寿星三见[3]。

【1】《明成祖实录》："永乐十六年正月丙寅，以玄兔（即黑兔）图并群臣所上表及诗文赐皇太子，又赐书谕之曰：比陕西耀州民献元（玄）兔，群臣以为瑞，且谓朕德所致，上表称贺，又有献诗颂美者，朕心惕然愧之。今虽边鄙无事，而郡县水旱往往有之，流徙之民亦未尝无。"

【2】万历《应天府志·郡纪下》："永乐十六年，江宁县治火。"

【3】《明成祖实录》："永乐十六年八月丙戌旦，寿星见。"按，寿星，又称老人星、南极老人星。《史记·天官书》："老人见，治安；不见，兵起。"

己亥（永乐十七年，1419年）夏六月初，山西行都司军士采石青于沙净州旧塘，用工多而所得少，忽见青蛇，随所往二百余步，夫役发其下得石青加倍，其色视旧塘者益鲜明。至是，都指挥李谦绘图以进[1]。冬十一月丁巳，甘露降孝陵（南京明太祖陵）松柏三日[2]。杭州府（今浙江杭州）庙、学灾，仅存戟门，师生朝夕设幕施教[3]。是岁九月，钦颁佛经、佛曲至淮安（今江苏淮安），现五色圆光，彩云满天，云中现菩萨、罗汉、天花、宝塔、龙凤狮象，又有红乌、白鹤盘旋飞绕[4]。

【1】《明成祖实录》："永乐十七年六月庚寅，初山西行都司军士采石青于沙净州旧塘，用工多而所得甚少，忽见青蛇，随所往二百余步失之，发其下，得石青加倍，其色视旧塘产者益鲜明。至是都指挥李谦绘图来进。"按，石青也叫石青石，可作为铜矿石来提炼铜，也用作蓝颜料。沙净州在今山西境内。

【2】《明成祖实录》："永乐十七年（1419年）十一月丁巳，甘露降孝陵松柏三日。"（明）王圻《续文献通考·物异考·甘露》："永乐十七年己亥十一月，甘露复降于孝陵之松柏，凡四日，凝为玉脂，融为琼液。"

【3】万历《杭州府志·郡事纪上》："永乐十七年，杭州府庙、学灾。熊概重建府学记：

荡尽所有，仅戟门，师生朝夕设幕施教，莫有为之作新者。”按，戟门是庙社宫殿前最外的一道门。戟是古代的一种兵器。最早帝王出巡，在止宿的地方插戟为门，以为警戒。以后，庙社宫殿前都建戟门，以为仪仗。

【4】(明)何良俊《四友斋丛说·释道二》:“永乐十七年(1419年)，御制佛曲成，并刊佛经以传。九月十二日钦颁佛经至大报恩寺。当日夜，本寺塔现舍利光如宝珠。十三日现五色毫光，庆云奉日，千佛观音菩萨罗汉妙相毕集。续颁佛经、佛曲至淮安给散，又现五色圆光，彩云满天。云中现菩萨罗汉，天花宝塔，龙凤狮象。又有红乌白鹤，盘旋飞绕。礼部行翰林院撰表往北京称贺，上甚喜悦。”

庚子(永乐十八年，1420年)春正月庚子朔。三月，义乌(今浙江义乌)智者乡天雨荞麦[1]。秋七月，湖广衡州府同知方素易[2]卒。初，有铺卒诉年老惟一子，今为虎所噬。素易为文檄山神。明旦，虎死道侧。后有告蓟州民匿谷庶人货财不送官者，上官并劾素易不举，坐是死狱中[3]。按苏子瞻[4]谓韩文公能驯鳄鱼之暴[5]，而不能弭皇甫镈、李逢吉之谤[6]，是则素易之谓矣。八月丁酉朔，日有食之[7]。立东厂命内宦一人主之，刺大小事情以闻[8]。九月，山东青州府诸城县进龙马，麟臆肉鬃，色青苍，体具龙文[9]。是岁，杭州夏秋霖雨，风潮坏长安等坝，沦于海者千五百余丈[10]。冬十一月，皇太子过邹县(今山东邹县)，见民男女持筐，路拾草实者。驻马问所用，民跪对曰：“岁荒以为食。”皇太子恻然，即令布政司发粟赈之[11]。

【1】嘉庆《义乌县志·祥异》:“永乐十八年三月十四日，智者乡天雨瑞麦。按，天雨荞麦，野人争拾之。”

【2】方素易：明代江西乐平人，官至浙江金华知府。

【3】(清)吴肃公：《明语林·政事》:“方素易所在，辄著廉明。为衡州同知，民有告虎噬人者。素易斋沐为文，檄山神。明日，虎自毙于道，时人以比韩退之驱鳄。”

【4】苏子瞻：即宋代大学者苏轼，字子瞻。

【5】韩文公：即唐代大文豪韩愈，字退之。韩愈死后谥文公，故称韩文公。《鳄鱼文》(又称《祭鳄鱼文》)是汉语散文的名篇。传说韩愈当潮州刺史的时候，当地韩江的鳄鱼经常危害百姓，韩愈派人宰猪杀羊在江边设坛祭鳄，限鳄鱼三天之内离开此地，七天不走就要严处。于是鳄鱼都离开这里出海。

【6】皇甫镈、李逢吉：均为唐宪宗时的宰相。宪宗笃信佛教，迎佛骨入宫，韩愈犯颜直谏，遭到二人的诽谤，几乎被处死，后贬为潮州刺史。语出自苏轼撰写的《潮州韩文公庙碑》。

【7】《明成祖实录》："永乐十八年八月丁酉朔，日有食之。"（明）王圻《续文献通考·象纬考·日食》亦载。

【8】《明史·成祖纪三》："永乐十八年十二月，是年始设东厂，命中官刺事。"《明史·刑法志三》："东厂之设始于成祖。锦衣卫之狱……其复用亦自永乐时。厂与卫相依，故言者并称厂卫。"成祖即位以后，倚重宦官，于东安门北设东厂，侦缉谋逆妖言大奸恶，与锦衣卫权位相当。明宪宗成化中，使大太监尚铭领东厂，另设西厂以大太监汪直督领，规模比东厂还大。东西二厂侦缉范围自京师而至天下，即使王府也不免，制造冤案无数。西厂在成化末年和明孝宗弘治期间一度罢废，但武宗正德年间又恢复，二厂掌事者都是大太监刘瑾的亲信。刘瑾又设内行厂，亲自掌领，连东西二厂都在其监视之下。熹宗天启年间，大太监魏忠贤用事，"专以酷虐钳中外，而厂卫之毒极矣"。简而言之，锦衣卫属朝廷专领的特务机构，东、西厂是皇帝令亲信宦官私设的特务机构。但因宦官势大，锦衣卫首领本身就是大宦官的走狗，所以厂、卫实际已经合为一体。东厂官属中的理刑百户、掌刑千户，以及吏役人等都是由锦衣卫派人充当。

【9】《明成祖实录》："永乐十八年九月乙未，山东青州府诸城县进龙马。县民尝有牝马牧于海滨者，一日云雾晦冥，有物蜿蜒与马接，至是产驹，麟臆肉鬃，体具龙文，其色青苍，盖龙马云。"（明）沈德符《万历野获编·先朝进马》载云："永乐十八年，山东诸城人崔友谅，献青苍驹，麟臆虬文，形体诡异，上赐名龙马，群臣表贺。"（明）黄瑜《双槐岁钞》亦载。按，臆：胸骨、胸部。肉发，误，当为肉鬃，亦书"肉騣"，骏马的一种特征。马颈肉端所生鬃毛，倒披一旁，谓之"肉騣"。《新唐书·五行志三》："滑州刺史李邕，献马，肉鬃麟臆，嘶不类马，日行三百里。"

【10】《明成祖实录》："永乐十八年九月甲戌，通政司左通政岳福言：浙江仁和、海宁二县今年夏秋霖雨，风潮坏长安等坝，沦于海者千五百余丈；东岸赭山、岩门山、蜀山故有海道，近皆淤塞，故西岸潮势愈猛，为患滋大，乞以军民修筑。从之。"

【11】《明成祖实录》："永乐十八年十一月己丑，是日，皇太子过邹县，见民男女持筐盈路拾草实者。驻马问所用，民跪对曰：岁荒以为食。皇太子恻然，稍前下马，入民舍，视民男女，皆衣百结不掩体，灶釜倾仆不治。叹曰：民隐上闻若此乎，顾中官赐之钞，而召乡之耆老问所苦，具以实对。辍所食赐之。时山东布政使石执中来迎，责之曰：为民牧，而视民穷如此，亦动念否乎？执中言：凡被灾之处，皆已奏乞停今年秋税。皇太子曰：民饿且死，尚及征税耶？汝往督郡县，速取勘饥民口数，近地约三日，远约五日，悉发官粟赈之，事不可缓。执中请人给三斗，曰：且与六斗，汝毋惧擅发廪，吾见上当自奏也。"

辛丑（永乐十九年，1421年）夏四月庚子，奉天、华盖、谨身三殿灾[1]。秋八月辛卯朔，日有食之[2]。

【1】《明成祖实录》："永乐十九年四月庚子，奉天、华盖、谨身三殿灾。"（明）王圻《续文献通考·物异考·火灾》："永乐十九年夏四月庚子，奉天、华盖、谨身三殿灾"。

【2】《明成祖实录》："永乐十九年秋八月辛卯朔，日有食之。"（明）王圻《续文献通考·象纬考·日食》亦载。

壬寅（永乐二十年，1422年）春正月己未朔，日有食之[1]。夏五月，广州飓风暴雨，潮水泛溢[2]。

【1】《明成祖实录》："永乐二十年春正月己未朔，日食。上谕礼部臣曰：日食天变之大者，况在正旦，永念厥咎，凛焉于心。卿等宜各修厥职，以匡辅不逮。是日，免贺礼。"（明）王圻《续文献通考·象纬考·日食》亦载。

【2】《明成祖实录》："永乐二十年五月己未，广东广州等府飓风暴雨，潮水泛溢，人溺死者三百六十余口，漂没庐舍千二百余间，坏仓粮二万五千三百余石。事闻，皇太子令户部遣人驰驿抚问。"

癸卯（永乐二十一年，1423年）夏六月庚戌朔，日有食之[1]。秋八月，礼部左侍郎胡濙进瑞光图及榔梅、灵芝，且奏：泰岳太和山（武当山）顶金殿现五色圆光，紫云周匝不散，又山石产灵芝。尚书吕震率百官进贺[2]。诸暨（今浙江诸暨）大风，江潮至枫溪[3]。

【1】《明成祖实录》："永乐二十一年夏六月庚戌朔，日有食之。"（明）王圻《续文献通考·象纬考·日食》亦载。

【2】《明成祖实录》："永乐二十一年八月甲子，礼部左侍郎胡濙进瑞光图及榔梅、灵芝，具奏云：今岁万寿圣节，大岳太和山顶金殿现五色圆光，紫云周匝逾时不散；山石产灵芝、榔梅，结实特盛往年。礼部尚书吕震率百官进贺曰：此圣寿之征也。上曰：……此不足贺。"

【3】万历《绍兴府志·灾祥》：""永乐二十一年，诸暨大风，江潮至枫溪。"光绪

《诸暨县志·灾异志》亦载。

甲辰（永乐二十二年，1424年）春正月，逮朝觐官下锦衣卫狱，寻释之[1]。夏五月，大名府浚县蝗蝻生，知县王士廉以失政自责，祷于八蜡祠，越三日有鸟数万食蝗尽[2]。永乐中，吴城有一老父偶治耳，于其中得五谷、金银、衣服、器皿等诸物，凡得一箕。后更治之，无所得，视其中已洁净，唯其正中有一小木椅，制精妙，椅上坐一人，长数分，亦甚有精气[3]。

【1】《明成祖实录》："永乐二十二年正月，下广西右布政使周幹等狱。时天下布政司、按察司及府州县官来朝者二千四百七十二人，刑部右侍郎张本、都察院左都御史刘观及浙江等道监察御史、六科给事中交章劾奏干等旷官弃政，请寘于法。敕付锦衣卫狱，寻命输作赎罪。"

【2】《明成祖实录》："永乐二十二年夏五月乙亥朔，是日，大名府浚县蝗蝻生，知县王士廉斋戒，率僚属耆民祠于八蜡祠，士廉以失政自责。越三日，有鸟万数食蝗殆尽。皇太子闻而嘉之。"按，八蜡庙：或作八腊庙。明、清时八腊庙都是用来祈祷蝗虫不为害本地的庙宇，仪式在每年农历的二月和八月即春季和秋季举行。春季二月祭八腊庙，是祈求当年别有蝗灾。秋季八月祭八蜡庙，含有因为这一年未遭蝗灾，酬谢昆虫之神的意思。

【3】（明）冯梦龙《古今谭概》："永乐中，吴城有一老父偶治耳，于耳中得五谷金银器皿等诸物，凡得一箕。后更治之，无所得。视其中洁净，唯正中有一小木椅，制甚精妙。椅上坐一人，长数分，亦甚有精气。其后亦无他异。"

乙巳（洪熙元年，1425年）春正月壬申朔。夏四月，南京地震[1]。癸丑，星变。宁王权请改封，不许[2]。六月庚戌，南京地震[3]。秋七月，地又震[4]。冬十月丙寅朔，日有食之[5]。十二月，南京地又震[6]。浙江海宁县（今浙江余杭东南）奏，民逃徙者九千一百余户[7]。

【1】《明仁宗实录》："洪熙元年二月戊午，南京地震。庚申，南京地震。辛酉，南京地震。乙丑，南京地震。丙寅夜，南京地震。己巳夜，南京地震。三月甲戌，是日南京地震者三。乙亥夜，南京地震。己卯夜，南京地震。庚辰夜，南京地震。辛巳，南京地震。壬午夜，南京地震。甲申，南京地震。乙酉，南京地震。丙戌，南京地震。丁亥，南京地震。戊子，南京地震。己丑夜，南京地震。癸巳，南京地震。甲午，南

京地震。戊戌夜，南京地震。四月乙巳，南京地震。丙午，南京地震。丁未夜，南京地震。戊申夜，南京地震。庚申，南京地震。”按，《明史·五行志三》：“洪熙元年，是岁，南京地震，凡四十有二。”

【2】按，宁王权，即明太祖朱元璋第十七子朱权。洪武二十五年（1392年）明太祖封他为宁王，就藩于大宁（今内蒙古赤峰宁城），其部下蒙古朵颜三卫骑兵十分精悍，与燕王朱棣分守北疆。建文帝即位，采纳属下齐泰、黄子澄削藩之议，逼死湘王将齐王、代王废为庶人。又派人召宁王，朱权不去，于是也获罪。燕王朱棣反，宁王参与其事，代书檄文。本来燕王朱棣许诺事成之后与宁王分天下，可即位以后却自食其言。永乐元年宁王改封南昌。永乐皇帝死后，仁宗即位，“法禁稍解，乃上书言南昌非其封国。”《明仁宗实录》：“宁王权奏欲来朝，又言江西非其封国。上遣书答曰：叔欲来见，感亲爱之厚。侄承叔亲厚有素，今欲见叔亦切惓惓。但以圣训不敢违也。所云寄居江西非所封之国，不与封镇各王例同。盖江西之地，叔受之先帝已二十余年，为国南屏，非封镇而何？”婉言拒绝改封的要求。

【3】《明宣宗实录》：“洪熙元年六月甲寅，南京地震。”

【4】《明宣宗实录》：“洪熙元年七月癸酉，南京地震。”（明）王圻《续文献通考·物异考·地震》：“洪熙元年七月，南京地震。”

【5】道光《万全县志·变占》：“洪熙元年冬十月丙寅朔，日食在尾。”（明）王圻《续文献通考·象纬考·日食》亦载。

【6】《明宣宗实录》：“洪熙元年十一月戊申，南京地震。十二月丙寅朔，南京地震。”万历《应天府志·郡纪下》：“洪熙元年，四月地屡震，六月地震，十二月又震。”

【7】《明宣宗实录》：“洪熙元年十二月丁亥，浙江海宁县奏：民逃徙复业者九千一百余户，所欠夏税丝绵四万余斤，粮三万余石，乞恩优免……上谓尚书夏原吉曰：一县几何，民而逃者九千余户，此必官不得人，科钦无度所致，其悉如诏书免征。”

丙午（明宣宗宣德元年，1426年）春正月丙申朔。秋七月，北京地震[1]。八月辛未，东南天鸣如万鼓[2]（原按：祝希哲云：宣德中，先公在学舍，一日以事赴郡中，当未申间，天裂于西南，凡十余丈，时晴碧无翳，见其中苍茫深昧，不可穷极，良久乃合[3]）。九月壬戌，汉王高煦反[4]。冬十月，广州大霖雨[5]。

【1】《明宣宗实录》：“宣德元年七月癸巳，京师地震，东南起，有声往西北止。”按，《明史·五行志三》：“宣德元年七月癸巳，京师地震有声，自东南迄西北。是岁，

南京地震者九。二年春，复震者十。三年复屡震。四年，两京地震。五年正月壬子，南京地震。辛酉，又震。”（明）王圻《续文献通考·物异考·地震》：“宣德元年七月，北京地震。三年，南京地屡震。四年，两京震。”

【2】《明宣宗实录》：“宣德元年八月癸亥，昏刻，东南天鸣如泻水，久乃止。甲子，昏刻，东南天鸣如风水相搏。乙丑，昏刻，东南天鸣如风水相搏。丁卯，昏刻，东南天鸣。南京地震，起西北随止。”（明）王圻《续文献通考·象纬考·天变》：“宣德元年辛未，东南天鸣，声如万鼓。”按，《明史·天文志三》：：“宣德元年八月戊辰，昏刻天鸣，如雨阵迭至，自东南而西北，良久乃息。”天鸣，又称天鼓。《史记·天官书》：“天鼓，有音如雷非雷，音在地而下及地。其所往者，兵发其下。”意思是说，天空有声音大如雷又不是雷，声音所往的方向，有兵兴起。

【3】祝允明《野记》：“先公说，宣德中一日未申间，天裂于西南，视之，若十余丈，时晴碧无翳，内外际畔了可察，其中苍茫深昧，不可穷极，良久乃合。”按，明代著名书画家祝允明，字希哲，号枝山。长洲（今江苏苏州）人。能诗文，工书法，其狂草颇受世人赞誉，称为“吴中四才子”之一。《明史》有传。

【4】《明宣宗实录》：“宣德元年八月辛未，以高煦之罪告天地、宗庙、社稷百神，遂亲征。九月丙申，车驾至京师亲告天地、宗庙、几筵社稷，行谒谢礼……上御奉天门，高煦父子家属皆至京师，行在刑部、都察院、大理寺暨文武廷臣劾奏高煦谋危宗社，大逆不道，宜正国典，以为乱臣贼子之戒。上曰：国家待宗藩具有祖训，朕不敢违。命行在工部新作馆室于西安门，内处高煦夫妇男女，其饮食衣服之奉，悉仍旧无改。”按，汉王高煦：明成祖朱棣第二子朱高煦。初受封高阳郡王。明成祖永乐二年改封为汉王，封国在云南，他以地处偏远，形同流放，不肯行。永乐十三年，改封青州（今山东青州），依然不愿前往封地。明成祖朱棣大怒，严加指责。朱高煦并不悔改，反而私自扩大武装，谋反之心昭然若揭。永乐十四年，明成祖朱棣废朱高煦为庶人，后徙封乐安州（今山东惠民县）。成祖死，宣宗宣德元年八月朱高煦起兵造反。宣宗亲征，朱高煦出降。宣宗废朱高煦父子为庶人，筑室西安门内禁锢之。后朱高煦及诸子相继皆死。

【5】嘉靖《广州通志初稿·祥异》：“宣德元年，冬十月，广州大雨水。”

丁未（宣德二年，1427年）春二月，南京（今江苏南京）地屡震[1]。诸暨（今浙江诸暨）大风潮[2]，安东（今江苏涟水）杨绅礼妻吕氏，一乳三子[3]。

【1】《明宣宗实录》：“宣德二年二月己未朔夜，南京地震。甲戌夜，南京地震。戊寅夜，南京地震。己卯夜，南京地震。癸未夜，南京地震。乙酉夜，南京地震。丁亥夜，

南京地震。”

【2】万历《绍兴府志·灾祥》：“宣德二年，诸暨大风，江潮至枫溪。”光绪《诸暨县志·灾异》亦载。

【3】出处不详。

戊申（宣德三年，1428年）春二月，立贵妃孙氏为皇后[1]。昼有星陨于邳州（今江苏邳县古邳镇）民高浩家，不逾月选其女入侍[2]。夏六月，杭州（今浙江杭州）大水[3]。秋七月，宁王权奏求铁笛，上命工制铁笛与之，谓左右曰："古人谓笛者涤也，所以涤邪秽，纳之于正。宁王之意其在此乎？"[4]冬十月戊戌，大雪[5]。十一月，城独石（今河北赤城独石口），遂弃开平（今内蒙古正蓝旗东）[6]。临安（今浙江临安）、新城（今浙江新登）二县饥[7]。是岁，山西饥民流亡至南阳（今河南南阳）诸郡，不下十余万[8]。

【1】《明史·后妃一》宣宗孝恭皇后孙氏，邹平人。永乐中，宣宗婚，选济宁胡氏为妃，而一孙氏为嫔。宣宗即位，封贵妃。宣德三年三月，胡后废，遂册孙氏为后。《二申野录》系于二月，误。

【2】乾隆《江南通志·机祥》：“宣德三年邳州民高浩家昼落一星，不逾月选其女入侍御。”

【3】《明宣宗实录》：“宣德三年六月辛丑，行在户部尚书夏原吉奏：主事孙冕自浙江还，言：苏、松、嘉、湖、杭诸郡，今夏苦雨，江水泛溢，田稼多淹没。”乾隆《浙江通志·祥异下》：“宣德三年，浙江自四月不雨至六月，及雨，大水淹没禾稼。”

【4】《明宣宗实录》：“宣德三年六月丁卯，宁王权遣人进扇且奏求铁笛。上命工制铁笛与之，谓左右曰：‘古人谓笛者涤也，所以涤邪秽纳之雅正。宁王之意其在此乎？铁笛虽无，当新制与之。’”按，宁王权，即明太祖朱元璋第十七子朱权。《二申野录》系于七月，误。

【5】《明宣宗实录》：“宣德三年十月戊戌，大雪。上喜谓侍臣曰：今年四方多言水旱，生民艰食，朕恒为忧，惟冀天地垂佑，雨旸及时，庶丰稔可望。今冬初即见雪，其来岁有秋之兆乎。”

【6】《明宣宗实录》宣德元年六月“阳武侯薛禄奏备边五事其一……开平官军家属众多，月给为难，宜于独石筑城毡帽山塞关，移置开平卫于此，俾其人自种自食。精选本卫及原调守备官军二十人分为两番，每番千人自带粮料往开平戍守，既免馈送之劳，亦得备御之固。”宣德二年六月“宜准阳武侯薛禄初奏于独石筑城立开平卫，以开平备

御家属移于新城，且耕且守；而以开平卫及所调他卫备御官军选其精壮分作二班，每班一千余人，更代于开平旧城哨备……命俟秋成后为之。”按，开平是元朝的上都所在地，明初明成祖放弃了开平的辅城，由于气候寒冷，南粮供应困难，士兵逃亡，所以宣宗只好把原来的开平卫迁到长城内的独石。

【7】《明宣宗实录》：“宣德三年十一月辛酉，浙江杭州府奏：临安、新城二县，今年秋冬人民缺食，已将预备仓粮一千三百九十六石有奇验口给赈。”

【8】《明宣宗实录》：“宣德三年闰四月甲辰，行在工部郎中李新自河南还，言：山西饥民流徙至南阳诸郡不下十万余口，有司军卫及巡检司各遣人捕逐，民愈穷困，死亡者多，乞遣官抚辑，候其原籍丰收则令还乡。”

己酉（宣德四年，1429 年）春正月，两京地震【1】。二月，襄城伯李隆【2】献驺虞二，云出滁州来安县（今江苏来安）石固山，素质黑文，驯狎不惊【3】。是月，宁夏总兵陈懋进玄白兔【4】。常州（今江苏常州）旱，民饥【5】。夏五月，初设钞关【6】。秋七月，海阳县（今广东潮州）进白乌【7】。冬十一月，临安（今浙江临安）、于潜（今浙江临安于潜镇）二县饥【8】。

【1】《明宣宗实录》：“宣德四年春正月庚戌，南京地震。癸丑夜，南京地震。丁巳夜，北京地震。”

按，《明史·五行志三》：“宣德四年。两京地震。”

【2】李隆，字彦平，襄城伯李濬子，和州人。年十五袭封。雄伟有将略。永乐时屡从北征，受到明成祖的器重。永乐十九年迁都北京以后，明成祖以南京系根本地，命李隆留守。仁宗即位，命镇山海关。未几，仁宗死，宣宗即位，复明李隆守南京。李隆在南京十八年，前后赐玺书二百余。明英宗正统五年入总制禁军，十一年巡边大同，次年卒。

【3】《明宣宗实录》：“宣德四年二月己丑，南京守备襄城伯李隆献驺虞二，云出滁州来安县石固山，素质黑文，驯狎不惊。上命群臣观之，行在礼部尚书胡濙等请上表贺。上曰：祯祥之兴必有实德，庶几副之。朕嗣位今四年，中外所任岂皆得人？农亩岂皆有收？民生岂皆得所？朕夙夜不遑……唐太宗尝曰：人君须至公理天下，尧舜在上，百姓敬之如神明，爱之如父母，动作兴事人皆乐之，发号施令人皆悦之，是大祥瑞。此亦名言，朕与卿等宜共谨之。遂免贺。”按，驺虞又名驺吾、驺牙，是中国古代传说中的动物。其形状虎躯狮首，“白毛黑纹，尾巴修长”，而天性柔仁，不吃活动物，被古人视为瑞兽。

【4】《明史·陈懋传》：“宣德三年奏徙灵州城，得黑白二兔以献。宣宗喜，亲画

马赐之。”

【5】康熙《常州府志·祥异》：“宣德四年，旱，民饥，诏免田租。”

【6】《明史·食货志五》“宣德四年，以钞法不通，由商居货不税。由是于京省商贾凑集地、市镇店肆门摊税课……悉令纳钞”。《明宣宗实录》：“宣德八年十一月户部尚书郭资卒。”“上嗣位时，户部奸币日滋。近臣有言资刚直廉勤，虽病足艰于步履，可以坐镇者。遂召至，命掌户部事。”

【7】《明宣宗实录》：“宣德四年七月丙辰，广东进白乌二。”

【8】《明宣宗实录》：“宣德四年十一月庚午，浙江杭州府奏：临安、于潜二县，岁荒民饥，共借官仓米一千五百九十石赈济。”

庚戌（宣德五年，1430年）夏五月，朝鲜国献海青鹰[1]。凤阳（今安徽凤阳）蝗[2]。秋七月，礼官请贺龙驹、瑞麦、嘉禾[3]。八月己巳朔，日有食之[4]。冬十月，杭州饥[5]。丙申夜，蓬星见，八日始灭[6]。十一月，直隶广平（今河北广平）、大名（今河北大名）等府县奏：久雨，河溢，淹没苗稼，无收[7]。六合县（今江苏六合）饥[8]。南海（今广东广州）饥[9]。闰十二月二十日夜，含誉星见于九斿（音：游），大如弹丸，色黄白，光耀有彗。群臣表贺[10]。

【1】《朝鲜李朝实录·世宗庄宪大王实录二》：“己酉十一年（明宣德四年）十一月甲辰，使臣金满来，敕曰：前遣人所进海青鹰犬，足见王之至诚。庚午，进鹰使上护军池有容，赍海青二连、堆昆依恋，与头目陈景赴京。庚戌十二年（明宣德五年）四月庚寅，进鹰使通事回自京师，启：太监尹凤传圣旨云：今进白角鹰，前后所无……朕所常佩带环，今特函赐。”按，海青鹰，又名海东青，属鹰科，是一种猛禽，学名矛隼。在中国主要产于东北地区，极为罕见。

【2】出处不详。

【3】《明宣宗实录》：“宣德五年七月丁未，四川茂州守臣进瑞麦，有一茎三穗五穗者。时太庙之侧产嘉禾，有一茎四五穗至六七穗者，不可胜计。行在礼部臣请率百官表贺。”按龙驹，即骏马。

【4】《明宣宗实录》：“宣德五年八月己巳朔，日当食，阴雨不见。”（明）王圻《续文献通考·象纬考·日食》亦载。

【5】《明宣宗实录》：“宣德五年十月乙未，浙江于潜县奏：县民五百五十七户乏食，已给官仓谷五百五十五石赈济。”按，于潜县属杭州府。

【6】《明宣宗实录》："宣德五年十月丙申夜，有蓬星色白如粉絮，见外屏南，渐东南行，经天仓、天庾，几八日始灭。"（明）王圻《续文献通考·象纬考·星变至虹霓》亦载。按，蓬星：即彗星，又称星孛、长星。

【7】《明宣宗实录》："宣德五年十月乙未，直隶广平府成安县及大名府内黄县奏：六七月天雨连绵，河水涨溢，淹没官民田地，苗稼无收。"按，《二申野录》系于十一月，误。

【8】万历《应天府志·郡纪下》："宣德五年九月，始命周枕为工部侍郎，巡抚应天等府。六合饥，遣官劝赈。"

【9】嘉靖《广东通志初稿·祥异》："宣德五年，南海饥。"

【10】《明宣宗实录》："宣德五年闰十二月戊戌，文武群臣以含誉星见，上表贺。时行在钦天监奏：含誉星见九牛星傍，如弹丸大。今候至十夕，其色愈黄白光润。谨按占书曰：人君施孝德，兴礼乐，而人民和悦，夷狄奉化，外国来朝，则含誉星见。于是群臣上表称贺。"（明）王圻《续文献通考·象纬考·瑞星》亦载。按，含誉星：古人认为祥瑞的星。《晋书·天文志中》："瑞星……三曰含誉，光耀似彗，喜则含誉射。"九斿，参宿中的星名。《史记·天官书》：参宿……其西有九星，分三处罗列，"一曰天旗，二曰天苑，三曰九游（同斿）"。原文："见十九斿"，误，当为"见于九斿"。《明史·天文志三》："宣德五年十二月丁亥，有星如弹丸，见九斿旁，黄白光润，旬有五日而隐。"

辛亥（宣德六年，1431年）夏四月，有星孛于东井[1]。六月，常州（今江苏常州）讹言有物食人，自淮以南抵苏、松，人心惴惴，未昏键户，明火执械，终夕震惊，逾月乃息[2]。秋九月，荧惑犯南斗[3]。溧阳县（今江苏溧阳）饥[4]。

【1】《明宣宗实录》："宣德六年四月戊戌，昏刻，彗出东井，芒角蓬勃，长五尺余。"（明）王圻《续文献通考·象纬考·彗孛》亦载。按，东井，二十八星宿之一。《晋书·天文志上》："南方，东井八星。"东井主占水事。《宋史·天文志》云："星不欲明，明则大水。"

【2】康熙《常州府志·祥异》："宣德六年六月六月，讹言有物食人，自淮以南抵苏、松，人心惴惴，未昏键户，明火执器，终夕震惊，逾月乃息。"

【3】万历《绍兴府志·灾祥》："宣德六年九月，荧惑又犯南斗。"《明宣宗实录》："宣德六年六月癸亥，昏刻，荧惑犯南斗杓西第二星。"按，二书记载分别为六月、九月不同。荧惑即火星，古代称做荧惑。由于它在天空中运动，情况复杂，令人迷惑。《晋书·天

文中》："荧惑曰南方夏火……外则理兵，内则理政，为天子之理也……其入守犯太微、轩辕、营室、房、心，主命恶之。"荧惑居南斗的位置，古人认为是凶兆。

【4】万历《应天府志·郡纪下》："宣德六年，溧阳饥。"

壬子（宣德七年，1432年）春正月辛酉朔，日有食之[1]。诸暨（今浙江诸暨）大部乡民家，狐为祟，白昼火常自作[2]。夏五月，太原忻州（今山西忻县）民武焕家马生一驹，鹿耳牛尾，玉面琼蹄，肉文被体如鳞[3]。六月，昌化县（今浙江临安昌化镇）水[4]。

【1】《明宣宗实录》："宣德七年春正月辛酉朔，日有食之。"（明）王圻《续文献通考·象纬考·日食》亦载。

【2】万历《绍兴府志·灾祥》："宣德七年，诸暨大部乡民家，狐为祟，白昼火常自作。狐震死始息。"乾隆《诸暨县志·祥异》亦载。

【3】雍正《山西通志·祥异二》："宣德七年四月十七日，忻州民武焕马生一驹，鹿耳牛尾，玉面璚蹄，肉纹如麟，顶骨中隆。巡抚于谦表进于朝。"（明）王圻《续文献通考·物异考·马异》："宣德七年五月，太原忻州民武焕家马生一驹，鹿耳牛尾，玉面琼蹄，肉文被体如鳞。"成化《山西通志·祥异》："宣德七年四月十七日，忻州民武焕家马生一驹，鹿耳牛尾，玉面琼蹄，肉文被体如鳞，盖龙马也。"按，《山西通志》系于四月，《续文献通考》系于五月。又，二书所记"麟"、"鳞"异。

【4】乾隆《浙江通志·祥异下》："宣德七年，浙江大水。"万历《杭州府志·郡事纪上》："宣德七年，夏六月，昌化县水。"

癸丑（宣德八年，1433年）夏四月，山东旱饥[1]。六月，久不雨[2]。秋八月，荧惑犯南斗[3]。闰八月，彗出天仓旁，入贯索，扫七公[4]。是月，有怪星见，或曰归邪星[5]也。南海诸番进麒麟，少傅杨士奇献颂[6]。冬十二月，陕西进嘉禾[7]。

【1】《明宣宗实录》："宣德八年四月戊戌，以南北直隶、河南、山东、山西旱，下诏蠲恤。诏曰：今畿内及河南、山东、山西并奏：自春及夏雨泽不降，人民饥窘。"按，《明史·五行志三》："宣德八年，南北畿、河南、山东、山西自春徂夏不雨。"（明）

王圻《续文献通考·物异考·岁凶》："宣宗宣德八年，山东旱饥。"

【2】《明宣宗实录》："宣德八年六月乙酉，上以天久不雨祷祠未应，忧之。"

【3】《明宣宗实录》："宣德八年八月丙午，昏刻，荧惑犯南斗魁第二星。丁未，昏刻，荧惑犯南斗。"按，荧惑即火星，古人称做荧惑。由于它在天空中运动，情况复杂，令人迷惑。《晋书·天文中》："荧惑曰南方夏火……外则理兵，内则理政，为天子之理也……其入守犯太微、轩辕、营室、房、心，主命恶之。"荧惑犯南斗，即荧惑居南斗的位置，古人认为是凶兆。

【4】《明宣宗实录》："宣德八年闰八月壬子，昏刻，有彗出天仓旁，光芒长丈。己巳，入贯索，扫七公。己卯，入天市垣，扫晋星，又二十有四日灭。"按，天仓，即西方七星宿之一"胃宿"。《晋书·天文志上》："胃三星，天之厨藏，主仓廪，五谷府也，明则和平。"《史记·天官书》："胃为天仓。"贯索：星空三垣之一天市垣19个星官之一，主平民百姓的牢狱。《晋书·天文志上》：贯索九星在招摇前，"贱人之牢也……九星皆明，天下狱烦；七星见，小赦；六星、五星，大赦"。七公，天市垣19个星官之一。《晋书·天文志上》："七公七星，在招摇东，为天相，三公之象也，主七政。"

【5】《明宣宗实录》："宣德八年闰八月丁丑，昏刻，归邪星见东南方，色黄赤。"（明）王圻《续文献通考·象纬考·彗孛》："宣德八年秋八月，彗出天仓旁，入贯所，扫七公。郑晓曰：是月有怪星见，或曰归邪星。"按，归邪星：星气名。《汉书·天文志》："如星非星，如云非云，名曰归邪。归邪出，必有归国者。"《隋书·天文志中》："杂妖……十六曰归邪，状如星非星，如云非云。或曰，有两赤彗上向，上有盖状如气，下连星。或曰，见必有归国者。"

【6】《明宣宗实录》："宣德八年闰八月辛亥朔，苏门答腊国王宰奴里阿必丁遣弟哈利之汉等；右里国王比里麻遣使葛不满都鲁牙等；柯枝国王可亦里遣使加不比里麻等；锡兰山国王不剌葛麻巴忽剌批遣使门你得奈等；佐法儿国王阿里遣使哈只忽先等；阿丹国王抹立克那思儿遣使普巴等；甘巴里国王兜哇剌劄遣使段思力鉴等；忽鲁谟斯国王赛弗丁遣番人马剌足等；加异勒国王遣使阿都儒哈蛮等；天方国王遣头目沙献等，来朝贡麒麟、象、马诸物。上御奉天门受之。行在礼部尚书胡濙以麒麟瑞物，率群臣称贺。"按，苏门答腊，今印度尼西亚境内苏门答腊岛古国。柯枝，今印度境内喀拉拉邦古国。锡兰山，今斯里兰卡境内古国。佐法儿，今阿曼苏丹国境内古国。阿丹，今南也门境内古国。甘巴里，西洋古国。忽鲁谟斯，今伊朗境内古国。天方国，今阿拉伯地区古国。杨士奇，名寓，字士奇，以字行，号东里。江西泰和人。明代大臣、学者，官至礼部侍郎兼华盖殿大学士，兼兵部尚书。历永乐至正统皇帝五朝，为内阁辅臣四十余年，首辅二十一年。正统八年卒。

【7】乾隆《富平县志·祥异》："宣德八年十二月，陕西进嘉禾。"

甲寅（宣德九年，1434年）春三月，甘肃献龙驹[1]。夏六月，雷震大祀坛门[2]。常州（今江苏常州）夏旱，秋大水[3]。当涂（今安徽当涂）大旱，江潮竭，民饥疫[4]。台州（今浙江临海）、金华（今浙江金华）、兰溪（今浙江兰溪）大旱，伤稼[5]。琼州（今海南琼山）大饥[6]。

【1】（明）沈德符《万历野获编·先朝进马》："宣德九年，甘肃镇献名马，有所谓瑶池骏、银河练、照夜璧、飞云白、碧玉桥、白玉驯、玉鳞飞者，其色皆纯白，尤为罕睹。"

【2】《明宣宗实录》："宣德九年六月甲子，雨雷震大祀坛外西门兽吻。乙丑，命行在工部修治大祀坛西门。"

【3】康熙《常州府志·祥异》："宣德九年孟夏，常州旱；秋，大水。诏免田租。"《明史·五行志三》："宣德九年，南畿、湖广、江西、浙江及真定、济南、东昌、兖州、平阳、重庆等府旱。"

【4】民国《当涂县志》"宣德九年(1434年)春，大旱，至秋不雨，江湖涸竭。麦禾不收，民剥榆皮为食，继之疫病并兴，道殣相望。"

【5】万历《黄岩县志·祥异》："明宣德九年，台州夏秋大旱；黄岩旱。"万历《兰溪县志·祥异》："宣德九年，兰溪大旱。"光绪《金华县志·祥异》："宣德九年夏秋，金华大旱。"

【6】乾隆《琼州府志·祥异》："宣德九年，大饥，死者甚众，白骨遍野。"光绪《登迈县志·纪灾》："宣德九年，大饥，死者白骨遍野。"

乙卯（宣德十年，1435年）春正月癸酉朔，吴中有吕仕朝为府学生[1]，有婢名满堂，年十七八，忽得心恙。室中原有土坑，至是婢时时入坑中，家人欲茶，则从坑捧出以至，饮食百物皆可得之。或欲炊，则取火出。又谓主母曰："坑中有金帛，欲观乎？"乃入坑以盘托出铤银无数。吕欲取之，则曰："主君福犹轻，不当用，只可一看耳。"又时时言："今日有客至，当烹茶。"则自烹若干瓯，设案上。久之，诸瓯悉空，而了不见人也。或设饮食亦如之。一日主母将入房，婢曰："有客在房矣。"母视之，乃小儿数辈坐满案上，初不知何怪也。逼问之，亦不答。婢不食，问之，曰："我自吃了。"一旦，又将入坑取银，甫开门，偶为一生人冲入。婢愕然曰："今番再取不得物事矣。"自是懵然，犹时出怪态。仕朝以鬻诸人，其后不知何如[2]。又姑苏郡庠之尊经阁[3]，建自宋代，甚弘固。初传阁上有祟物，人罕独登。宣德中，有无赖子与人约，夜独寝其上，及明无事则当贺以钱，众从之。其夕，无赖独处于阁，夜半闻阁下呵导声。窥之，乃五丈夫，冠裳楚楚，从者亦都二，烛笼前引，登阁。无赖伏梁上视其所为。五人正面危坐，从人列酒馔案上，甚精腆，饮器皆黄白。将鸡鸣，无赖呼噪以惊之，诸人一时奔逸，都无所见，器物狼籍案上。无赖大喜过望，尽怀其器以下。众正来踪迹之，无赖以实告，方骇叹，俄传乐桥钱氏宵间失去金银酒器若干事。无赖曰："此将非钱氏物乎？"与众持诣钱，钱视之，即其物也。钱固富而仁厚，举以归之。后亦无他，不知何怪也[4]。

【1】府学生：明清时期，除了竟是最高学府国子监之外，各地方府、州、县也都有官学。府学生即府学的生员。

【2】见于（明）祝允明《志怪录·吕家怪婢》。

【3】按，郡，汉唐时的行政单位，相当于明清的府。庠，学校。郡庠即指府学。

【4】（明）祝允明《志怪录·尊经阁》："苏郡庠之尊经阁，建自宋代，甚弘固，相传阁上有祟，人罕得登。宣德中，有无赖子与人誓约，夜独寝其上，及明无事，则众当出金畀我。众从之。其夕，无赖独处于阁，夜半闻阁下有呵导声，窥之，则五丈夫冠裳楚楚，从者亦都二笼烛前引登阁。无赖急伏梁上，视其所。五人者危坐正面，从者即奉酒馔，铺列案上，肴醑果核丰腆精洁，饮器皆黄白错落满案。鸡鸣将散，无赖因呼噪以惊之。诸祟一时奔逸，都无所见。器物狼籍案上，不暇收拾。无赖大喜过望，尽怀其器以下。众方来踪迹之，无赖以实告，众方骇叹，俄传乐桥线铺钱氏宵间失去金银酒器若干。无赖谓诸人曰：此岂钱氏物乎？持之诣钱，钱视之，果其家物也。钱富而喜，悉举以归之。"

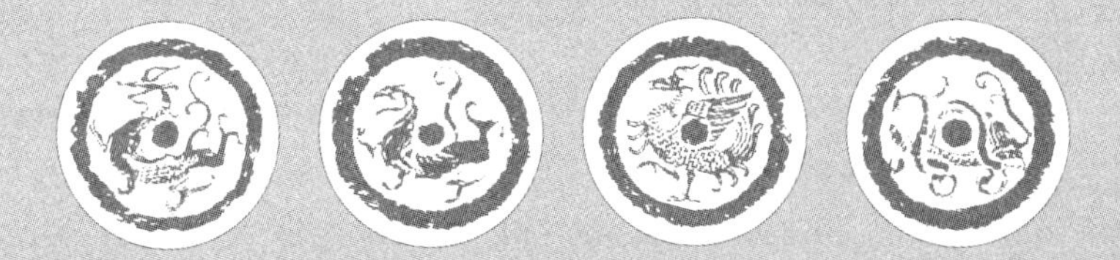

卷 二

正统丙辰（正统元年，1436 年）
至成化丁未（成化二十三年，1487 年）

丙辰（明英宗正统元年，1436年）夏四月，河南旱蝗[1]。秋九月，白虹贯日[2]，狼星动摇[3]。冬十一月，钱塘县民程润妻郑氏一乳三子[4]。（原注：先是，正统改元，诏书至杭，陈巴山谓马士良曰：吾夜观天象，今上异常，做几年皇帝而止，又做几年。马以为狂。及天顺改元，其言始验[5]）

【1】《明英宗实录》："正统元年四月丁亥，礼科给事中李性奉命祭中岳嵩山之神，还奏：河南自冬徂春雨雪不降，土燥麦枯。臣祭甫毕，阴云即布甘雨三日，民咸歌舞称庆。"（明）王圻《续文献通考·物异考·虫异》："正统元年丙辰，夏四月，河北旱蝗。"按，明代行政区划没有河北，今河北当时称北直隶，故此应当是"河南旱蝗"。

【2】《明英宗实录》："正统元年九月丁未夜，白虹贯月。"《续文献通考》、《二申野录》均称"白虹贯日"，似误。

【3】《明英宗实录》："正统元年九月丁巳夜，参宿狼星动摇。"（明）王圻《续文献通考·象纬考·流星星陨星摇》亦载。按，狼星：星名，主占动乱。在西南参宿东，井宿东南。《晋书·天文志上》："狼一星，在井东南 。狼为野将，主侵掠。色有常，不欲动也。"《史记·天官书》："参宿其东有大星曰狼。狼角变色，多盗贼。"

【4】《明英宗实录》："正统二年十一月乙卯，浙江钱塘县民程润妻郑氏，一产三男，给赏钞米优养如例。"

乾隆《浙江通志·祥异下》引《杭州府志》："正统二年冬，钱塘县民家妇，一产三男。"按，《二申野录》系于正统元年，误。

【5】（明）田汝成《西湖游览志》："正统改元诏书至，陈谓马士良曰：吾夜观天象，今上异常，做几年皇帝而止，又做几年。马以为狂，及天顺改元，其言始验。"

丁巳（正统二年，1437年），凤阳（今安徽凤阳）水[1]。五月，淮安城内行舟，损军民房屋无算，禾麦荡然一空[2]。六月，京师旱，时小儿为土龙祷雨，谣曰："雨地雨地，城隍土地。雨若大来，谢了土地。"[3]《水东日记》云："又有群儿环绕一人，按月问云。正月里狼来咬羊，齐拒之，至八月，则放狼入。"[4]（原注：应龙处南极，杀蚩尤与夸父，不得复上，故下数旱。旱而为应龙之状，乃得大雨。今之土龙本此[5]）

【1】《明英宗实录》："正统二年五月乙亥，皇陵神宫监太监雷春等奏：凤阳五月大雨，淮水泛涨，白塔坟殿宇垣墙倾颓。"《明史·五行志一》："正统二年，凤阳、淮安、

扬州诸府，徐、和、滁诸州，河南开封，四五月河、淮泛涨，漂居民禾稼。”

【2】《淮安府志》：“正统二年四、五月连雨，河、淮泛涨。淮安、扬州等处大水。山阳城内行舟，禾苗荡然无存。”

【3】（明）杨慎：《古今风谣》：“正统中京师小儿祷雨谣：雨地雨地，城隍土地。雨若大来，谢了土地。（《水东日记》云：又有群儿环绕，一人按月问云。正月里狼来咬羊，齐拒之。至八月，则放狼入，尤协后之验也。”

【4】（明）叶盛：《水东日记》：“正统中京师旱，小儿舆土龙祷雨，类云‘雨地雨地，城隍土地，雨若大来，谢了土地’等语。文尝有群儿环绕一人，按月问答，事尤为时异也。”

【5】《山海经·大荒东经》：“大荒东北隅中有山，名曰凶犁土丘。应龙处南极，杀蚩尤与夸父，不得复上。故下数旱，旱而为应龙之状，乃得大雨。”

戊午（正统三年，1438年）夏五月，江北大水，直隶淮、扬被灾[1]。秋八月，顺天初试，场屋火，请更试，从之[2]。是月，山东海丰县（今山东无棣）民徐二病后，手左膊上生“王山东”三字。州守以闻，逮至京，验治释去[3]。时吴县学泮宫池莲一茎三花[4]，巡抚周公忱见之，曰：“行有当之者。”明年己未（1439年）施槃以县学生状元及第。（原注：祝子云：先大父[5]云：施状元宗铭与余会试后，未殿试。有人梦宗铭独行前，同年诸君从其后，已而宗铭殿试中首选，咸谓验矣。未几而宗铭卒，同年会送其殡。宗铭柩在前，众随之行，其名数行列前后即梦中所见者无少差焉[6]）命太监阮安督治杨村（今天津武清）决河[7]。

【1】《明英宗实录》：“正统三年五月丙午，巡抚山东两淮行在刑部右侍郎曹弘奏：直隶淮安、扬州二府所属，去岁水患民饥，已行赈济，其间多有积水田地并无牛种者。”按，此系言正统二年淮安水灾，非三年事。（明）王圻《续文献通考·物异考·水灾》：“英宗正统三年戊午，夏五月，江北大水。”

【2】《明英宗实录》：“正统三年辛酉，是日晚，顺天府科场失火，焚东南席舍，并对读所，延及厅事而止。府尹姜涛暨御史时纪等上章请罪，上特宥之，命于本月十五日为始再试。”

【3】（明）朱国祯《涌幢小品·膊字》：“正统三年八月。山东海丰县民徐二，病伤寒。手左膊上生‘王山东’三字，知州尤实以闻，逮至京，验治，释去。”

【4】民国《吴县志·祥异》：“正统三年六月，县学泮池瑞莲，一茎三花。”按，《二

申野录》系于八月。泮宫：府州县及国子监等官学的学宫内都有个椭圆形的池子叫泮池，所以各级官学也叫泮宫。

【5】先大父：大父即祖父。这里指的是已故去的祖父。

【6】（明）祝允明《志怪录·施状元》："先大父云：施状元宗铭与予会试后，未殿试。有人梦宗铭独行前，同年诸君从其后，已而宗铭殿试中首选，咸谓验矣。未几而宗铭卒，同年会送其殡。宗铭柩在前，众随之行，其名数行列前后即梦中所见者，无少差焉。"（明）蒋一葵《尧山堂外纪·施槃》："施槃，字宗铭，苏之东洞庭山人。正统戊午（三年，1438年），吴县学池莲一茎三苍，巡抚周公忱见之曰：'行有当之者。'明年，以县学生状元及第，年才二十余。时皆以'洛阳年少'遇之，公卿争前席。亡何遽卒。"按，施槃，字宗铭，直隶吴县（今江苏吴县）人。明英宗正统四年（1439年）状元。传闻本科原取张和，因张和有眼疾而改取施槃。时年23岁授翰林院修撰。考取状元后，他仍每日苦学不已，充分利用翰林院藏书，学识精进。正统五年（1440年）卒。

【7】《明英宗实录》："正统九年闰七月辛巳，工部右侍郎王佑言：臣奉敕与太监阮安往视水决河岸，自蒲沟儿至漷县（今北京通州漷县）二十余处，其耍儿渡（今天津武清境内）尤甚，乞发丁夫物料修筑为便。从之。"按，（明）郎瑛《七修类稿·国事类》："阮安，交趾人，清介善谋，尤长于工作之事。北京城池、九门、两宫、三殿、五府、六部及塞杨村驿诸河，凡语诸役，一受成算而已。后为治张秋河道卒，平生赐予，悉上之。"《二申野录》或因阮安修北京城，功成于正统三年，故因而系塞杨村河事于本年。

己未（正统四年，1439年）夏四月，倭寇浙东[1]。五月，新作京城九门[2]。六月，京师大水[3]。高唐（今山东高唐）州饥[4]。河间县（今河北河间）蝗[5]。秋八月丙子朔，日有食之[6]。冬十一月，造混天璿玑玉衡简仪[7]。

【1】《明史·外国传三·日本》："正统四年（1439）五月，倭船四十艘，连破台州桃渚（今浙江临海桃渚）、宁波大嵩（今浙江宁波大松）二千户沿所，又陷昌国卫（今浙江象山南），大肆烧掠。"

【2】《明英宗实录》："正统四年四月丙午，修造京师门楼城濠桥闸完。正阳门正楼一，月城中左右楼各一；崇文、宣武、朝阳、阜城、东直、西直、安定、德胜八门各正楼一，月城楼一。各门外立牌楼，城四隅立角楼，又深其濠，两涯悉甃以砖石。九门旧有木桥，今悉撤之，易以石。两桥之间各有水闸，濠水自城西北隅环城而东，历九桥九闸，从城东南隅流出大通桥而去。自正统二年正月兴工，至是始毕，焕然金汤

巩固，足以耸万国之瞻矣。”

【3】《明英宗实录》：“正统四年五月壬戌，大雨雹。壬申，大雨，京师水溢，坏官舍民居三千三百九十区，溺男妇二十有一人。富者僦屋以居，贫者露宿长安街皆满。先是，京师久旱，至是大雨骤降，自昏达旦，城中沟渠未及疏浚，城外隍池新甃狭窄，视旧减平，又做新桥闸次第壅遏，水无所泄，故有是患。六月壬午，小屯厂西堤为浑河水所决。通州至直沽堤闸三十一处为雨潦所决。诏发丁夫修筑。癸巳，顺天府涿、通、霸、蓟四州并所属县奏：“自五月至今淫雨河涨，漂民居舍禾稼。”上以京畿前有大水坏屋溺人，命……择京城内外高敞之地及各厂房以居官吏军民之无屋者。丁酉，以京畿大水，遣官祈祷。戊戌，谕曰：“今岁京畿自三月至五月亢阳不雨，甚伤农麦。五月中至六月，连雨不止，河决堤岸，淹没田稼，城中倾塌官民庐舍，亦有压、溺死者。”辛丑，修德胜门内外土城及砖城为雨所坏者。甲辰，镇守居庸关署都指挥佥事李景奏：“久雨不已，坏居庸关一带山口城垣九十余处、桥十二座。”十二月戊子，兵部尚书杨士奇言：“畿内被灾缺食，人民多趋京城内外乞丐，城市人家亦多艰难……加以连日寒冻，死者颇多。”丙申，御史张纯奏：“顺天府通州漷县民艰食。”王圻《续文献通考·物异考·水灾》：“英宗正统四年己未夏六月，京师大水，诏求直言……令户部侍郎吴玺、顺天府尹姜涛赈恤军民。”按，《明史·五行志一》：“正统四年（1439 年）五月，京师大水，坏官舍民居三千三百九十区。顺天、真定、保定三府州县及开封、卫辉、彰德俱大水。”

【4】乾隆《山东通志·五行》：“正统四年，高唐州饥。”

【5】《明英宗实录》：“正统五年五月壬寅朔，顺天、广平、顺德、河间四府蝗。上命行在户部，速令府州县官设法捕之。”嘉靖《河间府志·祥异》：“正统间，河间蝗。”

【6】（明）王圻《续文献通考·象纬考·日食》：“正统四年己未，秋八月丙子朔，日食。”按，中国科学院国家授时中心刘次沅《中国古代常规日食纪录的整理分析》称：“《二申野录》中记有 45 条日食纪录。这些记录中正确的只有 7 条：4 条与正史相同，3 条是正史所遗漏。与其他地方性记录不同，《二申野录》中的错误大多数不像是流传过程中造成的随机性错误。这些记录日期多数确有日食发生，只是中国不能看到。这一事实暗示：这些记录是粗略计算的结果。”

【7】混天璿玑玉衡简仪：我国古代观察天体运动的仪器主要就是浑天仪和简仪。浑天仪古称璿玑玉衡。今江苏南京紫金山天文台还保存着正统二年至七年间制造的浑天仪和简仪。《明史·天文志一》：“正统二年（1437 年），行在钦天监正皇甫仲和奏言：‘南京观象台设浑天仪、简仪、圭表以窥测七政行度，而北京乃止于齐化门城上观测，未有仪象。乞令本监官往南京，用木做造，挈赴北京，以校验北极出地高下，然后用铜别铸，庶几占测有凭。’从之。明年（1438 年）冬，乃铸铜浑天仪、简仪于北京。”按，《二申野录》记载日期有异。

庚申（正统五年，1440年）春正月甲辰朔，日有食之[1]。五月，倭寇浙东[2]。冬十月，杭州饥，常州、江阴、台州、兰溪旱[3]。老佛（暗指建文皇帝）归西内，一夕暴卒，以公礼葬于郊外。（原注：建文帝为僧，居罗荣寨之白云庵，命程济[4]圃。建文做菜根歌曰：'菜根青兮，菜色辛兮。菜兮菜兮，似余情兮。'[5]）

【1】（明）王圻《续文献通考·象纬考·日食》："正统五年庚申春正月甲辰朔，日食。"

【2】《明英宗实录》："正统七年五月丁亥，巡按浙江监察御史李玺等奏：倭寇二千余徒犯大嵩城，杀官军百人，虏三百人，粮四千四百余石，军器无算。"按，《二申野录》系于五年，误。

【3】《明英宗实录》："正统五年十月壬寅，巡按浙江监察御史马谨奏：今台州、绍兴、宁波、金华、处州旱灾益甚，民食尤艰。"康熙《常州府志·祥异》："正统五年，常州旱。"按，《明史·五行志三》："正统五年，南畿、浙江、湖广、四川府五，州卫各一，自六月不雨至于八月。"

【4】程济：程济，朝邑（今陕西大荔）人。洪武时岳池教谕，建文帝即位，他上书告变，险些被杀。燕王朱棣举兵靖难，建文帝释放程济，授为翰林院编修。及建文四年守城的李景隆私开金川门迎接燕军，南京失陷，程济不知所终。或有人说，建文帝改穿僧装出亡，程济跟着一起走了。《明史》有传。又据《大荔县志》记载，传说明英宗正统年间，建文帝回到宫中，英宗以孙儿身份礼拜之，称太上老佛。程济仍浪迹天涯，不知所归。

【5】（清）赵吉士《寄园寄所寄·胜国遗闻》引《正气纪》："建文帝为僧，居罗荣寨之白云庵，名程济圃。建文作《菜根歌》曰：'菜根青兮，菜色辛兮，菜兮菜兮，似余情兮。'"引《东朝纪》："建文破国时，削发披缁，骑而逸。其后在湖湘某寺中，至正统时，八十余矣。敕迎入大内佛堂养之，未几殂云。"引《泳化续编》："宣德丙午春，建文江南来归京师，诏养于二馆中，未几暴卒，命以公礼葬郊外。"

辛酉（正统六年，1441年）春正月己亥朔，日有食之[1]。命太监曹吉祥监督军务[2]。二月，广州蝗[3]。秋七月丙申朔，日有食之[4]。杭州九县饥[5]。冬十一月，定都北京，除"行在"字[6]。（原注：永乐初，议迁都，设六部等衙门，各称"行在"[7]。十八年，定都于北京，除"行在"二字，其旧在南京者，加“南京”二字[8]。洪熙初，仁宗欲都南京，而北京各衙门复称行在[9]。至是宫殿成，仍定都北京，复除“行在”二字，遂为定制。初，高皇建都京陵（今江苏南京），命刘诚意[10]相地，筑前湖为正殿基，业已植桩水中，上嫌其逼，少徙于后。诚意见之，默然。上问之，对曰：如此亦好，但后不免迁都之举。又问国祚短长，诚意[11]曰：国祚悠久，万子万孙后。泰昌，万历子[12]。天启、崇祯皆万历孙也[13]）

【1】《明英宗实录》：“正统五年十二月丁酉，敕在京文武群臣曰：‘昨钦天监言：正统六年正月朔，日食，凡九十一秒。故事，食不一分者不救护……朕惟事天之诚，虽微必谨……是日在京文武群臣悉免贺礼，及期救护如制。’正统六年正月己亥朔，以是日日当食，免文武群臣朝贺筵宴。庚子，行在礼部尚书胡濙奏：今年正月朔，午刻日当食。皇上敬谨天戒，预敕群臣救护，至期天气晴明，太阳正中无纤毫之亏。”（明）王圻《续文献通考·象纬考·日食》亦载。

【2】（清）谷应泰《明史纪事本末·曹、石之变》：“英宗正统六年春正月，以定西侯蒋贵为征蛮将军，太监曹吉祥监军……讨思任发。吉祥，栾州人，出王振门下。至是监军，号都督，多选降丁骑射以从。此内臣总兵之始也。”《明史·曹吉祥传》：“曹吉祥，滦州人……正统初，征麓川，为监军。”后因与忠国公石亨共大逆不道，英宗天顺五年被诛。

【3】嘉靖《广东通志初稿·祥异》：“正统六年，春二月，广州蝗。”

【4】（明）王圻《续文献通考·象纬考·日食》：“正统六年秋七月丙申朔，日又食。”按，正统六年七月应当是“乙未朔”。《二申野录》、《续文献通考》均作“丙申朔”，皆误。

【5】《明英宗实录》：“正统六年七月丁未，行在刑部署郎中事员外郎刘广衡奏：近奉命巡视浙江，其杭州等九府属县民饥，已发在官米谷赈济。”按，应当是包括杭州府在内的九府，并非杭州府属下的九县。《二申野录》误。万历《杭州府志》同。

【6】《明英宗实录》：“正统六年十一月甲午朔，改给两京文武衙门印。先是北京诸衙门皆冠以行在字，至是以宫殿成，始去之。而于南京诸衙门增南京二字，遂悉改其印。”按，《明史·英宗前纪》：“正统六年十一月甲午朔，乾清、坤宁二宫，奉天、华盖、谨身三殿成，大赦。定都北京，文武诸司不称行在。”

【7】《明史·成祖纪二》：“永乐元年正月辛卯，以北平为北京。”

【8】《明史·成祖纪三》：“永乐十八年九月丁亥，诏自明年改京师为南京，北京为京师。”

【9】《明史·仁宗纪》：“洪熙元年三月戊戌，将还都南京，诏北京诸司悉称行在，

复北京行部及行后军都督府。”

【10】刘诚意：即诚意伯刘基。刘基，字伯温，谥文成，浙江青田人。他是明初杰出的军事家、政治家、文学家和思想家，开国元勋，时人称他刘青田。明洪武三年（1370）封诚意伯，人们又称他刘诚意。刘基通经史、晓天文、精兵法。他辅佐朱元璋完成帝业、开创明朝，并尽力保持国家的安定，被后人比作三国时期的名相诸葛武侯。《明史》有传。

【11】诚意：即诚意伯刘基。

【12】泰昌：明光宗朱常洛的年号。朱常洛，明神宗万历皇帝的长子，即位当年即卒。

【13】（清）赵吉士《寄园寄所寄》引《剪烛丛编》："高皇帝建都金陵，命刘诚意相地，筑前湖为正殿基，业已植桩水中；上嫌其逼，少徙于后。诚意见之默然，上问之。对曰："如此亦好，但后不免迁都之举。"时金陵城告完，高皇帝诚意视之曰："城高若此，谁能逾之？"诚意曰："除非燕子能飞入耳。"其意盖为燕王也。皇帝又问诚意国祚短长？诚意曰："国祚悠久，万子万孙方尽。"后泰昌万历子，天启崇祯弘光皆万历孙也，果符其谶。"按，天启、崇祯皆万历孙也：天启，光宗长子朱由校（万历皇帝之孙）的年号。崇祯，光宗第五子朱由检（万历皇帝之孙）的年号。

壬戌（正统七年，1442年）夏六月庚寅朔，日有食之[1]。南京尚膳监火，焚禁内廊房六十余间，所贮器皿物料七十二万五千五百有奇，及钱粮簿、守卫衣甲俱尽[2]。南岳新庙，一日风雷暴至，自徙半里许[3]。秋七月，倭寇浙东[4]。八月辛丑，琼州（今海南琼山）有雁集于郡学泮池[5]。冬十月，太皇太后张氏崩[6]。（原注：初，宣庙崩，张太后即命将宫中一切玩好之物，不急之务，悉皆罢去；裁禁中官，不许差遣。有诏：凡事皆必白于太后，然后施行。委用三杨[7]，政在台阁。太监王振[8]虽欲专而不敢也。每数日，太后必遣中官入阁，问连日曾有何事来商榷，即以帖间某日中官某以几事来议，如此施行。太后乃以所白验之，或王振自断，不付阁下议者，必召振责之。正统数年，天下休息，皆张太后之力。人谓女中尧舜，信矣[9]）

【1】（明）王圻《续文献通考·象纬考·日食》："正统七年壬戌夏六月庚寅朔，日食。"

【2】《明英宗实录》："正统七年正月庚午，敕南京守备丰城侯李贤、参赞机务南京兵部右侍郎徐琦，得奏南京内府西安门内失火，烧毁廊房及簿籍器物以万计。"按，《明史·五行志二》："正统七年正月庚午，南京内府火。燔廊房六十余间，图籍、器用、

守卫衣甲皆空。”

【3】雍正《湖广通志·祥异》：“正统七年，南岳新庙自徙，风雷暴至，徙去半里许。”按，南岳，今湖南衡山，古代五岳之一，号南岳。山脚下的大庙相传创自汉唐，是五岳中规模最大的庙宇，其内道、佛、儒三教并存。

【4】《明英宗实录》：“正统七年五月丁亥，巡按浙江监察御史李玺等奏：倭寇二千余徒，犯大嵩城，杀官军百人，虏三百人，粮四千四百余石，军器无算。”按，《二申野录》系于七月，误。

【5】万历《广东通志·杂录》“正统七年八月辛丑，雁集琼州郡学泮池”。乾隆《琼州府志·灾祥》亦载。

【6】《明英宗实录》：“正统七年十月乙巳，太皇太后崩。”按，《明史·后妃传一》：张太皇太后是仁宗之后，宣宗即位之后尊为皇太后，英宗即位之后尊为太皇太后。英宗即位，太后曰：悉罢一切不急之务。太监王振虽有宠于英宗，但终太皇太后之世不敢专大政。

【7】三杨：即大学士杨士奇、杨荣、杨溥。

【8】王振：明英宗时的司礼太监，深得英宗信任。张太后卒后，他更为所欲为，权倾一时，连公侯勋戚都叫他“翁父”。正统十四年，蒙古瓦剌进犯，他鼓动英宗御驾亲征，结果兵败于怀来土木堡。英宗被俘，王振被乱兵所杀。

【9】（明）李贤《天顺日录》：“大抵正统数年，天下休息，皆张太后之力，人谓女中尧、舜，信然。且政在台阁，委用三杨，非太后不能。正统初，有诏：‘凡事白于太后然后行。’太后命付阁下议决，太监王振虽欲专而不敢也。每数日，太后必遣中官入阁，问连日曾有何事来商榷。即以贴开具某日中官某以几事来议，如此施行。太后乃以所白验之，或王振自断不付阁下议者，必召振责之。由是，终太后之世，振不敢专政。初，宣庙崩，太后即命将宫中一切玩好之物、不急之务悉皆罢去，革中官不差。然蝗虫水旱讫无虚岁，或者天命民多难而不欲其安乐也。”

癸亥（正统八年，1443年）春三月，台州（今浙江临海）大霜如雪，杀草木[1]。夏四月，雷震奉天殿[2]，金华、兰溪水入城市[3]。河东（今山西一带）蝗。五月，畿内旱蝗[4]。六月甲申朔，日有食之[5]。太监王振杀翰林侍讲刘球[6]。溧阳（今江苏溧阳）旱，秋涝[7]。广州饥[8]。九月，倭寇浙东[9]。冬十一月壬子朔，日有食之[10]。故后静慈仙师胡氏卒[11]。自王振擅权，天象灾异迭见，振狼恣愈甚，且讳言之。时浙江绍兴（今浙江绍兴）山移于平地，地动，白毛遍生[12]。又陕西二处山崩，一处山移，有声叫三日，移数里[13]。黄河改流，东比于海，淹没人家千余。振宅新起内府乾方（即西北），未逾时，一火而尽。南京殿宇亦一时被焚[14]。是夜大雨，明日殿基上荆棘二尺高[15]，始下诏赦，盗不可遏，蝗不可灭，天意不可回矣[16]。

【1】乾隆《浙江通志·祥异下》引《台州府志》："正统八年三月，台州大霜杀草，四月至八月连雨麦腐，又大风，六种无收。"宣统《天台县志稿》："正统八年三月谷雨，天台陨霜如雪，杀草木，蚕无食叶，麦无收。"

【2】《明英宗实录》："正统八年五月戊寅，雷震奉天殿鸱吻。"

【3】万历《金华府志·祥异》："正统八年，金华大水入城市。"康熙《金华府志·祥异》亦载。

【4】《明英宗实录》："正统八年四月戊戌，户部奏：正统八年夏税已定，拟诸处征输。比闻山东、河南、山西、北直隶保定等府旱，小麦无收。"王圻《续文献通考·物异考·蝗异》："英宗正统八年五月，畿内旱蝗。"按，《明史·五行志一》："正统八年夏，两畿蝗。"

【5】（明）王圻《续文献通考·象纬考·日食》："正统八年六月甲申朔，日食。"

【6】《明英宗实录》："正统八年六月丁亥，翰林院侍讲刘球下狱死。"按，刘球，字廷振，安福人。永乐十九年进士。正统初授翰林院侍讲。正统八年雷震奉天殿，他奉旨上言，强调皇帝应该政由己出，权归总于上。太监王振找借口将刘球逮下诏狱，指使锦衣卫指挥马顺深夜到监房刺杀刘球，碎尸后埋在牢房户下。英宗弟即位为景泰皇帝，刘球赠翰林院学士，谥忠愍。《明史》有传。

【7】嘉庆《溧阳县志·瑞异》："正统八年，溧阳夏旱，秋涝。"

【8】嘉靖《广东通志初稿·祥异》："正统八年秋，广州饥。按，户部行文，令义民出粟赈济者，冠带荣身。"

【9】《明英宗实录》："正统八年六月乙酉，巡按浙江监察御史孙毓等奏：五月十七日，倭贼寇海宁卫地方，官军击却之。"

【10】（明）王圻《续文献通考·象纬考·日食》："正统八年冬十一月壬子朔，日又食。"

【11】静慈仙师胡氏：名胡善祥，山东济宁人，是明宣宗朱瞻基废后。胡氏以贤闻名，永乐十五年选为皇太孙妃。洪熙年间，封为皇太子妃。明宣宗即位后，立为皇后。宣德三年春，宣宗不顾辅政大臣阻扰，以皇后无子多病为由，命皇后上表辞位，册立孙贵妃为皇后。胡氏退居长安宫，赐号静慈仙师。但她深得宣宗的母亲张太后的怜爱，内廷朝宴的时候，命胡氏居孙皇后之上。正统七年张太后死后，次年胡氏亦亡。《明史》

有传。

【12】（明）王圻《续文献通考·物异考·白眚白祥》："正统八年，浙江地动，生白毛。"

【13】（明）王圻《续文献通考·物异考·山崩》："正统八年冬十一月，浙江绍兴山移于平田。是年，陕西二处山崩，压折人家数十户，一应山叫三日，移数里，时畏王振，不敢奏。"按，（明）田艺蘅《留青日札·山飞》：绍兴山移、山西山移均系于正统十四年。

【14】见于（明）王圻《续文献通考·物异考·火灾》："南京殿宇灾。"

【15】（明）王圻《续文献通考·物异考·草异》："正统八年冬十一月，殿上生荆棘，二尺高。"

【16】（明）李贤《天顺日录》："自王振专权，上干天象，灾异叠见。振略不惊畏，凶狠愈甚，且讳言灾异。初，浙江绍兴山移于平田，民告于官，不敢闻。又地动，白毛遍生，奏之如常。又陕西二处山崩，压折人家数十户，一处山移有声，叫三日，移数里，不敢详奏。又黄河改往东流于海，淹没人家千余户。又振宅新起于内府，讫方未逾时，一火而尽。又南京殿宇一火而尽，是夜大雨，明日殿基上生荆棘二尺高，始下诏赦。盗不可遏，蝗不可灭，天意不可回矣！"

甲子（正统九年，1444年）春正月，新建太学成[1]。三月，少师杨士奇卒[2]。（原注：士奇晚年昵爱其子，莫知其恶，最为败德。若藩臬郡邑，或出巡者，见其暴横，以实来告，士奇反疑之，必与子书曰：某人说汝如此，果然，即改之。子稷[3]于是得书，反毁其人曰：某人在此如此行事，男以乡里故挠其所行，以此诬之。士奇自后不信言子之恶者。有阿誉子之善者，即以为实，然而喜之。由是子之恶不复闻矣。及被害者连奏其不善状，朝廷犹不忍加之罪，付其状于士奇，乃曰左右之人非良，助之为不善也。已而，有奏其人命数十，恶不可言。朝廷不得已，付之有司。时士奇老病不能起，朝廷犹慰安之，恐致忧。至是，士奇卒，乃论其子于法，斩之。乡人预为祭文，数其恶，天下传诵[4]。昔王文正[5]以张师德[6]两造其门，恶其奔竞，终身不用。文贞（即杨士奇）必以造门者举之，甚至人举所知，自以为不知而沮之，宜恬退自守者，不出其门也。文彦博以唐介攻己被谪，再三申救[7]，后卒举用。文贞以攻己者为轻薄生事，必欲黜之，禁锢终身，与二公所行，何相远哉！）夏四月，大旱，遣官请雨于岳镇海滨[8]。六月，浙西大水[9]。秋七月十七日，上海大风，昼夜不息，湖海涨涌，滨海居民有全村决没者[10]。闰七月，浙西又大水[11]。冬十月丙午朔，日有食之[12]。十二月，上海大雪七昼夜，积高一丈二尺[13]。

【1】《明英宗实录》："正统九年正月乙未，敕谕礼部曰：国家建学，丕隆文教，以图化理。今太学新成，朕将祗谒先师孔子，劝励师生。尔礼部其择日具礼仪以闻。"

【2】《明英宗实录》："正统九年三月甲子，少师兵部尚书兼华盖殿大学士杨士奇卒。"按，杨士奇，名寓，字士奇，以字行。江西泰和（今江西泰和）人。明代大臣、学者，官至礼部侍郎兼华盖殿大学士，兼兵部尚书，历五朝，在内阁为辅臣四十余年，首辅二十一年。与杨荣、杨溥同辅政，并称"三杨"。正统九年三月卒，谥文贞。《明史》有传。

【3】子稷：杨士奇的儿子杨稷。其为害乡里，朝廷不即加法，而是将言官奏劾的文状转交给杨士奇，嘱其加以管教而已。复有人揭发杨稷横虐数十事，有司才不得不加扣押审讯。及杨士奇死，朝廷才"论杀稷"。

【4】（明）李贤《天顺日录》："士奇晚年溺爱其子，莫知其恶，最为败德事。若藩臬郡邑、或出巡者，见其暴横，以实来告，士奇反疑之，必与子书曰："某人说汝如此，果然，即改之。"子稷于是得书反毁其人，曰："某人在此如此行事，男以乡里故挠其所行，以此诬之。"士奇自后不信言子之恶者，有阿附誉子之善者，即以为实然而喜之，由是子之恶不复闻矣。及被害者连奏其不善状，朝廷犹不忍加之罪，付其状于士奇，乃曰："左右之人非良，助之为不善也。"已而，有奏其人命数十，恶不可言，朝廷不得已付之法司。时士奇老病不能起，朝廷犹慰安之，恐致忧。后岁余，士奇终，始论其子于法，斩之。乡人预为祭文数其恶，天下传诵。"

【5】王文正：北宋名相王旦。王旦，字子明，莘县（今山东莘县）人。宋太宗太平兴国五年(980年)进士。真宗至道三年(997年)即位以后，王旦4年之中连续晋升，初为中书舍人，后为参知政事。景德二年(1005年)，加封为尚书左丞。次年，升为工部尚书、同中书门下平章事，成为宰相。王旦为相10余年，知人善任，任人唯贤，朝中大部分官员都是他推荐提拔的，但从未推荐自己的亲属做官。天禧元年(1017年)九月，王旦病逝，谥文正。《宋史》有传。

【6】张师德：状元张去华第十子。长于文学。宋真宗大中祥符四年（1011年）辛亥科状元。张师德久任馆阁副职，未能升迁，担心有人诽谤，于是二次到王旦府上求见，王旦拒而不见。王旦对人叹息："可惜张师德。"决定缓升张师德，"聊以戒贪进，激薄俗也。"见《宋史·王旦传》。

【7】《宋史·文彦博传》：御史唐介弹劾文彦博，致使文彦博被罢相，唐介也被贬官。后来文彦博复入相，御史吴中复乞召还唐介，文彦博对仁宗说："介顷为御史，言臣事多中臣病，其间虽有风闻之误，然当时责之太深，请如中复奏。"时论赞文彦博为厚德

之人。

【8】《明英宗实录》："正统九年夏四月庚辰朔，上以雨泽愆期遣太师英国公张辅等官遍告于寺观城隍及大小青龙之神。"

【9】乾隆《浙江通志·祥异下》："正统九年，嘉兴、湖州，江河泛溢，堤防冲决，淹没禾稼。"

【10】康熙《上海县志·祥异》："正统九年秋七月十七日，上海大风拔木发屋，雨昼夜不息，湖海涨涌，濒海居民有合村决没者。"

【11】《明英宗实录》："正统九年闰七月戊寅朔，浙江嘉兴、湖州、台州诸府，亦各奏江河泛溢，堤防冲决，淹没禾稼，租税无征。"（明）王圻《续文献通考·物异考·水灾》："英宗正统九年甲子闰七月，浙西大水。"按，《明史·五行志一》："正统九年闰七月，北畿七府及应天、济南、岳州、嘉兴、湖州、台州俱大水。"

【12】《明英宗实录》："正统九年冬十月丙午朔，日食。"（明）王圻《续文献通考·象纬考·日食》亦载。

【13】康熙《上海县志·祥异》："正统九年冬十月，上海大雪七昼夜，积高一丈二尺。明年有倭寇之乱。"

乙丑（正统十年，1445年）夏四月癸卯朔，日有食之[1]。冬十月，祀南镇，时浙江台（今浙江台州）、宁（今浙江宁波）等府久旱，民遭疾疫[2]。

【1】《明英宗实录》："正统十年夏四月甲辰朔，日食。"（明）王圻《续文献通考·象纬考·日食》亦载。

【2】《明英宗实录》："正统十年六月癸卯朔，遣礼部左侍郎兼翰林院侍讲学士王英祭南镇会稽山之神，通政使司右参议汤鼎祭西岳华山之神、西镇吴山之神，以浙江台宁绍三府、陕西西安府，各奏瘟疫，故遣赍香币灵以庇民物也。"光绪《鄞县志·祥异》："正统十年三月，宁波旱。七月，宁波疫。"《临海县志·祥异》："正统十年三月，台州久旱。临海三月大旱，疫死甚众。"按，中国古代山岳崇拜中，除五岳，还有所谓"五镇"，就是东镇沂山、南镇会稽山、西镇吴山、北镇医巫闾山、中镇霍山。

丙寅（正统十一年，1446年）春正月，始于各省皆以内臣镇守[1]（原注：洪武中内官仅能识字，不知义理。永乐中，始令吏部听选教官入内府教书。正统初，王振于内府开设书堂，选翰林、检讨、正字等官入教，内官始多聪慧知文义者。自王振窃弄威权，干预外政，于是各省镇守并督营掌兵，及经理内外仓场，与提督营造珠池银矿市舶织染等事，无处无之。永乐年间，差内官到五府六部禀事，内官俱离府部官一丈作揖；路遇公侯驸马伯，下马旁立。自后呼唤府部官如呼所属，公侯驸马伯路遇内官，反回避之矣[2]）三月，降于谦为大理少卿，仍巡抚[3]（原注：于谦在梁晋间年久，上章举参政孙原贞、王来以自代。时太监王振用事，于谦素无馈奉，振遂嗾言官劾其擅举自代，降大理寺左少卿，罢巡抚。河南、陕西之民闻之，赴阙乞留，复命巡抚。按，于肃愍以兵部右侍郎旬赴山西、河南十八年，转左侍郎，因奏中，疏请入朝。内阳许之，而有旨命科道官候其入庭，奏下锦衣狱。及法司论当徒赎，不许，复论斩罪，因监至热审[4]，都察院以请降行在大理少卿。碑状第言其忤王振降官，而不言所以，与下狱事，盖有讳也[5]）。夏四月丁酉朔，日有食之[6]。倭寇浙西[7]。八月，做晷影堂[8]。徐州萧县（今安徽萧县）王某嫁女，中途忽遇大风，吹女入云中，寻堕与五十里外民家桑树上[9]。是年冬，翼城（今山西翼城）大雪，深一丈二尺，树梢皆没，道路不能通[10]。

【1】（明）徐学聚《国朝典汇·中官考上》："正统十一年正月，始于各省皆以内臣镇守。"

【2】（明）陆容《菽园杂记》："洪武中，内官仅能识字，不知义理。永乐中，始令吏部听选教官入内教书。正统初，太监王振于内府开设书堂，选翰林检讨、正字等官入教，于是内官多聪慧知文义者。然其时职专办内府衙门事，出差者尚少。宣德间，差出颇多，然事完即回。今则干与外政，如边方镇守，京营掌兵，经理内外仓场，提督营造、珠池、银矿、市舶、织染等事，无处无之。尝在通州遇张太监，交阯人，云永乐年间，差内官到五府六部禀事，内官俱离府部官一丈作揖；路遇公侯驸马伯，下马旁立。今则呼唤府部官，如呼所属；公侯驸马伯路遇内官，反回避之，且称呼以翁父矣。"

【3】《明英宗实录》："正统六年三月庚子，下行在兵部左侍郎于谦狱。五月甲寅，降行在兵部左侍郎于谦为行在大理寺左少卿。"

【4】热审：热审是明朝的一种审判制度，是刑部奉旨在每年小满后十日，会同督察院、锦衣卫和大理寺审理京城在押的没有审判定罪的囚犯的制度。为了和秋审区别，又叫热审。

【5】（明）王世贞《弇山堂别集·史乘考误六》："于肃愍（于谦谥肃愍）以兵部右侍郎抚山西、河南十八年，转左侍郎，因奏中，疏请入朝。内阳许之，而有旨令科

道官候其入廷，奏下锦衣卫狱。及法司论当徒赎，不许，复论斩罪，因监至热审，都察院以请，降行在大理寺右少卿。碑状第言其忤王振降官，而不言所以，与下狱事，盖有讳也。"

【6】（明）王圻《续文献通考·象纬考·日食》："正统十一年丙寅，夏四月朔，日食。"按，正统十一年四月应当是戊戌朔，《二申野录》作丁酉朔，误。

【7】正统十一年（1446）四月，倭扰海宁、乍浦（今嘉兴乍浦）。乾隆《乍浦志·兵备》引《海宁卫志》："正统中，倭寇屡犯乍浦。"

【8】《明会要·测影》引《昭代典则》："正统十一年八月，作晷影堂。"按，在古观象台西，内置圭表、漏壶，是用来测春分、秋分的设施。

【9】（明）王锜《寓圃杂记·风吹女子升空》："国朝正统间，徐州萧县有王氏女，出嫁中途，下车自便，忽大风扬尘，吹女子上空中，须臾不见，人皆言鬼神摄去，父母亲族号哭不已。是日落于五十里外人家桑树上，问之，知为王氏女，被风括去。叩其空中何见，女云："但闻耳边风声霍霍，他无所见。身逾上，风愈急，体颤不可忍。"其家盖旧识也，翌日送归，复成婚。"按，应当是龙卷风所致。

【10】雍正《山西通志·祥异二》："正统十年，翼城大雪，深二丈二尺，道路不通。"

丁卯（正统十二年，1447年）秋七月，河决张秋（今山东张秋），溃沙湾（在今山东张秋南）入海[1]，寻决荥泽（汉代已经湮塞为平地，即今河南郑州古荥镇北），入淮[2]。（原注：自有河以来，皆言其源出昆仑（今巴颜喀拉山脉），而以张骞之言为信。至元世祖始知其源出于星宿海（今青海星宿海）也。招讨使都实受命行四阅月，始抵其地，既还，图其形势来上言：河出土蕃朵甘思（今青海果洛藏族自治州）西鄙，有泉百余，泓方可七八十里，沮洳散涣，不可逼视。登高望之，如列星然，名火敦脑儿，华言星宿海也。群流奔辏，近五七里，汇为二巨泽（今青海扎陵湖和鄂陵湖），名阿剌脑儿；自西而东，连属成川，号赤滨河（今青海鄂陵湖东北），又合亦里赤、忽阑[3]、也里术[4]三河，其流寖大，始名黄河。又岐为八九股，行二十日至大雪山名腾乞里塔，即昆仑也。由昆仑南至阔即及阔提二地（今青海久治西），始相属，又经哈剌别里赤儿（今四川阿坝）之地，合细黄河及乞儿、马赤二水北行，复折而西，流过昆仑北，又转而东北，行约二十余日，至积石（今青海积石峡、积石山）始入中国云。约自河发源至中国计及万里，然其间溪涧流络，莫知纪极。昆仑之西，人迹简少，而山背草石，至积石方林木茂畅。世言河九折，盖彼地有二折焉。禹治水时，河从积石东北而南，计三千里，至龙门（今河南龙门）为西河。冀州吕梁山，石势崇耸，其流激荡。禹从吕梁北凿龙门以杀水势，西因其回流性而导之。又南而至华阴，在陕之华阴县；自南而东，至底柱，在河南陕州之三门山；又东经孟津，河南府孟津县；过洛汭、巩县至于大伾山，大名府浚县临河之山；北过洚水[5]、真定、冀州北折降渠，至于大陆，属中山郡，今真定邢、赵、深三州之地；北分其势，播分为九河，复同聚一处为逆河，盖迎之以入于海。简洁一水，先儒误分而二，其一则河之经流也。徒骇等河故道，皆在河间、沧州、南皮、东光、庆云、献县，山东平原海丰（今山东无棣）由宁津、吴桥、南皮诸处，直达东海。周定王五年，河徙砱砾，始失故道。汉文帝时决酸枣，东溃金堤，在河南延津荥阳诸县，至大名清丰一带，延亘千里。武帝时溢平原，属德州，徙顿丘。今清丰县又决濮阳瓠子口开河界，注巨野属济宁州，即大野通淮泗河，始与淮通，尚未入淮。文帝时决馆陶，旧属大名，今属临清。又决清河灵鸣犊口，今高唐州旧属清河郡。成帝时决东郡金堤，决平原，溢渤海、清河高唐州（今山东高唐）一带，信都今冀州界。唐玄宗时决博州，今东昌（今山东东昌），溢魏州，今大名、冀州。五代时决郓州，今郓城县博之扬刘，今东平之东阿县扬刘镇滑之鱼池。宋太祖时决东平之竹村，开封之阳武大名之灵河澶润，太宗时决温县荥泽顿丘，泛于澶、濮、曹、济诸州，东南流至彭城界，即今徐州入于淮自此河入淮之始。真宗时决郓及武定州，寻溢滑、澶、濮、曹、郓诸州邑，浮于徐济而东入淮。仁宗时决开州馆陶。神宗时决冀州、枣强、大名州邑，一合南清河以入淮，一合北清河以入海。南渡后，河上流诸郡，为金所据，金独受河患。其亡也，始自开封北卫州决，而入涡河南直隶寿、亳，蒙城、怀远之间。元时决卫辉之新乡，开封之杨武，杞县之蒲口，荥泽之塔海庄，归德（今河南商丘）、封丘诸界。其臣建议疏塞。若今会通河乃世祖所开，以通漕运，随时救敝而已。当时九河逆河故道，久已沦入于海，沧州接平州。程子以为正南山有名碣石者，在海中，去岸五百里。今平原有马颊河形存沙渠，其迹尚可考大伾之北，不行矣。洪武中，决阳武之黑阳山，东经开封，南至顿城、颍州、颍上，东至寿州正阳镇，全入于淮，故道复淤。永乐中疏浚，稍引支流，自金龙口入临清会通河。正统间，又决荥阳，天顺间决祥符。弘治间分流为二，一自祥符经归德（今河南商丘），至徐、邳入淮。一自荆隆黄陵冈，经曹、濮达张秋镇（今山东张秋）入海。寻命重臣治筑黄陵冈等口，以塞张秋（今山东张秋），乃疏为二流；一凿蒙泽孙家渡，至朱仙镇，经扶沟（今河南扶沟），通许寿颍诸州邑，合涡河至下凤阳（今安徽凤阳）、亳州（今安徽亳县）达淮。一疏贾鲁旧河，由曹州出徐（今江苏徐州）、沛，以通运河，合淮俱入于海。正德间，决曹县（今山东曹县）者再，嘉靖间，河为宄患，屡遣重臣治，未底绩，滥溢于金乡鱼台，出沛县之飞云桥，南下徐、邳。十三年复塞，由新开赵皮寨口盛流合涡河入淮，故道始复[6]）。八月戊午朔，日有食之[7]。是月，海宁县（今浙江余杭东南）海水溢[8]。余姚（今浙江余姚）蝗[9]。

【1】按，这是指黄河决于河南原武，北支东北流，冲山东会通河于张秋，决寿张沙湾，溃运河，东入海。

【2】按，这是指黄河南支决于郑州西北的荥泽镇，南入淮，混同东下。

按，此应当是正统十三年事，《二申野录》误记为十二年。《明史·英宗前纪》："正统十三年秋七月己酉，河决河南，没曹、濮、东昌，溃寿张沙湾，坏运道，工部侍郎王永和治之。"《明史·河渠志一》：景泰中，河南巡抚王暹云："自正统十三年以来，河复故道，从黑羊山后径趋沙湾入海，但存小黄河从徐州出。"又云："黄河旧从开封北转流东南入淮，不为害。自正统十三年改流为二。一自新乡八柳树由故道东经延津、封丘入沙湾。一决荥泽，漫流原武，抵祥符……项城、太康。没田数十万顷，而开封患特甚。""太仆少卿黄仕俊亦言：'河分两派，一自荥泽南流项城，一自新乡八柳树北流，入张秋会通河，并经六七州县，约二千余里。'"

【3】原文"忽兰"，误，当为"忽阑"。

【4】原文"也里木"，误，当为"也里术"。

【5】泽水：古水名。《水经注》称绛渎，《通典》称枯绛渠。故道自今河北广宗经南宫、冀县、衡水，至武邑县界流入漳水。是古漳水的徙流，久湮。或误以为即《禹贡》降水。

【6】按，据（清）赵吉士《寄园寄所寄》卷三所引，这段注文辑自（明）大学士赵釴《古今原始》和（清）孙承泽《河纪》。

【7】（明）王圻《续文献通考·象纬考·日食》："正统十二年丁卯，秋八月朔，

日食。”按，正统十二年八月是“庚申朔”，《二申野录》作“戊午朔”，误。

【8】万历《杭州府志·郡事纪上》：“正统十二年秋八月，海宁县海水溢。”按，海水溢，一般是指地震或海啸引起的自然灾害。

【9】万历《绍兴府志·灾祥》：“正统十二年，余姚蝗。”光绪《余姚县志·祥异》亦载。

戊辰（正统十三年，1448年）春二月朔，日有食之[1]。三月，廷试[2]前一日，上梦儒、释、道三人来见。揭晓，状元彭时，由儒士；榜眼岳正，幼曾为庆寿寺书记；探花陈鉴，幼为神乐观道童也[3]。先是童谣云：“众人知不知，明年状元是彭时。”[4]八月，广州见星孛于南斗[5]。辽东广宁卫（今辽宁北镇）大风，昼暝，天雨黑虫，堕地入土，数日复飞出，薨薨如蝗。野火烧唐帽山（今甘肃崇信与华亭县之间）堡，人马多死[6]。（原注：占曰：火烧山阜，民不安居。又曰：天火荐烧民舍马牛，主兵起。是年，福建贼邓茂七反[7]，云南思机发[8]叛）龙潭江（在江苏句容）水奔溃[9]。南城县（今江西南城县）学丁祭[10]，有石飞于明伦堂暨东西斋，重可四五斤[11]。

【1】（明）王圻《续文献通考·象纬考·日食》：“正统十三年戊辰，春二月朔，日食。”

【2】廷试：廷试又称殿试，是科举考试中由皇帝亲自主持的考试。明清科举制度，分为乡试、会试和殿试，乡试为省一级考试，考试合格者为举人，第一名为解元；会试是举人在京城参加的全国统一考试，考试合格者为贡士，第一名为会元；殿试是由皇帝亲自主持的考试，贡士参加殿试后就是进士。

【3】进士按三甲依次排名，一甲计取三名，第一名称状元，第二名榜眼，第三名探花。

【4】（明）彭时《彭文宪公笔记》：“丁卯（正统十二年）冬，湖广永济县遣须知官在途，梦开黄榜，第一名彭某，国子监生……是时士夫中相传，有童谣云：‘众人知不知，今年状元是彭时。’亦不知何自而起，至后果验证云。”（明）王圻《续文献通考·物异考·讹言》：“正统十三年，有人梦开黄榜，传第一名彭时。国子生其，人言于朋辈，遍传都下。又一人谓岳正曰：我昨梦见贤兄魁多士。正曰：若梦可信，则已有人梦彭时作魁矣。其人戏曰：会试、殿试有两魁，二人各占其一可也。已而果然。是时有童谣云：‘众人知不知，今年状元是彭时。’亦不知何自而起也。”

【5】嘉靖《广东通志初稿·祥异》：“正统十三年，有星孛于南斗。”按，南斗：《晋

书·天文志上》:“北方,南斗六星,天庙也,丞相太宰之位,主褒贤进士,禀授爵禄。”星孛是我国古代对彗星的称呼,又称蓬星、长星,被视为妖星。彗星凌犯南斗,古人认为都是凶兆。

【6】(明)朱国祯:《涌幢小品》:“辽东、广宁等卫。狂风大作。昼暝。有黑壳虫堕地。大如苍蝇。久之。俱入土。又数日。钻土而出。飞去。薨薨如蝗。沈阳锦州城垛墙为大风所仆者百余丈。野火烧唐帽山堡。人马多死伤者。”

【7】《明英宗实录》:“正统十三年九月戊戌,巡按福建监察御史张海奏:‘本年八月十一日,贼邓茂七等率众攻延平府。臣与参议金敬等官登城,谕以祸福。内有衣红者突出言:我等俱是良民,苦被富民扰害。有司官吏不与分理,无所控诉,不得已聚众为非,乞奏闻朝廷,倘蒙宽宥,即当自散。既而退去复来,言:我等家产破荡已尽,乞免差役三年,庶可生聚。臣等许以奏闻,即各舞蹈而去。’”

按,邓茂七,原籍江西,后与兄弟落籍福建沙县,佃耕为生。由于不堪地主及封建政府的压迫,正统十三年(1448年)二月,他邀其他农民领袖到沙县陈山寨杀白马祭天,歃血为盟,宣告正式起义,自号铲平王,东南一带大为震动。10天之内,起义军人数发展到数万之众。逾月间,邓茂七义军发展至10万余人,设置官吏。其实力最强的时候,聚众达80余万。不但控制了大半个福建,还攻破江西石城、瑞金、广昌等地,“控制八闽”,三省震动,形成了明朝开国以来最大的一次农民起义。正统十四年二月邓茂七被杀,景泰元年起义失败。

【8】《明英宗实录》:“正统十三年五月癸卯,调发官军招抚征剿贼子思机发。”按,思机发:明初于洪武十七年(1384年)在云南置军民宣慰使司,以其地部族首领为宣慰使。英宗正统二年(1437)十月,麓川(今云南瑞丽县及畹町镇等地区,与缅甸接壤)宣慰使、土司思任发、思机发父子叛乱。由此引发了著名的麓川之役。经过三次征讨之后,思任发被缅甸送归中国,被斩于北京。十三年春,为讨伐思任发之子思机发,明朝又兴兵十三万征剿。思机发多次遣使入贡谢罪,后来失踪。明军与思任发少子思禄立约,许其管理部众,居于孟养,遂罢兵。麓川之役,明朝经过连年征战,仍未彻底平息叛乱,最终以盟约形式结束;其间连续发动数十万人的进攻,致使大军疲惫、国库亏空,造成对北面蒙古瓦剌的防御空虚。

【9】弘治《句容县志》:“龙潭巡检司在县治北七十里琊琊乡龙潭镇,按县旧志:‘宋管界巡检司淳熙八年移于本镇,改名龙潭巡检司。’国初,巡检马义重建,正统十三年江水奔溃,巡检徐康改建。”万历《应天府志·郡纪下》:“正统十三年,龙潭江水奔溃。”

【10】丁祭:明清时,每年仲春(农历二月)和仲秋(农历八月)第一个丁日(上丁)祭祀孔子,名丁祭。

【11】(明)朱国祯《涌幢小品》:“正统戊辰秋,南城县丁祭。是夜三更,学中明伦堂暨东西斋,从空飞石而下,皆水中久浸,尚带苔衣,重可四五斤。惟有圣殿,飞石不到。”

己巳（正统十四年，1449年）春正月，颁己巳大统历于百官（原注：岳正[1]论曰：己巳大统历书二至之晷有昼夜六十一刻之文。予怪其故，退而求诸家历法，无有也。夫天行最健，日次之，月又次之。以月会日，以日会天，天运常舒，日月常缩，历家以其舒者、缩者之中气置闰以定分至。然后以三百六十五日四分日之一之日乘除之，积三岁而得三十二日五十九刻者，其法常活。以三百六十五度四分度之一之天分南北二极，日行中道，冬至行极南，至牵牛得四十刻，为日短；夏至行极北，至东井得六十刻，为日长；春秋分则行南北中，东至角、西至娄为昼夜均。古以历名家者，必以其变者立差法以权衡之，则变者常通而差者得其所矣。有如今历也者，毋乃不揣其本而齐其末欤？夫历者，圣政之所先本也，苟以私智拨（揆）之，能无摇其本乎？后果有土木之变[2]）。夏六月丙辰，南京谨身、奉天、华盖三殿灾[3]。秋七月，荧惑入南斗[4]。先时，北京满城忽唱妻上夫坟曲，以为不祥[5]。八月八日晡时，金星见于月内，月淡而星甚明[6]。是年太湖中大贡、小贡二山斗，开合数次，共沉于水，起复斗，逾时乃止[7]。乙巳，童谣曰："牛儿呵奔着黄花地里倘着，你也忙，我也忙，伸出角来七尺长。""清俊小后生青布衫，白直身，好个人屈死在鹞儿岭。"[8]

【1】岳正，字季方，顺天府漷县（今北京通州漷县镇）人。明英宗正统十三年中进士第三名，授翰林院编修。撰有《类博稿》十卷，又有《类博杂言》等，并行于世。

【2】大统历是明代的历书，明初刘基进《大统历》。洪武十七年设观象台于南京鸡鸣山，令博士修历，仍以《大统》为名。终明一代实际上只用大统历，参用回回历，大统历的一切天文数据和推步方法，都依照授时历。大统历施行以后，交食往往不验。据天文史学家的研究，明代钦天监官员大多不学无术，虽知大统历推算结果与现实不符，但没有修改的办法。明代《大统历》系统中最初行用的昼夜时刻是南京数值，正统十二年钦天监正彭德清奏：北京，北极出地度、太阳出入时刻与南京不同，冬夏昼长夜短亦异。请求以北京时刻为准。于是正统十三年编印的正统十四年大统历其昼夜时刻数值就采用了最新的北京实测结果推算。正统十四年正月颁布以后，因其与原来的昼夜时刻明显不同，虽然引起社会朝野的疑惑，但都畏惧其后的政治压力，却是一度集体噤声。正统十四年蒙古瓦剌进犯，王振鼓动英宗御驾亲征，结果兵败于怀来土木堡。英宗被俘，当时论者认为这是改历的结果。

【3】（明）王圻《续文献通考·物异考·火灾》："正统十四年己巳，夏六月丙辰，谨身、奉天、华盖三殿灾，遂及奉天诸门。是夜二鼓，大雷电烈风雨，自谨身殿火起。"万历《应天府志·郡纪下》："正统十四年六月丙辰，震雹，风雨交作，火。"（明）黄瑜《双槐岁钞》亦载。

【4】（明）王圻《续文献通考·象纬考·太阴五星陵犯下》："正统十四年秋七月，荧惑入南斗，未几土木报至。"荧惑入南斗：荧惑即火星，古天文中将其作为七曜之一，称做荧惑。由于它在天空中运动，有时从西向东，有时又从东向西，情况复杂，令人迷惑。《晋书·天文中》："荧惑曰南方夏火……外则理兵，内则理政，为天子之理也……其入守犯太微、轩辕、营室、房、心，主命恶之。"荧惑居南斗星宿的位置，古人认为是凶兆。土木之变：即正统十四年英宗在太监王振的唆使下御驾亲征，在河北怀来土木堡被蒙古瓦剌部包围，俘虏。

【5】（明）徐充《暖姝由笔》：正统中"北京满城忽唱《妻上夫坟》曲，有旨命五城兵马司禁捕，不止"。

【6】（明）马愈《马氏日抄》："己巳（正统十四年）八月八日，日晡时，金星见于月内，月淡而星甚明。"《天官书》云：太白入月，军出将败。又曰：若失行于日月之东方，而夕见于太阳之后，主中国兵败。是月十五日有土木之败，而其占亦验。"（明）王圻《稗史汇编·志异门·怪异总纪》亦载。

【7】（明）王圻《稗史汇编·志异门·怪异总纪》："正统中，太湖中大贡山、小贡山斗，共沉于水，起而复斗乃定。"按，贡山是太湖中的岛屿，由大贡山、小贡山组成，现在是著名风景区。

【8】（明）杨慎《古今风谣·正统乙巳童谣》："牛儿呵奔著，黄花地里倘著。你也忙，我也忙，伸出角来七尺长。""清俊小后生，青布衫，白直身。好个人，屈死在鹞儿岭。"

庚午（景泰元年，1450年）春正月壬午，彗星出天市垣，扫天纪[1]。新昌（今浙江新昌）俞用贞[2]庭前冰文成荷花数十朵，枝萼亭亭，青红掩映，久之，乃模糊而散[3]。闰正月，京师烈风昼晦[4]。二月六日，大风，黄尘敝天，骑驴过大通桥者，风吹人驴皆堕水中溺死[5]。三月，有大星陨于广州河南[6]。八月丙戌，上皇还京师[7]。

【1】《明英宗实录·废帝郕戾王附录》："景泰元年（1450年）正月壬午夜，彗星出天市垣外，扫天纪星。"（明）王圻《续文献通考·象纬考·彗孛》："景泰元年庚午，春正月壬午，彗星出天市垣，扫天纪。闰正月，彗星又见。"按，中国古代为了区分天

文星象，将星空划分成三垣二十八宿。三垣即紫微垣、太微垣、天市垣。天市垣是三垣中的下垣。天纪是紫微垣中的星宿之一。

【2】俞用贞：浙江新昌人。成化十一年其孙礼部右侍郎俞钦获诰赠其父俞廷献礼部右侍郎，十四年俞廷献表请移赠其父即俞钦的祖父俞用贞及祖母朱氏，获朝廷许可。

【3】万历《绍兴府志·灾祥》："景泰元年（1450年）正月朔日，新昌俞用贞庭前冰文成荷花数十朵，枝萼亭亭，青红掩映，久之，乃模糊而散。"民国《新昌县志·祥异》亦载。

【4】（明）王圻《续文献通考·物异考·昼晦》："景泰元年（1450年）庚午，闰正月，京师烈风昼晦。"

【5】（明）马愈《马氏日抄·风异》："庚午（景泰元年）二月六日，大风，尘沙蔽天，屋瓦皆飞。明日，倪俊之辈来谓予曰："日昨大风，城东角大通桥上有人骑驴过桥，被风吹，人驴入水中，皆溺死，人莫能救。"

【6】嘉靖《广东通志初稿·祥异》："景泰元年春三月，有大星陨于广州河南。"（明）张瓒《东征纪行录》："会广东贼黄萧养围广州急，岭南人乞信民，乃以为右佥都御史巡抚其地。黄萧养且降，而都督董兴大军至。贼忽中变。夜有大星陨城外，七日而杨信民暴疾卒。时景泰元年（1450年）三月乙卯也。未几，董兴平贼，所过村聚多杀掠。民仰天号曰：'杨公在，岂使吾曹至是！'"

【7】正统十四年（1449年），蒙古瓦剌也先寇大同，明英宗在太监王振等怂恿下御驾亲征，败于河北怀来土木堡，死者数十万。明英宗被俘。明英宗之弟郕王在北京即位，史称景泰帝，尊称英宗为太上皇。景泰元年（1450年）也先答应送回英宗，"八月丙戌，上皇还京师，帝迎于东安门，入居南宫，帝率百官朝谒"。

辛未（景泰二年，1451年）春正月，徐淮大饥[1]（原注：编修杨守陈赋《银豆谣》有"愿将银豆三千斛，活取枯骸百万人"之句[2]）戊午，南京礼部奏：山川坛醴泉出[3]。夏四月，仙居县（今浙江仙居）梅尽花[4]。六月朔，日有食之[5]。秋八月，荧惑昼见[6]。

【1】《明史·五行志三》："景泰三年，淮、徐大饥，死者相枕藉。"两书记载相差一年。

【2】（明）黄瑜《双槐岁钞·金钱银豆》："景泰初，开经筵……相传云：是时每讲毕，命中官布金钱于地，令讲官拾之，亵狎大臣，以为恩典……时宫中又赐诸内侍以银豆等物为哄笑。杨文懿公守陈时在翰林，赋《银豆谣》曰：'尚方承诏出九重。冶银为豆驱良工。颗颗匀圆夺天巧，朱函进入蓬莱宫。御手亲将十余把，琅琅乱洒金阶下。

万颗珠玑走玉盘，一天雨雹敲鸳瓦。中宫跪拾多盈袖，金珰半堕罗衣绉。赢得天颜一笑欢，拜赐归来坐清昼。闻知昨日六宫中，翠蛾红袖承春风。黄金作豆亲拾得，羊车不至愁烟空。别有银壶薄如叶，并刀剪碎盈丹匣。也随银豆洒金阶，满地春风飞玉蝶。君不见民餐木皮和草根，梦想豆食如八珍。官仓有米无银籴，操瓢尽作沟中瘠。明主由来爱一嚬，安邦只在恤穷民。愿将银豆三千斛，活取枯骸百万人。'"

《二申野录》作"银斗谣"，误，当为"银豆谣"。（清）赵吉士《寄园寄所寄》引《陋轩外集》称是天顺年间事，（明）黄瑜《双槐岁钞》称是景泰年间事。

按，杨守陈，景泰二年（1451年）进士，任翰林院庶吉士，授编修，曾作《银豆谣》谏讽，后参与修《大明一统志》。成化初为经筵讲官，逢讲必寓劝规，继与修《英宗实录》。成化八年（1472年）迁侍讲学士，参与修校《宋元通鉴纲目》，进少詹事兼侍讲学士。孝宗嗣位，授南京吏部右侍郎，与修《宪宗实录》，兼副总裁。弘治二年（1489年）乞解部务，不准，命以本官兼詹事府丞，专司史事。卒谥文懿，赠礼部尚书。《明史》有传。

【3】《明英宗实录·废帝郕戾王附录》："景泰二年三月癸酉，南京总督机务、兵部尚书、靖远伯王骥等奏：'正月十八日，山川坛井，醴泉迸出。'"（明）王圻《续文献通考·物异考·水异》："景泰二年辛未，春正月戊午，南京礼部奏：山川坛醴泉出。"按，醴泉，即甘泉。

【4】乾隆《浙江通志·祥异下》引《台州府志》："景泰二年四月，仙居县梅花尽开。"按，梅花是在早春盛开，浙江一般是农历二、三月，所以四月仙居梅花开就是奇异现象。

【5】《明英宗实录·废帝郕戾王附录》："景泰二年六月戊辰朔，钦天监先言是日卯初刻日当食，至期不食。"（明）王圻《续文献通考·象纬考·日食》："景泰二年六月朔，日食。"

【6】（明）王圻《续文献通考·象纬考·星昼见》："景泰二年，秋八月，荧惑昼见。"按，荧惑即火星，古代天文中称做荧惑。它在天空中运动，情况复杂，令人迷惑。（唐）瞿昙悉达《大唐开元占经》："甘氏曰：荧惑昼见，臣谋主。"

壬申（景泰三年，1452年）春正月，河决沙湾（在张秋南）[1]。三月，有星孛于毕[2]。夏五月甲午，废皇后汪氏，立妃杭氏为皇后[3]。秋八月，荧惑昼见[4]。冬十一月己未朔，日有食之[5]（自魏嘉平元年迄宋元祐六年，日食己未凡十见：食于正月朔者二，二月朔者二，四月朔一，五月晦[6]一，朔二，七月朔一，八月朔在翼[7]，占曰旱。独元祐浙西大水，杭州死者五十万，苏州三十万[8]）。癸未，客星见舆鬼[9]。宛平县民福祥妻一产三男[10]。先是，石亨[11]总兵西征，振旅而旋，舟次绥德河中，天气晦暝。亨独处舟中，扣舷而歌，忽闻一女子沂流啼哭，连呼救人者三。亨命军士拯之。女泣曰："妾柏姓，小字永华，初许同里伊氏，迩年伊家衰替，父母逼妾改适，妾苦不从，故赴水尔。"亨诘曰："汝尚何归？"女曰："愿为公相箕箒妾尔。"亨纳之。裁剪补缀烹饪燔燂，妙绝无议，亨甚嬖幸，凡亲厚者辄令永华出见之。是年冬，兵部尚书于公谦[12]至其第，亨欲夸宠于公，令永华出见。永华殊有难色，督行者相踵于路，永华竟不出。于公辞归，亨大怒，欲拔剑斩之。永华趋匿壁中，语曰："妾本非人也，实一古柏，久窃日月精华，是成祟尔。自古邪不胜正，今于公社稷之器，安敢出见？独不闻武三思爱妾不见狄梁公之事乎[13]？妾于此将永别矣。"言罢杳然[14]。

【1】按，《明史·河渠志一》载：英宗正统十三年黄河决口沙湾之后，一直没有得到恢复。景泰三年五月工部尚书石璞督工，"沙湾堤乃成。六月，大雨浃旬，复决沙湾北岸，掣运河之水以东，近河地皆没"。

【2】《明英宗实录·废帝郕戾王附录》："景泰三年，三月甲午夜，孛星见于毕。"（明）王圻《续文献通考·象纬考·彗孛》："景泰三年壬申，春三月甲午，有星孛于毕。"

【3】《明英宗实录·废帝郕戾王附录》："景泰三年五月甲午，册立皇妃杭氏为皇后。长子见济为皇太子。"按，《明史·景帝纪》：景泰皇帝宠爱贵妃杭氏，欲立杭氏子朱见济为皇太子。于是景泰三年五月"废皇太子朱见深为沂王，立皇子见济为皇太子。废皇后汪氏，立太子母杭氏为皇后"。

【4】《明英宗实录·废帝郕戾王附录》："景泰三年八月甲子，火星昼见于未位。"按，火星古称荧惑。

【5】《明英宗实录·废帝郕戾王附录》："景泰三年十一月己未朔，日食。"（明）王圻《续文献通考·象纬考·日食》亦载。

【6】晦日：《说文解字》："晦，月尽也。"即农历每月的最后一天。

【7】翼：二十八星宿中南方七宿之一，有二十二颗星。《晋书·天文志上》称其象征天之乐府，"主俳倡戏乐"。

【8】《宋史·五行志一上》："元祐四年，夏秋霖雨，河流泛涨。八年，自四月雨至八月，昼夜不息，畿内、京东西、淮南、河北诸路大水。"

【9】舆鬼：二十八星宿中南方星宿之一，有五颗星，主占卜鬼神祭祀事。《晋书·天文志上》："舆鬼五星，天目也，主视，明察奸谋。"客星是中国古代对出现的新星或彗

星、流星的总称。因为其寓于常见的星辰之间，所以称客星。

【10】《明英宗实录·废帝郕戾王附录》："景泰三年冬十月戊戌，户部奏：顺天府宛平县杨福祥妻一产三男，其家及分养之家各月给食米五斗。然无住支之期，请令分养之家满三岁住支，著为例。从之。"

【11】石亨：明朝武将，渭南（今陕西渭南）人。英宗正统时期充任左参将，辅佐武进伯朱冕守大同。正统十四年秋，蒙古也先打败明朝大同守军，朱冕战死，石亨单骑跑回，降官募兵，立功赎罪。当时郕王监国，石亨经兵部尚书于谦推荐，掌管五军大营，晋升为右都督。也先兵威逼京师时石亨奉于谦之命，与也先军激战，大获全胜，因功封侯。景泰元年（1450）二月，景泰帝即位。石亨奉诏佩镇朔大将军印，率京军三万人巡哨大同，击败瓦剌军的进犯，朝廷赐世袭诰券，加封太师。于谦建立团营，命石亨任提督，充总兵。景泰八年（1457 年）景泰皇帝病重，英宗亲信宦官曹吉祥与大臣石亨、徐有贞等人勾结，毁墙进入南城，迎接明英宗，最终攻入东华门，迎明英宗复位，史称"夺门之变"。石亨与于谦有怨隙，徐有贞因英宗被掳时曾建议南迁都城，被于谦当面斥责，以后又成为朝廷官员的笑柄，对于谦也深怀怨恨，所以英宗复位以后，他们联合起来陷害于谦。明英宗最初还因为于谦对国家有功，不忍心杀他。徐有贞奏道："不杀于谦，此举为无名。"遂以"意欲"谋逆罪处死，妻子从军发戍。石亨在武官中官居最高，总领各军，将帅一般出自他的门下，京师之人无不侧目而视。他和曹吉祥，总揽朝政，人称曹、石。天顺四年正月，英宗感觉到石亨的威胁，以锦衣卫指挥逯杲上告石亨蓄养无赖，阴谋不轨，遂将其以谋叛罪下狱，抄家。一个月后，石亨死于狱中。其子侄石彪等人被处以极刑并暴尸街头。曹吉祥害怕自己也落得和石亨相同的下场，与其义子商议孤注一掷，决意谋反作乱，消息泄漏，英宗命逮其全家。曹吉祥聚集其党慌乱中攻打皇城失败，均被杀、被俘。曹吉祥被凌迟处死于市。其死党汤序、冯益及曹吉祥姻党皆伏诛。石亨、曹吉祥均《明史》有传。

【12】按，于谦字廷益，号节庵，钱塘（今浙江杭州）人。永乐年间进士，宣德初授御史，曾随宣宗镇压汉王朱高煦之叛。出按江西，颂声满道。五年（1430 年），以兵部右侍郎巡抚河南、山西。正统十四年土木之变，明英宗被瓦剌俘获，他力排南迁之议，坚请固守，进兵部尚书。他指挥北京保卫战，成功地抗击了蒙古瓦剌的围攻，拒绝瓦剌挟英宗逼和的计谋，使得瓦剌只得将英宗放归。他忧国忘身，口不言功，自奉俭约，所居仅蔽风雨，但性固刚直，颇遭众忌。天顺元年（1457 年）英宗复辟，石亨等诬其谋立襄王之子，被杀。明宪宗成化初，复官赐祭，孝宗弘治二年（1489 年）谥肃愍。神宗万历中，改谥忠肃。《明史》有传。

【13】按，武三思，生年不详，卒于唐中宗神龙三年（707 年），并州文水（今山西文水）人，荆州都督武士彟之孙，女皇武则天异母兄武元庆之子，即武则天的侄子。武三思是一个寡廉鲜耻的小人，仗着武则天势力大肆意作恶。武则天之后，他因儿子

是唐中宗的驸马，又勾结韦皇后擅杀大臣，专擅朝政。因皇太子李重俊并非韦皇后所生，所以韦皇后、武三思一党密谋废皇太子李重俊。李重俊忍无可忍，举兵杀武三思等人。

狄梁公，即唐武则天时期名相狄仁杰，圣历三年（700年）卒。其为官清正，为权奸所惧。唐睿宗时追封为梁国公，故又称狄梁公。传说武三思的爱妾惧于狄仁杰的一身正气，不敢出见。

【14】（明）侯甸《西樵野记》："国朝景泰间，总兵石亨西征，振旅而旋，舟次绥德河中。天光已暝，亨独处舟中，扣弦而歌。忽闻一女子泝流啼哭，连呼救人者三。亨命军士亟拯之，视其容貌妍绝，女泣曰：'妾姓桂，名芳华。初许同里尹氏，迩年伊家衰替，父母逼妾改醮，妾苦不从，故捐生赴水。'亨诘之曰：'汝欲归宁乎？欲为吾之副室乎？'女曰：'归宁非所愿，愿为相公箕帚妾耳。'亨纳之，裁剪缀补，烹饪燔煿，妙绝无议，亨甚嬖幸。凡相亲爱者，辄令出见，芳华亦无难色。是年冬，兵部尚书于公谦至其第，亨欲夸宠于公，令芳华出见之，芳华不出。亨命侍婢督行者，相踵于道，芳华竟不出。于公辞归，亨大怒，拔剑欲斩之，芳华走入壁中，语曰：'邪不胜正，理固然也。妾本非世人，实一古桂，久窃日月精华，故成人类耳。今于公栋梁之材、社稷之器，安敢轻诣？独不闻武三思爱妾不见狄梁公之事乎？妾于此来别矣。'言罢杳然。"（明）王圻《稗史汇编·志异门·妖怪类》、（明）施显卿《古今奇闻类纪·除妖纪·于谦辟桂花之妖》亦载。

癸酉（景泰四年，1453年）夏五月乙丑，有星出钩陈北，二小星随之[1]。丁丑，岁星昼见[2]。六月甲辰，岁星昼见[3]。秋八月，常州（今江苏常州）大旱，人相食[4]。冬十月，徐有贞为右佥都御史，治张秋决河[5]（原注：是冬，河决张秋，石璞治之，久无功。集议文渊阁，推有贞擢佥都御史。有贞自北东徂南西，踰济、汶，沿卫及沁，循河道、濮、范，究源流，度地行水。上疏曰："臣闻平水土，要在知天时地利人事而已。盖河自雍而豫，出险之彝（按，同"夷"），水势既肆，又由豫而兖，土益疏，水益肆，沙湾之东所谓大洪口者，适当其冲，于是决而夺济、汶入海之路以去；诸水从之而泄，堤溃渠淤，涝则溢，旱则涸，此漕途所由沮。然欲骤湮，则溃者益溃，淤者益淤。今请先疏上流，水势平，乃治决，决止，乃浚淤。多为之方，以时节宣，俾无溢涸。必如是，而后有成。"制曰："可。"有贞往来展布经营，作治水闸，疏水渠，渠起张秋金堤，西南行九里，至濮阳泺；又九里，至博陵坡；又六里，至寿张沙河；又八里，至东西影塘；又十有五里，至于白岭湾；又三里，至李（按，同崔“堆”）。由李崔而上，又二十里至莲花池；又三十里，至大潴潭，乃踰范暨濮。又上而西，凡数百里，经澶渊，以接河、沁。有贞曰：“河、沁之水，过则害，微则利。”乃节其过而导其微，用平水势。既成，渠名广济，闸名通源，渠有分合，而闸有上平。凡河流之旁出而不顺者，则堰之。堰有九，长袤皆至万丈。九堰既设，其水遂不东冲沙湾，而更北出济漕渠。阿西、鄄东、曹南、郓北，出沮洳而资灌溉者为田百数十万顷。公又参综古法，就长择善加神用焉。爰作大堰，其上楗以水门，下捍以长堤，堰崇三十有六尺，厚什之，长百之；阔、广三十有六丈，厚倍之；堤之厚如阔，崇如堰，长倍之。架涛截流，栅木络竹，实之石而键以铁，盖合土、木、火、金，以平水性，而导汶、泗之源出诸山，汇澶、濮之流纳诸泽。又浚漕渠，由沙湾北至临清，凡二百四十里；南至济宁，凡三百一十里；复作放水闸于东昌龙湾、魏湾凡八，为水之度，其盈过丈，则泄，皆通古河以入于海。上制其源，下放其流，既节且宣，用平水道。初，议者欲弃渠弗治，而由河、沁及海以漕，又欲出京军疏河。有贞因奏蠲濒河民牧马庸役，专力河防，以省军费，纾民力。工部请如有贞言，不中制[6]，以是得成功。是役也，聚而间役者四万五千人，分而常役者万三千人，用木大小十万，竹倍之，铁斤十有二万，锭三千，絙八百，釜二千八百，麻百万斤，荆倍之，藁秸又倍之，而用石若土不可算，然用粮于官仅五万石，为日五百五十有五而工讫[7]）。凤阳（今安徽凤阳）大雨雪，至明年二月不止[8]。

【1】《明英宗实录·废帝郕戾王附录》：“景泰四年五月乙丑，夜有流星大如杯，色赤，尾迹有光，出钩陈北，行至云中，二小星随之。”（明）王圻《续文献通考·象纬考·星变至虹霓》亦载。按，钩陈是紫微垣中的星宿。《晋书·天文志上》：“钩陈六星，皆在紫宫中……钩陈，后宫也，大帝之正妃也，大帝之长居也。”古代认为钩陈主天帝正后，是天帝日常居住的地方，所以占星术认为，客星凌犯紫微垣中的钩陈，是凶兆。

【2】《明英宗实录·废帝郕戾王附录》：“景泰四年五月丁丑，卯时（5时–7时），木星见辰位；辰时（7时–9时），见巳位。”（明）王圻《续文献通考·象纬考·星昼见》：“景泰四年，夏五月丁丑，岁星昼见。”按，木星古称岁星，又称摄提、重华、应星、纪星，因为它绕行天球一周正好是十二年，与地支相同，所以称岁星。按五行说，天降祸福

都会由岁星表现出来。若岁星运行应序，则国家昌运，五谷丰登；若运行失次，则国有战争、瘟疫、水旱灾害。岁星有重要地位，清代在先农坛旁边还有一座祭祀岁星的大殿，每到金秋时节，皇帝率领文武百官在此举行盛大仪式，祈求岁星赐福天下，保佑五谷丰登。

【3】《明英宗实录·废帝郕戾王附录》："景泰四年六月甲辰，卯刻，木星昼见于未位。"（明）王圻《续文献通考·象纬考·星昼见》："景泰四年，六月甲辰，岁星又昼见。"

【4】康熙《常州府志·祥异》："景泰四年秋，常州大旱，人相食。抚按劝令富民出粟赈贷，视其多寡，旌赏有差。"

【5】徐有贞本名徐珵，后改名有贞。他深究经济之学，对于天文、地理、兵法、水利、阴阳、方术之书，无不诣究。宣宗宣德八年（1433年）进士，选庶吉士，授编修。景泰末年，他参与曹吉祥、石亨的夺门之变，拥戴英宗复位而受到重用，但后来又因与曹吉祥、石亨有隙而遭陷害，天顺四年曹、石谋反暴露以后被杀，徐有贞平反。《明史·景帝纪》：黄河久决沙湾，景泰四年十月，以徐有贞为左佥都御史，治沙湾决河。《明史》有传。

【6】不中制：不干预的意思。

【7】按，本节原注是综合《明史·河渠志一》、（明）何乔远《名山藏》、（明）程敏政《明文衡》各书所记的内容。

【8】《明史·五行志一》："景泰四年，凤阳八卫二三月雨雪不止，伤麦。"按，景泰四年二三月间，凤阳雨雪不止，伤小麦，六月大旱，十月大雨雪，至第二年二月止。

甲戌（景泰五年，1454年）春正月，京师积雪恒阴[1]。杭州大雪，鸟雀俱死[2]。上海、兰溪（今浙江兰溪）雪至二月[3]。夏四月朔，日有食之[4]。筑浙西捍海塘[5]。南京大理少卿廖庄应诏上疏，不报[6]。（原注：庄以庶吉士给事中升大理寺丞，再升南京大理少卿。时值灾异，下诏求言。庄上疏："仰惟上皇被留北廷，皇上抚有万方，屡降诏书，以大兄皇帝銮舆未复为意。皇上之心即尧亲九族舜徽五典之心也。赖郊庙神灵，皇上胜算，迎归上皇于南宫。臣远臣，未知皇上于万几之暇，曾时朝见，以叙天伦之乐，敦友爱之情否也？臣自为翰林庶吉士、刑科给事中、大理寺丞，时伏睹上皇即位之初，遣太师英国公张辅、吏部尚书郭琎为正副使，册封皇上奄有大国，每遇正旦、冬至，令群臣见皇上于东庑。百官感上皇兄弟友爱如此，天下其有不治乎？今幸上皇迎归，伏望笃亲亲之恩，万几之暇时时朝见上皇于南宫，或讲明家法，或商榷治道，仍令群臣时令亦得朝见，以慰上皇之心。如此，则孝弟刑于家国，恩义通于神明，灾可弭而祥可召矣。然所系之重，又不特此。太子者，天下之本。臣愚，窃以为上皇诸子，皇上之犹子也，宜令亲近儒臣，诵读经书，以待皇嗣之生，使天下之臣民晓然，知皇上有公天下之心。盖天下者，太祖、太宗之天下，仁宗、宣宗之继体。守成者，此天下也。上皇之北征亦为此天下也。今皇上抚而有之，必能念祖宗创业之艰难，思所以系属天下之人心矣。近年日食、星变、地震且多陷、山崩、水溢，灾异迭见，非止霜雪不时而已。臣切忧心，以为弭灾召祥之道，莫过于此。"词意悲恳，留中不报）。五月，礼部郎中章纶、监察御史钟同下锦衣狱，黄雾四塞[7]。杭州无麦禾[8]。温州乐清县有大鱼随潮入港，潮落不能去，时时喷水满空如雨，居民聚磔其肉，忽一转动，溺水死者百余人，日暮雷雨，飞跃去。又一日潮长时，见鱼大小数千尾，皆无头，蔽江而过[9]。七月，甘露降于建昌（今江西南城）学宫松树。八月，甘露又降于建昌（今江西南城）[10]。南京夹岗门外一家娶妇，及门，肃妇入[11]，空轿也。婿家疑为所赚，诉于法司，拘舁（音：于）夫[12]及从者鞠之，众证曰：妇已登轿矣。法司不能决，乃令遍求之，得诸荒冢间，问之，妇云：中途歇轿，有二人掖入门。时吾已昏懵，且有物蔽面，不知其详，至天明始惊在林墓中。古人有《胭脂灵怪记》一卷，观此事知其不妄[13]。十二月，会稽（今浙江绍兴）、余姚（今浙江余姚）大雪，至明年二月乃霁[14]。

【1】（明）王圻《续文献通考·物异考·恒阴》："景泰五年正月，积雪恒阴。"

【2】乾隆《浙江通志·祥异下》引《杭州府志》："景泰五年正月，杭州大雪十余日，鸟雀尽。"万历《杭州府志·郡事纪上》："景泰五年春正月，大雪。按，《武林纪事》：十余日，鸟雀尽死。"

《明英宗实录·废帝郕戾王附录》："景泰五年二月乙巳，敕在京在外文武衙门：'迩者自冬徂春，雨旸弗顺，或积雪连旬，或穷阴弥月，春分已过，暖气尚遥……'"（明）王圻《稗史汇编·灾祥门·祥瑞类》："景泰甲戌（五年，1454年），吴多雪。正月望日，一夕积七八尺，比晓，城郭填咽，民屋被压。通衢委巷，僵而死者比比皆是，突而烟者十二三而已。"

【3】康熙《上海县志·祥异》："景泰五年春正月，大雨雪四旬不止。"

【4】《明英宗实录·废帝郕戾王附录》:“景泰五年夏四月壬午朔,日食。”(明)王圻《续文献通考·象纬考·日食》亦载。

【5】《明英宗实录·废帝郕戾王附录》:“景泰四年二月乙未,办事官傅廹言:浙江会稽县有河港海塘皆被风潮冲决,沙土淤塞,不能蓄水,妨民稼穑,乞敕有司修筑疏浚。从之。”按,古以钱塘江为界,分为“浙西”、“浙东”,今杭州、嘉兴、湖州地区古为“浙西”,而宁波、绍、台、温、金华、丽水、衢州地区均属“浙东”地区。

【6】不报:不答复的意思。此事见《明史·廖庄传》。廖庄,字安止,江西吉水人。宣德五年进士。景泰五年他引奉诏上疏,要求恢复英宗的帝位。另外,英宗正统时的皇太子朱见深在景泰帝登基时被废为沂王,这时景泰帝的儿子怀宪太子朱见济刚死,廖庄也要求恢复英宗子朱见深的皇太子地位,疏初未见报。次年,他为此被谪定羌驿丞。英宗复辟以后,天顺初年被召回,宪宗成化二年卒。

【7】(明)王圻《续文献通考·物异考·昼晦》:“景泰五年甲戌,京师黄沙四塞昼晦。时章纶、钟同下狱。”按,锦衣卫狱,又称诏狱。按,章纶,字大经,乐清(今浙江乐清)人。正统四年(1439年)进士,授南京礼部主事。景泰初为仪制郎中,上太平十六策。后因火灾,复陈修德弭灾十四事,因其中主张恢复废太子朱见深的太子地位而被下狱。英宗复辟,天顺间擢礼部右侍郎,以后20年未曾升迁,于是告老归退。钟同:字世京,江西吉安人,景泰二年(1451年)进士。景泰三年(1452年),景帝废被立为太子的英宗长子朱见深,改立自己的儿子朱见济为太子。景泰四年(1453年),朱见济死。钟同上书请复朱见深太子位。不久,礼部郎中章纶复上书请。次年八月,大理少卿廖庄又上书请立朱见深。景帝命将钟同、章纶下狱。钟同被杖毙,章纶一直被监至英宗复位,始被释放。

【8】万历《杭州府志·郡事纪上》:“景泰五年,夏五月,无麦禾。”

【9】(明)陆容《菽园杂记》:“景泰间,温州乐清县有大鱼,随潮入港。潮落,不能去。时时噀水满空如雨,居民聚集,磔其肉。忽一转动,溺水死者百余人,自是民不敢近。日暮雷雨,飞跃而去,疑其龙类也。又一日潮长时,鱼大小数千尾,皆无头,蔽江而过。民异之,不敢取食。疑海中必有恶物啮去其首,然啮而不食,其多如许,理不可究。予宿雁荡,闻之一老僧云。”按,疑此系鲸鱼。

【10】同治《建昌县志·祥异》:“景泰年六月十五日至十八日,甘露降。七月二十一日至二十五日再降于儒学明伦堂庭径西边之松树枝叶,凝结,见日不晞。”按,建昌县属南康府。明清各地方所设的府州县学机构,即所谓府学、州学、县学,都称学宫。甘露:所谓甘露云云,大约就是树脂。

【11】肃:躬身作揖,迎揖引进的意思,例如:肃客。

【12】舁夫:舁是抬的意思,舁夫即轿夫。

【13】(明)王圻《稗史汇编·志异门·邪魅类》:“景泰间,南京夹岗门外一家娶妇,

及门，无妇人，空轿也。其家疑为所赚，诉于法司，拘舁夫及从者鞫之，众证云：妇已登轿矣。法司不能决，乃令遍求之，得之荒冢中，问之，妇云：中途歇轿，二人掖吾入冢。时日已昏然，有物蔽面，不知其详，至天明始惊在林墓中。古人有《胭粉灵怪记》一卷，观此事知其不皆妄也。”（明）陆容《菽园杂记》亦载。

【14】万历《绍兴府志·灾祥》：“景泰五年，会稽、余姚十二月大雪，六年二月乃霁。”光绪《余姚县志·祥异》亦载。

乙亥（景泰六年，1455年）春正月，命太监班佑镇守两广（原注：两广镇守太监自此始）[1]。逮南雄知府刘实下诏狱，卒[2]。夏四月朔，日有食之[3]。闰五月，江水泛涨[4]。溧阳（今江苏溧阳）夏秋大旱，民饥疫[5]。八月，杖南京大理少卿廖庄、郎中章纶、御史钟同于阙庭，同卒，纶系狱，庄谪定羌驿丞（今甘肃广河）[6]。

【1】文、注均见于（明）朱国祯《皇明大政记》。《明英宗实录·废帝郕戾王附录》：“景泰五年十一月癸亥，停免广西思恩府土军今年应纳田粮之半，以土军俱在桂林府听调杀贼，不得耕种，从总督广西军务太监班祐等奏请也。”按，这是班祐以总督广西军务太监身份的初次记载，其被任命当即在此不久。

【2】《明英宗实录》：“天顺五年五月戊辰，广东南雄府知府刘实瘐死狱中。实在郡切切爱民，适中官过郡，有所索，弗得，怒叱左右捽之。时候役夫百余人闻之，遂大呼入，拥实以去。中官惭且益忿，上言实殴之，实亦言中官酷状。诏两逮至。上亲召至前面诘之，得状，遂俱下锦衣卫狱鞫。中官具伏罪，实得白，将出，乃病以死。”此事《二申野录》系于景泰六年之下，误。刘实，《明史》有传。

【3】（明）王圻《续文献通考·象纬考·日食》：“景泰六年夏四月朔，日食。”

【4】万历《应天府志·郡纪下》：“景泰六年，江水泛涨。溧阳夏秋大旱，民饥疫。”按，本年无闰五月，应当是闰六月。《明英宗实录·废帝郕戾王附录》：“景泰六年九月壬寅，湖广武昌、汉阳、德安、黄州、荆州、长沙、岳州七府，沔阳州沔阳、安陆、蕲州三卫，德安千户所各奏：今年春夏以来，雨泽愆期，田苗枯槁，闰六月以后江水泛溢，又被淹没。”

【5】嘉庆《溧阳县志·瑞异》：“景泰六年，大旱，民饥，有疫。”

【6】《明英宗实录·废帝郕戾王附录》：“景泰六年八月庚申，降南京大理寺左少卿廖庄为陕西定羌城驿驿丞。先是，庄请复皇储，其言激切，忤旨。及是以丁母忧，至京陛见。帝甚怒，命杖八十于陛前，不死，遂谪降之。时礼部郎中章伦、监察御史

钟同亦先以言皇储，系锦衣卫狱，因命就狱并杖之。纶几死，同竟死焉。”

丙子（景泰七年，1456年）三月，沙湾（在今山东张秋南）堤成[1]。夏四月，余姚（今浙江余姚）旱[2]，遂安（今新安江水库库区）大水[3]，桐庐（今浙江桐庐）、兰溪（今浙江兰溪）大旱[4]，天台（今浙江天台）、新昌（今浙江新昌）饥[5]。五月，萧山（今浙江杭州萧山）、会稽（今浙江绍兴）、山阴（今浙江绍兴）大水[6]。秋七月，彗星昼见西方，自申刻至日没，其长竟半天，凡两月而灭[7]。有白上上鸜鹆来，止诸暨（今浙江诸暨）县舍[8]。八月戊戌，香山（今广东中山）卿云见[9]。冬十月，钱塘（今浙江杭州）西湖水竭[10]。杭城（杭州城）猫儿桥河水五色，旬日方解[11]。

【1】《明史·河渠志一》：“景泰六年七月，功成，赐渠名广济。沙湾之决垂十年，至是始塞。”

【2】万历《绍兴府志·灾祥》：“景泰七年夏，余姚旱。”光绪《余姚县志·祥异》亦载。

【3】万历《严州府志·祥异》：“景泰七年，遂安县大水，漂没庐舍、禾稼。”

【4】《明英宗实录·废帝郕戾王附录》：“景泰七年，浙江台州、嘉兴府各奏，夏四月不雨，旱伤禾稼。是年，桐庐大旱。”

【5】万历《绍兴府志·灾祥》：“新昌饥。”民国《天台县志稿·前事表》：“景泰七年丙子，大饥，民多流亡。”

【6】万历《绍兴府志·灾祥志》：“景泰七年，会稽淫雨伤苗。是秋复淫雨，腐禾。岁饥。”《明英宗实录·废帝郕戾王附录》：“浙江湖州、绍兴府奏，夏五月以来天雨连绵，渰没田禾。”民国《萧山县志稿·祥异》：“景泰七年五月，大水。”嘉庆《山阴县志·禨祥》：“景泰七年五月，大水。”

【7】《明英宗实录》：“天顺元年八月甲午，上躬祷昊天上帝，词曰：兹者彗星出现，于今两月，光芒尚在，垂变不消，必阙失之政未更，乖违之行未改。”《二申野录》系于景泰七年，似误。

【8】万历《绍兴府志·灾祥》：“景泰七年秋，诸暨白鸜鹆止县舍。”乾隆《诸暨县志·祥异》亦载。按，鸜鹆：学名为鸲鹆，又叫寒皋、华华、鸜鸲等，俗称八哥。

【9】嘉靖《香山县志·祥异》：“景泰七年，秋八月戊戌朔，卿云见。”按，卿云，

又名庆云、景云，系五色云，古人视为祥云。《晋书·天文志中》："瑞气：一曰庆云。若烟非烟，若云非云，郁郁纷纷，萧索轮囷，是谓庆云，亦曰景云。"

【10】万历《杭州府志·郡事纪上》："景泰七年冬十月，湖水竭。"乾隆《浙江通志·祥异下》引《杭州府志》："景泰七年冬，西湖水竭。"

【11】（明）郎瑛《七修类稿·事物类·五色水》："吾杭正统丙子（景泰七年）秋，猫儿桥河水五色，旬日方解。不一月，其地陈纲中省元。始知秀气因人而呈也。家有薄田，在于地名宦塘。正德戊寅。塘水亦有五色。其长数十丈。后竟无祥。予意水底必有宝耳。"按，省元，即乡试第一名。

丁丑（天顺元年，1457 年）春正月丙寅朔，壬午，上皇复即皇帝位，王文[1]及少保兼太子太傅、兵部尚书于谦下锦衣卫狱[2]。丁亥，杀少保于谦、都督范广于市[3]（原注：一云徐有贞掖上皇登辇至奉天殿，侍卫都督范广御之，战死阙下）。是日阴霾四塞，朝野冤之。童谣云："京城老米贵，那里得饭广。鹭鸶冰上走，何处寻鱼嗛（音：千）"[4]（原注：天顺复辟前一夕，肃愍独坐，忽闻有声如雨洒然，视屏上皆血点，心恶之，拜祝祠前，神主俱倒。明发入朝，遇害[5]。肃愍总角时，随诸生告考，巡按令隶卒逐之，众奔散，或蹂践几死，肃愍独不去。巡按问曰：'汝何不去？'肃愍曰：'若皆去了，天下大事谁当？'巡按奇之，收入试。后发解时，尝听响卜，有人曰：'中举人，中进士，做到尚书也要杀。'[6]又公为诸生时，忽窗外有巨人持一扇乞诗。公醉中即挥笔曰：'大造乾坤手，重扶社稷时。'公若自志其生平者。鬼悲跃而去，所持扇则蕉叶一片耳[7]。又曰：少保既杀，夫人梦公谓曰：'吾被刑，魄虽殊，而魂不乱，独双目失明。吾借汝目光将见形于帝。次日，夫人忽丧明，已而，承天门灾，英宗临视，见公于火光中隐隐闪闪也。'时夫人方贬次山海关，复梦公曰：'吾已见形于帝矣，还汝目光。'未几，有诏贷其夫人[8]）二月，废景泰帝为郕王、皇太后吴氏为贤妃、皇后汪氏为郕王妃，癸丑，景泰帝崩于西宫（原注：宦者蒋安以帛勒死也[9]）。山东饥。三月，开蓟州运河[10]。四月，追复王振官，立祠祀之[11]。六月，彗孛连见。京师大风雷，雨雹，走正阳门下马碑于郊外。曹吉祥之门巨树皆折。石亨宅水深数尺[12]。化州龙首石鸣三日，其声类鹅而宏大特甚[13]。会稽（今浙江绍兴）、余姚（今浙江余姚）、新昌（今浙江新昌）旱[14]。秋七月，承天门灾[15]。杭州蝗害稼[16]。徐有贞编发金齿（今云南保山）为民（原注：祝希哲[17]曰：外王父徐武公伯[18]被谪金齿，过某寺，见老僧治果茗远迎于道。公讶而问焉，僧曰：‘吾寺有石羊，有异人君子至则鸣。宋时一鸣有苏相公至，昨夕复鸣而公适至，知为异人，故治果茗以进。’[19]廖道南[20]曰：‘余观吴志，谓徐有贞短小精悍，其学自兵法、河渠、阴阳、方术，无不通贯。然而心术阴贼，急嗜功利，首唱南迁，继谋夺门，比昵奸回，屠戮忠勋，金齿之行，亦天道也夫。’）九月，杭州旱[21]，溧阳县（今江苏溧阳）治火[22]。十二月，太平侯张軏遇范广于途，为拱揖状，左右问之，曰："范广过也。"归家发病死[23]。

【1】《明史·英宗后纪》："天顺元年春正月壬午，昧爽，武清侯石亨、都督张輗、张軏，左都御史杨善，副都御史徐有贞，太监曹吉祥以兵迎帝于南宫，御奉天门，朝百官……日中，御奉天殿即位。下兵部尚书于谦、大学士王文锦衣卫狱。"按，王文，字千之，号简斋，原名王强，保定府祁州束鹿县（今河北辛集）人，永乐十九年（1421 年）进士，授监察御史。正统十四年"土木堡之变"后，英宗被瓦剌俘虏。英宗之弟郕王即帝位，后世称为明景帝（年号景泰）。王文被征召入京掌管都察院事务。景泰三年加太子太保。不久，由高谷上疏推荐，并得到宦官王诚的帮助，皇帝下诏招王文入内阁，并任吏部尚书，兼翰林院学士，执掌文渊阁。历任少保兼东阁大学士，而后再进谨身殿大学士，仍兼东阁大学士。英宗被蒙古瓦剌送回以后，景泰皇帝并不让位，使英宗居住南宫。景泰八年，都御史徐有贞、武清侯石亨、宦官曹吉祥等，趁景帝卧疾，发兵拥立英宗复辟。英宗复位后，石亨和曹吉祥等唆使言官弹劾王文伙同于谦等人谋立襄王之子为皇太子，于是下狱，后一并被斩。宪宗皇帝时予以平反，特进太保，谥毅愍。《明史》有传。

【2】于谦：于谦，字廷益，号节庵，钱塘（今浙江杭州）人。永乐年间进士，宣德初授御史，后以兵部右侍郎巡抚河南、山西。正统十四年土木之变，明英宗被瓦剌俘获，他力排南迁之议，坚请固守，进兵部尚书。他指挥北京保卫战，成功地抗击了蒙古瓦剌的围攻，拒绝瓦剌挟英宗逼和的计谋，使得瓦剌只得将英宗放归。他忧国忘身，口不言功，自奉俭约，所居仅蔽风雨，但性固刚直，颇遭众忌。天顺元年 (1457 年) 英宗复辟，石亨等诬其谋立襄王之子为皇太子，与王文一并被斩。明宪宗成化初，复官赐祭，孝宗弘治二年 (1489 年) 谥肃愍。神宗万历中，改谥忠肃。《明史》有传。

【3】按，所斩者是于谦、王文。《明史·英宗后纪》："天顺元年正月丁亥，杀于谦、王文，籍其家。"范广：辽东人，明朝军事将领。正统末年因功迁辽东都指挥佥事。正

统十四年土木之变后，廷议举将材，兵部尚书于谦举荐范广，升为都督佥事，充左副总兵，辅助石亨。北京保卫战中，冲锋陷阵，屡立战功。景泰元年，协助协理统领京师大营，并担任总兵官。范广经常斥责石亨放纵部下抢掠的行为，因此遭到石亨的不满。及英宗复辟，石亨依仗夺门之变有功，加之范广最为于谦信任，于是诬陷其为一党。不过，范广被杀于二月。《明史·英宗后纪》："天顺元年二月癸卯，杀都督范广。"宪宗成化初年，廷臣为范广称冤，方得平反，其子继承了他的官职。《明史》有传。

【4】（明）杨慎《古今风谣·天顺丁丑童谣》："京城老米贵，那里得饭广。鹭鸶冰上走，何处寻鱼嗛（范广，天顺中名将。于谦，少保肃愍公也。未几，范广死，谦遭石亨之患）。"

【5】（清）赵吉士《寄园寄所寄·灭烛寄·怪》引《四本堂座右编》："天顺复辟前一夕，肃愍独坐，忽闻有声如雨洒然，视屏上皆血点，心恶之，拜祝祠前，神主俱倒，明发入朝遇害。"案，肃愍：于谦在孝宗弘治二年(1489年)平反后谥肃愍，故又称于肃愍。

【6】（清）赵吉士《寄园寄所寄·灭烛寄·怪》引《四本堂座右编》：'肃愍总角时，随诸生告考，巡按令隶逐之去，众奔散，或蹂践几死，肃愍独不去；巡按问曰：'汝何不去？'肃愍曰：'若皆去了，天下大事谁当？'巡按奇之，收入试。后发解时，尝听响卜，有人曰：'中举中进士，做到尚书也要杀。'又有术士曰：'于谦望刀眼。'后皆验。'按，总角：古代未成年人把头发扎成髻，头上有两个发髻型组成的角，故称总角。也可以代指童年。发解：唐宋时，应贡举合格者，谓之选人，由所在州郡发遣解送至京参与礼部会试，称"发解"。明清时乡试第一名称为解元，又称"发解"。或泛指乡试考中举人。响卜：旧时迷信，据说除夕夜听别人讲话可卜吉凶，谓之"响卜"。

【7】（明）田艺蘅《留青日札·于肃愍公辟鬼》："肃愍公为诸生时，忽窗外有巨人持一扇乞诗，公醉中即挥笔书曰：大造乾坤手，重扶社稷时。其人大惊，悲跃而去，乃鬼也。所遗扇则蕉叶一片耳。余祖言之。"按，诸生：封建科举制度时，参试的士子自乡试到会试、到殿试，中式的可获得秀才、举人、贡士、进士的称号，诸生是秀才的别称。

【8】（明）蒋一葵《尧山堂外纪·于谦》："于谦，字廷益，号节庵。其既杀也，夫人梦公谓曰：'吾被刑，魄虽殊，而魂不乱，独双目失明。吾借汝目光将见形于皇帝。'次日，夫人忽丧明。已而，奉天门灾，英庙临视，见公于火光中隐隐闪闪。时夫人方贬次山海关，复梦公曰：'吾已见形于皇帝矣，还汝目光。'未几，有诏独贷其夫人。"

【9】《明史·景帝纪》："景泰八年二月癸丑，王薨于西宫。"《明史·英宗后纪》："天顺元年二月癸丑，郕王薨。"

【10】《明英宗实录》："天顺二年十月己巳，先是直隶大河卫百户闵恭奏：'南京并直隶各卫岁运蓟州等卫仓粮三十万石，驾船三百五十只，用旗军六千三百人，越大海七十余里，风涛险恶，滞留旬月。及有顺风开船，行至中途忽尔又值风变，人船粮

米多被沉溺，实非漕运之便。臣见新开沽河北望蓟州，正与水套沽河相对，止有四十余里，河径水深，堪行舟楫，但其间十里之地阻隔，若挑通之，由此攒运，则海涛之患可免，虽劳人力于一时，实千百年之计也。'事下工部，请移文镇守蓟州总兵、巡按直隶御史勘其利否。至是，都督佥事宗胜、监察御史李敏皆报闵恭言善，其河应挑阔五丈、深一丈五尺，于附近天津永平、蓟州、宝坻等卫府州县发一万人夫，委官督领，俟明年春和农暇之日兴工。然各处军民艰辛者多，宜一月人与行粮三斗，仍官给器具，庶无劳损而工易成。从之。"

【11】《明史·英宗后纪》："天顺元年十月丁酉，赐王振祭葬，立祠曰'旌忠'。"

【12】（明）王圻《稗史汇编》《杭州府志·郡事志》："景泰五年灾祥门》""天顺元年（1457年）五月，京城大风，雷电雨雹，拔木坏屋，走正阳门外下马碑于郊外。曹吉祥之门，巨树皆折。石亨宅水深数尺，京师震恐。"（明）王圻《续文献通考·物异考·雷震》："天顺元年丁丑夏五月，京师大雷电，雨下如注，大风拔木，平地水高数尺。"按，《二申野录》系于六月，误。

【13】光绪《高州府志·记述一》："景泰七年，化州石龙鸣。"按，《二申野录》系于天顺元年。龙首石又称龙头香，即石雕的龙首石件。

【14】万历《绍兴府志·灾祥》："天顺元年，会稽、余姚、新昌旱。"光绪《余姚县志·祥异》："天顺元年，大旱饥。"民国《新昌县志·祥异》："天顺元年，旱饥。"

【15】《明英宗实录》："天顺元年七月丙寅夜，承天门灾。"

【16】万历《杭州府志·郡事纪上》："天顺元年，秋七月，杭州蝗害稼。"《明史·五行志一》："天顺元年七月，济南、杭州、嘉兴蝗。"

【17】祝希哲，即明代著名书画家祝允明，字希哲，号枝山，因右手有六指，自号"枝指生"，又署枝山老樵、枝指山人等。长洲（今江苏苏州）人。能诗文，工书法，特别是其狂草颇受世人赞誉，称为"吴中四才子"之一。他的祖父祝显，正统四年进士，由给事中至山西参政。徐有贞是祝希哲的外祖父。《明史》有传。

【18】外王父徐武公伯：外王父是外祖父的别称。徐武公伯即徐有贞，他因参与英宗复位的夺门之变立功，被封为武功伯。

【19】（明）吕毖《明朝小史·石羊鸣》："武功伯徐有贞被谪金齿，路过一寺，见老僧治果茗远迎于道，武功讶而问焉。僧曰：吾寺有石羊，若有异人君子至，则鸣。宋时一鸣有苏相至，至昨夕复鸣而公适至。知为异人，故治果茗以进。"

【20】廖道南：廖道南，字鸣吾，蒲圻（今湖北蒲圻）人。正德十六年（1521年）进士，改庶吉士，授翰林院编修。嘉靖四年（1525年）纂修《明伦大典》，擢中允，充日讲官。累官至侍讲学士。明正德十六年主持纂修《蒲圻县志》。按，祝希哲偏袒外祖父徐有贞，引故事赞颂其德。廖道南乃持论公平，对徐有贞诬杀于谦等人的行为不齿，故对祝希哲的议论不以为然。

【21】万历《杭州府志·郡事纪上》:"天顺元年九月，杭州旱。"《明史·五行志三》:"天顺元年夏，两京不雨，杭州、宁波、金华、均州亦旱。"

【22】万历《应天府志·郡纪下》:"天顺元年，溧阳县治火，延民居殆尽。"嘉庆《溧阳县志·瑞异》:"天顺元年，城中火，公廨民居殆尽。"

【23】《明史·范广传》:及英宗复辟，石亨、张軏恃"夺门"功，诬范广党附于谦，谋立外藩，遂下狱论死。子范升流戍广西，籍其家，以妻孥第宅赐降丁。明年春，軏早朝还，途中为拱揖状。左右怪问之，曰:"范广过也。"遂得疾不能睡，痛楚月余而死。

戊寅（天顺二年，1458年）春二月庚寅朔，日有食之[1]。闰二月，建昌（今江西南城）熊家被雷，震中堂，屋瓦皆如万马踏碎，全揭大门四楹至于厨屋上，盘曲一秤置斗中，又一秤钩于梁上，尾垂系斗[2]。廉州（今广西合浦）饥[3]。夏四月，琼州（今海南琼山）龙见（原注：日晡时，九龙舞于郡西，云数色覆之。时有蜻蜓随飞者万万计[4]）

【1】（明）王圻《续文献通考·象纬考·日食》:"天顺二年，春二月朔，日食。"

【2】（明）尹直《謇斋琐缀录》:"谕德谢大韶又言：天顺戊寅四月中，其邻邑建昌熊家被雷，中堂屋瓦皆如万马踏碎，全揭。大门四楹置于厨屋上，盘屈一秤置斗中，又一秤钩于梁上，尾垂系斗。时大韶亲造其家，及见大门尚竖立厨屋上，惟斗秤则以醮谢后解去。熊氏至今不替二事，皆异。"

【3】崇祯《廉州府志·灾祥》:"天顺二年，廉州饥，时盗贼蜂起。"

【4】乾隆《琼州府志·灾祥》:"天顺二年夏，日晡，九龙见郡西，云成五色……时蜻蜓随飞者以亿万计。"

己卯（天顺三年，1459年）春正月朔。是年彗出，星变，日晕数重，累月不息，盖群阴图蔽太阳之象也[1]。冬十一月，南内离宫成[2]。

【1】（明）王圻《续文献通考·象纬考·彗孛》:"天顺三年十月，彗出，星变，日晕数重。"（明）杨瑄《复辟录》:"方复位之初，人心大悦。及见亨等所行，人皆失望，干动天象，彗出星变，日晕数重，数月不息，乃君邪固蔽太阳之象，而亨恬不知戒，贿赂公行，强预朝政，掠美市恩……中外见其势焰，莫不寒心，敢犯而不敢言。"（明）王圻《续文献通考·象纬考·日变》:"天顺三年十月，日晕数重。"

【2】南内：明成祖迁都北京时，把处于皇城东南隅的原习射之地的东苑建为山水交映的离宫，称南内。《明史·食货志》称：英宗正统、天顺间北京三殿、两宫、离宫、南内，次第兴建。

庚辰（天顺四年，1460年）春二月，陕西庆阳（今甘肃庆阳）陨石如雨，石又能言[1]。四月，萧山（今浙江杭州萧山）、山阴（今浙江绍兴）大水。五月会稽（今浙江绍兴）淫雨伤禾。常州（今江苏常州）水[2]。秋七月乙亥朔，日有食之[3]。杭州雨害稼[4]。九月癸亥夜，客星[5]色苍白，光芒长三丈余，尾指西南，变为彗[6]。孔林（今山东曲阜）灾[7]。冬闰十一月望后，月食[8]。

【1】（明）释幻轮编《稽古略续集·英宗复辟》："庚辰（天顺四年，1460年）陕西陨石如雨。击人万数，石又能言，可骇。"

【2】【4】《明英宗实录》："天顺四年七月辛亥，应天并直隶淮安、扬州、镇江、常州、苏州、庐州、太平、池州诸府徐和诸州，浙江杭州、嘉兴、湖州、绍兴、宁波、金华、处州诸府各奏：四月、五月，阴雨连绵，江河泛涨，麦禾俱伤。"万历《绍兴府志·灾祥》："天顺四年四月，萧山大水。"康熙《常州府志·祥异》："天顺四年，常州水。免田租十六万七千余石。"嘉庆《山阴县志·机祥》："天顺四年四五月，阴雨连绵，江河泛溢，麦禾俱伤。"万历《杭州府志·郡事纪上》："天顺四年，秋七月，杭州雨害稼。"

【3】《明英宗实录》："天顺四年秋七月乙亥朔，日食免朝。"（明）王圻《续文献通考·象纬考·日食》亦载。

【5】客星：是中国古代对出现的新星或彗星、流星的总称，因为其寓于常见的星辰之间，所以称客星。

【6】（明）严从简《殊域周咨录上》："成化四年，客星色苍白，光芒长三丈余，尾指西南，变彗。"（明）王圻《续文献通考·象纬考·瑞星》亦载。按，《二申野录》系于天顺四年，误。

【7】出处不详。

【8】《明英宗实录》："天顺四年闰十一月戊午夜，晓刻，月食四分有奇，钦天监失于推算。"按，望：农历每月的初一日又称朔日，第十五日又称望日。（明）王圻《稗史汇编·灾祥门·祥瑞类》："天顺四年冬闰十一月十六日，早，见月食。钦天监失于推算，不行救护。"

辛巳（天顺五年，1461年）春二月，新会（今广东新会）嘉禾生[1]。余姚（今浙江余姚）、新城（今浙江新登）大旱[2]。夏五月，江南、北大水[3]。秋七月，河决开封[4]（今河南开封）。九月壬寅朔，日有食之[5]。冬十月，广州城西有暴虎[6]。临洮（今甘肃临洮）兰县乡民陈鸾者，夜半独起，仰见天门洞开，上帝衮冕端拱，左右仪卫鹄立者甚众。宫殿栏楹，金碧耀目[7]。

【1】嘉靖《广东通志初稿·祥异》："天顺五年，春二月，新会嘉禾生。"道光《新会县志·祥异》："天顺五年辛巳，邑产嘉禾，九穗者三本，七穗者四本，六穗、五穗者各八本。"

【2】万历《绍兴府志·灾祥》："天顺二年、三年、五年，余姚俱旱。"光绪《余姚县志·祥异》："天顺元年旱。二年、三年旱，荐饥。五年夏，旱蝗。"《明史·五行志三》："天顺五年，南畿府四、州一，及锦衣等卫连月旱。"

【3】（明）王圻《续文献通考·物异考·水灾》："英宗天顺五年辛巳，夏五月，江南、北大水。"万历《应天府志·郡纪下》："天顺五年五月，江南北大水。"乾隆《江南通志·机祥》："天顺五年，海滨风雨大作，潮涌寻丈，漂没庐舍。"

【4】万历《开封府志·机祥》："天顺五年，黄河溢。按，决开封府城，由安远门入，淹没官厅民舍甚众。"《明史·五行志一》："天顺五年七月，河决开封土城，筑砖城御之。越三日，砖城亦溃，水深丈余。周王后宫及官民乘筏以避，城中死者无算。襄城水决城门，溺死甚众。崇明、嘉定、昆山、上海海潮冲决，溺死万二千五百余人。浙江亦大水。"

【5】（明）王圻《续文献通考·象纬考·日食》："天顺五年，九月朔，日食。"按，天顺五年九月是"戊戌朔"，《二申野录》作"壬寅朔"，误。

【6】嘉靖《广东通志初稿·祥异》："天顺五年，冬十月，广州有虎暴。按，通判黄谏有祛虎文。"

【7】（明）侯甸《西樵野记·天开门》"天顺间，陕西临洮府兰县乡民陈鸾，夜半独起，仰见天门大开，上帝冕旒衮袍端拱其中，仪卫鹄立者甚众，宫殿栏楹炫彩耀目。鸾疾呼家众视之，云倏合矣。"按，天门：指传说的天宫之门。《楚辞·九歌·大司命》："广开兮天门，纷吾乘兮玄云。"

壬午（天顺六年，1462年）春正月，桐庐县（今浙江桐庐）猩猩入学宫[1]。夏四月，广州芝草生[2]。新城（今浙江新登）螟蝗为灾[3]。山西藩廨有一猫，灰黄色，而颇大。一日闭之室中，忽为人言，呼小官人数声。

时有门子曰小郭儿，猫声又似呼之者。迨晚而归，则又引一猫来，形色一同，俄并死屋上[4]。

【1】万历《严州府志·祥异》："天顺六年，桐庐县猩猩入学宫。"按，学宫：明清各地方所设的府州县学机构，即所谓府学、州学、县学，都称学宫。

【2】嘉靖《广东通志初稿·祥异》："嘉靖六年夏四月，广州芝草生。"按，由于其与景泰年事连书，故致误为景泰六年事，实误。同治《番禺县志·前事二》："天顺六年四月，广州芝草生。"

【3】康熙《新城县志·灾祥》："天顺六年，蝗螟。"

【4】出处不详。藩廨：明代除皇太子之外，其他皇子都分封各地为藩王。藩王府就是所谓藩廨。山西的藩廨就是晋王府，在太原。

癸未（天顺七年，1463年）春二月，礼部贡院火[1]（原注：举子焚死者百有十六人，鄞（今浙江鄞县）人楼起者与焉。先期杨晋庵守陈梦有人求楼志铭者，后果如梦[2]）。桐庐（今浙江桐庐）春寒，草木尽枯，花卉无遗种[3]。是月晦[4]，夜空中有声如雷[5]（原注：占曰：天鸣有声，君死民哭。明年正月庚午，帝崩）夏五月己丑朔，日有食之[6]。九月十有六日，汝州（今河南临汝）龙见[7]。冬十月，浚泾阳（今陕西泾阳）郑白故渠[8]。溧阳（今江苏溧阳）县学灾[9]。十二月二日有黑白龙斗于南阳白马寺[10]。燕耆民茹文中年一百十岁（崔铣[11]曰：年之贵于天下也，尚矣。有坚实之气，其体斯壮固而不羸；有精明之心，其气斯凝定而不摇[12]。彼颜夭而跖寿者[13]，殆各值其变也）。

【1】《明史·五行志二》："天顺七年（1463年）二月戊辰，会试天下举人，火作于贡院（今北京贡院头条），御史焦显扃其门，烧杀举子九十余人。"（明）王圻《续文献通考·物异考·火灾》："天顺七年，贡院火。"

【2】（明）朱国祯：《涌幢小品·楼启墓志》："天顺七年，会场之火，大风，士焚死者百有十六人，鄞人楼启者与焉。先期杨晋庵守陈，梦有人求楼志铭者，心异之，后果如梦。"按，杨守陈，字维新，号晋庵，鄞县人。景泰二年（1451年）进士，任翰林院庶吉士，授编修，曾作《银豆谣》谏讽，后参与修《大明一统志》。

【3】万历《严州府志·祥异》:"天顺七年春,桐庐县草木尽枯,花卉无遗种。"

【4】晦日:《说文解字》:"晦,月尽也。"即农历每月的最后一天。

【5】(明)王圻《续文献通考·物异考·物自鸣》:"天顺七年二月晦,夜空中有声。李贤上言:传云无形有声,谓之鼓妖。上不恤民则有此异。"(明)王圻《续文献通考·象纬考·天变》亦载。

【6】(明)王圻《续文献通考·象纬考·日食》:"天顺七年五月己丑,日食。"

【7】【10】(明)刘昌《悬笥琐探·龙斗》:"天顺七年九月十六日,予自嵩县赴汝州,见一物于中天,淡白,垂长数丈,尾微曲,少顷不见,忽又乘出,闪闪若动,细如数百丈线,人言此龙也。十月二日,自南阳赴邓,将至白马寺。时微雨,且晴。忽见西南有黑物在薄云间,蜿蜒如圈者,其首尾莫可辨,惟身显然,若草书云字之状。忽又有一白物在其下。如乙字,然相去尺许,久之始灭。人皆言龙斗云。"

【8】郑白渠:郑白渠是古代关中地区的大型引泾灌区,秦代(公元前221年~公元前206年)郑国渠和汉代(公元前206年~公元220年)白渠的合称,近代陕西省泾惠渠的前身。

【9】万历《应天府志·郡纪下》:"天顺七年冬,溧阳学灾。"嘉庆《溧阳县志·学宫》:"天顺七年,民居火,延烧宫舍,仅存明伦堂。"

【11】(明)崔铣《洹词·燕耆志》:"燕耆者茹叟文中也,号时斋。随其父自无锡徙燕,盖永乐初。天顺初,叟百有四年。"按,崔铣:明代学者,字子钟,又字仲凫,号后渠,又号洹野,世称后渠先生,河南安阳人。弘治十八年进士,因得罪权奸,屡受挫折,官至南京礼部侍郎。谥文敏。《明史》有传。

【12】(明)崔铣《洹词·燕耆志》:"太史氏曰:年之贵于天下也,尚矣。是故有坚实之气焉,其体斯壮固而不羸;有精明之心焉,其气斯凝定而不摇。"

【13】颜夭而跖寿:指孔子的贤徒颜回,虽然人格高尚但不长寿;而被孔子骂为强盗的柳下跖却很长寿,据说活了九十多岁。

甲申(天顺八年,1464年)[1]夏五月五日,大雨雹,坏郊坛[2]。秋七月,立皇后吴氏[3]。余姚(今浙江余姚)海溢[4]。九月,废皇后吴氏,冬十月,立皇后王氏[5]。十二月,会稽(今浙江绍兴)地震[6]。时扬州(今江苏扬州)民妇一产五男,体貌相似,无夭者[7][原注:宁国府(今安徽宣城)杨杞者,其妻俞氏年二八以上,成婚便有娠甚大,生乃孪胎也。未几,又得娠而产,亦孪胎也。自后连连得孕,自十六至五十二岁通有十八胎,每胎悉是双生,皆是男子,共有儿三十六人,亦皆长大无一夭者。此妇亦无病,享中寿以上而终[8]。]

【1】按，天顺八年正月，英宗病卒，其长子皇太子朱见深即位，改明年为成化元年。

【2】（明）王圻《续文献通考·物异考·恒风》："天顺八年五月五日，大风雹，飘瓦拔木，坏郊坛。"

【3】《明史·后妃传一》：宪宗废后吴氏，顺天人。天顺八年七月立为皇后，因寻过杖责宪宗宠妃万贵妃，立甫逾月，就被废。

【4】万历《绍兴府志·灾祥》："天顺八年七月，余姚又海溢。"光绪《余姚县志·祥异》亦载。

【5】《明史·后妃传一》：宪宗孝贞皇后王氏，上元（今江苏南京）人。据说宪宗还是皇太子的时候，英宗为他指定备选的皇太子妃，计十二人。其中王氏、吴氏、柏氏三人留宫中。天顺八年九月吴氏既立而废之后，十月遂册王氏为皇后。

【6】万历《绍兴府志·灾祥》："天顺八年十二月，会稽地震。"乾隆《绍兴府志·祥异》亦载。

【7】（明）朱国祯《涌幢小品·并产》："天顺中，扬州民妇，一产五子，体貌相似，无夭者。"（明）祝允明《志怪录·一孕五儿》亦载。

【8】（明）祝允明《志怪录·一母三十六儿》："天顺中，宁国府有民人杨杞者，其妻俞氏年二八以上，成婚便有娠，腹甚大，既生乃孪胎也。未几，又得娠，而产亦孪胎也。自后连连得孕，自十六至五十二岁通有十八胎，每胎悉是双生，皆是男子，共有儿三十六人，皆长大，无一夭者。此妇亦无病，享中寿以上而终，亦可谓异矣。"

乙酉（成化元年，1465 年）春正月己酉朔。夜有流星，光烛地，自左摄提[1]东南行，至天市西垣[2]。惠州大水[3]。二月，慧星见西北[4]。郧（今湖北郧县）、襄（今湖北襄樊）盗起，王恕为副都御史抚治南阳，讨平之[5]。天雨黑黍于襄阳（今湖北襄樊），地震，屋宇动摇，轰然有声[6]。两广蛮叛，佥都御史韩雍率兵讨之[7]。夏四月甲申，河南钧州（今河南禹县）地震有声（原注：至二十三日方止[8]）。张宁、岳正[9]为汀州（今福建长汀）、兴化（今福建莆田）知府。荆、襄流民刘千斤反[10]。五月，京师大风，皇墙以西有声如雨雹，视之皆黄泥丸子，坚净如樱桃大，破之，中有硫磺气[11]。秋七月，南北直隶及河南、山西、湖广、江西、浙江郡县大水[12]。冬十一月乙丑夜，月犯太微垣上将[13]。十二月丙子，晓刻，金星犯键闭星。癸巳夜，月犯右执法[14]。

【1】左摄提：摄提是二十八星宿之一的角宿中的一颗星宿。

【2】(明)王圻《续文献通考·象纬考·流星星陨星摇》："成化元年春正月己酉朔，夜有流星，光触地，自左摄提东南行，至天市西垣。"天市垣：中国古代为了区分天文星象，将星空划分成三垣二十八宿。三垣即紫微垣、太微垣、天市垣。

【3】嘉靖《惠州府志·祥异》："成化元年，大水淹至郡署堂下。"光绪《惠州府志·郡事上》："成化元年，惠州大水。"

【4】(明)王圻《续文献通考·象纬考·彗孛》："成化元年二月，彗星见于西北，长三丈余，三阅月乃没。"

【5】王恕：王恕，字宗贯，三原人。正统十三年进士，宪宗成化中官至南京兵部尚书，以好直言为太监钱能等不容，成化二十二年被免职。孝宗弘治初年复召为吏部尚书，但仍以直言与大学士刘吉、阁臣丘浚有隙，最后回归故里，专以治学为务。《明史》有传。《明宪宗实录》："成化元年三月癸丑，以河南布政使王恕为都察院右副都御史，抚治南阳、荆、襄三府流民。"

【6】(明)王圻《续文献通考·物异考·地震》："成化元年二月，襄阳地震，轰轰有声，时天雨黑粟。"(明)王圻《稗史汇编·灾祥门·祥瑞》："成化元年，天雨黑粟于襄阳，掬之盈把，及星变、地震，盖兵兆也。"

【7】《明史·宪宗纪一》："成化元年春正月甲子，都督同知赵辅为征夷将军，充总兵官，佥都御史韩雍赞理军务，讨广西叛瑶。"

【8】《宪宗实录》："成化元年四月癸未，是日河南钧州地震有声至二十三日方止。"《明史·五行志三》："成化元年四月甲申，钧州地震二十三日乃止。"(明)王圻《续文献通考·物异考·地震》："成化元年四月，河南钧州地震有声，二十三日方止。"

【9】《宪宗实录》："成化元年四月庚寅，兵部尚书王竑等言：清理武选贴黄例用本部并都察院堂上官各一员提督，今会官举翰林院修撰岳正堪任侍郎，礼科都给事中张宁堪任都御史，请旨简用。内批：会官推举，多徇私情，不从公道……自今内外缺官不必会保。岳正、张宁升外任。于是正升兴化府知府，宁汀州府知府。正等之荐，有恶之者，故命升外任。然二人皆有时名，正自甘肃谪戍回，既复职，当道者略不见荐用之意，正屡出怨言，遂致触忤。张宁字靖之，浙江海盐县人，第进士，授给事中，性聪敏，善于章奏，然恃才矜肆，人亦厌之，至汀州简静为治，未几以病免。"《明宪宗实录》："成化五年闰二月己巳，兴化府知府岳正乞致仕，许之。岳正字季方，顺天府漷县人。家世武职，至正折节读书，进士及第，授翰林院编修，升春坊右赞善，改修

撰。英宗复辟，吏部尚书王翱荐其可用，召见命入阁参预机务，正辞不许，因感激尽言，不量可否，然多泄于外。时曹吉祥、石亨怙宠作威福，势焰熏天，正极言不可不早图，且诣自往问二人以计去之，二人闻而憾之，适承天门灾，下诏正视，草有自责语，二人遂指摘以为讪谤，贬钦州同知。正母老不忍别，留滞旬日，始就道，被先所与争田怨家嘱行事者发其事，复逮系锦衣卫狱，备拷掠，谪戍镇夷。吉祥等败，始释为民。上复位用御史言，复还修撰充经筵讲官，入纂修史馆。兵部举正升职清理武选贴黄，当国者恶之，内批出正知兴化府。至是来朝觐，乞致仕家居。五年卒，年五十五。"

【10】按，前遣王恕即为平荆襄流贼。《明宪宗实录》："成化二年正月己酉，湖广总兵官都督佥事李震奏奉敕征剿荆襄流贼会都御史王恕等勒兵进至隘门关，"明军大胜……"其贼首石和尚因败降于刘千斤，奉千斤僭称王，以僧允千峰为军师，苗虎、刘长子、石和尚等二十人为将军，仍屯梅溪分作三营，其势益张。"《明宪宗实录》："成化十二年七月丙午，北城兵马指挥司带俸吏目文会言：荆襄自古用武之地，宣德间有流民邹百川、杨继保等聚众为恶；正统间民人胡忠等开垦荒田，始入版籍，编成里甲，事妥民安；成化年来，复有石和尚、刘千斤、李胡子相继作乱，屡遣大臣抚治，而处置失宜，终未安辑。"

【11】（明）王圻《稗史汇编·灾祥门》："成化元年（1465年）五月，京师大风，一时皇墙以西有声如雨雹，视之皆黄泥丸子，坚硬如樱桃。"（明）彭时《彭文宪公笔记》："成化元年五月间，一日大风，萧墙以西，若雨雹声。有在地者，拾取观之，皆黄泥丸子，圆净坚实，如樱桃大，破之中有硫黄气。刘学士皆在西，出数丸示予。非亲见者不信也。"

【12】（明）王圻《续文献通考·物异考·水灾》："宪宗成化元年八月，南北直隶、河南、山西、湖广、江西、浙江所属郡县，凡一百四十八余处，各奏水患。"

【13】（明）王圻《续文献通考·象纬考·太阴五星陵犯下》："成化元年，十一月乙丑夜，月犯太微垣上将星。"太微垣上将星：太微垣外围东蕃的四颗星，分别称上相、次相、上将、次将。

【14】（明）王圻《续文献通考·象纬考·太阴五星陵犯下》："成化元年，十二月丙子，晓刻，金星犯键闭星。癸巳夜，月犯右执法星。"按，键闭星：二十八星宿中房宿东北的星官名。右执法：太微垣中的两个星官，分别称左执法、右执法。太微即政府的意思，左执法即廷尉，右执法即御史大夫。《晋书·天文志中》："月为太阴之精"，象征女主、刑罚、诸侯大臣，所以月犯太微上将、右执法，等等，都不是吉兆。

丙戌（成化二年，1466年）正月甲辰朔辰时，日晕左右珥背，气赤黄，色鲜明[1]。太白曳入南斗[2]。义乌县大火[3]。闰三月，江淮旱饥[4]。夏四月，倭寇浙东。上元县（今江苏南京）民匠高朋同妻庞氏将邻家十岁幼女烹而食之[5]。五月，李贤[6]起复[7]。（修撰罗伦上疏曰：臣闻朝廷援杨溥故事[8]起复李贤，顷承天问赐对大廷，亲置首选，每自感励，思酬奖遇。凡圣学大要，君道急务，朝政阙失，纪纲废弛，官吏贪酷，生灵愁苦，风俗败坏，士气委靡，兵戈扰攘，饥馑荐臻，提其纲领，疏其节目，状其情实，探其根源，为万言书献于陛下，以舒天下之望，以酬陛下之恩。顾筮仕未久，谙练未深，而又庙堂大臣，百僚庶采，必有忧臣之所深忧，言臣之所欲言，行臣之所欲行。臣以疏远骤进之人，恐蹈冒言越职之罪。是以心虽怀忧，口不敢言，口虽欲言，时未暇及，此臣之罪也，亦臣之分也。乃者李贤遭丧之时，朝廷下起复之命。臣窃谓李贤大臣，起复大事，纲常所关，风化所系，天下所瞻，后世所监，左右侍从、给舍、台官有知义理，不顾流俗，必陈正论，以扶纲常，是用缄默，因循至今，言虽若迂，所关甚大，事虽若缓，所系甚切，由前数事，臣既未暇陈由，此一事臣又未敢论，是乃偷合苟容之徒，非有忠君爱国之心，固非陛下求臣之本心，亦非愚臣报陛下之夙愿也。虽越职忤义，君子所嫌，未同而言，圣人不与，然先王立制，时政有失，庶人工艺犹得匡谏，况臣备员近侍，蒙恩深重。扶植纲常，臣之志也，披写悃愊，臣之忠也。惟陛下亮之。伏读圣策有曰：朕夙夜惓惓，欲正大纲，举万目，使人伦明于上，风俗厚于下。陛下是言真可为国家扶纲常，为天地立民极、万世开太平者也。然欲正大纲，莫先于明人伦、厚风俗；欲明人论、厚风俗，莫先于孝。孝者天之经也，地之义也，国而非此不可以为国，家而非此不可以为家，人而非此则禽兽矣。中华非此则蛮貊矣，故先王制礼，子有父母之丧，君命三年不过其门，所以教人子之孝也。为人臣者，未有不孝于亲而能忠于君者也。为人君，未有不教，其臣以孝，而能得其臣之忠者也。昔子夏问三年之丧、金革之事[9]、无避礼与。孔子曰：鲁公伯禽有为而为之也，今以三年之丧从其例者，吾勿知也。陛下之于李贤，以金革之事起复之欤？则臣所未闻也；以国家大臣起复之欤？则礼所未有也，似与先王制礼之意不同也，似与孔子之言不类也，似与陛下策臣之初意不合也。以故事大臣当起复欤，则为君者当以先王之礼教其臣，为臣者当据先王之礼事其君。臣不敢远举，请以宋言之。仁宗尝以故事起复富弼矣，弼之辞曰：何必遵故事以遂前代之非，但当据经礼以行今日之是。仁宗卒从其请[10]。孝宗尝以故事起复刘珙矣。珙之辞曰：身在草土之中，国无门庭之寇，难冒金革之名以私利禄之实。孝宗卒允其辞[11]。此二君者，未尝拘当代之故事以强起其臣，此二臣者未尝循当代之故事以苟从其君，故功泽加于当时，名声垂于后世，史笔书之以为盛事，士夫诵之以为美谈。此无他君能教其臣以孝，臣有孝可移以忠于君也。自是而后，无复礼义，史嵩之欲援例起复为丞相[12]，王黼起复为执政[13]，陈宜中起复为宰相[14]，贾似道起复为平章[15]。此数君者未尝不以当代之故事起其臣，此数臣者未尝不循当代之故事从其君，然生灵以之而困，天下以之而乱，社稷以之而倾，贻祸于当时，遗臭于后世，此无他君不教其臣以孝，臣无孝可移以忠于君也。诗曰：殷鉴不远，在夏后之世。臣愿陛下以宋为鉴，使贤尽孝于亲，为万世之大臣；陛下以礼处贤，为万世之大君，此臣之愿也，亦贤之分也。若又以贤身任天下，四方多虞而起复之，与则仁宗之时契丹桀骜未为无虞也；孝宗之时，金人盛强，未为无事也。陛下必欲贤任天下之事，不专门内之私，则贤身不可起，口则可言，宜降温诏，俾如刘珙不以一身之戚而忘天下之忧，使贤于天下之事知之则必言，言之则必尽。陛下于贤之言闻之则必行，行之则必力，则贤虽不起复，犹起复也。使贤于天下之事知之而不言，言之而有隐；陛下于贤之言闻之而不行，行之而不力，则虽起复犹不起复也。陛下无谓庙堂无贤臣，庶官无贤士。君盂也，臣水也。盂圆则水随以圆，盂方则水随以方。君好谏则臣随以直，君好谀则臣随以佞。臣直则忤旨多，忤旨多则恶心生，恶心生则禄不可保，身不可安矣。谁肯不保其禄，不爱其身乎。臣佞则顺旨多，顺旨多则爱心生，爱心生则宠愈可固，位愈可安矣。谁肯不固其宠，不安其位乎。陛下诚能于退朝之暇，清闲之燕，略崇高贵重之势，亲直谅博洽之士，开怀收纳，降礼尊贤，讲圣学之大要，明君道之急务，询政事之得失，察生民之利病，訪人才之贤否，考古今之治乱，诹风俗之盛衰，咨边防之缓急，舍一已之见，而以众人之见为见；舍一已之知，而以众人之知为知。顺旨之言则察而逐之，使贡谀保宠者无以自容；忤旨之言则容而受之，使输忠为国者得以自尽，群策毕陈，众贤并用，则贤所欲言者人亦能言之，又何必违先王之礼经，拘先朝之故事，损大臣之名节，亏圣明之清化，而后天下可治哉。朝廷举措，大臣出处，天下观之，史笔书之。清议虽不行于朝廷，天下以为何如；公论虽不行于今日，后世以为何如，诚不可不惧也，诚不可不慎也。夫贤之起复，尤诿之曰：负天下之重任，应先朝之故事，比年以来朝廷以夺情为常典，缙绅以起复为美名，食稻衣锦之徒接踵庙堂，据礼守经之士寂寥无闻，不知此人于天下之重任何所关耶。不知此事于先朝之故事何所据耶。先朝自杨溥之外，未闻起复某人为某官也。今起复之官何如此之多耶，以其高谋远虑足以定天下之大议耶，何未见其发也；以其折冲御侮足以定天下之大难耶，何未见其能也；以其直节劲气足以励天下之士习耶，何未见其有也；以其深仁厚泽足以浃天下之民心耶，何未见其行也；以其忠言谠论足以裨朝政之阙失耶，何未见其敢也。陛下何取于斯人而起复之哉，意其平昔之计不过阿媚权势预为已地，及遭通丧之时则必曲为谀说，上蒙天听。不曰此人辨事理可夺情，则曰此有故事例当起复。既遂奸计，略为虚辞，一不俞允，欢然就位，未有坚请如富弼，恳辞如刘珙者也。名曰夺情，实则贪位；名曰起复，实则恋禄。且妇于舅姑丧亦三年，孙于祖父母礼有期服，夺情于夫，初无与其妻起复于父，初无干其子，今或舍馆如故，妻孥不动，乃号于天下曰，本欲终丧，朝廷不容。虽三尺童子，臣恐其不信也。为人父者所以望其子之报，岂拟至于此哉。为人子者所以报其亲之心，岂忍至于此哉。枉已者，未有能直。夫人忘亲者，未有能忠于君，望其直人而先枉已，望其忠君而先忘亲，陛下何取于斯人而起复之哉。何不使之全孝于家，而后移忠于国哉。昔富弼有母丧，韩琦言起复非盛世事，而富公竟不可夺。史嵩之遭父丧，太学生群攻之至数百人，而嵩之竟乞終制。今大臣起复，群臣不以为议，且从而为之词，所以预为已地也。群臣起复大臣不以为议，且从而成其事，亦所以预为已地也。大臣既无忌，群臣复何惭；群臣既有例，大臣复何辞。今之大臣固韩琦、富弼之罪人。今之群臣又太学生之罪人也，上下成风，靡然同流致有公无起复之例。私为匿服之计，例在溥恩。匿服以受封，例在得官。则匿服以听选，例在掇科。匿服以应举，例在转官。匿服以候迁，例在求贿。匿服以之任臣，不忍圣明之世风俗之弊、纲常之坏一至此。夫爱亲之心，孩提有之短丧之说，下愚耻言，况在冠裳之列闻圣贤之道者乎？特以贪利遂至忘亲。孔子曰："是可忍也，孰不可忍。"又曰："上有好者，下必有甚。"陛下诚于先王之遗礼，遵祖宗之成宪，待之以礼义，不縻以爵禄，激之以廉耻，不诱以名位，使积习之弊脱然以除，则忠孝之心油然而生向虽忘亲，今则为孝子。向虽后君，今则为忠臣。亦理所必有，势所必至也。特在乎陛下辅移之间何如耳，天子者以孝治天下者也，大臣者佐天子以治天下者也。欲行孝于天下，必先行于大臣。臣愿陛下不惑群议，断自圣衷，取回内臣，许令李贤依富弼故事守制，依刘珙故事言事，其余已起复者悉令追丧，未起服者悉许终制。脱有金革之事，亦从墨衰之制，任国事于外，尽心丧于内。朝廷既正，则天下自正；大臣既行，则群臣自効，人心天理不可泯灭，谁肯甘心为不孝子，腼颜为不忠臣乎？纲常由是而正，人伦由是而明，风俗由是而厚，士心由是而纯，纪纲由是而张，国势由是而振矣。臣言一出，犯者皆忤。众恣群猜将无不至，不曰狂生妄议，未谙国体。则曰腐儒迂谈，不达时宜。不曰矫激于名，希求进用。则曰道理虽是，窒碍难行。近年以来类为此语，沮塞言路，折挫士气，臣虽愚昧，岂不自知言忤于人，殃及于己；议出于今，祸贻于后。然夙夜皇皇，惟恐上负朝廷，下负所学，取议于天下，贻笑于后世，是以昧死为陛下言之[16]。内批，降［罗］伦福建市舶副提举。御史陈选等交章留［罗］伦，谓伦所言，天理人情，所不容于已，诚为天下大计远虑，乞宥以开言路。不报。然自是台省[17]少起复者。）六月，顺德（今河北邢台）天雨米，黧黑色，形小而粒坚[18]。秋七月，顺天（今北京）、保定（今河北保定）、开封（今河南开封）、青州（今山东益都）四府大水[19]。琼州定安（今海南安定）淫雨[20]。冬十一月朔，京都有若雾者，从东来，著树并草茎皆白，少顷堆积枝柯间，玲珑如花，雕镂莫状[21]［原注：一云扶沟（今河南扶沟）木冰，俗所谓树架也。《玉笥集》云：冰凌木架达官怕[22]］。十二月，大学士李贤卒[23]（原注：贤立朝三十余年，多委屈以容。卒，赠太师，谥文达。陈文志其墓谓贤量宏而福厚，大臣遭遇之隆无与比者。夫福诚厚矣，遭遇实隆矣，但其忌岳正、张宁、王徽、王渊，俾终身弃置，而夺情恋位，不能释憾于罗伦，则未见其量之宏也。王鏊言："国朝三杨后，得君最久，无如李贤者，亦能展布才猷。然在当时亦以贿闻。"夫为相而以贿闻，此窃攘之流也，比来益接踵矣，虽少有才猷，皆矫伪以自文耳，安足论哉[24]）。

【1】（明）王圻《续文献通考·象纬考·日变》："成化二年，正月甲辰朔，辰时，日晕及左右珥背，气赤黄，色鲜明。"

【2】万历《绍兴府志·灾祥》："成化二年，太白曳入南斗。"（明）王圻《续文献通考·象纬考·太阴五星陵犯下》："成化二年丙戌，太白曳入南斗。"按，太白即金星，又称启明、长庚，是二十八星宿之外的古代人认为最亮的星宿。传说太白星主杀伐，古代诗文中多以比喻兵戎之兆。南斗：二十八星宿中北方的七个星宿之一。星相学上，南斗象征丞相太宰之位，主褒贤进士，禀授爵禄。

【3】嘉庆《义乌县志·祥异》："成化二年，邑中大火。"崇祯《义乌县志·灾祥》亦载。

【4】万历《应天府志·郡纪下》："成化二年四月，上元等县饥，民相食，命户部议赈之。"

【5】《明宪宗实录》："成化二年，四月庚午，南京都察院右佥都御史高明言：成化二年三月内，有上元县民匠高名同妻庞氏，将邻家十岁幼女缢死，烹而食之。实由饥饿所逼。守备官虽尝奏请将法司赃银，籴粮赈济。然四方米贵，城中又无蓄积之家，虽有银两艰于籴买。请发军储仓粮数万石，借与贫民，候秋成之时取米还官。上命户部定议以闻。"

【6】李贤：李贤，字原德，邓人。举乡试第一，宣德八年成进士。成化二年三月遭父丧，诏起复。三辞不许，遣中官护行营葬。还至京，又辞。遣使宣意，遂视事。其年冬卒，年五十九。帝震悼，赠太师，谥文达。

【7】起复：明以前，官员因父母丧而辞官守制，未满期而奉召任职。这本是因战争之需或其在朝廷中有不可或缺的重要作用，后亦行于平时。

【8】杨溥：字弘济，号南杨。荆州府石首县（今湖北省石首）人。建文元年，中湖广乡试第一名（解元）；次年，中进士。宣德初年入内阁，宣德四年，他回石首奔母丧，不久起复。《明史》有传。

【9】金革之事：本指军械和军装，借指战争。

【10】富弼：富弼，字彦国，洛阳（今河南洛阳东）人。天圣八年（1030）以茂才异等科及第，北宋仁宗时期的宰相。仁宗嘉祐六年(1061)三月，富弼由于母亲丧事离职归家守制。按宋朝过去惯例，宰相遇到丧事都起复原位。仁宗空着宰相的职位五次起用他，富弼说这是金革变礼，在太平之世不能施行，终于不听从任命。《宋史》有传。

【11】刘珙：刘珙，字共父，南宋孝宗时大学士。他当资政殿学士、知荆南府、湖北安抚使时，因继母去世，朝廷起复他为同知枢密院事、荆襄安抚使。刘珙六次上奏恳辞，

引经据礼，要求回家守制，终于没有从命。《宋史》有传。

【12】史嵩之：史嵩之，字子由，鄞（今浙江宁波）人，南宋宰相。淳祐四年九月，嵩之的父亲病故，但他不肯守孝，竟援引战时特例，企图自我起复。结果一片反对声。临安太学生黄恺伯、金九万、孙翼凤等百四十四人，武学生翁日善等六十七人，京学生刘时举、王元野、黄道等九十四人，宗学生与寰等三十四人，建昌军学教授卢钺等人都上书论嵩之不当起复，指责他席宠怙势，殄灭天良，"心术不正，行踪诡秘，力主和议，瓦解斗志，窃据宰位，处心积虑，居心叵测。"史嵩之无奈，最后只好罢职归家。

【13】王黼：原名王甫，字将明，开封祥符（今河南开封）人，北宋末年大臣，宋徽宗朝宰相。他父亲去世，按说应该归家守制三年，他却只回去六个月就起复宣和殿学士，宣和元年（1119年），拜特进、少宰，权倾一时。

【14】陈宜中：陈宜中，字与权，永嘉（今浙江永嘉）人，南宋末年的宰相。宋恭宗德祐元年（1275年）七月，宋军兵败焦山。太皇太后谢道清拜陈宜中特进、右丞相。他与左丞相王爚意见不和。太皇太后以他为左丞相，他却假装辞让，朝廷几次遣使挽留，才又回来就职。当时元军南下，南宋朝廷面临存亡危机，陈宜中胆小怕事，在和与战之间摇摆不定。大学生刘九皋等伏阶上书陈列陈宜中过失数十条。陈宜中知道后，又弃职而去。后来太皇太后写信给他的母亲，经其母亲说服才回朝，任右丞相。及南宋灭亡，陈宜中流亡海外。

【15】贾似道：贾似道字师宪，台州天台（今浙江天台）人。宋理宗时任右丞相。理宗死后，度宗继位，贾似道派人谎报军情，又以辞官、乞归养为名，挟持朝廷，度宗于是封其为太师、平章军国重事。他权倾朝野，大小朝政都决于他在葛岭的私宅中，朝廷宰相等人只不过徒具形式在朝廷文书末尾署名而已。咸淳十年（1274年），元军大举进攻，宋军兵败，贾似道被革职，后被监者所杀。

【16】按，此疏见于《皇明经世文编·罗伦》："扶植纲常疏"。

【17】台省：封建政府的中央官署。

【18】雍正《广东通志·编年志一》："成化二年夏六月，顺德天雨米。"

【19】《明宪宗实录》："成化二年七月甲午，顺天、保定、河南开封、山东青州四府大水。"

【20】万历《广东通志·杂录》："成化二年秋七月，定安淫雨。"乾隆《琼州府志·灾祥》："成化初，岭南多灾异，琼郡尤甚，地雷震有声。"

【21】（明）王圻《稗史汇编·灾祥门·祥瑞类》："成化丙戌（二年，1466年），十一月朔，京都初有雾露从东来，少顷草木皆白，移时则枝柯皆玲珑如花矣。"

【22】（明）刘昌《悬笥琐探·木冰》：成化丙戌十一月朔曰，予自西华抵扶沟。明旦，坐堂上，见有若雾者从东来，着树并草茎皆白，少顷堆积枝柯间，玲珑雕镂。甚怪，问舆皂此何物，曰树孝也。因检《玉笥集》，有云"冰凌禾稼达官怕。"既而闻河南李

少保贤有疾，十二月十四曰竟卒。大夫之所系，固重也夫。

【23】《明史·宪宗纪一》:“成化二年十二月甲申，李贤卒。”

【24】按，此注见于《明通鉴》成化二年十二月“李贤卒”一条下明代学者薛应旂的评语。

丁亥（成化三年，1467年）春二月丁酉朔，日有食之，既[1]。山阴（今浙江绍兴）村落间李生桃实，民讹言[2]。夏四月，六科十三道官上修省疏（原注：言：近日以来，或日月赤色，或阴气昏蒙，或大风激烈，或黄霾蔽天。辽东、宣府、四川地震，虽各远在一方，实关朝廷气数[3]）。六月戊申，雷震南京午门正搂[4]。秋八月乙未夜，火星犯垒壁阵东方第一星[5]。广州饥[6]。余姚（今浙江余姚）通德里有王三者每与孙卧，至夜半忽去，殆将晓方回。冬月则半体冷湿，孙不能堪，因语其父。父疑其从盗，俟去时踪迹之。忽一夜开窗将出，急携灯往烛，已变为虎，惟足尚未全，把其足则逸去，不复回[7]。是年冬，诸暨（今浙江诸暨）桃李花[8]。

【1】《明宪宗实录》:“成化三年二月丁酉朔，是日日食。”（明）王圻《续文献通考·象纬考·日食》亦载。

【2】万历《绍兴府志·灾祥》:“成化三年，山阴村落间李生桃实。”嘉庆《山阴县志·禨祥》:“成化三年，村落间李生桃实，民讹言。”

【3】《明宪宗实录》:“成化三年四月己未，六科给事中毛弘等言：近日以来，或日月赤色，或阴气昏蒙，或大风激烈，或黄霾蔽天，辽东宣府地震有声，四川地震凡三百七十五次，城堡倒塌，地坼及泉，虽各远在一方，实关朝廷气数。”（清）龙文彬《明会要·祥异》引《三编》:“成化三年四月，四川地震。”

【4】（明）王圻《续文献通考·物异考·地震》:“成化三年六月戊申，雷震南京午门正楼。”

【5】按，火星在占星术上为凶星。《晋书·天文上》:“垒壁阵十二星，在羽林北，羽林之垣垒也，主军卫为营壅也。”羽林在营室南，又称天军；营室则是二十八星宿中北方第六星，象征天子之宫。所以火星犯垒壁阵东方第一星是凶兆。

【6】嘉靖《广东通志初稿·祥异》:“成化三年，广州饥。”

【7】（明）郎瑛《七修类稿·人化虎》:“成化间，余姚通德里有王三者，每与孙卧，至半夜去，将晓方回。冬月则半体冷湿，孙甚不堪，因语其父。父疑其从盗也，俟其去时，踪迹之。忽一夜开窗将出，启灯视之，已变为虎而足尚未全，把其足，则逸而

去矣，遂不复回。后人于山中每遇伤足之虎，遂哀求曰：三老官。竟咆哮去。此与《夷坚志》黎道人杀变狗妇人相类，不知一昼夜时，倏忽为人兽者，此何理也。”（明）王圻《稗史汇编·志异门·人异》亦载。

【8】万历《绍兴府志·灾祥》：“成化三年冬，诸暨桃李花。”乾隆《诸暨县志·祥异》亦载。

戊子（成化四年，1468年）春二月壬辰朔，日有食之[1]。台州（今浙江临海）大雨，海溢[2]。四月，新昌（今浙江新昌）东门外何鉴家蚕鸣[3]。五月，京师大旱[4]。六月，常州（今江苏常州）旱[5]。秋七月，有星孛[6]于台斗[7]。己未夜，北方有流星，赤白色，光烛地，自阁道[8]旁西北行，冲钩陈尾迹后炸散[9]。八月癸巳辰刻，京师地震有声[10]。甲午夜，月犯房宿南第二星[11]。册宫人万氏为贵妃[12]。河南蝗蝻生[13]。九月癸亥，客星[14]色苍白，光芒长三丈，余尾指西南，变为彗，扫三台。戊辰，彗星晨见东北。己巳，彗星昏见西南。丁丑，昏刻，彗星犯七宫西等四星。壬午，昏刻，彗星入天市垣。冬十月甲寅，彗星犯天屏西第一星。十一月戊午夜，彗星灭[15]。十二月丁亥朔，日有食之[16]。广州无雪[17]。

【1】(明）王圻《续文献通考·象纬考·日食》：“成化四年戊子，春二月壬辰，日食。”

【2】《临海县志·祥异》：“成化四年，临海大雨，海溢。”

【3】万历《绍兴府志·灾祥》：“成化四年，新昌东门外何鉴家蚕鸣。”民国《新昌县志·祥异》：“成化戊子（四年，1468年）何鉴家蚕鸣。”

【4】《明史·五行志三》：“成化四年（1468年），两京春夏不雨。”

【5】康熙《常州府志·祥异》：“成化四年六月旱，水涸，运河几绝流。命廷臣按视，免租之被灾者。”

【6】《明宪宗实录》：“成化四年九月甲戌，迩者慧出轩辕，犯三台，扫文昌、北斗，皆有关于大臣之象。”（明）王圻《续文献通考·象纬考·彗孛》：“成化四年戊子，秋七月，有星孛于台斗。”按，星孛：古代对彗星的称呼，又称蓬星、长星，被视为妖星。

【7】台斗：台，三台星；斗，北斗。三台星属太微垣的星官。《晋书·天文上》：“三台六星，两两而居，起文昌，列抵太微……在人曰三公，在天曰三台。”三台象征宰辅重臣。北斗：即北斗七星，与南斗相对。《晋书·天文上》：“北斗七星在太微北，七政之枢机，阴阳之原本也……又曰，斗为人君之象。”

【8】阁道：紫微垣中的星宿。《史记·天官书》："紫宫左三星曰天枪……后六星绝汉抵营室，曰阁道。"《晋书·天文志上》："营室二星，天子之宫也。"

【9】（明）王圻《续文献通考·象纬考·流星星陨星摇》："成化四年，七月己未夜，北方有流星，青白色，光明烛地，自阁道旁西北行，冲钩陈尾迹后始散。"按，钩陈：紫微垣中的星宿。《晋书·天文志上》："钩陈六星，皆在紫宫中……钩陈，后宫也，大帝之正妃也，大帝之常居也。"古代天文学认为钩陈是天帝正后，是天帝日常居住的地方，所以占星术认为，客星凌犯紫微垣中的钩陈星宿，不是吉兆。

【10】（明）王圻《续文献通考·物异考·地震》："成化四年八月癸巳辰刻，京师地震有声。"《明史·五行志三》："成化四年八月癸巳，京师地震有声。"

【11】（明）王圻《续文献通考·象纬考·太阴五星陵犯下》："成化四年，八月甲午夜，月犯房宿南第二星。"房宿：二十八星宿之一，古人也称之为"天驷"。

【12】宫人万氏：相传本名万贞儿，山东诸城人。自幼进宫为宫女，先侍孙太后，后侍时为皇太子的宪宗。宪宗即位以后，成化二年万氏生皇帝第一子，被封为贵妃，但皇子不到一年即死，以后再也未孕。《明史》有传。《二申野录》本条记为四年，有误。

【13】《明宪宗实录》："成化三年七月辛巳，巡抚河南左副都御史王恕奏：河南开封、彰德、卫辉三府地方，间有飞蝗过落及虫蝻生发。"《明史·五行志一》："成化三年七月，开封、彰德、卫辉蝗。"按，《二申野录》系于成化四年八月。

【14】客星是中国古代对出现的新星或彗星、流星的总称。因为其寓于常见的星辰之间，所以称客星。

【15】（明）王圻《续文献通考·象纬考·彗孛》："成化四年，九月癸亥，客星变为彗星。戊辰，彗星晨见东北方。己巳，彗星昏见西南方。丁丑，昏刻，彗星犯七宫西等四星。壬午，昏刻，彗星入天市垣。十月甲寅，彗星犯天屏西第一星。十一月戊午夜，彗星灭。"

【16】（明）王圻《续文献通考·象纬考·日食》："成化四年十二月丁亥朔，日又食。"

【17】按，此条似误。广州无雪是正常现象，有雪才是异常。

己丑（成化五年，1469年）春正月丙辰朔，乙丑夜，月犯五诸侯南第一星[1]。己巳，月入鬼宿[2]，犯积尸气[3]。戊寅夜，月犯心宿[4]。二月癸巳晓刻，金星犯牛宿。丙申夜，月犯木星，又犯鬼宿[5]。闰二月己未，雨霾，天气昏蒙，黄尘四塞[6]。是夜，月犯昴宿[7]。癸亥夜，月犯积薪[8]及木星。甲子夜，月犯轩辕御女星[9]。己卯，日变白，土霾四塞。癸未夜，广东琼山县雨雹大如斗[10]。夏四月，定安（今海南安定）大饥[11]。六月癸丑朔，日有食之[12]。河决开封[13]。（原注：是月五日，河决杏花营（今开封杏花营镇），水及堤。明日，三司以牲醴致奠。既归，有一卵浮于河，大如人首，下锐上圆，质青白，具五采，又多黧黑点……以手撼之，汩汩作水声，体甚重，气暖而泽，或曰龙卵……《元珠占法》："江湖见龙卵，主大水。"及卵坠于地，中惟水而已[14]）。秋七月己酉晓刻，木星犯乾辕大星[15]。北直、山东、河南旱灾[16]。十二月，无雪[17]。

【1】（明）王圻《续文献通考·象纬考·太阴五星陵犯下》："成化五年，春正月乙丑夜，月犯五诸侯南第一星。己巳夜，月入鬼宿，犯积尸气。戊寅夜，月犯心宿。"按，五诸侯：即内五诸侯星，是属于太微垣的五星。《晋书·天文志上》："五诸侯五星，在东井北，主刺举，戒不虞……一曰帝师，二曰帝友，三曰三公，四曰博士，五曰太史，此五者常为帝定疑议。"

【2】鬼宿：即舆鬼，鈇锧，二十八星宿中南方第二星。《晋书·天文志上》："舆鬼五星，天目也，主视，明察奸谋。"

【3】积尸气：舆鬼的俗称。鬼宿的一团星云，因为黯淡犹如鬼火，所以叫做积尸气。

【4】心宿：心宿是二十八星宿中东方的第五星宿，共有三星，象征天子之位。《晋书·天文志上》："心，三星，天王正位也。中星曰明堂，天子位，为大辰，主天下之赏罚……前星为太子，后星为庶子。"按，月为太阴，所以古人认为月入五诸侯等皆非吉兆。

【5】（明）王圻《续文献通考·象纬考·太阴五星陵犯下》："成化五年，二月癸巳，晓刻，金星犯牛宿。丙申夜，月犯木星，又犯癸宿。"牛宿：是北方第二星宿，因其星群组合如牛角而得名。牛宿多凶。鬼宿是南方七宿之一，共四星，据说一管积聚马匹、一管积聚兵士、一管积聚布帛、一管积聚金玉，附近还有天狗、天社、外厨等星座。

【6】（明）王圻《续文献通考·物异考·恒风》："成化五年二月己未，雨霾，天气昏蒙，黄尘四塞。"

【7】（明）王圻《续文献通考·象纬考·太阴五星陵犯下》："闰二月己未，月犯昴宿。癸亥夜，月犯木星。甲子夜，月犯轩辕、御女星。"昴宿：《晋书·天文志上》：昴是二十八星宿中西方第四星，共有七星，象征天之耳目，主狱事，又为旄头，胡星也。《史记·天官书》："昴曰昴头，胡星也。"

【8】积薪：中国古代星官之一，属于二十八宿中的井宿。在五诸侯东南，含有一颗恒星。

【9】御女：御女星是中国古代星官名，由四星组成，属紫微垣轩辕十七星之一，或称轩辕的附星。轩辕是中国古代星官之一，属于二十八宿的星宿，意为"轩辕黄帝"。

《史记·天官书》："南宫朱鸟……轩辕，黄龙体。前大星，女主象；小星，御者后宫属。"《晋书·天文志上》："轩辕十七星，在七星北。轩辕，黄帝之神，黄龙之体也；后妃之主，士职也……南大星，女主也。"

【10】（明）王圻《续文献通考·物异考·冰雹》："成化五年闰二月癸未，广东琼山县雨雹大如斗。"

【11】万历《广东通志·杂录》："成化五年夏四月，定安大饥，斗米百五十钱。"按，《二申野录》原书陕西安定，误，当为海南定安。

【12】（明）王圻《续文献通考·象纬考·日食》："成化五年己丑，夏六月癸丑朔，日食。"

【13】万历《开封府志·河防》："天顺五年秋七月，河决开封城。成化十四年春，黄河决祥符县杏花营。"按，《二申野录》系于成化五年。

【14】见于（明）刘昌《悬笥琐探·龙卵》。（明）王圻《续文献通考·物异考·龙蛇之异》、（明）王圻《稗史汇编·志异门·怪异总纪》亦载。

【15】（明）王圻《续文献通考·象纬考·太阴五星陵犯下》："成化五年，秋七月己酉，晓刻，木星犯轩辕大星。"

【16】《明史·五行志三》："成化六年，直隶、山东、河南、陕西、四川府县卫多旱。"按，《二申野录》系于成化五年。

【17】《明宪宗实录》："成化五年十二月辛亥，遣英国公张懋、抚宁侯朱永武、靖侯赵辅祭告天地、社稷、山川，先是礼部奏：今岁自十月无雪，当寒反燠，恐来年二麦不登，有失农望，宜择日斋戒祈祷，故有是命。"

庚寅（成化六年，1470年）春正月丁亥，河南地震，湖广地震[1]。太常寺李希安奏，甘露降[2]。三月，京师雨霾昼晦。陕西、宁夏大风扬沙，黄雾四塞[3]。癸未昏刻，月犯金星[4]。夏四月庚戌立夏，雷未发声，阴霾四塞[5]。五月，京畿大水[6]（原注：通州张家湾等处被水军民二千六百六十户，漂损房舍六千四百九十处[7]）。当涂县（今安徽当涂）水[8]，台州（今浙江临海）大水[9]。六月戊申朔，日有食之[10]。秋七月戊戌，晓刻，月犯昴宿[11]。河间县夏潦秋旱[12]。八月己巳，广东高、雷二府地震有声。夜，月犯天罇星[13]。九月丙子朔，晓刻，金星犯轩辕左角。甲午夜，金星犯左执法。己亥，晓刻，金星犯木星。庚子，晓刻，金星犯左执法[14]。冬十月丙午夜，东方流星，赤色，自昴宿[15]东北行，至井宿[16]。保定等府水灾，河南旱，京师米价踊跃[17]。时有大钟二，荡淮水中，声竑竑，势欲跃起，总兵陈锐祭之，一钟遂止，令悬于朝宗门楼，声闻百里；其一止泗上[18]。江右桃源县（今湖南常德桃源县）天雨黑子，种之皆成戈剑之形[19]。

【1】《明史·五行志三》："成化六年正月丁亥，河南地震。是年，湖广亦震。"

【2】（明）王圻《续文献通考·物异考·甘露》："成化六年庚寅春，甘露降于郊坛松柏。"（明）王圻《稗史汇编·祥瑞门·甘露兆祥》："成化庚寅（六年，1470年）春，甘露降于郊坛松柏。上亲郊，御斋宫，取以赐百官。"

【3】《明宪宗实录》："成化六年三月辛巳，京师雨霾昼晦，陕西、宁夏大风扬沙黄雾四塞。"《明史·五行志三》："成化六年三月辛巳，雨霾昼晦。"按，此条，《二申野录》记载更详于《明史·五行志》。（明）沈德符《万历野获编·补遗·清明天变》："二月二十八日（按，戊寅日），为清明节。节后三日辰时（7–9时），都下大风，从西北起，下雨如血，天色如绛纱，日色如暮夜，室中非灯烛不能辨。直至午、未间（11–15时），始开朗。三月辛巳，京师霾昼晦。"（明）王圻《稗史汇编·灾祥门·祥瑞类》："成化六年二月二十八日，旦时微风，后渐大，至辰时（7–9时）风自西北来，沙土滃然，其色正黄。视街衢如栀染，然土沾人手面，洒洒如湿。少顷，天地晦冥，微觉窗牖间红如血，仰视云天煌煌如绛纱。室内如夜，非灯不可辨。而红色渐黯黑，至午、未时（11–15时）复黄，始开朗。当晦冥时，人相顾惨惧。时久不雨，百计祷之，不可得。至三月二日，辰、巳（7–11时）时微逾，午后忽黄气四塞，日色如青铜，无风而雨土，以帚轻扫拂之，勃勃如尘积地。黄色至暮益甚。中夜有风如雷，明旦乃大雨土，仰望云天，昏黑四际尤甚，时或红黑，不知其为何祥也。至六日，始发东北风，七日乃雨，至八日午后乃霁。"

【4】（明）王圻《续文献通考·象纬考·太阴五星陵犯下》："成化六年三月癸未，昏刻，月犯金星。"

【5】（明）王圻《续文献通考·物异考·恒风》："成化六年四月庚戌，立夏，雷未发声，阴霾四塞。"

【6】（明）王圻《续文献通考·物异考·水灾》："成化六年夏四月，京师大雨水。"《明史·五行志一》："成化六年六月，北畿大水。"按，《二申野录》系于五月。

【7】《明宪宗实录》："成化六年七月癸卯，户部奏给事中韩文等勘实：通州张家湾等处被水军民二千六百六十户，漂损房舍六千四百九十座，溺死军民六十余人。漷、武清二县、通州左右、定边等卫被水军民亦皆称是。上命所司赈济之。"

【8】康熙《当涂县志·祥异》："成化六年，水，诏免粮税。"

【9】万历《黄岩县志·祥异》："明成化六年，台州大水。"

【10】（明）王圻《续文献通考·象纬考·日食》："成化六年庚寅，夏六月戊申朔，日食。"

【11】（明）王圻《续文献通考·象纬考·太阴五星陵犯下》："成化六年，七月戊戌，晓刻，月犯昴宿。"

【12】《明宪宗实录》："成化六年六月戊辰顺天、河间、永平等府大水。"嘉靖《河间府志·祥异》："成化六年，夏潦秋旱。"

【13】（明）王圻《续文献通考·象纬考·太阴五星陵犯下》："成化六年，八月己巳，月犯天尊星。"

【14】（明）王圻《续文献通考·象纬考·太阴五星陵犯下》："成化六年，九月丙子，晓刻，金星犯轩辕左角星。甲午夜，金星犯左执法。己亥，晓刻，金星犯木星。"按，木星：以其十二年一个周期之故，在中国古代天文学上又称岁星。岁星又被视为福星。左执法是太微垣的星官之一；轩辕十七星象征黄帝。金星即太白星，主杀伐。所以金星犯轩辕、左执法、木星，等等，都不是吉兆。

【15】昴宿：《晋书·天文志上》：昴是二十八星宿中西方第四星，共有七星，象征天之耳目，主狱事，又为旄头，胡星也。

【16】（明）王圻《续文献通考·象纬考·流星星陨星摇》："成化六年，冬十月丙午夜，东方流星，赤色，光明烛地，自昴宿东北行，至井宿。"按，井宿：属于二十八星宿中南方七宿之一。井宿八星如井，附近有北河、南河（即小犬星座）、积水、水府等星座。井宿主水，多凶。

【17】《明宪宗实录》："成化六年十月戊申，太子少保兵部尚书兼文渊阁大学士彭时等奏：近蒙皇上念京师米价踊贵，特令于京通二仓粜粮五十万石。命下之日，人心喜悦，米价损减。但奉行之人过于拘执，既不许官豪之家籴买，又不许市贩之徒转卖，止许小民以升斗赴仓告籴，再三审辨，展转迟延，街坊米铺因而收闭，暗邀重价，以致人愈缺食。乞仍降旨：今后不拘官民市贩及斗石多寡，但不许停积在家，有转卖与人者，每石价银不过七钱，违者悉置于法。上谕户部臣曰：朝廷发粜官粮，本欲平价。今已日久，米价尚贵，显是委官人等处置无法。今后不拘官民市贩，及斗石多寡，一体发粜。若转卖与人者，许增价一钱，不许停积在家，及高抬价值。尔户部揭榜示之，违者必治以重罪。"《明史·五行志三》："成化六年，顺天、河间、真定、保定四府饥，食草木殆尽。"

【18】乾隆《江南通志·机祥》："成化六年，淮安有二钟溯淮而上，相荡水中，声如鼍吼。"（明）来集之：《倘湖樵书·钟异》："成化间，大钟二荡淮水中，声竑竑，势欲跃起。总兵陈统即平江伯祭之，一钟遂止，令朝于朝宗门楼，声闻百里，其一止泗上。"（明）《稗史汇编·志异门·器用之异》："洪武中，二钟不知何，自斗于长淮中。人往牵掣，

一钟入泗州；一钟淮安得之，悬东门鼓楼上，中衔金环，声甚清远。后为平江伯陈锐以新城无钟，移置北门上。一相地师曰：钟移误矣，新城火形也，火克金则旧城当衰而新城富。已，果新城骤发，而旧城日替，然钟声终不入新城，亦异矣哉。”

【19】光绪《桃源县志·祥异》：“成化六年，桃源县天雨黑子，种之皆成戈剑之形。”

辛卯（成化七年，1471 年）春正月，京师饥，发粟赈贷，罢江南民运[1]。二月，复设九江、苏州、杭州三府钞关[2]。丁卯，晓刻，月犯罗堰星[3]。荆、襄大旱[4]。三月，有星孛于天田[5]。夏四月己卯，雨土霾[6]。夜，木星入太微垣，留守端门[7]。九月，大风潮冲决钱塘江岸，洪水沸盈，自近江以至山阴（今浙江绍兴）、会稽（今浙江绍兴）、萧山（今浙江杭州萧山）、上虞（今浙江上虞）、乍浦（今浙江嘉兴乍浦）、沥海（今浙江沥海）、钱青（今浙江钱清）诸处居民田产皆为淹没。余姚（今浙江余姚）溺死男女七百余口[8]。闰九月，命工部右侍郎李颙往浙江祭海神[9]。辛卯，晓刻，土星犯天狗星[10]。十一月，彗出轩辕。十二月丁丑夜，彗星北行，横扫太微垣郎位星[11]。己卯夜，彗星光芒东西竟天，自十一日北行二十八度余，犯天枪尾，扫北斗、三公、太阳[12]。丙戌，立春，昏刻，彗星犯天河星[13]。是年，龙与蜘蛛斗于盘山，毙之。野人献其皮，如车轮然[14]。常德沅江县（今湖南沅江）产麒麟[15]。江宁（今江苏南京）府学灾[16]。

【1】《明宪宗实录》：“成化六年十二月戊午户部奏：朝廷以京城民饥，发仓粜米以济之。本部已请行吏部，取考满听选能干有司官监粜。然官少事繁，不能周济。近该御史戴缙言，欲添差官五十员，每城十员，监督铺户零碎粜卖其米，每人止许籴五升至一斗，或二斗，不许过多，价值视前增一钱，仍令给事中、御史并锦衣卫官校访察奸弊，犯者治罪。”

【2】《明宪宗实录》：“成化七年二月壬子，复设九江、苏州、杭州三府钞关，以户部奏京库岁用钞不足故也。”

【3】（明）王圻《续文献通考·象纬考·太阴五星陵犯下》：“成化七年，二月丁卯，晓刻，月犯罗堰星。”《晋书·天文志上》：“罗堰九星，在牵牛东……以壅蓄水潦，灌溉沟渠也。”罗堰星属二十八星宿以外的星官。古代星相学认为，月犯罗堰星，主大水。

【4】雍正《湖广通志·祥异》：“成化六年夏，应山大旱，民流于荆、襄。”

【5】《晋书·天文志上》：“东方，角宿左上角为天田。”此外，“星官在二十八宿

以外者：天田九星，在牛宿南。"牛宿即牵牛星。天田是分别属于二十八宿之一的角宿和二十八星宿之外的星官。角宿的天田是治理讼狱的官，负责刑罚。在二十八星宿以外的天田则主壅蓄水潦。

【6】（明）王圻《续文献通考·物异考·恒风》："成化七年四月己卯，雨土风霾。"《明史·五行志》："成化七年四月丙辰，雨黑沙如漆。"

【7】（明）王圻《续文献通考·象纬考·太阴五星陵犯下》："成化七年，四月乙卯夜，木星入太微垣，留守端门。"

【8】《明宪宗实录》："成化七年九月初二日，风潮汹涌，冲决钱塘江岸千余丈。近江居民房屋、田产皆为淹没，山阴、会稽、萧山、上虞四县，乍浦、沥海二所，钱清等诸场灾亦如之。守臣以闻，事下工部，尚书王复等覆奏：永乐年间浙江堤岸为潮冲塌，尝遣官赍香祝祭江神，及命大臣治水筑堤，以除民害，乞如永乐事例，遣大臣往祭海神，修江岸。"光绪《余姚县志·祥异》："成化七年九月，海溢，溺男女七百余口，大饥。穜稑几绝。"按，（汉）郑玄注云：先种后熟谓之穜，后种先熟谓之稑。民国《萧山县志·祥异》："成化七年，风潮大作，新林塘坏。"万历《杭州府志·郡事纪中》："成化七年夏，霖雨，余杭县大水。"

【9】《明宪宗实录》："成化七年九月己未，命工部右侍郎李颙往浙江祭海神，修江岸。"

【10】天狗：又称天狼星。《晋书·天文志上》："东井西南四星曰水府，主水之官也……北七星曰天狗，主守财。"即主管保守财产。（明）王圻《续文献通考·象纬考·太阴五星陵犯下》："成化七年，闰九月辛亥，晓刻，土星犯天高星。"按，天高星属于二十八星宿之一的毕宿的星官，有四颗星。

【11】《明宪宗实录》："成化七年十二月丁丑夜，彗星北行五度余，尾指正西，其光益著，横扫太微垣郎位星。"按，《晋书·天文志上》："黄帝坐在太微中……郎位十五星在帝坐东北，一曰依乌郎府也……郎主守卫也。"

【12】《明宪宗实录》："成化七年十二月己卯夜，彗星光明长大，东西竟天，自十一日北行二十八度余，犯天枪，尾扫北斗、三公、太阳。"

【13】《明宪宗实录》："成化七年十二月丙戌，昏刻，彗星犯天河星。"（明）王圻《续文献通考·象纬考·彗孛》："成化七年十一月，彗见轩辕。十二月丁丑夜，彗星北行，其光益大，横扫太微垣郎位星。己卯夜，彗星光芒长大，东西竟天，自十一日北行二十八度余，犯天枪尾，扫北斗、三公、太阳。上以星变，避正殿，撤乐。丙戌，立春，昏刻，彗星犯天河星。"按，《晋书·天文志上》：二十八星宿之一有东井宿，"钺一星，附井之前"，即所谓东井钺。东井钺前四星曰司怪，司怪西北九星曰坐旗，坐旗西四星曰天高，天高西一星曰天河，主察山林妖变。天河星分北天河、南天河，夹东井。

【14】（明）王圻《稗史汇编·志异门·怪异总纪》："成化七年，蓟州盘山有大蜘

蛛与龙斗，为龙所毙，其皮如车轮。”

【15】雍正《湖广通志·祥异》：“成化七年秋，武陵牛生麟。民冯贵家牛产一犊，户麋身马蹄，周身鳞甲，辉映信宿，民怪而杀之。有司以闻。”（明）田艺蘅《留青日札·麒麟》：“成化七年，常德沅江县产麒麟。”

【16】万历《应天府志·郡纪下》：“成化七年，府学灾。”同治《上江两县志·大事下》：“成化七年，府学复毁。提学御史严铨等重建。”

壬辰（成化八年，1472年）春正月戊戌朔，以星变免庆成宴[1]。夜，月犯轩辕左角星[2]。致仕南京礼部尚书魏骥卒[3]（原注：骥未没时，一夕大星陨其邻王文正厅中。公忽就枕，口占云：平生不做欺心事，一点灵光直上行。卒时年九十八。遗书戒其子勿以葬事扰乡里。论者谓古大臣之最寿者惟宋文彦博，而骥年又过之）。广州旱[4]。慧星见轩辕[5]。癸酉，晓刻，月犯金星[6]。二月甲申，晓刻，金星犯辰垒壁阵东第五星[7]。盐城县（今江苏盐城）大水[8]。三月，赐吴宽等进士及第出身有差[9]（原注：先是［吴］宽屡试于乡，不利，贡入国学，绝意仕进，不复应举。提学御史陈选礼聘敦请，乡试遂举第三。至是会试、殿试皆魁天下，不负科名[10]）。京畿自二月至夏四月不雨，运河水涸[11]。秋七月丙午，陕西陇州大风雨雹，有如牛者。州之北，山吼三日，裂成沟，长半里[12]。广州大雨水。高州（今广东高州）文庙产芝三茎[13]。南京及浙江等处大雷雨，江海溢，环数千里[14]。修隆善寺，升工匠张定住等三十人为文思院副使，写碑官为尚宝司少卿（原注：工科都给事王诏言：陛下绍承鸿业于兹九载，频年天变于上，而妖星示见；地变于下，而江海泛溢。或炎夏霜降，或平地阜出，或猛虎食人，或雨雹伤稼，边疆勿靖，师久暴露，加以水旱相仍，瘟疫流行，军民困苦，日甚一日。于此汰冗官，去冗食以节国用，以救凶荒，犹且恐缓不及事，乃因寺成碑完而滥升官爵，如此彼西征北伐捐躯陨命之人将何以酬之[15]？）襄垣县（今山西襄垣）有大蛛自绵山为大雷所驱至东周村曹家坟。天日晦冥，风雨大作，坟木尽拔。须臾，有火一块如碗大，自西南飞，大霹雳一声，其物击碎。明日视之，皮肉满川，可载十余车[16]。八月，杭州江潮水溢[17]。冬十一月癸丑，晓刻，木星犯钩钤[18]。徐州一妇，初孕时肋骨下即生瘤，渐长如核大，皮益莹薄。弥月，儿从此产，子母俱无恙[19]。

【1】庆成宴：古代皇帝祭祀、封禅礼毕时，庆贺成功的筵宴。《明宪宗实录》："成化八年正月辛亥，以星变免庆成宴。"按，此不吉利的星变现象是指成化七年十二月彗星犯太微。《明史·天文志三》："成化七年十二月甲戌，慧星见天田，西指，寻北行，犯右摄提，扫太微垣上将及幸臣、太子、从官，尾指正西，横扫太微垣郎位。己卯，光芒长大……犯天抢，扫北斗、三公、太阳，入紫微垣内，正昼犹见。自帝星、北斗、魁、庶子、后宫、勾陈、天枢、三师、天牢、中台、天皇大帝、上卫、阁道、文昌、上台，无所不犯。"《明宪宗实录》：成化八年正月乙巳，太子少保兼吏部尚书姚夔奏："今者彗扫太微三公九卿，遍干历犯。天意若曰，大臣非其人，当去其旧而更用贤者，以新政务。"

【2】（明）王圻《续文献通考·象纬考·太阴五星陵犯下》："成化八年正月夜，月犯轩辕左角星。"

【3】魏骥，字仲房，号南斋，明浙江萧山人。永乐三年（1405年）中举，次年，进京会试，以进士副榜授官松江府儒学训导。其历永乐、宣德、正统、成化数朝，参与编修《永乐大典》，官至南京礼部尚书。为官清正，致仕以后造福乡里，名声卓著。致仕，就是辞去官职，也就是官员正常退休的意思。

【4】嘉靖《广东通志初稿·祥异》："成化八年春，广州旱。"

【5】（明）王圻《续文献通考·象纬考·彗孛》："成化八年壬辰春，慧星见轩辕。"

【6】（明）王圻《续文献通考·象纬考·太阴五星陵犯下》："成化八年正月癸酉，晓刻，月犯金星。"

【7】（明）王圻《续文献通考·象纬考·太阴五星陵犯下》："成化八年二月甲申，晓刻，金星犯垒壁阵东第五星。"《晋书·天文上》："垒壁阵十二星，在羽林北，羽林之垣垒也，主军卫为营壅也。"羽林在营室南，又称天军；营室则是二十八星宿中北方第六星，象征天子之宫。所以古人认为火星犯垒壁阵东方第五星是凶兆。

【8】万历《盐城县志·祥异》："成化十三年，大水没禾稼。"按，并非八年。

【9】《明宪宗实录》："成化八年三月辛亥，上御奉天殿策试举人吴宽等。乙卯，赐状元吴宽朝服冠带，诸进士钞各五锭。"

【10】（明）项笃寿《今献备遗》卷二十七："吴宽，字原博，苏之长洲人也。贡入太学，上海张汝弼见而奇之曰：天下有贡士若此者乎！武功伯徐有贞折节与交，曰：此馆阁器也。成化壬辰中会试第一人，廷试复第一。"（明）廖道南《殿阁词林記·部学》："吴宽，字原博，苏州长洲人。初以贡入太学，督学御史陈选惜其才，令就试，登应天魁选，成化壬辰会试、廷试皆第一。"

【11】（明）王圻《续文献通考·物异考·恒旸》："成化八年夏四月，京畿自二月至今不雨，大风竟日，运河水涸。"按，《明史·五行志三》："成化八年，京畿连月不雨，运河水涸，顺德（今河北邢台）、真定（今河北正定）、武昌（今湖北武昌）俱旱。"

【12】《明宪宗实录》："成化八年七月丙午，陕西陇州大风雨雹，大如鹅卵，或如鸡子，中有如牛者五，长七八尺，厚三四尺，六日方消。是月，州之北，山吼三日，裂成沟，长半里，寻复合。事闻，命巡抚都御史马文升告祭西镇吴山。"按，《明史·五行志一》："成化八年七月丙午，陇州雨雹大如鹅卵，或如鸡子，中有如牛者五，长七八寸，厚三四寸，六日乃消。"（明）王圻《续文献通考·物异考·山崩》、《续文献通考·物异考·冰雹》亦载。

【13】嘉靖《广东通志初稿·祥异》："成化十年，高州府学产灵芝三本。秋七月，广州大雨水。"光绪《高州府志》亦同。按，《二申野录》系于成化八年。

【14】《明宪宗实录》："成化八年九月己酉，太子少保兼吏部尚书姚夔言：南京及浙江等处守臣各奏，今年七月狂风，大雷雨，江涌海溢，环数千里林木尽拔，城廓多颓，庐舍漂流，人民溺死，田禾垂成，亦皆淹损。"万历《杭州府志·郡事记中》："成化八年，秋七月，杭州府大风雨，江海涌溢。"《明史·五行志二》："成化八年七月，南京大风雨，坏天、地坛、孝陵庙宇。"

【15】《明宪宗实录》："成化八年七月丙午，修隆善寺毕工，命升工匠张定住等三十人为文思院副使，写碑官尚宝司少卿任道逊为本司卿、司丞程洛为少卿。于是工科都给事中王诏等言：爵禄者天下之公器，人主之大柄……频年天变于上，而星妖示见；地变于下，而江海泛溢。或炎夏霜降，或平地阜出，或猛虎食人，或雨雹伤稼，夷狄侵扰边疆，师久暴露于外，加以水旱相仍，瘟疫流行，各处军民疾苦日甚一日。于此之时，汰冗官去冗食、以节国用、以救凶荒犹恐缓不及事。今因寺成碑完而滥升官爵，如此彼西征北伐捐躯陨命之人将何以劝酬之哉？方其修寺之初臣等失于论谏固已获罪于……伏望陛下断自宸衷，追寝前命，则名器不滥，国体斯正矣。上以成命已行，不允。"

【16】雍正《山西通志·祥异二》："成化八年七月，襄垣绵山雷击大蛛，皮肉满川可载十余车。"按，绵山：今山西介休东南，属太岳山脉，今是著名风景区。

【17】万历《杭州府志·郡事记》："成化八年八月，江潮水溢。"

【18】（明）王圻《续文献通考·象纬考·太阴五星陵犯下》："成化八年，十一月癸丑，晓刻，木星犯钩钤。"按，钩钤：属于二十八星宿中房宿的星官。《晋书·天文志上》：房宿"北二小星曰钩钤，房之钤键，天之管籥，主闭键天心也"。

【19】（明）王圻《续文献通考·物异考·人异》："成化甲辰（二十年，1484年），徐州一妇，肋骨生一肉瘤，渐长如核大，皮益莹薄。弥月，儿从此产。有司具闻，月给膳米。"按，原文"莹薄"，误，当为"莹薄"。（明）王世贞《皇明奇事述》引《琐缀录》亦称事在成化二十年。《二申野录》系于成化八年，误。

癸巳（成化九年，1473 年）春正月北直隶、山东民饥，相食[1]。三月初四日，山东昼晦如夜[2]。夏四月辛卯朔，日有食之[3]。六月，河间府（今河北河间）蝗[4]。广平（今河北广平）、顺德（今河北邢台）、大名（今河北大名）、真定（今河北正定）、保定（今河北保定）及河南怀庆府（今河南沁阳）大雨水[5]。秋七月，应天上元（今江苏南京）、休宁（今安徽休宁）等县水、旱灾[6]。东直门（今北京东北城门）火[7]。绍兴（今浙江绍兴）竹生米[8]。山阴（今浙江绍兴）板桥村徐坚家牛生一犊，两首、两尾、八足[9]。有星陨于山东莒城县马长史家门中，初堕地其光熀熀，而星体腐软如粉浆。马家人以杖抵之，没杖成穴，久而渐坚，乃成一石[10]。京师有人手足皆无，盛以布囊，仅满三尺，俨如鱼形，挟之出，观者如堵，其面甚钜，其声甚雄，能就地打滚，世未有如此人也[11]。

【1】《明史·五行志三》："成化八年，山东饥。九年，山东又大饥，骼无余胔。"

【2】（明）王圻《续文献通考·物异考·昼晦》："成化九年，春三月，山东昼晦。"（明）王圻《续文献通考·象纬考·天变》："成化九年癸丑，春三月，山东诸路，黑气亘天，昼晦。"

【3】（明）王圻《续文献通考·象纬考·日食》："成化九年癸丑，夏四月辛酉朔，日食免朝。"

【4】《明史·五行志一》："成化九年六月，河间蝗。"

【5】（明）王圻《续文献通考·物异考·水灾》："成化九年六月，广平、顺德、大名、真定、怀庆大雨水。"按，《明史·五行志一》："成化九年六月，畿南五府及怀庆俱大水。"

【6】同治《上江两县志·大事下》："成化九年七月，免上元等县去年秋粮。"《宪宗实录》："成化九年七月庚戌，以水旱灾，免应天、池州、安庆、徽州四府所属上元、休宁等十九县去年秋粮九万四千八百余石。"

【7】《宪宗实录》："成化九年七月庚戌，东直门火。"（明）王圻《续文献通考·物异考·火灾》："成化九年七月，东直门灾。"

【8】万历《绍兴府志·灾祥》："成化九年，竹生米。"万历《会稽县志·灾祥》亦载。按，不同种类竹子，开花周期长短也不一样，一般十几年或几十年一次。竹子开花以后会成片死去，一般发生在干旱气候条件下。竹子开花后，其结子如米。

【9】万历《绍兴府志·灾祥》："成化九年癸巳，山阴板桥村徐坚家，牛生一犊，两首、两尾、八足。"嘉庆《山阴县志·机祥》亦载。

【10】见于（明）陆粲：《庚巳编·星如粉浆》。（明）施显卿《奇闻类记·天文纪》亦引。

【11】（明）冯梦龙《古今笑史》："嘉靖中，京师有人手足俱无。父盛以布囊，仅满二尺，俨如鱼形。挟之出，观者如堵。面巨而声雄，能就地打滚。"

甲午（成化十年，1474年）春，凤阳（今安徽凤阳）水[1]。夏四月，金华（今浙江金华）大水，坏通济桥[2]。杭州郡城大火（原注：望仙桥北河东蒋氏火，延镇海楼、伍公庙、海会寺、东岳行宫主枢雷院，下逮宗阳宫南至侍郎府，北至镇守府，东至巡盐察院，西至布政司，周环六七里，居民三千余家[3]）。秋九月癸丑朔，日有食之[4]。

【1】光绪《凤阳县志·纪事》："成化十年春，水。诏免秋租。"

【2】光绪《金华县志·祥异》："成化十年，水坏通济桥。"

【3】万历《杭州府志·郡事纪中》："成化十年，夏四月，郡城大火。按，《武林纪事》：望仙桥北河东蒋氏火，延镇海楼、伍公庙、海会寺、东岳行宫、玉枢雷院，下逮宗阳宫，南至侍郎府，北至镇守府，东至巡盐察院，西至布政司，周环六七里，民居三千家。"乾隆《浙江通志·祥异下》引《杭州府志》："成化十年，杭州火延六七里。"按，明成化十年四月，杭州望仙桥北民家蒋宅起火，延及镇海楼，伍公庙、东岳行宫、玉枢雷院，下逮宗阳宫，南至侍郎府，北至镇守府，东至巡监察院，西至布政司，周环六七里，毁民居三千余间。"

【4】《明宪宗实录》："成化十年，九月癸丑朔，日食，免朝。"（明）王圻《续文献通考·象纬考·日食》亦载。

乙未（成化十一年，1475年）春二月癸卯，晓刻，月犯牛宿大星[1]。夏四月，吴城（今江苏苏州）地大震，遍地生白毛，长数寸，风过冉冉而动，两日忽无[2]。诸暨（今浙江诸暨）岩坑地裂[3]。台州（今浙江临海）蝗[4]。五月乙卯，昏刻，月犯明堂中星[5]。己未辰时，金星昼见于巳[6]。皇妃纪氏徙居永寿宫[7]。十一日，见海上有蛇数百条，大者如椽，巨细不一，结成一团，如屋大，逆流而上。俄又有一团，如前，凡数十团，皆逆上，已而复返，则又有大鱼群百数，及虾蚌之属无数，顺流逆下，鱼皆失身，惟存一头，带血而返，或得其头，大者重百斤，过处水为之红。海人认为此水族朝龙君之鱼，有罪被诛而回耳[8]。时邑中一农人于浮土上耕锄，忽闻土中支支作声，意为田鼠，掘之，乃一土肉球，如斗大，为锄所伤，有血水出。农不敢破，急献之官。官剖视之，有一儿在内，约长尺许，眼圆而大，双睛突出，生在额上，鼻孔正大仰天，口四方而特大，居面部十之四。头上微有毛，耳如常儿，自肩至胸臆仿佛人身，腹以下则浑然一脬耳。状极丑恶，出壳已死矣[9]。是月，乾清宫门火[10]。六合（今江苏六合）火，延烧千余家[11]。六月，皇妃纪氏薨[12]。乙酉卯刻，日生左右珥，重晕、背气皆赤青，色鲜明[13]。秋七月，享礼竣，大雨，雷击神武卫厅柱，门窗有迹，殊无折损（原注：少詹徐时用因言：去岁春夏家居，其宜兴（今江苏宜兴）邑西溪中有三人驾一舟，遭雷击，其一捆缚于船舱，其一头入瓮中，其一横阁于篙杪，篙则竖船上。旁舟人见之，皆不敢近。船自流六七里许，缚者解，瓮中者出，篙杪者坠，始皆苏。缚者云：其初仿佛闻击者言：汝改过否？[14]）。八月，浚通惠河[15]。九月丁未朔，日有食之[16]。冬十一月，南京奏，孝陵（南京明太祖陵）彩云见。十二月，尊郕戾王为恭仁康定景皇帝[17]。

【1】（明）王圻《续文献通考·象纬考·太阴五星陵犯下》："成化十一年，二月癸卯，晓刻，月犯牛宿大星。"按，牛宿：是二十八星宿中的北方星宿，神话中是天帝饲养牛群牲畜的场所。牛宿多凶，牛宿值日利不多。月：月为太阴之精，以之配日，女主之象。

【2】（明）祝允明《志怪录·地震白毛》："成化乙未（十一年，1475年）夏四月，吴城地大震，旦视之，遍地生白毛，毛正类猫须，长数寸，风过冉冉而动，两日忽无有。予家收得几茎，历久不变，今尚存。"乾隆《江南通志·机祥》："成化十一年徽州、松江地震生白毛。"民国《吴县志·祥异》："成化十一年四月，地震。八月，大水。"

【3】万历《绍兴府志·灾祥》："成化十一年，诸暨岩坑地裂。"乾隆《诸暨县志·祥异》亦载。

【4】光绪《黄岩县志·祥异》："成化十一年，台州蝗食苗。"

【5】（明）王圻《续文献通考·象纬考·太阴五星陵犯下》："成化十一年，五月乙卯，昏刻，月犯明堂中星。"按，明堂中星：《晋书·天文志》："房四星为明堂，天子布政之宫也。"

【6】（明）王圻《续文献通考·象纬考·星昼见》："成化十一年，五月己未，金

星昼见于巳。”按，金星即太白星。巳是东南方位。

【7】皇贵妃纪氏原本是西南瑶族首领之女，被俘入宫。宪宗偶然到后宫见到，对答如意，非常喜欢，后来纪氏遂有身孕，其子即后来继位的孝宗朱祐樘。当时，万贵妃受宠，专擅后宫，日益骄横，因为她生的孩子不到一年就死了，以后再没有生育，所以“掖庭御幸有身”，她都强迫饮药，伤坠者无数，使得宪宗一直没有儿子。孝宗出生后，在周围宫女、太监的保护下，一直长到六岁才和宪宗见面。宪宗大喜，于是移皇贵妃纪氏居永寿宫。孝宗即位以后，追谥为孝穆皇后。《明史》有传。

【8】(明)祝允明《志怪录・龙王诛鱼》：“成化乙未(十一年，1475年)五月十一日，见海上有蛇数百条，大者如椽，巨细不一，结成一团，如屋大，逆流而上。俄又有一团如前，凡数十团，皆逆上。已而复返，则又有大鱼群百数，及虾蚌之属无数，顺流逆下，鱼皆失身，惟存一头，带血而返，或得其头，大者重百斤，过处水为之红。海人谓此乃水族朝龙君之鱼，有罪被诛而回耳。”

【9】出处不详。

【10】《明史・五行志二》：“成化十一年(1475年)四月壬辰夜，乾清宫门灾。”

【11】万历《应天府志・郡纪下》：“成化十一年，六合火，延烧千余家。”光绪《六合县志・杂事》：“成化十一年，火延烧六合县千余家，至元真观、仁和桥、县庭，竟不火。”

【12】成化十一年(1475年)纪贵妃的儿子得以和宪宗相见，成为皇子，万贵妃十分怨恨，纪贵妃住永寿宫，当年六月暴薨，传说是万贵妃所害。

【13】(明)王圻《续文献通考・象纬考・日变》：“成化十一年，六月己酉朔，卯刻，日生左右珥，重晕，背气赤黄，色鲜明。”《明史・天文志》：“成化十一年，六月己酉，日重晕，左右珥及背气。”按，成化十一年六月是“戊寅朔”，《续文献通考》、《二申野录》均作“己酉朔”，皆误。

【14】此段系节录于(明)邓士龙编《国朝典故》卷六十所收(明)尹直《謇斋琐缀录》八：“成化乙未孟秋，时享礼竣，大雨，雷击神武卫厅，柱门窗有迹，殊未折损。少詹徐时用因言：去岁春夏家居时，其邑宜兴西溪中有三人驾一舟，遭雷击，其一捆缚于船舱，其一头入瓮中，其一构阁于篙杪，篙则特竖船头上。傍舟人见之，皆不敢近。船自流六七里许，缚者解，瓮中者出，篙杪者堕，始皆苏。缚者云：其初仿佛闻击者言：‘汝改过否？’谕德谢大韶又言：天顺戊寅四月中，其邻邑建昌熊家被雷，中堂屋瓦皆如万马踏碎，全揭。大门四楹置于厨屋上，盘屈一秤置斗中，又一秤钩于梁上，尾垂击斗。时大韶亲造其家，及见大门尚竖立厨屋上，惟斗秤则以醮谢后解去。熊氏至今不替二事，皆异。然二公之言可信，盖舟人市利不足道，而熊氏之秤斗，亦必损人利己，故阴谴，宜矣。”

【15】《明宪宗实录》：“成化十一年八月辛巳，命浚旧通惠河。敕平江伯陈锐、右副都御史李裕、户部左侍郎翁世资、工部左侍郎王诏督漕卒浚。先是，锐等奏通州至

京旧有运河一道，废闸尚存，但年久淤塞损坏，欲照尚书杨鼎奏准事理，就借漕卒用工浚，闭闸积水，以运粮储。至是特令锐等会议，提督漕卒自下流为始，浚壅塞，修闸造船，合用粮料匠作于各司取用，务求成功。仍委附近公差御史，察其不听约束者以闻。”

【16】《明宪宗实录》:“成化十一年九月丁未朔,日食。”(明)王圻《续文献通考·象纬考·日食》:“成化十一年已未，八月丁未朔，日食。”按，成化十一年八月是“丁丑朔”，九月是“丁未朔”。《续文献通考》误。

【17】《明史·景帝纪》：明景泰八年正月，石亨、曹吉祥等乘景泰帝病重之际，拥立英宗复辟，二月废景泰帝仍为郕王。同月景泰帝死，谥曰戾，毁所营造的寿陵，以亲王礼，葬于北京西山。及宪宗成化十一年十二月，宪宗下诏恢复其帝号，有司遂上尊谥。

丙申（成化十二年，1476年）春正月丙午朔，辛亥，南京阴霾蔽日，地震有声[1]。二月乙亥朔，日有食之[2]。夏四月，山阴（今浙江绍兴）芥生荷花[3]。台州（今浙江临海）大旱,饥[4]。榆林（今陕西榆林）天鸣如炮，流星陨于城中，有声[5]。庚寅夜，山西太原府（今山西太原）地震有声[6]。六月，通惠河成（自都城东大通桥，至张家湾浑河口[7]，凡六十里[8]）。秋七月，庚戌，黑眚见于京师（原注：出没不定，往往从人家屋上或取物去，而遍扰妇女，掣髻抱面扪乳戏侮，有见其行，正如大黑猿，累月始没[9]）。诸暨（今浙江诸暨）、余姚（今浙江余姚）大雨水害稼[10]。冬十月辛巳，京师地震，蓟州等处亦震有声[11]。十二月，（山阴）蓬莱坊马氏生子四手[12]。

【1】(明）王圻《续文献通考·物异考·地震》：“成化十二年春正月辛亥，南京地震有声。”（明）王圻《续文献通考·物异考·恒风》：“南京阴霾蔽日。”（清）龙文彬《明会要·祥异》：“成化十二年正月，南京阴霾，地震。”

【2】(明）王圻《续文献通考·象纬考·日食》：“成化十二年丙申，春二月乙亥朔，日食。”

【3】万历《绍兴府志·灾祥》：“成化十二年丙申，山阴芥生荷花。”嘉庆《山阴县志·机祥》亦载。

【4】《临海县志》：“成化十二年，临海四月大旱，饥。”

【5】雍正《陕西通志·祥异二》：“成化十二年夏四月，榆林天鸣如炮，流星陨于

城中，有声。”

【6】（明）王圻《续文献通考·物异考·地震》：“成化十二年四月庚寅夜，山西太原府地震有声。”

【7】浑河：即今永定河。明代，今永定河自北京西部衙门口村以下分为三派，其中中派循萧太后河，往东南，自今大高力庄张家湾汇入潮白河，所以又称浑河口。当时的通惠河，通指的是自北京广渠门外大通桥，东到通州，再自潮白河南至张家湾。张家湾以下称北运河。清代，则自通州以下称北运河。通惠河专指通州至北京大通桥河道。

【8】《明宪宗实录》：“成化十二年六月丁亥，浚通惠河成。自都城东大通桥至张家湾浑河口六十里，兴卒七千人，费城砖二十万，石灰一百五十万斤，闸板桩木四万余，麻铁桐油炭各数万计，浚泉三，增闸四，凡十月而毕。漕舟稍通，都人聚观。”

【9】《明宪宗实录》成化十二年十二月，南京六科给事中言南京雷震非时，京师黑眚伤人，天心谴告甚为昭著。《明宪宗实录》：“成化十三年二月丁丑，去岁九月因黑眚之异……”（明）王圻《续文献通考·物异考·黑眚黑祥》：“成化十二年丙申，秋七月庚戌，京师黑眚见，兼旬始息。是眚也，黑而小，金睛修尾，状类犬狸。先从西城北隅起，时坊巷细民家男女，夜多露宿，忽见有物负黑气一片而来，或自户牖入，虽密室亦无不至，至则人昏迷，或手足，或头脸，或腹背皆被伤，伤亦不甚痛，人莫敢言。数日遍城惊扰，入夜，家操刃、张灯自防，见有黑气来，辄鸣金击鼓以逐之。巡城御史以闻。”按，古代人认为黑眚是五行水气而生的灾祸。五行中水为黑色，故称“黑眚”。《汉书·五行志中之下》：“厥罚恒寒，厥极贫，时则有黑眚、黑祥。”（明）祝允明《志怪录·京师黑眚》、（明）王圻《稗史汇编·志异门·邪魅类》亦载。（明）王圻《稗史汇编·志异门·怪异总纪》：“成化丙申（十二年，1476年），三冬，京师黑眚见。”

【10】万历《绍兴府志·灾祥》：“成化十二年秋七月，诸暨、余姚，大雨害稼。余姚陷没石堰场盐数十万引。”光绪《余姚县志·祥异》：“成化十二年，大雨害稼，陷没石堰场盐数十万引。”光绪《诸暨县志·灾异》：“成化十二年秋，大雨害稼。”

【11】（明）王圻《续文献通考·物异考·地震》：“成化十二年十月辛巳，京师地震；蓟州等处地震有声。”按，《明史·五行志三》：“成化十二年十月辛巳，京师地震。”

【12】万历《绍兴府志·灾祥》：“成化十二年十二月，山阴蓬莱坊马氏生子四手。”嘉庆《山阴县志·禨祥》亦载。

丁酉（成化十三年，1477年）春正月，增先师笾豆乐舞之数[1]（祭酒周洪谟请改大成至圣为神圣广运，加服衮冕十二笾豆舞八佾。又言古者鸣球琴瑟堂上之乐，笙镛柷敔堂下之乐，而干羽舞于两阶。今干羽居上而乐器居下，宜正如礼。下礼官议。尚书邹幹言：正统十二年御史请加封孔子，英宗不允。今考神圣广运乃伯夷赞尧之词，不若大成至圣四字出于《孟子》《中庸》，无可拟议。洪武中，建南京太学，庙用神圣。当时祭酒宋讷碑文曰：像不土绘，旧习乃革。今庙塑像徒仍元制，不忍撤毁，故有冕旒，原非国典。笾豆舞佾之数，祖宗品式具，不敢辄议，惟佾数居下，宜令太常考正。上从之。洪谟又请：臣比言孔子封号、冕服、笾豆佾舞等事，礼部尚书邹幹以谥号器数之加否，不足为孔子轻重请，仍旧为宜。臣窃以孔子自唐开元封为文宣王，被以衮冕，乐用宫悬[2]，当时衮冕虽通于上下，而宫悬者天子之乐也。乐既用天子之宫悬，服必用天子之衮冕，是唐之奉孔子已用天子礼乐矣。宋承五代衰敝之制，至徽宗始加冕为十二旒。元时孔子庙貌遍于天下，而被以天子衮冕。圣朝因之，则孔子服冕已用天子之礼，佾舞止用诸侯之乐，以礼论乐则乐不备，以乐论礼则礼为僭。乞敕廷臣计议，增笾豆为十二，佾数为八，则佾舞与冕服相称，礼明乐备补前代缺略之典，备圣朝尊崇之制。上曰：尊崇孔子乃朝廷盛典，宜从所言，其笾豆佾舞俱如数增用，仍通行天下，悉遵此制[3])。置西厂刺事[4]。是日妖狐出见朝房。二月甲午，山阴（今浙江绍兴）雨血射人[5]。海宁县海决[6]。闰二月壬子，月犯进贤星[7]。四月，进万安[8]太子少保，刘珝[9]、刘吉[10]户、礼部尚书。瓜山（今杭州瓜山）裂[11]。山阴（今浙江绍兴）李树生栀[12]。五月，罢西厂[13]。六月，御史戴缙、王亿请复西厂[14]。京师雨钱[15]。秋七月，陕西巩昌、平凉府诸州县陨霜伤稼[16]。冬十一月，杭州大雷雨，虹见[17]。

【1】豆：即用来盛祭品的竹器。按照身份，祭祀时用的数量不同。《礼记》："天子之豆二十有六，诸公十有六，诸侯十有二，上大夫八，下大夫六。"舞：古代的舞蹈，不同身份的人也使用不同的人数，例如"八佾"，指舞列纵横都是八人，共六十四人，这是只有天子才能享用的规格。据《周礼》规定，只有周天子才可以使用八佾，诸侯为六佾，卿大夫为四佾，士用二佾。

【2】宫悬：天子享用的音乐称宫悬，四面设乐队，八音齐奏。诸侯的乐队是三面，称轩悬。

【3】(明）章潢《图书编·先师庙总叙》："成化十二年，祭酒周洪谟请改大成至圣为神圣广运，加服衮冕，十二笾豆，舞八佾。又著古者鸣球琴瑟堂上之乐，笙镛柷

敔堂下之乐，而干羽舞于两阶。今干羽居上，而乐器俱下，宜正如礼。下礼官议，尚书邹干言：正统十二年御史请加封孔子，英宗不允，今考圣神广运乃伯益赞尧之词，不若大成至圣于《孟子》《中庸》犹可拟议。洪武中建南京太学，庙用神圣。当时祭酒讷碑文曰：像不土绘，陋习乃革。今庙望像徒仍元旧，不忍撤毁，故有冕旒，原非国典。笾豆佾舞之数，祖宗品式且在，不敢擅议。惟佾数居下，宜令太师考正。上从之。洪谟又请，上曰：专崇孔子，朝廷盛典，笾豆佾舞从洪谟言。"

【4】西厂：西厂和东厂是在刑部、都察院、大理院之外，直接听命于皇帝，执掌诏狱的特务机构。其首领都是亲信太监。不过西厂存在的时间较短。《明史·宪宗纪二》："成化十三年正月己巳，置西厂，太监汪直提督官校刺事。"

【5】(明)王圻《续文献通考·物异考·地生异物》："成化十三年二月甲午，浙江山阴县地忽涌泉如血，高尺余。"王圻《续文献通考·物异考·天雨异物》："成化十三年丁酉春，山阴雨血射人。"嘉庆《山阴县志·机祥》："成化十三年，福严夏瑄家，庭中，血溅地上，高可二尺，广二寻。有司闻于朝，遣官致祭南镇，以禳之。"按，所谓雨血云云，应该是云层中夹杂着红土或红色矿物质，随雨落下的现象。

【6】万历《杭州府志·郡事纪中》："成化十三年二月，海宁海决。"

【7】(明)王圻《续文献通考·象纬考·太阴五星陵犯下》："成化十三年，闰二月壬子夜，月犯进贤星。"按，进贤星属于二十八星宿之一角宿的星官，《晋书·天文志》："进贤，主卿相举逸才。"

【8】万安：万安，字循吉，眉州人。英宗正统十三年进士，宪宗成化初年迁礼部左侍郎，遂迁翰林学士，入内阁参机务。此后先后任礼户部尚书。万安无学术，专结交太监为内援。《明史·宰辅年表一》："成化十三年四月，加万安太子少保；六月，晋文渊阁大学士。"《明史》有传。

【9】刘珝：刘珝，字叔温，寿光人。正统十三年进士。宪宗初年，直经筵，为侍讲学士，成化十年进吏部左侍郎，十一年诏以本官兼翰林学士，入内阁参机务，寻进吏部尚书，再加太子少保、文渊阁大学士。《明史·宰辅年表一》："成化十三年四月，刘珝晋吏部尚书。"《明史》有传。

【10】刘吉：刘吉，字祐之，博野人。正统十三年进士，宪宗时为侍讲、侍读学士，直经筵，成化十一年与刘珝同受命兼翰林学士，入内阁参机务，寻进吏部尚书。《明史·宰辅年表一》："成化十三年四月，刘吉晋吏部尚书。"《明史》有传。

【11】万历《绍兴府志·灾祥》："成化十三年春，瓜山裂。"乾隆《浙江通志·祥异下》亦载。

【12】万历《绍兴府志·灾祥》："成化十三年春，山阴村落李树生栀。"嘉庆《山阴县志·机祥》亦载。

【13】西厂成立以后，由于肆意为虐，朝野怨声载道。成化十三年五月丙子，大学

士商辂、尚书项忠请罢西厂，宪宗也不得不同意，于是始罢。

【14】戴缙：明宪宗时的监察御史、奸臣。明宪宗迫于舆论罢废西厂以后，心犹未甘，对汪直宠信如故，“御史戴缙者，佞人也，九年秩满不得迁。”他暗窥到宪宗的真心，于是上奏，大赞汪直的种种功劳，于是宪宗又下旨重开西厂。由于西厂作恶多端，宪宗也逐渐对汪直不满，成化十八年再次罢废西厂，并褫逐其党戴缙、王越等人。见《明史·汪直传》。

【15】《宪宗实录》：“成化十三年六月壬子，雨钱于京师。”（明）王圻《续文献通考·物异考·天雨异物》：“成化十三年六月，京师雨钱。”（明）王圻《稗史汇编·天文门·雨类》：“成化丁酉（十三年，1477年），六月九日，京师大雨，雨中往往得钱。王文恪公有诗纪事云：苍天似悯斯人困，故往云中撒与钱。钱若了时民又困，何如止赐与丰年。”

【16】（明）王圻《续文献通考·物异考·恒寒》：“成化十三年七月，陕西巩昌、平凉诸州县，陨霜杀稼。”

【17】万历《杭州府志·郡事纪中》：“成化十三年，冬十一月，杭州府大雷雨，虹见。”（明）王圻《续文献通考·物异考·雷震》：“成化十三年十一月，杭州大雷雨，虹见。”按，《明史·五行志一》：“成化十三年十一月辛未冬至，杭州大雷雨。”

戊戌（成化十四年，1478年）春正月，进万安吏部尚书、谨身殿大学士，刘珝、刘吉太子少保、文渊阁大学士[1]。三月，南京翰林修撰致仕罗伦卒[2]。秋八月，江北大水[3]（原注：《春秋》传曰：大水者阴逆与怨气并所致也）。戊戌，早朝，东班官闻甲兵声，因辟易[4]，不复成列，卫士露刃以备不虞，久之始定[5]。冬十月，桐庐县（今浙江桐庐）牡丹花[6]、兰溪桃花坞（桃花坞属今浙江兰溪）刘家紫牡丹亦花[7]。是岁，西域贡狮[8]，海南进红鹦鹉，朱衣翠裳，沈石田[9]见而图之（原注：郭璞曰：鹦鹉舌似小儿，脚趾前后各两，扶南[10]之外出五色者。亦有纯赤白者大如鹰也[11]）。

【1】《明史·宰辅年表一》：“成化十四年二月，万安晋吏部尚书兼谨身殿大学士，十月，加太子少保；刘珝加太子少保兼文渊阁大学士；刘吉加太子少保兼文渊阁大学士。”

【2】罗伦：明代理学家。字应魁，一字彝正，号一峰。吉安永丰（今属江西）人。家贫好学。成化二年进士第一，授翰林院修撰，因抗疏论李贤起复而被斥，谪泉州市

舶司提举，次年复官，改授南京，二年后以疾辞归，隐于金牛山，钻研经学，开门教授，从学者甚众。学术上笃守宋儒为学之途径，重修身持己，尤以经学为务。

【3】（明）王圻《续文献通考·物异考·水灾》："成化十四年八月，江北大水，漂没田庐，倒塌城郭。巡按范珠奏请停征罢役，除豁被灾地方夏秋税粮。"按，《明史·五行志二》："成化十四年八月，凤阳大雨，没城内民居以千计。"

【4】辟易，退避的样子。

【5】（明）王圻《续文献通考·物异考·物自鸣》："成化十四年八月戊戌，早朝，东班官若闻有甲兵声，因辟易，不成行列，卫士争露刃以备不虞，久之始定。命御史诘究竟，莫得其故。"

【6】万历《严州府志·祥异》："成化十四年冬，桐庐县牡丹花放。"

【7】万历《兰溪县志·祥异》："成化十四年十月，兰溪桃花坞刘家园内紫牡丹开花。"

【8】（明）田艺蘅《留青日札·狮子》："成化十四年，西夷贡狮子。"（明）黄瑜《双槐岁钞·牛生麟》："狮子本非瑞应，成化戊戌（十四年，1478年），西夷扣嘉峪关来献，御史徐纲按甘肃，令守关者勿纳，疏上，不纳。"按，《二申野录》"西城贡狮"，误，当为"西域贡狮"。明代的西域指今西亚地区。《明史》中有成化、弘治中，撒马儿罕（今乌兹别克斯坦第二大城市）进贡狮子的记载。

【9】沈石田：沈周，字启南，号石田、白石翁、玉田生、有竹居主人等。长洲（今江苏苏州）人。明代宣德、正德年间的著名画家。他一生不应科举，专事诗文、书画，是明代中期文人画"吴派"的开创者，与文征明、唐寅、仇英并称"明四家"。

【10】扶南：也称夫南、跋南，是中南半岛的一个印度化古国，建国于公元1世纪，《汉书》中称为"究不事"，遗址在今柬埔寨境内，奉印度教为国教，受印度文化影响甚深……《梁书》："扶南国……出金、银、铜、锡、沉木香、象牙、孔翠、五色鹦鹉。"

【11】《尔雅翼·释鸟·鹦鹉》："鹦鹉，能言之鸟，其状似鸮，青羽毛、赤喙足。陇右及南中皆有之，然南鹦鹉小于陇右。飞则千百为群。俗忌以手触其背，犯者多病颤而卒，名鹦鹉瘴。《礼》曰，鹦鹉能言，不离飞鸟。《淮南子》曰，鹦鹉能言，而不可使长，得其所言，而不得其所以言也。然有三种，大抵五色者尤慧，白者次之，青者为下。其足指前后各二。郭璞赞云，四指中分，行则以觜，特为羽族异，故字从武，武者，足迹。说者以为似小儿脚趾也。又名鹦䳇。《吴志》云，鸟名鹦䳇，未闻鹦父。《字说》曰，婴儿生不能言，母教之言，已而能言。以言此鸟之能言类是也。亦其舌似小儿，故能委曲其音，声以象人尔。又鸟目下睑眨上，唯此鸟两睑俱动，如人目，盖羽虫之能人言者，必有人形之一端。今秦中有吉了鸟，毛羽黑大抵如鸜鹆，然有两耳如人耳而红，与鹦鹉之人舌目何异。然吉了鸟生秦中，其音声差重，浊如秦人语，不若鹦鹉之轻清云。"按，吉了鸟，又称鹩哥。

己亥（成化十五年，1479年）夏四月，畿省水旱[1]。五月乙丑，直隶常州（今江苏常州）府地震有声，生白毛[2]。九月丙子，无锡（今江苏无锡）、常熟（今江苏常熟）二县地震亦如之[3]。寿昌（今浙江建德寿昌）竹生实如麦[4]。琼州（今海南琼山）府东门灾，延府狱[5]。

【1】（明）王圻《续文献通考·物异考·恒旸》："成化十五年己亥，京省大旱。"按，《明史·五行志三》："成化十五年，京畿大旱，顺德、凤阳、徐州、济南、河南、湖广皆旱。"

【2】（明）王圻《续文献通考·物异考·白眚白祥》："成化十五年五月乙丑，常州府地震，生白毛。"

【3】（明）王圻《续文献通考·物异考·地震》："成化十五年五月乙丑，常州府地震有声。九月丙子，无锡、常熟二县地震有声。"康熙《常州府志·祥异》："成化十五年，无锡五月乙丑地震，生白毛，细如发，长尺余。九月丙子，又震，生白毛。"弘治《常熟县志·灾祥》："成化十五年秋九月二十日，地震。按，是日，申刻震动，至再始歇。"

【4】按，不同种类竹子，开花周期长短也不一样，一般十几年或几十年一次。竹子开花以后会成片死去，一般发生在干旱气候条件下。竹子开花后，其结子如米。

【5】万历《广东通志·杂录》："成化十五年，琼州郡城回禄为殃，连月自郡东门灾，延府狱。各街巷时焚烧发。"乾隆《琼州府志·灾祥》："成化十五年，郡城回禄为殃，焚烧无时，连月不息。"

庚子（成化十六年，1480年）春正月，汪直监督团营[1]，时有谚曰：都宪叩头如捣蒜，侍郎扯腿似烧葱[2]。三月，有五色鸟翔钱塘学宫（原注：诸生异而赋之，独李旻一诗为人所传有'羡尔能知鸿鹄志，催人同上凤凰池'之句。是秋，旻举乡试第一，甲辰大魁天下[3]）。夏五月，香山地震[4]。高要（今广东高要）大水[5]。云南丽江白石云山裂，半移金沙江中，水溢没田苗，荡民居[6]。六月，长乐（今福建长乐）平地山起（原注：福建昆由里平地特起小阜，高三四尺，人畜践之辄陷，寻复于其左涌起一山，广袤五丈余。其旁一池，忽生大蚬，民取食之，味甚美，不数日，患痢死者千人[7]。此占女主为男之兆。唐武后有此变。时万贵妃专宠，每侍宸游，戎服男饰以从，帝益爱之）。秋七月，山东民穿窖得古冢，一瓮贮水辙（按，当作“辄”）涸，悬树上，作声怪而破之。识者曰：此宝器也，能照数里。八月，南畿秋闱时，罗公明仲洗马[8]、李公宾之侍讲[9]同典试。李至院，梦通谒云：贡尚书来见。李延之，乃一贵官，仪貌充伟，袍笏肃然，谓李曰：仆有小孙，颇读书，幸留甄录。李逊谢。觉已告罗，念素不闻此人，漫不为意。比取舍初定，又梦前贵人来谢曰：小孙已荷收拔，特此申谢。遂寤。犹不能解。待拆卷，首选为宁国（今安徽宣城）贡钦宴间。问之，乃故尚书贡师泰孙也[10]。九月辛丑，四川威州（今四川汶川）地震有声[11]，是夜四方流星大如盏，赤色光触地，自娄宿[12]西北行，至霹雳旁，尾迹散[13]。冬十一月，直隶顺德（今河北邢台）所属九县旱灾，湖广、江西等各奏灾伤[14]。丰润县南关门外玉皇阁石塔六角，角一石龙，忽一夕，南、北角龙乘雨飞去[15]。苏城（今江苏苏州）汤家巷有人畜一鸡久矣，偶欲烹之，忽人言曰：勿得杀我。其人虽怪讶，竟食之，亦无恙[16]（原注：万历庚寅，长洲县民吕氏鸡产一人形数寸，眉目皆具，近鸡祸也[17]）。

【1】（清）谷应泰《明史纪事本末》：“成化十六年冬十月，辽东巡抚陈钺请讨海西，以抚宁侯朱永为总兵，陈钺提督军务，汪直监之。直既至辽东，有头目郎秀等四十人入贡，遇直于广宁，直诬以窥伺，掩杀之。出塞掩不备，焚其庐帐而还，以大捷闻。论功，加汪直岁禄，监督十二团营。”按，京师十二团营是明朝最精锐的军队，汪直总领京师十二团营的武装，愈发权倾天下。

【2】都宪：都察院都御史的别称。侍郎：明清时期，侍郎是政府各部尚书的副职，地位仅次于尚书。这句谚语是揭露当时汪直等大太监威焰不可一世，连都宪、侍郎这样的大官也得巴结他们，连连下跪。

【3】万历《杭州府志·郡事纪中》：“成化十六年，春三月，有五色鸟翔钱塘学宫。”乾隆《浙江通志祥异下》引《杭州府志》：“成化十六年，有五色鸟翔钱塘学宫。是年，李旻举解首，越三年，大魁天下。”按，李旻，字子阳，号东崖，浙江钱塘（今杭州）人。明代著名诗人。成化二十年甲辰科状元。

【4】嘉靖《香山县志·祥异》：“成化十六年，夏五月癸巳夕，地震。”

【5】道光《广东通志·前事略七》：“成化十六年五月，香山地震，高要大水。”

【6】（明）尹直《謇斋琐缀录》：“成化庚子（十六年，1480年）五月内，云南丽江军民府巨津州白石云山，约长四百余丈，距金沙江计二里许。一日，忽然山裂中分，其一半走移于金沙江中，与两岸云山相倚，山上木石依然不动，江水壅塞，逆流渰没田苗，

荡拆民居。州、府具申上司，镇守太监等官具闻诸朝。时云南屡有边报，此山之兆也。"（明）王圻《稗史汇编·灾祥门·祥瑞类》："成化庚子（十六年，1480年）五月内，云南丽江军民府巨津州白石云山，约长四百余丈，距金沙江计二里许。一日，忽然山裂中分，其一半走移于金沙江中，与两岸云山相倚，山上木石依然不动，江水壅塞，逆流渰没田苗，荡拆民居。具闻诸朝。"

【7】（明）陆容《菽园杂记》："成化十三年，福建长乐县平地长起一山，长二日而止，度之高二丈余，横广八丈。其旁一池忽生大蚬，民取食之，味甚美，乃争取食。食者不数日患痢，死者千余人。"（明）王圻《续文献通考·物异考·山崩》："成化十六年六月，长乐县平地起小阜，人畜践之辄陷。明年，寻涌起一高山。"（明）《八闽通志·祥异》："成化十六年，长乐县十八都昆由里，地平突起小阜，高三四尺，人畜践之辄陷，乡人聚观以为异。明年，复于其左涌起一山，广袤五丈余。是年大疫，旁近居民病死甚众，向聚观者患罹其祸。"按，昆由里，即福建长乐江田镇。元代时昆由里是该镇辖区之一。按，成化十三年，成化十六年，两说不同。

【8】罗明仲：其名不详，字明仲，号水玉，泰和人，天顺甲申探花。曾与李东阳一同主持南畿乡试。洗马，太子东宫的侍从官。

【9】李宾之：李东阳，字宾之，号西涯，湖南广陵人。幼习书法，4岁能写径尺大字。英宗天顺八年(1464)进士，授编修，后任侍讲学士、东宫讲官。弘治八年(1495)，直文渊阁参预机务，累迁太子少保、礼部尚书兼文渊阁大学士，与刘健、谢迁并称贤相，为明中期朝廷重臣。武宗时太监刘瑾专权，老臣、忠直官员放逐殆尽，独李东阳依附周旋，"潜移默夺，保全善类，天下阴受其庇。"（《明史·李东阳传》）后刘瑾诛，李东阳上书责己"因循隐忍，所损亦多，理宜黜罢"，帝慰留之。赠太师，死后谥文正。《明史》有传。

【10】见于（明）祝允明《志怪录·贡尚书》。按，贡师泰，字泰甫，宣城（今安徽宣城）人，元代著名散文家。元泰定四年（1327年）进士。官至礼部、户部尚书。《元史》有传。

【11】（明）王圻《续文献通考·物异考·地震》："成化十六年九月辛丑，四川威州地震有声。"

【12】娄宿：二十八星宿中西方七宿之一。娄同"屡"，有聚众的含意，也有牧养众畜以供祭祀的意思，故娄宿多吉。

【13】（明）王圻《续文献通考·象纬考·太阴五星陵犯下》："成化十六年，九月辛亥夜，有流星大如盏，赤色，光芒触地，自娄宿西北行，至霹雳旁尾迹散。"按，霹雳：属二十八星宿中北方七宿之一的壁宿，意为雷神。

【14】《明宪宗实录》："成化十六年六月乙丑，免江西遇灾府县官朝觐。十一月癸卯，以旱灾免直隶顺德府所属九县秋粮一万八百四十石有奇、草一十九万四千六百余束。"

【15】（明）刘侗《帝京景物略·沙岩寺塔》："丰润县村沙岩寺，有塔，故十三级，洪武中，雾弥三日，塔失所在。南关外，玉皇阁石塔，自元时，塔六角，角一石龙，成化中，南北角龙乘雨飞去，今缺焉。"

【16】祝允明《志怪录·鸡言》："苏城汤家巷有人畜一鸡久矣，偶欲烹之，忽人言曰：勿得杀我。其人虽怪讶，然竟食之，亦无恙。"

【17】（清）赵吉士《寄园寄所记·灭烛寄》引《稗史》："万历庚寅，长洲县民吕氏鸡，产一人形数寸，眉目皆具。"

辛丑（成化十七年，1481年）春正月丙子朔，山西太原等府以水旱霜雹灾[1]。二月初十日，南京、江西、山东、河南同日地震有声[2]（《传》曰：地动千里有大灾。又云：春动者岁凶，二月动者水灾。今所动不止千里矣）。西域撒马儿罕进狮子二[3]。江宁（今江苏南京）猛虎近城伤人[4]。三月，宿州（今安徽宿州）民张真妻王氏脐下右侧裂，生一男，其准中有一黑痣[5]。夏五月，增城（今广东增城）大水[6]。吴县（今江苏苏州）小猪巷薛氏生儿口鼻两耳如常，但有七眼，准上天庭中一竖者，鼻左右各三横者，生便能言：今岁米七钱一升。是岁果大饥。昌化县（今浙江临安昌化镇）箭竹生花，结实如麦[7]。溧阳（今江苏溧阳）春夏大旱，七月大雨，水溢长洲（今江苏苏州）[8]。瓜泾（今江苏吴江瓜泾）小民王敬病死一日复生，问之，云：初病笃，有冥吏追之，去到一处，见王者坐殿上，判官方与吏胥运算较计。敬窃问旁人算何事？皆不答。敬因注听王者所言，乃是算商学士俸禄。吏算迄，声覆云：大学尚有数月，小学只有十数日。既而引敬问之，王者惊曰：误矣，非此王敬。急放还。敬又窃问旁人，殿上何王者也？或告曰阎罗王也。曰何官、何姓耶？曰即苏州范参政仲淹也。遂寤。时商公父子俱无恙[9]。既而学士良臣病死[10]，久之，阁老[11]乃卒，审其时无少爽焉[12]。崇明（今上海崇明）野外空中坠下一物，视之乃块砖，甚大而质细上有篆字三笔甚奇，其文曰：罡风镇[13]。有妖见于晋府宁河王宫中，或为神像，或为王侯，且曰还我故地。明年冬，宫中夜火，居第毁，妖亦遂绝[14]。杭郡举子张洽，一日对镜，见镜中之貌另是一人曰：有你有我，无你无我。大骇不省。是年赴春官，与一人同车，乃镜中所见者，问其姓，曰：我会稽张洽也。因大喜，后果同登榜。杭者选南部主事，会稽者选北道，不二年二人皆死于官[15]。冬十一月冬至，上海大雷电雨雪，明年饥[16]。

【1】《明宪宗实录》："成化十七年二月辛酉，免山西太原等三府、泽潞等五州并太原左等十二卫所，去年夏税七万三千四百余石，秋粮子粒四十万一千九百余石，草八十六万五千三百九十余束，以水旱霜雹等灾故也。"

【2】（明）王圻《续文献通考·物异考·地震》："成化十七年二月初十，礼部奏：南京江北四府、山东等府、河南等府州县俱同日地震有声。考之传记，地动千里有大灾。又云春动者岁凶，二月动者水灾。今所动者不止千里，况凤阳、南京皆祖宗根本之地。"《明史·五行志三》："成化十七年二月甲寅，南京（今江苏南京）、凤阳（今安徽凤阳）、庐州（今安徽合肥）、淮安（今江苏淮安）、扬州（今江苏扬州）、和州（今安徽和县）、兖州（今山东兖州）及河南州县，同日地震。"

【3】（明）陆容《椒园杂记》："成化辛丑岁（十七年，1481年），西胡撒马儿罕进二狮子，至嘉峪关，奏乞遣大臣迎接，沿途拨军护送。"

【4】万历《应天府志·郡纪下》："成化十七年二月，地震。猛虎近城杀人。"

【5】（明）祝允明《志怪录·腹裂生子》："凤阳府宿州民张真妻王氏有孕当产，脐下之右痛不可言，凡历三月，惫苦委剧。成化十七年三月初一日亥时，腹之右边开裂一处，产出一男，其鼻准中有一黑痣。巡按御史周蕃闻之于朝，官为给养，以待上命，但不知母存亡耳。"按（明）王世贞《皇明奇事述·生子右腹及肋》称事在成化十八年。《明史·五行志》称事在六月，且名"张珍"。

【6】嘉靖《广东通志初稿·祥异》："成化十七年，夏五月，增城大水。肇庆大雨雹。"

【7】万历《杭州府志·郡事纪中》："成化十七年，夏五月，昌化县箭竹生花。按，《昌化县志》：逾年结实如麦。"乾隆《浙江通志·祥异下》引《杭州府志》："成化十七年，昌化县竹生花，逾年结实如麦。"按，不同种类竹子，开花周期长短也不一样，一般十几年或几十年一次。竹子开花以后会成片死去，一般发生在干旱气候条件下。竹子开花后，其结子如米。

【8】万历《应天府志·郡纪下》："成化十七年，溧阳春夏大旱，七月，大雨水溢。"嘉庆《溧阳县志·瑞异》："成化十七年，溧阳春夏大旱，七月大雨，水溢。"

【9】按，此指明英宗、景泰帝、宪宗时重臣商辂。他在乡试、会试、殿试中皆取第一，后进内阁，参机务。成化中备受重用，历经兵部尚书、吏部尚书、太子少保、文渊阁大学士、谨身殿大学士，后以忤太监汪直而辞官。

【10】按，商辂的儿子名良臣。《明史·商辂传》："子良臣，成化初进士，官翰林侍讲。"

【11】阁老：对宰臣的尊称。

【12】见于（明）祝允明《志怪录·范文正公》。

【13】(明)祝允明《志怪录·罡风镇》:"成化十七年秋,江南大风雨,潦灾极甚,崇明野外空中坠下一物,视之乃块砖,甚大而质细,上有篆字三,笔迹甚奇,其文曰:罡风镇。"

【14】(明)朱国祯《涌幢小品·妖人物》:"成化十七年,有妖见于晋府宁河王宫中,或为神像,或为王侯,需索酒食。时时举火将焚宫,罗拜求请,妖叱嗟甚震。且曰还我故地。至明年冬夜,火大发,居第、冠服、器用皆烬,妖亦随绝。"

【15】(明)王同轨《耳谈类增》:"杭郡举子张洽,一日对镜,见镜中之貌另是一人,曰:'有你有我,无你无我。'大骇不省。明年辛丑,行赴春官,与一人同车,乃镜中伺见之人。问其名,曰:'我乃山阴张洽也。'遂大喜,以为必同捷矣。后果同登。杭者选南部主事,会稽者选北道。不二年,皆死。"(明)王圻《稗史汇编·志异门·事物异》:"杭郡举人张洽未第时,一日照镜,见镜中之貌另一人也,口云:'有你有我,无你无我。'以语人,莫知也。明年辛丑赴部中,途与一举子同车,切似镜中所见。问其姓名,乃会稽张洽也。随言前事,二人遂以此行必同第,即下第亦同耳。逮揭晓,果皆甲榜。杭者选南部主事,而会稽者选北道,不二年,杭者死于任,而会稽者死于家。"

【16】康熙《上海县志·祥异》:"成化十七年,上海春夏旱,秋七月大风雨,九月朔,雨至于冬十月,禾不登。十一月冬至,大雷电雨雪,明年饥。"

壬寅(成化十八年,1482年)春正月,刘吉忧去,寻起复[1]。十五日夜,崖州(今海南崖城)有物如虎,飞集文庙,比猫特大,肉翅如蝙蝠[2]。三月,王恕巡抚江南[3](南畿饥,吴中疫疠盛行,田野尤甚。五滦泾有一家七人同死,无孑遗者,无人为敛。村有函人[4],遇一老翁诣门买棺七具,而赤手不持纤价。函人索之,其人曰:汝但载我并棺到家,当还汝矣。函人载棺与俱去,将至门,其人曰:我先归,开门待汝。我无钱,只有麦二十斛,汝可取之。屋后西北某家,我之亲也,幸为我召来助殓。屋角头米五石,自有用处,非汝物也,勿动,言毕登岸。函人继与舟子舁棺入其门,则寂无人焉,视室内有尸七而买棺者在其中。大骇,出门觅其邻,果有西北居某人,其姻也。语之,故姻亦惊哀,来为评估柩价,恰值麦二十斛。再问买棺者,即其家主翁也[5])。复罢西厂[6]。山阴(今浙江绍兴)地震[7]。余姚(今浙江余姚)水[8]。诸暨(今浙江诸暨)江潮至枫溪[9]。兰溪、武义水入城市[10]。夏五月己巳朔,日有食之[11]。常熟县(今江苏常熟)民妻一胎三子[12]。闻喜县(今山西闻喜)民邹亮妻初乳生三子,再乳生四子,三乳六子[13]。九月庚戌，金星昼见[14]。冬十一月，汪直有罪罢[15]。

【1】刘吉：刘吉，字祐之，博野人。正统十三年进士，宪宗时为侍讲、侍读学士，直经筵，成化十一年与刘珝同受命兼翰林学士，入内阁参机务，寻进吏部尚书。《明史·宰辅年表一》："成化十三年四月，刘吉晋吏部尚书。"《明史》有传。《明宪宗实录》"成化十八年正月庚寅，太子少保、礼部尚书兼文渊阁大学士刘吉父封礼部尚书兼翰林院学士。辅卒，吏部以闻。有旨令吉奔丧，安葬毕日复任。礼部奏请祭葬皆宜如杨溥、李贤父例，从之。仍命给驿归丧，赐赙甚厚。"

【2】乾隆《琼州府志·灾祥》："成化十八年，正月十五日夜，崖州有物大如猫，生肉翅，自水南，飞入文庙。"

【3】王恕：王恕，字宗贯，三原人。正统十三年进士，宪宗成化中官至南京兵部尚书，以好直言为太监钱能等不容，成化二十二年被免职。孝宗弘治初年复召为吏部尚书，但仍以直言与大学士刘吉、阁臣丘浚有隙，最后回归故里，专以治学为务。《明宪宗实录》"成化十八年三月庚午，敕巡抚苏松等处都御史王恕……赈济饥民。"

【4】函人：原专指制造铠甲的工匠，后也指一般的工匠。

【5】见于（明）祝允明《志怪录·鬼买棺》。

【6】按，成化十八年再次罢废西厂，并褫逐其党戴缙、王越等人。见《明史·汪直传》。

【7】万历《绍兴府志·灾祥》："成化十八年，山阴地震。"乾隆《绍兴府志·祥异》亦载。

【8】万历《绍兴府志·灾祥》："成化十七年、十八年、十九年，余姚俱大水。"光绪《余姚县志·祥异》亦载。

【9】万历《绍兴府志·灾祥》："成化十八年，诸暨江潮至枫溪。"光绪《诸暨县志·灾异》亦载。

【10】万历《金华府志·祥异》："成化十八年五月九日，武义山水暴涨，入城市。"光绪《兰溪县志·祥异》："成化十八年三月，水入城市。十九年，水亦入城市。"

【11】（明）王圻《续文献通考·象纬考·日食》："成化十八年壬寅，夏五月己巳朔，日食。"

【12】弘治《常熟县志·灾祥》："成化十五年秋九月二十日地震。按，时日申刻震动至再始歇。"

【13】（明）王同轨《耳谈·孪子》："成化间，嘉善县民邹亮妻，初乳生三子，再乳生四子，三乳生六子。"（明）王圻《稗史汇编·志异门·人异》亦载。按，《二申野录》系于闻喜，误。

【14】《明宪宗实录》："成化十八年九月戊申，金星昼见于申。"（明）王圻《续文献通考·象纬考·太阴五星陵犯下》、（明）王圻《续文献通考·象纬考·星昼见》亦载。按，金星即太白星，它夜出昼隐，如果太阳升起太白星还没完全隐没，看起来就好像天空中有两个太阳，所以占星术又以这种罕见的现象为封建王朝"易主"之兆。申位是西方。

【15】《明宪宗实录》："成化十九年八月壬申，降南京御马监太监汪直为奉御。"按，成化十八年罢西厂，调汪直任南京御马监，后降奉御。汪直以忧死。

癸卯（成化十九年，1483年）春正月，溧阳（今江苏溧阳）大雪七日。昆山（今江苏昆山）木介[1]。山阴（今浙江绍兴）、会稽（今浙江绍兴）、诸暨（今浙江诸暨）民讹言有黑眚至[2]。兰溪（今浙江兰溪）、余姚（今浙江余姚）连年水[3]。五月，香山（今广东中山）水溢[4]。冬十月，大旱[5]。十二月，罢传奉官[6]。成化间武清县民家石臼与邻家碌碡皆相滚至麦地上跳跃相斗，乡人聚观，以木隔之，木皆损折，斗不可解，至晚方息。乡人以臼沉污池中，以碌碡坠深坎，相去各百余步。其夜碌碡与臼复斗于池边，地上麦苗俱坏，乍前乍却，或磕或触，砼然有声，火星炸落，三日乃止[7]。

【1】万历《应天府志·郡纪下》："成化十九年正月，溧阳大雪七日，树冰如花。"嘉庆《溧阳县志·瑞异》："成化十九年正月，溧阳大雪七日，树介。"树介、木介，即"木冰"的俗称，是雨、雪、霜沾附在树枝上，遇寒冷而成冰的自然现象。

【2】万历《绍兴府志·灾祥》："成化十九年，山阴、会稽、诸暨民间讹言有黑眚至，闾里昼夜惊，逾月乃息。"嘉庆《山阴县志·机祥》："成化十七年，民间讹言有黑眚，自杭至绍，闾里皆惊，逾月乃息。"乾隆《诸暨县志·祥异》："成化十九年，民讹言有黑眚至，闾里昼夜惊，逾月乃息。"按，《二申野录》系于成化十九年。黑眚是古代人认为五行水气而生的灾祸。五行中水为黑色，故称"黑眚"。《汉书·五行志中之下》："厥罚恒寒，厥极贫，时则有黑眚、黑祥。"

【3】万历《绍兴府志·灾祥》："成化十七年、十八年、十九年，余姚俱大水。"光绪《余姚县志·祥异》亦载。

【4】嘉靖《香山县志·祥异》："成化十九年，夏五月，海潮溢，坏濒海民居，伤稼。"

【5】《明宪宗实录》："成化十九年十二月戊辰，上以一冬无雪，命礼部以本月初十日为始，致斋三日，仍禁屠宰。乙亥，蠲山西太原平阳府诸州县今年夏税

九万三千五百余石，以旱灾故也。"

【6】传奉官：宪宗即位之初，天顺八年二月十七日，太监牛玉传奉圣旨，升工匠姚旺为文思院副使，这是明朝第一个不由吏部选任、大臣荐选、皇帝简任，而是太监传奉圣旨方式任命的官员，这就是所谓传奉官，又叫传奉升授、传奉、传升。传奉官都是有一技之长可以满足皇室、太监需要的社会各色人等，他们走通太监的路子以后，就可以在科举、军功之外，获得升官的途径。成化十八年，在朝官的强烈反对下，宪宗才下令罢传奉官，但并不彻底。孝宗弘治初年才下令彻底罢废传奉官。

【7】见于（明）马愈《马氏日抄·石斗》。（明）王圻《稗史汇编·志异门·事物异》亦载。（清）赵吉士《寄园寄所寄》、《光绪顺天府志》亦有载录。

甲辰（成化二十年，1484年）春正月己丑朔，元日，星变[1]。庚寅，京师地震[2]。宿州农夫过古墓，获一镜，照之，见墓中人僵卧，犹带弓矢，又见自家室，男女宛然，大惊，遂弃之归[3]。三月甲辰，江西新建、丰城、高安三县大风雷雨雹，坏民居[4]。夏五月，京畿、陕西、河南、山东、山西大旱[5]。秋七月，河北、燕南诸省大饥[6]。泗州（今江苏盱眙）民家牛生麒麟，怪而杀之。工部侍郎贾从时得其一足，足如马蹄，黄毛中鳞肉隐起，皆如半钱。武陵田家牛亦生麟，俱杀之[7]。八月，杭州讹言黑眚入郡城。（原注：《乐闲语录》之一："省中忽传言黑眚夜入人家，由小变大，能拉伤人。街衢喧阗，彻夜不绝。官司引捕人四方弹压，每过一宿，次早，传某家被物爪面出血，某人捺压垂死。及细询，杳无实迹。扰攘半月，市民传黑眚明日过江南去也，至日果寂然。不知何以知其来，又何以知其去，亦可怪哉[8]！"枝山《志怪》亦云："夏秋间，吴中讹言有狐精要取小儿心肝，兼能伤人。每至晚，辄藏儿密室处，鸣金鼓以备之，方传在城西，忽又在东，喧哄不宁，始以为讹言已而。有人尝早起，见此物身如犬，而尾长数尺，佝偻路旁沟上，见人乃升屋。其立也如人，忽乃不见[9]。"）九月乙酉朔，日有食之[10]。冬十二月，令天下僧道输粟赈饥，凡给度牒者六万人[11]。

【1】星变：指星宿的位置或光芒发生异常的变化。

【2】《明宪宗实录》："成化二十年正月庚寅，京师地震。是日永平等府及宣府、大同、辽东地皆震，有声如雷。宣府因而地裂，涌沙出水，天寿山、密云、古北口、居庸关

一带城垣、墩台、驿堡倒裂者不可胜计，人有压死者。”（明）王圻《续文献通考·物异考·地震》：“成化二十年甲辰春正月，京师地震。”《明史·五行志三》：“成化二十年正月庚寅，京师及永平、宣府、辽东皆震。宣府地裂，涌沙出水。天寿山、密云、古北口、居庸关城垣墩堡多摧，人有压死者。”

【3】（明）黄瑜《双怀岁抄》：“成化甲辰（二十年，1484年）二月，宿州农夫垦田，遇古墓，获镜及灯台各一。磨镜照之，见墓中人僵卧，犹带弓矢，惊骇，扑之于地。又见农家室户，男女宛然，以为怪物，掷之不复顾。独携灯台，鬻于富室，且谈及镜事。其夜，灯台发光如昼，富室以献于官。时四川崇庆州举人万本知州事，得之，大喜，寄馈其叔祖万阁老安，遗书亦道及镜事。安欲并得镜以献上，乃移书索之甚亟。本遂逮系农夫追索，了不可得，系狱三年，安去位，始获释。”

【4】（明）王圻《续文献通考·物异考·冰雹》：“成化二十年三月甲申，江西新建、丰城、高安三县大风雨雷雹，坏民舍宇，民多压死。”

【5】（明）王圻《续文献通考·物异考·恒旸》：“成化二十年甲辰夏五月，京畿、陕西、河南、山东、山西俱大旱。”按，《明史·五行志三》：“成化二十年，京畿、山东、湖广、陕西、河南、山西俱大旱。”

【6】（明）王圻《续文献通考·物异考·岁凶》：“成化二十年秋七月，河北燕南诸省大饥，分遣大臣振恤。”《明史·五行志三》：“成化二十年，陕西饥，道殣相望。畿南及山西平阳饥。”万历《开封府志·禨祥》：“成化二十年，大饥，人相食。”

【7】（明）黄瑜《双槐岁钞·牛生麟》：“成化甲辰（二十年，1484年），泗州牛生一麟，怪而杀之，人见其足如马蹄，黄毛中肉鳞隐起，如半钱然。同时，武陵田家牛亦生麟，头尾及足皆牛，但遍身生麟，麟缝中绿毛茸茸然纤秀。”（明）祝允明《野记》：“成化甲辰（二十年，1484年），泗州民家牛生麟，黄毛中肉鳞，隐起如半钱，以为怪，杀之。”（明）佚名《蓬轩类记》：“成化甲辰（二十年，1484年），泗州民家牛生一麟，以为怪，杀之。工侍贾公俊时公差至此，得其一足归。足如马蹄，黄毛中肉鳞隐起，皆如半钱。永康尹昆城王循伯时为进士，亲见之，云然。”（明）田艺蘅《留青日札·麒麟》亦载。

【8】万历《杭州府志·郡事纪中》：“成化二十年，秋八月，讹言黑眚入郡城。按，《乐闲语录》：省中忽传言黑眚夜入人家，由小变大，能拉伤人。街衢喧阗，彻夜不绝。官司引捕人四方弹压，每过一宿，次早，传某家被物爪面出血，某人捺压垂死。及细询，杳无实据。扰攘半月，市民传黑眚明日过江南去也，至日果寂然。不知何以知其来，又何以知其去，亦可怪哉。”民国《杭州府志·祥异三》：“成化二十年，传言黑眚夜入人家，由小变大，能拉伤人，街衢喧填，彻夜不绝，官司引捕人四方弹压，每过一宿，次早传某家被物抓面出血，某人捺压垂死，及细询，杳无实迹，扰攘半月而寂。”黑眚：古代人认为五行水气而生的灾祸。五行中水为黑色，故称“黑眚”。

【9】枝山《志怪》：明代祝允明所著《祝子志怪录》简称《志怪录》，此文系引《祝

子志怪录·讹言》。(明)王圻《稗史汇编·志异门·讹言》:“成化十八年春,民讹言狐狸精至,恒作六七儒生夜入人家,取小儿心肝食之,或传某家曾见某处被爪死,皆妄谈也。而人皆惧,不敢开门而寝。至风声犬吠,皆指为狐。盗贼因空西瓜而戴之,或以猪脬画人面,夜入门隙,人散,盗得窃物以去。人犹谓狐盗去,非人所为。京师至江南,凡一年许乃息。”

【10】(明)王圻《续文献通考·象纬考·日食》:“成化二十年甲辰(二十年,1484年),秋九月乙酉朔,日食。”

【11】《明宪宗实录》:“成化二十年十二月乙卯,预度天下僧道六万人。时山西、陕西饥,许浙江等处愿为僧道者输粟赈济,给以度牒,已万人矣。户部言:陕西饥尤甚,乞再度六万人,各输银十二两。下礼部,覆奏:僧道十年一度,宜以前后所度七万准后二十二年该度之数。仍令天下有司照数类送。从之。”

乙巳(成化二十一年,1485年)春正月甲申朔,申刻,有火自中天西坠,化白气,复曲折上腾,声如雷。逾时,西方复有大星,赤色,自中天西行,近浊,尾迹化白气,曲曲如蛇行,久之,如雷震地[1]。三月,泰山屡震(原注:壬午朔,四鼓,大震,次夜复震。丙戌,四鼓复震,甲午、乙未相继震,庚子连震两次[2])。顺德(今广东顺德)雨雹[3]。河源(今广东河源)大水。五月,肇庆(今广东肇庆)大水[4]。八月己卯朔,日有食之[5]。九月,京师童谣曰:纸糊三阁老,泥塑六尚书[6]。

【1】(明)王圻《续文献通考·物异考·白眚白祥》:“成化二十一年正月甲申朔,申刻,有火自中天西坠化白气,复曲折上腾,声如雷。逾时,复有大星,赤色,自中天西行近浊,尾迹化白气,曲曲如蛇形,久之,如雷震地。”(明)王圻《续文献通考·象纬考·流星星陨星摇》:“成化二十一年乙巳,春正月,星陨有声。”

【2】(明)王圻《续文献通考·物异考·地震》:“成化二十一年春三月,泰山屡震。先是,二月丁巳四鼓,微震;三月壬午朔,四鼓,大震,入夜复震。丙戌,四鼓复震,甲午、乙未相续震。庚子,连震二次。”(明)王圻《稗史汇编·灾祥门·祥瑞类》:“成化二十一年乙巳,二月初五日丑时,泰山微震。三月一日丑时,大震。戌时,复震。初五日丑时,复震。十三日、十四日相继震。十九日连震二次。考之自古祥所未闻也。”乾隆《山东通志·五行志》:“成化二十一年春,泰山屡震,遣官致祭。”

【3】嘉靖《广东通志初稿·祥异》:“成化二十一年,春三月,顺德雨雹。夏六月,广州大水。”

【4】嘉靖《惠州府志·祥异》："成化二十一年，河源大水。"《河源县志》："成化二十一年三月，河源大水，北江尤甚，漂没田庐。"《肇庆府志》："成化二十一年，五月，肇庆大水，南海桑园围缺，冬大饥。"按，四月，南海、番禺、顺德、广州风电大作，飞雹交下，南海、番禺坏民居万余，死者千余人。"

【5】(明)王圻《续文献通考·象纬考·日食》:"成化二十一年,八月己卯朔,日食。"

【6】明宪宗成化年间，太监汪直提督西厂，任意陷害朝廷内外人士，大权在握。那些本来的朝廷重臣如内阁、六部的大臣们反过来却都要看他脸色行事，以至于被人们说内阁万安、刘吉、刘翊三成员是"纸糊三阁老"，说吏部尹旻、户部殷谦、礼部周洪谟、兵部张鹏、刑部张蓥以及工部刘昭等六部尚书是"泥塑六尚书。"

丙午（成化二十二年，1486年）春二月丁酉朔，日有食之[1]。夏四月，封金、玉二阙真君为上帝[2]。淮北、山东大饥[3]。八月十二日正午，天宇澄霁，皎无纤云，松江（今上海松江）城郭之人见空中驾一小舟，从东而西，又折而东，落序班董进卿楼上。市人纵观者如堵，细视之，乃茭荻所缚。时进卿父仲頫方患耳创，乃曰：此船来载我耳。未几，果卒，张汝弼志其墓如此[4]。

【1】(明)王圻《续文献通考·象纬考·日食》："成化二十二年丙午，春二月丁酉朔，日食。"按，成化二十二年二月是"丁丑朔",《二申野录》、《续文献通考》均作"丁酉朔"，皆误。

【2】福州闽侯青圃灵济宫，主祭南唐主知浩之弟：南唐江王徐知证、饶王徐知谔。从两宋时期以来，就是福建著名的民间道教圣地。明永乐年间，成祖朱棣出征，身患疑难痼疾，相传某日梦见"二王"（徐知证、徐知谔）施济妙药，于是寻方敷服，身体痊愈。永乐十五年，诏令重建二王庙宇，并亲笔御书"灵济"宫名，御制巨碑。二徐在元代已获得朝廷赐予的"金阙真人"与"玉阙真人"封号，明永乐十五年（1417年）再次封为金阙真人和玉阙真人。《明宪宗实录》："宪宗成化二十二年四月壬午加封金阙玉阙真君为上帝,遣少傅兼太子太师、吏部尚书、谨身殿大学士万安赴灵济宫祭之。"按：原本为"土帝"，误，当为"上帝"。

【3】(明)《王圻《续文献通考·物异考·岁凶》："成化二十三年丙午，淮北、山东大饥。"按，成化二十三年应当是丁未，既云丙午则应当是成化二十二年。

【4】(明)佚名《蓬轩类记》:"成化二十二年八月十二月正午,天宇澄霁,皎无纤云。松江城郭之人，见空中驾一小舟，从东而西，又折而东，落序班董进卿楼上。市人纵

观者塞道，细视之，乃茭草所结。时进卿之父仲俯已患耳疮，乃曰："此船来载我。"疮果不可疗而卒。张汝弼志其墓如此。且云："仲俯之将卒，感空中一舟来，可谓怪矣，不可道也。然予所亲闻而详察之，果不诬。然恐偶耳无所谓耶，但春秋记异，此亦在所当志也。"（明）祝允明《志怪录·天堕草船》、（明）王圻《稗史汇编·志异门·事物异》亦载，然云董进卿之父，名仲顺。

丁未（成化二十三年，1487年）春正月壬寅朔。夏五月，星陨[1]。京师大旱[2]。凤阳（今安徽凤阳）人相食[3]。诸暨（今浙江诸暨）、余姚、义乌大旱[4]。兰溪大水，城市民庐十去八九[5]。庚申，广州地震[6]。六月，黄河清。雷震南京午门[7]。七月二十五日，申时，雷击吴县张家园梓树[8]，地上有字横径五六寸，长二尺余，画纹如指阔，深入土将寸。其文非篆非草，仿佛类"子乃言"三字[9]。又汤惟信家雄鸡生卵[10]。河间（今河北河间）、盐山（今河北盐山）大水[11]。八月甲申夜，金星犯亢宿[12]。冬十月丙子五更，有大星飞流，起西北亘东南，光芒烛地，蜿蜒如龙蛇[13]。朝宁间，人马辟易[14]。建江有一石，中有小窍，忽激烈而焰其光如电。景宁县屏风山有物成群，状如马，大如羊，其色白，首尾相衔，从西南石牛山浮空去，自午至申乃灭[15]。朱全家白日群鼠与猫斗，猫屡却[16]。其时喧传，虎丘、报恩、瑞光诸塔上有旗插竖，或在或亡，恍惚莫定。有一僧云：曾亲见之，乃鬼形而有角，立于塔上[17]。无锡安氏构一园于南门野外，令园丁徐奎掌之，花草繁聚，如牡丹尤多，各种悉具。成化中春夕，奎闻园中如泣如诉，听之，声出牡丹花中，云：我等蒙主翁培植经岁，奈明日亦有厄至。语毕哽咽不已，奎大声叱之乃止。翌日，主翁果携酒偕客而至，奎语其异，众或疑讶。独一客勿谅，竟折其大且妖者数茎而去，抵家遂患下堂之厄，旬月而愈[18]。

【1】民国《顺义县志·杂事记》："成化二十三年。顺义县星陨。"

【2】《明宪宗实录》："成化二十三年五月乙卯，以亢旱遣廷臣赍香币分祷天下山川。"

【3】光绪《凤阳县志·纪事》："成化二十三年，大饥，人相食。"

【4】万历《绍兴府志·灾祥》："成化二十三年诸暨、余姚大旱。"光绪《余姚县志·祥异》："成化二十三年，秋大旱饥，人化为虎。"光绪《诸暨县志·灾异》："成

化二十三年，诸暨大旱。”

【5】光绪《兰溪县志·祥异》：“成化二十三年五月，大火，城市民庐十去八九。”按，《二申野录》记为“大水”。

【6】嘉靖《广东通志初稿·祥异》：“成化二十三年夏五月庚申，广州地震。”

【7】（明）王圻《续文献通考·物异考·雷震》：“成化二十三年丁未夏六月，雷震南京午门。”

【8】原文“张家梓树”，误，当为“张家园梓树”。

【9】（明）田艺蘅《留青日札·雷书》：“成化丁未七月二十五日，申时，雷击吴县张家园梓树，地上有字，其文曰‘子乃言’三字，横经五六寸，长二尺余，画如指大，入土寸深，雨洗不灭。”按，《二申野录》作“子九之”，误，当为“子乃言”。

【10】（明）祝允明：《志怪录·雄鸡生卵》：“丁未岁（二十三年，1487年），姻族汤惟信家雄鸡忽生一卵，不知其何以产也。”

【11】嘉靖《河间府志·祥异》：“成化二十三年，大水。”按，盐城在江苏，疑为河北盐山。民国《盐山新志·故事略》：“成化二十三年，大水。”

【12】（明）王圻《续文献通考·象纬考·太阴五星陵犯下》：“成化二十三年，八月甲申夜，金星犯亢宿。”

【13】（明）王圻《续文献通考·象纬考·流星星陨星摇》：“成化二十三年，冬十月丙子，有大星飞流亘天。是星起西北亘东南，光芒烛地，蜿蜒如龙蛇。朝宁间，人马辟易，时孝宗初即位。”

【14】（明）焦竑：《玉堂丛语·侃直》：“邹吉士智，四川合州人。秀伟聪悟，弱冠领解首，丁未（成化二十三年）连第，入翰林。其年十月丙子五鼓，有大星飞流，起西北，亘东南，光芒烛地，蜿蜒如龙。朝宁之间，人马辟易，盖阳不能制阴之象也。”朝宁，犹朝廷的意思。辟易，退避的样子。

【15】见于（明）余继登《典故纪闻》卷十六，称是弘治元年二月事。《二申野录》误记一年。

【16】（明）佚名《蓬轩类记》：“成化末，里人朱全家，白日群鼠与猫斗，猫屡却。全卧见之，以物投鼠，不去；起而逐之，才去。”

【17】（明）祝允明《志怪录·魃》：“其时人又喧传，虎丘、报恩、瑞光诸塔顶上有旗插竖，或在或亡，予欲见之不得。既而一僧语予云：‘曾亲见之，乃鬼形而有角，立塔上耳。疑魃也。’”

【18】（明）祝允明《志怪录·安氏牡丹》：“无锡安氏构一园圃于南门野外，令园丁徐奎掌之，花卉繁聚，如牡丹尤多，各种悉具。成化中春夕，奎闻园中如泣如诉，谛听之，声出牡丹花中，云：我等蒙主翁培植经岁，奈明日亦有厄至。语毕哽咽不已，奎大声叱之乃止。翌日，主翁果携酒偕客而至，奎语其异，众或疑讶。独一客勿

谅，竟折且大且妖者数茎而去，抵家遂患下堂之厄，旬月而愈。”（明）侯甸《西樵野纪·牡丹花妖》：“锡山安氏构一圃于城南郊外，倩老圃徐奎掌之，圃中花不一，如牡丹尤甚。天顺庚辰（四年，1460 年）春夕，奎闻苑中叹声哰哰，谛听之，声出牡丹花中，云：我等蒙主翁灌溉有年，但今岁不获善亡，来日厄亦至如，奈何。群花咸若哽咽。奎大声叱之，乃止。翌日，生翁果携酒诣圃。奎语以是故，客皆异之，二恶少独嗔其妄，竟阅妖且大者，折而持去，抵家遂患下堂之厄，旬月而愈。”按，下堂之厄，指足部疾患。（清）汪辉祖：《双节堂庸训·双节赠言不可不读》：“吾少禀母训，惟恐遏佚前光……是以将吏湖南留别都门……窃禄数年，黾勉奉职……会有下堂之厄，循例求退。”汪辉祖，字焕曾，浙江绍兴府萧山县（今浙江杭州萧山）人。乾隆四十年（1775）进士，官知县、知州，以廉洁见称，后以足疾引退。又《志怪录》称“成化中春夕”，《西樵野纪》称“天顺庚辰春夕”，叙事年代有异。

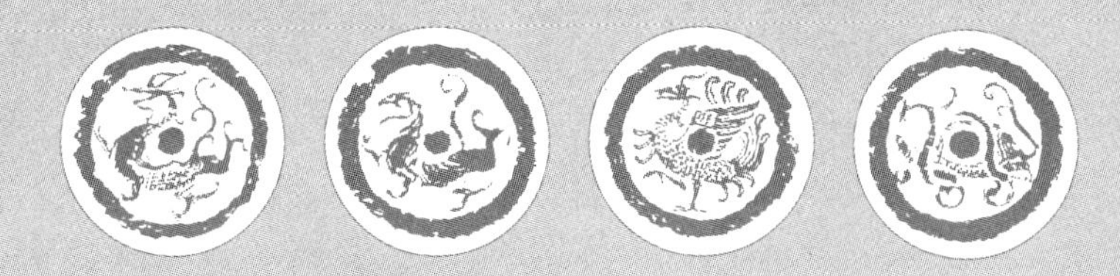

卷 三

弘治戊申（弘治元年，1488年）
至正德辛巳（正德十六年，1521年）

戊申（孝宗弘治元年，1488年）春正月，广州有蝗[1]。夏四月，天寿山（今北京十三陵）大风雨雹[2]。台州（今浙江临海）海溢[3]。星子（今江西星子）、庐山（今江西庐山）生芝一本十余茎[4]。白鹿洞（今江西庐山白鹿洞）产芝七十余本[5]。五月，靖江（今江苏靖江）大风潮，淹没男妇二千九百五十一口，漂去民居一千五百四十余间[6]。金华（今浙江金华）兰溪（今浙江兰溪）大旱[7]，凤阳（今安徽凤阳）旱饥[8]。六月癸巳朔，日有食之[9]。襄阳（今湖北襄樊）市有黑气如雾，恍如人形，触人，小儿中之立死[10]。山东有民妇怀妊，腹极大，及娩乃得五儿，其中一男四女，形皆魁硕，试称之男重五斤有半，女各减一斤，通共二十三斤有半[11]。随州应山县（今湖北应山）女子生髭，长三寸许[12]。郑阳一妇人美色，生须三缭，约数十茎，长可数寸，人目为三须娘[13]。潮阳（今广东潮阳）萧赞家畜乳狗，黄色，高大异常。适二猫亦乳狗，常哺之，共宿同游，一如其子[14]。

【1】嘉靖《广东通志初稿·祥异》："弘治元年，春正月，广州有蜚。"

【2】《明孝宗实录》："弘治元年四月庚申，天寿山雨雹。"（明）王圻《续文献通考·物异考·冰雹》："弘治元年戊申夏四月，天寿山大风雹。"

【3】万历《黄岩县志》、光绪《黄岩县志》、《临海县志》、《温岭县志》、《仙居县志》：弘治元年四月，台州大风雨，拔屋走石，海溢。黄岩、温岭大风雨，拔屋走石，海溢。临海四月大风雨，拔屋走石，海溢平地数丈，漂没陵谷，死者无算。仙居四月大风雨，屋倒、石飞、水溢。

【4】雍正《江西通志·祥异》："弘治元年秋七月，庐山芝草生有一本十余茎者。"按，《二申野录》系于正月，误。

【5】雍正《江西通志·祥异》："弘治六年，是年庐山白鹿洞芝草盛生。"按，《二申野录》系于元年，误。

【6】康熙《常州府志·祥异》："弘治元年五月，靖江大风雨潮，淹没男妇二千九百五十一口，漂去民居一千五百四十余间。阖邑公宇颓圮尽。"

【7】乾隆《浙江通志·祥异下》引《金华府志》："弘治元年，金华府大旱至三载。"

【8】光绪《凤阳县志·纪事》："弘治元年，大旱，民大饥。"

【9】《明孝宗实录》："弘治元年六月癸巳，日食。"（明）王圻《续文献通考·象纬考·日食》亦载。

【10】雍正《湖广通志·祥异》："襄阳妖气见市有黑气如雾，恍如人形，触人，小儿中之死，人为罢市。"

【11】（明）祝允明《志怪录·一产五孩》："弘治元年。山东某县有民妇怀妊，腹极大，及娩乃得五儿，其中一男四女，形皆魁硕，试称之，男五斤有半，女各减一斤，通重二十三斤半。"

【12】（明）王圻《稗史汇编·志异门·怪异总纪》："弘治十八年，随州应山县女子生髭，长三寸。"

【13】（明）陆粲《庚巳编·妇人生须》："弘治末，随州应山县女子生髭，长三寸余，见于邸报。予里人卓四者，往年商于郑阳，见人家一妇美色，颔下生须三缭，约数十茎，长可数寸，人目为三须娘云。"（明）王圻《稗史汇编·志异门·人异》："弘治末，应山女子生髭，长三寸余。又吴人卓四者，曾于陨阳见主家一妇美色，颔下生须三缭，约百茎，长可数寸，人呼为三须娘云。"

【14】乾隆《潮州府志·灾祥》："弘治元年戊申，举人萧瓒家牝犬乳猫。按，瓒兄弟七人友爱，家养牝犬，适二猫产子，犬常乳之，夜同宿，一如其子。人以为和气所感云。"万历《广东通志·杂录》亦载。

己酉（弘治二年，1489年）春二月，西域撒马儿罕遣使进狮[1]。夏五月，河决汴城（今河南开封）入淮，复决黄陵冈（今山东曹县废黄河北岸）入海[2]。吉水滩头豪家造楼占孤侄嫠嫂地一间，其孤嫠含冤吁天。五月十八日夜，忽大雷电风雨，移其楼，空其地以归孤嫠。至晓，人视之，不失尺寸[3]。六月，京师大水[4]。清河学署茶豆开红花。秋七月，吴郡西山民家白母鸡化为雄[5]，又有老妇生须，沿口一围，甚是浓墨[6]。无锡（今江苏无锡）相文赴应天乡试，几上笔忽自跃起，果魁榜第二人[7]。相城（今河南相城）农妇有孕，既生，乃一肉胞，中包数小儿，其大如硕鼠，蠕蠕长数寸，凡七枚，顷刻间皆死焉。冬十一月，筑高邮湖堤[8]。凤阳（今安徽凤阳）大雪，平地三尺，民有冻死者[9]。十二月甲申朔，日有食之[10]。

【1】《明史·孝宗纪》："弘治二年，是年，撒马儿罕贡狮子、鹦鹉，却之。"

【2】《明史·孝宗纪》："弘治二年，夏五月庚申，河决开封，入沁河，役五万人治之。"至弘治八年，都御史刘大夏主持下，塞黄陵冈决口，始获治黄成功。

【3】（明）施显卿《古今奇闻类记·天文纪》引《琐缀录·雷移楼地》："弘治二年，

吉水滩头一豪家造楼，占逾其孤侄嫠嫂地基仅一间，其孤嫠吞声忍气，惟旦夕焚香稽首吁天。至五月十八日夜，忽大雷电，风雨移其楼，空其地，以归孤嫠。至晓，人视之不失尺寸，神矣哉！孰谓天道之无知也，此可为欺孤弱寡者之戒。”

【4】王圻《续文献通考·物异考·水灾》：“弘治二年己酉夏六月，京师及通州等处大水，遂录囚，诏求直言。”按，《明史·孝宗纪》：“秋七月癸亥，以京师淫雨、南京大风雷修省，求直言。”

【5】乾隆《江南通志·禨祥》：“弘治二年，吴郡民家雌鸡化为雄。”

【6】（明）祝允明《志怪录》：“吾乡曹生之姑，年六十余矣，得疾凡半年始愈。既愈，而其面部遂生短须，沿口一围甚是浓黑。时弘治二年秋也，至今无恙。”

【7】出处不详。按，科举考试中，乡试中式称为“举人”，第一名称解元，第二名称亚元，第三、四、五名称为经魁，第六名称为亚魁。所谓魁榜第二人即亚元。

【8】《明史·河渠志三》：“高邮堤者，洪武时所筑也……”

【9】光绪《凤阳县志·纪事》：“弘治二年冬，大雪，平地三尺，民多冻死。”

【10】《明孝宗实录》：“十二月甲申朔，日食。”（明）王圻《续文献通考·象纬考·日食》：“弘治二年己酉，冬十月甲申朔，日食。”按，弘治二年十二月是“甲申朔”，《续文献通考》作“十月甲申”，误。

庚戌（弘治三年，1490年）春二月，施州（今湖北恩施）石信山崩，有大石二，类人形，卓立路旁，距五里。靖江南屏山大石塞江，水为不流，遂壅为滩[1]。三月，筑高邮康济河堤[2]。阊门南城居民家有井，偶汲水，忽闻水中酒香，即尝之，乃真酒味也。遂哄传，以为仙人所经行而然。小民竞来勺饮，其家因敛钱鬻之。其泉旦夕如常，每至晚必变作红黄色，如是历五月复如常[3]。陕西庆阳府（今甘肃庆阳）雨石无数，皆作人言[4]。夏四月，河决原武［原注：先是河决原武，支流为三。其一决封丘金龙口，漫于祥符、长垣，下曹、濮，冲张秋长堤；一出中牟，下尉氏；一泛滥于兰阳（今河南兰考）、仪封（今河南兰考仪封乡）、考城（今河南兰考考城镇）、归德（今河南商丘），以至于宿（今江苏宿迁）。弥漫四出，不由故道，禾尽没，民溺死者众。议者奏迁河南藩省于他所，以避其害。左布政使徐恪条陈其不可，乃止。命户部左侍郎白昂往治之，昂复举南京兵部郎中娄性协理。乃筑阳武长堤，以防张秋，引中牟之决以入淮，浚宿州古汴河以达泗，自小河西抵归德（今河南商丘）饮马池，中经符离桥一带，皆浚而深广之。又疏月河十余，以杀其势，塞决口三十六，由墨河入汴，汴入睢，睢入泗，泗入淮，以达于海，水患稍息。昂又以河南入淮，非正道，恐不能容，乃复自鱼台历德州至吴桥，修古河堤，又自东平北至兴济凿小河十二道，引水入大清河及古黄河以入海。河口各作石堰，相水盈缩，以时启闭焉[5]]。江阴（今江苏江阴）由、里、定、绮诸山崩泉涌[6]。南昌城隍庙庭中生一石，初出地四五寸，越数日渐长已三四尺。有见者惊讶曰：此处出山矣。遂不复长，其生者至今存[7]。仁和（今浙江杭州）槎渡村麦秀两岐[8]。吴郡至德庙侧有吴翁者，其家井中忽闻如人掬掬惊声，俄而水大沸如汤，忽高及井幹，惟余三五尺。冬十月，赠少保兵部尚书于谦太傅，谥肃愍，有司祀之[9]。十一月，有星孛于天津[10]。武昌城中飞鸽衔一囊，市人竞逐之。囊坠，启视之，火砾五枚欻然跃出。是岁武昌（今湖北武昌）灾者三，黄州（今湖北黄冈）灾，汉阳（今湖北汉阳）灾[11]。

【1】道光《施南府志·祥眚》："弘治三年春二月，施州石信村山崩，有大石二，类人形，卓立路傍，距五里，清江南岸山裂，大石塞江，水遂壅为滩。"

【2】《明史·河渠志三》："弘治二年，户部侍郎白昂，以漕船经高邮甓社湖多溺，请于堤东开复河三十里以通舟。"

【3】乾隆《江南通志·机祥》："弘治三年，苏州阊门民，夜汲井，其水香味同酒，红黄色，历五日如常。"民国《吴县志·祥异》亦载。

【4】（明）王圻《续文献通考·物异考·天雨异物》："弘治庚戌（三年，1490年）三月，陕西庆阳府雨石无数，大者如鹅鸭卵，小者如鸡头实，皆作人语，说短长。"王圻《稗史汇编·灾祥门·祥瑞类》亦载。

【5】此注见于（清）谷应泰《明史纪事本末·河决之患》。

【6】按，江阴地域有砂、香、定、绮诸山。

【7】按，此见于（明）陈洪谟《治世余闻》："庚戌岁，南昌府城隍庙殿下庭中生一石，初出地四五寸，越日已长尺余，以后日日渐长，既数日，已三四尺。其初生时，无人觉之是石，偶一人见曰：'此处想生出山矣。'因此语遂不复长，其生者至今存焉。"

【8】万历《杭州府志·郡事纪中》："弘治三年，夏四月，仁和县槎渡村有瑞麦。按，《武林纪事》：仁和县二十一都十四图槎渡村，麦秀两岐。"乾隆《浙江通志·祥异下》引《杭州府志》："弘治三年五月，仁和县槎渡村有瑞麦。"

【9】按，此条误。《明史·孝宗纪》："弘治二年十二月辛卯，赐于谦谥。"

【10】（明）王圻《续文献通考·象纬考·彗孛》："弘治三年庚戌，冬十二月辛亥，彗星见于天津。"按，《二申野录》、（清）龙文彬《明会要·祥异》均系于十一月。天津：星名，在北方七宿的女宿北。据《晋书·天文志》："天津九星，横河中，一曰天汉，一曰天江，主四渎津梁，所以度神通四方也。一星不备，津关道不通。"主天下水陆要道的关口通畅。

【11】万历《湖广总志·祥异》："弘治十一年，黄州火时发。按，郡城内外，居民露宿伺救。武昌久不雨，频火。按，自十月至明年春，城中火数发，延烧□家，后有乌衔火鼓翼，烟焰勃起，民皆戒备。十二年正月，汉阳沙窝火。按，延城内，死者四十人。"

辛亥（弘治四年，1491年）秋九月，浙西民饥[1]。金华（今浙江金华）城中火延烧县治[2]。兰溪（今浙江兰溪）、武义（今浙江武义，属金华）、义乌（今浙江义乌）大旱。冬十一月，杭州府水灾[3]。蒲圻（今湖北蒲圻）邓荣家牛生麒麟，不食，死[4]。

【1】《明孝宗实录》："弘治五年五月辛巳，致仕太子少保、礼部尚书邹干上疏言：浙西水旱相仍，民穷盗起，请行蠲恤之政。上曰：邹干虽致仕年老，尚能为国忧民，忠爱可嘉，浙江布政司其具羊酒彩缎即其家慰劳之。干具疏时尚无恙，至是已卒于家矣。"万历《杭州府志·郡事纪中》："弘治四年九月，致仕太子少保、礼部尚书余杭邹干，乞免灾伤税粮，被命优礼。"万历《绍兴府志·灾祥》："弘治二年、四年会稽、余姚、新昌，饥。"

【2】万历《金华府志·祥异》："弘治四年，金华城中火，延烧县治。"光绪《金华县志·祥异》亦载。

【3】万历《杭州府志·郡事纪中》："弘治四年十一月，杭州府以水灾，被免税粮。"

【4】（明）田艺蘅《留青日札·麒麟》："弘治辛亥（四年，1491年）蒲圻邓荣家，牛亦生麒麟，不食而死。"（明）黄瑜《双槐岁钞·牛生麟》："弘治辛亥（四年，1491年）蒲圻白水村邓荣家牛又生麟，大率类武陵者，不食而死。"按，成化年间，武陵田家牛亦生麟。

壬子（弘治五年，1492年）春二月，杭州以旱灾免征税粮[1]。夏四月，大学士丘浚上疏陈时政之弊（原注：略曰：溯观汉唐宋之世，自百五六十年以后，往往中微，政务日弊，风俗日薄、纪纲日弛、由是驯至于不可振起，而底于亡。此无他，继体之君，皆生于丰亨豫大之际，宫闱逸乐之中，不历险阻，不经忧患，天示变而不知畏，民失所而不知恤，人有言而不知信，好尚失其正，用度无其节，信任非人，因循苟且，而无奋发之志，颠倒错乱而甘为败亡之归故也。向使其君若臣，当其将微之时，灼然预知其中微之象，因上天之垂戒，汲汲然反躬修省，以祈天永命，其国祚岂止于此哉。今灾异迭见，彗见天津，地震天鸣无虚日，异鸟三鸣于禁中，其咎征之应，甚可畏也。愿陛下端身以立本，清心以应务，谨好尚勿流于异端，节财费勿至于耗国，公任用勿失于偏听，禁私谒以肃内政，明义理以绝奸邪，慎俭德以怀永图，勤政务以弘至治，庶可以回大灾、消物异，帝王之治可几也。因拟为二十二条，以为朝廷抑遏奸言，杜塞希求，节财用，重名器之助。凡万余言。上以切中时弊，命议行之[2]）。六月，杭州大雨水坏稼（原注：《武林纪事》：六月二十四日午后，大雨如注，抵暮龙井山、凤凰山俱发洪水暴涨，淹没田禾，冲决云居山城垣，虎逸入蹲三茅观，次日猎而毙之[3]）。盐山县（今河北盐山）旱[4]。秋七月，河决张秋（今山东张秋）[5]。八月，刘吉致仕[6]（原注：初吉屡被弹章，仍加官进秩。市人嘲之称为刘棉花，称其愈弹愈起也。至是，吉出城，儿童走卒群指之曰，棉花去矣。初棉花之号，或告吉以为出自监中一老举人好诙谐者。吉因奏定举人监生三次不中者不许会试。吉去，举人会试禁亦除[7]）。冬十月，兰溪（今浙江兰溪）童家园牡丹花[8]。十二月，杭州水[9]。六合（今江苏六合）大雪[10]。华亭（今上海松江）有芥生聚奎亭，荫地丈余，叶如芭蕉，花出墙上二尺许[11]。广潮（今广东潮州）大雨水[12]。南海（今广州）饥[13]。

【1】《明孝宗实录》："弘治五年二月己巳，以旱灾免浙江金华、杭州等府税粮有差，仍免是年供用物料十分之三。"

【2】按，此节录于丘浚上疏，见《皇明经世文编·丘文庄公文集一·疏议》。

【3】万历《杭州府志·郡事纪中》："弘治五年，夏六月，大雨坏稼。《武林纪事》：六月二十四日午后，大雨如注，抵暮龙井山、凤凰山俱发洪水暴涨，淹没田禾，冲决云居山城垣，虎逸入蹲三茅观，次日猎而毙之。占者谓当损一大将。"武林是杭州的古称，此引（明）吴瓒《武林纪事》。

【4】民国《盐山新志·故事略》:"弘治五年夏，旱。"

【5】(明)王圻《稗史汇编·志异门·事物异》:"弘治壬子(五年，1492年)，河决张秋之沙湾，敕右副都御史华容刘公大夏往治，而以太监李兴、平江伯陈锐董其役。方祭神焚帛，帛烬，俨成一人面目，手足皆具，倏忽起自烟中，入空而灭。时兴、锐多方扰民，山东按察使杨茂元上疏论之，亦及此事。杨公坐贬官。"嘉靖《山东通志·灾祥》:"弘治五年，河决黄陵冈，淹没民田数千顷。"

【6】《明孝宗实录》:"弘治五年八月癸卯，少师兼太子太师吏部尚书、华盖殿大学士刘吉复上疏乞致仕。上曰:"卿朝廷旧臣，正当委身匡辅，今乃累陈老疾，恳乞退休，特兹俞允，仍赐敕给驿还乡，有司月给米五石，岁拨夫役八人应用。"按，《明史》有传。

【7】见于(明)黄瑜:《双槐岁抄·刘棉花》。又(明)文林:《琅玡漫抄》:"阁老保定刘公，屡为台谏所论，而上宠眷不衰，人因称为刘棉花，谓愈弹愈起也。"《明史·刘吉传》:"吉多智数，善附会，自缘饰，锐于营私，时为言路所攻。居内阁十八年，人目之为刘棉花，以其耐弹也。"

【8】万历《兰溪县志·祥异》:"弘治五年十月，黄泥岭童家园内牡丹亦花。"

【9】万历《杭州府志·郡事纪中》:"弘治五年，冬十二月，杭州水。"

【10】万历《应天府志·郡纪下》:"弘治五年冬，六合大雪。"

【11】正德《松江府志·祥异》:"弘治壬子(五年，1492年)春，芥生华亭学聚奎亭下，荫地可丈余，大如芭蕉，花出墙上二尺许。"乾隆《江南通志·机祥》、嘉庆《松江府志·祥异》亦载。

【12】嘉靖《潮州府志·灾祥》:"弘治五年，海潮。揭、饶同日大水，漂民居，淹禾稼。"

【13】嘉靖《广东通志初稿·祥异》:"弘治五年六月，南海、丛化大雨水。按，南海饥。"

癸丑(弘治六年，1493年)春正月，顺德(今广东顺德)雨雹[1]。初五日夜，兰溪(今浙江兰溪)大雷，天雨黑水[2]。三月，刘大夏为右副都御史，治河[3]。夏四月，昌化县(今浙江临安昌化镇)大风拔木，火光绕山。少顷，骤雨如注[4]。五月，苏州大风雷，牛马在野者多丧其首。民家一产五子，三男无首，肢体蠢动；二女脐下各有口，啼则上下相应，数月皆死[5]。蓟州(今天津蓟县)昼晦迅雷，烈风电光交掣，室庐撼动，舍瓦皆飞，见空中雷神无数，形状不一，皆披甲胄，执兵械，或剑斧锤凿，或刀枪旗戟，或缧绁枷锁，摄人起空中，移时复掷下。其震死者，肢体手足分裂异处，凡九人。又震死牛十九头，亦皆分裂四足，复拔去舌。在地震死者，人牛各十数。摄上而复掷下无恙者凡八九十人[6]。湖广应山县民张本华妻崔氏生须长二寸[7]。明时坊白昼有二人入巡警铺，久不出，管铺者疑之，推户入视，但见衣二领委壁下，衣旁各有积血 而不见其人[8]。湖州金氏敷演梨园，饮客酒罢，夜有二青衣持灯至曰：吾乃严尚书府中，召汝今夕演戏。更以白金半锭授之。诸优如召，从至一大厦，雕梁画栋，座间章缝毕集。主命云：今夕宜演赵盾故事。未晓，复睡，及觉乃一古庙。或曰国初严尚书旧游地也[9]。高邮张指挥无嗣，屡求妾弗谐，行出湖上，见败船板载一女，甚姣丽，浮波而来。问之，曰：妾某邑人，舟覆，一家皆没，妾赖板得存，幸急救我。张亟取之，置帷中甚欢。逾年生子，又大慰。但女栉沐必掩户，婢从隙觇之，见女取头置膝上，绾结加簪珥毕，始加于颈。大惊，密以语张。他日张觇之，果然，知其为妖，排户入斩之，尸骨乃一败船板也。子已数岁，后即以荫袭，时称鬼张指挥云[10]。六月，太子太保吏部尚书王恕致仕[11]（原注：恕在吏部持正不肯循人，内阁丘浚忌之。有太医院判刘文泰[12]，素出入濬家。文泰援例求进，事下吏部，议格不行，文泰因憾恕。浚为草疏，指斥恕变乱选法。恕上疏自劾，上留恕，下文泰于狱，降御医。恕力求去，遂致仕。于是言官交章劾浚娼嫉妨贤，乞赐罢黜，上亦不听。恕仕四十五年，凡上三十余疏，皆忠直剀切，盖忧世之志如范希文[13]，济世之才如司马君实[14]，直谏如汲长儒[15]，惠爱如郑子产[16]。年九十矣，犹考论著述，言动必揆矩度，尝言：我垂老方理会学问。卒年九十三。赠太师，谥端毅）。兰溪五月至八月不雨，无麦禾[17]。九月十八日，又大雷，平渡镇火毁巡司[18]。凤阳（今安徽凤阳）大雪，自九月至明年二月[19]。冬十二月三日夜，南京（今江苏南京）雷电交作，次日大雪，自时雷雨连阴，浃月始晴[20]。淮安（今江苏淮安）大雪六十日，爨苇几绝，大寒凝海[21]。

【1】咸丰《顺德县志·前事略》："弘治六年二月朔，雨雹如弹丸。五月，水，大饥。"

【2】【17】乾隆《浙江通志·祥异下》引《金华府志》："弘治六年正月五日，兰溪县大雷雨，黑水，五月至八月旱，无麦禾。"光绪《兰溪县志·祥异》："弘治六年，五月至八月不雨，无麦禾。是年平渡镇大火，毁巡司。"

【3】《明孝宗实录》："弘治六年二月丁巳，升浙江布政司左布政使刘大夏为都察

院右副都御史，修治决河。”

【4】乾隆《浙江通志·祥异下》引《杭州府志》:“弘治六年四月，昌化县大风拔木，火光烧山。少顷，骤雨如注。”万历《杭州府志·郡事纪中》：“弘治六年，夏四月，昌化县风变。”

【5】见于（明）陆容《菽园杂记》。

【6】（明）陈洪谟：《治世余闻》：“癸丑，是年，蓟州守臣奏：“闰五月既望，辰巳之际，本州忽然昼晦，大雷迅烈，室庐撼动，风势狂猛，瓦石皆飞，电光交掣，红紫夺目。见空中雷神无数，形状不一，颜色难辨，皆披甲胄，各执兵械，或剑斧锤凿……摄上而复掷下者八九十人，皆无恙。皇天震怒，诛谴惨烈。州人战栗骇陨，不知何以获罪于天也。”

【7】《明孝宗实录》：“弘治十六年五月丁丑，湖广应山县民张本华妻崔氏生须长三寸。”亦见自朱国祯《涌幢小品·妇人有须》称：“弘治六年五月丙寅朔湖广应山县民张本华妻崔氏生须长三寸。”《庚巳编·妇人生须》称：“弘治末，随州应山县民张本华妻崔氏生须长三寸。”如此，《二申野录》称弘治六年与《涌幢小品》同而与《庚巳编》异，然则当据《孝宗实录》。

【8】见于（明）陈洪谟《治世余闻》。

【9】见于（明）施显卿《古今奇闻类记·优人遇鬼召演戏》。

【10】见于（明）王同轨《耳谈·鬼张指挥》。

【11】《明孝宗实录》：“弘治六年闰五月乙卯，太子太保、吏部尚书王恕致仕。恕累乞休致不允，至是复上疏：谓蒙恩至此，非不勉思报酬，但年垂八十，精力日衰，任既重而势必危，功未成而谤即至……上乃允之，仍命给驿以行，有司月给米二石，岁拨人夫二名应用。”

【12】按，原文“刘文太”，误，当为“刘文泰”。

【13】范希文：北宋著名政治家、思想家、军事家和文学家范仲淹，字希文。苏州吴县人。他为政清廉，体恤民情，刚直不阿，力主改革，屡遭奸佞诬谤，数度被贬。

【14】司马君实：北宋史学家、文学家司马光，字君实，号迂叟，陕州夏县（今山西夏县）涑水乡人，世称涑水先生。英宗时进龙图阁直学士，从政用功刻苦、勤奋。以“日力不足，继之以夜”自诩，其人格堪称儒学教化下的典范，历来受人景仰。

【15】汲长儒：西汉名臣汲黯，字长孺，濮阳（今河南濮阳）人。太子洗马。武帝初为谒者，后来出京做官为东海太守，有政绩，被召为主爵都尉，列于九卿。汲黯为人耿直，好直谏廷诤，武帝称为“社稷之臣”。

【16】郑子产：春秋时期郑国的政治家和思想家，复姓公孙，名侨，字子产，又字子美，郑称公孙。在郑国为相数十年，他仁厚慈爱、轻财重德、爱民重民，执政期间在政治上颇多建树。

【18】万历《兰溪县志·祥异》："弘治六年，平渡镇大火，巡司毁焉。"按，巡司：巡检司的简称，主管地方治安。平渡镇在兰溪境内。

【19】光绪《凤阳县志·纪事》："弘治六年，大雪，自九月至明年二月。"光绪《凤阳府志·纪事下》："弘治六年，怀远大雪，冻死者甚众。"

【20】同治《上江两县志·大事下》："弘治六年八月，南京有黑气东西百余丈。冬十月，南京雨雪。"

【21】光绪《淮安府志·祥异》："弘治六年，大雪六十余日，爨苇几绝，大寒凝海。"

甲寅（弘治七年，1494 年）春二月，河复决张秋[1]（原注：按治河之议，自汉迄今，纷载史集，可谓周悉。但河决不常，亦无定处，治之实无上策，惟宋濂谓禹治水之后无河患者数百年，以其自大伾而下，北过洚水，至于大陆，播为九河，入海。盖河流分而其势自平也。今河合汴泗，东南以入淮，使一淮兼受黄流之全，欲其不溃溢而泛滥，胡可得哉！今黄河以北，古道形迹尚存，因而相其地势，浚为支河，以达平原直沽诸处，既可以杀其合流冲决之势，又可以得其灌溉润泽之利，而北方旱溢之灾，亦因之而可免矣。乃今兴兴修水利之说独闻于江南，而北方则置不讲，何也？）苏州卫印忽热如火，不可近，四日乃止[2]。嘉定（今上海嘉定）大场镇鸡生三足[3]。三月己卯朔，日有食之[4]。夏四月，闭嘉峪关，绝西域贡[5]。溧水（今江苏溧水）大水[6]。湖墅草营巷（今杭州湖墅街）民家生儿，一头两面，双耳四足，具男女形[7]。五月，宣府、山西、河南昼星陨[8]。辽东大风，昼晦如夜，天雨虫[9]。秋七月，会稽（今浙江绍兴）、余姚（今浙江余姚）海溢[10]。九月，江宁大风，屋瓦俱落[11]。冬十月至十二月，余姚（今浙江余姚）不雨[12]。十一月，嘉兴（今浙江嘉兴）横桥航人李硕妻临产，腹痛欲裂，生一鳖，手足类人[13]。

【1】《明孝宗实录》："弘治七年三月壬寅，工部言，顷河决张秋命副都御史刘大夏往治之。"

【2】【3】乾隆《江南通志·机祥》："弘治七年，苏州卫印忽热如火，不可近，四日乃止。嘉定大场镇鸡雏生三足。"

【4】（明）王圻《续文献通考·象纬考·日食》："弘治七年甲寅，春三月己卯朔，

日食。"

【5】《明宪宗实录》："弘治七年五月丙寅，封闭嘉峪关，暂绝西域贡路。"

【6】万历《应天府志·郡纪下》："弘治七年夏，溧水大水。九月，大风，屋瓦俱落。"光绪《溧水县志·庶征》亦载。

【7】（明）郎瑛《七修类稿·奇谑类·异胎》："弘治甲寅（七年，1494年）四月，湖市卖鱼桥草营巷有生儿一头两面，双耳四足，男女皆具者，其家怪之，弃於市河中。行丐收之，人有求观者，索钱一文。予以此必双儿未判者也。"（明）田艺蘅《留青日札·生异类》："弘治间湖市民家生子，一头两面，二耳四足，具男女形。"

【8】（明）王圻《续文献通考·象纬考·流星星陨星摇》："弘治七年五月，宣府、山西、河南俱星陨。"道光《万全县志·变占》："弘治七年，夏五月，宣府昼星陨。"（清）龙文彬《明会要·祥异》引《明史·天文志》："弘治七年五月，宣府、山西、河南有星昼陨。"

【9】（明）王圻《稗史汇编志·志异门·怪异总纪》："弘治七年，辽东大风昼晦，雨虫满地，黑壳大如蝇。"

【10】万历《绍兴府志·灾祥》："弘治七年七月，会稽、余姚海溢。"《明史·五行志一》："弘治七年（1494年）七月，苏、常、镇三府潮溢，平地水五尺，沿江者一丈，民多溺死。"

【11】同治《上江两县志·大事下》："弘治七年七月庚寅，大风雨，坏殿宇、城楼、兽吻，拔太庙、天地坛及孝陵树。九月，大风落屋瓦。"

【12】万历《绍兴府志·灾祥》："弘治七年，余姚冬十月至十二月，不雨。"光绪《余姚县志·祥异》亦载。

【13】（明）郎瑛《七修类稿·奇谑类·异胎》："弘治甲寅十一月，嘉禾横桥有航人李硕者，妻临产，腹痛欲裂，生一鳖，而手足则人也。盖此妇生居泽国，所见必多此物，气类相感而然耳。古有胎数，讵不信夫？"

乙卯（弘治八年，1495年）春正月至三月，余姚（今浙江余姚）不雨[1]。二月，大学士丘浚卒[2]（原注：王守溪《长语》[3]云：文庄议论高奇：人所共是，必以为非，人所共否，必以为是。其论秦桧，曰宋家至是亦不得不与和亲，南宋更造，桧之力也。论范文正，则以为生事，论岳飞，则以为亦未必能恢复。诸如此类，皆与人异云[4]）。张秋（今山东张秋）堤成，更名安平镇[5]（原注：刘大夏发丁夫数万，于黄陵岗南，浚贾鲁河一带分杀水势，又浚孙家渡口，别开新河一道，导水南行，由中牟至颍州，东入于淮，又浚四府营淤河出陈留县，至归德州（今河南商丘）分为二派：一由宿迁县小河口，一由亳州涡河会于淮，筑长堤，起河南胙城，经滑、长垣、东明、曹、单诸县，尽徐州，长三百六十里。五旬事竣，召入为户部右侍郎）。陕西天门开，人马百万，自下而上[6]。长沙府（今湖南长沙）枯竹开花，结实如麦；枫树生李，黄连树生黄瓜，苦荬菜开莲花，七日而凋[7]。三月乙酉朔，日有食之[8]。吴城西四十里，蝦蟆山忽徐徐动，已而疾移去，旧址数亩许[9]。兰溪（今浙江兰溪）黄盆畈，天雨黄土，大如碗，至地即碎[10]。夏四月，瑞州（今江西高安）枫结李实。五月，东南诸省大疫[11]。六月，高明（今广东佛山高明区）地震[12]。秋七月，西北诸省大旱[13]。八月朔，日有食之[14]。九月，南京地震。桐庐、兰溪，梨、李再华，杜鹃盛开如春时[15]。十六日夜，有星如月，自东南流西北，声如雷。冬十月，南京地震[16]。十一月，陕西、贵州地震[17]。十二月，靖卫（今陕西靖卫）天鼓鸣[18]，河南、江西大震电[19]。

【1】万历《绍兴府志·灾祥》："弘治八年，余姚正月至三月不雨。"光绪《余姚县志·祥异》亦载。

【2】丘浚：字仲深，号深庵、玉峰、琼山，别号海山老人，琼山府城镇下田村（今金花村）人。景泰五年进士，明代著名政治家、理学家、史学家、经济学家和文学家，官至户部尚书、武英殿大学士。弘治八年卒，谥文庄。《明史》有传。

【3】王守溪《长语》：王鏊，字济之，号守溪，江苏苏州人。宪宗成化十一年进士，授编修。弘治时历侍讲学士，充讲官，擢吏部右侍郎。武宗正德时官至户部尚书、文渊阁大学士。《明史》有传。其著作有《长语》一卷，又名《守溪长语》，另有《震泽长语》二卷。

【4】（明）王鏊《王文恪公笔记》："丘浚，琼州人．学於子史，无所不窥，而尤熟於国朝典故。议论高奇，人所共贤，必矫以为非；人所共非，必矫以为是。能以辨博济其说，亦自博考，故对人语滚滚不休，人无敢难者。论秦桧曰：宋室至是亦不得不与和亲，南宋再造，桧之力也。论范文正公，则以为生事。论岳飞，则以为亦未必能恢复。"

【5】（清）谷应泰《明史纪事本末·河决之患》："弘治八年夏四月，塞张秋堤，更名安平镇。"

【6】（明）王圻：《续文献通考·象纬考·天变》："戊申（弘治元年）二月，陕西天门开，人马百万，自下而上。"按，天门指传说的天宫之门。《楚辞·九歌·大司命》：

“广开兮天门，纷吾乘兮玄云。”《续文献通考》与《二申野录》所系年代有异。

【7】（明）徐祯卿《异林》：“弘治八年，长沙旱，枯竹开花，枫树生李实，黄连树生王瓜，苦荬菜开莲花，七日而谢。”（明）王圻《稗史汇编志·志异门·怪异总纪》亦载。

【8】（明）王圻《续文献通考·象纬考·日食》：“弘治八年乙卯，春三月乙酉朔，日食。”按，弘治八年三月是“甲申朔”，《二申野录》、《续文献通考》均作“乙酉朔”，皆误。（清）龙文彬《明会要·祥异》引《明史·天文志》、《三编》作“弘治八年二月乙卯朔，日食。”确。

【9】（明）施显卿《古今奇闻类记·地理纪·吴城山移悬旧址》引《西樵野记》：“吴城西四十里，其地山峦叠嶂，中有一虾蟆山。弘治乙卯春，山忽徐徐而下，已而疾移。时有行道者惊见，肆声曰：“山走矣！”老稚莫不哄然。此山随声而止。漫从山下视之，已悬旧址数亩矣。次岁丙辰，玉峰朱殿试以状元及第，方言石移出状元，已验之矣。”按，《西樵野记》，明代苏州人侯甸著。

【10】万历《兰溪县志·祥异》：“弘治八年三月，县北黄盆畈中，天雨黄土，有大如碗者，然甚轻，至地即碎。”

【11】（明）王圻：《续文献通考·物异考·疫疠》：“弘治八年，南赣大疫；西北旱异，父子相食；东南饥疫，骨肉流离。”

【12】嘉靖《广东通志初稿·祥异》：“弘治八年六月，高明地震二十六里，鸡犬惊。”

【13】（明）王圻：《续文献通考·物异考·恒旸》：“弘治八年秋七月，西北诸省大旱。”《明史·五行志三》：“弘治八年，京畿、陕西、山西、湖广、江西大旱。”

【14】（明）王圻《续文献通考·象纬考·日食》：“弘治八年，秋八月朔，日又食。”

【15】万历《严州府志·祥异》：“弘治八年，秋九月，桐庐梨、李皆花，杜鹃尤盛。”光绪《兰溪县志·祥异》：“弘治八年三月，兰溪黄盆畈，天雨黄土，大如碗，至地即碎。九月，梨李再华，杜鹃盛开如春时。”

【16】万历《应天府志·郡纪下》：“弘治八年十月，地震。”同治《上江两县志·大事下》：“弘治八年，是岁，南京地凡再震。”

【17】（明）王圻《续文献通考·物异考·地震》：“弘治八年九月，南京地震。冬十一月，陕西、贵州地震。尝考……十月，南京地震。”《明史·五行志三》：“弘治八年，是岁，南京地再震。”

【18】（明）王圻《续文献通考·物异考·地震》：“尝考……弘治八年十二月，靖虏卫天鼓鸣。长河、江西大震电。”（明）王圻《续文献通考·象纬考·天变》：“弘治八年，靖虏卫天鼓鸣。”光绪《靖远县志·世纪》“弘治八年，天鼓鸣。”按，《史记·天官书》：“天鼓，有音如雷非雷，音在地而下及地。其所往者，兵发其下。”一般指天空中原因不明的巨响。

【19】（明）王圻《续文献通考·物异考·雷震》："弘治八年，长河、江西大震雷。"雍正《江西通志·祥异》："弘治八年十二月，大震电。"

丙辰（弘治九年，1496年）春三月，兰溪县（今浙江兰溪）火焚案牍[1]。叙州（今四川宜宾）楠树生莲花五十余朵，李树生豆荚，苕苕满枝[2]。安远县马鞍山巨石移于半山路侧，见者走报，县尹乘马来观，石已下山麓矣[3]。六月初五日，宣府镇（今河北宣化）南口墩，天雨降火光，腰刀鞘内龙起，炼化刀尖，烧伤军人二名，及损坏军器什物[4]。兰溪大水。桐庐华林寺旧有水墨罗汉十八幅，形模奇古，凡视之，初则隐隐模糊，久之渐明可挹，嬉怒忧寐，其状不一，宛然如生，世称仙笔。相传昔有自矜其技者，寺僧延之，乃独坐一楼，谢接谈，惟令日供饮食，既洽旬，僧疑而瞰之，见其以盆水自照自图，始及半身，觉而绝笔，遂盥其手，弃其水于地，泉迸出，今香泉池是也，不别而遁。收其所遗，得罗汉十六幅半。至李唐时，一僧全其半而续其一，笔法精妙，绝似释家以为画者后身，或云僧贯修。洪武初，有盗者利其重资，窃而鬻于杭，即托梦以指示寺僧追而归。后中贵曰三宝者威胁持去，将渡江，风逆于昼，夜则梦僧人数千驱其登高涉险，神恐不宁，惧而醮祭，还之。弘治丙辰（1496年），寺僧违戒行，忽一夕主僧梦群僧负担相率辞去，越三日罹于火，遂煨尽无存[5]。是年，荧惑失度，太阳无光[6]。

【1】万历《兰溪县志·祥异》："弘治九年三月，火灾，县之六房积年案牍皆灰烬。八月又灾，县前民居、府馆及养济院皆焚。"

【2】《明孝宗实录》："弘治九年，三月己卯朔，四川长宁县民家楠树生莲花、李树生豆荚。"（明）王圻《稗史汇编志·志异门·怪异总纪》："弘治丙辰（九年，1496年），三月，叙州楠树生莲花五十余朵，李树生豆荚满枝。"

【3】（明）施显卿《奇闻类记·地理纪·异石飞移》引《闻见类纂》："安远县马鞍山，弘治丙辰，山顶巨石移于半山。路侧有见者，走报县尹，即乘马来视，石已下山麓矣。遂召里老厝薪，攒烧醋沃，以铁锤碎焉，不报上官。明年，盗起掠居民，兵扰数县。"《闻见类纂》，（明）魏偁撰。

【4】《明史·五行志一》："弘治九年六月庚辰，宣府镇南口墩骤雨火发，龙起刀鞘内。"

【5】见于（明）朱国祯《涌幢小品·水墨罗汉》。

【6】《明孝宗实录》："弘治十年二月甲戌，内门大学士徐溥等奏：荧惑失度，太阳无光，天鸣地震，草木妖异，四方奏报，殆无虚月。"按，中国古代称火星为荧惑。荧惑失度就是说火星运行的不符合规律，这与太阳无光一样是凶兆。

丁巳（弘治十年，1497年）春三月，冠县（今山东冠县）大风，堕鱼于市[1]。是月二十八日，观音寺万佛阁雷火焚。夏五月，京师风霾，各省天鸣地震[2]。秋七月，盐山（今河北盐山）无云而雷[3]。杭州地震[4]。余姚（今浙江余姚）大有年[5]。

【1】乾隆《山东通志·五行志》："弘治十年三月，冠县大风，坠鱼于市。"

【2】王圻《续文献通考·物异考·地震》："弘治十年丁巳，夏五月，京师风霾，各省天鸣地震。"（明）王圻:《续文献通考·象纬考·天变》亦载。按,（清）谷正泰《明史纪事本末》："弘治十年五月，京师风霾，各省地震，诏求直言，祠祭郎中王云凤上言纳忠言，罢左道、斋醮、采办、传奉诸事。上嘉纳之。"

【3】民国《盐山新志·故事略》："弘治十年秋七月夜，无云而雷。"

【4】万历《杭州府志·郡事纪中》："弘治十年，秋九月，地震。"

【5】万历《绍兴府志·灾祥》："弘治十年，余姚大有年。"

戊午（弘治十一年，1498年）春三月，太监李广建毓秀亭于万寿山[1]。夏，金华（今浙江金华）、台州（今浙江临海）旱[2]。上海泖湖水溢[3]。六月，京师西直门有熊入城。（原注：未几，城内在处有火灾：礼部焚，既而禁中亦火，乾清宫焚。盖熊之于字，能为火也[4]）。是月，姑苏（今江苏苏州）、钱塘（今浙江杭州）二郡并兰溪（今浙江兰溪）、余姚（今浙江余姚）两县川湖池沼，水忽腾涌，高三四尺，旋即消去[5]。温州泰顺县（今浙江泰顺）左忽有物横飞曳空，状如箕尾、如箒，色杂粉紫，长数丈，无首，吼如沉雷，从东北去修武县东岳祠北，又有黑气，声如雷，隐隐堕。村民李云往视之，得温黑石一枚，良久乃冷[6]。秋七月，儋州（今海南新州）星流有声[7]。兴宁（今广东兴宁）大旱[8]。淮安（今江苏淮安）新城牛尚武家起屋，白雄鸡鸣于梁上，生一卵，坚甚，取供佛前，化为水。冬十月，清宁宫灾[9]。

李广死，求直言（原注：清宁宫灾，有谓亭建年月不利，犯坐杀，向太岁，故有此灾。太皇太后怒云："今日李广，明日李广，兴工动土，致此灾祸，累朝所积，一旦灰烬！"广惧，饮鸩死。讣闻，上意其所藏必有奇方秘书，即令内侍搜索。奉命者遂封其外宅，搜得一帙纳贿簿籍，首进之。簿中所载某送黄米几百石，某送白米几千石，通计数百万石。上因询左右曰：广所食几何，乃受许多米？对曰：黄米即金，白米即银。因悟赃滥如此，遂籍没之。科道官请出簿籍，按名究问。凡与名者，惶惧危甚，各自星夜赴戚畹求救，不期而会者凡十三人。月下见轿影重重，而一人独乘女轿。事虽得寝，而纳贿者之名，一一尽传于朝野。腆颜惟甚，久而亦安然无复羞愧矣。赖上英明，终渐去之【10】）。

【1】万寿山：当为万岁山，今北京景山，明称万岁山，清初改。毓秀亭当为毓秀馆。明代在山北建寿皇殿，刘若愚《酌中志》载："北中门（今景山公园北门）之南曰寿皇殿，右曰育秀亭，左曰毓秀馆，后曰万福阁，俱万历三十年春添盖，曰北果园。"

【2】万历《黄岩县志·祥异》："弘治十一年，台州夏大旱。"

【3】康熙《上海县志·祥异》："弘治十一年，江海泖湖水溢。"按，泖湖，在上海松江西，今已淤为平地。

【4】（明）陈洪谟《治世余闻》："戊午（弘治十一年）夏，京师西直门熊入城，守卫者不知，间有被伤者。大司马钧阳公谓野兽入城非宜，既参问守卫者，因乞严武事以备盗贼。时郴阳何主事孟春在职方，谓同列曰：'熊之为兆，既当备盗，亦须慎火。'同列莫晓。未几，城内在处有火灾，礼部毁焉。"

【5】万历《绍兴府志·灾祥》："弘治十一年夏六月，余姚境内水涌高三四尺，猝平。灾饥。"光绪《余姚县志·祥异》亦载。乾隆《浙江通志·祥异下》引《嘉兴府志》："弘治十一年，嘉兴郡境河港池井水皆沸腾，高二三尺，甚有至丈许者，竟日始平。"乾隆《江南通志·机祥》："弘治十一年，苏州各县河渠池沼及泉悉震荡，高涌数尺，良久乃定。"

【6】（明）徐祯卿《异林》："弘治戊午（十一年，1498年），温州泰顺县左，忽有一物，横飞曳空，状如箕尾、如帚，色杂粉紫，长数丈余，无首，吼若沉雷，从东北去。又，修武县东岳祠北，有黑气，声如雷，堕地。村民李云往视之，得温黑石一枚，良久乃冷。"（明）王圻《稗史汇编·志异门·怪异总纪》："弘治戊午（十一年），温州泰顺县左，忽有一物，横飞曳空，状如箕尾，色杂粉紫，长数丈余，无首，吼若沉雷，从东北去。修武县东岳祠，忽有黑气，声如雷，隐隐堕地。村民李云往视之，得温石一枚，久之乃冷。"

【7】乾隆《琼州府志·灾祥》："弘治十一年七月十一日，初昏，有星自东南流于西北，声如雷。"

【8】光绪《惠州府志·郡事上》："弘治十一年，兴宁大旱。"

【9】（明）王圻《续文献通考·物异考·火灾》："弘治十一年戊午，冬十月十一日夜，清宁宫灾。"《明史·五行志二》："弘治十一年十月甲戌夜，清宁宫灾。"按，朱偰《明清两代宫苑建制沿革图考》注云："《酌中志》及《明宫史》皆无清宁宫，不知所指何宫。"

【10】（明）陈洪谟：《治世余闻》："太监李广以左道见宠任，权倾中外，大臣多贿求之。戊午岁，建毓秀亭于万岁山上，既成后，适一小公主患痘疮，众医莫效。广饮以符水，遂殇。宫中方归咎于广。未几，清宁宫灾，有谓亭之建，年月不利，犯坐杀，向太岁，故有此灾。"皇太后怒云："今日李广，明日李广，兴工动土，致此灾祸。累朝所积，一旦灰烬！"广惧，饮鸩死。上意其藏必有奇方秘书，即令内侍搜索。奉命者遂封其外宅，搜得一帙纳贿簿，首进之。簿中所载某送黄米几百石，某送白米几千石，通计数百万石。黄米即金，白米即银。上因悟广赃滥如此，遂籍没之。科道请出簿究问，凡与名者，惶惧危甚，各自星夜赴戚畹求救，不期而会者凡十三人。月下见轿影重重，而一人独乘女轿。事虽得寝不究，而纳贿之名，一一盛传于朝野。腆颜虽甚，久而亦安然无复羞愧矣。时若屠太宰滽、徐宗伯琼、白司寇昂、沈通政禄、陈瑶诸人，为尤著。上英明，终渐去之。"

己未（弘治十二年，1499年）春，余姚（今浙江余姚）不雨[1]。夏六月，阙里先师庙灾[2]。华容民王金妻生子，一身四头、四耳、两目、两牙。吴郡三都陈氏祖传有辟疟镜，凡患疟者，执而自照，必见一物附于背，其状蓬首黧面，一举镜，而此物惊逝，病即愈。至弘治中，兄弟分财，剖镜各得其半，再以照疟，不复见鬼矣[3]。又西番贡狮一，又畜二小兽，名曰吼，形类兔，两耳尖小，长仅尺余。狮作威时，牵吼视之，狮畏服不动。盖吼溺着体即腐也。吼猬獗又畏雄鸿，引吭高鸣，吼亦畏服云[4]。南海、番禺（今广东广州）大饥[5]。凤阳（今安徽凤阳）大水[6]。冬十一月，上高王宸濠嗣封宁王（原注：江西宁藩宸濠父康王，初无子，尝于宫中斋祷。一日，王午寝，忽梦天狼降宫中，须臾食宫人殆尽，复绕而逼王。王寤，恶之。申刻，宸濠生，其母洪也，洪亦失爱于王。王命亟杀之，宫中人环跪而请曰："向忧无子，今有子而又弃之耶？”钟陵王者，康王弟也。狂易，常放言凌其兄。至是亟骑而至曰：“喜王兄之得子也，又闻将杀之，甚善，弟幸多子矣。”康王怒，遽命育之，六月十三日也。及濠年十三，即私幸乐妓，微服而游市中。王觉曰：“符吾梦矣。”以铁锄斫杀数侍者，缚濠于柱，亲鞭之数百，必杀之。王春者，临海人，王甥也。慧而多才，以明经举于乡，王素爱之。春驰至，以身蔽濠曰：“杀春！杀春！”王不得已，遂舍焉。后谋逆国除，卒符梦云[7]）十二月，余姚（今浙江余姚）大寒，姚江冰合[8]。

【1】【8】万历《绍兴府志·灾祥》：“弘治十二年春，余姚不雨。十二月，余姚大寒，姚江冰合。”光绪《余姚县志·祥异》亦载。

【2】（明）王圻《续文献通考·物异考·火灾》：“弘治十二年己未，阙里先师庙灾。”阙里：孔子故里。在今山东曲阜城内阙里街。因有两石阙，故名。孔子曾在此讲学。后建有孔庙，几占全城之半。

【3】此见于（明）陆粲《庚巳编·辟疟镜》，陆粲且云系“医者周帷中说”。

【4】（明）严从简《殊域周咨录·撒马儿罕》引（明）沈周《石田翁客座新闻》：“弘治中，西番贡狮，其性险怪。一番人长与之相守不暂离。夜则同宿于木笼中，欲其驯率故也。少相离则兽眼变异，便作威矣。一人因近视之，其舌略粘则面皮已去一半矣。又畜二小兽名曰吼，形类兔，两耳尖长，仅长尺余。狮作威时，即牵吼视之，狮畏服不敢动。盖吼作溺，上著其体，肉即腐烂。吼猖獗，又畏雄鸿。鸿引吭高鸣，吼亦畏伏。物类相制有如此者。”又（明）明陈继儒《偃曝余谈》：“弘治中，西番贡人狮各一，番人长与之相守，夜则同宿于木笼中。又畜二小兽，名曰吼，形类兔，两耳尖长，仅长尺余。狮作威时，则牵吼视之，狮畏服不敢动，盖吼溺著体即腐。”

【5】嘉靖《广东通志初稿·祥异》：“弘治十二年，南海、番禺大饥。”

【6】光绪《凤阳县志·纪事》：“弘治十二年，大水。”

【7】《明孝宗实录》：“弘治十一年十二月甲寅，册封宁康王庶长子上高王宸濠为宁王，妃娄氏为宁王妃。”（明）谈迁《呵冻漫笔》、（清）赵吉士《寄园寄所寄》亦载。（清）董谷士《古今类传》引《樵书》：“宁藩宸濠父康王甚贤，初王无子，尝于宫中斋祷。是日午寝，忽梦天狼降宫中，须臾食宫中人殆尽，复绕而逼王。王寤，甚恶之。申刻宸濠生，其母洪也。一云其母冯，为南昌人，称冯针儿，故倡也。洪亦失爱于王。王命亟杀此儿，宫人环跪曰：忧无子，有子而弃之耶？钟陵王者康王弟也，常放言凌兄，至是亟骑而至，曰：喜王兄得子，又闻将杀之，甚善，弟幸多子矣。康王怒，遂命育之。六月十三日也。及濠年十三，私幸乐妓，微服游市中。王觉曰：符吾梦矣。令数侍者缚

濠于柱，亲鞭之数百，必杀之。王春者，临海人，王甥也，慧而多才，以明经举于乡，王素爱之，急驰至，以身蔽濠曰：杀春！杀春！王不得已，遂舍焉，后卒符所梦云。”

庚申（弘治十三年，1500年），越中讹言诏选，女子一时奔娶[1]。台州（今浙江临海）饥民食草根[2]。余姚（今浙江余姚）三月不雨，至五月晦乃雨。四月，余姚（今浙江余姚）、江南灾，焚民居三千余家，伤百有八人。火渡江，焚灵绪山民居又二百余家[3]。五月甲寅朔，日有食之，彗星见[4]。六月，河决曹（今山东曹县）、单（今山东单县）[5]，灵山县（今广西灵山）大有年[6]。

【1】万历《绍兴府志·灾祥》：“弘治十三年，讹言越中诏选，女子一时奔娶殆尽。隆庆二年正月，越地民讹言诏选，女子婚配略尽，如弘治时。”（明）王圻《续文献通考·物异考·讹言》：“隆庆二年正月，江南讹言京师遣内臣选宫女于各省。自是民间室女、节妇、老少，苟且婚配，旬日殆尽，士大夫家亦为之。后来争讼纷扰，弥年乃定。”

【2】乾隆《浙江通志·祥异下》：“弘治十三年。台州大饥，民食草木。”《温岭县志》：“弘治十三年（1500年）温岭（按，温岭县属台州）旱，饥，民食草根。”

【3】万历《绍兴府志·灾祥》：“弘治十三年三月不雨，至五月晦乃雨。四月，余姚、江南灾，焚民居三千余家，伤百有八人。火渡江，焚灵绪山民居二百余家。”光绪《余姚县志·祥异》亦载。按，灵绪山，又名龙泉山、屿山，位于余姚市中心偏西。《说文解字》：“晦，月尽也。”五月晦即农历五月的最后一天。

【4】（明）王圻《续文献通考·象纬考·日食》：“弘治十三年庚申，夏五月甲寅朔，日食。”（明）王圻《续文献通考·象纬考·彗孛》：“弘治十三年庚申，夏五月朔日，彗星见。”

【5】《明史·河渠志一》：“弘治十三年兖州知府龚弘上言：‘今秋黄河逆流东北至黄陵冈，又自曹县入单，南连虞城。’”

【6】万历《广东通志·杂录》：“弘治十三年，灵山县大有年。按，斗米四钱。”

辛酉（弘治十四年，1501年）春正月朔，陕西地震（原注：西安（今陕西西安）、延安（今陕西延安）、庆阳（今甘肃庆阳）、潼关（今陕西潼关）等处地震有声，韩城（今陕西韩城）尤甚，声响如雷，倾倒官民房屋五千三百余间，压死男妇一百七十八人。自朔至望日，震尚未息，不时动摇。县东安昌八里，遍地决破涌水，有震开裂缝长一二丈，或四五丈者，涌出溢流如河）[1]。马邑县（今山西马邑）西有火自天而坠，其声如雷，入地三尺化为青石[2]。马湖府江水变白，明莹可鉴，翌日浊如泔浆，凝于两岸沙石上者尽如土粉[3]。保定府臣献白鸦，诏斥遣之[4]。余姚（今浙江余姚）蝗[5]。夏四月十三日，兰溪（今浙江兰溪）平渡镇火[6]。广州大水[7]。五月二日夜分，古渝城上，忽白光映天，争起视之，但见渝水浮光上烛，次早验之，宛如豆汁，人不敢饮，逾三日澄澈[8]。秋七月朔，蜀忠州昼晦如夜，天雨黑子，形色如椒，平地可掬，味如稻，久而生苗如粱，后值霜侵枯槁[9]。二十一日午后，阴云密布，弥漫欲雨，俄闻空中哄然有声，约二刻乃止，识者以为天愁[10]。九月丙子朔，日有食之[11]。十月，溧阳（今江苏溧阳）地震[12]。十四日，上海（今上海）地震[13]。吏部尚书倪岳卒（原注：岳父谦尝奉命祀北岳，夫人梦绯袍神入室，寤而生，因以岳名[14]）。边地有虫，赤嘴，啮马立死，剖马腹亦有之。又有火焚军士，火起自人头，勃勃不可扑，延烧数人乃止[15]。

【1】《明孝宗实录》："弘治十四年正月庚戌朔，陕西延安、庆阳二府，潼关等卫，同、华等州，咸阳、长安等县，是日至次日地皆震，有声如雷，而朝邑县尤甚。自是日以至十七日频震不已，摇倒城垣、楼橹，损坏官民庐舍共五千四百余间，压死男妇一百六十余人，头畜死者甚众。县东十七村所在地坼，涌水泛溢有流而成河者。是日河南陕州及永宁县、卢氏县，山西平阳府及安邑、荣河等县各地震有声，蒲州自是日至初九日，日震三次或二次，城北地坼，涌沙出水。"（明）沈德符《万历野获篇·弘治异变》："弘治十四年春正月朔，陕西韩城县地震，有声如雷，倾倒官民房屋，压死男妇无数。自朔至望，震犹不止。县东八里，遍地决破涌水，有裂开地一二丈、四五丈，涌出溢流如河。"（明）王圻《续文献通考·物异考·地震》亦载："朝邑县正东安昌里等十九处遍地窍眼涌出水，深浅不等；震开裂缝长约或一二丈，或四五丈。又蔡家堡、严伯村等四处涌水几成河。巡按御史燕忠以闻。"（明）王圻《稗史汇编·志异门·怪异总纪》："弘治辛酉（十四年，1501年）元日，朝邑（今陕西大荔）地震如雷，城宇撼落者五千三百余所，遍地窍发如瓮口，或裂长一二寻，涌泉泛溢，迄望夕犹震，人民逃散。"

【2】雍正《山西通志·祥异二》："弘治十四年正月朔，蒲州地震，有声如雷，摇动如舟在浪涛中。夏，马邑坠火块，入地三尺，化为青石。"

【3】（明）沈德符《万历野获篇·弘治异变》："十四年十一月十一日，四川马湖涡江，水色变白，明莹可鉴，翌日浊如浆，凝两岸沙石上者如粉，十七日复清。本月十二日，叙州府东南一河水亦如之，如浆浓者三日。"原文"马湖府"，误，当为"马湖涡江"。

【4】（明）王圻《续文献通考·物异考·羽虫之异》："弘治十四年二月，保定府臣献白鸦以为祥瑞，礼部尚书傅瀚劾其不当奏，诏斥遣之。"

【5】万历《绍兴府志·灾祥》："弘治十四年秋，余姚蝗。"光绪《余姚县志·祥异》亦载。

【6】万历《兰溪县志·祥异》："弘治十四年四月十三日夜，平渡镇又火。"

【7】嘉靖《广东通志·祥异》："弘治十四年，清远大水。"按，清远属广州府。

【8】（明）沈德符《万历野获篇·弘治异变》："十四年五月二日夜分，重庆府城上，忽白光映天，见者惊异起视，但见渝水明耀，浮光上烛，次早验之，宛如豆汁，人不敢饮，逾三日始澄澈。叙州府使人探流，至木川长官司，抵崇山峻岭，阻不能前，询之故老，云：此水发源自建昌，从来未有此变。"（明）张谊《宦游纪闻》亦载。

【9】（明）沈德符《万历野获篇·弘治异变》："十四年秋，一日，蜀忠州大渰等三里，昼晦雨黑子，形色如椒，平地可掬，尝之略如稻味，久而生苗如粱，后值霜侵枯槁。州守汾州人姓宋，以为瑞。郡守华阴人姓屈，以为灾，申达莆田林中丞，取验奏闻，后州人竟无灾，惟宋守卒于官。"

【10】（明）施显卿《古今奇闻类纪·国朝天鸣》引《西樵野记》："弘治辛酉（十四年，1501年）闰七月二十一日午后，阴云密而迷漫如欲雨者，俄闻空中轰然有声，约二刻乃止，人皆谓之天鸣。"

【11】《明孝宗实录》："弘治十四年九月丙子朔，日食。"（明）王圻《续文献通考·象纬考·日食》亦载。

【12】万历《应天府志·郡纪下》："弘治十四年十月，溧阳地震。"嘉庆《溧阳县志·瑞异》："弘治十四年十月十七日地震。十八年九月十三日地复震。"

【13】康熙《上海县志·祥异》："弘治十四年。冬十月十四日，地震。"

【14】（明）焦竑《国朝献征录·吏部尚书倪文毅公岳传》："父谦在英宗之世，始以进士及第入翰林，仕至南京礼部尚书，卒，赠太子少保，谥文僖。文僖尝奉命祀北岳，其配姚夫人夜梦绯袍神人入室，寤而生子，文僖因名曰岳，即公。"

【15】出处不详。

壬戌（弘治十五年，1502年）春，余姚（今浙江余姚）无麦[1]。三月十六日，月食（原注：起交戌初刻，终亥，至期救护不亏）。顺德（今广东顺德）雨雹[2]。夏五月庚午朔，日有食之[3]。秋七月，余姚（今浙江余姚）大雷电，以风，海溢[4]。九月庚午朔，日有食之[5]。十七日戌时，高唐州（今山东高唐）地震，有声如雷[6]。冬十一月戊子，云南昼夜黑九日[7]。

【1】【4】万历《绍兴府志·灾祥》："弘治十五年七月，余姚大雷电，雨以风，海溢。余姚无麦。"光绪《余姚县志·祥异》："弘治十五年，无麦。七月，大雷电，海溢。"

【2】嘉靖《广东通志初稿·祥异》："弘治十五年，旱，春三月，顺德雨雹。"

【3】（明）王圻《续文献通考·象纬考·日食》："弘治十五年壬戌，夏五月庚午朔，日食。"按，弘治十五年五月是壬申朔，《二申野录》、《续文献通考》均作"五月庚午朔"，皆误。

【5】（明）王圻《续文献通考·象纬考·日食》："弘治十五年九月朔，日又食。"

【6】《明孝宗实录》："弘治十五年九月丙戌，直隶大名、顺德二府，徐州、山东济南、东昌、兖州等府，同日地震，有声如雷，坏城垣民舍，而濮州尤甚，压死百余人，井水溢，平地有开裂泉涌者，亦有沙土随水涌出者。巡抚巡山东都御史徐源上疏言：地本主静，而半月之间连震三次，动摇泰山，远及千里登州，又有水雹之异，阴阳失序，地道不宁。况真定等府，密迩山东，近遭大水，盗贼恣肆，灾异之屡见迭出，比常尤甚…… 命下其奏于所司。酉刻，南京地震。河南开封、彰德府，山西平阳、泽、潞等府州，连日地震有声。"

【7】（明）王圻《续文献通考·物异考·昼晦》："弘治十五年壬戌，冬十一月，云南昼晦。"

癸亥（弘治十六年，1503年）夏四月，上海大雨雹[1]。五月，京师大旱[2]，江潮入望京门，浦口（今江苏南京浦口区，位于长江北岸）城圮[3]。当涂县（今安徽当涂）旱[4]。六和（今江苏六合）大饥。考城（今河南兰考考城镇）牛生犊，一身二首[5]。秋八月，盐山（今河北盐山）大雨雹，陨霜杀稼[6]。常熟（今江苏常熟）钱元吉家，羊生一人[7]。九月，台州（今浙江台州）海溢，波涛入市[8]。杭州大旱[9]。南海、番禺（今广东广州）大水[10]。

【1】康熙《上海县志·祥异》："弘治十六年夏四月，上海大雨雹，损麦，沙冈尤甚，牛马有击死者。"

【2】（明）王圻《续文献通考·物异考·恒旸》："弘治十六年癸亥夏五月，京师

大旱。”按，《明史·五行志三》：“弘治十六年夏，京师大旱，苏、松、常、镇，夏秋旱。”

【3】万历《应天府志·郡纪下》：“弘治十六年，江潮入望京门，浦口城圮。”按，浦口又称浦子口。明朝洪武四年（1371年）朱元璋下令建筑浦子口城。方圆有两公里，依山傍水而筑，共有五门：东门“沧波”，南门“清江”，西门“万峰”，北门“旸谷”，另有南便门“望京”。万历四十五年至四十六年，浦子口城重建，补造南面近江一带城垣899丈，同时增建了四个门券，一座瓮城，七座敌台，九个水洞。七座城门分别命名：东门“朝宗”，北门“拱极”，西门“万峰”，南门“金汤”，便门则为“广储”、“攀龙”、“附凤”。为防御江潮的冲击，在金汤、广储两门近江一带又筑起一道754.8丈的石堤。《明孝宗实录》：“弘治十六年五月，修南京浦子口城垣。”又，《明史·五行志三》：“弘治十五年七月，南京江水泛溢，湖水入城五尺余。”则年代有异。

【4】康熙《当涂县志·祥异》：“弘治十六年，十七年连旱，大歉。”《明史·五行志三》：“十六年，浙江、山东及南畿四府、三州饥。”

【5】雍正《河南通志·祥异》：“弘治十六年，考城牛生犊，一身二首。”

【6】民国《盐山新志·故事略》：“弘治十六年八月，大雨雹，陨霜杀禾。”

【7】（明）陆粲《说听》：“胥门外韩氏母豕生子，豕首人身。又常熟钱元吉家，羊生一儿，通体如人，俱弘治中事也。”（明）王圻《稗史汇编·志异门·怪异总纪》：“弘治十六年，苏州胥门外朱氏，母豕生子，豕身人首。常熟县钱元吉家，羊生一儿，通体如人。”（明）王圻《稗史汇编·志异门·动物之异》亦载。

【8】光绪《黄岩县志》、民国《台州府志》：“明弘治十六年九月十八日，台州、黄岩海溢，波涛满市凡五尺，越日不退。”

【9】万历《杭州府志·郡事纪中》：“弘治十六年秋，杭州大旱。按，《武林纪事》：斗米银三钱。”

【10】嘉靖《广东通志初稿·祥异》：“弘治十六年，番禺大水。”

甲子（弘治十七年，1504年）夏四月，海丰（今广东海丰）海水溢[1]。闰四月，阙里先师庙成。琼州卿云见。五月，琼州（今海南琼山）水涨伤稼[2]。六月，庐山忽有声隆隆鸣三日[3]。苏州崇明县（今上海崇明）民顾家，鸡胎息一物，猴头人身，长四寸许，有尾蠕动而无声[4]。是岁，海盗作。无为州（今安徽无为）天井山顶出泉，四时不涸。一日，池偶涌沸，流出一敝船，船有蓬，篷有断绳[5]。时欲分封诸王，取珠于广，得一珠甚巨，半黑如墨，绝然中分，名曰天地分[6]。泺阳（今属山东济南）民家牛产一麟，不知其为麟也，适过官廨，见壁上画麟状，始大惊悟，俗谓麟能茹铁粪金，遂以铁灌之而毙，后献其皮于镇府，镇府贡于朝，两肋有甲，毛从甲孔中出，角栗，形及犬大[7]。崇明（今上海崇明）渔人于海中设网，猎一兽，状如犬，黑色，置家地上，善盗鱼，患之，驱而入海，行甚疾，海水为之披跃，乃知为犀也[8]。又徐德辉凤之任江西，偶见河有鸭七头，毛色异常，从者击焉，俱向旷野飞去，所过之地，倏成川泽，始知是龙所化也[9]。

【1】嘉靖《惠州府志·郡事纪中》："弘治十七年（1504年），海丰海水溢，浪高如山，须臾平地水深一二丈，金锡、杨安二都濒海居民漂流淹死不可胜数。"按，海水溢，一般是地震或海啸引起的自然灾害。

【2】乾隆《琼州府志·灾祥》："弘治十七年闰四月十七日未时，城西北五色云见，经时，黑云拥散。至五月初六日飓风大作。八月，复作，淫雨不止，水泛涨，田禾俱损。次年大饥。"按，卿云：即庆云，古代对祥云的称呼。《二申野录》作"乡云"，误。

【3】雍正《江西通志·祥异》："弘治十七年夏六月，庐山鸣，经三日，雷电大雨，平地水涌丈余，蛟四出，石崩数十处。"

【4】《明孝宗实录》："弘治十七年五月丁亥，苏州府崇明县民顾孟文家雌鸡伏卵，所出者猴头而人形，身长四寸，有尾，活动无声。"（明）余继登《典故纪闻》："弘治时，苏州府崇明县民顾孟文家鸡伏卵，所出者猴头而人形，长四寸，有毛能动而无声，亦毛孽也。"（明）王圻《稗史汇编·志异门·怪异总纪》："弘治十七年，苏州崇明县民顾氏家，鸡胎息一物，猴头，余悉如人状，长四寸许，有尾蠕动而无声。"（明）王圻《稗史汇编·志异门·动物之异》亦载。

【5】（明）朱国祯《涌幢小品·山池船》："无为州天井山顶有池出泉。四时不涸。弘治间。池偶涌沸。流出一敝船。船有篷，篷有断绳。"

【6】（明）李诩《戒庵老人漫笔·半黑大珠》："苏州吴姓者商贩广东，已老，言孝宗弘治年间欲分封诸王，取珠于广，得一珠甚大，半黑如墨，绝然平分，希世之宝也，名'天地分'。"

【7】出处不详。

【8】出处不详。

【9】（明）田艺蘅《留青日札·龙鸭》："弘治间徐德辉凤之任江西，偶见河有鸭七头，毛色异常，从者击之，俱向旷野飞去，所过之地尽成川泽，始知是龙所变也。"按，徐德辉凤，即徐德辉，字凤，号文杂，今浙江余姚姚江马堰人，明弘治时期贡生，历任南昌府县儒学教谕。

乙丑（弘治十八年，1505年）春正月，朝钟新成，纽绝；奉天门座下阶石无故自裂。夏五月初七日大风折木，黄沙四塞，有见黄袍人乘龙上者[1]。是夜，一星宛转于月凹处。南京孝陵（南京明太祖陵），夜半城中见火光荧煌，林木可辨。六月，河源（今广东河源）大水[2]。诸暨大水[3]。苏州雨粉[4]。太仓（今江苏太仓）民生儿，两身背相粘著，两面向外，其首如雀，其阴皆雄[5]。崇明县（今上海崇明）鸡生方卵，碎之，中有猕猴，大如枣[6]。秋七月，余杭（今浙江余杭）暴水伤稼[7]。九月庚子，恒星昼见[8]。是日，杭州、台州、山阴、会稽、萧山、余姚、金华各府县（今浙江东部）同时地震有声。溧阳（今江苏溧阳）地震[9]。上海（今上海）有风如火，从东南来，再至益厉，已而地大震如万雷。数日，有星东北流坠于海，光如火，声如雷[10]，西山民家有双燕，牝乳雏而死，雄纳它雌哺雏，雌乃衔蒺藜潜置雏口中，雏皆不食死，雄罔知也。呜呼！禽且不肖，人谓斯何？枝山感之，作燕雏篇（其词曰：燕雏燕雏，母死雏乃孤。父念雏苦，觅得新雌作雏母。断雏食。雏解啄，啮雏喉，雏父觉，蒺藜填雏口，雏死不容走。向雏父瘗雏尸，雏父还怜雏母慈。此事在弘治改元之春，未足多怪，而重有可警也，聊附书之[11]）。

【1】（明）皇甫录《近峰纪略》："弘治乙丑（十八年，1505年）春，朝钟新成，而纽忽绝；奉天门宝座下阶石忽自裂。五月，上崩。崩之日大风折木，黄沙四塞，有见黄袍人乘龙上者。"《明孝宗实录》："弘治十八年五月辛卯，午刻有旋风大起尘埃四塞，云笼三殿，空中云端若有人骑龙上升者，人多见之。"

【2】嘉靖《惠州府志·郡事纪》："弘治十八年，河源大水。被浸者五日，舟从城渡，民居沦浸，岸崩可四五丈。"

【3】乾隆《诸暨县志·祥异》："嘉靖十八年，大水。"按，《二申野录》系于弘治十八年。光绪《诸暨县志·灾异》："弘治十八年乙丑冬，雨木冰。"并不见大水的记载。

【4】乾隆《江南通志·机祥》："弘治十八年，苏州雨粉。"

【5】《寄园寄所寄·灭烛寄·怪》引《语怪》："弘治末，太仓民家生儿，两身背相粘著，两面相外，其首如雀，其阴皆雄。"（明）王圻《稗史汇编·志异门·怪异总纪》亦载。

【6】（明）冯梦龙《古今笑史·鸡生方卵》："弘治末，崇明县（今上海崇明）民

有鸡生一方卵。异而碎之，中有猕猴，才大如枣。”（明）王圻《稗史汇编·志异门·动物之异》：“弘治末，南昌艾公璞巡抚江南，苏州属县崇明申报云：‘县民家有鸡，生一卵而方者，异而碎之，中有一猕猴，才大如枣。’”

【7】万历《杭州府志·郡事纪中》：“弘治十八年七月，余杭暴雨。按，骤雨山水，漂房屋，人多死者。”

【8】（明）王圻《续文献通考·象纬考·星昼见》：“弘治十八年乙丑，秋九月，恒星昼见。”

【9】万历《绍兴府志·灾祥》:：“弘治十八年，会稽、萧山、余姚地大震，生白毛。”乾隆《浙江通志·祥异下》引“《嘉兴府志》弘治十八年九月十一日，嘉兴地震，屋瓦皆鸣。次日，地生白毛。《金华府志》十三日子时，金华各县地震。《台州府志》台州地震有声。《湖州府志》湖州地震，生白毛。《宁波府志》鄞县、奉化同日地震。”光绪《余姚县志·祥异》：“弘治十八年九月，地震，鸡雉皆鸣响，有妖，民惊。众昼夜御之，逾月乃息。”万历《严州府志·祥异》：“弘治十八年九月十二日，桐庐县地震，居民如在波涛。”嘉庆《山阴县志·机祥》：“弘治十八年，地大震。”万历《杭州府志·郡事纪中》：“弘治十八年，九月庚子，杭州地震有声。按，《武林纪事》：余杭、临安、于潜、昌化各同日震。”《明史·五行志三》：“弘治十八年九月癸巳，杭、嘉、绍、宁四府地震，有声。甲午，南京及苏、松、常、镇、淮、扬、宁七府，通、和二州，同日地震。”

万历《应天府志·郡纪下》：“弘治十八年九月，溧阳地震。”嘉庆《溧阳县志·瑞异》亦载。

【10】康熙《上海县志·祥异》：“弘治十八年秋九月，上海有风如火，从东南来，再至益厉，已而地大震如万雷。数日，有星东北流坠于海，光如火，声如雷。明年崇明有变，邑人恐。”

【11】文、注皆见于祝允明《志怪录·燕雏篇》。按，枝山：明代著名书画家祝允明，字希哲，号枝山，因右手有六指，自号“枝指生”，又署枝山老樵、枝指山人等。长洲（今江苏苏州）人。他家学渊源，能诗文，工书法，特别是其狂草颇受世人赞誉，称为“吴中四才子”之一。《明史》有传。

丙寅（正德元年，1506年）春正月，天鸣地震[1]。太原闲居寺口山移数十步。土人见有物如羊，一目一角，云雾数日方散[2]。御史王应爵女，年数岁，名曰王五儿，自腰以下分四足四腿，而阴窍皆二，以妖形送院，死狱中[3]。陆容居吴之娄门外，薄暮倚门独立，闻隔岸汹汹若有兵甲声，已而有数千百人自腰以上不可见，腰以下所可见，皆花绘缴股，其行甚疾。容大惊呼，其家人聚观，逾时过始尽[4]。三月，陨星如月[5]。十三日，常州大风雷电冰雹，平地二尺余[6]。凤阳（今安徽凤阳）地震有声[7]。山阴（今浙江绍兴）有旱魃，夜入人家为妖，弥月不止[8]。夏六月辛酉，雷震郊坛门、太庙、奉天殿[9]。二十七日，兰溪（今浙江兰溪）大火，市井为墟[10]。秋七月己丑，彗星见于参、井，入北斗，至于戊戌乃灭[11]。太白经天[12]，白虹贯日[13]（原注：五官监候杨源上疏言：占候得大角[14]及心宿中星[15]动摇，天璇、天机、天权星[16]不明，乞远游猎，罢弓马，严号令，轻出入，辟除内侍宠幸，亲元老大臣，日侍讲席[17]。疏入，下礼部。源复上疏言：十月二十六日占侯得連日霾霧交作，为众邪之气，阴冒于阳，臣欺于君，小人擅权，为下叛上，引譬甚力。刘瑾怒，矫旨杖三十。源又疏言："自正德二年来，一向占候得火星入太微垣帝座前，或东或西，往来不一[18]。"乞帝思患预防。瑾又大怒，骂源："尔何官，亦为忠臣乎！"矫旨又杖三十，谪戍肃州，行至怀庆，卒于河阳驿。其妻斩芦覆尸，葬之。精忠劲气，百折不回。按源丰城人，直臣御史杨瑄子也，任五官监候，精于占候，每见象纬异常则忧形于色，必据实具奏，无所讳云[19]）。秋八月，大角、大火动摇，天鸣地震，五星凌犯，星斗昼见[20]。冬十月，霾雾四塞，太监刘瑾入司礼监、提督团营，丘聚、谷大用提督东、西厂。初六日戌时，江阴满城忽觉烟火气，递相惊视。有自苏州回，其夜无不乘屋视突者。无锡亦然。十一月，户部尚书韩文致仕。十二月，进李东阳少师兼太子太师、吏部尚书、华盖殿大学士。命刘瑾剖断天下章奏。西湖有鱼，黄而无鳞，肉翅能飞[21]。华容（今湖北华容）枫树开花如莲[22]。文村何孟智家生鸭卵，煮食，剖壳，略有白，又壳一层，中有龟一枚，质甚坚，头具而足尾不完，椎间有少黄在腹。杭州田某家生一鸡，四足，不食，死[23]。十二月晦，常州龙见，有虹贯日[24]。北京童谣云：马倒不用喂，鼓破不用张（原注：马永成、张永、谷大用、魏彬四宦专权害政，后皆废出[25]。鼓即谷也，燕京之音，呼谷为鼓云）。

【1】（明）王圻《续文献通考·物异考·地震》："正德元年丙寅春正月，天鸣地震。"《续文献通考·象纬考·天变》亦载。

【2】见于道光《太原县志·祥异》。

【3】(明)王圻《稗史汇编·志异门·人异》:"正德中,某道御史王应爵一小女,五岁,名曰王五儿,自腰以下分四足四腿,而阴窍皆二,以妖形送院,当诛,屠冢宰公镛,谓双生未完,欲使外医割去其半。医以爪搯其股,称痛。以难割,复公而止。其母泣告所司,欲放为尼,不从,竟死狱中。"

【4】(明)陆粲《庚巳编·鬼兵》:"陆容居吴之娄门外。正德丙寅春,一日薄暮,容倚门独立,闻隔岸汹汹,若有兵甲声。已而,有数千百人,自腰以上不可见,腰以下可见,皆花缯缴股,其行甚疾。容大惊呼,其家男女老幼毕出,皆见之。踰时,过始尽。是岁崇明(今上海崇明)海寇钮东山作乱,奏调京军及诸卫军讨之,兵岁余乃罢,官帑为之一空。容所见,盖兵象也。"

【5】(明)王圻《续文献通考·象纬考·流星星陨星摇》:"正德元年丙寅,春三月,星陨如月。"(明)王圻《续文献通考·象纬考·日食》:"正德元年丙寅,春三月乙亥朔,日食天鸣。"按,正德元年三月是辛巳朔。

【6】康熙《常州府志·祥异》:"正德元年三月十二日,北风,大雷电,骤雨,冰雹平地二尺余。"

【7】光绪《凤阳县志·纪事》:"正德元年,地震有声。"

【8】万历《绍兴府志·灾祥》:"正德元年,山阴民间惊有怪物夜入人家为妖,弥月不止,其实旱魃也。"嘉庆《山阴县志·机祥》亦载。

【9】(明)王圻《续文献通考·物异考·雷震》:"正德元年六月,雷震正殿鸱吻、太庙兽脊、天坛树木,禁门房柱尽烧毁。"按,《明史·五行志一》:"正德元年六月辛酉,雷击西中门柱脊,暴风折郊坛松柏,大祀殿及斋宫兽瓦多堕落者。"

【10】万历《兰溪县志·祥异》:"正德元年六月二十七日,邑中大火,市肆民庐焚烧几尽。"

【11】《明武宗实录》:"正德元年七月,钦天监奏:是月己丑夜,有星见北方紫微西蕃外,如弹丸,色苍白。壬辰夜,又见其星有微芒,连三夕数见参井之间,至戊戌夜,芒渐长二尺,遍扫如帚,徐徐西北至文昌。恐日久不消,为咎非浅,乞祗畏天戒,敕上下同加修省。"(明)王圻《续文献通考·象纬考·彗孛》:"正德元年,秋七月己丑,彗星见参井,扫太微垣,戊戌乃灭。"按,参、井:皆为二十八星宿之一。北斗:北斗七星,斗象征着人君之象。彗星犯参、井、北斗,在古代星象学上都属于凶兆。

【12】(明)王圻《续文献通考·象纬考·星昼见》:"正德元年七月,太白经天,五星陵犯,星斗昼见。"太白经天:太白即金星,它夜现昼隐。如果太阳升起太白星还没完全隐没时,就好像天空有两个太阳,占星术认为这种罕见的现象为封建王朝"易主"之兆。

【13】白虹贯日:《晋书·天文志中》:"日为太阳之精……人君之象也。""日中有黑子、黑气、黑云……臣废其主。"白色的长虹横贯太阳,古人认为将有不祥事情发生,或是兵祸,不利于君主。不过这里所谓白虹并不是虹而是晕,是一种大气光学现象。

【14】大角：二十八星宿中角宿的一个星官，象征帝座。

【15】心宿：二十八星宿之一，心宿有三星，其中间的主天王，又称天王星、大火星。

【16】天玑、天璇、天权星：北斗七星由天枢、天璇、天玑、天权、玉衡、开阳和摇光七颗星组成，其中斗身中的四颗星又叫魁星。魁星就是文曲星，也叫文昌星，简称文星。

【17】《明武宗实录》："正德元年九月壬寅，钦天监五官监候杨源奏：自八月初大角及心宿中星动摇不止。大角，天王之座；心宿中星，天王正位也，俱宜安静，而今乃动摇，意者皇上轻举嬉戏，游猎无度以致然耳。其占曰：人主不安，国有忧。又北斗第二、第三、第四星，明不如常；第二曰天璇，法星后妃之象……第三曰天玑，令星不爱，百姓聚兴征徭，则不明；第四曰天权，伐星，号令不明，则不明，伏望祇畏天戒，安居深宫，绝嬉戏，禁游猎，罢弓马，严号令，毋轻出入，远宠幸，节赏赐，止工役，亲元老大臣，日事讲习，克修厥德。"

【18】按，这是正德二年杨源奏疏。火星即荧惑：古天文中将火星作为七曜之一称做荧惑。由于它在天空中运动，有时从西向东，有时又从东向西，情况复杂，令人迷惑。《晋书·天文中》："荧惑曰南方夏火……外则理兵，内则理政，为天子之理也……其入守犯太微、轩辕、营室、房、心，主命恶之。"这里是说，荧惑居太微垣帝座之前，古人认为是凶兆。

【19】《明神宗实录》："万历二十六年十月己酉，诏赐五官监候杨源祠额显忠，仍予议谥。先是河南抚按题：据怀庆府孟县申，五官监候杨源系江西丰城人，乃忠臣浙江按察使杨瑄之子。正德元年七月源上疏言占候得大角及心中动摇，天璇天玑天权星不明，乞安居深宫，绝远游猎，罢弓马，严号令，毋轻出入，辟除内侍宠幸游逸小人，节赏赐，止工役，亲元老大臣，日侍讲习诗书。疏下礼部，礼部言：源占候之言，深切时弊。源复疏言：十月二十六日占候，得连日霾雾交作，为众邪之气，阴昌于阳，臣欺于君，小人擅权，为下叛上，引警甚切。刘瑾怒，矫旨杖三十。源又疏言：自正德二年来，一向占候得火星入太微垣帝座前，或东或西，往来不一，乞思患预防。瑾又大怒，骂源：尔何官，亦学为忠臣乎。矫旨又杖三十。谪戍肃州，行至本县地方河阳驿，棒疮举发而死。其妻皮氏无资买棺以殓，乃斩芦蒿，葬于驿之后。至嘉靖年，黄河水溢，驿墓俱淹没无存。今据本处乡民王笃信等结勘，原坟在于驿城东门之外，申乞转呈立坟，以葬衣冠，建祠以延血食。府道司覆查相同，除院道各捐俸银立祠修墓俱已告完，呈乞具题请赠谥祠额以旌忠烈。至是部覆：得请赐额拟谥，仍行该有司春秋祭祀，永为定典。"

【20】（明）王圻《续文献通考·象纬考·流星星陨星摇》："正德元年八月，大角、大火中星动摇，天璇、天玑天摧星晦。"（明）王圻《续文献通考·象纬考·太阴五星陵犯下》："正德元年七月，五星陵犯。"

【21】（明）田余成：《西湖志余》："正德中，有鱼黄而无鳞，肉翅能飞，一日冥雨，

飞至洋坝头而坠。”

【22】雍正《湖广通志·祥异》：“正德元年，华容枫开花如莲。”

【23】（明）田艺蘅《留青日札·鸡鹅妖》：“又家长老言：正德间，余族人家生一鸡，四足，不食而死。”

【24】康熙《常州府志·祥异》：“正德元年十二月晦，龙见，有虹贯日。”按，十二月晦，即农历十二月的最后一天。

【25】见于（明）杨慎《古今风谣·正德中北京童谣》。按，弘治十八年明孝宗去世后，太子继位为明武宗，年号正德。刘瑾、马永成、张永、谷大用、魏彬等八个宦官是武宗当太子时的东宫旧人，这时想尽办法引诱皇帝淫乐享受，深得信任。正德五年张永因与刘瑾不和而在大学士杨一清的支持下趁献俘时向武宗陈述刘瑾罪状，使得刘瑾被杀。张永本是宦官中仅次于刘瑾的人物，是“八虎”中兼职最多的宦官，明世宗嘉靖八年卒。谷大用，明代宦官，武宗朝内侍“八虎”之一，提督西厂，与刘瑾、马永成、丘聚争宠，势倾中外，专横跋扈。魏彬，明武宗时八虎之一。起初在刘瑾手下，刘瑾被杀后代掌司礼监。其年，叙宁夏功，封弟英镇安伯，马永成兄山亦封平凉伯，诏改都督同知，世袭锦衣指挥使。朝臣皆言彬附和逆瑾，结姻江彬，宜置极典。帝起初宽宥不问。已而御史复论之，始令闲住

丁卯（正德二年，1507年）春正月乙亥朔，日有食之[1]。既枷尚宝卿崔璿、按察副使姚祥于长安门，主事张伟于张家湾，谪兵部主事王守仁为贵州龙阳驿丞[2]（《客座新闻》[3]言：姚江王伯安守仁，成化辛丑状元，大宗伯华之上器也[4]。弘治己未会试第二人，廷试名在二甲第六。初授刑部主事，后改兵部，博学有文，好奇古慕神仙。正德丁卯大珰刘瑾操弄国柄，放弃大臣，锄灭言路，百僚掩口听命而已。伯安上疏言之，谪贬贵州驿丞。未行，寓杭州胜果寺，一夕梦使者持书二缄付伯安，启之，一书，沧浪之水清兮可以濯我缨。伍员名。一画水上覆一舟，后题屈平，止二字。既觉。越三日，昼见二军校至：有旨赐汝溺，不可缓。窘迫之，伯安恳告校曰：少间须臾，留诗于世，以俟命绝。乃以纸展几上，题一律云：学道无成，岁月虚，天乎至此复如何，身曾许国生无补，死不忘亲，痛有余，自信孤忠悬日月，岂知余骨葬江鱼，百年臣子悲何极，日夜潮声泣子胥，更有告终词一篇，不及录，书罢，为二校面缚挟至江边投之。伯安初入水即得物负之，不能沉，飘荡凡七昼夜，所见如画中。伯安惊慌莫知所之，舟

偶及岸，见一老人率四卒来云：汝何致此狼狈，吾当为汝解缚。登岸，伯安拜谢，因问老人曰：此当何处？老人曰福建界也。伯安曰：愿公护我至彼。老人曰：此去福建尚远，不能猝达，当送君往广信。乃命四卒共往舁之，去如飞，不半日已抵广信矣。老人复在彼，率诣僧寺，僧闻其名，延款甚恭。伯安问僧曰：老人在何处，请来同位。又谓僧曰：我馁甚，乞饭少许。且嘱先饭四卒。僧觅之，不见，询僧自岸至此为程几何？僧曰：千里。曰：自辰及午迅速若是，信为神祐也。食罢，僧达郡邑皆馆谷之[5]，即移文浙省，差人迎候，恍惚若梦寐中。人谓伯安志慕神仙，故堕此福地也[6]）。二月，当涂（今安徽当涂）地震有声[7]。李梦阳下锦衣卫狱，寻释之。三月，刘瑾矫诏榜奸党于朝堂（原注：逆瑾矫敕，戒谕百官，勒罢公卿、台谏数十人，又指内外忠贤为奸党，矫旨榜朝堂，略曰：奸臣王岳、范亨、徐智窃弄威福，颠倒是非，私与大学士刘健、谢迁，尚书韩文、杨守随、林瀚，都御史张敷华、戴珊，郎中李梦阳，主事王守仁、王纶、孙磐、黄昭，简讨刘瑞，给事中汤礼敬、陈霆、徐昂、陶谐、刘蒞、艾洪、吕翀、任惠、李光翰、戴铣、徐蕃、牧相、徐暹、张良弼、葛嵩、赵仕贤、御史陈琳、贡安甫、史良佐、曹闵、王弘、任讷、李熙、王蕃、陆昆、张鸣凤、萧乾元、姚学礼、黄昭道、蒋钦、薄彦徽、潘镗、王良臣、赵佑、何天衢、徐珏、杨璋、熊卓、朱廷声、刘玉递相交通，彼此穿凿，彼各反侧不安，自陈休致。其敕内有名者，吏部查令致仕[8]）。秋八月，黄河清。庆云见翼、轸分野[9]。杖钦天监五官监候杨源于阙下，寻卒[10]。九月，咸宁（今陕西西安）天雨黑子，积至十余日[11]。冬十一月，益都（今山东青州）朱良店北有鹳数万，集于故潞州知州李同仁殡所，诘朝葬毕始去[12]。陕西靖宁州[13]（今甘肃静宁）朱进马，假尸复生[14]。诸暨桃李花，有实者[15]。十二月二十八日，兰溪（今浙江兰溪）迅雷疾风骤雨[16]。

【1】（明）王圻《续文献通考·象纬考·日食》："正德二年丁卯，春正月乙亥朔，日食，既。"

【2】见于（明）廖道南《殿阁词林记·申救》："正德二年，尚宝卿崔璇、御史姚祥、张彧、主事张伟、给事中安奎，咸被系，时刘瑾用事，欲俱令枷号。"按：枷是枷具，

刑是体罚，一种借助枷具来体罚的形式。明代刘瑾创枷刑：一种方形木质项圈，以套住脖子，有时还套住双手，作为惩罚。强制罪犯戴枷于监狱外或官府衙门前示众，以示羞辱。明代的枷号有断趾枷令、常枷号令、枷项游历之分。刑期为一月、二月、三月、六月、永远五种。枷的重量从二三十斤到一百五十斤不等，戴上最重枷的囚犯往往几天内就会毙命。

【3】即（明）沈周《石田翁客座新闻》。

【4】王伯安守仁：王守仁，字伯安，号阳明子，谥文成，后人又称王阳明。其父王华，成化年间状元，孝宗弘治年间官至礼部右侍郎。礼部尚书又称大宗伯。

【5】馆谷：食宿款待的意思。

【6】见于（明）王世贞《弇山堂别集·史乘考误》所引。

【7】康熙《当涂县志·祥异》："正德二年二月，地震有声，房屋动摇移刻。"

【8】按，此注大部见于（清）谷应泰《明史纪事本末》。

【9】雍正《湖广通志·祥异》："庆云见于翼、轸。占者谓世宗起于兴邸，此其符瑞。"（明）王圻《续文献通考·象纬考·瑞星》："正德丁卯（二年，1507年），庆云见翼、轸分。是岁丁卯，黄河清三日。"按，世宗嘉靖皇帝即位前就放于今湖北钟祥。庆云：即祥云。翼轸分野：天文上的翼宿和轸宿，代表地面楚地分野。古人认为这两个星宿的变化预兆着今湖北、湖南地区将发生事件。

【10】（明）王圻《续文献通考·象纬考·流星星陨星摇》："正德二年六月，钦天监五官监候杨源奏：天房及心宿中星摇动，天璇、天玑、天权俱不明。"按，关于杨源之死有不同记载：一说据《明史纪事本末》：正德二年八月杨源被"谪戍肃州，行至怀庆，卒于河阳驿。其妻斩芦覆尸，葬之"。一说据《明史·刘瑾传》：正德初，刘瑾创用枷法，给事中夏吉时，御史王时中，郎中刘绎、张玮，尚宝卿顾璿，副使姚祥，参议吴廷举等，并摭小过，枷濒死，始释而戍之。其余枷死者无数。锦衣狱徽纆相属。恶锦衣佥事牟斌善视狱囚，杖而锢之。府丞周玺、五官监候杨源杖至死。源初以星变陈言，罪瑾者也。

【11】雍正《陕西通志·祥异二》："正德二年九月丁卯，咸宁天雨黑子，积至十余日。"

【12】嘉靖《山东通志·灾祥》："正德二年冬十有一月，益都朱良店北有鹳数万，集于故潞州知州李同仁殡所，诘朝葬毕始去。"

【13】按，似当为"静宁"。

【14】出处不详。

【15】万历《绍兴府志·灾祥》："正德二年冬，诸暨桃李花，有实者。"按，乾隆《浙江通志·祥异》引《嘉兴府志》："正德二年，是冬，桃李花，蜂蝇集。"

【16】乾隆《浙江通志·祥异》引《嘉兴府志》："正德二年十一月十一日，小雪节，

嘉兴府疾雷震天，电火迅发。”

戊辰（正德三年，1508年）春正月，荧惑守文昌[1]。二月，试事毕，火起，救止。二十七日，又火至公堂，焚其半，小录板俱毁[2]。三月，致仕吏部尚书王恕卒[3]。兰溪（今浙江兰溪）牛生犊、鸡、犬雏皆三足[4]。新昌（今浙江新昌）地震[5]。会稽（今浙江绍兴）、金华（今浙江金华）、台州（今浙江临海）各县大旱[6]。溧阳（今江苏溧阳）、溧水（今江苏溧水）、高淳（今江苏高淳）旱[7]。夏五月，余杭（今浙江杭州余杭镇）大雨水[8]。六月，执京朝官三百余人下诏狱，寻释之。逮户部尚书韩文下锦衣卫狱，罚米，放归[9]。岢岚州（今山西岢岚）南川口天雨小鱼数千尾，食之杀人。雨红水于钱塘故都御史钱钺家[10]（陈善曰：雨红水，所未闻之变也，于一家变，尤奇矣。逆瑾之祸殆兆是哉！未几，果矫制，簿录遗资，即郡人亦不得宁，变真不虚生也。然瑾虽暴戾雄行而旋自赤灭，红水若预以报钱氏者，天道恶可诬也）。秋八月，进杨廷和少保兼太子太保[11]，逮兵部尚书刘大夏[12]、南京刑部尚书潘蕃[13]，下锦衣卫狱，谪戍。十一日有星昼见于南方[14]。杭州吴景隆妻产一夜叉，青面无发，头有双角，不能杀，升屋而走[15]。冬十月，惠州地震，明年秋七月又震[16]。十一月初六日，兰溪（今浙江兰溪）雷，微雨。十二月，兰溪（今浙江兰溪）大雷电[17]。淮安（今江苏淮安）、清河（今江苏清江市西）至宿迁（今江苏宿迁），冰文如花树楼台图画之状，高邮（今江苏高邮）州河冰亦然[18]。

【1】荧惑：即火星，由于它在天空中运动，有时从西向东，有时又从东向西，情况复杂，令人迷惑。北斗七星由天枢、天璇、天玑、天权、玉衡、开阳和摇光七颗星组成，其中斗身中的四颗星又叫魁星。魁星就是文曲星，也叫文昌星，简称文星，因名带“文”字，古人附会为主管文运兴衰的星官。荧惑守文昌，是文运不利的凶兆。

【2】《明武宗实录》：“正德二年二月丁酉（二十七日）礼部尚书刘机奏：二月二十六日会试事毕，臣与考试监试提调等官俱于四方赴朝房候陛见，遗下朱墨试卷五十余柜，于至公堂被火焚毁。诏看守执役人员下法司究治，试卷既焚毁，姑不问。”按，至公堂，设在考场中的考官办公地点。

【3】王恕：字宗贯，三原人。正统十三年进士，宪宗成化中官至南京兵部尚书，

以好直言为太监钱能等不容，成化二十二年被免职。孝宗弘治初年复召为吏部尚书，但仍以直言与大学士刘吉、阁臣丘浚有隙，最后回归故里，专以治学为务。《明史》有传。

【4】万历《兰溪县志·祥异》："正德三年，牛生犊、鸡、犬雏皆三足，地方未确，见府志。"

【5】万历《绍兴府志·灾祥》："正德三年，新昌地震。"民国《新昌县志·祥异》："正德三年，旱，大饥，地震，民间讹言有妖。"

【6】万历《绍兴府志·灾祥》："正德三年夏，会稽、萧山、诸暨、余姚、新昌，俱大旱。"乾隆《浙江通志·祥异下》引《湖州府志》："正德三年，湖州大旱河水竭。"光绪《诸暨县志·灾异》："正德三年，诸暨旱。"

【7】万历《应天府志·郡纪下》："正德三年，溧阳、溧水、高淳旱。"嘉庆《溧阳县志·瑞异》："正德三年秋，大旱。"光绪《溧水县志·庶征》："正德三年，夏，大旱。"

【8】万历《杭州府志·郡事纪中》："正德三年，夏五月，余杭大雨水。按，水涌塘决，漂流民居数百余家。"

【9】《明武宗实录》："正德三年六月壬辰，是日午漏下朝后，御道上遗匿名文簿一卷，侍班御史奏之司礼监，随传旨面加诘问。诸司官皆跪于丹墀，午后执后班三百余员，通送镇抚司究问。次日，大学士李东阳等奏曰：匿名文字出于一人，其阴谋诡计正欲于稠人广众之中掩其行踪，而遂其诈术也。各官仓卒拜起，岂能知见。况一人之外皆无罪之人，今并置缧绁，互相惊疑，且天时炎热，狱气薰蒸，若拘禁数日，人将不自保矣……上从而释之，时暴而死者刑部主事何釴、顺天府推官周臣、礼部进士陆伸，暍而病者无算。"

九月庚寅，户部尚书韩文先以伏阙事忤诸权幸，坐免，至是追稽任内遗失文册罪，与先任侍郎张缙俱罚米千石，输大同仓；缙半之，输宣府仓。"按，韩文：宋宰相韩琦之后，明宪宗成化二年（1466 年）进士，孝宗弘治十六年（1503 年），拜南京兵部尚书。次年，拜户部尚书。武宗正德三年（1508 年）请诛乱政大太监马永成等所谓"八虎"，虽然有大学士刘健、李东阳、谢迁等在背后支持，但武宗仍然信任刘瑾、马永成等八个太监，六月韩文被逮捕，下锦衣卫狱。刘谨又发明罚米法，令韩文罚米千石，亲自输往大同，寻复输米者再，以致家产荡然。直到刘瑾被诛后才得平反，次年致仕。《明史》有传。

【10】（明）郎瑛《七修类稿·天地类·红雨黑雨》："正德三年，吾杭已故都御史钱钺家，一夕天雨，明日起视，邻皆清水，而本家则红者也。数日后，钱氏为朝廷所籍。嘉靖八年夏，杭城内外皆下黑雨，人有衣服被其污染者而后知。予意红雨即历代所为血雨，灾变兆于钱氏可知；而其黑雨者，《禹贡》：'导黑水于西海，龙取此而下耶？'"（王圻）《稗史汇编·灾祥门·祥瑞类》亦载。

【11】杨廷和：字介夫，号石斋，汉族，四川新都人，明代著名政治改革家，文学家杨慎之父。明宪宗成化十四年（1478 年）殿试居第三甲，赐同进士出身，历仕宪宗、

孝宗、武宗、世宗四朝，为武宗、世宗两朝宰辅。成化十四年进士。授检讨，弘治时侍皇太子讲读。正德二年入阁，兼文渊阁大学士。正德三年，加少保监太子太保。《明史》有传。

【12】刘大夏：字时雍，号东山，湖广华容（今属湖南）人，与王恕、马文升合称"弘治三君子"。天顺八年进士。孝宗弘治十五年拜兵部尚书。正德元年（1506年）三月，刘大夏痛武宗（朱厚照）昏庸，言不见用，事不可为，便连续上疏，请求放归田里，终于获准。五月，进太子太保衔，敕令沿途各驿站供给人夫、马匹和粮食，送大夏回华容。正德三年，因宦官刘开诬害，刘大夏被捕入狱，判处充军肃州。起程时送行者塞路，父老携饭筐进食，商贾罢市焚香，祝刘尚书生还。五月，刘瑾伏诛。八月，刘大夏获赦归华容，复原官俸禄。《明史》有传。

【13】潘蕃：初冒钟姓，扬名后复姓潘，字廷芳，号愚叟，浙江崇德（今桐乡）人。成化丙戌（1466年）进士。孝宗弘治十四年进右都御史，总督两广，与镇守太监韦经、总兵官毛锐集兵十余万，平定地方。武宗正德元年（1506年）召为南京刑部尚书。逾年，致仕。但后来地方官谢湖为了掩饰懦弱，把责任推及潘蕃、韦经、毛锐，太监韦经又把责任委及兵部尚书刘大夏。刘大夏正是大太监刘瑾的死对头，于是刘瑾借故将四人下狱，正德三年九月发戍肃州。后来，刘瑾又创罚米法，将刘大夏、潘蕃和前布政使沈锐等八百九十九人，罚米输边。《明史》有传。

【14】《明武宗实录》："正德三年五月己巳，酉刻，金星昼见于申，三日乃灭。十月己卯，卯时，金星昼见于辰，数日不止。"

【15】（明）郎瑛《七修类稿·奇谑类·夜叉》："尝闻杭医吴景隆之妻产一子，而青面无发，双角夜叉之形。产出，将杀之，遂被跃出窗外，升屋而走。吴集家人用布囊捕之，捶死。予未信也，后见吴乐闲《私抄》中亦载此事，始信为实。盖二吴厚友也。"亦见于（明）田艺蘅：《留青日札·人生夜叉》。

【16】嘉靖《惠州府志·郡事纪》："正德三年冬十月，兴宁地震。四年秋七月，兴宁地震。"

【17】万历《兰溪县志·祥异》："正德三年十一月初六日，雷，降微雨。十二月，又大雷电。"

【18】乾隆《江南通志·禨祥》："正德三年，淮安、清河以上，至宿迁，冰纹如花树、楼台图画之状，高邮州亦然。"

己巳（正德四年，1509年）春正月望，苏州见日初出如日，并出者十数，至清明日止[1]。夏四月，大学士王鏊致仕[2]［原注：鏊见焦芳专事嫆（音：安）阿，刘瑾骄悖日甚，遏之不能得。居常戚戚不乐，至是力求去。

刘瑾犹欲中伤之，鏊惴惴至家，瑾败得免。常自赞曰：噫嘻！先生何如其人，穷年校书，结发励行，白首于道，茫然无闻者乎！爵厕公孤，志懷输忠，几味纳约者乎！贵戚赫炎不能附丽，权珰狂猘不能婉阿，一有违言超然不辱者乎！遇事直前不知顾忌，见利思义不知规避，归卧空山晏然寤寐者乎！斯人也，其量则隘，其才则庸，无裨于世，自洁其躬，迹其所至，盖知慕首阳之节，而不知柱下之工，知希止足之疏，而不能为应变之崇者乎！[3]］

六月，旱，秧有虫食之，齐水而尽。虫黑色，微茫不可见，下风飕飕，听声如蚕食叶。又有小青虫，咸称曰天蚕，不敢触犯，多设醮保禳（音：瓤）之。南京空中有声自北来，如数万甲兵，都民震恐，逾月方止[4]。顺德（今广东顺德）陆景春家有母犬能为人言，生二小犬，抱而乳之[5]。秋七月，兴宁（今广东兴宁）地震[6]。九月，高州（今广东高州）地震[7]。祁阳（今湖南祁阳）雨桂子，状如皂角子而大，有粪草处独多取种之，叶似橄榄，长六七寸即萎[8]。冬十二月，杭州（今浙江杭州）大雨震电[9]。南京大雪，冻死者塞途[10]。震泽（今江苏震泽）有冰山之状[11]。川蜀童谣曰：强贼放火，官军抢火。贼来梳我，军来篦我（原注：时有流贼蓝廷瑞、鄢老人之变，统御非人，所过劫掠，甚于流贼，百姓歌之[12]）。

【1】乾隆《江南通志·禨祥》："正德四年，苏州于正月望日，见日初出时，如日者十数，至清明日乃止。"

【2】《明武宗实录》："正德四年四月乙亥，少傅兼太子太傅户部尚书武英殿大学士王鏊上疏辞……上以鏊情词恳切，特允之，令乘传还，仍给与应得诰命。"按王鏊，字济之，号守溪，江苏苏州人。宪宗成化十一年进士，授编修。弘治时擢吏部右侍郎。武宗正德时官至户部尚书、文渊阁大学士。王鏊一生为人正直，时称"天下穷阁老"。朝廷忠良尚宝卿崔睿等三人被刘瑾借故毒刑敲打几死，王鏊不顾个人安危，当刘瑾面斥责道："士可杀，不可辱，今辱且杀之，吾尚何颜居此。"刘瑾千方百计杀逆己朝臣韩文、刘健、谢迁，因王鏊"前后力救得免"。刘瑾权倾内外，焦芳又一味奉迎，气焰日益嚣张，王鏊与韩文等上疏请诛刘瑾等"八党"，不被采纳。正德四年(1509年)，以武英殿大学士致仕。此后，朝廷大臣交相荐举，终不肯复出。《明史》有传。

【3】原注"自赞"以下见于（明）廖道南《殿阁词林记·王鏊》。

【4】万历《应天府志·郡纪下》："正德四年六月，空中有声自北来，如数万甲兵，

都民震恐，逾月方止。”乾隆《江南通志·禨祥》亦载。

【5】咸丰《顺德县志·前事略》：“正德四年，顺德年额堡民卢景春家，有母犬岁久能作人言，生二子，抱而乳之。”

【6】光绪《惠州府志·郡事上》：“正德四年，兴宁地震。”

【7】万历《广东通志·杂录》：“正德四年九月初八日，高州府地大震。十二月初十日，地又大震。”光绪《高州府志·记述一》：“正德四年秋九月，高州地震。”

【8】雍正《湖广通志·祥异》：“正德四年九月，祁阳夜雨桂子，状如皂角，子较大，有粪草处独多。又云，娑罗树子，取种之，叶似橄榄，长六七寸即坏。”

【9】万历《杭州府志·郡事纪中》：“正德四年十二月，杭州大雨震电。”光绪《杭州府志·祥异三》：“正德四年十二月壬寅，杭州大雨，雷电，越二日复作。”

【10】万历《应天府志·郡纪下》：“正德四年冬，大雪，树皆枯死。”同治《上江两县志·大事下》亦载。

【11】（明）伍余福《苹野纂闻》：“正德己巳（四年，1509年）冬十二月，吴中大雪，冻死者塞途，白胥门河以及震泽水不流澌，或有事，辄涉冰以行。偶从来者，问湖海冰山之状，或告曰：‘尚有木介焉。’曰：‘何以言之？’曰：‘濒海有树，其水激而飞集，树皆冰也，是之谓木介。’识者以为兵兆云。”

【12】（明）杨慎《古今风谣·正德中川蜀童谣》：“时有流贼蓝廷瑞、鄢老人之变，统御非人。官军所过，掠劫甚于流贼，百姓歌之：‘强贼放火，官军抢火，贼来梳我，军来篦我。’”

庚午（正德五年，1510年）春正月，命刑部尚书洪钟讨四川流贼[1]。夏四月，庆府安化王寘鐇反[2]。兰溪（今浙江兰溪）大雨水[3]。当涂（今安徽当涂）水入城市，至秋方退[4]。六月，京师旱霾[5]。溧阳（今江苏溧阳）、溧水（今江苏溧水）、高淳（今江苏高淳）大水伤稼[6]。秋七月，四川威、茂（今四川汶川、茂汶羌族自治县）地震有声，潼川（今四川三台）、乐至（今四川乐至）州县皆震[7]。八月，刘谨伏诛[8]（原注：时张永欲矫刘瑾奢侈之祸，以穷苦鱼菜四字为题。李东阳及杨廷和各作诗以献。东洋为穷字，诗拆点画为句，极工巧。王文恪读李文正墓志云：右志文大学士扬一清所撰。一清与东阳俱湖广人，少亦与神童举，二人最相得，同心推挽，互相标榜，而皆善钩引唤之术，故士亦翕然称之，其为此志最所加意者，称誉过情，志所不免。然亦必据其实。若夫以有为无，以无为有，则将谁欺乎！凡志所称，余未入阁之先不及知，余既归之后亦不及知，惟是同事之时，而驾虚凿空则有不得不辩者。志言张玮、崔璿、姚祥等枷号，以公奏得释。夫此三人枷号，最瑾作威之初，公于时方称病不出，于何所奏？纂要最瑾所恶，又何尝赐宴示恩，而公又何尝辞之？匿名文书之投，逮廷臣於狱，因事解释则有之，今云公奏，不知奏于何人，奏于上乎？奏于瑾乎？瑾逻卒四出，公无一言，乃云具疏极论之，不知疏今安在？且瑾威权隆赫，有敢讼言攻之，天下将以为凤鸣朝阳，岂同官而有不知乎？在廷之臣有不知乎？何其敢于欺也。其谓辨盗之事，亦非事实，既曰见公敛容起敬，又曰每切齿焉。何相戾也？大抵李公在内阁几二十年，因事纳言，周旋粉饰，不可谓无。至瑾用事，一切阿奉，又何正救之有哉？及瑾败，乃令有司查革，何前谀之，而后革之也？其作瑾碑文立齐化门外，自比剧秦美新，瑾败乃先自饰，谓瑾传旨使为之，则又欺之甚矣[9]。按瑾下镇抚司狱，坐奸党律，逮文臣张綵一人、武臣杨玉等六人，狱辞既具，綵上疏称冤，尽发李东阳阿附刘瑾之事。东阳大怒，又与永谋：不重诛除此辈，后受其害，乃改谋反律[10]。又刘瑾之诛，杨一清之谋也，而东阳、廷和各荫子一人为尚宝司丞。南京御史张芹劾李东阳，当瑾擅权乱政时，礼貌过于卑屈，辞旨极其称赞，及他人奏诛瑾，则攘功受赏，不顾名节[11]）。九月，总兵马安败贼于景州（今河北景县）[12]。

【1】《明武宗实录》：“正德五年三月乙酉，命太子少保、刑部尚书兼左都御史洪钟总制湖广郧阳及陕西、河南、四川等处军务，并总理武昌等府赈济事宜。时湖广连年荒旱，盗贼窃发，有请遣大臣抚治者，故有是命。”

【2】安化王朱寘鐇：是明朝庆亲王（庆靖王朱㮵）的一分支，靖王第四子，永乐十九年袭封安化郡王，封地在今天甘肃安化。明武宗正德初年，太监刘瑾专权，安化王朱寘鐇（庆靖王曾孙）素有逆谋，正德五年（1510 年）四月利用刘瑾专横跋扈引发的天下不满情绪，派生员孙景文联络宁夏都指挥周昂等一批军官，突然叛乱。明朝起用右都御史、前陕西三边总督杨一清率各省兵勇数十万，征讨寘鐇。大军浩浩荡荡向宁夏进发，但还未及抵达，“寘鐇起兵凡十八日而败”，朱寘鐇被假装归顺的驻宁夏军官仇钺擒获，押送北京。

【3】光绪《兰溪县志·祥异》：“正德五年四月望后，连日大雨，溪水洪涨，害禾麦，坏田，漂庐。”

【4】光绪《当涂县志·祥异》:“正德四年七月,大水。”按《二申野录》系于正德五年。

【5】(明)王圻《续文献通考·物异考·恒旸》:“正德五年庚午夏六月,京师旱霾。”

【6】万历《应天府志·郡纪下》:“正德五年,溧阳、溧水、高淳大水伤稼。”嘉庆《溧阳县志·瑞异》:“正德五年七月,溧阳大水。”光绪《溧水县志·庶征》:“正德五年,大水。”

【7】(明)王圻《续文献通考·物异考·地震》:“正德五年七月,四川威、茂、潼川等处皆地震有声如雷。”

【8】《明武宗实录》:“正德五年八月戊申,术士余日明、余纶、余子仁辈常出入瑾家,以瑾侄孙二汉者当大贵。瑾遂有不轨图,凡四方灾异及天象有变,瑾俱禁令勿奏;兵仗局太监孙和常私以衣甲遗瑾,镇守两广太监蔡昭、潘牛为造弓弩,瑾皆私贮之。又造伪玺,藏刀扇中出入宫殿。皆谓瑾罪大恶极,反形已具,当置重典。狱上,命徇于市,凌迟三日,不必覆奏,仍以招情并处决图状榜示天下,行刑之日,仇家每以一钱易一脔,有得而生啖之者。海内闻之,莫不踊跃相贺。”

【9】见于(明)王世贞:《弇山堂别集·史乘考误十》。

【10】见于(明)郑晓《今言》。

【11】见于(明)陈洪谟《治世余闻》。

【12】(清)谷应泰《明史纪事本末·平河北盗》:“武宗正德四年秋九月,畿南盗起。五年冬十月,霸州盗刘六、刘七叛。”

辛未(正德六年,1511年)春正月朔,元旦,清河(今江苏清江市)乾圩黑气突起,俄而密云四布,雷雨大作,忽明忽晦,至巳刻气如炎暑。杭州大雨电,地震[1]。桐君山下临江有石发白光,皎洁闪烁,圆大如簸箕,每日自巳至未,射人目,烛百里,弥月而止[2]。如皋县(今江苏如皋)生嘉禾一本,有至百茎者[3]。凤阳(今安徽凤阳)旱,无麦[4]。常州(今江苏常州)疫,民有灭门者[5]。霸州文安县(今河北文安),一夕大风,河水僵立高起者二丈余,冻成冰柱,中多空隙,阔数尺,以至于数十丈者,沿河七八十里皆然。亡何流寇至,男妇数十万尽匿其中,竟以免难[6]。三月,筑浙东捍海堤。嘉兴县(今浙江嘉兴)杀一猪,背上有三圈,每圈中有王字[7]。夏四月,凤阳(今安徽凤阳)淫雨[8]。五月,致仕兵部尚书刘大夏卒[9]。有龙堕于陕西乾州(今陕西乾县),长数十丈,目光如火,开合闪闪可畏,四足据地,行五里许得井水飞去[10]。秋七月,畿内贼赵燧反，分掠山东、河南[11]。八月，虎入余姚（今浙江余姚）治城[12]。新兴（今广东新兴）地震[13]。九月，倭寇浙东。冬十月，贼破冀州（今河北冀县）[14]。十一月，京师地震[15]。贼攻徐州，掠淮西。十二月，贼破裕州上蔡，西平同知郁采、知县霍恩、王佐死之[16][原注：蓟寇流劫，自相（今河南安阳）、卫（今河南濮阳）入晋（今山西地区）[17]。六月，至潞（今山西长治）之西火镇（今山西长治西火镇），城中戒严，兵食俱乏，惧不能守城，举众北来，至苏店镇（今山西长治县苏店镇），去城仅十里，万骑压境，烟尘蔽天，呼吸可至，乃经宿逡巡而返，莫之所谓[18]。后又被掠还者言，见潞城下有一大人，长数丈，金甲手刃，巍然若神。马群嘶策不敢前。忽大风飞走沙石，贼惊窜，倒戈昼夜行二百里，下太行稍息。或曰长狄御寇，或曰汉武安王显灵，皆未可知，而贼骑飞遁，城得保全则实受其庇。古者以长人见为不祥，今亦不可谓不祥矣]。

【1】万历《杭州府志·郡事纪中》："正德六年，春正月，杭州大雨电，地震。"乾隆《浙江通志·祥异下》："正德六年正月，杭州大雨电，地震，自后频震。"

【2】见于（明）朱国祯《涌幢小品·石光射人》。

【3】（明）朱国祯《涌幢小品·嘉禾》："正德六年。如皋县嘉禾，一本有至百茎者。其一本二十茎者尤多。"

【4】【8】光绪《凤阳县志·纪事》："正德六年，春旱无麦，夏淫雨，冬大雪。"

【5】康熙《常州府志·祥异》："正德六年春夏疫，民有灭门者。"

【6】（明）方以智《物理小识·冰异》："松江杨扇湖地暖不成冰，卧子言万历三十年冬，大风，瞰之若漫天雪，多红灯蠕蠕。旦，视之则冰山也，高五丈许。又武宗时，霸州文安县，一夕大风河水忽然僵立，高起者二丈余，冻成冰柱，中多空隙，阔数尺，以至于数十丈者，沿河七八十里皆然。亡何，流寇至，男妇数十万，尽匿其中，竟以免难。"（清）赵吉士《寄园寄所寄》亦载。《明史·五行志一》将此事系于正德十年七月。

【7】（明）郎瑛《七修类稿·奇谑类·猪肉生字》："吾杭嘉靖七年五月间。官巷口屠儿李姓偶杀猪。吴姓者买去。未及烹。第见油膜内字文隐隐。起膜视之。则油上如印成之书四行。其色如蜜。其大如豆。其文曰：赢官手璧雨。身敌。功在鸡鱼则。廉矣。初行五字。第二行二字。第三行五字。末行二字。共四行。似前后尚有字焉。乃为众分买而食之矣。此则亲见者。又闻嘉兴正德年间曾杀一猪。背上三圈。每圈中有王字一个。亦不知何说也。"

【9】《明英宗实录》："正德十一年五月庚戌，致仕太子太保、兵部尚书刘大夏卒。"按，《二申野录》系于正德六年，误。

【10】（明）陆粲《说听》："正德某年夏，有龙堕于陕西之乾州，其长数十丈，目光如火，开合闪闪可畏，四足据地而行，五里许，得井水飞去，居民皆见之。后其村多疫死，殆不祥也。"《朝野记略》亦载。

【11】嘉庆《东昌府志·异闻》："正德六年，蓟北流贼攻破高唐，乘胜抵清平。"按，明武宗正德五年十月河北霸州文安人刘六、刘七领导河北农民起义，赵燧是起义军中的一员部将。也有的说，他本是霸州的一名穷秀才，被起义军俘虏后归附，成为谋士。五年十月，刘六、刘七在霸州领数十骑起义，贫苦农民纷起响应，迅速发展为万余人。起义于山东的杨虎也率所部同刘六等人会合，义军更加壮大，活动于京师之南和山东地区。正德六年，刘六等农民军破河北、山东、山西、河南百余城。正德七年，起义军再次深入近京霸州地区。此时，杨虎已经战死，部下刘惠、赵燧转战于安徽、河南等地。刘惠被推举为奉天征讨大元帅，赵燧为副元帅，拥有步骑十三万众，打出"直捣幽燕之地"，"重开混沌之天"的旗帜，还申明军纪，不妄杀平民。起义军在河南连下不少州县，并于泌阳火烧伙同刘瑾作恶多端的前阁臣焦芳之家，兵锋直抵湖广襄阳等府县。七年二月，明政府加派右都御史彭泽提督军务，增调大同等处边兵和湖广士兵，采取四面堵截、督兵跟进的战术，追击河南起义军。五月，刘惠在南召（今河南南召东）同明军接战之际中箭牺牲，赵燧也在武昌被俘，后被处死于京城。

【12】万历《绍兴府志·灾祥》："正德六年八月，虎入余姚治城，三山司巡检高宁射杀之。"光绪《余姚县志·祥异》亦载。

【13】万历《广东通志·杂录》："正德六年，新兴地震。"

【14】光绪《畿辅通志·前事略二》："正德六年，诏发宣府、延绥二镇兵助讨贼，以兵部侍郎陆完统之。师至涿州，忽传贼犯固安，且逼京师，帝召完入卫，完遂趋信安，遣将击贼霸州，败之，京师解严。"

【15】《明武宗实录》："正德六年十一月戊午，京师地震，保定、河间二府，蓟州、良乡、房山、固安、东安、宝坻、永清、文安、大城等县，及万全、怀来、隆庆等卫同日震，皆有声如雷，动摇居民房屋。惟霸州自是日至庚申凡十九次震，居民震惧如之。"

【16】霍恩：字天锡，河北易州（今河北易县）人。弘治十五年进士。正德中，历知上蔡县。正德六年，饥民暴动四起，中原郡邑多残破。畿内则枣强知县段豸、大城知县张汝舟，河南则霍恩典史梁逵，西平知县王佐、主簿李铨，叶县知县唐天恩，永城知县王鼎，裕州同知郁采、都指挥詹济、乡官任贤，固始丞曾基，夏邑丞安宣，息县主簿刑祥，睢宁主簿金声、丘绅，西华教谕孔环，山东则莱芜知县熊骖，莱州卫指挥佥事蔡显，南畿则灵璧主簿蒋贤，皆抗节死，而恩、佐、采、环死尤烈。霍恩事迹见于《明史·忠义传》。

【17】按，此指河北刘六、刘七起义军进入河南、山西。

【18】光绪《山西通志·大事记四》："正德六年，贼至潞州之西火镇，居民走迁山林。贼兵搜索，驱父女数百人，后至阳城县东港等村，民以铁锅排列街衢，登屋用瓦击之，贼不能入。"光绪《长治县志·大事记》："正德六年，贼刘六、刘七入太行山，至潞州雄山乡，焚掠而去。"

壬申（正德七年，1512年）春正月，毛锐遇贼于真定（今河北正定），败绩[1]。黄河清，自清河至柳家浦清，五日[2]。少师马文升卒[3][原注：前一日，钧州（今河南禹州）城西大刘山忽崩，天鼓再鸣[4]，群鹤飞绕厅事，久之乃去。翌日，里人王自诚适自叶县（今河南叶县）回，恍若梦寐，见公蟒衣玉带，肩舆南迈，导从若出师状，云往武当山]。贼掠襄阳（今湖北襄樊）。二月，贼破泌阳（今河南泌阳），攻河南。总兵冯祯战殁。庐州（今安徽合肥）雨红雪[5]。高淳（今江苏高淳）学火灾[6]。三月，杭州地震有声，生白毛[7]。江西仙居寨夜大风雷电，西北有火如箭，坠旗竿首。已而，合寨枪首皆有光如星，须臾而灭。广西万春北寨枪上亦各有光[8]。直隶顺德（今河北邢台）、涿州（今河北涿州）、河间（今河北河间）赤黑眚见[9]。夏四月，日光散乱，有如日者百十，陈列[10]接续南来，至日上一影而过，北去数十丈渐没，凡旬余，人多设水盆照之[11]。山东文登县火起桑树，树燔而枝叶无损[12]。先是，秦始皇庙中钟鼓无故自鸣，顷之桑树火，庙宇皆为瓦砾，神像颜色不改[13]。贼转掠畿内。五月，闻蟋蟀鸣；江夏（今湖北武汉）人擒赵燧。闰五月五日，有火自空来，流为乌，其声殷殷然。贼走镇江，官军御之，败绩。吴城（今江苏苏州）北寺浮屠灾[14]。贼杀湖广巡抚马炳然[15]。杭州地震，秋七月、八月连震[16]。八月，贼至狼山（今江苏南通狼山），飓风大作，官军剿平之。赵燧伏诛[17]。冬十月，京畿、山东、河南、江西，群盗平[18]。十一月，广州有火如龙起于石，人马辟易[19]。十二月，燕赵、河间之地无雪而燠[20]；江淮风雪连旬，南至洞庭缓流，冰厚尺余[21]。

【1】毛锐：明朝将领，陕西凉州卫人（今甘肃武威），封伏羌伯。正德三年，刘

瑾欲杀尚书刘大夏，毛锐时任总兵受连坐而下诏狱，之后贿赂刘瑾，起用为漕运总督。再过一年，刘瑾被诛，毛锐被弹劾。正德六年，再次启用平定刘六、刘七起义。次年正月，与起义军刘宸部交战，后兵败受伤，将印丢失。当时恰逢许泰援军抵达后获救。之后言官交相弹劾，于是召还，但不予加罪。明世宗即位后，再次起用镇守胡广。三年后去世，赠太傅，谥威襄。

【2】(明)陆粲《说听》:“正德壬申，黄河清，自清河至柳家浦九十里间，澄彻可鉴，凡五日焉。”

【3】马文升：字负图，号约斋、三峰居士，钧州（今河南禹州）人。明景泰二年进士。授御史，历按山西、湖广，迁福建按察使，升左副都御史，入为兵部右侍郎，历辽东巡抚、右都御史、总督漕运，孝宗弘治初任兵部尚书，转任吏部尚书，位居一品，加衔至少师兼太子太师。武宗正德元年（1506年）被劾后乞去。正德二年（1507年），因刘瑾专权，诬告其结党，除其名，马文升气愤交加，正德五年六月八日卒。刘瑾被诛以后，朝廷追赠马文升为“特进光禄大夫、太傅，谥端肃”，嘉靖初又加赠马文升为“特进左柱国、太师”。

去世后赠特进光禄大夫、太师，谥号端肃。他任官经历代宗、英宗、宪宗、孝宗、武宗五个皇帝，人称五朝元老。

【4】出处不详。按，天鼓鸣：《史记·天官书》：“天鼓，有音如雷非雷，音在地而下及地。其所往者，兵发其下。”一般指天空中原因不明的巨响。

【5】光绪《庐州府志·祥异》：“正德七年二月大雪，色微红。雨豆，茶、黑、褐三色。星陨舒城枣林岗，赤光烛天。”

【6】万历《应天府志·郡纪下》：“正德七年，高淳学灾。”

【7】万历《杭州府志·郡事纪中》:“正德七年，春三月，杭州地震。按，《武林纪事》:八月复如之，俱轰然有声，自西北迄东南，殷殷有声不绝。翌日，地生白毛，长二寸许。”

【8】(明)王鏊《守溪长语·灾异》：“正德七年三月，江西余干之仙居寨，夜大雷电以风，西北有火如箭坠旗竿上，如灯笼，光照四野。戍卒因撼动其旗，火直飞上竿首，卒因发火铳冲之，其火四散，阖寨枪首皆有光如星，须臾而灭。五月，广西万春北寨各枪上有光。”(明)王圻《稗史汇编·志异门·怪异总纪》：“正德七年三月，江西余干之仙居寨，夜大雷电风，有流火如箭坠旗竿上，如灯笼，光照四野。戍卒或撼其旗，火直飞上竿首。卒因发火炮冲之，其火始散，阖寨枪首皆有火如星。五月，广西万春北寨各枪上亦有光。”

【9】(明)王圻《稗史汇编·志异门·怪异总纪》：“正德壬申（七年，1512年），北方顺德、涿州、河间，有物青赤黑色，如犬，或如猫，其行如风。夜，自空中飞下，或爪伤人面额，或啮人手足，逐之不见踪，盖黑眚类也。”嘉靖《河间府志·祥异》：“正德八年夏，眚。”按，黑眚：古代人认为五行水气而生的灾祸。五行中水为黑色，故称

"黑眚"。

【10】原文"陈例"，误，当为"陈列"。

【11】见于（明）《常州府志·祥异》。

【12】《明史·五行志二》亦载。

【13】（明）王圻《续文献通考·物异考·物自鸣》："正德七年春三月二十三日，山东文登县奏：秦始皇庙中钟鼓无故自鸣。"（明）王鏊：《守溪长语·灾异》："三月，山东秦始皇庙钟鼓夜鸣，火起桑树上，木燔而枝叶无恙，庙宇毁而神像如故。"（明）王圻《稗史汇编·志异门·怪异总纪》："正德七年三月，山东秦始皇庙，钟鼓夜无故自鸣。火起桑上被燔，而枝叶无损。庙宇荡毁，乃神像在火中都不焦灼。"（明）来集之《倘湖樵书·火不焚木而焚石焚金》引《守溪笔记》："正德七年二月，山东秦始皇庙，钟鼓夜鸣，树燔而枝叶无恙，庙宇毁而神像如故。"

【14】（明）伍余福《苹野纂闻·北寺浮图灾》："浮图九级坐奠吴城（今江苏苏州）卧龙街上，作为雄镇。正德壬申（七年，1512年）五月六日，有火自空而来，流为乌，其声殷殷，然与雷相薄，而风雨随之，火愈炽。延及如来示寂像，亦入毗荼，自内城而外，烟焰烛天，见者骇目。次日往观之，则向来金碧之饰、土木之费荡然尽矣。因叹息久之，以为佛有灵乎？有灵则护之，胡乃自灭如此？遂循廊而行，得一碑，为宋濂撰。相传创于孙吴，再新于萧梁，又再新于赵宋，所谓东坡施金龟以藏舍利者即其所也。未几，流闻日急，俗以为兆而竟不验。然则浮图之兴替常也，奚怪焉？"

【15】马炳然：明朝官吏，四川人。明武宗正德二年至四年期间，历任西安知府、山东、河南布政使司参政、巡抚宣府佥都御史、巡抚宁夏都御史。正德五年四月以母丧乞解任，正德七年正月马炳然管理南京粮储。当时刘六农民军五六百人由团风（今湖北汉口东团风）夺船，溯流至夏口（今湖北汉口），伪称是当地吏胥来迎接的，遂登船杀马炳然，投之于江。既而农民军焚劫汉口，明指挥满弼等追及之，擒斩六十人，其一中箭溺水死，众或以为即刘六。

【16】《明武宗实录》："正德七年五月辛亥，浙江杭州府地震有声。"万历《杭州府志·郡事纪中》："正德七年，夏五月，杭州地震有声。秋七月，杭州地震。"

【17】（清）谷应泰《明史纪事本末·平河北盗》："正德七年二月，赵燧等攻唐县，奔鄢陵，焚掠而过。至新郑、郑州，攻城不能入，遂至荥阳、汜水，攻偃师。 三月，刘三、赵燧等至河南府，燧等由光山、六安州攻破舒城，劫掠人马。闰五月，燧屡与官军战不利，行至应山县东化山坡下，遇僧真安，因削剃须发，藏度牒。武昌卫军人赵成、赵宗等行至黄陂县九十三里坡遇燧过，见燧状貌异常，思与颁示合，心疑之。追至武昌江夏县管家套，燧入军人唐虎店饭，成等进擒之，搜获真安度牒，槛车入京伏诛。"

【18】（清）谷应泰《明史纪事本末·平河北盗》："正德七年闰五月，刘七、杨寡

妇以千骑犯利津，佥事许逵追至高苑，败之。刘六、刘七围邳州，督漕都御史张缙击败之。刘六为湖广官军所追，风折帆樯，击死于水。其子刘仲淮数人亦死。刘七、齐彦名等纠合水寇，自黄州下九江，剽湖口、彭泽等一带郡邑，经安庆、太平、仪真，所过残灭。七月，刘七等既泊狼山（今江苏南通附近），其党以失地利相尤，多溃去。丁丑，贼率众二百余攻通州，我军击之，贼退入船。是夕，飓风大作，贼船皆解散飘堕，其众颠踣不支，呕泄臭秽，自相击撞。癸巳，与贼战，我军声焰震天，风火交炽，贼披靡，刘七势迫，遂赴水死。刘晖擒获余贼及庞文宣等，解京伏诛。贼逸而北者，高云追斩之，皆尽。”

【19】嘉靖《广东通志初稿·祥异》：“正德七年，广州有火出于石。按，冬十一月长至节，广东藩省前有火如龙，触石而起，人马辟易。”

【20】（明）王圻《续文献通考·物异考·恒燠》：“正德七年冬，燕赵河朔之地，无雪而燠。”（明）王圻《稗史汇编·灾祥门·祥瑞类》：“正德七年壬申，夏，荧惑入南方，将逼斗，旬月而退。是年冬，京师及河朔之地，温燠如春，而徐淮以南，风雪特甚，至洞庭水流出，冰有至尺厚者。”

【21】（明）王圻《续文献通考·物异考·恒寒》：“正德七年冬，江淮风雪连旬，南至洞庭缓流处，冰厚尺余。”

癸酉（正德八年，1513年）春三月，增城（今广东广州增城）蝗，害稼。新宁（今湖南新宁）大水[1]。当涂（今安徽当涂）雨黄红沙雾，伤麦[2]。夏五月，德庆州（今广东德庆）日中雨石，其色赤黑，大如拳，小似卵，人取食之[3]。苏州白莲桥渔人网一物，鼋头鲇尾，四足如鸭状，类小犬，眼赤色，鳞甲悉具[4]。平谷县耕民得一釜，以凉水沃之，水即自沸，下有诸葛行锅四字，其釜复层内有水火二字[5]。六月初三日午、未时，星月见中天。姚源贼平[6]。冬，洞庭冰合，人骑可行[7]。

【1】康熙《当涂县志·祥异》：“正德八年，麦将熟，忽黄红沙雾，伤其根，粒坏，人不得食。”

【2】嘉靖《广东通志初稿·祥异》：“正德八年三月，新宁大水，增城蝗害稼。”

【3】万历《广东通志·杂录》：“正德八年五月，德庆州日中雨石……落石城之内外，大如拳，小似卵，其色赤而黑，人皆拾之。”嘉靖《广东通志初稿·祥异》：“正德八年五月，陨石于德庆。按，有青气自下腾空，震动有声。顷刻陨石于城之内外，大者如拳，小者如卵。”

【4】(明)郎瑛《七修类稿·事物类·鳄鱼》:"正德间,苏州白莲桥渔人网得一物,鼋头鲇尾,四足如鸭,状类小犬,眼甚赤,鳞甲悉具,时以为怪而放去。苏人皆不识,都公纪之《谭纂》。予意小鳄也。盖韩祠有陈尧佐所图鳄形,但足不同,图或后世翻刻有差。况《真腊风土记》亦云,鳄类龙无角,盖龙亦似犬也。鳄则《埤雅》、《本草》所未载。因具述于右。"

【5】(明)曹学佺《蜀中广记·方物记》:"《丹铅录》云:麻城毛柱史凤韶为予言,近日平谷县耕民得一釜,以凉水沃之,忽自沸,以之炊饭即熟。釜下有诸葛行锅字,乡民以为中有宝物,乃碎之,其釜复层中有水火二字,异哉。"按,《丹铅录》,明人杨慎所著。

【6】正德时期,吴廷举任广东右布政使,佐助左都御史陈金平定府江贼。所谓"府江贼",是指当时活跃在梧州府江(枝江中下游)以杨公满等为首的壮族起义农民,他们与大藤峡瑶族起义军互相呼应,成为明王朝的心腹大患,多次派兵镇压,陈金率军扫荡府江起义农民是其中的一次。此外,"华林贼",是指正德年间活跃在江西北部以华林为中心的农民起义军,当时为左都御史陈金所破。"姚源贼",是指当时江西东部桃源洞一带,以王浩八为首的农民起义军,声势很大,后为陈金率广西"狼兵"数万所打散。

【7】雍正《湖广通志·祥异》:"正德八年,洞庭冰合,人骑可行。"

甲戌(正德九年,1514年)春正月,乾清宫灾[1]。总制都御史彭泽讨平四川群盗[2]。夏四月,潞州有星如盅,昼见南方。复宁府护卫屯田[3]。五月,大学士费宏罢[4]。德庆(今广东德庆)地震[5]。广济(今湖北武穴)蓝龙家马产驹,似龙超腾,远道惟一老仆御之,寻闻于朝。老仆御马至黄河,化为龙而去,并老仆俱失所在。八月辛卯朔,日有食之[6]。江西右布政使郑岳除名[7](原注:李梦阳通谋宁王[8],执岳跟随门子拷掠,逼供无名赃私若干,奏差大理卿燕忠勘问,除名)。阳江(今广东阳江)阖邑刺竹作花实,实既,即槁。父老相传,此竹率五十年一实,实则殄然大饥。又海鱼大贱则饥(原注:谚曰海熟田荒)[9]。冬十一月,加吏部尚书杨一清少傅兼太子太傅[10](原注:时给事中王昂论劾一清选法不公。诏下,谪昂。一清持之,上章自劾,乞留王昂。朝廷不听,竟谪昂为休宁县丞。赴任期月,寻转应天推官。昂能不避权贵,一清受善纳谏,天下两贤之)。

【1】《明武宗实录》:"正德九年正月庚辰,乾清宫火。上自即位以来,每岁张灯为乐,所费以数万计,库贮黄白蜡不足,复令所司买补之。及是,宁王宸濠别为奇巧

以献，遂令所遣人入宫悬挂，传闻皆附着柱壁，辉煌如昼。上复于宫廷中依檐设毡幙，而贮火药于中，偶弗戒，遂延烧宫殿，自二鼓至明，俱尽。火势炽盛时，上犹往豹房省视，回顾光焰烛天，戏谓左右曰：是好一棚大烟火也。"

【2】彭泽：陕西承宣布政使司临洮府兰州（今甘肃兰州）人，孝宗弘治三年进士。武宗正德初年，改任真定府知府，为政严明。此后历任浙江副使、河南按察使、右佥都御史、辽东巡抚、右副都御史、保定巡抚。当时刘惠、赵燧在河南叛乱，命彭泽与咸宁伯仇钺进剿，此后连续数十次战役后，平定。后晋升为右都御史、太子少保，荫子锦衣世百户。此后替代洪钟总督川、陕诸军，讨伐四川廖麻子、喻思俸叛军。平定后，不久，内江、荣昌贼乱再起，他转移征讨，平定后升任左都御史、太子太保。官至兵部尚书、陕甘总督。世宗嘉靖初年，因淘汰锦衣卫所等官员，招致积怨，被夺职为民。明穆宗隆庆初年，恢复官职，谥襄毅。《明史》有传。按，总制，原为军队的指挥官，后来地方也有总制，地位在监军、军帅之上。明清时，总督也可称总制，也可以和总督合用。

【3】《明武宗实录》："正德九年四月丁酉，复宁府原革护卫及屯田。初，宁府护卫天顺间以宁靖王不法改为南昌左卫，隶江西都司。正德二年宁王宸濠贿结刘瑾矫诏复之，瑾诛，科道以为言，既改正矣。至是，濠复奏：革臣祖护卫虽英宗一时之旨，而其初设立实皇祖万世之法。议者徒以英宗诏旨为当遵，而不知太祖典章之不可废，乞斥浮议，断自圣衷，悯臣府中缺人应用，将护卫屯田皆赐还，以光述圣典。下兵部看详以闻，尚书陆完因言：宁府护卫已再裁革，固难议复。但王以太祖高皇帝典章为言，且屯田户部所职，宜会廷臣从公议请。得旨：护卫并屯田俱准与王，仍以书谕之。"

【4】费宏：字子充，号健斋。又号鹅湖，晚年自号湖东野老。江西省铅山县人，明成化二十三年状元，被任命为翰林院修撰。武宗正德六年，以文渊阁大学士入阁，与李东阳、杨廷和、梁储，同心辅政，共治天下，朝野交口称赞，深得人心。第二年加封太子太保、武英殿大学士。远在江西的宁王朱宸濠嗣位后，心怀不轨，先恢复原有的护卫，乘机壮大自己的军事实力。他结交皇上宠臣钱宁、兵部尚书陆完等人，并用万金遍结朝廷显贵，同意给他增丁添地。费宏却反对说："听说他早就存有贰心，假如给他增添护卫，就会使他如虎添翼了。"这下，费宏遭到了围攻，就只好引咎辞职。正德十四年宁王朱宸濠起兵叛乱，费宏给地方官献计献策，很快平定了叛乱。明世宗嘉靖前期，费宏又两次入阁，参与机务。嘉靖十四年去世。世宗皇帝闻讣，念费宏忠心为国，历成化、弘治、正德、嘉靖四帝，乃有功老臣，遂赐费宏为太保，辍朝一日，亲自制谕三道祭文，率三品以上官员至费府悼念。并派宰相夏言护送灵柩返归费宏故里，按九千岁礼仪敕葬。《明史》有传。

【5】万历《广东通志·杂录》："正德九年四月，德庆地震。"

【6】（明）王圻《续文献通考·象纬考·日食》："正德九年甲戌，秋八月辛卯朔，

日食。”

【7】郑岳：字汝华，号山斋，莆田人，弘治六年（1493年）进士。历迁江西左布政使，宁王朱宸濠侵夺民田，民立砦自保，宸濠欲发兵抄剿之，被郑岳阻止。正德九年，后江西提学副使李梦阳与巡按御史江万实有隙，互相攻击。郑岳循公审查其实。李梦阳声称郑岳的儿子受贿，并囚禁其家人拷打逼供。江西巡抚任汉，犹豫不能决。宁王朱宸濠又为了拉拢李梦阳，上章奏劾郑岳。朝廷派大理卿燕忠、给事中黎奭前去处理。结果二人各打五十大板，认为郑岳之子受贿有据；李梦阳欺压同僚，挟持上官，所以俱被斥为民。《明史》有传。

【8】按，李梦阳并没有和宁王勾结，只是宁王也对郑岳不满，所以借机攻讦，同时拉拢李梦阳。不过，正德十四年宁王谋反失败以后，李梦阳还是以同党的罪名被逮入狱，得大学士杨廷和、刑部尚书林俊等人营救，才获释。

【9】万历《广东通志·杂录》：“正德九年八月，阳江飓风伤稼殆尽。阖邑刺竹作花实，实既，即槁，至丁丑无选竿。又海鱼大贱则饥，谚曰：海熟田荒。”嘉靖《广州通志初稿·祥异》：“正德九年，阳江、阳春、恩平刺竹生花结实。”按，不同种类竹子，开花周期长短也不一样，一般十几年或几十年一次。竹子开花以后会成片死去，一般发生在干旱气候条件下。竹子开花后，其结子如米。

【10】杨一清：字应宁，号邃庵，祖籍云南安宁。南直隶镇江丹徒人。成化八年进士，历侍成化、弘治、正德、嘉靖四朝，官至兵部、户部、吏部尚书，武英殿、谨身殿、华盖殿大学士，左柱国，太子太傅，太子太师，两次入阁预机务，后为首辅，官居一品，位极人臣。正德五年，在他的主持下，诛除了擅专朝政的大太监刘瑾，人心大快。一生曾三次总制军务，主管三边防务，边境安定。《明史》有传。

乙亥（正德十年，1515年）夏，闰四月，辰州（今湖南沅陵）天雨黄土[1]。杨一清兼武英殿大学士，直文渊阁[2]。嘉定（今上海嘉定）大场镇（今属上海宝山区，在嘉定东）有黑雕，立如人形，翅广丈余[3]。六月，新宁（今湖南新宁）大水。秋七月，潮州（今广东潮州）大水[4]。琼州（今海南琼山）大风[5]。八月朔，日食，昏晦如夜，星辰尽见[6]。清河县（今河北邢台清河）有虎逾城入察院[7]。冬十月，孙燧为副都御史，巡抚江西[8]。江西按察副使胡世宁下锦衣狱，谪戍[9]。十一月，杭州大水[10]。十二月癸丑朔，日有食之[11]。

【1】雍正《湖广通志·祥异》：“正德十年，辰州雨黄土，着人衣及树叶皆成泥。”

【2】《明武宗实录》："正德十年闰四月辛酉，命吏部尚书杨一清兼武英殿大学士入内阁供事。"

【3】乾隆《江南通志·机祥》："正德十年，嘉定大场镇有黑雕，立如人形，翅广丈余。"

【4】嘉靖《潮州府志·灾祥》："正德十年秋七月，飓大作，海潮滔天，漂屋拔木，凡沿海之田厄于咸水，越年不种，民多溺死。"

【5】乾隆《琼州府志·灾祥》："正德十年八月二十八日，疾风自东北至琼山沟涧，田沼水随风卷西南方一带，平地水深三尺，坡岸俱溢。东北干涸，鱼虾堆积如陵。"

【6】出处不详。

【7】朱国祯《涌幢小品·虎》"正德十年中秋。清河县有虎自梁山而来。踰城。入察院。升大槐枝巅。眈眈下视。咆哮甚厉。知县张纶用壮民李万等搏杀焉。"按，明朝的监察机构都察院简称察院。都察院的监察御史出差在外，所住的衙署也称察院。

【8】《明宗实录》："正德十年十月壬申，升河南右布政使孙燧为都察院右副都御史，巡抚江西。"

按，孙燧：字德成，余姚人，弘治六年进士。正德十年，受封在江西的宁王朱宸濠谋反之心已毕露无遗，先后派去的江西巡抚都被他害死。十月，朝廷以孙燧为右副都御史、江西巡抚。孙燧自知必死无疑，把家人都送回家乡，只带着两个仆人赴任。正德十四年朱宸濠反，胁迫孙燧等官吏参与，孙燧坚不从命，被朱宸濠杀害。世宗即位以后，谥忠烈，赠礼部尚书。《明史》有传。

【9】《武宗实录》："正德十年四月丙辰，下先任江西兵备副使胡世宁于镇抚司狱。初宁府置庄赵家围，多侵民业。民不能堪，收租时立寨聚人以相守。城中军民居近宁府者辄被火延烧，因抑买其地以广府基。世宁恐有变，具疏言之，词甚激切。宁王宸濠亦奏世宁离间，而权幸受其赂者从中助之，都察院承望风旨覆议，以为王世守忠贞，而世宁语多狂率。上初令巡按御史逮之，王奏复至，指为妖言，乃复命锦衣卫官校往捕甚急。时世宁已迁福建按察使，闻之即间道走至京，自系都察院，复奏其畏避掩饰。得旨送镇抚司，严加掠治以闻。"御史徐文华等正义人士上书营救，武宗一概不听。按，镇抚司狱即锦衣卫北镇抚司狱，又称诏狱，是关押最严重犯人的地方。正德十一年春正月监察御史贾启言："副使胡世宁、御史张经久系诏狱，请令勘事者毋有顾畏，以时奏报，庶乎刑政不偏。"结果被斥为有意回护，被夺五个月的俸禄。"正德十一年七月，谪前江西副使胡世宁戍辽东。"按，《二申野录》关于胡世宁谪戍年月的记述有误，当以实录为准。

【10】万历《杭州府志·郡事纪中》："正德十年，十一月，杭州大水。"

【11】《明武宗实录》："正德十年十二月癸丑朔，日食。"（明）王圻《续文献通考·象纬考·日食》亦载。

丙子（正德十一年，1516 年）春正月，义乌（今浙江义乌）雨血[1]。二月，宁都（今江西宁都）通天村有合抱枯树，偃卧已久，忽风雨大作，隐隐有声，顿起如故[2]。夏四月，新会（今广东新会）大水[3]。五月，风霾大旱[4]。六月，阳江（今广东阳江）淫雨山崩[5]。金华县（今浙江金华）火[6]。秋七月初五日，五鼓，巴陵（今湖北岳阳）东南天裂，长三丈，红光刺人目[7]。六合县（今江苏六合）一家揭席，忽见黑猫自床惊起，逐出其家，火出门竞逐，至者辄火，时焚二十九家[8]。八月，杨一清致仕[9]。冬十二月十四日夜，无云而雷，有电光，自东北鸣至于南[10]。

【1】按，所谓雨血云云，应该是云层中夹杂着红土或红色矿物质，随雨落下的一种现象。

【2】《明武宗实录》："正德十一年春三月，宁都通天村有合抱枯树，偃仆已久，忽风雨大作，隐隐有声，顿起如故。"（清）赵吉士《寄园寄所记》引《汇书初编》亦载。

【3】嘉靖《广东通志初稿·祥异》："正德十一年，夏四月，新会大水。"

【4】《明武总实录》："正德十一年五月辛卯，礼部右侍郎石瑶上疏言：去冬以来，四郊无雪……[今]东作已始，风霾辄兴……自下诏迄今，又累数月……旱魃肆威，狂飙震怒……畿辅地方视远滋甚，河南、北数郡，树无完肤，人民相食。"（明）王圻《续文献通考·物异考·恒旸》："正德十一年丙子夏五月，风霾大旱。"

【5】万历《广东通志·杂录》："正德十一年六月，积雨潮涨，坏庐害稼。"《阳江地情》："正德十一年六月，淫雨不止，潮潦暴涨，坏田舍无算，城圮山崩，二熟不登，饥民遍野。"

【6】光绪《金华县志·祥异》："正德十一年，城中火，城外自通运门至弥勒桥下。"

【7】雍正《湖广通志·祥异》："正德十一年七月初五，五鼓，巴陵东南天裂，长三丈余，红光刺人。"

【8】出处不详。

【9】《明武宗实录》："正德十一年八月甲子，少傅兼太子太傅吏部尚书武英殿大学士杨一清乞致仕，许之。"

【10】按，封建社会中，无云而雷的现象一般被认为是凶兆。

丁丑（正德十二年，1517 年）春正月，潮州（今广东潮州）雨雹[1]。夏六月己巳朔，日有食之[2]。浮梁县（今江西景德镇东北）民余丘家产牛，二面，三目，三鼻[3]。六合县（今江苏六合，位于滁水一侧）霖雨，滁水泛滥，街衢乘船筏往来，飘没庐舍甚众[4]。秋七月，吉安府（今江西吉安）雨血，著衣皆赤[5]。八月，昌化县（今浙江临安昌化镇）蟊害稼。杭州地震[6]。九月，帝幸大同（今山西大同）猎，阳和（今山西阳高）雨雹星陨[7]。泉州（今福建泉州），地生毛，一夜长二三寸，有白有黑。洞庭山（今太湖洞庭山）民家黄犬生发角，长寸余[8]。闰十二月壬申朔，丁亥，迎春宣府[9]。

【1】嘉靖《潮州府志·灾祥》："正德十二年春正月，大雨雹。是年春涝，秋蝗，夏无麦苗，民饥。"

【2】（明）王圻《续文献通考·象纬考·日食》："正德十三年，夏五月己亥朔，日食。"按，"五月"误。（清）龙文彬《明会要·祥异》："正德十二年六月乙巳朔，日食。"

【3】雍正《江西通志·祥异》："正德十三年夏六月，浮梁县民余丘家产一牛，二面，三目，三鼻。"《二申野录》系于正德十二年。

【4】万历《应天府志·郡纪下》："正德十二年夏，六合县霖雨，滁水泛溢，街衢乘船筏往来，飘没庐舍甚众。"光绪《六合县志·杂事》："正德十二年夏，六合县霖雨，滁水泛滥，街衢乘船筏往来，飘没庐舍甚多。"

【5】按，所谓雨血云云，应该是云层中夹杂着红土或红色矿物质，随雨落下的一种现象。

【6】万历《杭州府志·郡事纪中》："正德十二年，秋八月，昌化蟊害稼。杭州地震。"

【7】（明）王圻《续文献通考·物异考·冰雹》："正德十二年秋九月，上幸大同猎，阳和雨雹星陨。"

【8】（明）王圻《稗史汇编·志异门·怪异总纪》："正德丁丑（十二年，1517年）洞庭山民家，有黄犬生发角，长寸余。"

【9】《明武宗实录》：正德十二年武宗在宠臣江彬劝诱下，微服从德胜门出幸昌平，九月甲戌朔驻跸宣府，自称总督军务威武大将军总兵官，建镇国府第。"时夜出，见高门大户即驰入，或索其妇女"，军士"毁民屋庐以供爨，市肆萧然，白昼户闭"。十月，武宗至大同。十一月，还至宣府，大学士杨廷和等言祖宗旧制累朝遵行孰敢轻变，亟劝武宗回京师。十二月，武总还是滞留宣府游乐。大学士杨廷和等言：每岁大祀天地，俱先朝于十二月初一日圣驾躬诣牺牲所，此祀天之礼，乃祖宗旧制，国家大事，并非寻常事可比。可是武宗一概置之不理。当年闰十二月丁亥立春，武宗"迎春于宣府，备诸戏剧。又饬大车数十辆，令僧与妇女数百共载。妇女各执圆球，车既驰交，击僧頣，或相触而堕"。

戊寅（正德十三年，1518年）夏四月衡州（今湖南衡阳）、善化（今湖南长沙）雨雹，或如鸡子，或如砖石，城野屋瓦尽坏，山岭崩裂百处[1]。五月己亥朔，日有食之[2]。十五日，月食[3]。是日未时，常熟县（今江苏常熟）俞市村忽见白龙一、黑龙二从西北方来，天地晦冥，乘云下降，口吐红焰，眼若灯笼，鳞甲头角分明，轰雷闪电，猛雨狂风号空拔木，卷去居民杨朴、胡奎、陈锦、陈岳、葛宗全等三百余家瓦、草屋千余间，砖瓦梁柱器物树木乱飞星散，至酉时，东行至海，升空而去。又卷起平本等家船二十余艘，惊死屈氏等大小男女三十余口。当夜洪雨如注，五昼夜不止[4]。六月，江西大水，日中满城昏黑如夜[5]。是月四日，陕西会城[6]初昏时阴黯，忽复天明，有巨人长三丈余，见抚院东，足长四尺许衣袂飘摇，须髯如丛戟，已而大风雨，遂失所在[7]。时宁邸将乱，南昌（今江西南昌）城中街巷军民，夜梦中忽起至江，棹舶行数十里，知为梦也而返[8]。沔阳（今湖北仙桃）滕十二家白犬变为人[9]。诸暨（今浙江诸暨）杨氏妻产一狐[10]。常州（今江苏常州）、台州（今浙江临海）大水[11]。会稽（今浙江绍兴）飓风，霖雨伤稼[12]。秋七月，余姚（今浙江余姚）海溢[13]。八月，上海（今上海）大水，有九龙战于海[14]。冬十二月，麻城县（今湖北麻城）有熊飞过县治，获之[15]。

【1】雍正《湖广通志·祥异》："正德十三年四月，衡州、善化雨雹大者如鸡子，如砖石，城野瓦屋尽坏，山岭坍裂百处。"

【2】《明武宗实录》："正德十三年五月己亥朔，日食。"（明）王圻《续文献通考·象纬考·日食》亦载。

【3】《明武宗实录》："正德十三年十月辛巳，月食。"

【4】《明武宗实录》："正德十三年五月癸丑，常熟县俞野村迅雷震电，有白龙一，黑龙二，乘云并下，口吐火，目若炬，鳞甲头角皆露，卷去民居三百余家，吸舟二十余只于空中，舟人堕地多怖死。"（清）王应奎《柳南随笔》："明正德十三年五月十五日未时，常熟县俞市村第六等都，忽见白龙一、黑龙二，从西北方来，天地晦冥，乘云下降，口吐红焰，眼若灯笼，麟甲头角分明。轰雷闪电，猛雨狂风，号空拔木，卷去居民杨朴、胡奎、陈锦、陈岳、葛宗全等三百余家，瓦草房千余间，砖瓦、梁柱、家资、树木乱飞星散。至酉时，东行至海，升空而去，又卷起平本等家船十余只，粉

壁坠地，惊死屈氏等大小男女三十余口。当夜随降洪雨如注，五日夜不止。余时见本县申详如此，见江阴徐充《暖姝由笔》。而钱湘灵修《常熟县志》，竟以此事移之于崇祯十三年五月十五日，载之祥异中，何也？"

【5】《明武宗实录》："正德十三年十一月己酉，以水灾免江西南昌、九江、南康、饶州、临江、袁、瑞七府属县夏税有差。"

【6】出处不详。按，会城：省会所在的城市，陕西会城即今陕西西安。

【7】见于（明）胡侍《真珠船·巨人》。按，原文"失所在"，当为"遂失所在"。

【8】（明）杨慎《升庵集·夜觉》："正德庚辰（十五年，1520年）宁邸宸濠将乱，南昌城中街巷军民夜发梦颠，或至江棹舩行数十里，知为梦也而后返。"

【9】（明）王圻《稗史汇编·志异门·动物之异》："正德末，沔阳滕十二家，有犬白色，驯养数年矣。一日忽狂吠舞跃于庭，人禁之不止，凡三时。四足渐变为人，次则毛落，尾脱身体，而首犹犬，良久头亦人形，家众恶而杀之。"

【10】万历《绍兴府志·灾祥》："正德十三年，诸暨十九都杨氏妻产一狐。"乾隆《诸暨县志·祥异》亦载。

【11】康熙《常州府志·祥异》："正德十三年，常州大水，江阴免粮二万二千二百四十二石有奇。"民国《台州府志》："正德十三年，台州大水，民多淹死。"

【12】【13】万历《绍兴府志·灾祥》："正德十三年，会稽飓风淫雨，坏庐舍，伤稼。秋，余姚海溢。"乾隆《绍兴府志·祥异》亦载。光绪《余姚县志·祥异》："正德十三年秋，余姚海溢。"

【14】康熙《上海县志·祥异》："正德十三年秋八月，上海大水，有九龙战于海。"

【15】雍正《湖广通志·祥异》："正德十年十二月，麻城县熊飞过县至北郊，获之。"光绪《黄州府志·祥异》："正德十一年十二月，麻城有熊飞过县，至北郊，获之。"（明）朱国祯《涌幢小品·兽之属》："正德十年十二月。麻城县有熊。飞过县治。获之。此可证飞熊之说。"按，《二申野录》系于正德十三年。

己卯（正德十四年，1519年）春正月朔，杭州冰有花[1]。常州地震，有声如雷[2]。二月，增城（今广东增城）、博罗（今广东博罗）地震[3]。香山（今广东中山）雨雹。琼州（今海南琼山）大雨霾，黑不见人面，经寅、卯二时[4]。三月二十五日，京师阴霾昼晦，宫城内，海子水溢四五尺，拆桥下铁柱[5]。吴郡临顿路金氏旧杨木肉杌忽生枝条十余，青色。崇德县高田村民家掘地得活小儿，即时焚死[6]。江西有黑云、红云，若相斗状，久之分为两城人马，汹汹若攻城，城中人应之[7]。夏四月十五日，月食[8]。

江西大雨，小孤山平陷于鄱阳湖，水溢，城中丈余，沿江之地亦尽泻去，人民死者不可胜计[9]。诸暨西隅郦暖家母鸡化为雄，尾长二三尺，如锦绶，冠羽俱异[10]。六月夜，有一星，明如日。河间（今河北河间）大灾疫[11]。丙子，宸濠反，巡抚副都御史孙燧、按察副使许逵死之[12]。（原注：时日雷霆大震，苍蝇无数，集头上。舟行至江上，风不利，欲转，问是何地，对曰"黄石矶"，音协"王失机"，怒斩舟人[13]。先时，童谣曰：若要江西反，除非蚌生眼。后城中小儿俱以蚓壳穿摩，贯手指中为戏，虽官府禁之不止[14]）。秋七月，提督南赣军务副都御史王守仁及吉安（今江西吉安）知府伍文定起兵讨宸濠，复南昌[15]。宸濠至鄱阳湖，伍文定督兵逆战，败之。丁巳，宸濠擒[16]（原注：郭正域严谥典疏云[17]：兵部尚书伍文定，松滋人，崇尚节义，善骑射，知兵法，议论慷慨，初仕以事，忤刘瑾，逮诏狱。瑾诛，起官，其守吉安也，知宸濠必反，预修军需。及濠反，移徙檄远近，人心汹汹，文定发卒迎；王守仁至，进曰：此贼暴虐无道，久失人心，若号召各都邑义勇为进取，图贼不难破也。日夜筹划器械粮草，旬日间皆具，诸路官兵响应。濠既出，文定遂将前锋攻破南昌，濠师还救，迎战于王家渡。文定立矢石中督战，炮火燎其须，不动。潜为火攻具，一夕皆备，黎明乘风举火，烟焰涨天，贼众大溃，遂擒濠。他所建竖，如擒永丰巨寇赖招寿等四百余人，类有大过人者。文定孤忠自信，遇事敢为，而不能与时为俯仰，故功名甚著，乃以龃终其身，为志士所深惜。已上详载实录及各官书册，应宜首为补谥者也[18]）。八月，余姚（今浙江余姚）民讹言鸡为妖，尽杀之[19]。冬十月十六日，月食[20]。十一月丁卯，琼州雷[21]。

【1】万历《杭州府志·郡事纪中》："正德十四年，春正月朔，冰有花。按，《武林纪事》：元日，民居屋瓦俱结成花朵，阴处数日不解。"乾隆《浙江通志·祥异下》引《杭州府志》："正德十四年正月，杭州屋瓦冰结皆成花朵，如是者数日。"

【2】康熙《常州府志·祥异》："正德十四年，江阴大水。正月，地震，有声如雷，庐舍摇动。"

【3】嘉靖《惠州府志·祥异》："正德十四年四月，惠州地震。"光绪《惠州府志·郡事上》："正德十四年，惠州地震。"嘉靖《广东通志初稿·祥异》："正德十四年，三月，增城地震。"按，增城、博罗县均属惠州。

【4】万历《广东通志·杂录》："正德十四年二月十二日，琼州旱，天大雨霾，黑不见人面，经寅、卯二时。"嘉靖《广东通志初稿·祥异》："正德十四年，春二月，香山雨雹，琼州大雨霾。按，不辨人面，经寅、卯二时。"

【5】《明武宗实录》："正德十四年二月丁丑，辰时，京师地震，风霾，至于次日乃息。三月丁未，大学士梁储言：'旬日以来，风霾大作。'"（明）王圻《续文献通考·物异考·水灾》："武宗正德十四年己卯春，京师水溢。"（明）王圻《续文献通考·物异考·昼晦》："正德十四年己卯春，京师风霾、昼晦、水溢。"

【6】（明）郎瑛《七修类稿·奇谑类·掘地得人》："正德末，崇德地名高田村。民家掘地得活小儿。即时烧死，此又不知何异也。"

【7】（明）来集之《倘湖樵书·宁藩先兆》："《续耳谈》云：正德间，江西有黑云、红云若相斗者，久之则分为两城人马，汹汹若攻城状，城中人应之。明年，宁藩叛。"

【8】《明武宗实录》："正德十四年，夏四月，己卯夜望，月食。"

【9】（明）郎瑛《七修类稿·天地类·小姑山没》："正德十四年四月，江西大雨，小姑平陷于鄱阳湖，遂不知其处，而一陇来脉之山，尽皆崩之，水溢城中丈余，城外沿江之地，澎湃而尽泻去矣，人民死者，不可胜计；水退后，沙场积有死者黑龙一条，蛟二十余条。明年，宁王叛逆，为其死者众也。予以此水之大，蛟之死，特为之兆耳。"（明）王圻《稗史汇编·灾祥门·祥瑞类》亦载。按，小孤山又名小姑山，为与位于鄱阳湖中的大孤山区别而名，位于安徽宿松县城东南65公里的长江中，南与江西彭泽县仅一江之隔，西南与庐山隔江相望，是万里长江绝胜奇景，山下江水滔滔，海潮至此，不复而上，故有"海门第一关"之称。

【10】万历《绍兴府志·灾祥》："正德十四年，西隅郦暖家母鸡，尾忽长二三尺，如锦绶，冠羽俱异，人聚观之，纵之长山，听其所之。"乾隆《诸暨县志·祥异》亦载。

【11】嘉靖《河间府志·祥异》："正德十四年季夏朔，夜一星如日晢明。是年大疫。"

【12】《明武宗实录》："正德十四年六月丙子，宁王宸濠反，巡抚江西都御史孙燧，按察司副使许逵死之。"

【13】见于（明）李诩《戒庵随笔·举逆祸兆》。

【14】见于（明）李诩《戒庵随笔·江西蚌眼谣》。

【15】王守仁：字伯安，浙江绍兴府余姚（今浙江余姚）人，因曾筑室于会稽山阳明洞，自号阳明子，所以学者称之为阳明先生，亦称王阳明。他是明代著名的思想家、文学家、哲学家和军事家。他创立"阳明心学"，对孔孟儒学的发展有很大贡献。明孝宗弘治十二年（1499年）会试，赐二甲进士第七人，观政工部。武宗正德十一年，受任右佥都御史、巡抚南赣，很快剿平了当地的土匪武装。正德十四年受封在江西南昌的宁王朱宸濠举兵谋反。王阳明率吉安知府伍文定等官员募集军队应战，仅35天就平定了宸濠之乱。明世宗嘉靖六年（1527年），诏令王阳明以原先的官职兼左都御史，总

督两广兼巡抚，前往两广平定当地卢苏、王受造反。卢苏等畏于王阳明的英名，纷纷降服。王阳明又出动大军剿灭了当地势力最强的断藤峡叛军，两广平定。嘉靖七年病逝于归途。名穆宗隆庆时追赠新建侯，谥文成。《明史》有传。

伍文定：字时泰，湖广松滋（今湖北松滋北）人，明弘治十二年（1499年）进士。任常州推官时以事忤逆刘瑾，已升成都府同知，仍被追逮诏狱，削职为民。待刘瑾受诛，伍文定补嘉兴府同知。升河南府知府，当时江西吉安多盗，于是调伍文定任吉安知府，即擒永丰巨寇赖招寿等四百余人、平桶冈畲贼二千余人，得渠魁谢志山等。正德十四年平定宁王朱宸濠叛乱，论功第一，擢江西按察使。明世宗即位，进右副都御史，提督操江。嘉靖三年（1524年），讨获海盗董效等二百余人。嘉靖六年，召拜兵部右侍郎，其年冬擢右都御史，代胡世宁掌院事。云南安铨、凤朝文起事，诏进文定为兵部尚书，提督云南、四川、贵州、湖广军务，督军讨伐。嘉靖八年，四川巡按御史戴金，尚书方献夫、李承勋弹劾伍文定好大喜功，伤财动众。伍文定遂致仕。嘉靖九年七月卒于家。天启初，追谥忠襄。

【16】《明武宗实录》："正德十四年秋七月丁巳，知府伍文定等败宸濠兵于樵舍，知县王冕兵获宸濠。"

【17】《明史·礼志·凶礼三·赐谥》："万历三十一年，礼部侍郎郭正域请严谥典。议夺者四人：许论、黄光升、吕本、范廉；应夺而改者一人：陈瓒；补者七人：伍文定、吴悌、鲁穆、杨继宗、邹智、杨源、陈有年。"

【18】按，此注均节录于《明世宗实录》嘉靖九年十月辛未。

【19】万历《绍兴府志·灾祥》："正德十四年八月，余姚民言鸡为妖，尽杀之。"光绪《余姚县志·祥异》："正德十四年，余姚夏旱饥，秋海溢。讹言鸡为妖，尽杀之。"

【20】《明武宗实录》："正德十四年，十月乙亥夜，月食既。"

【21】嘉靖《广东通志初稿·祥异》："正德十四年，冬十一月丁卯，雷。"

庚辰（正德十五年，1520年）春正月，彗星见[1]。三月癸丑朔，日有食之[2]。夏四月，淮安大水，舟楫通于旧城南市桥[3]。五月，江西大水[4]。秋八月癸未，杭州大雨雹[5]。南雄（今广东南雄）民间讹言生佛见[6]。澄迈（今海南澄迈）田移[7]。杭城邓副使家厨下有柴，忽放光，如月明，照耀墙壁，移至他处，其光依然，如此十余日方止[8]。冬十月十五日，月食[9]。十一月，大麦秀有至亩许者[10]。

【1】（明）王圻《续文献通考·象纬考·彗孛》："正德十五年，彗星见。"

【2】（明）王圻《续文献通考·象纬考·日食》："正德十五年庚辰，春三月癸丑朔，日食。"

【3】按，有记载弘治十六年（1503年）山阳县（今江苏淮安）大水，舟楫通至旧城南市桥。

【4】王圻《续文献通考·物异考·水灾》："正德十五年庚辰夏五月，江西大水。"

【5】万历《杭州府志·郡事纪中》："正德十五年，秋八月癸未，仁和县大雨雹。按，二十八日，仁和小林地方，周一二十里，下冰雹，大者如斗，小者如核，坏田禾树木。"

【6】万历《广东通志·杂录》："正德十五年，南雄府民间讹言生佛见。"

【7】乾隆《琼州府志·灾祥》："正德十五年八月，澄迈西隅都民曾孜有石窟下邱田，连苗移至上邱田之上，叠高数尺。"光绪《登迈县志·纪异》："正德十五年八月，曾家西都民曾孜石窟田，下邱连苗移叠上邱约高几尺，下丘田成水，名曰白窟塘。"

【8】（明）郎瑛《七修类稿·奇谑类·柴光》："正德庚辰（十五年，1520年），回回新桥邓副使家灶下，有柴一堆，忽然放光，如月之明，照耀墙壁，移置他处，其光亦然，如此十余日方止。后亦无他事。"

【9】《明武宗实录》："正德十五年，四月癸酉夜，月食。"

【10】按，指大麦吐穗开花。长江流域的冬大麦一般是11月初播种完毕，一年两熟或三熟。

辛巳（正德十六年，1521年）春正月，有星孛于东南，顷之，横绝东西，复为钩屈[1]。费宏少保、户部尚书，仍直文渊阁[2]。二月，长安（今陕西西安）大雷电以风雨白毛。山阴（今浙江绍兴）地震[3]。浚白茅河[4]。有鸟黑色，大如象，飞集长安门内大树，数月方去[5]。三月癸丑朔，日有食之[6]。琼州（今海南琼山）庆云见，有黑云盖其上，白气射之亘天[7]。夏四月，命礼部会议兴献王主祀称号（原注：礼部尚书毛澄请之，内阁杨廷和取《文献通考》检汉定陶王、宋濮王，事授之曰：是足为据。时会试中式举人张璁即诣礼部侍郎王瓒，具论皇上实入继大统，非为人后，与汉哀帝、宋英宗事体不同。瓒然之，廷和遂令言官指摘瓒失，调南礼部，而以侍读学士汪俊代之。五月癸丑，吏部尚书毛澄等上议：汉成帝立定陶王为太子、立楚孝王孙为定陶王，奉其王祀。其王皇太子本生父也，时大司空师丹以为恩义备至。今皇上入继大统，宜别立兴献王后以主祀事，宜令益王第二子崇仁王厚炫袭封、奉祀。又称号，宋英宗以濮安懿王之子继仁宗，时知谏院司马光议曰：秦汉以来，有自旁支入承大统，推尊其父母为帝后者，皆见非当时，取议后世。臣以为濮王宜尊以高官大爵，称皇伯而不名。程颐论曰：为人后者，谓所后为父母，而以其所生者为伯叔父、母，此天地之大义，生人之大伦也。要当揆量事体，别立殊称，若曰皇伯叔父、母，某国大王。今皇上既入嗣大宗，承天地宗庙社稷，宜称孝宗皇帝为皇考，改称兴献王（朱祐杬）为皇叔父、兴献大王，兴献王妃为皇叔母、兴献大王妃。凡祭告兴献王，上笺兴献王妃，俱自称侄皇帝，名崇仁王为兴献王后。宜改称兴献王为考，兴献王妃为母，益王称叔父、益王妃，叔母。议上。上曰：父母可移之乎？此事体重大，其再议。丙寅，礼部尚书毛澄等又议：兴献王继嗣，以崇仁王袭封，皇上称兴献王曰皇叔父大王，自名，尊崇至矣，因录宋程颐议以上。上复命博考典礼，务求至当。丙子，内阁杨廷和、蒋冕、毛纪上言：圣莫如舜，未闻追崇其所生父瞽瞍也。贤莫如汉光武，未闻追崇其所生父南顿君也。六月甲申，毛澄等仍上议：武宗皇帝以神器授之皇上，恩德无比，所谓有父道焉者，特以兄弟昭穆之同，不可为世，故止称皇兄；孝庙而上，称祖、曾、高，以次加称。兴献王虽于皇上有罔极恩，断不可以称诸孝庙者称之也。录魏明帝诏以上。留中不出）[8]。台州（今浙江台州）大疫[9]。淮安（今江苏淮安）大水[10]。秋七月，高明（今广东佛山高明区）大雨雹[11]。观政进士张璁上大礼疏[12]。杭州自八月不雨，至十二月[13]。除进士张璁南京刑部主事。

【1】（明）王圻《续文献通考·象纬考·彗孛》："正德十六年，春正月，有星孛于东南，顷之，横绝东西，复为钩屈。"按，星孛：星孛是我国古代对彗星的称呼，又称蓬星、长星，被视为妖星。

【2】费宏：字子充，号健斋，又号鹅湖，江西铅山人。明宪宗成化二十二年（1487年）状元，授翰林院修撰。明武宗正德二年，升为礼部右侍郎，后转为左侍郎。正德五年为礼部尚书，次年兼文渊阁大学士，参预机务，官至太子太保、武英殿大学士，进为户部尚书。宁王朱宸濠蓄意谋反，通过武宗幸臣钱宁送彩币珍玩结交费宏，均遭到拒绝。他在钱宁一伙的攻讦下，被迫辞归。明世宗即位后，重新起用，加少保，进入内阁，与其他辅臣一起革除武宗弊政。首辅杨廷和辞职后，费宏担任首辅，加少师

兼太子太师、吏部尚书、谨身殿大学士。嘉靖六年二次致仕。嘉靖十四年，再度复官，世宗赐“旧辅元臣”银章。晚号湖东野老。卒于世宗嘉靖十四年（1535年），谥文宪。

【3】嘉庆《山阴县志·机祥》：“正德十六年二月，地震。”

【4】白茅河又称白茆塘，是江苏地区通长江的重要排涝水道，历史上曾多次疏浚。

【5】（明）冯梦龙《古今谭概·海雕》：“正德末，有鸟黑色，大如象，舒翅如船篷，飞入长安门内大树上。弓弩射之，皆不入。民家所养鹅，被啄而食之，如拾蛆虫然。数月方去。人以为海雕也。”

【6】（明）王圻《续文献通考·象纬考·日食》：“正德十六年辛巳，春三月癸丑朔，日食。”

【7】万历《广东通志·杂录》：“正德十六年三月二十七日，申时，庆云见于琼州郡西，初轮囷上下互结，须臾升合，有黑云盖其上，白气射之亘天。”雍正《广东通志·编年志一》：“正德十六年三月二十七日，申时，庆云见于琼州郡西，初如二华盖，须臾有黑云覆于上，白气射之亘天。”

【8】兴献王：兴献王即朱祐杬，明宪宗第四子，明世宗之父，明孝宗异母弟。宪宗成化二十三年七月受封兴王，孝宗弘治七年九月，到湖广安陆州（今湖北钟祥）就藩。武宗正德十四年六月卒，赐谥“献”，所以又称兴献王。其子朱厚熜年十三岁，先以世子理国事，正德十六年三月袭封为兴王。五日以后武宗卒，因没有儿子继承帝位，皇太后和首辅杨廷和定议，迎立武宗堂弟兴王朱厚熜即位，即明世宗嘉靖皇帝。

由于朱厚熜是继承的孝宗长子武宗的帝位，所以按照封建统嗣体系他应以孝宗为父，可是即帝位后，他自立统嗣体系，不顾朝臣反对，发动“大礼议”，追尊生父朱祐杬为皇帝。这就是他命礼部会议兴献王主祀称号的用意。正德十六年（1521年）十月，推尊朱祐杬为“兴献帝”；嘉靖二年（1523年）“命兴献帝家庙享祀乐用八佾”；三年（1524年）三月又加尊为“献皇帝”，可是他还不满足，还要“加称号以极尊崇今加称兴献帝为本生皇考恭穆献皇帝，兴国太后为本生母章圣皇太后”。七月，反对派见此，“大集群臣九卿23人，翰林21人，给事中、御史、诸司郎官及吏部、户部、礼部、兵部、刑部、工部、大理寺属及大学士毛纪、石瑶等200余人，相继跪在左顺门，自早至午”。世宗数次命司礼监传其手谕，令群臣退去，可是群臣依然“伏地如故”，进行抗议。朱厚熜大怒，着锦衣卫将五品以下的在场大臣逮捕杖笞，并杖死其中17人。这220余人全部逐出朝廷，还分别受到入狱、夺俸、贬官、戍边等处罚。用武力“平息”了这场长达3年的“皇考”之争。是月献皇帝神主奉安于奉先殿东室观德殿，上尊号“皇考恭穆献皇帝”，九月改称孝宗敬皇帝曰“皇伯考”，完成了自己的昭穆体系。这一历史事件史称“大礼议”；五年九月奉安恭穆献皇帝神主于世庙；十七年（1538年）九月则追尊庙号为“睿宗”；二十七年献皇帝神主供入太庙。

【9】《临海县志·自然灾害》：“正德十六年，大疫。”

【10】光绪《淮安府志·祥异》:“正德十六年，淮安大水，舟楫通于旧城南市桥。”

【11】嘉靖《广东通志初稿·祥异》:“正德十六年，夏四月，清远大水，高明雨雹。”

【12】张璁：字秉用，永嘉人。正德十六年进士，观政礼部。当年武宗卒，世宗继位，自立统嗣体系，发动“大礼议”，追尊生父朱祐杬为皇帝。朝臣以首辅杨廷和等数百人纷纷反对。张璁投合世宗的私心，七月上《大礼疏》，曰：“朝议谓皇上入嗣大宗，宜称孝宗皇帝为皇考，改称兴献王为皇叔父，王妃为皇叔母者，不过拘执汉定陶王、宋濮王故事耳。夫汉哀、宋英皆预立为皇嗣，而养之于宫中，是明为人后者也。故师丹、司马光之论，施于彼一时犹可。今武宗皇帝已嗣孝宗十有六年，比于崩殂，而廷臣遵祖训，奉遗诏，迎取皇上，入继大统。遗诏直曰：‘兴献王长子伦序当立。’初未尝明著为孝宗后，比之预立为嗣，养之宫中者，较然不同。夫兴献王往矣，称之以皇叔父，鬼神固不能无疑也。”极力主张宜别为世宗的本生父兴献王“立庙京师，使得隆尊亲之孝，且使母以子贵，尊与父同。则兴献王不失其为父，圣母不失其为母矣”。从此，张璁得到世宗的宠信，授南京刑部主事。嘉靖十年二月，张璁以自己的名字和世宗朱厚熜同音，请求更名避讳。嘉靖皇帝就赐名孚敬，字茂恭，还亲书“孚敬”和“茂恭”四字赐给张璁，从此张璁就更名为张孚敬。官至内阁首辅、太子太傅、吏部尚书、谨身殿大学士。嘉靖十八年病卒。

【13】万历《杭州府志·郡事纪中》:“正德十六年，自秋八月不雨，至于十二月。”

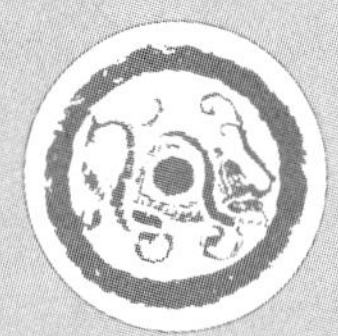

卷 四

嘉靖壬午（嘉靖元年，1522 年）至嘉靖丙寅

（嘉靖四十五年，1566 年）

壬午（嘉靖元年，1522年）春正月朔，元旦立春，凤阳（今安徽凤阳）地震[1]。夜见金星犯牛宿[2]。清宁宫小室灾[3]。（原注：杨廷和、蒋冕、毛纪、费宏[4]上言：火起风烈，迫清宁宫后殿，岂非兴献帝、后加称，祖宗列圣神灵容有未安者？天意昭然，于此可见矣。给事中邓继曾、主事高尚贤、郑佐亦言：火之为灾，阴极之变也。五行火主礼，今日之礼于名曰紊，于理曰逆，废礼甚矣。阴极变灾，废礼之应也）。杭州旱，河渠枯涸[5]。蓟州遵化县梅小儿年十数岁，狂风起，吹空中，至六十余里，堕卢儿岭[6]。京师民米鉴妻二月十一日生一子，十二日生一子，十三日生一子[7]。闽县有孕妇采蔬园中，虎逾园攫取妇，坐之，妇惊怖几绝，家人共驱，虎去始苏，后产一虎，弃之；再产一子，虎首人身，又弃之，三产人也，面目犹虎[8]。二月，绍署（即绍兴衙署）火焚东廊，黄册库、仪仗库俱焚。渔人于苕溪中网得一圆石如鹅子，内铿然有声，击碎之，有铜牌一方，上镌宣圣二字[9]。三月，杭州大水[10]。河南开封府及汝州（今河南临汝）水灾[11]。夏六月，南京暴风雨，江水溢坏宫阙、城垣、民居[12]。上海东乡万全妻生一子，头顶左右各有肉角，目在额上而甚圆，双睛突露，声不类儿啼，遂弃诸河[13]。秋七月乙巳朔，南京（今江苏南京）大风自北来，飞屋瓦，树木尽拔。二十四日戊辰至次日己巳，大风雨，江海溢[14]。冬十二月，武城县（今山东武城）西城楼角南，有孔出白气如烟，七日乃止[15]。嘉靖初，童谣云：前头好个镜，后头好个秤。镜也不曾磨，秤也不曾定。又云：嘉靖二年半，秫黍磨成面，东街咽瞪眼，西街吃磨扇。姐夫若要吃白面，只待明年七月半。又云：太庙香炉跳，午门石狮叫，好群黑头虫，一半变蛤蚧，一半变人龙[16]。

【1】光绪《凤阳县志·纪事》："嘉靖元年，正月朔，地震。夏蝗，冬大饥。"

【2】《明世宗实录》："嘉靖元年正月丙辰，金星犯牛星。"按牛宿是北方第二星宿，因其星群组合如牛角而得名。

【3】《明世宗实录》："嘉靖元年正月己未，清宁宫后三小宫灾。"王圻《续文献通考·物异考·火灾》："嘉靖元年正月十一日，清宁宫小室灾。"（明）陈建《皇明从信录》："嘉靖元年正月，乾宁宫小室灾。杨廷和言：火发风迅，且迫清宁后殿，岂兴献帝后加称，

祖宗神灵或有未协者乎？"

【4】按，嘉靖元年内阁的四位阁臣。《明史·宰辅年表二》："嘉靖元年壬午：杨廷和、蒋冕、毛纪、费宏。"

【5】万历《杭州府志·郡事记下》："嘉靖元年春，杭州旱。按，时久晴无雨，河渠枯涸。"

【6】（明）施显卿《古今奇闻类记·风吹小儿升空》引《蓟州志》："嘉靖元年，蓟州遵化县梅小儿，年十数岁，被狂风吹空中，至六十余里卢儿岭头方止，久之乃苏。"

【7】（明）谢肇淛《五杂俎·人部一》嘉靖初，京师民米鉴妻，二月十一生一子，十二生一子，十三生一子。

【8】（明）王同轨《耳谈·闽县孕妇》："嘉靖间，闽县有孕妇摘蔬园中，虎逾园攫取妇，坐之。妇惊怖神散，良久家人共驱虎去，妇稍苏。后生一虎，弃之；再产一子，虎首而人身，又弃之；三产人也，而面目犹虎，及长无他，但多力耳。"（清）赵吉士《寄园寄所寄·灭烛寄·虎》亦载。

【9】（明）王文禄：《文昌旅语》："谦谦子曰：嘉靖初年，渔人于苕溪中网得一石，圆大如鹅子，内铿然有声，击碎之有铜牌一方，上刻宣圣二字。东沙刘子熠曰：其殆前次开辟有此牌，浑沌之时灰砂滚而包裹之者乎？"

【10】万历《杭州府志·郡事记下》："嘉靖元年三月，杭州大水。"

【11】（明）陈建《皇明从信录》："嘉靖元年三月，以水灾免河南开封、唐及汝州秋税。"

【12】《明世宗实录》："嘉靖元年七月己巳，是日南京暴风雨，江水涌溢，郊社、陵寝、宫阙、城垣、吻脊、栏楯皆坏，拔树至万余株。大江船只漂没甚众。直隶凤阳、扬州、庐州、淮安等府同日大风雨雹，河水泛涨，坏官民庐舍树株，溺死人畜无算。"（明）陈建《皇明从信录》："嘉靖元年六月，南京风雨暴至，江水泛溢，城垣宫室大坏，民多溺死。"

【13】康熙《上海县志·祥异》："嘉靖元年六月，上海东乡黄氏家仆万全妻生一子，头顶左右各有肉角，目在额上而圆甚，双睛突露如夜叉，声亦不类儿啼，遂弃诸河，或谓旱魃。"

【14】万历《应天府志·郡纪下》："嘉靖元年七月，大风自江北来，屋瓦皆飞，树木尽拔。"《明世宗嘉靖实录》："嘉靖元年七月丙午，御史陈德鸣言顷者四方灾异屡形……疏下礼部。"王圻《续文献通考·物异考·水灾》："嘉靖元年七月二十五日，南京大风雨，拔木毁屋。大江水高丈余，漂覆舟船，浮尸无数。"（明）王圻《稗史汇编·灾祥门·祥瑞类》："嘉靖元年七月二十五日，未申时，海风大作，沿江林木合抱者皆摧拔。至夜半，风势转烈，平地水高二丈余。江海混为一壑，茫无涯岸。巨木在高阜者，惟露枝梢。沿江舳舻、庐舍皆漂溺，人死者无数。父老相传，百年来无此异也。"（明）

王圻《稗史汇编·志异门·怪异总纪》："嘉靖元年七月，吴越大风，发屋拔木，江南皆溢，死者不可具算。"

【15】嘉靖《武城县志·祥异》："嘉靖元年壬午十二月，映碧楼南有孔出白气如烟，七日乃止。"

【16】见于（明）杨慎《古今风谣·嘉靖初童谣》。

癸未（嘉靖二年，1523年）春正月，应天（今江苏南京）、凤阳（今安徽凤阳）、山东、河南、陕西地震[1]。南京大旱，米价腾涌，人相食[2]。二月，诸城（今山东诸城）大风，昼晦，人迷归路，树间搏击有火光[3]。夏五月丁丑，雷雨交作，击观星台候风竿，连石座碎之[4]。杨廷和致仕。秋七月初五日，夜，兴化府（今福建莆田）见星入于月。太湖居民见牛头出水面者以百数，涌涛喷沫，数日乃绝[5]。又见太湖龙与蚌斗，声震山谷四昼夜[6]。七月、八月，杭州大风潮[7]（原注：《武林纪事》：七月初五日处暑时，方久旱。此日狂风暴雨拔木，约五六十处。天开河等处有水涌溢，漂流庐舍数百家，冲决塘坝，海水倒流，城中河水皆盐。至八月初三日，大风涌潮，冲去太平门外沙场庐舍百余所）。云南曲靖卫舍人胡晟妻产一男，两头，四手，三足[8]。西溪民妇生子，两头一身，而五脏在外[9]。溧阳（今江苏溧阳）一富翁家忽失去账簿，寻至檐溜下大雨水中，取而视之，纸复不湿，凡得利于前而名犹存者，悉皆除去[10]。乐会（今海南博鳌镇乐城村）地震，有声如雷[11]。新宁石门（今湖南新宁石门）雨血[12]。九月，科臣彭汝实言：迩者黄风黑雾，春旱冬雷，天变于上者屡矣，地震泉竭，扬沙雨土，地变于下者屡矣。群小渐张，盗贼公行，草妖木异，人物之变屡矣。昔人云：怒予之天，犹可为也[13]。忘予之天不可为也冬十二月，华湘摄钦天监事请修历，不报[14]（原注：支大纶曰[15]：授时历法虽起至元辛巳，而不以辛巳为历元[16]。其法以七千二百五十七万六千为一元，之中平分天、地、人三元，每元计二千四百二十九万二千。自太乙甲子至嘉靖四十三年甲子，已五千二百九十五万八百四十矣，是天地二元也。今当一千九百六十一万七千六百已在人元。后推将来，每年增一，前考以往，每岁减一，是以太乙甲子为历元，而不从辛巳也。今以辛巳为历元者，历家以世远难竟，故截去始元，而以辛巳耳。岁差之法，起于子半虚六度，约下十六年而退一度。自尧至洪武甲子退四十九度五十七分，故冬至日躔箕七度七十七分。正统甲子退五十度四十一分，故冬至日躔箕六度九十六分。弘治甲子退五十一度二十四分，故冬至日躔箕六度十三分。嘉靖甲子退五十二度七分，故冬至日躔箕五度三十分。以后，每度约退一分三十八秒四十九微。自嘉靖初至今壬午六十一年，又退九十三分，非复至元旧也。日食多寡则里差之法，当讲者，日轮大，月晕小，故在下望之相；掩南北不同，每千里约差一分；东西不同，每千里约差数刻。正德甲戌日食，推步八分六十七杪，而闽广至食既。万历乙亥日食，京师未甚，而苏、松至昼晦，则南北地势然矣[17]。陆深[18]曰：历家大抵以漏刻极长于六十，极短于四十。尝闻前辈言，惟正统己巳，官历昼刻三十九，夜刻六十一，以为阴过，故有土木之变。元授时历，则长极于六十二刻，短极于三十八刻，以为验于燕地稍偏北故。然外国有蒸羊脾未熟而天明者，则短又不止于三十八刻而已。岂漏刻随日因地有不同者如此。初不全系于阴阳之消长也）。凤阳（今安徽凤阳）冬阴三月[19]。淮安大疫[20]。

【1】《明世宗实录》："嘉靖二年三月戊申，云南府地震有声如雷；辛亥，云南曲靖府地震；甲寅，陕西宁夏地震有声。五月庚午朔，四川威州（今四川汶川）、茂州（今四川茂汶羌族自治县）地震；辛未，陕西同州（今山西大荔）地震；甲戌，山西蒲州（今山西永济）地震有声；六月己未，夜山东即墨县（今山东即墨）地震有声；九月甲戌，山西隰州（今山西隰县）地震有声；十二月己酉，宁夏地震。嘉靖三年春正月丙寅朔，南京地震有声，直隶开州浚县、东明县、陕西西安府、河南开封府及许州皆震。"（明）陈建《皇明从信录》："嘉靖二年正月，应天、凤阳、山东、河南、陕西地震。"

【2】万历《应天府志·郡纪下》："嘉靖二年，大旱。米价腾涌，人相食。"

【3】明万历《诸城县志》载："明嘉靖二年（1523 年）春二月，大风，昼晦。树木相搏击出火。"又载："嘉靖四年（1525 年）夏四月，有风如火。日平明忽风，如火炽。行路人中之，悉病伤寒，多者至死。农夫不知避忌，死者尤众。"按，干热风，当地俗称火风。多发生于春末夏初。

【4】《明世宗实录》："嘉靖二年五月丁丑，卯时，雷雨交作，击观星台候风杵，连石座碎之。"（明）王圻《续文献通考·物异考·雷震》："嘉靖二年五月初九日，雷击东城各地方旗竿共六根。"

【5】(明)王圻《稗史汇编·志异门·动物之异》:“嘉靖二年,吴中大旱,七月中太湖居民见牛头出水面者以百数,涌涛喷沫,数日乃绝。”

【6】乾隆《吴县志·祥异》:“嘉靖二年六月,太湖有龙与蚌斗,声震两山。龙自云端直下,其爪可长数十丈;蚌于水面旋转如风,仰喷其涎亦数十丈。三四日乃息。”乾隆《江南通志·礼祥》亦载。

【7】乾隆《浙江通志·祥异下》引《杭州府志》:“嘉靖二年七月,杭州大风潮;八月再作,拔木飘瓦,冲去太平门外百余家。”万历《杭州府志·郡事纪下》:“嘉靖二年,秋七月,杭州大风潮。八月,风潮再作。按,《武林纪事》:七月初二日处暑时,方久旱。此日狂风暴雨拔木,约五六十处。天开河等处有水涌溢,漂流庐舍数百家,冲决塘坝,海水倒流,城中河水皆盐。至八月初三日,大风涌潮,冲去太平门外沙场庐舍百余所。”

【8】《明世宗实录》:“云南曲靖卫舍人胡晟妻生一男,两头四手三足。”

【9】(明)田艺蘅《留青日札·生异类》:“嘉靖初,西溪妇生一子,两头一身,五脏在外。”

【10】(明)田艺蘅《留青日札·天算账》:“嘉靖二年,溧阳一富翁家忽失其账簿,寻至檐溜下大雨水中,取而视之,纸复不湿,凡得利于前而名犹存者,悉皆消除,亦天理也。”

【11】乾隆《琼州府志·灾祥》:“嘉靖二年,乐会地震声如雷。”

【12】万历《广东通志·杂录》:“嘉靖癸未(二年,1523年),新宁石门雨血。”

【13】陈梦雷:《古今图书集成·明伦汇编·官常典·给谏部》:“彭汝实……嘉靖三年因灾异上言:迩者黄风黑雾,春旱冬雷,地震泉竭,扬沙雨土,加以群小盛长,盗贼公行,万民失业,木异草妖时时见告。天变于上,地变于下,人物变于中,而修省之诏无过具文,廷陛之间忠邪未辨。”

【14】《明世宗实录》:“嘉靖二年九月戊寅,钦天监掌监事光禄寺少卿华湘奏:历代治历更改不一,不数世辄差者,由天周有余日周不足所致……延访知历理善立差法之人,令其参别同异,重建历元,详定岁差,以成一代之制。下礼部,议请如所奏。得旨:允其测候。访取秘书,报罢。”

【15】支大纶:《四库全书总目提要》:支大纶,字华平,嘉善人,万历甲戌进士,由南昌府教授擢泉州府推官,谪江西布政司理问,终于奉新县知县。”诗文均有时名,撰《世、穆两朝编年史》六卷。

【16】历元:历元是指我国古代历法推算的起算点。古人一般以朔旦(一月之始)、冬至同在夜半的一天为历元。如又逢甲子日则更为理想。

【17】以上见于(明)陈建《皇明从信录》所引注。

【18】陆深:陆深,字子渊,上海人。弘治十八年进士,二甲第一。选庶吉士,授编修。累官四川左布政使。嘉靖十六年召为太常卿兼侍读学士。世宗南巡,深掌行在翰林院印,

进詹事府詹事，致仕。嘉靖二十三年（1544年）卒，谥文裕。他同时还是明代著名藏书家、文学家、书法家。《明史》有传。按，本段注文系录自陆深《河汾燕闲录》。

【19】光绪《凤阳县志·纪事》："嘉靖二年，夏旱，风霾，人相食。秋，大雨三月。冬，阴三月。"

【20】《明世宗实录》："嘉靖二年七月丁丑，南京大疫，军民死者甚众。巡按御史郑光琬以闻，命抚按有司加意优恤。""嘉靖三年六月庚戌，户部言：去岁灾伤，惟庐、凤、淮、杨四府，滁、和、徐三州为甚，而应天、太平、镇江次之，其余府州县，灾各有差。及席书（凤阳巡抚、侍郎）所报，垂死极贫者四十五万，以疫之死者十之二三。"按，由此可见，这次大疫不仅仅是在淮安，而是遍及长江中下游的安徽、江苏地区。

甲申（嘉靖三年，1524年）春正月，南京地震有声[1]。广州雨雹如卵，破屋杀鸟雀[2]。雷州（今广东海康）地震[3]。山阴（今浙江绍兴）地震[4]。五星聚于营室[5]，司天乐頀上言：星聚，非大福即大祸。聚房周昌，聚箕齐霸。汉兴聚东井，宋盛聚奎，天宝聚尾。禄山乱，占曰：天下兵谋，星聚营室[6]（原注：按三年甲申，春正月元旦丙寅，岁填次营室。丙子，五星咸聚，辛巳，日躔室初度，月食于翼，五星皆伏，而太白独先过壁。田艺蘅曰：甲申正月十一日五星即聚于营室，但太阳未到宫耳。至十六日，太阳躔室初度，木星室四度，火星室七度，土星室二度，金星室十一度，水星室七度，孛星室三度，此天文所罕遘者。每举以问术士多不知其说者，占主朝廷营建[7]）。南畿诸郡大饥，人相食，婺妇刘氏食四岁小儿；百户王臣、姚堂以子鬻母；军余曹洪以弟杀兄；王明以子弑父。地震，雾塞，臭弥千里[8]。二月，杭州大饥（原注：斗米千钱，后增至千三四，有司赈济稻谷人六斗，乡民赴审，枵腹候三四日，饥死仓侧并途间者甚众[9]）。五月，大学士王鏊卒[10]。六月，以张璁[11]、桂萼[12]为翰林学士，方献夫为侍读学士[13]。秋七月，大同五堡军叛杀巡抚张文锦、参将贾鉴[14]。八月，昌化（今浙江临安昌化镇）蝥（音：毛）害稼[15]，余姚（今浙江余姚）螟（音：明）[16]。归善（今广东惠阳）大水[17]。万州（今海南万宁）大风，雨下如注[18]。冬十月七日，有黑白龙斗于太湖之滨，湖、地皆赤，白龙败[19]。

【1】《明世宗实录》："嘉靖三年正月丙寅朔，南京地震有声。直隶开州浚县、东明县，

陕西西安府，河南开封府及许州皆震。丙子，曹州地震。”

【2】嘉靖《广东通志初稿·祥异》：“嘉靖三年，春正月，广州雨雹。三月，高州雨雹。”万历《广东通志·杂录》：“嘉靖甲申（三年，1524年）正月，广州雨雹，顺德尤甚，大如卵，杀鸟雀，破屋。”

【3】万历《广东通志·杂录》：“嘉靖三年，雷州地震。”

【4】万历《绍兴府志·灾祥》：“嘉靖三年二月，山地震。大歉，斗米一钱四分。”嘉庆《山阴县志·机祥》亦载。

【5】《明世宗实录》：“嘉靖三年正月壬午，五星聚于营室。”（明）王圻《续文献通考·象纬考·五星会合》：“嘉靖三年甲申，正月元日丙寅，岁填次营室。丙子，五星咸聚。”（明）王圻《续文献通考·象纬考·太阴五星陵犯下》、（明）田艺蘅《留青日札·五星聚营室》亦载。

【6】（明）朱国祯《涌幢小品·五星聚》。乐頀，与华湘同掌钦天监事。《明世宗实录》：“正德十六年七月乙卯，以南京户科给事中乐頀、工部营缮司主事华湘，俱为光禄寺少卿管钦天监事，以其素精天文历数也。”

【7】按，见于（明）田艺蘅《留青日札·五星聚营室》，但遗漏“每举以问术士多不知其说者”一语，今据补。

【8】王圻《续文献通考·物异考·岁凶》：“嘉靖三年，南畿诸郡大饥，人相食。巡按朱衣言：民迫饥馁，婺妇刘氏食四岁小儿；百户姚臣、王堂以子鬻母；军余曹洪以弟杀兄；王明以子杀父，无复人道。”（明）陈建《皇明从信录》：“嘉靖三年正月，南畿诸郡大饥，人相食。巡按朱衣言：民迫饥馁，婺妇刘氏食四岁小儿；百户王臣、姚堂以子鬻母；军余曹洪以弟杀兄；王明以子杀父。地震，雾塞，臭弥千里。”

【9】《明世宗实录》：“嘉靖三年二月，户部言：近该南京守备太监秦文、魏国公徐鹏举、侍郎席书、御史朱衣各疏报灾请赈。窃计今天下灾，应天、江北最甚，江南次之，湖广又次之。江北人相食，死者遍野，顷又雷电非时，地震千里，昏雾四塞，其气如药，非小变也。”万历《杭州府志·郡事记下》：“嘉靖三年，春二月，杭州大饥。按，《武林纪事》：斗米千钱，后增至千三四，有司赈济稻谷人六斗，乡民赴审，枵腹候三四日，饥死仓侧并途间者甚众。”

【10】王鏊，字济之，号守溪，江苏苏州人。宪宗成化十一年进士，授编修。弘治时历侍讲学士，充讲官，擢吏部右侍郎。武宗正德时官至户部尚书、文渊阁大学士。王鏊为人正直，坚持和宦官集团刘瑾等人斗争，由于得不到武宗的支持，正德四年（1509年）他以武英殿大学士致仕，始终不肯复出。《明史》有传。

【11】张璁：张璁，字秉用，永嘉人。正德十六年进士，观政礼部。当年武宗卒，世宗继位。世宗为了追尊生父朱祐杬为皇帝，自立统嗣体系，朝臣首辅杨廷和等数百人纷纷反对，朝廷中为此发生“大礼议”的争辩。张璁投合世宗的私心，七月上《大

礼疏》，极力主张宜别为世宗的本生父兴献王“立庙京师，使得隆尊亲之孝，且使母以子贵，尊与父同。则兴献王不失其为父，圣母不失其为母矣。”由此，张璁得到世宗的宠信，嘉靖三年由南京刑部主事擢升为翰林学士。嘉靖十年二月，张璁以自己的名字和世宗朱厚熜同音，请求更名避讳。嘉靖皇帝就赐名孚敬，字茂恭，还亲书“孚敬”和“茂恭”四字赐给张璁，从此张璁就更名为张孚敬。官至内阁首辅、太子太傅、吏部尚书、谨身殿大学士。嘉靖十八年病卒。

【12】桂萼，字子实，号见山，江西省余江县锦江镇人。明正德六年（1511 年）中辛未科进士。嘉靖二年（1523 年）升南京刑部福建司主事。在大礼议的争论中，嘉靖皇帝朱厚熜因其生父不能受太庙享祀伤透脑筋。这时桂萼上疏，主张在太庙之侧，另建小祠祭祀，得到嘉靖皇帝的赞许，下令与刘璁一起升为翰林院学士。

【13】方献夫，字叔贤，广东省南海县人。弘治十八年（1505 年）进士。在大礼议中，他主张称孝宗曰“皇伯”，而称嘉靖皇帝的本生父兴献帝曰“皇考”，另外立庙祀之，得到了嘉靖皇帝的赞许。他在张璁、桂萼擢升翰林学士的同时，升为侍讲学士，嘉靖四年冬又升为少詹事。方献夫以投机升官，在朝臣的攻击下，也终于心不自安，以病辞职。嘉靖六年复归朝，官至吏部左侍郎，复代为礼部尚书，加太子太保，但复因得罪人太多而难以立身，遂告病引归，嘉靖二十三年（1544 年）卒于家。方献夫虽然和张璁、桂萼、席书等人一样是以议礼骤贵，为世人所轻，但他对人处事持论还颇平恕，所以人不甚恶之。

《明世宗实录》：“嘉靖三年六月丙午，上命主事桂萼、张璁为翰林学士，方献夫为侍读学士。于是翰林院学士丰熙、修撰杨惟听、舒芳、编修王思，皆不欲与萼等列同，各疏乞归。上皆不允。御史刘谦亨言：萼等曲学偏见，骤得美官，天下士自此解体，宜赐罢黜，以惩奸党。章下有司。”

【14】（明）陈建《皇明从信录》：“嘉靖三年八月，大同军乱，杀巡抚、佥都御史张文锦。”按，嘉靖三年，大同巡抚张文锦、参将贾鉴在镇城北筑五堡城，迁大同城中镇卒二千五百家往戍。镇卒畏惧蒙古往来劫掠，至死不愿前往。张文锦严督参将贾鉴，责罚镇卒队长。有郭鉴、柳忠暨诸骁悍者倡乱，先后杀贾鉴、张文锦，大同军乱。明廷遣按察使蔡天佑为巡抚，使用招安和镇压两手，四年二月最终平息。

【15】万历《杭州府志·郡事纪下》：“嘉靖三年，秋八月，昌化县蝥害稼。”蝥：是一种有毒的昆虫，成虫危害大豆、棉花等农作物。

【16】光绪《余姚县志·祥异》：“嘉靖三年螟，大饥。”螟：指螟蛾的幼虫。它们寄生在稻麦的茎中，吃其髓部，危害很大。

【17】嘉靖《惠州府志·郡事纪》：“嘉靖四年秋七月，归善大水。时积雨弥旬，水乃骤溢，坏公署民居，飘没田禾，人多溺死。”

【18】万历《广东通志·杂录》：“嘉靖甲申（三年，1524 年），乐会、万州飓风大

作，雨落如注，震荡弥空，屋瓦皆飞，居民庐舍十去七八……人亦为覆墙所压，或风递落河海死，牛马豕鹿溺死无算。海舟飘平陆一二里许……父老骇之，以为从古未有也。”乾隆《琼州府志·灾祥》：“嘉靖三年七月，乐会、万州大风，海溢数十里。”

【19】（明）王圻《稗史汇编·志异门·怪异总纪》：“嘉靖三年七月七日，有黑白二龙斗于苏州城西，白者败，走北，黑者追其尾而去。”按，《二申野录》系于十月。

乙酉（嘉靖四年，1525年）春正月二十六日，吴县（今江苏苏州）孔方，年五十四岁，晚行旷野，闻有呼其名者，数次后，每夜梦有一小儿在旁，逾月腹内忽有肉块，日渐长大。越二年，腹痛，谷道产一包，剖之，有男子小躯在内，身长一尺，发二寸许[1]。利津老妪年八十二岁，生子[2]。二月，乐会（今海南博鳌镇乐城村）大雨雹[3]。长垣县（今河南长垣）民王宪家鸡抱卵，内成人形，耳目口鼻四肢具焉[4]。三月，仁寿宫火[5]。夏四月，抚宁州见南海浮来五山，自笔架山外而至，峰峦突兀，上有草木人马，往来贸易，自午逾申乃没[6]。五月，有星流于杭州，自东流西，曳尾长数十丈，光明烛地，至西，火块乱落，有声如雷，闻数十里[7]。秋九月，杭州蝨害稼（原注：自八月间，蕴热不解，蝨生禾根，自细渐大，食禾几尽。生翼飞去，如黑烟冲天，各乡田禾十损八九[8]）。冬十月晦。杭州大雷电雨[9]。十一月，新宁（今湖南新宁）雷鸣三日。十二月乙卯朔，日有食之[10]。徐闻（今广东徐闻）五色异鸟至[11]。是年，岁灾、雨雹、星变不一[12]。

【1】（明）李诩《戒庵老人漫笔·男子生产》：“苏州府吴县九都一图人孔方，年五十四岁，嘉靖二年十月内晚行旷野，两次闻呼其姓名，视不见人。后每夜睡梦中觉有一小儿在傍，如此数次。至十一月间，腹内觉有肉块，日渐长大，嘉靖四年正月内，肚腹时加搅痛，至二十四日谷道出血不止，二十六日巳时产下一包，当即晕倒。妻沈氏惊异，随将磁瓦划开看，有一男子小躯在内，身长一尺，发长二寸，耳目口鼻俱全。邻妇徐氏看，称怪异，即弃撇太湖中，浮晚而去。里老宋盛等申呈巡按御史朱实昌，牌仰县丞戴珍拘送体勘。孔方因病，于五月二十日该县才申送到府，覆审俱同，实为灾异，具本奏闻，仍引宋宣和六年都城卖青果男子事，以祈修省。”（明）王圻《稗史汇编·志异门·怪异总纪》：“嘉靖四年，吴横泾佣孔方，年五十一，自谷道中产一子，形体悉具，翼日乃死，弃之，犬过而不食，亦人异也。”（明）王圻《稗史汇编·志异门·人异》亦载。

【2】（明）徐应秋《玉芝堂谈荟·老妪八十二生子》云："《暖姝由笔》：嘉靖乙酉，濮阳李蒲汀《南行日记》内载：利津有老妪年八十二生子。"

【3】（明）陈建《皇明从信录》："嘉靖四年，乐会大雨雹，会同（今海南琼海附近）大水，申请蠲免田租。"万历《广东通志·杂录》："嘉靖四年，乐会大雨雹，落地大者如弹丸。"

【4】（明）王圻《续文献通考·物异考·鸡异》："嘉靖四年，长垣县民王宪家，鸡抱卵，内成人形，耳目口鼻四肢皆具。"

【5】《明世宗实录》："嘉靖四年三月壬辰夜，仁寿宫灾。"《明史·五行志》："嘉靖四年三月壬午，仁寿宫灾。玉德、安禧、景福诸殿俱烬。"

【6】（清）赵吉士《寄园寄所寄·灭烛寄·异》引（明）何乔远《闽书》："福宁州笔架山在大金海中，嘉靖四年四月二十三日，南海浮来五山自笔架山外而至，峰峦突兀，上有草木人马，往来贸易，阖城聚观，自午逾申乃没，盖海市也。海市现于登莱海中，而偶见于福宁州海中者如此。"又，（明）谈迁《枣林杂俎·义集·海市》："嘉靖四年四月二十三日，福宁州海中浮来五山，自笔架山外而至。山峦突兀，上有草木人马往来贸易。阖城聚观，自午逾申乃没，盖海市也。"

【7】乾隆《浙江通志·祥异下》引《杭州府志》："嘉靖四年五月初七日，杭州有大星自东流西，曳尾长数十丈，光明烛地，乱落有声。十月晦，大雷雨震电。"万历《杭州府志·郡事纪下》："嘉靖四年，夏五月，有星流于杭州。"

【8】万历《杭州府志·郡事纪下》："嘉靖四年，秋九月，杭州蟊害稼。按，《武林纪事》：自八月间，蕴热不解，蟊生禾根，自细渐大，食禾几尽。生翼飞去，如黑烟冲天，各乡田禾十损八九。"

【9】万历《杭州府志·郡事纪下》："嘉靖四年，冬十月晦，杭州大雷电雨。按，《武林纪事》：三十日辰时，大雷震电，一时骤雨如注。"

【10】（明）王圻《续文献通考·象纬考·日食》："嘉靖四年乙酉，冬十二月乙卯朔，日食。"万历《绍兴府志·灾祥》："嘉靖四年十二月乙卯朔，日有食之。"按，嘉靖四年十二月是"乙酉朔"，闰十二月才是"乙卯朔"。（清）龙文彬《明会要·祥异》："嘉靖四年闰十二月乙卯朔，日食。"

【11】《明史·朱制传》附林应骢传：林应骢，亦莆田（今福建莆田）人。正德十二年进士，授户部主事。嘉靖初，升户部员外郎……以大礼议中论救制等，谪徐闻县丞。代其县令朝觐，疏陈时事，多被采纳。民间传说，林应骢在徐闻捐资修建名宦乡贤祠，按古制铸造孔庙祭器，此时有五色鸟来集，其建来凤坊以纪念。

【12】《明世宗实录》："嘉靖四年十月乙未，上以四方灾异，命辅臣撰旨，谕令上下同加修省……近日或雨灾，或星变。朕以惶惧，故命卿等撰旨，省察此非下民之咎，其失在朕也。"

丙戌（嘉靖五年，1526年）春正月，兰溪（今浙江兰溪）地震[1]。二月，畿内饥[2]。五月丁丑朔，日有食之[3]。诸暨（今浙江诸暨）孟氏豕产人，一目，有尾[4]。淳安（今浙江淳安）鸡卵化为蝘蜓[5]。阳江（今广东阳江）、恩平（今广东恩平）大风拔木[6]。南雄（今广东南雄）大雨雹[7]。秋七月朔，江西南丰县雨雹大如碗，形如人头[8]。十七日永春，有物如西瓜从天而下，流转于地，有声若雷。须臾，大发声震裂，众皆昏眩仆地，有震死者。礼部尚书席书奏：有妇人产一子，六目四面，头角，手足各一节，独爪，鬼声[9]。顺德县龙津（今广东顺德龙津）民王伯先犬生四蛇，并犬杀之，腹内复有一蛇，又杀之[10]。麻城（今湖北麻城）民宋氏妇生儿，两头，四臂，四足[11]。八月，鲁迷贡狮一、犀牛一[12]。冬十月十五日夜，澄迈（今海南琼山）天鼓鸣，自北至于西南[13]。万州（今海南万宁）荔枝吐花[14]。十一月，淮河泛溢。

【1】万历《兰溪县志·祥异》："嘉靖五年正月十六日夜，地震有声。"

【2】《明世宗实录》："嘉靖五年正月乙酉，以京师饥民日多，诏养济院月给米，蜡烛、旛竿二寺日给食，务核实以惠穷民。二月壬午，诏官粜太仓米十万石赈济京师饥民。"

【3】（明）王圻《续文献通考·象纬考·日食》："嘉靖五年四月丙戌，夏五月癸未朔，日食。"

【4】万历《绍兴府志·灾祥》："嘉靖五年，诸暨十二都孟氏畜猪产人，一目，有尾。"乾隆《诸暨县志·祥异》亦载。

【5】光绪《淳安县志·祥异》："嘉靖五年，县民项狗家鸡卵十数，抱出皆化为蝘蜓。"

【6】道光《肇庆府志·事记》："嘉靖五年，阳春、恩平大风拔木。"按，《二申野录》书"阳江"，误。

【7】道光《南雄州志·编年》："嘉靖五年夏五月，迅风大雨雹，城屋多圮。"

【8】《明世宗实录》："嘉靖五年七月癸未，江西南丰县雨雹大如碗，形如人头。"

【9】《明世宗实录》："嘉靖五年十月丁卯，礼部言：妇人怪胎，生子三目或四目，反形体不全者，古则有之；至六目，四面，有角，手足各一节，独爪，鬼声，古未有也。"（明）王圻《续文献通考·物异考·人异》、《明史·五行志一》亦载。

【10】嘉靖《广东通志初稿·祥异》："嘉靖五年春，顺德有犬祸。按，龙津民王伯先犬生四蛇，并犬杀之，腹内复有一蛇，又杀之。"

【11】雍正《湖广通志·祥异》："嘉靖五年，麻城民宋氏妇生儿，两头、四臂、四足。"

【12】《明世宗实录》:"嘉靖五年八月己亥,时西番鲁迷,遣使白哈兀丁等,贡狮及西牛方物。"按,鲁迷,今土耳其。

【13】光绪《澄迈县志·纪异》:"嘉靖五年十月十五夜,天鼓自西北方鸣至西南方止。"天鼓鸣:《史记·天官书》:"天鼓,有音如雷非雷,音在地而下及地。其所往者,兵发其下。"一般指天空中原因不明的巨响。

【14】万历《广东通志·杂录》:"嘉靖五年冬月,万州荔枝大干吐花。"

丁亥(嘉靖六年,1527年)夏四月,高明(今广东佛山高明镇)山崩凡二百丈,坏民田四十顷[1]。费宏致仕[2]。舞阳县生麒麟,双角,马蹄,口吐火焰,其声如雷,野人怪而击死[3]。五月丁丑朔,日有食之[4]。河间民李公实妻一产七女[5](原注:《燕闲录》云:"一产而三,有至四者,皆阴气盛,而母道壮也。"[6]矧七女乎)六月甲子,京师雨钱[7]。通州(今江苏南通)西北海啸,平地水高丈余,漂没不可胜计。三日水退,海滨遗一卵甚巨。乡民朱鹤等曳之上岸,滑坚如玉。石工凿之,厚一尺二寸,黄白与鸡卵同,或以油煮食之,味甚美。知州取其壳以盛水,日久不变[8]。秋七月壬辰,南京雨血[9]。八月,命议盐法、钱法[10](原注:陆深曰:吾乡姚氏所藏钱谱,尽裒历代之钱穴,纸谱之奇形异状,无所不有,而各疏时代由来。前辈杨铁崖维祯钱艾纳鼎,俱有论撰。余尝阅之,亦博古之清玩也。或谓钱之通塞,颇系人伦。予少时,见民间所用,皆宋钱,杂以金、元钱,谓之好钱。唐钱间有开元通宝,偶忽不用。新铸者谓之低钱,每以二文当好钱一文,人亦两用之。弘治末,京师好钱复不行,而惟行新钱,谓之倒好。正德中,则有倒三倒四,而盗铸者蜂起矣。嘉靖以来,有五六至九十者,而裁铅剪纸之滥极矣!夫钱之用,本以权轻重,而世终难废。若开元实为轻重之中,鼓铸者宜以为准。然自贾谊通达大体,而钱议为得要领,至南齐孔顗,则曰:"铸钱不可以惜铜爱工。若不惜铜,则铸钱无利;若不得利,则私铸不敢起;私铸不敢起,则敛散归公上;鼓铸权不下分,此其利之大者。"斯乃不易之论。而伊川程氏,亦有"权归公上,而民不犯罪"之说。其变通之道,亦略可睹矣[11])。八月,以张璁掌都察院事,诏讯李福达狱[12]。冬十月,张璁为礼部尚书兼文渊阁大学士,仍兼都察院事[13]。是年钱塘蔡家母猪忽入房卧于床上,其家怪而欲杀之,猪忽人言曰:

我欠汝家债，今已偿完，后当养子以报杜家，非汝所有也。遂生小猪十二头，即领至河滨丛棘中藏之。偶杜某者来蔡家索债，蔡因前怪，即以猪与之，复生五乳[14]。

【1】嘉靖《广东通志初稿·祥异》："嘉靖六年，夏四月，高明山崩凡二百丈。坏民田四十顷。按，自高村抵田心，凡二百丈有奇……压民田十余顷。"万历《广东通志·杂录》亦载。

【2】《明世宗实录》："嘉靖六年二月癸亥，大学士费宏、石瑶乞致仕，许之。"

【3】（明）田艺蘅《留青日札·麒麟》："嘉靖六年，舞阳县生麒麟，双角，马蹄，口吐火烟，其声如雷，野人怪而击死。"

【4】（明）王圻《续文献通考·象纬考·日食》："嘉靖六年丁亥，夏五月丁丑朔，日食，既。"

【5】见于（明）王世祯《涌幢小品·附异林记》。嘉靖《河间府志·祥异》："嘉靖六年，民间妇，一子七女。按，李公窝陈氏妇孕，及期，产七女，皆不立。"

【6】此原注见于（明）陆深《河汾燕闲录》。

【7】（明）释幻轮编《稽古略续集》："丁亥六年五月。京师雨钱，七月南京雨血，日重晕生珥，白虹弥天。"

（明）沈国元：《皇明从信录》："嘉靖六年五月，京师雨钱。"（明）王圻《续文献通考·物异考·天雨异物》："嘉靖六年丁亥五月甲午，京师雨钱。"（明）王圻《稗史汇编·天文门·雨类》："嘉靖六年六月十九日，京师雨钱，惟军职官屋上为多。"

【8】《坚瓠广集·通州异卵》引《说圃识余》："嘉靖六年，通州（今江苏南通）西北海啸，平地水高丈余，漂没不可胜计。三日水退，海滨遗一卵甚巨，乡民朱鹤等曳之上岸，坚滑如玉，令石工剖之，厚尺二，黄白与鸡卵同，其狼藉者尚得一二石。以油煮之，味甚美。知州某，取其壳以盛水，泛至壳口而不溢。一壳在朱鹤家，后鬻于山西盐商，得银半镒。终不识为何物。"

【9】（明）释幻轮编《稽古略续集》："丁亥六年七月，南京雨血。"（明）王圻《续文献通考·物异考·天雨异物》："嘉靖六年秋七月壬辰，南京雨血。"按，雨血云云，应该是云层中夹杂着红土或红色矿物质，随雨落下的现象。

【10】《明世宗实录》："嘉靖六年十二月申辰朔，上谕户部曰：盐课接济边储，泉货流通民田，俱当今急务。迩来盐法、钱法大坏矣。盐法之坏，由余私盐盛行，官盐阻滞；钱法之坏，由于私铸者多，官不为禁。朕又闻，京师市中所用，俱出私铸，前代旧钱及我朝通宝俱阻革不行。今欲盐无私贩，官课流行，私铸禁绝，钱法复旧，以足边储，以平市价，其速议区处禁约事宜以闻。"

【11】此注见于（明）陆深《河汾燕闲录》。

【12】《明世宗实录》："嘉靖五年七月丙戌，都察院左都御史聂贤等言：山西太原府崞县人李福达，初以妖威王良、李钺谋反事连坐，发戍山丹卫，逃还，改名李五清。军御史勾发山海卫，复逃还，寓陕西洛川县，妄称弥勒佛教，诱惑愚众。县民惠庆、邵进禄辈俱往从之，福达以是居积致富"，往来于山西、陕西之间，又挟重资来到北京，"窜入匠籍，以赀纳例为山西太原卫指挥使，其子大仁、大义、大礼俱补匠役，诡能烧炼、和药，往来武定侯郭勋家甚密"，后来事发，其子被官府逮捕，李富达自首，但贿求武定侯郭勋书，抵巡按御史马录为之嘱免。马录不从，判拟李福达谋反，妻子缘坐。嘉靖皇帝传旨："令诛福达父子，并没入其财产，妻子为奴。郭勋令对状，勋具服谢罪，上特宥之。""嘉靖六年八月庚戌，以会讯张寅、李福达事不称旨，下刑部尚书颜颐寿等于诏狱。上命礼部右侍郎桂萼于刑部、兵部左侍郎，张璁于都察院少詹事，方献夫于大理寺各署掌印信，暂管事，仍不妨本衙门事。"

【13】《明世宗实录》："嘉靖六年十月戊申，命兵部左侍郎兼翰林院学士张璁，为礼部尚书、文渊阁大学士，入内阁办事。"

【14】（明）田艺蘅《留青日札·猪妖》："嘉靖六年，吾乡蔡家一母猪，忽入房卧于床上。其家怪而欲杀之，忽作言曰：我欠汝家债，今已偿完，后当养子以报杜家，非汝所有也。遂生小猪十二头，即领至河滨丛棘中藏之。偶杜某者来蔡家索债，蔡因前怪，即以猪与之，复生五乳，讫无他异。因思至正八年，杭州施盐家有母猪自食其子，喂者棰之，即作人言曰：你不喂我食，我饥而自食其子，干你何事。其主怪而将杀之，又曰：我只欠你家钱三千七百五文，卖我足矣，遂货之，得钱如数。二事正相类。"

戊子（嘉靖七年，1528年）春正月，日重晕生珥，右有戟气，又白虹弥天[1]。三月，南赣巡抚汪鋐奏：元日甘露降长、泰（长宁、泰和）等县[2]。增城县（今广东增城）汤氏家生一豕，身豕，头、面、手足皆人[3]。夏四月，谢迁[4]致仕。加张璁太子少保、进少傅、兼太子太傅、吏部尚书、谨身殿大学士[5]。余杭县（今浙江杭州余杭镇）大风雷雹，大者如鸡子，小者如弹丸，密如雨，牛马惊逸[6]。长乐（今福建长乐）塔冈，夜见火光数十丈，尽一更而止[7]。河间（今河北河间）有气如火光，龙形，自空至地，直立于西南，数刻方散[8]。五月辛未朔，日有食之[9]。北畿山东、河南、山西、陕西大旱[10]。京师（今北京）大冰雹。阳江（今广东阳江）大水[11]。海丰（今广东海丰）、碣石（今广东陆丰碣石）大饥[12]。浦城县（今福建浦城）西乡民彭家生一牛三目，继生三角[13]。杭城（今浙江杭州）

官巷口屠家李甲杀猪，吴乙买去，未及烹，第见油膜内，字文隐隐，起膜视之，则油上如印成之书，四行，其文曰："羸官手璧雨身敌，功在鸡鱼则廉矣。"似前后尚有字，乃为众分买去，不能全究[14]。闽中民家生一鸡子，上有："故知吉凶之患"六字。其人惊异疑而剖之，则鲜血一腔耳[15]。杭城菜市桥民家被回禄[16]，掘地得骷髅一枚，如斗大，骨节一支，长五尺许[17]。四川民妇产卵四五十枚，又其家鸡卵生牛，后半身犹带黄未化[18]。余杭县猪生一人，其身、首俱人，惟手足似猪[19]。枫桥（今浙江诸暨枫桥镇）疡医龚家，大龟忽作人言[20]。冬十月，万州（今海南万宁）白气如虹，自西直入天河，凡十夜方灭[21]。常州（今江苏常州）地震[22]。河间（今河北河间）星陨如雨[23]。十二月望，白气亘天，建起乾，指坤[24]。

【1】戟，古代的一种兵器，有尖。戟气，日晕时周围出现似戟的光。日晕是一种大气光学现象，是日光通过卷层云时，受到冰晶的折射或反射而形成的。

【2】（明）王圻《续文献通考·物异考·甘露》："嘉靖七年春正月甲戌朔，甘露降长泰县。"

【3】嘉庆《增城县志·编年》："嘉靖七年三月，县民汤氏家产一豕，豕身，豕头，面、手、足皆人。"万历《广东通志·杂录》："嘉靖七年三月，增城县民汤氏妪家有母豕育一稚豕，豕身，豕头，面、手、足皆人。"

【4】谢迁：谢迁，字于乔，号木斋，成化十一年（1475年）状元。浙江余姚人。他三次入阁，是明朝宪宗、武宗、世宗三朝元老，在孝宗弘治年间与刘健、李东阳同辅国政，被称为一代贤相。正德四年因反对大太监刘瑾，遭到迫害，正德五年（1510年）八月，刘瑾伏诛，谢迁官复原职。世宗嘉靖六年（1527年），诏复起为阁臣，至京同张璁入阁。嘉靖七年（1528年），以老辞官还乡。《明史》有传。

【5】张璁：张璁，字秉用，永嘉人。正德十六年进士，观政礼部。当年武宗卒，世宗继位，自立统嗣体系，发动"大礼议"，追尊生父朱祐杬为皇帝。朝臣以首辅杨廷和等数百人纷纷反对。张璁投合世宗的私心，七月上《大礼疏》，支持世宗的要求，由此取得世宗的信任，官至内阁首辅，太子太傅、吏部尚书、谨身殿大学士。嘉靖十八年病卒。《明史》有传。

【6】乾隆《浙江通志·祥异下》引《杭州府志》："嘉靖七年四月，余杭县旱，忽然大风雷雨雹，大者如碗，小者如鸡子，较雨更密，人民惊走，牛马奔逸。"

【7】嘉靖《惠州府志·郡事纪》："嘉靖七年夏，长乐塔冈火光见。光数十丈，夜见，

人以为火球，尽一更而止。”

【8】嘉靖《河间府志·祥异》：“嘉靖七年夏，异气。按，四月四日五鼓，有气如火光，龙形，自空至地，直立于西南，数刻方散。”

【9】（明）王圻《续文献通考·象纬考·日食》：“嘉靖七年戊子，夏五月辛未朔，日食。”

【10】（明）王圻《续文献通考·物异考·恒旸》：“嘉靖七年，北畿、河南、山东、山西、陕西大旱。”

【11】万历《广东通志·杂录》：“嘉靖七年五月，阳江大水。”

【12】乾隆《海丰县志》：“嘉靖七年，碣石大饥荒，死者相枕藉，守备核报省台，发海丰仓粟二万石赈济。”嘉靖《惠州府志·郡事纪》：“嘉靖七年秋七月，海丰、碣石大饥，死者相枕藉，守备程鉴覆报台省，发永丰仓粟八万赈之。”

【13】（明）王圻《稗史汇编·志异门·动物之异》：“嘉靖七年，浦城县西乡民彭氏家生一牛，有三目，以灰瞎其中一目，久之遂生三角。惧以报官，御史奏闻有司，虑朝廷考实，养于太中寺，凡一年。建宁合郡皆大旱，僧亦苦其役，官返牛浦城，杀之，天乃雨。”

【14】（明）郎瑛《七修类稿·奇谑类·猪肉生字》：“吾杭嘉靖七年五月间，官巷口屠儿李姓偶杀猪，吴姓者买去，未及烹，第见油膜内字文隐隐，起膜视之，则油上如印成之书四行，其色如蜜，其大如豆，其文曰：‘赢官手壁雨身敌，功在鸡鱼则廉矣。’初行五字，第二行二字，第三行五字，末行二字，共四行。似前后尚有字焉，乃为众分买而食之矣，此则亲见者。又闻嘉兴正德年间曾杀一猪，背上三圈，每圈中有王字一个，亦不知何说也。”

【15】（明）田艺蘅《留青日札·鸡鹅妖》：“嘉靖戊子（七年，1528年）闽中民家生一鸡子，上有‘故知吉凶之患’六字。其人惊异，遂献之官府，疑而剖之，则鲜血一腔耳。其壳至今藏于布政司库中。”

【16】回禄：古代相传火神的名字，引申为火灾。

【17】出处不详。

【18】【19】（明）田艺蘅：《留青日札·生异类》：“兵部洪尚书公在四川，报一民妇产卵四五十枚，如鸡、鹅单。又余杭塘南人家鸡卵生牛，后半身犹带黄，未化。余杭猪生一人其身首俱人，惟手足似猪。”

【20】出处不详。按，疡医：疡医即外科医生。

【21】万历《广东通志·杂录》：“嘉靖七年，万州白气如虹，自西直入天河，凡十夜方释。”乾隆《琼州府志·灾祥》：“嘉靖七年冬十月，万州白气如虹，自西直入天河，凡十夜方灭。”

【22】康熙《常州府志·祥异》：“嘉靖七年，旱蝗。冬十月，地震。”

【23】出处不详。按，星陨如雨：这是对流星雨天象的形容。

【24】（明）王圻《续文献通考·象纬考·天变》："嘉靖七年戊子冬十二月望，白气亘天，建起乾，指坤。"按，望日是指农历每月十五日。建：古代天文学称北斗星斗柄所指为建。一年之中，斗柄旋转而依次指为十二辰，称为"十二月建"。乾位，指西北方位。坤，指西南方位。

己丑（嘉靖八年，1529年）春正月朔，风霾，晦如夕[1]。二月甲申，京师旱，躬祷于南郊、山川、社稷，不雨[2]。三月，兴宁（今广东兴宁）、归善（今广东惠阳）大饥[3]。夏四月，帝梦黄衣者数人陛辞南行，其势甚速。学士杨一清曰：黄者蝗也，南方其有蝗乎？是秋，蝗果大至[4]。（原注：初，蝗生与宫中甚多，已而淮南、北皆蝗，吴、浙皆蝗。《类说》云：蝗是吏贪残所致，头赤身黑者曰武官蝗，头黑身赤者曰文官蝗[5]）。五月，天雨黑水于杭州（今浙江杭州）[6]。河南怀庆府济源县（今河南济源）道士宋本澄进红线彩被二、花银瓶一。（原注：云济渎庙池内浮出，赐钞六十锭，劳之。其池时浮出银币借人，如期而还则得，否则祝之不复出，且至亏折矣[7]。）六月，临高（今海南临高）大雨，水伤禾[8]。潮州（今广东潮州）旱，山无遗蕨，民多饿殍[9]。八月初十日，万寿节，总督仓场侍郎刘体乾献瑞禾三穗者四、二穗者九十有六。阁臣徐阶表贺[10]。九月，杨一清致仕[11]。冬十月癸亥朔，日有食之[12]。乾清宫内西七所房灾[13]。饶平（今广东饶平）白虹见于西南三夜，象如刀[14]。十一月，陕西佥事齐之鸾言：臣自七月中由舒（今安徽安庆）、霍（今安徽霍山），逾汝宁（今河南汝南），目击光（今河南潢川）、息（今河南息县）、蔡（今河南上蔡）、颍（今安徽阜阳）间，蝗食禾穗殆尽，及经潼关（今陕西潼关），晚禾无遗，流民载道。偶见居民刈获，喜而问之，答曰：蓬也，有绵、刺二种，子可为面，饥民仰此而活者五年矣。见有以面食者，取啖之，螫口涩腹，呕逆移日，小民困苦可胜道哉！谨将蓬子封题赍献，乞颁示臣工，使知民瘼[15]。十二月，贵州水斗（原注：贵州普定卫有二水，一曰滚塘寨，一曰闹蛙池，相近前后。有吴人从军至此，夜闻水声搏击，既而其响益大，居人开户视之，喷面波涛，竟不可逼，坐以待旦，见二水一涸一溢，人以为水斗云[16])。

【1】(明)王圻《续文献通考·物异考·昼晦》:“嘉靖八年，春正月戊戌朔，风霾，晦如夕。”

【2】《明世宗实录》:“嘉靖八年正月戊戌朔，上御奉天殿，百官行庆贺礼。是日风霾昼晦。庚戌，大祀天地于南郊，驾还御奉天殿，文武群臣行庆成礼。丙辰，时灾异数见，立春日长星出，白气亘天；元旦，大风昼晦。上以问辅臣杨一清等，令条画弭灾急务。”

【3】嘉靖《惠州府志·郡事记》:“嘉靖八年夏，兴宁旱，秋，复大潦，饥。时竹有食，民采食之。归善亦饥，米斗易钱志百五十文。”

【4】朱国祯《涌幢小品·黄衣陛辞》:“己丑(嘉靖八年，1529年)四月。世宗梦黄衣者数人陛辞南行。其势甚速。次日。语阁学杨一清。对曰。黄者。蝗也。南方其有蝗乎。是秋。蝗果大至。在在皆满。数日为大风雨飘入海。尽死。是时。上方励精图治。故见梦。且能消弭云。”(明)王圻《稗史汇编·志异门·动物之异》:“嘉靖八年，中原大蝗。六月初,蝗自江北飞入南京,孝陵松柏俱尽。初八日,遂至吴中,其飞蔽天……高阜处豆竹无遗,惟水田罕集。民皆鸣金鼓,张赤帜逐去之,数日生蝻遍路。七月初二日,大风雨，三夕皆死水中。然汙田竟淹没，无秋。”

【5】按，此说原见于(汉)王充《论衡·适虫篇》:“变复之家，谓虫食谷者，部吏所致也。贪则侵渔，故虫食谷。身黑头赤，则谓武官；头黑身赤，则谓文官。”

【6】乾隆《浙江通志·祥异下》引《杭州府志》:“嘉靖八年五月，杭州雨黑水，衣服污染。”

【7】(明)朱国祯《涌幢小品·庙池浮物》:“河南怀庆府济源县道士宋本澄进红线彩被二、花银瓶一，云济渎庙池内浮出。赐钞六十锭，劳之。其池时浮出银币借人，如期而还则得利，不则祝之不复出，且至亏折矣。”按,《二申野录》将济渎庙以下断为注文，误。

【8】万历《广东通志·杂录》:“嘉靖八年六月，临高大雨，泛涨，伤禾，漂民居。”乾隆《琼州府志·灾祥》:“嘉靖八年六月初三日，儋州大雨。初四日，巳时，水涨，城没七尺，军民房屋财畜，尽为漂流，死者无算。”按，临高县属儋州。

【9】嘉靖《潮州府志·灾祥》:“嘉靖八年,旱,斗米价值二钱。山无遗蕨,民多饥殍。”

【10】《明世宗实录》:“嘉靖八年八月癸酉(初十),万寿圣节,赐百官节钱,免宴。”按，徐阶，字子升，号少湖，松江府华亭县(今上海松江)人。嘉靖二年进士。授翰林院编修。历官浙江按察佥事、江西按察副使、国子祭酒、礼部右侍郎、吏部侍郎、礼部尚书。嘉靖朝时严嵩专权，他谨慎以待；事事迎合嘉靖皇帝，故能久安于位。嘉靖四十一年

（1562年），御史邹应龙告发严嵩父子，皇帝下令逮捕严世蕃，勒令严嵩退休，徐阶则取代严嵩为首辅，大力革除严嵩弊政，十分注重选拔贤良官僚入阁，人称一代名相。

【11】杨一清：杨一清，字应宁，号邃庵，祖籍云南安宁。南直隶镇江丹徒人。成化八年进士，历侍成化、弘治、正德、嘉靖四朝，官至兵部、户部、吏部尚书，武英殿、谨身殿、华盖殿大学士，左柱国，太子太傅，太子太师，两次入阁预机务，后为首辅，官居一品，位极人臣。正德五年，在他的主持下，诛除了擅专朝政的大太监刘瑾，人心大快。一生曾三次总制军务，主管三边防务，边境安定。《明史》有传。

【12】道光《万全县志·变占》："嘉靖八年冬十月朔，日食在尾。"（清）龙文彬《明会要·详异》："嘉靖八年十月癸亥朔，日食。"

【13】《明世宗实录》："嘉靖八年十月癸未，乾清宫内西七所房灾。上是夕露祷天地，祭告奉先等殿，诏百官修省三日。"

【14】嘉靖《潮州府志·灾祥》："嘉靖八年，冬十月朔，饶平白虹见于西南三夜，象如刀。"

【15】张岱：《快园道古·经济部》："嘉靖八年，陕西佥事齐之鸾言：'臣由舒霍逾汝宁及经潼关，目击禾穗无遗，流民载道，偶有居民刈获，喜而问之，答曰：蓬也，有绵、刺两种，子可为面，饥民仰此而活者五年矣！臣见有食者，取而啖之，螫口涩腹，呕逆移日。小民困苦，可胜道者！谨将蓬子封题赍献，乞颁臣工使知民瘼。'诏命设法赈之。"（明）王圻《续文献通考·物异考·蝗异》亦载。

【16】谢肇淛：《五杂俎·地部二》："《说海》记：'贵州普定卫有二水，一曰滚塘寨，一曰闹蛙池，相近前后。吴人从军至此，夜闻水声搏激，既而其响益大。居人开户视之，波涛喷面，不可逼近，坐以伺旦，及明声息，二水一涸一溢，人以为水斗。'此亦古今所有，不足异也。"（明）来集之《倘湖樵书·石斗水斗》引《西樵野记》："贵州普定卫有二水，一曰滚塘寨，一曰闹蛙池，相近前后。正德初，吴人从军至此，夜闻水声搏激，既而其响益大。居人辟户视之，喷面波涛，竟不可遏，坐以俟旦，其二水一涸一溢，人士始知为水斗也。"

庚寅（嘉靖九年，1530年）春二月二十八日，星晕抱珥[1]如连环，东南白气一道，直贯其中。海决，水逼海宁城（今浙江海宁）[2]。福建浦城县（今福建浦城）牛生犊，三角，三眼，一眼在顶，初视天，不肯食，以线缝之，乃食[3]。夏四月，德庆（今广东德庆）地震[4]。六月，庆元县（今浙江庆元）大霜，杀禾[5]。七月，兵部主事赵时春言：迩者，因灾求言之诏未乾，而庆贺圣瑞之奏屡至，盖缘灵宝县（今河南灵宝）官以河清受赏，而汪鋐遂进甘露，徐瓒及范仲斌进瑞麦，指挥张楫又进嘉禾，杨东又进盐花，礼部又再请贺，昧义邀利，罔上要君，此小臣所以抚膺而流涕者也。乞加禁绝。因条陈时务最大者四，曰：崇治本，信号令，广延揽，知廉耻；最急者三，曰：惜人才，固边圉，正治教。疏上，下锦衣卫拷讯[6]。九月，廉州（今广西合浦）地震[7]。大学士杨一清卒[8]（原注：一清卒之夕，寒风嗖嗖，堂户闭者皆洞开，有一卒过其门，恍惚见一清舆出骑从，旌帜甚盛，卒私念曰，吾闻其病，今将何之，岂病起耶？及间出大市，又遇之，天明方闻殁矣[9]。一清之无子也，人多健羡其德。殆夫人将丧，一清以后事询之，夫人曰：我别无所言，但我与君做一世夫妻，我至今犹处子耳。由是人始知公为天阉。郑淡泉[10]云：邃庵生而隐宫[11]，貌类寺人，殆以是夫）。冬十月，改削孔庙礼仪[12]。十二月己卯，甘露降于显陵[13]。

【1】按，晕，是一种自然界的光学现象，出现在太阳周围的光圈叫日晕，出现在月亮周围的光圈叫月晕。珥，即指位于日、月两旁的光晕，即位于太阳或月亮两侧并凸向太阳或月亮的光弧。星晕抱珥是指星和月晕 的两珥连成一个圆环。

【2】万历《杭州府志·郡事纪下》：“嘉靖九年，海决，逼海宁城。”

【3】《明会要·祥异三》：“嘉靖九年，漳浦有牛产犊，三目、三角。”

嘉靖《广东通志初稿·祥异》：“嘉靖九年，夏四月，德庆地震。”

【4】光绪《处州府志·祥异》：“嘉靖九年六月，庆元县大霜，杀禾。”

【5】出处不详。

【6】按，此文改录自《明世宗实录》。

【7】嘉靖《广东通志初稿·祥异》：“嘉靖九年，秋九月，廉州地震，同日两次，俱有声。”

【8】《明世宗实录》：“嘉靖九年，九月甲寅，原任少师兼太子太师、吏部尚书、华盖殿大学士杨一清卒。”

【9】见于（明）焦竑：《国朝献征录·内阁四》：“杨一清行状”。

【10】郑晓，字室甫，号淡泉，浙江海盐县人。嘉靖二年（1523年）进士，进吏部考功郎中，历南京太常卿。后改兵部右侍郎，兼副都御史总督漕运。世宗以郑晓知兵，改右都御史协理戎政，寻拜刑部尚书。因为他上疏反对各衙门私自受理词讼，要求事权归一，为权相严嵩所陷，嘉靖三十九年四月十九日被罢官。嘉靖四十五年九月卒。

【11】按，杨一清，字应宁，号邃庵，南直隶丹徒（今江苏丹徒）人。成化八年进士。

历经成化、弘治、正德、嘉靖四朝，为官五十余年，官至大学士、内阁首辅，使计除掉大太监刘谨，号称“出将入相，文德武功”。“隐宫”，古代指男性天生的性器官萎缩，不能生育。

【12】《明世宗实录》：“嘉靖九年十一月辛丑，礼部会同内阁詹事府翰林院议上更正孔子祀典：一谥号，人以圣人为至，圣人以孔子为至，宋真宗称孔子为至圣其义已备。今宜令两京国子监及天下学校于孔子神位宜称至圣先师孔子神位，其王号及大成文宣之称一切不用。庙宇亦止称庙，不宜称殿……一章服，孔子章服之加，起于塑像之渎乱也。今宜钦遵我圣祖首定南京国子监规制，制木以为神主，仍拟定大小尺寸，着为定式。其塑像，国子监责令祭酒等官，学校责令提学等官，即令屏撤，勿得存留，使先师先贤之神不复依土木之妖，以别释氏之教。一乐舞笾豆，每遇春秋祭祀，遵照国初旧制，用十笾十豆。天下府州县八笾八豆。其乐舞止用六佾……得旨：俱准议行。”

【13】《明世宗实录》：“嘉靖三年三月丁丑，诏定安陆州（今湖北安陆）松林山陵为显陵（即世宗生父兴献王之陵）。”（明）王圻《续文献通考·物异考·甘露》：“嘉靖九年庚寅，冬十二月己卯，甘露降于显陵。”

辛卯（嘉靖十年，1531 年）春三月，雷谴延平（今福建南平）悖妇，三人皆人首而身一牛、一犬、一豕[1]。夏五月，京师旱[2]。六月乙巳，彗星见东井[3]。方献夫为武英殿大学士[4]。仙居县学灾。诸暨江潮至枫溪[5]。应山民刘思禄妻生儿，赤发、肉角、三目手足如鸷鸟[6]。闰六月，雷震午门西楼[7]。甲寅，彗星见于东井。张孚敬致仕[8]。秋七月，杭州大雨水，浃旬不止，江水溢，没江浦、六合（今江苏六合）田。溧水（今江苏溧水）大水[9]。九月九日，义乌县火毁民居之半[10]。冬十一月朔，无锡东门黄虎入城，进至于大市[11]。荆州当阳县沙寺市人见水中一舟远来，约载二三十人，及登岸，乃大荷叶也。众方骇异，舟人即至一大家求食与钱，不应，即毁瓦画墁，与之敌，则反自残其体，其人终不能伤，沿门肆扰，官府亦无如何，月余，忽不知所在[12]。

【1】（明）施显卿《古今奇闻类记·雷谴延平悖妇》引《西樵野记》：“福建延平府杜氏兄弟三人轮供一母，然三人各事农业，寄三妇以侍养焉。子既出，三妇辄诟悖相胜，致姑飦粥不赡，姑欲自缢。嘉靖辛卯七月中，白昼轰雷一声，只觉电光红紫眩目，三妇皆人首，而身则一牛、一犬、一豕，人环视如堵。”

【2】《明世宗实录》："嘉靖十年，五月壬寅，顺天府以春夏不雨，疏请祈祷。"

【3】（明）王圻《续文献通考·象纬考·彗孛》："嘉靖十年辛卯，夏六月乙巳，彗星见东井。"

【4】《明世宗实录》："嘉靖十一年五月丙子，原任太子太保、吏部尚书兼翰林院学士方献夫，应召至京师。诏进兼武英殿大学士，散官尚书如故。"按，《二申野录》系于嘉靖十年，误。

【5】万历《绍兴府志·灾祥》："嘉靖十年，诸暨江潮至枫溪。"光绪《诸暨县志·灾异》亦载。

【6】见于嘉靖《湖广图经志书·祥异》。

【7】（明）王圻《续文献通考·物异考·雷震》："嘉靖十年闰六月，雷震屋门西角楼。"

【8】张孚敬即张璁，嘉靖十年二月，张璁以自己的名字和世宗朱厚熜同音，请求更名避讳。嘉靖皇帝就赐名孚敬，字茂恭，还亲书"孚敬"和"茂恭"四字赐给张璁，从此张璁就更名为张孚敬。后来官至内阁首辅，太子太傅、吏部尚书、谨身殿大学士。嘉靖十八年病卒。《明史·张璁传》："嘉靖十年二月，璁以名嫌御讳请更。乃赐名孚敬，字茂恭，御书四大字赐焉。夏言恃帝眷，数以事讦孚敬。孚敬衔之，未有以发。纳彭泽言构陷行人司正薛侃，因侃以害［夏］言。廷鞫事露，旨斥其忮罔。御史谭缵、端廷赦、唐愈贤交章劾之。帝谕法司令致仕，孚敬乃大惭去。未几，遣行人赍敕召之。"

【9】万历《应天府志·郡纪下》："嘉靖十年，江溢，没江浦、六合田。溧水大水，没民居。"光绪《溧水县志·庶征》："嘉靖十年，大水没民居。"

【10】乾隆《浙江通志·祥异下》引《金华府志》："嘉靖十年九月九日，义乌县大火毁民居过半。"

【11】（明）李诩《戒庵老人漫笔·无锡获虎》："嘉靖十年辛卯十月初一日，无锡县东门一黄虎入城，进至大市，惊跳，并伤死者颇众，当时被获，次日解府。"

【12】（明）郎瑛《七修类稿·奇谑类·芰荷妖》："予见张东海弼志松江董序班墓云：成化丙午（二十二年，1486年）八月十二日午时，天正澄霁，市人见空中驾一舟自东而西，又折而东，落于董之楼屋。众视之，乃芰所结舟也，因骇之。后语及于吾学教谕广西宋君佐，宋君曰：嘉靖辛卯（十年，1531年），荆州当阳县地名沙寺，市人偶见水中一舟，载人远来，可二三十。登岸，则舟乃大荷叶也。人方骇之，而舟人即至一大家求食与钱，不应，即毁瓦画墁。与之敌焉，则自残其体，其人终不能伤，遂沿门扰之，官府亦无如之何。扰将月，后不知其所往，予时正署学于彼也。予方以为果有，而皆术如骑草龙之事也。松江之舟，未必无人，或遇正神所冲，委而去耳。"

壬辰（嘉靖十一年，1532年）春正月，星陨千卫，彗星再见[1]。二月，召张孚敬仍内阁办事[2]。夏五月五日，天鼓鸣，火光落地，有声如雷[3]。彗星见东方，芒长尺余，复东北行，历天津[4]、望井宿[5]，芒渐至丈余，扫太微垣[6]及角宿[7]、天门[8]。七月，黄河决鱼台（今山东鱼台）[9]。六合（今江苏六合）、溧水（今江苏溧水）蝗[10]。八月己卯，彗星见东井[11]。丁酉，荧惑掩南斗[12]，张孚敬复致仕[13]。时人为之谣曰：石产房州，胡明善祸从地出；星临井宿，张孚敬灾自天来（原注：明善为直隶巡按御史，时以采石去）[14]。冬十一月，四川巡抚宋沧献白兔[15]。琼州（今海南琼山）雷鸣，次年大饥[16]。十二月，德庆（今广东德庆）雪[17]。

【1】（明）王圻《续文献通考·象纬考·流星星陨星摇》："嘉靖十一年壬辰，正月元旦夜，星陨如斗，声如雷。"

【2】张璁，字秉用，永嘉人。正德十六年进士，观政礼部。世宗继位，为了尊崇已去世的本生父为皇帝，自立统嗣体系，发动"大礼议"，遭到朝臣的极力反对。张璁却制造根据支持世宗，由此得到世宗的宠信。嘉靖十年二月，张璁为避讳，请求更名。嘉靖皇帝赐名孚敬，字茂恭，还亲书"孚敬"和"茂恭"四字赐给张璁，从此张璁就更名为张孚敬。张璁锐意革新，朝中政敌甚多，入阁七年当中四起四落。嘉靖八年八月，他因和首辅杨一清的矛盾，被罢官，九月复召还担任首辅。嘉靖十年七月他又因与朝官夏言的矛盾被罢，十一月复召还。最终官至内阁首辅，太子太傅、吏部尚书、谨身殿大学士。嘉靖十八年病卒。

【3】（明）王圻《续文献通考·象纬考·天变》："嘉靖十一年五月初五，山东郯城县天鼓如雷，火光落地。"《史记·天官书》："天鼓，有音如雷非雷，音在地而下及地。其所往者，兵发其下。"一般指天空中原因不明的巨响。

【4】二十八星宿中东方箕宿，象征着后宫后妃的居所，有四星，其一叫天津。天汉即天河分为南北两道，在天津星下合为一道。

【5】二十八星宿中南方的井宿，又叫东井宿。《晋书·天文志上》："南方，东井八星。"东井主占水事。

【6】中国古代为了区分天文星象，将星空划分成三垣二十八宿。三垣即紫微垣、太微垣、天市垣。太微即太微垣是三垣的上垣，位居北斗之南。太微象征政府机构，星名亦多用官名命名，例如左执法即廷尉，右执法即御史大夫等。

【7】角宿是二十八星宿中东方第一星宿。

【8】天门是中国古代星官之一，属于二十八宿东方七宿的角宿。《晋书·天文志》："角二星为天关，其间天门也，其内天庭也。"

【9】《明世宗实录》："嘉靖十一年八月辛巳，总理河道都御史戴时宗言：黄河水溢鱼台。"

【10】万历《应天府志·郡纪下》："嘉靖十一年夏秋，六合、溧水蝗。"光绪《溧水县志·庶征》："嘉靖十一年，夏、秋蝗。"光绪《六合县志·杂事》："嘉靖十一年夏，蝗。"

【11】【14】《留青日札·彗临东井》："嘉靖十一年八月初六日，彗孛于井宿之间，未及二岁凡已三见。未几而首相永嘉张公罢去。时人为之谣曰：石产房州，胡明善祸从地出；星临井宿，张孚敬灾自天来。胡公为直隶巡按御史，时以采石去。"《明世宗实录》："嘉靖十一年十月甲午，提督北直隶学校御史胡明善，以擅取禁塘大石立碑，为内官昝文鉴所讦，下狱，令法司拟罪。明善上书诉辩，上怒，夺刑部尚书王时中等俸半年，谪郎中诸杰为边方杂职，责法司速谳其狱，黜明善为民。"

【12】光绪《澄迈县志·纪异》："嘉靖十一年八月中旬丑寅时，彗星现于东方，初始微，而终加现。"荧惑犯南斗：即荧惑入南斗，即荧惑居南斗星宿的位置，古人认为是凶兆。

【13】按，张孚敬嘉靖十年复职，嘉靖十一年三月到京就职。八月彗星见东井、荧惑掩南斗，嘉靖皇帝认为这是大臣擅政的征兆，给事中魏良弼等言官纷纷上疏攻击张孚敬，嘉靖皇帝半信半疑，于是命张孚敬再次自动退休。不过，嘉靖十二年正月张孚敬再次复职，直到嘉靖十四年四月致仕，这才最终退出政治舞台。

【15】《明世宗实录》："嘉靖十一年十一月甲寅，四川抚臣宋沧获白兔于梁山县以献。礼部尚书夏言等请献之太庙，呈于两宫皇太后前，百官表贺。上曰：兹兔罕有，良由和气所感，而忠臣贤士推为王瑞，此在我祖宗与古帝王可以当之，朕以菲薄，安可受贺。疏再上，从之。"

【16】道光《琼州府志·事记》："嘉靖十一年十一月，琼州雷鸣，是年大饥 。"

【17】万历《广东通志·杂录》："嘉靖十一年十二月，德庆有雪，降遍四乡，人皆以为瑞。次年大熟。"光绪《德庆州志·纪事》："嘉靖十一年十二月，雪。按，粤故少雪，至是四乡皆遍，人以为瑞。明年，禾大熟。"

癸巳（嘉靖十二年，1533年）春正月，河南巡抚吴山献白鹿。夏言请告庙，许之[1]。三月，天界寺铜锅大可容米五十石，日用炊煮。忽一日，有声如牛鸣，逾时乃止[2]。夏四月，应天巡抚陈轼献白兔，于是白鹿、鹊、兔迭至重出[3]（原注：志云：赤雀不见，则国无贤；白雀不见，则国无嗣。时有贡白雀者，以为前星之应[4]）。六月，彗出昴、毕[5]，射天汉[6]。东昌府聊城县（今山东聊城）牛产麒麟，击而杀之[7]。八月，彗星复出东井[8]，扫太微垣，至于十二月[9]。十月辛巳，昼，星陨如雨，京口（今江苏镇江）舟人不敢渡[10]。琼州（今海南琼山）、潮州（今广东潮州）星陨亦如之[11]。大同军杀总兵李瑾[12]。

【1】《明世宗实录》："嘉靖十二年正月丙午，河南巡抚、都御史吴山获白鹿于灵宝县以献，礼部尚书夏文请告献太庙、世庙，百官表贺。上谕令择日告献，并呈于两宫皇太后，不必表贺，夏言固请，乃许之。"

【2】（明）王圻《稗史汇编·志异门·器用之异》："国初，沈万三献铜锅三只，皆容米五十石。其一留光禄寺，一留天界寺，一熔为三小锅，亦在天界。永乐中恒煮粥以啖禅流，日不停爨。嘉靖癸巳（十二年，1533年），三月初，忽巨锅鸣声如牛，一猫卧锅盖上，为摇入锅中，逾时乃止。"

【3】《明世宗实录》："嘉靖十二年三月庚午，巡抚应天都御史陈轼得白兔于无锡县以献，上曰：白鹊、鹿、兔屡行献贺，自后有叠出重至日，不必举献贺之礼，礼部宜明示天下。"按，古代把白鹿、白兔、白雀看作是祥瑞物。

【4】（明）田艺蘅：《留青日札·赤雀》："有一赤雀如练，雀长尾，绛色。志曰：赤雀不见，则国无贤；白雀不降，则国无嗣。不知果何祥也？嘉靖间，曾贡白雀表贺者，以为前星之应是也。"又，（唐）欧阳询《艺文类聚·祥瑞部下·雀》："《遁甲》曰：赤雀不见，则国无贤；白雀不降，则无后嗣。"按，"遁甲"为古代方士术数之一，盛行于南北朝，其法以十干的乙、丙、丁为三奇，以戊、己、庚、辛、壬、癸为六仪。三奇六仪，分置九宫，而以甲统之，视其加临吉凶，以为趋避，故称遁甲。

【5】毕、昴：古人将黄、赤道附近的星座选出二十八个作为标志，合称二十八星宿。东、西、南、北，每方向七星。毕、昴分别是西方七宿之一，是帝王必祭之星。按，《晋书·天文志上》：昴是二十八星宿中西方第四星，共有七星，象征天之耳目，主狱事，又为旄头，胡星也。《史记·天官书》："昴曰昴头，胡星也。"毕宿是二十八星宿中西方七宿之一，古代占星术又以毕宿为雨星。毕宿又名"罕车"，相当于边境的军队。《史记·天官书》："昴曰髦头，胡星也，为白衣会。毕曰罕车，为边兵，主弋猎。"《晋书·天文志》："毕八星，主边兵，主弋猎。"

【6】（明）王圻《续文献通考·象纬考·彗孛》："嘉靖十二年，夏六月，彗星见昴、毕，射天汉。"天汉又称天江、天河，《晋书·天文志》："天汉起东方，经尾箕之间，谓之汉津。"

【7】出处不详。

【8】（明）王圻《续文献通考·象纬考·彗孛》："嘉靖十二年，八月初三，彗星见东井，渐长至丈余，扫太微垣诸星，至十二月，凡一百一十五日方灭。"按，井宿：

属于二十八星宿中南方七宿之一。井宿八星如井，附近有北河、南河（即小犬星座）、积水、水府等星座。井宿主水，多凶。

【9】按，太微垣又称太微，是三垣的上垣，位居北斗之南。太微象征政府机构，星名亦多用官名命名，例如左执法即廷尉，右执法即御史大夫等。按，据占星术，彗星出东井、扫太微都属凶兆。

【10】（明）王圻《续文献通考·象纬考·流星星陨星摇》："嘉靖十二年，冬十月辛巳，星陨如雨。"

【11】嘉靖《潮州府志·灾祥》："嘉靖十二年，冬十月，星陨如雨。按，七县同。"乾隆《潮州府志·灾祥》："嘉靖十二年癸巳，冬十月，潮阳县星陨如雨。"（明）王士祯《池北偶谈·谈献一·葛端肃公家训》："德平葛端肃公，为明嘉隆间名臣。尝读公《家训》，谨录数则于左：嘉靖癸巳（十二年）十月，予行取至京，郭君弼为御史，暇则相见。十二日夜，星陨如雨，无一人建言者。君弼因曰：'星陨大变，举朝无言者，我言官也，数日来甚不得已，已草奏矣，兄为我讨论之。'疏上三日不下，君弼复过曰：'事不测矣。'少顷，逮锦衣狱。"万历《广东府志·杂录上》："嘉靖十二年冬十月，星陨如雨，七县皆同。"

【12】《明世宗实录》："嘉靖十二年十月庚辰，虏自秋渡河，屯大同塞外。大同总兵李瑾议于天城左孤店等处浚濠堑四十里，以遏虏骑，克日计工，督并严急。瑾驭众苛刻，素不得士心，役兴众益怨。是月六日夜，有乱卒王福胜、王宝等六七十辈鼓噪焚帅府，攻瑾杀之。"

甲午（嘉靖十三年，1534年）春正月，废皇后张氏，册德妃方氏为后[1]。二月，金星昼见，光耀与日争明[2]。台州（今浙江临海）大疫[3]。琼州（今海南琼山）城东民家牝猪生一子，其形类象[4]。夏六月，南京太庙灾[5]（礼官言：京师宗庙行将复古，而南京太庙遽罹回禄，皇天眷德之意，圣祖启后之灵，不可不默会于昭昭之表。上喜，令亟起新庙，罢建南京太庙，庙址筑周垣，香火并入南京奉先殿。按，周都镐京，文武王庙丰及洛都皆有之。礼官夏言之议诬甚[6]）临安县民产四子，长六七寸[7]。麻城（今湖北麻城）菜花不实，皆生人物禽虫龙凤之状[8]。真定（今河北正定）人畜一雄鸡，其婢菊花以物驱之，鸡作人言曰：'菊花莫赶我。'婢大骇曰：'鸡如何人言？'鸡亦曰：'鸡如何人言？'主翁出叱之，随主言以应。乃持入报官，将婢验问，应答如前[9]。冬十月，恩平（今广东恩平）、阳江（今广东阳江）地震如雷，至明年六月稍止，民多避地河南都，时独此都不震[10]。

十二月，田州（今广西田阳）巡检卢苏弑其主岑邦相，置勿问（原注：诸土官抚膺叹曰：杀人不罪，弑主无刑，吾辈手足贤肠皆悬于仆妾也[11]）

【1】《明史·后妃二》："废后张氏，世宗第二后也。"嘉靖七年，陈皇后崩，顺妃张氏立为后，久而未育，十三年废。"孝烈皇后陈氏，世宗第三后也，江宁人。"长期以来，世宗嘉靖皇帝没有子息，大学士张孚敬建议博求淑女，为子嗣计，于是嘉靖十年方氏与其他八人被选入宫，册为九嫔。嘉靖十三年，皇后张氏被废，遂立方氏为后。《明世宗实录》："嘉靖十三年正月，癸卯废后张氏……乃多不思顺，不敬、不逊屡者，正以恩待，昨又侮肆不悛，视朕若何？如此之妇焉克承乾，今退闲退所收其皇后册宝，天下并停笺，如敕奉行。乙巳，上谕礼部曰：朕承天眷嗣，祖丕基，坤宫不可无继，主母不可缺人相祀宗祧，承欢慈极，昨已闻圣母，以德嫔方氏性资端慎，名冠九良，允副朕怀，未尝少怠，宜立为皇后。"

【2】金星昼见：金星即太白星，它在夜晚出现，日出的时候隐没。可是如果太阳升起太白星还没完全隐没时，看起来就好像天空中有两个太阳，所以占星术又以这种罕见的现象为封建王朝"易主"之兆，于君主不利。

【3】《临海县志·自然灾害》："嘉靖十三年，大疫。"

【4】万历《广东通志·杂录》："嘉靖十三年，琼州城东民家有牝猪生一子，其形类象。"

【5】《明世宗实录》："嘉靖十三年六月甲子，南京守备太监李瓒等奏南京太庙灾前后及东西庑神厨库俱毁。上曰：南京祖宗根本重地，宗庙尤重。朕闻灾变，不胜惊惕，五祖神灵，宜有奉慰，其祭告及修省之仪，礼部即具以闻……礼部具仪请上择日易服亲诣太庙祭告，专命大臣一员往南京祭告，仍遣官祭告天地、社稷、宗庙、神祇、城隍之神，及天下宗室、在廷大小臣工一体修省。下宽大之诏，求谠言。九卿四品以上官员各令自陈罪状，请裁去留。上从之。"

【6】《明世宗实录》："嘉靖十三年八月丁未，令礼部尚书夏言集议南京建庙事宜"，夏言、首辅张孚敬等人一致附和嘉靖皇帝的意见，且认为"况南京皇城宫殿倾北者多，累朝以来不许修饰，祖宗自有深意"，今北京宗庙行将复古而南京太庙突遭火灾，正是天意，不必再建，于是乃命抚宁侯朱麒祭告南京奉先殿，以南京太庙司香官并入奉先殿司香，奉先殿上食荐新俱如故。

【7】（明）田艺蘅《留青日札·生异类》："嘉靖十三年，临安民产四子，长六七寸。"

【8】雍正《湖广通志·祥异》："嘉靖十三年八月，麻城生草妖，菜花不实，皆生人物禽虫龙凤之状。"

【9】（明）王圻：《稗史汇编·志异门·动物之异》："嘉靖甲午（十三年，1534年），

真定有人蓄一雄鸡。其婢菊花以物驱之，则作人言曰：‘菊花莫赶我。’其婢大骇，曰：‘鸡如何作言？’鸡亦曰：‘鸡如何人言？’主翁出叱之，随主言以应。乃持入报官，将婢验问，应答如前。御史欲闻于朝，都御史周公不从，乃止。”

【10】万历《广东通志·杂录》：“嘉靖十三年十月，阳江地震，有声如雷，至明年六月稍止。民多避地河南都，时独此都不震。”道光《肇庆府志·事纪》亦载。

【11】（明）田汝成《炎徼纪闻》：“嘉靖十三年九月卢苏弑邦相，焚其尸，行赂都御史谐，言邦相病死无后，芝当叙立，谨率州人合辞以请。谐遂纵芝归田州，寝其事不问……督府不听，遂言邦相不孝，夺其母赡田，虐部下，卢苏因众怨而杀之，朝议果置苏不问。于是两江土官咸拊膺叹曰：“杀人不抵，弑主无刑，吾辈手足肾肠皆悬仆妾矣。”按，先是，广西田州（今田阳）民卢苏、王受起兵，明政府免总兵姚镆官，遣新建伯、兵部尚书王守仁（即王阳明）讨变民。嘉靖七年王守仁抵田州招谕，卢苏、王受望风而降，俱授为巡检。嘉靖十三年广西田州（今田阳）总兵张佑将调走，暗示判官岑邦相厚贿，岑邦相虽然送他银钱，但张佑对数量不满意，遂与岑邦相属下的巡检卢苏相谋，使卢苏伏兵杀岑邦相，另立岑芝为判官。邻府诸土官均为岑邦相打抱不平，愤然而起，合兵攻陷田州，卢苏奔免。

乙未（嘉靖十四年，1535年）正月，瑞雪降。夏言进“时玉赋”[1]。夏五月，广、肇、南、韶四郡大水[2]。临高（今海南临高）获异兽，如豖而黑，有花纹，自黎山出演武场，识者以为黎叛之兆[3]。六月，雷击徐氏圃中枣树，中有书曰：“右卫玉通所”五字，余漫漶不可读[4]。滁州（今安徽滁县）州西诸山，夜鸣如雷[5]。杭州自春及秋恒雨[6]。溧阳（今江苏溧阳）、江浦、六合（均今江苏境内）旱蝗[7]。八月，除禁中佛殿，建慈庆、慈宁宫，并毁大善金范佛像[8]。十月，费宏卒[9]（原注：公尝构别业，其基乃柴侍郎之故居也。公颇勤劳建造，一日卓午，有绛袍冠带士题栋柱曰：我昔犹君昔，君今胜我今，盛衰皆有数，不必苦劳心。公惊视之，俄不见矣[10]）。

【1】朱国祯《涌幢小品·时玉》：“世宗因正月雪降甚喜，有天赐时玉之谕。尚书夏言等作赋以献，当时若雨雪之类，皆因祷而应，故张皇乃尔。后有秉笔修国史者，削去可也。”

【2】广、肇、南、韶四郡：指广东广州、肇庆、南雄、韶州（今广东韶关）四府。万历《广东通志·杂录》：“嘉靖十四年五月，高要、开建大水，六月，饥。高明大水，

害民居禾稼。”另见道光《广东通志》、雍正《广西通志》。这次大水在南海、番禺、香山、顺德、新会、三水、高要、四会、新兴、阳春、阳江、高明、恩平、德庆、保昌、始兴、清远、英德、翁源、乳源等数十县造成百年罕见水灾。

【3】万历《广东通志·杂录》：“嘉靖十四年，临高有兽如豕，黑色花纹，自黎山出演武场，乡人逐至东门获之。识者以为黎叛之兆，后果然。”

【4】（明）田汝成《西湖游览志余·委巷丛谈》：“嘉靖十四年六月，雷击徐氏圃中枣树，中书‘右卫玉通所’五字，余字漶漫不可读。则予亲见之，皆理之不可臆测者也。”

【5】乾隆《江南通志·机祥》：“嘉靖十四年，滁州州西诸山，夜鸣如雷。”

【6】万历《杭州府志·郡事纪下》：“嘉靖十四年，杭州自春及秋恒雨。”

【7】万历《应天府志·郡纪下》：“嘉靖十四年，溧阳、江浦、六合蝗旱，赈之。”嘉庆《溧阳县志·瑞异》：“嘉靖十四年，旱蝗蔽野。”

【8】《明世宗实录》：“嘉靖十五年五月乙丑，禁中大善佛殿内有金银佛像，并金银函贮佛骨佛头佛牙等物。上既敕廷臣议撤佛殿，即其地建皇太后宫。是日命侯郭勋、大学士李时、尚书夏言入视殿址。于是尚书言：请敕有司以佛骨等瘗之中野，以杜愚民之惑。上曰：朕思此物听之者，智曰邪秽，必不欲观；愚曰奇异，必欲尊奉。今虽埋之，将来岂无窃发以惑民者。可议所以永除之。于是部议：请投之火。上从之，乃燔之通衢。毁金银佛像凡一百六十九座，头牙骨等凡万三千余斤。”（清）谷应泰《明世纪事本末》亦记此事于嘉靖十五年五月。

【9】《明世宗实录》：“嘉靖十四年十月戊申，少师兼太子太师、吏部尚书、华盖殿大学士费宏卒。”

【10】（明）闵文振《涉异志·题栋诗》：“嘉靖间，费文宪公尝构别业，其基乃宋柴侍郎之故居也。公颇勤劳建造，一日卓午，有绛袍冠带士题栋柱曰：我昔犹君昔，君今胜我今，盛衰皆有数，不必苦劳心。公惊视之，俄不见。”

丙申（嘉靖十五年，1536年）春正月立春日，新宁雨雹[1]。二月二十八日夜子时，四川全省地震有声，南至建昌（今四川西昌），宁蕃（今四川冕宁）尤甚，山崩地裂，城室尽塌，继以火灾，焚压指挥、百户、土官、商旅居民无算。越隽（今四川越西）地方自子历丑、寅稍定，遍卫城屋倾到者十分之七，城乡内外压死者不计其数，凡五昼夜不绝[2]。句容（今江苏句容）蝻生。溧阳（今江苏溧阳）雨雹[3]。顺德（今广东顺德）桂洲、容奇二堡，风雨暴作，雨雹或如斗，或如箩，陨于水中，沉复浮起，破屋杀畜[4]。三月，慧星见东南[5]。夏四月十九日，江阴、无锡（今江苏江阴、无锡）一带冰电伤麦，鸟雀多毙，大者如拳，每个中有一眼，类水晶，极明。泰兴（今江苏泰兴）甚大，有穿屋毁瓦击死人畜者[6]。湖广大饥[7]。广州、肇庆、南雄、韶州（今广东韶关）大旱[8]。秋七月，心度窜度[9]。琼州五色云见郡城西，光彩绚地[10]。冬十月六日，近畿地震数次[11]。闰十二月，更世庙为献皇帝庙[12]。

【1】万历《广东通志·杂录》："嘉靖丙申（十五年，1536年）立春日，新宁雨雹。"

【2】雍正《四川通志·祥异》："嘉靖十五年春三月，岳池地复震，建昌、宁番尤甚，有声如雷，地裂陷四五尺。"嘉靖《四川总志》："二月二十八日丑时建昌卫地震，声吼如雷数阵。本都司并建前二卫大小衙门、官厅宅舍、监房仓库、内外军民房舍、墙垣、门壁、城楼、垛口、城门俱各倒塌顷（倾）塞，压毙……内外屯镇乡村、军民客商人等，死伤不计其数。自二十八日以后至二十九日，时常震动有声，间有地裂涌水，陷下三、四、五尺者。卫城内外，似若浮块，山崩石裂，军民惊惶。又据宁番卫申称，同日地震，房屋墙垣倒塌无存，压死……"

【3】万历《应天府志·郡纪下》："嘉靖十五年，句容蝻生。溧阳雨雹。"嘉庆《溧阳县志·瑞异》："嘉靖十五年夏，溧阳雨雹大如斗，牛马多击死。"

【4】见于万历《广东通志·杂录》。

【5】崇祯《义乌县志·灾祥》："嘉靖十五年，彗星见东南。"

【6】出处不详。

【7】《明史·五行志三》："嘉靖十五年，湖广大饥。"

【8】万历《广东通志·杂录》："嘉靖十五年夏，广东大旱。"顺治《潮州府志·灾祥》："嘉靖十五年，复旱。"乾隆《潮州府志·灾祥》："嘉靖十五年丙申，大旱，潭水涸，石刻见，有'丙申大旱'四字。"

【9】万历《广东通志·杂录》："嘉靖十五年七月，心宿窜度。"按，心宿：二十八星宿中东方第五星宿，计有三颗星，中间一星为明堂，是天子之位，主管天下的奖赏惩罚。天下若有变动，心星就显现出征兆。

【10】万历《广东通志·杂录》："嘉靖十五年六月，琼山庆云五彩，现于城之西南，光彩映地。"乾隆《琼州府志·祥异》亦载。

【11】《明世宗实录》："嘉靖十五年十月庚寅，是夜，京师及顺天、永平、保定诸府所属州县、万全都司各卫所俱地震，有声如雷。"按，康熙《通州志·祲祥》载："嘉靖十五年（1536年）十月，地大震，漷县同日俱震，居民房屋倾圮，伤人，州城亦多圮。"

【12】世庙：嘉靖皇帝继位以后，改其父兴献王为兴献皇帝，祔祭于太庙，遭到群

臣的反对，只好另建祢庙即父庙，又称皇考庙为世庙。嘉靖十五年改称献皇帝庙。《明世宗实录》："嘉靖十五年闰十二月癸亥，上御奉天殿，以初定庙制、上两宫徽号，颁诏天下曰：更皇考庙曰献皇帝庙。"

丁酉（嘉靖十六年，1537 年）春正月，徽王厚爝[1]得白兔，撰颂以献。夏五月，雷震谨身殿鸱（音：吃）吻[2]。加授致一真人邵元节礼部尚书[3]。六合（今江苏六合）水[4]。肇庆（今广东肇庆）大水。海丰（今广东海丰）海水溢[5]。琼州（今海南琼山）诸生应试，见海神立水而高丈余，赤发长髯，冠剑伟异。众惊异下拜，神掠舟而过。次日有三舟复见。诸生大噪，神忽不见。少顷，风大作，三舟皆溺[6]。金华（今浙江金华）人黄华生子，双首背粘不可分。上虞（今浙江上虞南）范家一妇忽生一子乃夜叉也，离腹时将稳婆手啮损，而奔逸不知去于何所。每夜中俟母睡熟，即由四壁隙进，仍窃饮其母乳，母惊觉即去，每以为常，亦无可奈何。后遇持肉羹者，倏（音：枢）飞出夺而食之，凡数月见入阴沟中，呼众以刀杖击杀之[7]。秋九月，长乐（今福建长乐）无云而震[8]。琼山（今海南琼山）白石乡有石大如屋，行数百步，地成渠辙[9]。沔阳（今湖北仙桃）有虎入千户王诏宅，乳二豹一虎，忽不见。罢各处私创书院[10]。

【1】徽王厚爝：明英宗第九子朱见沛，成化二年封徽王，就藩钧州，正德元年卒。朱厚爝是其孙，嘉靖四年袭封其父朱祐枱爵位，嘉靖二十九年卒。《明世宗实录》："嘉靖十六年正月戊子，徽王厚爝得白兔，撰颂以进。诏嘉王忠爱，兔留宫中，颂送史官，报书回赐如郑府例。"

【2】鸱即鹞鹰。古代中国建筑屋脊两端的装饰物，原像鸱尾，后来成为张口朝天的鸟首，称鸱吻。《明世宗实录》："嘉靖十六年五月戊戌，雷震谨身殿鸱吻。大臣各上疏奉慰。"谨身殿是外朝三大殿之一，地位相当于古代天子的路寝，即正殿。

【3】《明世宗实录》："嘉靖十五年闰十二月甲戌，加授致一真人邵元节为礼部尚书给文官一品服俸，以皇嗣诞生，录其祷祀功也。"按，《二申野录》记于十六年五月，年月有误。

【4】万历《应天府志·郡纪下》："嘉靖十六年夏，六合水。"光绪《六合县志·杂事》亦载。

【5】道光《广东通志·前事略七》："嘉靖十六年，肇庆大水，海丰海水溢。"道

光《肇庆府志·事纪》："嘉靖十六年，大水，视十四年水高一尺五寸。"

【6】（明）朱国祯《涌幢小品·琼海》："嘉靖十六年丁酉，琼州诸生应试。见海神立水面。高丈余，朱发长鬚，冠剑伟异。众惊异下拜。神掠舟而过。次日，有三舟复见。诸生大噪拒之，神忽不见。少顷，风大作，三舟皆溺。琼州士子赴提学使，涉海甚艰。嘉靖二十六年，没者数百人。临高知县陈址与焉，并失县印。"

【7】（明）田艺蘅：《留青日札·人生夜叉》："嘉靖十六年，上虞范家一妇忽生一子，乃夜叉也，离腹时将稳婆手啮损，而奔逸不知去于何所。每夜中俟母睡熟，即由四壁隙进，仍窃饮其母乳，母惊觉即去，每以为常，亦无可奈何。后遇持肉羹者，即飞出夺而食之，凡数月。见入阴沟中，呼众以刀杖击杀之，乃绝。"按，稳婆：即从事接生婴儿职业的人，又称接生婆、产婆、收生婆。

【8】康熙《长乐县志·灾祥》："嘉靖十八年秋九月，长乐无云而震。"按，《二申野录》系于据嘉靖十六年。

【9】同治《广东通志·祥异》载："嘉靖十六年九月……琼山白石乡有石大如屋，行数百步，地成渠辙。"

【10】《明世宗实录》："嘉靖十六年四月壬申，御史游居敬论劾南京吏部尚书湛若水学术偏诐，志行邪伪，乞赐罢黜；仍禁约故兵部尚书王守仁及若水所著书，并毁门人所创书院，戒在学生徒毋远出从游，致妨本业。疏下吏部，覆言：若水尝潜心经学，希迹古人，其学未可尽非，诸所论著容有意见不同，然于经传多所发明，但从游者日众，间有不类，因而为奸，故居敬以为言。惟书院名额似乖典制，相应毁改。上曰：若水已有旨谕留，书院不奉明旨，私自创建，令有司改毁。自今再有私创者，巡按御史参奏。"

王守仁：王守仁，字伯安，浙江绍兴府余姚（今浙江余姚）人，自号阳明子，人亦称王阳明。他是明代著名的思想家、文学家、哲学家和军事家。他创立"阳明心学"对孔孟儒学的发展有很大贡献，是明代重要的儒学学派。《明史》有传。

湛若水字元明，号甘泉，增城（今广州增城区）人。他是明代哲学家、教育家、书法家。孝宗弘治间进士，选庶吉士擢编修。世宗嘉靖初，官南京祭酒、礼部侍郎。后历南京礼、吏、兵三部尚书。少师事陈献章（白沙），后与王守仁（阳明）同时讲学，各立门户。一生热心捐款赞助书院，得其"馆谷"的书院竟达28所，从他的家乡到广州、南海、扬州、池州、徽州、武夷，遍布半个中国。《明史》有传。

戊戌（嘉靖十七年，1538年）春二月，潮州地震有声者三[1]。义乌大火，毁官民房屋[2]。遂安县（今新安江水库库区）木枝生连理[3]。夏四月，李时、夏言、郭勋扈驾诣天寿山（今北京十三陵），回驻沙河行宫，言厨中失火，延爇三人行帐。上以言不可放失，命其省改，以副简任[4]。景云见，礼书严嵩等各为景云赋[5]。京师大旱，帝躬祷御制祝文爇（音：弱）之，不应，复于宫中默祷，乃雨[6]。初八日，未刻，吴城（今江苏苏州）暴风雨雹，大如李，中有一眼四围皆纹。而阳山一境雹如斗，途人不及抵室，有碎额劈耳而死者[7]。海丰（今广东海丰）海水溢，金锡、杨官居民死者以千数[8]。秋七月朔，会同（今海南琼海东北）龙见[9]。儋州（今海南新州）五色云见[10]。八月，昌化县（今浙江临安昌化镇）竹生穗，结实如小麦，民采食之[11]。句容（今江苏句容）大水[12]。溧水东庐（今江苏溧水东庐山）、马鞍（今江苏马鞍山）等山蛟出，荡邑城，溺人[13]。九月，撤南郊大祀殿，建大飨殿。改昊天上帝，称皇天上帝[14]。

【1】嘉靖《潮州府志·灾祥》："嘉靖十七年，春二月地震，房屋皆动，有声者三。"

【2】嘉庆《义乌县志·祥异》："嘉靖十七年二月，火毁官民房屋。"

【3】万历《严州府志·祥异》："嘉靖十七年春，遂安县木枝生连理，人以为瑞。"

【4】《明世宗实录》："嘉靖十七年四月戊午，大学士李时、夏言、武定侯郭勋扈驾回驻沙河行宫，言厨中失火延烧三人行帐。先是上于山陵行宫，面授言题本三、奏本二，俱毁，三臣同疏认罪。上曰：朕念卿比赞郊议，简任特出他臣，当思尽忠，公不宜放而致是，兹既认罪，足见省咎，其遵谕图改，以副简在之重，不准辞。"

【5】景云：又称庆云、卿云、五色云，古人视为瑞云。礼书：礼部尚书的略称。严嵩，字惟中，分宜（今江西分宜）人，明代奸相。嘉靖十五年（1536年）任礼部尚书，历任吏部尚书、谨身殿大学士、少傅兼太子太师、首辅等，把持朝政二十余年。嘉靖四十一年（1562年）失势，被勒令致仕，四十四年（1565年）被削籍为民、抄家。隆庆元年（1567年），穷困潦倒而死。

【6】（明）王圻《续文献通考·物异考·恒旸》："嘉靖十七年夏四月，两京、山东、陕西、福建、湖广大旱。"

【7】施显卿：《古今奇闻类纪·天文纪·雨雹》引《西樵野記》："嘉靖戊戌四月八日未刻，吴城风雨暴作，雨冰雹，其大如李，中有一眼而四围皆纹，时菜麦已成，大戕其半，而阳山一境，其大如斗，途人不及抵室，或有碎其额、劈其耳而死者。余诘，耆老云：自生平以来未之见也。"

【8】乾隆《海丰县志·邑事》："嘉靖十七年，海水溢，金锡、杨安居民死者以千数，户口因之告绝。"按，"都"是自北宋以后在县以下设的一级行政机构，相当于乡。明代海丰县包括金锡、杨安等八都。金锡在今海丰南，杨安在县西，靠山临海，明代中期以前经常遭到海侵。明中期以后，随着海侵消退为平原，该地区人口增加得很快。

海水溢：一般是地震或海啸引起的自然灾害。

【9】万历《广东通志·杂录》："嘉靖十七年七月朔日，会同里洞村前，忽见田中风号，木喷烟腾，声旋转轰烈，疾如飞电，上有飞蜓万千。乡中老幼、过客观者以万计。初疑为鬼风，俄而过山嘴，田禾、草禾、林叶如故，复下田溪，声势愈烈……仰目视之，微见半身及尾数丈，翔翔于空中，始知其为龙起云。因改里洞村为起龙村。"

【10】乾隆《琼州府志·灾祥》："嘉靖十七年七月，儋州五色云见于城西。"

【11】万历《杭州府志·郡事纪下》："嘉靖十七年，秋八月，昌化县竹生实。按，《昌化县志》：昌化县竹生穗，结实如小麦，民采食之。"按，不同种类竹子，开花周期长短也不一样，一般十几年或几十年一次。竹子开花以后会成片死去，一般发生在干旱气候条件下。竹子开花后，其结子如米。

【12】万历《应天府志·郡纪下》："嘉靖十七年，句容大水。溧水东庐、马鞍等山蛟出，荡邑城，溺人。"乾隆《句容县志·祥异》："嘉靖戊戌（十七年，1538年），句容大水。"

【13】光绪《溧水县志·庶征》："嘉靖十七年马鞍、东庐诸山蛟出，荡民居。"

【14】《明世宗实录》："嘉靖十七年十月甲子，上以天垂景云，躬叩玄极宝殿毕，诣南郊以恭上上帝尊称……预告于神祇，恭取来月朔，且亲率臣民趋诣南郊，拜上皇天上帝泰号，册表于圜丘。"

己亥（嘉靖十八年，1539年）春二月辛丑，是日午时，日下五彩云见。夏言疏贺[1]。夏四月庚申，彗星见，两旬始灭[2]。丁卯夜半，行宫火，延及御寝，帝惶遽莫知所避，锦衣陆炳排闼入，负帝出焰中阉婢有焚死者[3]。越三日乃行次亢村（今河南获嘉亢村镇），行殿复火[3]。六月，雷震奉天殿左吻[4]。杭州自春二月不雨至于夏六月，井泉皆竭[5]；天目山崩，石下出蛇千余条[6]。秋七月三日，淮安（今江苏淮安）东北大风起，昼晦一二日。水星逆贯牛、斗。海潮泛溢[7]。闰七月庚申，水、火、金、木四星聚东井[8]。大风卷水贯真州（今江苏仪征真州镇）。是日，扬子江水涸数十丈[9]。冬十月，有浮殍集钱塘江（原注：是冬，衢、严等府大水，漂流房屋、什器、男女至钱塘江者无算[10]）丙子，东莞（今广东东莞）雷震。兴宁（今广东兴宁）大有年[11]。

【1】《明世宗实录》："嘉靖十八年二月庚子朔，是日当午，日下有五色云见，长

径二丈余，形如龙凤，是曰卿云。壬寅，大学士夏言等疏贺卿云。”（明）王圻《续文献通考·象纬考·云气》亦载。

【2】（明）王圻《续文献通考·象纬考·彗孛》：“嘉靖十八年己亥，夏四月庚申，彗星见，两旬始灭。”崇祯《义乌县志·灾祥》：“嘉靖十八年，彗星连见。”

【3】《明世宗实录》：“嘉靖十八年，二月丁卯，驾抵卫辉。夜四更，行宫火。是时法驾已严办，侍卫仓卒不知上所在，独锦衣卫指挥陆炳负上出，御乘舆。后宫及内侍有殒于火者，法物宝玉多毁。”按，嘉靖十七年十二月，嘉靖皇帝之母章圣皇太后病卒。起初，打算安葬于天寿山大峪，后决定归葬承天（今湖北钟祥），与其父兴献皇帝合葬。为此，嘉靖皇帝于十八年二月南幸承天，自涿州起至丰乐驿搭盖沿途驻跸行宫。“二月乙丑，赵州（今河北赵县）、临洺镇（今河北永年临洺镇）二处行宫，驾发后俱火，诏巡按御史逮罪有司官，夺知州范昕俸半年。丁卯，抵卫辉（今河南卫辉）夜四更行宫火，是时法驾已严办，侍卫仓卒不知上所在。独锦衣卫指挥陆炳负上出，御乘舆。后宫及内侍有殒于火者，法物宝玉多毁。行在诸司各上表奉慰，诏右都御史王廷相检括灾所。”按，亢村行殿火一事，《实录》未载。卫辉行宫失火，《二申野录》系于四月，或有误。

【4】《明世宗实录》：“嘉靖十八年六月丁酉朔，酉刻，雷震奉天殿左吻及东室门槅。同时，皇城北，鼓楼毁。”

【5】万历《杭州府志·郡事记下》：“嘉靖十八年，杭州自春二月不雨，至于夏六月。按，井泉皆竭。”

【6】（明）田艺蘅《留青日札·天目山崩》：“天目，杭之主山也。嘉靖己亥六月，天目山崩，石下出蛇千余条。”

【7】（明）王圻《稗史汇编·灾祥门·祥瑞类》：“嘉靖十八年七月间，大水漂没扬州盐场数十，人民死者无算。其日，扬子江水下数十丈，金山露其脚，如香炉鼎足之状。过日，闻扬子水害正前日江涸之时。”

【8】（明）王圻《续文献通考·象纬考·太阴五星陵犯下》：“嘉靖十八年，秋闰七月庚申，木、火、水、金星聚东井。”

【9】（明）顾起元：《客座赘语·水灾》：“嘉靖十八年七月，大风卷水灌真州，漂失盐场数十处，人民死者亡算。其日，扬子江涸数十丈，金山至露其趾，尤为奇事。”

【10】万历《钱塘县志·灾祥》：“嘉靖十八年，冬十月，有流殍集钱塘江。按，衢、严等府大水，漂流房屋、什器、男女至钱塘江者无算。”（明）郎瑛《七修类稿·天地类》：“嘉靖己亥六月，天目亦崩小角，出蛇数千；衢、严二州，水过二丈，飘损人物，不可胜计，吾杭亦可忧也哉。”

【11】嘉靖《惠州府志·郡事纪》：“嘉靖十八年，兴宁大有年。”

庚子（嘉靖十九年，1540年）春正月有白鸜鹆（音：渠玉）栖于分水县治（今浙江桐庐分水镇）[1]。二月，黄雾四塞，随变为红赤色，暴风忽起，坏文德坊等处[2]。郧（今湖北郧县）、襄（今湖北襄樊）、河南饥[3]。遂安（今新安江水库库区）郑谷家豕生一物如象、如狮[4]。三月癸巳朔，日有食之[5]。凤阳（今安徽凤阳）旱[6]。会稽（今浙江绍兴）、诸暨（今浙江诸暨）、新昌（今浙江新昌）、余姚（今浙江余姚）蝗[7]。四月，枣强县天鼓鸣，夜，星陨如雨[8]。秋七月，余姚大水[9]。九月壬子，荧惑入南斗[10]。十月，水、土、金星聚于角[11]。金星昼见[12]。十一月，临高大雨雹，大者如车轮[13]。十二月戊午，太白经天[14]。

【1】万历《严州府志·祥异》："嘉靖十九年春正月，分水县有白鸜鹆二，栖于县治。"案，鸜鹆：学名为鸲鹆，又叫寒皋、华华、鸜鸲等，俗称八哥。

【2】《明世宗实录》："嘉靖十九年三月乙巳，申刻，黄雾四塞，随变为红赤色，暴风从西北起，坏文德坊，并西长安街牌坊斗栱檐瓦，折西长安中门闩木及锁钮皆断，又坏城上旗竿数处，夜分乃息。"按，（明）王圻《续文献通考·物异考·赤眚赤祥》记在夏四月，均不是《二申野录》所谓二月。

【3】《明世宗实录》："嘉靖十九年五月庚子，诏赏户部右侍郎王杲、巡按河南御史陶钦夔银各二十两、彩币二表里，主事王继芳一表里。时河南大饥，以杲等赈济有方故也。"（明）王圻《续文献通考·物异考·岁凶》："嘉靖十九年，河南郧、襄饥。时闻承天兴陵工，饥民就食者饿死载道。御史姚虞绘图以闻。"按，《明史·王杲传》："河南大饥，命杲往赈。杲请急发帑金，诏贵临清仓银五万两以行。既至，复请发十五万两。全活不可胜计。"

【4】民国《遂安县志·灾异》据光绪府志补："嘉靖十九年，乡民郑谷家豕生一物如象如狮。"

【5】（明）王圻《续文献通考·象纬考·天变》："嘉靖十九年庚子，春三月癸巳朔，日食。礼部以测候不食闻，世宗大悦。"

【6】光绪《凤阳县志·纪事》："嘉靖十九年，旱。"

【7】【9】万历《绍兴府志·灾祥》："嘉靖十九年夏，会稽、诸暨、余姚，蝗。余姚禳之辄散。新昌飞蝗蔽日。"光绪《余姚县志·祥异》："嘉靖十九年，夏，蝗。禳之即散。秋，大水。"民国《新昌县志·祥异》："嘉靖十九年夏，蝗飞蔽日。九月，大水。"

【8】《明世宗实录》："嘉靖十九年五月辛丑，冀州枣强县（今河北枣强）午时天鼓鸣，夜，星陨为石四。"按《二申野录》系于四月，误。

【10】万历《绍兴府志·灾祥》："嘉靖十九年九月壬子，荧惑入南斗。"（明）王圻《续文献通考·象纬考·太阴五星陵犯下》："嘉靖十九年庚子，九月壬子，荧惑入南斗数日。"按，荧惑入南斗，或称荧惑犯南斗，即荧惑居南斗星宿的位置，古人认为是凶兆。

【11】（明）王圻《续文献通考·象纬考·太阴五星陵犯下》："嘉靖十九年冬十月，水、土、金星聚于角。"（明）王圻《续文献通考·象纬考·五星会合》亦载。按，角宿是二十八星宿中东方第一星宿，有二星。《晋书·天文志》："角二星为天关，其间天门也，其内天庭也……其星明大，王道太平，贤者在朝；动摇移徙，王者行。"

【12】出处不详。金星昼见：金星即太白星，它在夜晚出现，日出的时候隐没。可是如果太阳升起太白星还没完全隐没时，看起来就好像天空中有两个太阳，所以占星术又以这种罕见的现象为封建王朝"易主"之兆，于君主不利。

【13】道光《广东通志·前事略》："嘉靖十九年九月，临高大雨雹，大者如车轮，小者如弹丸，压死人畜不可胜计。"

【14】（明）王圻《续文献通考·象纬考·星昼见》："嘉靖十九年，十二月戊午，太白经天。"太白即金星，它夜出昼隐。如果太阳升起太白星还没完全隐没时，就好像天空中有两个太阳，占星术认为这种罕见的现象为封建王朝"易主"之兆。

辛丑（嘉靖二十年，1541年）春，骆驼山鸣[1]，黄河东决于大清口（今江苏淮安大清口），南竭四十里。二月二十日，襄垣（今山西襄垣）学宫甘露降三日[2]。夏四月，宗庙灾（原注：初震，火起仁庙，风大发，仁庙主毁，俄而，成祖主又毁，延爇太庙及昭穆群庙。上奉列圣主于景神殿，遣大臣，入长陵、献陵告题，成祖、仁宗帝后主亦奉景神殿[3]）。五月十二日，北京灵济宫前石狮左眼生眉九根，色黄，其端黑色若结蕤状，数日脱落[4]。六月，大同（今山西大同）有大星东南流，其光如炬。俄而，天鼓鸣[5]。昌化县（今浙江临安昌化镇）长亘五十里竹生花，实黑色，味少涩而易饱，有和饴为饼饵者[6]。盐山（今河北盐山）陨霜杀禾[7]。建德（今浙江建德）六县旱蝗[8]。常州（今江苏常州）夏旱，秋大水[9]。兴宁县（今广东兴宁）西河水涨，有大龟长丈余，金光射人，溯河而上，所过田陂皆坏，岁反得大稔[10]。九月，雷州（今广东海康）雨，色绿[11]。十四日，琼州大风[12]。南京一夕大风雷，聚宝各门外死鼠如山积。瓮山（今北京颐和园）去阜成门二十余里，山初未名瓮也，居此一老父语人曰：山麓魁大而凹秀，瓮之属也。凿之得石瓮一，华虫雕龙不可细识，中物数十，老父则携去，留瓮置山阳，且志曰：石瓮徙，贫帝里。嘉靖初，瓮忽失，嗣是物力渐耗。传者谓弘治时，世臣富；正德时，内臣富；嘉靖时，商贾富；隆、万时，游侠富。然流寓盛，土著贫矣[13]。

【1】万历《绍兴府志·灾祥》"嘉靖二十年春，骆驼山鸣。"按，骆驼山：浙江诸暨骆驼山。

【2】雍正《山西通志·祥异二》："嘉靖二十二年二月，襄垣学宫甘露降。"按，《二申野录》系于嘉靖二十年。学宫：明清各地方所设的府州县学机构，即所谓府学、州学、县学，都称学宫。

【3】《明世宗实录》："嘉靖二十年四月辛酉夜，宗庙灾。成庙、仁庙二主毁。是日未、申刻，东草场火，城中人遂讹言火在宗庙。薄暮雨雹风霆大作，入夜，火果从仁庙起延烧，成庙及太庙群庙一时俱烬，惟睿庙独存。成、仁二主，以火所从起，不及救，故毁。上哀痛不能自胜。"

【4】（明）杨仪《高坡异纂》："五月十二日，北京灵济宫前石狮左眼生眉九根，色黄，且端黑色，若结一蕊之状，经数日脱落。"杨仪，常熟人，字梦羽。嘉靖进士，官至山东按察副使。（明）王圻《稗史汇编·志异门·怪异总纪》亦载。

【5】《明世宗实录》："嘉靖二十年六月癸未，大同府有火星东南流，其光如炬，天鼓鸣。"

【6】万历《杭州府志·郡事记下》："嘉靖二十年，昌化县竹生米。按，《昌化县志》：长亘五十里竹生花，实黑色，味少涩而易饱，有和饴为饼饵者。"

【7】民国《盐山新志·故事略》："嘉靖二十年秋，陨霜杀禾。"

【8】民国《建德县志·祥异》："嘉靖二十年，建德六县旱蝗。"

【9】康熙《常州府志·祥异》："常州夏旱，秋大水。"

【10】（清）褚人获《坚瓠余集·六眼龟》引《广闻录》："嘉靖二十年，兴宁西河水涨，有大龟长丈余，六目金光射人，泝河而上，所过田陂皆坏。"

【11】万历《广东通志·杂录》："嘉靖二十年九月，雷州雨，色绿。"同治《广东通志·祥异》亦载。

【12】道光《琼州府志·事记》："嘉靖二十年九月，琼州大风，宫室圮坏，草木摧折殆尽。是岁大饥。明年，如期而作，复饥。"

【13】刘侗、于奕正《帝京景物略·西山下·瓮山》："瓮山去阜成门二十余里，土赤渍，童童无草木。山南若洞而圮者，小鬲台也。山初未名瓮也，居此一老父语人

曰：山麓魁大而凹秀，瓮之属也。凿之得石瓮一，华虫雕龙，不可细识。中物数十，老父则携去，留瓮置山阳。又留谶曰：石瓮徙，贫帝里。嘉靖初，瓮忽失，嗣是物力渐耗。传者谓弘治时世臣富，正德时内臣富，嘉靖时商贾富，隆、万时游侠富，然流寓盛，土著贫矣。”

壬寅（嘉靖二十一年，1542年）春正月朔，风阳昼晦星见，飞鸟归巢[1]。韶城（今广东韶关）西南隅民蔡臣地忽裂，广四五尺，袤数丈，投之以綖，深不可测。同日，去蔡氏数十家为方氏后园，涌土成高阜，俄陷为深坑，以火下烛之，气冲上灭，火不可照[2]。诸暨（今浙江诸暨）一士人家，无故火自发[3]。绍兴（今浙江绍兴）天裂，有光如电[4]。秋七月己酉朔，日有食之[5]（按，日食午初酉，约有九分，晷影恍惚，旁见二星）。己亥，火星犯南斗第二星。八月丁酉，荧惑掩南斗杓[6]，白日无云而雷，火光烛地，山雉悉鸣，移刻乃息[7]。礼部尚书、翰林学士严嵩进武英殿大学士[8]。九月，雷州（今广东海康）、琼州（今海南琼山）飓风大作，坏田庐[9]。冬十月四日，乐会（今海南博鳌镇乐城村）大雨逾旬，海啸若雷，洪涨入邑门者再，民依丘陵以居。海口冲射南徙，深五丈余，失旧险隘。大雾弥漫，昼夜不散，连四五日[10]。西黎南鼓岭有大石自岭巅旋转，徐徐移下，有云从之，声隐隐雷鸣[11]。象山县（今浙江象山）天雨黄雾，行人口耳皆塞[12]。冬十一月，封川（今广东肇庆封开）麒麟、白马山鸣，其声如雷[13]。明年山獞（音：状）苏公乐等反[14]。

【1】光绪《凤阳府志·纪事下》：“嘉靖二十一年正月朔，昼晦星见，飞鸟归巢。”

【2】见于万历《广东通志·杂录》。

【3】万历《绍兴府志·灾祥》：“嘉靖二十一年，诸暨一士人家，火自发。”乾隆《诸暨县志·祥异》亦载。

【4】万历《绍兴府志·灾祥》：“嘉靖二十一年，天裂，有光如电。”

【5】《明世宗实录》：“嘉靖二十一年七月己酉朔，日有食之。”（明）王圻《续文献通考·象纬考·天变》：“嘉靖二十一年壬寅，秋七月己酉朔，日有食之。”

【6】《明世宗实录》：“嘉靖二十一年八月己亥，是夜火星犯南斗第二星。”按，《二申野录》系于七月，误。荧惑即火星。南斗是二十八星宿中北方的七个星宿之一。占

星术上，南斗掌管生存，还象征丞相太宰之位，主褒贤进士，禀授爵禄。古人认为荧惑、火星犯南斗，预示凶兆。

【7】按，这种现象大多和陨石现象有关。

【8】严嵩，字惟中，分宜（今江西分宜）人，明代奸相。嘉靖十五年（1536年）任礼部尚书，历任吏部尚书、谨身殿大学士、少傅兼太子太师、首辅等，把持朝政二十余年。嘉靖四十一年（1562年）失势，被勒令致仕，四十四年（1565年）被削籍为民、抄家。隆庆元年（1567年），穷困潦倒而死。

【9】万历《广东通志·杂录》："嘉靖二十一年九月，雷州飓风大作，坏田庐，次年告饥。""嘉靖二十一年九月十四日，琼山飓风猛甚，公署民房圮坏，草木摧折殆尽，是岁大饥。"道光《琼州府志·事记》："嘉靖二十一年九月，飓风大作。"

【10】万历《广东通志·杂录》："嘉靖二十一年十月四日，乐会大雨逾旬，海啸若雷，洪涨入邑门者再，民依丘陵以居。海口冲射南徙，深五丈余，失旧险隘。"

【11】万历《广东通志·杂录》："嘉靖二十一年，西黎南鼓岭有大石自岭巅旋转，徐徐移下，有云从之，其声隐隐如雷。"

【12】（明）王圻《续文献通考·物异考·天雨异物》："嘉靖二十一年，象山县雨黄雾，行人口耳皆塞。"（明）田艺蘅《留青日札·茂州雪》亦载。

【13】万历《广东通志·事纪》："嘉靖二十一年十一月麒麟、白马山鸣，其声如雷。"《二申野录》原文缺"山"字。麒麟山位于封开中部，连绵起伏，是著名风景区。白马山位于县中南部杏花镇，据县志记载："一名白鹤山，周五十里许，白石斑点如马，石坂蜿蜒，飞泉如练。"

【14】《明世宗实录》："嘉靖二十四年七月乙酉，巡抚两广都御史张岳奏两广獞贼窃发，广东则有封川县（今广东封开）苏公乐等，广西则有马平（今广西柳州）、来宾（今广西来宾）二县……等，各肆卤掠，敌杀官军，封川尤急，请亟进兵歼灭之。上曰獞贼肆逆，如议剿绝，毋得滥及无辜。参将、守巡等官平日防范不严，俱令戴罪杀贼，通候事宁之日，具奏定夺。"按，在唐宋以来羁縻州县制度的基础上，西南少数民族地区，长期以来实行以土官治土民的制度，当地少数民族首领土司世袭统治。为了加强中央政府对该地区的实际控制，自明朝政府中期以来就由中央政府直接派官员担任知府、知县各级官员即所谓流官。这就是改土归流政策，这个政策一方面加强了中央政府的统治、地主经济代替了领主经济，促进了当地的经济发展，但在推行时也往往伴随着军事暴力的镇压，加剧了民族矛盾。同时流官欺压百姓也造成了新的民族压迫。明世宗嘉靖年间，贵州的苗族，广东、广西的僮族和黎族都先后爆发武力反抗。

癸卯（嘉靖二十二年，1543年）正月丙午朔，日有食之[1]。义乌（今浙江义乌）蝗[2]。河间（今河北河间）大水。秋七月，荧惑入南斗[3]。兴宁（今广东兴宁）八月不雨至明年五月[4]。九月，琼州（今海南琼山）飓风，岁告饥[5]。

【1】（明）王圻《续文献通考·象纬考·日食》："嘉靖二十二年癸卯，春正月丙午朔，日食。"

【2】嘉庆《义乌县志·祥异》："嘉靖二十二年，蝗复灾。"

【3】（明）田艺蘅《留青日札·荧惑入南斗》："嘉靖二十二年癸卯七月，荧惑入南斗。占主东南大饥荒。是年及明年春，江南、两浙大饥，斗米数百钱。"

【4】光绪《惠州府志·郡事上》："嘉靖二十二年，秋八月，兴宁不雨，至明年夏五月始雨。"

【5】道光《琼州府志·事记》："嘉靖二十二年，琼州飓风，岁告饥。"

甲辰（嘉靖二十三年，1544年）正月朔，木、土、火三星聚于房[1]。二月，礼部尚书张潮副主会场，卒于试院[2]。当涂县（今安徽当涂）春大饥[3]。三月，兴国（今江西兴国）雨雹，大者重四五斤，劈视之，中杂泥土，椽瓦尽为摧折，杀鸟兽草木[4]。夏五月，安亭镇女子张氏年十九，姑胁凌与为乱，不从。夜，群贼戕诸室，纵火焚尸，天反风灭火。贼共舁，欲投火，尸如数石重，莫能舁。前三日，县固有贞烈庙，庙旁人闻鼓乐从天上来，火出柱中，轰轰有声，县宰自往拜之。时大旱，三月无雨，士大夫哀祭已，大雨如注。贼子吁天拜，拜忽两腋血流。县宰命暴姑尸坛上，禁其家不得收。家夜收之，雷雹暴至，群鬼百数，啾啾共来逐，遂弃去。及官奉檄启视女子时，经暑三月不腐，僵卧，肤肉如生，颈肋二创孔有血沫，仵人吐舌，谓未有也。噫！亦异哉！观古传记载忠烈事多有神奇，今日见之益信。于是知节义天所护，然不能使之必无遭害，何也？悲夫[5]！张子征有外弟赵生，其前生为大同赵某子，厕名增广生[6]，暑日迎督学，因凉次饮火酒，大醉，卧树旁，仆以水浇之，遂气绝。魂游水边，见犬来，畏为所啮，适有孕妇在前，避身妇侧，不觉入妇孕中。是晚，妇产子，生见己生为婴孩，既悟托生在此。北地贫，生子不坐月。三日后即往饷田间，时有一犬在室，生呼妇曰：尔出外即闭门，勿使犬近床。妇大骇，以为妖，欲击杀之，乃不敢言。至数岁，见子征乘马过，呼其名曰：我是尔舅某生也。子征惊报其家，急以钱赎回，时生之妻尚未改醮（音：叫）云[7]。东安县（今湖南东安）北十里许宣义乡巨石长博约丈余。一日风雨交作，石乃特立，声闻数里[8]。六月，荧惑犯南斗[9]。南康（今江西南康）四县大旱五月至七月，人民半死，盗贼蜂起[10]。八月，内苑嘉禾生一茎，双穗者六十四，雩檀灵黍五出者一[11]。上海连岁大旱[12]。江宁（今江苏南京）、常州（今江苏常州）大旱，民饥[13]。是年浙江大荒，平湖（今浙江平湖）尤甚[14]。有赵通判者，下县催征，刑法苛严，邑人大恐。时乞儿甚多，有犬作人言，语众曰：赵通判领库银三千行赈，曷往恳？于是相牵诣赵，倏忽数百人，无赖子又乘之大噪，赵惶惧逾墙遁去[15]。

【1】（清）龙文彬《明会要·祥异》引《明史·天文志》："嘉靖二十三年正月癸卯，荧惑、岁星、填星聚于房。"按，房：即房宿，二十八星宿中东方第四星宿，又称天驷。《晋书·天文志》："房四星为明堂，天子布政之宫也。"《宋书·天文志一》："魏明帝太和五年（231年）五月，荧惑犯房。占曰：房四星，股肱臣将相位也。月五星犯守之，将相有忧。"土星：又叫镇星，移动最慢，每一年坐镇一个星宿，故二十八年才可坐镇完二十八星宿。木星：又叫岁星，是东方木之精华，色青，性质本为仁厚。火星：名叫荧惑，是南方火光耀之精，赤色。三星都是顺行时有福力，逆行时会有祸患。

【2】（明）王世贞《皇明异典述》："嘉靖甲辰（二十三年，1544年），主考、礼部尚书、学士张潮卒于试院，同考、翰林修撰茅瓒为后序。"明代，科举考试结束后，照惯例要编写《乡试录》或《会试录》，主考官在卷首写序，副主考官的序写在主考官后面，称后序。

【3】康熙《当涂县志·祥异》："嘉靖二十三年，当涂春大饥。"

【4】雍正《湖广通志·祥异》："嘉靖二十三年三月，兴国雨雹，大者重四五斤，劈视之，中杂泥土，椽瓦尽为摧折，杀鸟兽草木。"

【5】见于（明）归有光《震川先生集·记·张氏女子神异记》。

【6】明代，经过选拔得以进府州县学学习的秀才即生员都有一定的数额，享受廪食米肉。但以后录取的生员越来越多，于是命令在规定的数额之外再增加录取名额，称增广生员，又称增生；以后又于额外增取，附于诸生之末，称附学生员。增广、附学均无月米。

【7】（明）李诩《戒庵老人漫笔·赵林二轮回事》："陈环中士元记一轮回事曰：嘉

靖甲辰，余与年友万全（今河北宣化）张子征燕集，张有外弟赵生在坐。张云赵生前世赵某子，为大同（今山西大同）学增广生，暑日迎督学，途饮火酒，大醉，卧树侧，仆以冷水浇其首，遽尔气绝。魂游溪边，见犬来，畏为所啮，适有孕妇在旁，即避身妇边，不觉入其妇孕中，是晚妇产子。生见己身为婴孩，即悟托生在此。北地贫家产妇不坐月，生子三日，夫耘田，妇为饷。时有一犬在前，生呼其妇曰：'尔出外须闭门，勿使犬进伤我。'妇闻大骇，报其夫归，云产妖子也。夫执锄作击生状，问生何言，生惧，不敢言，隐二三岁始言。至五岁时，见乘马过者，生呼其名曰：'我是某托生，是尔母舅，不知我父母妻子何似。'其人归报生父母，以钱二缗谢其夫妇，携生归，其妻未改醮也。生未尝从师，凡前生所读书，一一能记，作字亦与前生字相类，今亦为增广生云。坐客西安张茂参、成都王可庸各有诗纪其事。"按，陈士元，字心叔，号养吾，小字孟卿，嘉靖二十三年进士，湖北应山人。他在滦州知州任上，多有善举，颇有文名。因上疏得罪了权相严嵩，嘉靖二十八年辞官归里，一心向学，取得卓越学术成就。万历二十五年卒，享年82岁。因他又自称环中愚叟，所以又称陈环中。环中，圜环的中心，庄子《齐物论》中用来比喻无是非之地。改醮，指寡妇改嫁。

【8】康熙《永州府志·外志·灾祥·东安县·石立》："嘉靖二十三年（1544年）春，县北十里许宣义乡有巨石，长、博约丈余，忽风雨交作，石乃特立，声闻数里，耕者望见皆奔逃。迄今屹然。"

【9】万历《绍兴府志·灾祥》："嘉靖二十三年六月，荧惑犯南斗。"（明）王圻《续文献通考·象纬考·太阴五星陵犯下》："嘉靖二十三年六月，荧惑犯南斗。""嘉靖二十三年甲辰，七月，荧惑入南斗。占主东南大饥。是冬至明年春，江南果斗米二钱。"

【10】雍正《江西通志·祥异》："嘉靖二十三年，十三府旱，大饥。是年江西列郡皆饥，明年大饥，民多流散。"

【11】《明世宗实录》："嘉靖二十三年八月壬申，内苑嘉禾生茎双穗凡六十有四，雩坛灵黍五出者一。"

【12】康熙《上海县志·祥异》："上海二十三年、二十四年，连岁大旱赤地，米价腾贵。"

【13】万历《应天府志·郡纪下》："嘉靖二十三年夏秋，大旱，民饥。"康熙《常州府志·祥异》："嘉靖二十三年，旱。"

【14】乾隆《浙江通志·祥异下》引《杭州府志》："嘉靖二十三年，杭州大无麦，米价涌贵，富者亦食半菽。"

【15】（明）朱国祯《涌幢小品·犬逐通判》："嘉靖甲辰大荒，平湖尤甚。有赵通判者，下县催征，刑法严刻，邑人大恐。时乞儿甚多，有犬作人言，语之云：'赵通判领库银三千行赈，曷往恳？'相牵诣赵，倏忽数百人，无赖子又乘之大噪。赵惶惧，逾墙遁去，乃得停征。"（清）袁枚《续子不语·犬逐通判》："甲辰大荒，平湖尤甚。有

赵通判者下县催征，刑法严刻，邑人大恐。时乞儿甚多，忽有黑犬直立作人言告之云：'赵通判领库银三千行赈，曷往恳求？'相牵诣赵，顷刻数百人，无赖子又乘之大噪。赵遑惧，逾墙遁去。"

乙巳（嘉靖二十四年，1545年）闰正月戊寅，金星昼见[1]。五月壬戌朔，日有食之[2]。楚世子英耀弑其父显榕[3]。二十二日夕，有星大如斗，首绿尾赪，自北流入南，荧然有声。杭州大饥（原注：通浙连岁荒歉，百物腾涌，石米价一两八九钱。贫人有食草者，饥寒所迫，时疫大行，饿殍载道）[4]。良渚王本妻生一男，两头[5]。常州（今江苏常州）、江宁（今江苏南京）大旱蝗[6]。无锡（今江苏无锡）惠山泉上下池，连年乾涸，石龙口亦涓滴绝流[7]。秋七月，杭州大雨电[8]。八月初八[9]，夕月上弦傍下弦[10]。冬十二月，日轮外屡有黑气如盘。二十九日未、申时，日光忽暗，有青黑紫色如日状者数十，与日相荡，俄而数百千万，弥天者半，逾时渐向西北散去[11]。

【1】金星昼见：金星即太白星，它在夜晚出现，日出的时候隐没。可是如果太阳升起太白星还没完全隐没时，看起来就好像天空中有两个太阳，所以占星术又以这种罕见的现象为封建王朝"易主"之兆，于君主不利。

【2】（明）王圻《续文献通考·象纬考·日食》："嘉靖二十四年乙巳，夏六月壬辰朔，日食。"按，《二申野录》、（清）龙文彬《明会要·祥异》均作五月壬戌。

【3】《明世宗实录》："嘉靖二十四年九月丁丑，楚世子英燿伏诛。英燿，楚王显榕长子也。狎比群小徐景荣、刘金、杨惠等，淫纵不法。先以匿奸宫人方三儿，事觉，楚王锢三儿，而杖杀其所使陶元儿等。英燿恨之。"英燿又恐被废除世子的地位，遂谋以第二年（嘉靖二十四年）上元借邀请父王赏灯之机，弑父。事发后以中风暴薨，伪讣于镇守、抚、按三司各衙门。事泄露以后，嘉靖皇帝诏司礼监太监温祥同驸马都尉邬景和，以及刑部、锦衣卫等官查勘，一一证实，"制曰：英燿悖逆天道，主谋弑父，罪恶无前，覆载不容，既经差官勘实，并多官会议明白，皆欲明正典刑，朕不敢赦其命。公朱希忠祭告皇祖，斩之于市，焚弃其尸，不许收葬。徐景荣等二十六人，即于彼处会官凌迟处死，内景荣三名、田尧八名财产籍没，妻子为奴，宋么儿、方三儿各杖一百，孙立等三人皆斩，马天祐捕治革职，显休、荣汉、显梧、荣淑等各夺禄米三之一，英炊、显槐俱赐敕奖谕，俱各赐慰银五十两、彩缎四表里。该府应行事宜，并楚王应得恤典，礼、兵二部其查议以闻，仍以书谕各王府。"

【4】（明）王圻《稗史汇编·志异门·灾祲类》：“嘉靖乙巳（二十四年，1545年），天下十荒八九，浙中百物腾踊，米石一两五钱，时疫大行，饿殍横道。”万历《杭州府志·郡事纪下》：“嘉靖二十四年，杭州大饥。按，通浙连岁荒歉，百物腾踊，米石价一两八九钱，贫人有食草者，饥寒所迫，时疫大行，饿殍满道路云。”

【5】（明）田艺蘅:《留青日札·生异类》:“良渚王本妻生一男，两头。”

【6】万历《应天府志·郡纪下》：“嘉靖二十四年夏，大旱。”康熙《常州府志·祥异》：“嘉靖二十四年，常州大旱蝗。”

【7】光绪《无锡金匮县志·祥异》：“嘉靖二十四年，大旱。”

【8】万历《杭州府志·郡事纪下》：“嘉靖二十四年，秋七月丁卯，杭州大雨雹。”

【9】夕月：古代帝王祭拜月的仪式。《周礼》（汉）郑玄注：天子当春分朝日，秋分夕月。

【10】万历《广东通志·杂录》：“嘉靖三十四年八月初八日，夕月上弦傍下弦。”按，《二申野录》系于嘉靖二十四年。月亮相对于太阳来说，绕地球一周约需29天12时44分，这是月亮盈亏圆缺变化的周期，也就是农历一个月的平均长度。农历初七、八人们可以看到半个月亮（凸面向西），这一月相叫“上弦月”。经过满月以后，到农历二十二、二十三，转而看到另半个月亮（凸面向东），这一月相叫做“下弦月”。嘉靖二十四年八月初八夕月，本应是上弦月，但月相却是上弦傍下弦，属于异相。

【11】（明）郎瑛：《七修类稿·天地类·黑云荡日，大水入京》：“嘉靖二十四年十二月二十以后，接连五日，时有黑块，大小不一，往来冲日，早暮人皆见之。二十五年六月二十五之夕，北京连雨，西山水发，涌入都城数尺，房屋多倒没，死者无算，直入皇城。其年无灾变者，岂非人能胜天意也？”

（明）王圻《续文献通考·象纬考·日变》：“嘉靖二十四年十二月，自二十二日至二十六日，日轮外又黑气如盘，与日光摩荡。三十四年十二月晦，日光忽暗，青黑紫色。日影如盘，数十相摩，视久则有千，飞荡满天，向西北而散。”（明）王圻《稗史汇编·祥瑞类·黑云兆倭》：“嘉靖二十四年十二月二十九日，未、申时，日光暗，有青黑紫色如日者数十，与日相荡，俄而数百千万弥天者，逾半时渐向西北散去。明年四月，倭寇四起，大掠边徼，沿海郡县，无不被其患者。”（明）王圻《稗史汇编·灾祥门·祥瑞类》：“嘉靖二十四年十二月二十以后，接连五日，时有黑块，大小不一，往来冲日，早暮皆见。二十五年六月二十五夕，北京连雨，西山水发，涌入都城数尺，房屋多倒没，死者无算，直入皇城。”（明）田艺蘅《留青日札·日光摩荡》亦载。

丙午（嘉靖二十五年，1546年）春正月，火、孛逆牛、斗，倭犯淮、扬（今江苏淮安、扬州）。山阴（今浙江绍兴）谢坞民家牛生一犊，两首、两尾、八足[1]。六月初六日，漳水澄清二日[2]。常州（今江苏常州）旱[3]。杭州大蝗[4]。云亭南泗河口（今江苏江阴云亭）周珊家井水化为油（《丹铅余录》[5]云：油，井水脂也。其后周家系狱破产，殆非吉兆）。瑞金（今江西瑞金）学泮池产蟾蜍二，色白如玉[6]。七月，杭州大水，无禾[7]。广州雷入乡宦冯继科宅，壕墙上左书其姓，右书其名，三字分明，字外一无所损[8]。全州（今广西全州）有石，乘风雨雷电，飞入应泉井中，状如龙马[9]。台州（今浙江临海））大疫[10]。九月，杭州属县，虎聚成群，白日入民家伤人，道路无独行者，且不可猎[11]。是月十三日，杭城大火，毁官民庐舍万余间，清军察院、镇海楼俱毁[12]。

【1】万历《绍兴府志·灾祥》："嘉靖二十五年春，谢坞民家牛生一犊，两首、两尾、八足。"嘉庆《山阴县志·机祥》亦载。

【2】雍正《山西通志·祥异二》："嘉靖二十五年，六月六日，黎城、襄垣漳水澄清三日。"

【3】康熙《常州府志·祥异》："嘉靖二十五年，常州旱。"

【4】万历《钱塘县志·灾祥》："嘉靖二十五年，夏六月，大蝗。"

【5】《丹铅余录》是明代三大才子之一杨慎的著作。杨慎字用修，号升庵，正德六年状元，官翰林院修撰，预修武宗实录。其父杨廷和是明朝的三朝老臣、内阁首辅。嘉靖三年，在朝臣"大礼议"过程中杨廷和辞官归里。杨慎与廷臣伏皇城左顺门力谏嘉靖皇帝撤回违反礼制的决定。嘉靖皇帝命逮首事八人下诏狱。杨慎及检讨王元正等撼皇城门大哭，声彻殿庭。嘉靖皇帝益怒，将他们都下诏狱，廷杖。杨慎、王元正、刘济并谪戍，余削籍。杨慎被流放，终老云南永昌卫。

【6】雍正《江西通志·祥异》："嘉靖二十五年，秋七月，瑞金学泮池产蟾蜍二，色白如玉。"

【7】万历《钱塘县志·灾祥》："嘉靖二十五年，秋七月至冬十月，大水无年。按，四、五月大雨水，苗种淹没，自秋徂冬不止，田成巨浸，草无寸茎，米踊贵，饥寒死者相望于道。"

【8】万历《广东通志·杂录上》："嘉靖二十五年七月，雷入乡宦、知县冯继科宅，壕墙上左书其姓，右书其名，三字分明，字外一无所损。"按，乡宦：封建时代，退休回家乡居住的官僚。

【9】雍正《广西通志·机祥》："嘉靖二十一年夏四月，全州大风雨，有飞石陨柳山应泉池。"万历《广东通志·杂录》引《全州志》："嘉靖丙午（二十五年，1546年）夏四月，有石乘风雨雷电，飞入应泉中，状如龙马。"

【10】《临海县志·自然灾害》："嘉靖二十五年，大疫。"

【11】万历《杭州府志·郡事纪下》："嘉靖二十五年，秋九月，杭州属县多虎患。按，《七修类稿》："杭州属县诸山，虎聚成群，白日入民家伤人，道路无独行者，死伤不可胜计，且不可猎。余杭尤甚。"

【12】万历《杭州府志·郡事纪下》："嘉靖三十五年九月，郡城大火，按，是月十三日，未刻，火自熙春侨民家起，俄顷遍于四方，东南逾数里，越城飞火，至永昌坝，达旦始息，烧毁官民庐舍万余间，清军察院、镇海楼亦俱毁焉。"按，清军察院：明代清军察院是都察院的派出机构，主官称巡按御史，是专管监察地方卫所军伍事务的部门。杭州镇海楼即杭州吴山镇海楼，其与福州屏山镇海楼、广州越秀山镇海楼，同称为中国东南沿海三大镇海楼。《二申野录》系于嘉靖二十五年，误。

丁未（嘉靖二十六年，1547 年）春正月，木星逆行，留营室[1]。二月，京师王健儿家猪生五子，其一人首，后二蹄人足，生即能行。崇德县（今浙江桐乡崇福镇）羊生一人[2]。杭州田某家生一鹅，止一掌。其时余姚（今浙江余姚）陈家一鹅生三掌[3]。苏州花浦口获一大鱼，马首，有足，重二千斤[4]。夏四月，肇庆（今广东肇庆）大水[5]。冬十一月，宫中夜火[6]。（原注：诏速赦杨爵。爵狷介清若，忠直秉性，绝无干名竞进之念。嘉靖初，登进士，拜御史。因病在告九年，复任。每思国事日非，君恩未报，至为流涕，乃上言五事，皆指斥乘舆。疏入，上览之，怒甚，命逮送镇府司长系。时中外讳言爵论出人，皆称其谠直。爵处狱中，忧虑抑郁，然端凝正直自在，虽狱卒咸信之。久得释。陶文仲引箕仙惑上，上以问大学士严嵩、吏部尚书熊浃，皆言其不可信。浃辞抗直，罢为民，嵩被诘责。因曰：我固知释爵等诸妄言者至矣，命复逮系。时方抵家。一日，忽邑丞旦访之，逮者后至，坐定，逮者入。逮者向在狱中与爵稔，若相访然。爵迎谓曰：圣上又索我矣。逮者曰：非也，有事过此，特相候耳。爵曰：何隐焉？欲即行乎？丞与逮者慰藉之，知其未朝食也，请入就食。爵不从，出饭与二人同食。饭甚粗，二人不堪，爵食如常也。妻子泣于内。爵饭毕，入内限曰：吾与若，各尽其分而已，无虑我为。丞曰：尚有嘱语乎？爵曰：行矣！弗复顾。逮者吐舌云。爵在狱七年，人无敢言者，会赦归，有大鸟集舍。爵曰：吾其死矣，乃自为墓志，未几果卒[7]）。澄城（今陕西澄城）山裂，东西移四五里。十二月，京师大风霾[8]。是岁，自夏至冬，浙江潮汐不至，水源乾涸，中流可泳而渡[9]。

【1】木星：木星又名岁星，是东方木之精华，色青，性质本为仁厚，顺行时有福力，逆行时会有祸患。营室：星宿名，即二十八星宿中的北方室宿，是岁星的清庙即太庙。《史记·天官书》："岁星一曰摄提，曰重华，曰应星，曰纪星。营室为清庙，岁星庙也。"

【2】（明）田艺蘅：《留青日札·生异类》："嘉靖二十六年二月，京师十王府前王健儿家，猪生五子，其一人首后二蹄人足，生即能行。又崇德羊生一人。"

【3】（明）田艺蘅：《留青日札·鸡鹅妖》："长老言：嘉靖二十六年余大兄家生一鹅，止一掌，惧而弃之。其时，余姚陈家，一鹅生三掌 。"

【4】乾隆《江南通志·机祥》："嘉靖二十六年，苏州花浦口获大鱼，马首有足，重二千斤。"

【5】道光《肇庆府志·事纪》："嘉靖二十六年夏，大水。"

【6】王圻《续文献通考·物异考·火灾》："嘉靖二十六年十一月，宫中火。传诏速赦杨爵，爵在狱七年，至是得归。富平有大鸟集其舍，遂卒。"

【7】见于（明）陈建《皇明法传录》。杨爵：杨爵，字伯珍，富平人，嘉靖八年进士，授行人。时天下连年大旱，民不聊生，世宗崇尚道教，日夕建斋醮，修雷坛。嘉靖二十年初天降微雪，大学士夏言、尚书严嵩就阿谀奉迎，吹嘘是天降福兆，作颂称贺。杨爵出以公心，上疏指斥妄言符瑞，且词过切直。嘉靖皇帝震怒，立即逮下诏狱搒掠，血肉狼籍，死而复苏。有司请送法司拟罪，嘉靖皇帝不许，命严锢之。既而主事周天佑、御史浦鋐出于正义，纷纷上疏为杨爵伸冤，结果也先后被棰死狱中，从此再没有敢出面相救的人。嘉靖二十四年八月，有神降于乩。帝感其言，马上命释放出狱。没过一个月，尚书熊浃上疏评论乩仙之妄，嘉靖皇帝恼怒，将熊浃削职，同时后悔释放了杨爵使得朝臣又敢于放胆批评他，于是复令东厂派人追捕杨爵，又将其关入诏狱。二十六年十一月，皇宫内大高玄殿灾，"帝祷于露台。火光中若有呼三人忠臣者，遂传诏急释之"。杨爵归家两年以后卒。

【8】（明）郑晓《今言》："嘉靖丁未（二十六年）仲冬，澄城山裂，而移者相去四五里，有分崩离析之象。是冬腊月辛未，京师大风霾。"（明）田艺蘅《留青日札·山飞》亦载。乾隆《澄城县志·祥异》："嘉靖二十六年十二月十二日，地大震，麻陂山界头岭昼夜地声大吼，至二十七日夜，山忽断裂。"

【9】（明）田艺蘅《留青日札·江枯》："嘉靖丁未，自夏至冬，浙江潮汐不至，水源干涸，中流可泳而渡。夫江面十八里，而今一线之水，灾异甚矣。"原书为"度"，误，当为"渡"。

戊申（嘉靖二十七年，1548 年）正月，京师大风霾[1]。初八至十三日，淮安（今江苏淮安）下地凌[2]，深尺许，树木皆冰，如结绯烟，雾数日不散[3]。逮陕西总督侍郎曾铣下诏狱[4]。三月朔，日食[5]；望，月食。曾铣死于西市[6]。逮夏言下锦衣卫狱[7]。六月，大同右卫参军马禄女年十七，将适人，化为男[8]。惠州天鼓鸣。七月，又鸣[9]。八月，京师地五震[10]。金陵三坊巷吴琏开酒肆，独盛。其大锅昼夜火不停焰，锅底忽生一泡，有全真见曰：此锅旺气方炽，其泡不可动。后爨者虑其费柴，铲去之，中有火蛆长二寸许，从此遂衰[11]。冬十月，夏言[12]死于西市[13]。季彭山[14]守长沙，有兄弟二人开田掘土，获一扛灶[15]，置锅水即沸，可炊爨不用柴炭。二人争送府，视其内有一小道士篆丙丁二字[16]于背，又有诸葛行灶数字，贮府库尚存[17]。

【1】《明世宗实录》："嘉靖二十七年正月己卯，上谕辅臣：陕西奏灾异云，山崩移；且昨辛未日，风沙大作，占曰主兵火，有边警。"

【2】地凌：地面的冰凌。

【3】乾隆《淮安府志·五行》："嘉靖二十七年正月八日至十三日，淮安下地凌，深尺许，树木皆冰，如结绯烟，雾数日不散。"

【4】《明世宗实录》："嘉靖二十七年二月癸酉，降锦衣卫千户段崇文职三级闲住，以都督陆炳参其代捕曾铣迟延故也。"

【5】（明）王圻《续文献通考·象纬考·日食》："嘉靖二十七年戊申，春三月朔，日食。"

【6】曾铣：曾铣，字子重，浙江台州黄岩县（今浙江台州黄岩区）人，落籍江都（今江苏扬州），嘉靖八年（1529 年）进士。他起身御史，相继受命平定辽东、山东叛兵乱民，升大理寺丞，迁升右佥都御史、副都御史、山东巡抚、右副都御史、兵部侍郎。自明英宗正统十四年土木堡之役失败以后，蒙古俺答汗势力强大，统一各部落，控制了漠南，拥有骑兵十万，从黄河以北，侵占到黄河以南，嘉靖二十一年起经常侵掠明朝陕西、山西边地。嘉靖二十五年（1546 年），朝廷以曾铣为兵部侍郎、陕西三边总督，以数千之兵拒俺答 10 万铁骑于塞门，迫其退兵，大加赞赏。于是曾铣上疏，请求将俺答部驱除到黄河以北，收复河套地区。六月，调集各路总兵围歼，俺答被迫移营过河。正当曾铣意气风发准备打击蒙古扰边各部时，陕西澄山县发生山崩离地移的灾害，嘉靖皇帝就忧心上天示警。奸臣严嵩乘机造谣曾铣与同乡苏纲关系密切，而苏纲的女儿是朝

中支持收复河套之议的内阁首辅大臣夏言的继妻，因此曾铣行贿夏言，掩盖败绩不报，克扣军饷巨万，交关为利。明朝皇帝最忌恨手握兵权的边关将领与内廷大臣私下交接，因为这会直接威胁到皇帝的统治。正月，逮曾铣，罢夏言官。三月杀曾铣，并派锦衣卫官校逮夏言到京下诏狱。

【7】《明世宗实录》："嘉靖二十七年三月癸巳，锦衣卫镇抚司鞫上曾铣狱情，谓铣交结大学士夏言……诏：夏言令锦衣卫差官校逮系来京。"

【8】雍正《山西通志·祥异二》："嘉靖二十七年四月，大同右卫马禄女年十七，将适人，化为丈夫。"

【9】光绪《惠州县志·郡事上》："嘉靖二十八年六月朔，空中有声，秋七月，复如之。"按，《二申野录》系于嘉靖二十七年。

【10】《明世宗实录》："嘉靖二十七年七月戊寅，是夜，京师地震有声，顺天、保定二府各州县地俱震。八月癸丑，京师及辽东广宁卫、山东登州府同日地震。九月丙申，京师地震有声。"

【11】（明）来集之《倘湖樵书·火能生物》："周吉甫云：嘉靖间，金陵三坊巷吴琏开大荤店，生意茂盛。大锅昼夜火不停焰，锅底忽生一泡，有乞食老全真云：此锅旺气方炽，其泡不可动。后值爨者虑其费柴，铲去之，中有火蛆长二寸许，从此其家生道消减矣。"

【12】《明世宗实录》："嘉靖二十七年十月癸卯，杀原任大学士夏言。"夏言，江西贵溪人，与大学士严嵩同乡，同在政府，以权势相轧。夏言初罢归，嵩尽斥去夏言亲党在朝者，夏言闻之怒，及复位，亦斥去嵩党以相报复。然而严嵩非常奸险，虽心里恨夏言却表面非常礼貌。及夏言因支持陕西总督复河套事得罪了嘉靖皇帝，严嵩遂借机挑拨，说这都是夏言的主意。上怒，捕系曾铣诏狱，然无意杀夏言也。会有蜚语流禁中者，谓夏言去时怨望，有讪谤语，于是上益怒，遂坐曾铣交结近侍例，并夏言斩之。或曰蜚语亦嵩所播，或曰嵩以灾异密疏引汉诛翟方进故事，上意遂决，然其事秘，世莫知也。"按，翟方进是汉成帝时的宰相。绥和二年（前7年）春，火星与心星相遇，世人认为不祥，占星象者称应该由大臣承担责任，否则对君王不利。汉成帝赐册斥责翟方进，逼迫他自尽，以应天象，于是翟方进只好即日自杀。

【13】《明世宗实录》："嘉靖二十七年，十月癸卯，杀原任大学士夏言。"按，西市：明朝北京的刑场，位于城西部的今西四附近，专门处决官吏之用。清朝时，移到外城的菜市口。

【14】季彭山：即季本，字明德，别号彭山，浙江会稽（今浙江绍兴）人。孝宗弘治十七年（1504年）中举，武宗正德十二年（1517年）中进士，世宗嘉靖十七年（1538年），由吉安同知擢长沙知府，严惩奸豪，一无所贷，被豪民构陷，二年后去职。嘉靖四十二年（1563年）卒于家乡，享年79岁。

【15】扛灶：扛灶即行灶，一种可以移动，烧水煮饭用的简易炉灶，是历代伴随农民出行的灶具。开船在外，要搬一只行灶上船，供自行伙食；野田劳作，来不及回家的，也要支一个行灶在野外，作临时之炊；农村办喜事，在场头一字蛇阵地排列着一只只行灶，供厨师烧大鱼大肉，行灶就像流动的厨房，是乡下特有的一种风情。行灶古今历来的种类很多，有大有小。不过，《说文》解释行灶是可以移动专门用来烘烤东西的灶具，不是用来煮炊。

【16】丙丁：古人以天干配五行，丙为阳火。丁为阴火。丙丁都属火，故借以指火。

【17】（明）来集之《倘湖樵书·诸葛武侯遗迹》："刘娗《笔谈》云：会稽季彭山守长沙，日见兄弟开田掘土，获一扛灶，置锅水即沸，可炊爨不用柴炭。二人争送府，视其内有一小道士篆丙丁二字于背，又有诸葛行军灶几字，贮府库尚存。"

己酉（嘉靖二十八年，1549年）正月朔，余姚（今浙江余姚）雨血于梅川徐珮家，庭中尽赤[1]。二月，建昌（今江西永修北）大水，高二丈余[2]。三月辛未朔，日有食之[3]。六月朔，惠州（今广东惠州）天方暝，有声自东方，如鼓，火光烛地，须臾而灭。七月七日，复有声于东北[4]。凤阳（今安徽凤阳）大荒[5]。常州（今江苏常州）水[6]。

【1】光绪《余姚县志·祥异》："嘉靖二十八年，余姚雨血于梅川徐珮家，庭中尽赤。"按，所谓雨血云云，应该是云层中夹杂着红土或红色矿物质，随雨落下的一种现象。

【2】万历《建昌县志·考异志·灾异》："嘉靖二十八年，大水高丈余。"

【3】（明）王圻《续文献通考·象纬考·日食》："嘉靖二十八年己酉，春三月辛未朔，日食。"

【4】嘉靖《惠州府志·郡事纪》："嘉靖二十八年，六月朔，空中有声。秋七月，复如之。按是日天方暝，有声自东方，如鼓，火光烛地，须臾而散，人以为天鼓鸣。七月七日，复声于东北。"按，这种现象大多和陨石现象有关。

【5】光绪《凤阳县志·纪事》："嘉靖二十八年，大荒。"

【6】康熙《常州府志·祥异》："嘉靖二十八年，水。"

庚戌（嘉靖二十九年，1550年）正月朔、三月，黄雾四塞[1]。夏，刘伶巷（今江苏江阴刘伶巷）陈子匡宅燕哺六雏，五黑一白[2]。七月，六合（今江苏六合）蝗[3]。八月博罗（今广东博罗）地震[4]。有狐入诸暨（今浙江诸暨）县衙，变人形，能语言，知县王陈策捉而磔之[5]。

【1】《明世宗实录》："嘉靖二十九年，三月丁丑，大风扬尘四塞。"

【2】出处不详。

【3】万历《应天府志·郡纪下》："嘉靖二十九年七月，六合蝗。"

【4】光绪《惠州府志·郡事上》："嘉靖二十九年，秋八月，博罗地震。"

【5】万历《绍兴府志·灾祥》："嘉靖二十九年，狐入诸暨县衙，变人形，能语言，知县王陈策捉而磔之。"乾隆《诸暨县志·祥异》亦载。

辛亥（嘉靖三十年，1551年）正月朔，萧山县（今浙江杭州萧山）桃树生橘[1]。象山（今浙江象山）柏树开鸡冠花，李树生黄瓜[2]。占曰：上下失政，草木互妖。连江（今福建连江）雨石，有声如雷[3]。八月，淮安（今江苏淮安）地震[4]。庐山（今江西庐山）有兽，似虎毛披体，一日而噬十七人[5]。十一月，高唐州（今山东高唐）地震[6]。

【1】（明）田艺蘅《留青日札·木生异实》："嘉靖三十年，萧山桃树生橘。"

【2】（明）田艺蘅《留青日札·木生异实》："嘉靖三十年，上虞、象山皆李树生黄瓜。谚云：李树生王瓜，千里无人家。《宁波志》亦载。此后海上皆被倭寇之祸。又，象山柏树开鸡冠花。古占草木互妖也。"（明）王圻《稗史汇编·天文门·木类》："国朝嘉靖三十年，象山县李树生王瓜。三十一年，诸暨县李树生王瓜。谚云：李树生王瓜，百里无人家。已而，果为倭奴剿杀甚众。"（明）王圻《稗史汇编·志异门·植物之异》亦载。

【3】乾隆《福州府志·祥异》："嘉靖三十年，雨石于连江，声如雷。十一月，福州地震。"按，这是陨石雨现象。

【4】乾隆《淮安府志·五行》："嘉靖三十年八月，地震，自东北抵西南，其声如雷。"

【5】雍正《江西通志·祥异》："嘉靖三十年，庐山来一彪，似虎而大，毛体尖喙，二日而噬十七人。"

【6】乾隆《山东通志·五行》："嘉靖三十年正月，高唐州地震。"

壬子（嘉靖三十一年，1552年）正月朔，山阴（今浙江绍兴）村落有血溅于地，高数尺。是年倭人入寇，杀人海上以千计[1]。夏五月己卯，雷州（今广东海康）风雨震雷，有火如球，自西南腾空而散。海潮溢，坏庐稼[2]。六月，杭州管局通判厅火，焚死者甚众[3]。徐闻（今广东徐闻）城南有妇产子四目、四耳[4]。七月，兰溪（今浙江兰溪）飞蝗蔽天[5]。上海高桥镇民家，鸡作人言曰：烧香望和尚，一事两勾当。明年，倭奴烧香羊山，遂登岸焚掠，人民逃散[6]。光化县（今湖北老河口北）有鱼长数丈，飞仙马乡[7]。

【1】万历《绍兴府志·灾祥》："嘉靖三十一年春，山阴村落有血溅于地，高数尺。是年倭入寇，杀人海上以千计。"嘉庆《山阴县志·机祥》亦载。按，(明）佚名《嘉靖东南平倭通录》："嘉靖三十一年四月，倭寇台州（今浙江临海)，巡按御史檄知事武纬御之，纬突入贼中，伏发，众溃，纬死之。初，朱纨既卒罢，巡抚不复设，又以御史宿应参之，请复宽海禁，而舶主土豪益连结倭贯，为奸日甚，官司以目视，莫敢谁何。有王直者，徽人也。以事亡命走海上，为舶主渠魁倭奴爱服之。其党徐学、毛勋、徐海、彭老等，不下数千人，俱列兵近港，乘巨艘，为水砦，且筑屋港上诸山，时时出入近洋，掠我居民。至是遂登陆犯台州（今浙江临海)，破黄岩县（今浙江黄岩)，杀掠惨甚！复四散大掠象山（今浙江象山)、定海（今浙江定海)，而浙东为之骚动矣！（按王直即五峰，徐海即明山，毛勋即海峰也。毛勋以王直义子称王放。)"按，朱纨原任巡抚浙江兼管福建海道御史，嘉靖二十七年以一身兼两任不便而罢，一切政务仍如旧规行。《明世宗实录》：嘉靖三十六年十一月乙卯载：王潋，宁波人，号毛海峰。宗满号碧川、谢和号谢老，与王清溪皆漳州人。悉节年贩海通番为奸利者。

【2】《明世宗实录》："嘉靖三十一年六月己卯，广东雷州府海康、遂溪等县风雨震雷，有火光如球，自西南起升，至中天星散。海潮涨溢，坏官民庐舍及人畜田禾甚众。"

【3】万历《杭州府志·郡事纪下》："嘉靖三十一年六月，杭州管局通判厅火，焚死者甚众。按，时海寇初起，军中需火药甚急，诸匠人就厅制药，碾急，火起药中，仓促不可避，人焚死者甚众。有未死者，皆灼肤裂体，惨不忍视，扶出，见河水辄投其中，明日皆死。"

【4】万历《广东通志·杂录》："嘉靖三十一年，雷州府城南，有妇乳子，四目四耳。"按，徐闻县属雷州府。

【5】光绪《兰溪县志·祥异》："嘉靖三十一年七月，飞蝗为灾，禾穗尽落。"

【6】（清）钱泳《履园丛话》："《三冈志略》载，明嘉靖间有高桥镇民家一鸡作人言云："烧香望和尚，一事两勾当。"后倭寇至，适值妇女烧香，大肆焚掠而去。"按，《二申野录》原文："明年倭奴烧香羊山，遂登岸焚掠"，兹据《履园丛话》引《三冈志略》，补"适值妇女烧香"数字。

【7】雍正《湖广通志·祥异》："嘉靖三十一年，光化有鱼长数丈，飞仙马乡。"

癸丑（嘉靖三十二年，1553年）正月戊寅朔，日食，阴雨不见，顷之大雪[1]。兵部武选员外郎杨继盛上疏，劾严嵩罪状，下锦衣卫狱[2]。三月，松江府治遍地生毛，细如发，五色俱备[3]。嘉兴（今浙江嘉兴）宣公桥失火，延烧甚广。时士人黄澄泉偶泊舟桥下，见火中有物如猫，火愈烧，其物愈大，少顷即成一大红人。泉归数日，家亦被焚[4]。新会（今广东新会）城西，烈日中雨血，血不成点，其形如缕[5]。诸暨枫桥（今浙江诸暨枫桥镇）民讹言，一夜走窜略尽[6]。九月二十七日晚，高唐州（今山东高唐）有星起自东北，飞向西北而陨，其形如日，光烛天，识者以为盗星[7]。台州（今浙江临海）大风雨连月，坏稼[8]。常州（今江苏常州）雨赤豆，地生白毛[9]。郭义官曰和者，有田在会昌、瑞金（今江西会昌、瑞金）之间。翁一日之田，所经山中见虎当道，策马避之，从他径行，虎辄随翁驯扰不去。翁留妾守田舍，率一岁中数至。翁还城，虎送之江上，入山而去。比将至，虎复来，家人呼为小豹。每见虎来，其妾喜曰：小豹来，主旦至，速为具饭。语未毕，翁已在门矣。至则随翁帖帖寝处，冬寒卧翁足上，以覆暖之，竟翁去，复入山，如是以为常。翁初以肉饲之，稍稍与米饭，故会昌人言郭义官饭虎。镇守官闻，欲见之。虎至，咆哮，庭中人尽仆，翁亟将虎去。后数十年，虎暴卒，翁亦寻卒。嘉靖癸丑（三十二年，1553年），翁孙惠为昆山主簿，言如此。又言，岁大旱，祷雨不应，众强翁书表焚之。有神凭童子怒曰：今岁不应有雨，奈何令郭义官来？今则不得不雨。顷之，澍雨大降然。翁平日为人诚朴，无异术也。盖尝论之，以为物之鸷者莫如虎，而变化莫如龙，古之人尝有以豢之。而佛、老之书所称异物多奇怪，学者以为诞妄不道。然予以为人与人同类，其相戾有不胜其异者，至其理之极，虽鱼虫鸟兽无所不同。子思曰：喜怒哀乐之未发谓之中；发而皆中节谓之和；致中和天地位焉，万物育焉。学者疑之。郭义官事要不可知，呜呼！惟其不可知，而后可以极其理之所至也[10]。

【1】（明）王圻《续文献通考·象纬考·日食》："嘉靖三十二年，春正月戊寅朔，日食。御史赵锦、徐栻上言修内治。栻补外，锦削籍。""补外"，即放到外地为官。"削

籍”，即褫夺官员资格，削职为民，官员的身份和品级都没有了，连故去父母的赠封也一并夺去。

【2】杨继盛：杨继盛，字仲芳，号椒山，直隶容城（今河北容城）人。嘉靖二十六年（1547年）进士，官兵部员外郎，明世宗时期著名谏臣。嘉靖三十二年（1553年），杨继盛以《请诛贼臣疏》弹劾首辅、权奸严嵩，历数严嵩“五奸十大罪”。严嵩假传圣旨，将杨继盛投入锦衣卫死囚牢，百般拷掠，体无完肤。嘉靖三十四年（1555年）十月初一，严嵩授意刑部尚书何鳌，将杨继盛与闽浙总督张经、浙江巡抚李天宠、苏松副总兵汤克宽等九人处决，弃尸于市。嘉靖四十一年，严嵩失势被罢。死后十二年，隆庆皇帝立，追谥“忠愍”，建“旌忠祠”于保定。《明史》有传。

【3】（明）李诩《戒庵老人漫笔·松江张同知召变》：“嘉靖三十二年癸丑三月，松江府同知张仲以偏爱少妾杨倡，酷虐其妻赵氏，遂为妻所杀，遍身碎剁……张同知杀死事，余表侄严某在彼亲见，归说。严又云，松江府治（今上海松江）遍地生毛，细如发，五色俱备，人人怪叹。”（明）王圻《稗史汇编·志异门·怪异总纪》：“嘉靖三十二年，松江遍地生毛，细如发，五色俱备。”

【4】（明）冯汝弼《祐山杂说·火中人》：“嘉靖癸丑，嘉兴（今浙江嘉兴）宣公桥失火，延烧甚众。士人黄湛泉，偶至郡，舟泊桥下，望见火中一物，如猫，火愈炽，其物愈大，少顷，即成一大红人。湛泉归数日，家亦失火，盖先兆云。”

【5】万历《广东通志·杂录上》：“嘉靖三十二年春，新会城西，烈日中雨血，血不成点，其形如缕。”

【6】万历《绍兴府志·灾祥》：“嘉靖三十二年，诸暨枫桥民讹言，一夜走窜略尽。”乾隆《诸暨县志·祥异》亦载。

【7】民国《高唐志稿·总记下》：“嘉靖三十二年九月二十七日，高唐州有星起自东北，飞向西北而陨，其形如日，光烛天。”

【8】民国《台州府志·灾祥》五月，台州大风雨，害稼，九月又大风雨，害稼。《明世宗实录》：“嘉靖三十二年十月己卯，以灾、寇免浙江台州、绍兴、宁波各府所属秋粮。”

【9】康熙《常州府志·祥异》：“嘉靖三十二年，常州雨赤豆，地生白毛。”

【10】（明）归有光《震川先生集·书郭义官事》：“郭义官曰和者，有田在会昌、瑞金之间。翁一日之田所。经山中，见虎当道，策马避之，从他径行。虎辄随翁，驯扰不去。翁留妾守田舍，率一岁中数至。翁还城，虎送之江上，入山而去。比将至，虎复来。家人呼为小豹。每见虎来，其妾喜曰：‘小豹来，主且至，速为具饭。’语未毕，翁已在门矣。至则随翁帖帖寝处。冬寒，卧翁足上，以覆暖之。竟翁去，复入山。如是以为常。翁初以肉饲之，稍稍与米饭。故会昌人言郭义官饭虎。镇守官闻，欲见之。虎至庭，咆哮庭中，人尽仆。翁亟将虎去。后数十年，虎暴死。翁亦寻卒。嘉靖癸丑，

翁孙惠为昆山主簿，为予言此。又言岁大旱，祷雨不应，众强翁书表焚之。有神凭童子，怒曰：'今岁不应有雨，奈何令郭义官来，今则不得不雨。'顷之，澍雨大降。然翁平日为人诚朴，无异术也。予尝论之：以为物之鸷者莫如虎，而变化莫如龙。古之人尝有以豢之。而佛、老之书，所称异物多奇怪，学者以为诞妄不道。然予以为人与人同类，其相戾有不胜其异者。至其理之极，虽夷狄禽兽，无所不同。子思曰：'喜怒哀乐之未发，谓之中；发而皆中节，谓之和。致中和，天地位焉，万物育焉。'学者疑之。郭义官事，要不可知。呜呼！惟其不可知，而后可以极其理之所至也。"

甲寅（嘉靖三十三年，1554年）春正月，诸暨枫桥（今浙江诸暨枫桥镇）获青羊[1]。上虞（今浙江上虞）李生黄瓜[2]。夏五月，彗星见北斗天权星[3]傍。定海舟山所（今浙江定海舟山，明代设卫所）有石如斗，平地滚掷如飞，顷刻而止，所城外东高岭复有石大数十围，跳跃越山而止[4]。冬十月朔，杨继盛死于西市[5]。

【1】万历《绍兴府志·灾祥》："嘉靖三十三年，诸暨枫桥获青羊。"按，青羊：青羊是道教传说中的神兽。

【2】万历《绍兴府志·灾祥》："嘉靖三十三年，上虞李树生黄瓜。"乾隆《绍兴府志·祥异》："嘉靖三十三年，诸暨旱，上虞李树生黄瓜。"

【3】《明世宗实录》："嘉靖三十三年，五月癸亥夜，彗星见北斗天权星傍。"按，北斗星宿包括天枢、天璇、天玑、天权、玉衡、开阳、摇光七颗星，天权星是北斗七星最暗的一颗。

【4】（明）施显卿《古今奇闻类记·地理纪·石自行动》引《定海志》："嘉靖三十三年，定海舟山所，忽有石如斗，平地滚掷如飞，顷刻而止。所城外东高岭，复有石大数十围，跳跃越山而止。"

【5】按，杨继盛被杀于嘉靖三十四年，《二申野录》系于三十三年，误。

乙卯（嘉靖三十四年，1555年）秋，分水（今浙江桐庐分水镇）文庙桂子丛生，大如银杏[1]。淮河水溢[2]。诸暨（今浙江诸暨）江潮至枫溪（浙江义乌枫溪）[3]。冬十月二十五日，常熟县（今江苏常熟）天雨如赤豆[4]。十二月，吴季明家磨粉成血色[5]。山西、陕西、河南同时地震（原注：山移地裂，城郭皆陷，震压死者数十万。尚书韩邦奇、同乡马理、祭酒王维祯同日死焉[6]。是月，南京亦地震[7]）。

【1】万历《严州府志·祥异》："嘉靖三十四年秋，分水县文庙前桂子丛生，大如银杏。"

【2】《明世宗实录》："嘉靖三十四年九月乙巳，以水灾免凤阳、淮安、杨州三府及徐、滁二州各卫所，秋粮有差。"

【3】万历《绍兴府志·灾祥》："嘉靖三十四年，诸暨江潮至枫桥。"乾隆《诸暨县志·祥异》亦载。

【4】（明）李诩《戒庵老人漫笔·雨豆》："嘉靖三十四年十月廿五，常熟县天雨如赤豆者。"（明）王圻《稗史汇编·志异门·怪异总纪》："嘉靖三十四年秋，常熟雨赤豆如石。"（明）钱希言《狯园》："嘉靖三十四年十月廿五日，天雨赤豆，常熟最多。有人拾得一二粒者，藏之不变。万历中，吴越间天陨黑雨，其点如墨。"

【5】（明）王圻《稗史汇编·志异门·怪异总纪》："嘉靖三十四年十二月，吴季明家磨粉成血色。"

【6】《明世宗实录》："嘉靖三十四年十二月壬寅，是日山西、陕西、河南同时地震，声如雷，鸡犬鸣吠。陕西渭南、华州、朝邑、三源等处，山西蒲州等处尤甚。或地裂泉涌，中有鱼物；或城郭房屋陷入池中，或平地突成山阜，或一日连震数次，或城郭房屋陷河，谓泛张华兵。终南山鸣，河清数日。压死官吏军民奏报有名者八十三万有奇。时致仕南京兵部尚书韩邦奇、南京光禄寺卿马理、南京国子祭酒王维祯，同日死焉。其不知名，未经奏报者，复不可数计。"按，这就是历史上著名的嘉靖大地震。

【7】万历《应天府志·郡纪下》："嘉靖三十四年十二月，地震。"

丙辰（嘉靖三十五年，1556年）春正月，韶州（今广东韶关）雨雹[1]。二月，六合（今江苏六合）地震[2]。徽王载埨[3]以罪废，自杀。先是，王庭钟鼓自鸣，后苑见群羊出没。占者知为亡国之兆。夏四月，仁化（今广东仁化）天雨赤水，色如赤珠[4]。秋九月，惠州（今广东惠州）黑眚见[5]。韶州（今广东韶关）大水[6]。庆元县（今浙江庆元）白马精见[7]。

【1】万历《广东通志·杂录》："嘉靖三十五年春正月，仁化大雨雹，大如鸡卵。英德同日，大者如拳。"按，仁化、英德均属韶州府。

【2】万历《应天府志·郡纪下》："嘉靖三十五年二月，六合地震。"光绪《六合

县志·祥异》亦载。

【3】《明世宗实录》："嘉靖三十五年九月乙丑，徽王载埨有罪，诏废为庶人，发高墙禁锢，国除。"嘉靖皇帝喜谈道术，徽王厚爝迎合嘉靖皇帝，结交道士陶仲文，获封太清辅元宣化真人，赐予金印。及嘉靖三十年载埨袭爵以后，愈发淫虐，以奉道而取媚皇上，"筑万岁山于府中，亭其上曰演武，环以月河，募壮士荡舟河中，自临观之，又私建大小殿廊百余间，发掘民间坟墓七十余冢，库官王章谏，不听，杖杀之，前后所杀无辜□十余人。"……于是河南抚按官交章上奏，揭发其越制僭窃、包藏祸心等诸不法事。嘉靖皇帝下令削减其禄米三之一，夺所赐恭王印章，"曰：'载埨稔恶怀逆，僭拟窥伺，罪状已著，朕不忍置重典，姑革爵降为庶人，禁锢高墙，削除世封丹宝章服，并籍其私财，撤毁亭宇违制者。'遣英国公张溶告庙，仍书谕各王府知之。载埨闻命，乃先杀其嬖妾，自缢而死。"按，《二申野录》原书"徽王载玲"，误，当为"载埨"。

【4】万历《广东通志·杂录》："嘉靖三十五年夏，仁化县东北隅八十里，天雨赤雨，色如赤珠。"

【5】光绪《惠州府志·郡事上》："嘉靖三十五年，秋九月，有黑眚。"

【6】万历《广东通志·杂录》："嘉靖三十五年春，韶州府城东南大水，沿江居民田庐多所决坏，民淹死亦多。韶城为水所坏，城下民舍多荡去。夏，仁化县大水平地涌至数丈，涨入城，坏民田庐不可胜计。"

【7】光绪《处州府志·祥异》："嘉靖三十年，白马精见。精自政和来，气如硫磺，中者即昏，妇人尤甚，阖邑惊惶达旦，后迎五显神驱之，旬日乃灭。"按，《二申野录》系于嘉靖三十五年。

丁巳（嘉靖三十六年，1557年）夏四月朔，淮安（今江苏淮安）见紫云自西来，空中若兵甲之声[1]。奉天、华盖、谨身三殿及午门灾[2]。秋七月，台州（今浙江临海）大风雨害稼[3]。九月初九日，见大蝙蝠约如鹁鸽[4]。杀前锦衣卫经历沈炼于宣府市，藉其家[5]（原注：炼即编保安（今河北保安），即隻身至，时里长老问知炼状，咸大喜，助薪粲[6]，而遣其子弟来从学。炼稍与语忠义大节，则又大喜，而塞外人憨，争为炼詈（音：利）相嵩以快炼，炼亦大喜，日相与詈嵩父子以为常。至为偶人三象：唐相林甫、宋相桧及相嵩而射之。语稍稍闻，嵩父子衔之切骨。而侍郎杨顺来总督，故嵩客也，前大帅某业以巽懦[7]避敌，俟其解，则纵吏士取死人首，甚者夜徼（音：叫）避兵人戮之以为功。炼廉得[8]其首主名，贻书诮之。前大帅恚（音：会），既得代，即以属顺曰：是故扰乃公事者。丁巳（嘉靖三十六年），北兵[9]大入，破应州（今山西应县）堡四十余，顺见以为失事当坐，益纵吏士杀戮避兵人，上首功以自解。而炼复廉得其状，贻书诮顺，语加峻，且赋诗及乐府者二。或谓炼迁客[10]，非有言责，毋为耳。炼怒曰：吾向者岂亦有言责耶？若视吾眼在否，而欲盲我。夫杀人而欺其君以要赏，吾誓不与共天。顺闻益恚，以其私人经历金绍鲁、指挥罗铠，走嵩子世蕃所，曰：是夫也，结死士，击剑习射，将以间而取若父子。世蕃曰：吾固知之。即以属巡按御史李凤毛。凤毛谬为谢，曰：有之，窃阴已解散其党矣。凤毛得代归，迁为光禄少卿，而御史路楷来，又嵩客也。世蕃为酒寿楷，而使谓顺曰：幸为我除吾疡。事成，大者侯，小者卿。顺则与楷合荚[11]，捕诸白莲教，因窜炼名籍中，以谋叛闻。而前大帅，时理兵部，无异取中旨[12]戮炼。籍其家，使人杖杀其二子[13]）。冬十二月，兖州（今山东兖州）地震[14]。金星昼见[15]。

【1】乾隆《江南通志·禨祥》："嘉靖三十六年，淮安紫云自西来，空中若兵马之声，大风雨雹，天鼓鸣。"

【2】《明世宗实录》："嘉靖三十六年四月丙申，奉天等殿门灾。是日申刻，雷雨大作，至戌刻，火光骤起。初由奉天殿，延烧华盖、谨身二殿，文、武二楼，左顺、右顺、午门及午门外左、右廊尽毁，至次日辰刻始熄。"

【3】万历《黄岩县志·祥异》："明嘉靖三十六年七月，台州大风雨，坏庐舍禾稼。"

【4】（明）李诩：《戒庵老人漫笔·大蝙蝠》："嘉靖三十六年丁巳九月初九日，在从弟厅中见大蝙蝠，约如鹁鸽，亦一异也。"

【5】沈炼字纯甫，号青霞，浙江会稽（今浙江绍兴）人，嘉靖十七年进士，先除溧阳知县，后入为锦衣卫经历。沈炼为人刚直，嫉恶如仇，每饮酒辄箕踞笑傲，以"十罪疏"弹劾严嵩，被处以杖刑，谪发居庸关守边。沈炼在塞外，仍与人以詈骂严嵩父子为乐。严嵩、严世蕃父子得知大怒。嘉靖三十六年（1557年），严氏父子遣巡按御史路楷和宣大总督杨顺合计诛杀沈炼。恰逢白莲教教徒阎浩等人被捕，招供多名嫌犯，于是他们把沈炼的名字也加入其间上报，终于将其杀害，他的两个儿子也同时被害。

【6】薪粲：薪即做饭用的柴禾，粲即好白米。

【7】巽懦：原书作"选懦"，误，当为"巽懦"，卑顺、怯懦的意思。

【8】廉得：廉，察考，访查。廉得，即暗访得到的消息。

【9】北兵：蒙古俺答部。

【10】迁客：遭贬斥、放逐的官员。

【11】荚：即“策”字，合荚即合计、共同策划的意思。另发音：家，指豆类植物的果实。

【12】中旨：皇帝亲笔发出的命令或诏令，不通过中枢部门，直接交付有关机构执行，称为中旨。

【13】此文节录自（明）王世贞：《光禄寺少卿沈青霞墓志铭》，载（明）贺复征编：《文章辨体汇选·光禄寺少卿沈青霞墓志铭》、（明）刘士鏻《明文霱·光禄寺少卿沈青霞墓志铭》。

【14】王圻《续文献通考·物异考·地震》：“嘉靖三十六年十二月，兖州地震。”

【15】《明世宗实录》：“嘉靖三十六年，十二月庚辰朔，金星昼见。”按，金星即太白星，夜出昼隐。如果太阳升起太白星还没完全隐没时，就好像空中有两个太阳，所以占星术又以为这种罕见的现象是封建王朝“易主”之兆。

戊午（嘉靖三十七年，1558年）正月，光禄寺火[1]。四月，胡宗宪献白鹿[2]。五月，大旱[3]。蒲州（今山西永济）、潮州（今广东潮州）地震[4]。东阳县（今浙江东阳）湖成圻泐（音：奇乐），涌血凝为片。辽东大水[5]。七月，南阳府（今河南南阳）地震[6]。闰七月，淳安（今浙江淳安）大雨雹[7]。东阳（今浙江东阳）民张思齐家地裂，涌血[8]。闽县（今福建闽县）李树生桃。福清县有猪蜕壳，其色如丹[9]。八月，杭州旗纛（音：道）庙灾[10]。

【1】《明世宗实录》：“嘉靖三十七年正月癸丑，光禄寺火。夺少卿李凤毛、盛汝谦，寺丞刘逢恺、李袁俸，令戴罪供职。下大官署署正孙炤等于法司，问黜为民。”

【2】《明世宗实录》：“嘉靖三十七年四月丁亥，总督浙、直、福建兵务都御史胡宗宪得白鹿于舟山献之。上悦，赐以银币。礼部请告庙，受百官贺。”“闰七月癸巳，总督浙直福建右都御史胡宗宪再获白鹿于齐云山献之。上谓一岁中天降二瑞，恩眷非常，命公朱希忠告谢于玄极宝殿、伯方承裕告太庙。以宗宪忠敬，升俸一级，百官上表称贺。”按《明史·胡宗宪传》：嘉靖三十七年新倭复大至，嘉靖皇帝严厉追责胡宗宪。这时胡宗宪的政治后台工部尚书赵文华已因事被谴，病死，朝中没有支持的力量，他见寇患未已，“思自媚于上，会得白鹿于舟山，献之。帝大悦，行告庙礼，厚赉银币。未几，复以白鹿献。帝益大喜，告谢玄极宝殿及太庙，百官称贺，加宗宪秩。既而岑港之贼徙巢柯梅，官军屡攻不能克。御史李瑚劾宗宪诱汪直启衅。本固及给事中刘尧

诲亦劾其老师纵寇，请追夺功赏。帝命廷议之，咸言宗宪功多，宜勿罢。帝嘉其擒直功，令居职如故。”

【3】(明）王圻《续文献通考·物异考·恒旸》:“嘉靖三十七年五月，大旱，禾尽槁。”

【4】(明）王圻《续文献通考·物异考·地震》:“嘉靖三十七年五月，潮州、蒲州地震。”

【5】(明）王圻《续文献通考·物异考·水灾》:“嘉靖三十七年六月，辽东大水。”

【6】(明）王圻《续文献通考·物异考·地震》:“嘉靖三十七年秋七月，河南南阳府地震。”

【7】(明）王圻《续文献通考·物异考·冰雹》:“嘉靖三十七年闰七月，淳化诸县雨雹。”乾隆《浙江通志·祥异下》引《明法传录》:“嘉靖三十七年闰七月，淳安县雨雹。”

【8】(明）王圻《续文献通考·物异考·地生异物》:“嘉靖三十七年五月戊辰，东阳民张思齐家地裂五六处，各涌血如线，高尺许。凝为片，人就食之，掘地无所见。抚按上状。”

【9】(乾隆)《福州府志·祥异》引《皇明实纪》。

【10】万历《杭州府志·郡事纪下》:“嘉靖三十七年，秋八月，旗纛庙灾。”按，旗纛指古代的军旗。旗纛庙是古代军中专门祭祀的场所，一般设在京师和府州县的都司军卫所在地。

己未（嘉靖三十八年，1559年）正月，前军都督府[1]火。二月，雷击奉先殿[2]。八月，逮大同巡抚都御史王忬下狱，论死[3]（原注：后世蕃受刑，弇州兄弟[4]赎得其一体，熟而荐之于父灵大恸，两人对食毕而后已。诗画贻祸一至于此，然有小人交构其间，酿成尤烈[5]）。江阴（今江苏江阴）旱荒，虫大者食豆叶，名为豆牛；小者食豆花，呼为豆虱[6]。四月，江宁（今江苏南京）雨雹。七月，地震[7]。溧阳（今江苏溧阳）大旱[8]。山西山阴县（今山西山阴）新留村（今山西山阴东南辛留村）平地涌泉，产鱼。代州（今山西代县）地圻方丈余，泉出如涌，五色烟云见泉上[9]。

【1】明初有大都督府统管全国的军队，洪武十三年朱元璋设五军都督府以分大都督府之权。前军都督府是五军都督府之一，除此还有后军、左军、右军、中军都督府。五军都督府分领在京除亲军指挥使司外的各卫所和在外各都司卫所。但五军都督府只掌管军队的管理，调遣权在兵部。五军都督府和兵部都听命于皇帝，五军都督府有统

兵权而无调兵权，兵部拥有调兵权而无统兵权。五军都督府和兵部相互节制互不统属。五军都督府衙门在京城皇城内。明北京前军都督府衙门在皇城内千步廊西。

【2】奉先殿是皇帝祭祀祖先的家庙，明北京奉先殿在皇宫内庭东侧，为与太庙区别，又称内太庙。

【3】王杼：嘉靖二十年进士，太仓人，终总督蓟辽右都御史兼兵部左侍郎，为嘉靖年间名臣，守卫东起滦河、古北口，西至大同的北边防线。嘉靖三十八年二月蒙古将领把都儿、辛爱以原归顺明朝的蒙古朵颜部为向导，声东击西，自今河北迁西县北的潘家口入塞，渡滦河而西，大略京畿东北的遵化、迁安、蓟州、玉田诸州县，驻内地五日后才出边，京师震恐，嘉靖皇帝大怒，御史方辂劾王杼失策者三、可罪者四，遂逮王杼及其部下将领，于三十九年冬均处斩。《明史》有传。

【4】弇州：王世贞，字元美，号凤洲，又号弇州山人，太仓（今江苏太仓）人。嘉靖二十六年（1547 年）进士。官至刑部尚书，明代文学家、史学家。其父总督蓟辽、右都御史兼兵部左侍郎王杼于嘉靖三十八年（1559 年）以滦河失事被世宗严责，严嵩又从中进谗言诬陷，论罪处斩。王世贞闻讯，解官奔赴京师与其弟王世懋每天在严嵩门外自罚，请求宽免。未能成功。王杼被杀，王世贞兄弟持丧归家。《明史》有传。

嘉靖四十一年（1562 年），严嵩被劾，以奸事罢官。其子严世蕃下狱，远戍，嘉靖四十四年（1565 年）问斩。

【5】关于王杼之死，后世有人归咎于奸相严嵩父子的迫害，民间也有各种戏剧、传说。《明史·王杼传》载：严嵩很久以来对王杼不满，“杼子世贞复用口语积失欢于嵩子世蕃。严氏客有数以世贞家琐事构于嵩父子。杨继盛之死，世贞又经纪其丧，嵩父子大恨。滦河变闻，遂得行其计。”（明）沈国元：《皇明从信录》载：“嘉靖三十八年二月巡按方辂劾巡抚都御史王杼失策可罪，诏逮之下狱论死。”原注大意云：先是严嵩杀杨继盛，杼子世贞忿继盛忠言死于权奸，赋诗吊之。刑部员外况叔祺遂以世贞诗告严嵩。严嵩寻找不到王世贞的把柄，遂借滦河失事，世宗大怒之际，嫁祸其父王杼，以致论斩。（明）沈德符《万历野获篇·伪画致祸》：“严分宜势炽时，以诸珍宝盈溢，遂及书画骨董雅事。时鄢懋卿以总鹾使江淮，胡宗宪、赵文华以督兵使吴越，各承奉意旨，搜取古玩不遗余力。时传闻有《清明上河图》手卷，宋张择端画，在故相王文恪胄君（王鏊）家，其家钜万，难以阿堵动。乃苏人汤臣者往图之，汤以善装潢知名，客严门下，亦与娄江王思质中丞往还，乃说王购之。王时镇蓟门，即命汤善价求市，既不可得，遂属苏人黄彪摹真本应命，黄亦画家高手也。严氏既得此卷，珍为异宝，用以为诸画压卷，置酒会诸贵人赏玩之。有妒王中丞者知其事直发为赝本，严世蕃大惭怒，顿恨中丞，谓有意绐之，祸本自此成。或云即汤姓怨弇州伯仲，自露始末，不知然否？以文房清玩致起大狱，严氏之罪固当诛，但张择端者，南渡画苑中人，与萧照、刘松年辈比肩，何以声价陡重，且为祟如此？今《上河图》临本最多，予所见亦有数卷，

其真迹不知落谁氏。”此即《二申野录》：“诗画贻祸”一语所指。

【6】光绪《江阴县志·祥异》：“嘉靖三十八年，大水。”

【7】【8】《明世宗实录》：“嘉靖三十八年七月辛巳，南京地震有声。”万历《应天府志·郡纪下》：“嘉靖三十八年四月，雨雹。七月，地震。溧阳大旱。”同治《上江两县志·大事下》：“嘉靖三十八年四月，南京雨雹。秋七月，地震。”嘉庆《溧阳县志·瑞异》：“嘉靖三十八年，溧阳复大旱。”

【9】雍正《山西通志·祥异二》：“嘉靖三十八年春，代州大旱；夏，大水。上曲村地坼方丈余，泉出如涌，上有五色烟云。山阴县新留村平地涌泉，产鱼。”

庚申（嘉靖三十九年，1560年）三月，宁夏（今宁夏）地震。嘉兴（今浙江嘉兴）、湖州（今浙江湖州）大震，屋庐皆臬臬如布帆[1]。竹溪县（今湖北十堰市竹溪）地震出血[2]。夏四月，陨石于华亭（今上海松江）五舍镇，越数月，其石自动，一夕风雨，失去[3]。五月，宁德（今福建宁德）学泮池水色忽变，早浅红，至午大红，浑如鲜血，及晚转黑，如是五十余日。以器盛之，亦一日三变[4]。秋七月，天目山（今浙江临安天目山）发洪，临安（今浙江临安）、於潜（今浙江于潜）、新城大水，杭、嘉、湖（今浙江杭州、嘉兴、湖州三地区）灾伤[5]。台州（今浙江临海）大雷雨，东门外湖边大树忽然拔起，倒一宿，复自直立。占曰：妃后有专，木仆反立。又曰：将乱，大树自拔[6]。是月，江水涨至三山门，秦淮民居有深数尺者，至九月始退，漫及六合（今江苏六合）、高淳（今江苏高淳）[7]。八月，胡宗宪献寿芝、白龟、白鹿[8]。冬十一月，江宁（今江苏南京）大雪，禽兽戢翼冻死，木冰如花。十二月夜，江宁地震[9]。是年四川茂州（今四川茂汶羌族自治县）六月初二日大雪，七月初三日又雪[10]。

【1】乾隆《浙江通志·祥异下》引《续文献通考》：“嘉靖三十九年四月，嘉兴、湖州地震，屋庐摇动如帆，河水撞激，鱼皆跃起。”（明）王圻《续文献通考·物异考·地震》：“嘉靖三十九年，竹溪县地震出血。夏四月，宁夏地震。嘉兴、湖州地震，屋庐摇动如帆，河水撞击，鱼皆跃起。”

【2】《明世宗实录》：“嘉靖三十九年二月己未，湖广竹溪县地震有声，民家地出血。”

【3】乾隆《江南通志·机祥》：“嘉靖三十九年，石陨于华亭五舍镇，越数月，其

石自动，一夕风雨失去。”嘉庆《松江府志·祥异》亦载。

【4】乾隆《宁德县志·祥异》：“嘉靖三十九年五月间，儒学泮池水赤，早浅红，至午大红如血，及晚转黑，如是者五十余日。人以碗盛之于家，其色亦一日三变。”

【5】（明）田艺蘅《留青日札·天目山崩》：“天目，杭之主山也。嘉靖庚申（三十九年，1560年）七月某日，天目山发洪，临安、于潜、新城大水，杭嘉湖灾伤。”

【6】（明）田艺蘅《留青日札·木拔自植》：“嘉靖三十九年七月，台州大雷雨，东门外湖边合抱大树忽然拔起，倒一宿，复自植立。有司皆往视之，后倒其木为神像，立庙祀之。”

【7】【9】万历《应天府志·郡纪下》：“嘉靖三十九年七月，江水涨至三山门，秦淮民居有深数尺者，至九月始退。漫及六合、高淳。冬，大雪，禽鸟戢翼冻死，木冰如花。十二月夜，震。”乾隆《江南通志·机祥》：“嘉靖三十九年，江水涨至三山门，秦淮民居水深数尺。”按，三山门，明代南京城十八城门之一，位于南京城西南，今称水西门。同治《上江两县志·大事下》、光绪《六合县志·杂事》亦载。

【8】《明世宗实录》：“嘉靖三十九年八月戊戌，总督浙直福建军务、尚书胡宗宪献芝草五、白龟二。上悦，名龟曰玉龟，芝曰仙芝，赐宗宪银五十两、金鹤衣一袭。礼部因请谢玄告庙，许之。”

【10】（明）王圻《续文献通考·物异考·冰雹》：“嘉靖三十九年六月初二，四川茂州大雪雹。秋七月初三，茂州又大雹。”（明）田艺蘅：《留青日札·茂州雪》：“嘉靖三十八九年，四川茂州六月初二日大雪，七月初三，又雪。”

辛酉（嘉靖四十年，1561年）春正月，万寿宫灾[1]。御田产嘉谷，异颖同本者四十有九[2]。陕西商南山万寿宫前产芝丛中，土人得白鹿，巡抚以献[3]。二月辛卯朔。日历官推步，申酉间当日食，阴云不见。有言：日虽有云，而申酉时不加晦，是不食也，请举大礼。从之[4]。金星昼见[5]。五月五日，辰星入月[6]。晦日[7]，酉时，赤虹两道自西北径东南亘天[8]。闰五月，旱霾[9]。有星在月下，甚大，相去不五六寸[10]。六月朔，日昏，中有星流牛女间，坠地如鸡子，光烛天[11]。秋七月至冬十月，杭州大水，无年[12]。溧阳（今江苏溧阳）大水，平地深及丈，弥望成川[13]。七月，地震[14]。真定府属城民妇于右肋下产一男，甚雄伟[15]。

【1】《明世宗实录》：“嘉靖四十年十一月辛亥夜，万寿宫灾，上暂御玉熙宫（今北京北海公园西岸）。万寿宫在西苑（今北京中南海紫光阁西），本成祖文皇帝旧宫也，

自壬寅宫闱之变上即移御于此，不复居大内。是夜火作，禁卫皆不及救，乘舆服御及先世宝物尽毁。”按，万寿宫原名永寿宫，（明）沈德符《万历野获篇·西内》：“世宗自己亥幸承天后，以至壬寅（1542 年）遭宫婢之变，益厌大内，不欲居。或云逆婢杨金英辈正法后不无冤死者，因而为厉，以故上益决计他徙。宫掖事秘，莫知果否。上既迁西苑，号永寿宫，不复视朝，惟日夕事齐醮。辛酉岁永寿火后，暂徙玉熙殿（今北京国家图书馆分馆），又徙元都殿，俱湫隘不能容万乘。”（明）沈德符《万历野获篇·万寿宫灾》：“万寿宫者，文皇帝旧宫也。世宗初名永寿宫，自壬寅（嘉靖二十一年）从大内移跸此中，已二十年。至四十年冬十一月之二十五日辛亥，夜火大作，凡乘舆一切服御，及先朝异宝，尽付一炬。相传上是夕被酒，与新幸宫姬尚美人者，于貂帐中试小烟火，延灼遂炽。”按，《明世宗实录》：“嘉靖二十一年十月丁酉，宫婢杨金英等共谋大逆，伺上寝熟，以绳缢之，误为死结，得不殊。有张金莲者，知事不就，走告皇后，后往救，获免。”乃不分首从，一并处死于市。史称壬寅宫闱之变。

【2】（明）王圻《续文献通考·物异考·谷异》：“嘉靖四十年八月，御田生嘉谷，异颖同本者四十有九，田官以献。”

【3】《明世宗实录》：“嘉靖三十九年十二月戊午，巡抚陕西都御史程軏、巡按陕西御史李秋疏献白鹿、芝草各一，云得之部内书堂山（又名云蒙山，今陕西洛南附近）万寿宫中。上以玄祥叠至，归恩天眷，赐軏等各彩币二表里，钞二千贯。于是礼部疏请谢玄告庙，许之。”（明）何乔远《名山藏》：“严嵩等表贺陕西巡抚都御史軏、巡按御史秋、得白鹿于商南山万寿宫前芝丛中，遂致鹿献芝，赐钞币。”

【4】（明）王圻《续文献通考·象纬考·日食》：“嘉靖四十年，春二月辛卯朔，历官推步申、酉间当日食，阴云不见。阁臣严嵩曰：日虽有云而申酉时日色不加晦，是不食也，请举大谢礼。从之。”

【5】《明世宗实录》：“嘉靖四十年，三月丙子，金星昼见，至二十四日而没。”

【6】（明）田艺蘅《留青日札·星好风雨》：“辛酉（嘉靖四十年，1561 年）五月五日，月在乾兑之交，一星犯月，其大如弹丸，其光如太白，初有芒入两角，与月相敌，渐荡渐离，约去满尺而寝。六日、七日皆大雨，或曰辰星入月。”

【7】晦日：《说文解字》：“晦，月尽也。”即农历每月的最后一天。

【8】（明）田艺蘅《留青日札·赤虹黑虹》：“辛酉（嘉靖四十年，1561 年）闰五月二十九日酉时，赤虹二道自西北经东南天。又甲子（嘉靖四十三年）六月初四日，黑虹见北方，此兵象也，至十二月北虏果犯京畿，内外戒严。”《二申野录》系于六月。

【9】王圻《续文献通考·物异考·恒旸》：“嘉靖四十年二月，京师不雨。”

【10】（明）田艺蘅《留青日札·星好风雨》：“嘉靖四十年闰五月初四日，有星在月下，甚大，相去不五六寸……初六渐远丈许。”

【11】（明）田艺蘅《留青日札·赤虹黑虹·星变杂记》：“嘉靖辛酉（四十年，

1561年）六月一日黄昏，有星流于牛女之间，坠地如鸡子大，一路有光烛天。”（明）王圻《续文献通考·象纬考·流星星陨星摇》：“嘉靖四十年六月朔，日昏中有星流于牛女间，坠地如鸡子，光烛天。”

【12】（明）王圻《续文献通考·物异考·水灾》：“明世宗嘉靖四十年五月至十月，苏松嘉湖淫雨不息，平地水高数尺，禾苗俱沉水底。”

【13】（明）沈启《吴江水考》载：“（嘉靖）四十年，宿潦自腊春淫雨徂夏，兼以高淳东坝决五堰下注，太湖六郡全。秋冬淋潦，塘市无路，场圃行舟，吴江城崩之半，民庐漂荡，垫溺无算，村镇断火，饥殍无算。较水者谓多于正德五年五寸，国朝以来之变所未有也。”

【14】万历《应天府志·郡纪下》：“嘉靖四十年，溧阳大水，平地深及丈，弥望成川。七月，地震。”

【15】（明）王世贞《弇山堂别集·奇事述三·生产右腹及肋》：“产不由户者，释氏以为世尊及转轮圣王之瑞，而儒者以为必无之事，而实未必然……嘉靖末，真定属城有妇人于右肋产一男，甚雄伟，然六岁死。”

壬戌（嘉靖四十一年，1562年）春正月朔，逮工部侍郎严世蕃下诏狱，谪戍；内阁严嵩致仕[1]。四月，鄠县散官王金进灵芝、五色龟[2]。万寿宫灾[3]。溧阳（今江苏溧阳）大疫[4]。六月，六合（今江苏六合）大风拔木，水溢[5]。二十四日，有流星大如月，陨于西北，其声如雷，光烛天[6]（原注：一云：是日暮，西北当翼轸之度，陨物如升，体圆而长，上锐下大，其色黄白，下有紫赤光挟持之，炎炎而坠，瞬息大如斗、如数石瓮，精光四烛，明澈毫芒，将至地，作踊跃状，光影起伏者再[7]）。十二月冬至，甘露降于显陵松树[8]。先是，严、夏同在内阁[9]，时人谣曰：夏桂洲，正好休，不肯休，晴天不肯走，直待雨淋头。又曰：严介谿，人可欺，天不可欺，善恶到头终有报，只争来早与来迟[10]。

【1】《明世宗实录》：“嘉靖四十一年五月壬寅，御史邹应龙劾奏大学士严嵩之子工部侍郎严世蕃，”凭着父亲的势力，公开私卖官爵，以致选法大坏，市道公行，群丑竞趋。其子锦衣严鹄、中书严鸿、家奴严年、中书罗龙文为虎作伥。严年尤为黠狡，世蕃委以腹心，他从严世蕃卖官得到的钱中收取十分之一入己私囊。无耻士人兢为媚奉呼曰鹤山先生，不敢名也。他一介家奴，却能在严嵩生日的时候献万金为寿。严嵩

原藉江西袁州，却广置良田宅于南京、扬州、仪真等处，无虑数十所。今天下水旱频仍，南北多警，民穷财尽，莫可措手者，正由世蕃父子贪婪无度，掊克日棘，政以贿成，官以贿授。提出应该严惩严世蕃及其一党，亟令严嵩退职以清政本。嘉靖皇帝同意了邹应龙的劾奏，令严嵩致仕，其子严世蕃等各犯锦衣卫逮送镇抚司拷讯。严世蕃先是充远戍，嘉靖四十四年（1565 年）以其图谋不轨处斩。严嵩也被削籍为民、抄家，于隆庆元年（1567 年）郁郁而终。

【2】《明世宗实录》："嘉靖四十一年（1562 年）四月癸酉，陕西鄠县散官王金进灵芝、五色龟，上大喜，诏授金太医院御医。"

【3】《明世宗实录》："嘉靖四十一年（1562 年）三月己酉，万寿宫成。"按，《二申野录》所记有误。

【4】嘉庆《溧阳县志·瑞异》："嘉靖四十一年，溧阳大疫。"

【5】万历《应天府志·郡纪下》："嘉靖四十一年，溧阳大疫。六月，六合大风拔木，水溢。"

【6】（明）田艺蘅《留青日札·星变杂记》："嘉靖壬戌（四十一年）六月二十四日，有流星大如月，陨于西北，其声殷殷如雷，其光烛天，或曰火殃。"

【7】（明）施显卿《奇闻类纪·天文纪·天坠异星》引《定海志》："嘉靖四十一年（1562 年）六月二十四日暮，天西北当翼轸之度，忽陨物如升子，体圆而长，上锐下大，其色黄白，下有紫赤光挟持之，炎炎而坠，瞬息大如斗、如数石瓮，精光四烛，明瀲毫芒，将至地，作踊跃状，光影起伏者再。后人来自淮阳，亦有自闽至者，所见皆同，盖类占书所谓天狗，但坠地不闻有声耳。"原书作"毫茫"，误，当为"毫芒"。

【8】《明世宗实录》："嘉靖四十一年十二月辛酉，显陵守备太监张方及奉祀都督佥事蒋华等奏言：十一月冬至日，甘露降于显陵之松树。"（明）田艺蘅《留青日札·甘露》："嘉靖某年十一月冬至日，甘露降于承天园陵松树。"按，显陵即世宗生父兴献王之墓，在今湖北安陆，当时改称承天。

【9】夏言：夏言，字公谨，号桂洲，江西贵溪人，故又称夏桂洲、夏贵溪。明正德进士。初任兵科给事中，以正直敢言自负。明世宗继位，受帝赏识，升至礼部尚书兼武英殿大学士入参机务，不久又擢为首辅。他与大学士严嵩同为江西同乡，同在内阁，却以权势相倾轧。严嵩非常奸险，虽心里恨夏言，表面却非常礼貌。及夏言因支持陕西总督曾铣收复河套的主张得罪了嘉靖皇帝，严嵩遂借机挑拨，说这都是夏言的主意。嘉靖皇帝大怒，因为曾铣是手握重兵的边臣，夏言是在皇帝身边的近臣，他最怕这两种人私下交结，对皇权不利，所以惩治起来毫不留情。立即捕曾铣入诏狱，将夏言罢官，还没有杀夏言的意思。这时恰有蜚言流布禁中，说夏言去时曾有怨望，说了很多对皇帝不敬的话，于是上益怒，遂坐曾铣交结近侍例，并夏言斩之。

严嵩，字惟中，分宜（今江西分宜）人，明代奸相。嘉靖十五年（1536 年）任礼部尚书，历任吏部尚书、谨身殿大学士、少傅兼太子太师、首辅等，把持朝政二十余年。嘉靖四十一年（1562 年）失势，被勒令致仕，四十四年（1565 年）被削籍为民、抄家。隆庆元年（1567 年），穷困潦倒而死。

【10】（明）朱国祯《涌幢小品·夏贵溪》："壬寅、丁未、丙寅、壬辰。此桂州八字也。江西星士王玉章，于少年时，预批命书云：如今还是一书生，位至三公决不轻，莫道老来无好处，君王还赠一车斤。（车、斤，斩也。）……相传贵溪临刑，世宗在禁中数起看三台星，皆灿灿，无他异，遂下硃笔，传旨行刑，拥衾而卧。旨方出，阴云四合，大雨如注，西市水至三尺云。京师人为之语曰：可怜夏桂州，晴干不肯走，直待雨淋头。既死，严氏日盛，京师人又为之语曰：可笑严介溪，金银如山积，刀锯信手施。尝将冷眼观螃蟹，看你横行得几时。"

癸亥（嘉靖四十二年，1563 年）正月朔，倭寇围兴化府城（今福建莆田），至十一月陷之[1]。二月，震大报恩寺[2]。八月，御苑龟生卵者五[3]。北京观象台（在北京内城东南角）忽崩陷，台土移填于城外某潭，潭且彝（按，同"夷"）矣[4]。冬十二月，无雪[5]。泉州（今福建泉州）守备欧阳深战殁[6]。城步（今湖南邵阳城步苗族自治县）张千户家桂叶尽落，忽开梅花[7]。池州（今安徽贵池）有鼠数百万衔尾渡江食苗，寻有鸟如□鹅食鼠，鼠尽，鸟亦不见[8]。

【1】《明世宗实录》："嘉靖四十二年正月壬寅，福建巡抚游震得，以去年十一月倭寇攻陷兴化府状闻。初贼至先犯邵武，杀指挥齐天祥，转掠罗源江等县，杀游击将军倪禄，遂攻玄钟所城及宁德县，入之，乘胜直抵府城下，会都督刘显兵未至，贼遂袭入城，杀同知奚世亮等，又分兵攻陷寿宁、政和二县。"按，据此，应当是明中央政府于嘉靖四十二年正月，得到去年即四十一年十一月倭寇攻陷兴化府城的消息，而并非是倭寇从正月至十一月才攻陷兴化府城。《二申野录》误。

【2】万历《应天府志·郡纪下》："嘉靖四十二年二月，震大报恩寺，火遂作，一夕俱烬。"按，南京大报恩寺是中国历史最为悠久的佛教寺庙之一，是明清时期中国的佛教中心，中世纪世界七大奇迹，被西方人视为代表中国文化的标志性建筑之一，与南京灵谷寺、天界寺并称为金陵三大寺。

【3】（清）谷应泰《明世纪事本末》："嘉靖四十二年秋八月，御苑龟生卵者五。"

【4】（明）王圻《续文献通考·物异考·地陷》："嘉靖四十二年，北京观象台忽崩陷…… 不知土从何去。三日后访知台土移填于城外某潭，潭且夷矣。"按，明清北京

观象台在内城东南角，据此所记应当是内城墙东南角崩塌所致。"彝"即"夷"，指城外某潭被观象台崩陷墙土填平的意思。

【5】《明世宗实录》："嘉靖三十九年十一月己卯，以入冬无雪，上亲祷于雷宫。"

【6】《明世宗实录》："嘉靖四十二年，二月乙亥，福建兴化倭寇结巢崎头城，与都指挥欧阳深相拒，久之不出。深望见其兵少，轻之，直前挑战，伏发，深与其下数百人皆战死。贼乘胜攻陷平海卫。"

【7】雍正《湖广通志·祥异》："嘉靖四十一年，城步张千户家桂叶尽落忽开梅花。"按，《二申野录》系于嘉靖四十二年。

【8】乾隆《池州府志·祥异》："万历四十二年，铜陵、建德水，有鼠数千万群从江北渡入境内食禾，有大鸟如鶒鹭者来食鼠，鼠遂绝，鸟亦不见。"按，《二申野录》系于嘉靖四十二年，疏误至此。□鹅即□河，俗作淘河，水鸟，即鹈鹕。

甲子（嘉靖四十三年，1564年）闰二月，京师雨雹[1]。四月，大雪[2]。余杭（今浙江余杭）、临安（今浙江临安）大雨水[3]。五月，帝夜坐庭中，御幄后忽获一桃，明日又获一桃。是夜，白兔生二子，未几寿鹿亦生二子，群臣表贺，手诏答之[4]。通州（今江苏南通）民家牛生三首[5]。六月初三日，宁波落雪，似黄色[6]；初四日，黑虹见北方[7]。秋七月，日正中，有星在日轮外，白色灿然[8]。冬十一月，庚戌戌时，雷鸣闪电，夜分大霹雳，屋瓦皆震，至辛亥寅时方止，连阴雨十余日，忽大风，大暖，人皆裸体如春夏时。十二月初一日己巳、申酉时（15时–19时）晴天雷鸣，是夜大风适地；初二日飞雪；初三、初四日甚寒，虽晴明，雪冻不消；初五日复大雪；初七日有风甚寒；初八日丙子，狂风终日，黄沙四塞[9]。是月，御史林润劾世蕃，世蕃惧托徐阶之客某某居间求解，以重贿徐阶。阶欲弗受，二客曰：公若不受，彼将疑公，受之以释其疑可也。赂入，阶心动，欲为道地免世蕃死。二客又曰：彼若得免，人将疑公，杀之以绝众疑可也。翌日命下，而世蕃不免[10]。

【1】《明世宗实录》："嘉靖四十三年闰二月甲申，京师雨雹。"

【2】《明世宗实录》："嘉靖四十三年四月庚寅，雨雹。"《二申野录》记述有误。

【3】（明）田艺蘅《留青日札·天目山崩》："嘉靖甲子（四十三年，1564年），余杭、临安大雨水，黄湖、双溪尤甚。"

【4】《明世宗实录》："嘉靖四十三年，五月乙卯，上夜坐廷中，御幄后忽获一桃，左右或见桃从空中堕。上喜曰：天赐也。修迎恩典五日。明日复有一桃降，其夜白兔生二子。上益喜，谕礼部谢玄告庙。未几，寿鹿亦生二子。于是群臣上表贺，上以奇祥三锡，天眷非常，各手诏答之。"

【5】乾隆《江南通志·机祥》："嘉靖四十三年，通州民家牛生三首。"

【6】（明）田艺蘅《留青日札·茂州雪》："嘉靖四十三年，方禄在宁波，六月三日亦落雪，似黄色。小仆随行，亦目睹也。"

【7】（明）王圻《续文献通考·物异考·黑眚黑祥》："嘉靖四十三年六月十四日，黑虹见北方。"（明）田艺蘅《留青日札·赤虹黑虹》亦载。

【8】（明）王圻《续文献通考·象纬考·星昼见》："嘉靖四十三年六月十七日，有星在日轮外，白色粲然，或云此即太白昼见也。"（明）田艺蘅《留青日札·星变杂记》亦载。

【9】（明）田艺蘅《留青日札·雷》："甲子（嘉靖四十三年）十一月十一日庚戌，戌时，雷鸣闪电，夜分大霹雳，屋瓦皆震有声，直至十二日辛亥寅时方止，连阴雨十余日，忽大风大暖，人皆裸体如春夏时令。又十二月初一日己巳，申酉时，晴天雷鸣，是夜大风适地，初二日飞雪，初三、初四日甚寒，虽晴明雪冻不消，初五日复大雪，初七日有风甚寒，初八日丙子狂风终日，翻屋拔木，飞沙走石，满天地皆黄泥沙，塞遍门户不可开，几案堆积如尘池，沼浪涌舟楫不行，人民恐惧。隆庆二年九月八日大热如夏，雷震，次日忽作寒如冬，半夜雷电达旦。"

【10】（明）于慎中《谷山笔麈》："分宜（即严嵩，）在位，权宠震世，华亭（即徐阶）屈己事之，凡可以结欢求免者，无所不用，附籍、结姻以固其好，分宜不喻也。其后，分宜宠衰，华亭即挤而去之。林御史润复奏世蕃怨望谋逆，有旨籍没其家，将处以极刑。分宜托华亭之客杨豫孙、范惟丕者居间求解，以重赂进，华亭欲弗受，二客曰：'公若不受，彼将疑公，受之以释其疑可也。'赂入，华亭心动，欲为道地，免世蕃死，二客又曰：'彼若得免，人将疑公，杀之以绝众疑可也。'翌日命下，世蕃赴市矣。二客幸于华亭，意气张甚，知者意其必有阴报。已而，杨至湖广巡抚中丞，谢罢，夫人为弟所杀，杨又正弟于法，死者二人；范至云南副使，一子举于乡，随一名妓北征，死于舟中，舆尸而归，人以为严氏之报也。又三十六年，为万历丁酉，严之孙贫甚，往往吓徐以寄赀为言，徐氏弗应。"

乙丑（嘉靖四十四年，1565年）正月朔，严嵩削籍，没其家[1]。三月，大明门内西千步廊火[2]。六月，有大火如斗陨于西南[3]。秋，襄阳（今湖北襄樊）大风，天雨荞麦、黑豆[4]。先时，宫中屡有氛孽，符咒驱之不效。有道士谓分宜（即严嵩）曰：这怪是大学士的。分宜曰：'何谓也？'道士曰：‘十目所视，十手所指，安得不知[5]？’崇明（今上海崇明）童子暴长，领下生须，遍体皆毛[6]。

【1】按，严嵩于嘉靖四十一年（1562年）罢官，但还只是致仕归家。四十四年（1565年），嘉靖皇帝因其子严世蕃图谋不轨，下令斩首，并削去严嵩的功名，削籍、抄家。《明世宗实录》："嘉靖四十五年正月己未，巡按江西御史成守节籍上原任大学士严嵩家藏敕谕，诰命二十轴，敕命三轴，御制诗一轴，钦赐大道歌一轴，御笔诗赋三道，御笔珍藏二册，册副三册，御笔珍藏二封，圣谕五十六轴，圣谕一百七封，钦赐银牙图书各一面，俱设入内府。"《明世宗实录》："嘉靖四十四年三月辛酉，御史林润逮严世蕃、罗龙文至京……得旨，既会问得实，世蕃、龙文即时处斩。""削籍"是指被褫夺官员资格，削职为民，官员的身份和品级都没有了。

【2】《明世宗实录》："嘉靖四十四年三月己亥夜，大明门西千步廊火。次日上谕兵部曰：昨日之火出自非常，人事不宜不慎。乃遣成国公朱希忠等奏告郊、庙、社稷。"按，大明门，明北京皇城北门，在今前门之北。千步廊，大明门内北至天安门之间，东西两排廊房。

【3】（明）田艺蘅《留青日札·星变杂记》："乙丑（嘉靖四十四年，1565年）六月二十日，有大火如斗陨于西南。"

【4】雍正《湖广通志·祥异》："嘉靖四十四年秋，襄阳大风，雨荞麦、黑豆。"

【5】出处不详。按，《礼记·大学》："曾子曰：十目所视，十手所指，其严乎！"意指一个人的行动总是在众人的监督之下。

【6】雍正《湖广通志·祥异》："嘉靖四十四年，崇明童子暴长，颔生须，遍体皆毛。"

丙寅（嘉靖四十五年，1566年）正月，赈畿内饥[1]。五月，木星逆行，留守太微垣左执法。黑氛扰宫[2]，有芝生于太庙第三室[3]。六月，六合（今江苏六合）大雨水伤禾[4]。八月，华容县天开日斗[5]。十一月十五日四更，有一大星下陨，群星数百如雨随之[6]。十二月，江宁大雪二十余日，民有冻死者[7]。豫章（今江西南昌）铁树宫有着绯人乘云而下，坐于宫之上，未几火无故自发，宫为灰烬[8]。涿州（今河北涿州）桑乾河旧有镇河塔。嘉靖中，塔崩，内古钱飞出如蝶，尔后河水时溢[9]。

【1】（明）何乔远《名山藏·典谟记二十八》："嘉靖四十四年（1565年）正月己

亥朔，命朱希忠摄拜天玄极殿，群臣望朝皇极门。赈畿内饥。”

【2】（明）王圻《续文献通考·物异考·黑眚黑祥》：“嘉靖四十五年（1566年）三月，上不豫，久御西馁恩成宫。时有黑氛出扰。”

【3】（明）王圻《续文献通考·物异考·芝草朱草》：“嘉靖四十五年，有芝生于太庙第三室，乃睿宗初庙也，因命名玉芝宫。”

【4】【7】万历《应天府志·郡纪下》：“嘉靖四十五年六月，六合大雨水伤禾。十二月，大雪二十余日，民有冻死者。”光绪《六和县志·杂事》亦载。

【5】《古今图书集成》：“明世宗嘉靖四十五年，日斗。”雍正《湖广通志·祥异》：“明世宗嘉靖四十五年八月，华容县西，忽天开日斗。”

【6】（明）田艺蘅《留青日札·星变杂记》：“嘉靖四十五年丙寅十一月十五日四更，有一大星下陨，群星数百如雨随之。逾月，上崩。”

【8】王同轨《耳谈·铁树宫火》：“豫章铁树宫，嘉靖末造。忽有着绯人从天乘云而下，坐宫之上。始一童子见之，数日，此间人无不见者。又数日，火无故自发，宫为灰烬。文孟宗侯谈。”

【9】（明）刘侗、于奕正《帝京景物略·砂岩寺塔》：“涿州旧塔，立桑干河中，名镇河塔，嘉靖中塔崩，内古钱飞空如蝶，尔后河水时滥矣。大兴县故安村塔，万历初，大雷雨过，其下段存，其上段著一里外，土人呼半截塔也。”

二申野录校注

（下）

（清）孙之騄◎著
于德源◎点校

北京燕山出版社
YSP
BEIJING YANSHAN PRESS

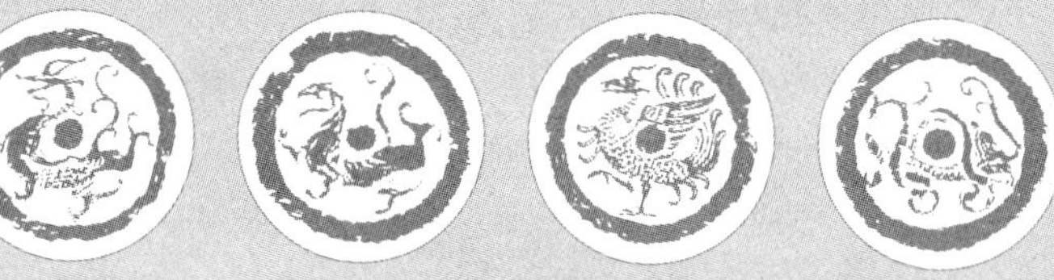

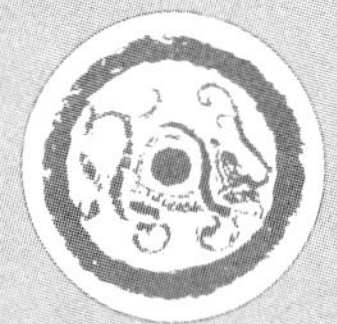

卷 五

隆庆丁卯（隆庆元年，1567 年）至
万历癸卯（万历三十一年，1603 年）

丁卯（隆庆元年，1567年）春正月初七日，传示免朝[1]。三月癸亥，黄雾四塞[2]。清明日，京师甚和暖，晚间风雪交作，寒洌异常。次日，九门报城外冻死者一百七十人。崇文门下乘轿妇人母子俱死轿中，而轿夫亦死轿下[3]。四月，京师黄雾四塞[4]。五月，连州（今广东连县）大水，平地丈余[5]。秋七月，金星昼见[6]。八月，常州（今江苏常州）大风六昼夜，洪水暴涨，靖江县（今江苏靖江）几沉[7]。冬十月，如盛夏雷震，次日大寒，夜将半，雷震达旦[8]。十一月甲申，金星入南斗[9]。十二月，甘肃卫（今甘肃张掖）奏，天鼓鸣，自西南而东北[10]。甲午辰刻，有流星如盏大，青白色，自中天东行，尾迹有光，长三丈余[11]。诸暨（今浙江诸暨）鸡冠山石堕，大如巨屋，至地震为池，复跃过溪，乃止浣江（浦阳江流经诸暨的河段）潭中，石有文曰：戊辰（隆庆二年）大旱。是岁旱而不荒[12]。余杭（今浙江余杭）周氏一产四蛇[13]。

【1】按，明世宗嘉靖皇帝死于嘉靖四十五年（1566年）十二月，其子朱载垕继位为帝。隆庆元年（1567年）葬世宗于永陵，故免朝。

【2】《明穆宗实录》："隆庆二年（1568年）三月癸亥，黄雾四塞。"

【3】（明）李诩《戒庵老人漫笔·京师清明异寒》："隆庆元年清明日，京师甚和暖，晚间风雪交作，寒冽异常。次日九门报城外冻死者一百七十人，崇文门下乘轿妇人母子俱死轿中，而轿夫亦死轿下。在京亲见者归说。"

【4】（明）王圻《续文献通考·物异考·黄眚黄祥》："隆庆元年三月癸亥，黄雾四塞。四月京师黄雾四塞。"

【5】万历《广东通志·杂录》："隆庆元年五月，连州大水。"

【6】（明）王圻《续文献通考·象纬考·星昼见》："隆庆元年七月，金星昼见。"

【7】康熙《常州府志·祥异》："隆庆元年八月，常州大风六昼夜，洪水暴涨，靖江县几沉，禾方华，尽秕，发赈。"

【8】（明）王圻《续文献通考·物异考·雷震》："隆庆元年八月，大暑雷震，次日大寒如严冬，夜半雷震达旦。"

【9】（明）王圻《续文献通考·象纬考·星昼见》："隆庆元年十月，金星入南斗。"民国《顺德县志·前事略》亦载。

【10】（明）田艺蘅《留青日札·天鼓鸣》："隆庆元年十二月七日，甘肃西宁卫奏：天鼓声从西南上鸣往东北方去。"（明）王圻《续文献通考·象纬考·天变》："隆庆元

年冬十二月，西宁卫天鼓鸣，从西北起，往东北止。”

【11】（明）王圻《续文献通考·象纬考·流星星陨星摇》：“隆庆元年丁卯，冬十二月初七日（丁亥）丑时，西宁卫有星光从正北起，往西南，落地时天鼓鸣，从西南方起，往东北止。”（明）王圻《续文献通考·象纬考·星昼见》：“隆庆元年，十一月甲午，辰刻，有流星如盏大，青白色，自中天东行，尾迹有光，长二丈余。”

【12】万历《绍兴府志·灾祥》：“隆庆元年，鸡冠山石堕，大如巨屋，至地震为池，复跃过溪，乃止浣江潭中，石有文曰：戊辰（隆庆二年）大旱。是岁旱不甚。”乾隆《诸暨县志·祥异》亦载。

【13】（明）田艺蘅《留青日札·生异类》：“余杭周氏一产四蛇，大异。”

戊辰（隆庆二年，1568年）春正月朔，元旦，大风，飞沙走石，白昼晦冥，自京师达于江浙[1]。金星昼见[2]。浙江会城外湖市大火，焚室庐、舟楫数千[3]。夫巽为风，命令之象，又为少女，风自火出，故元旦先火而灾。《家人·传》[4]曰：四气皆乱故风。又曰：众逆同志，至德乃潜，厥异风。科臣石星上[5]《图政理以慰人心疏》曰：养圣躬曰速俞允，曰广听纳，曰察谗谮。疏入，上怒，命廷杖，削籍。上御五凤楼（即午门），潜察杖者，而中官戒阍吏勿纳。给事从人、部郎穆文熙[6]，星友也，恐遂以杖毙，乃先以义白缇帅[7]而身自掖蔽星。中官共詈（音：利）之，文熙且詈且掖以出，得不死。呜呼！自市道交兴，而下阱石，溺死灭者，遍天下矣，穆君其古烈士乎。是时如王世贞、徐中行之于杨继盛，王穉登于袁文荣、沈明臣于胡宗宪、朱蔡卿于赵文华，虽得失互异，要皆诚心为质，不欺死友者[8]。三月，直隶新城县（今河北新城）空中迅响如雷者三[9]。怀庆府天鼓鸣[10]。遵化县（今河北遵化）冰雹损麦[11]。京师地震[12]。乐亭（今河北乐亭）地裂三丈，涌黑沙，水出[13]。迁安（今河北迁安）滦河岸裂[14]，得龙蜕长二十五丈余，大二十余围。田艺蘅曰：是月二圣庙前天鼓鸣三次，南面六十余步，天下火光一块，陷地一尺，刨[15]出黑石一块如碗大；许家庄亦落一星，天鼓鸣三次，火光落地，陷一孔如拳大，出黑石一块，重二斤十四两[16]。静乐楼烦（今山西静乐楼烦镇）碣石村，昼，星落入地，掘出黑石重千斤[17]。四月，承运库火，累朝宝器皆毁[18]。国语曰：“火焚其彝器，子孙为隶，由王者蔑弃五则也[19]。”十四日，凉州西宁卫旋风吹起本门炮楼，堕毁。楼下将军铜像原口西尾东，风旋转，则口南尾北[20]。是日天雨黑豆遍地，人取食之，则气闭而不舒[21]。万全卫白昼晦冥，冰雹，震击牛羊皆死[22]。陕西地震[23]。五月，太原静乐县民李良雨忽变为妇人，与同贾者苟合为夫妇[24]。京房《易传》曰："丈夫化为女子，兹谓阴胜，厥咎亡[25]。"京师、河南、河东、延绥、宣府马韦堡诸所皆大冰雹，夜见火光[26]。七月，山西平阳府绛州（今山西新绛）奏：西北天裂，自丑至寅乃合[27]。台州（今浙江临海）飓风大作，海潮泛溢。天台诸山水合冲台州（今浙江临海）府城溺死人民三万余口，冲决田地一十五万余亩，荡析庐舍五万余区，三日方退[28]。冬十月夜，上海雷震，桃李花开，麦秀，梅杏实[29]。

【1】（明）王圻《续文献通考·物异考·恒风》："隆庆二年元旦，大风，飞沙走石，白昼晦冥，自京师达于江浙皆然。"

【2】（明）王圻《续文献通考·象纬考·星昼见》："隆庆二年，正月甲寅，金星昼见。"

【3】（明）王圻《续文献通考·物异考·火灾》："隆庆二年正月，浙江省城外灾，焚毁室庐舟楫以千计，三日方息。"万历《杭州府志·郡事纪下》："隆庆二年，春正月，湖市大火。按，元日德胜坝火，延烧民居一千余家，座船四十余只。"（明）田艺蘅《留青日札·风变》："隆庆二年戊辰正月元旦，大风走石飞沙，天地昏黑。钱塘湖市新码头官船火起，沿烧民居二千余家，官民船舫，死者四十余人。"

【4】《家人》是《周易》六十四卦中的第三十七卦的卦名。其卦爻辞云："《象》曰：风自火出。""传"是对《周易》的解释。

（明）田艺蘅《留青日札·风变》："隆庆二年戊辰正月元旦，大风，走石飞沙，天地昏黑。湖市新码头官船火起，沿烧民居二千余家，官民船舫焚者三四百只，死者四十余人……《传》曰：四气皆乱故风。又曰：众逆同志，至德乃潜，厥异风。"（明）徐复祚《花当阁丛谈·选宫女》亦载。

【5】石星，字拱辰，号东泉，东明（今山东东明）人。明嘉靖三十八年（1559年）进士。经嘉靖、隆庆、万历三朝，在朝四十年，历任给事中、大理丞、太仆卿、右副都御史、工部尚书加太子少保、户部尚书、兵部尚书加太子太保等职。隆庆元年穆宗即位，沉湎酒色，荒废政务，石星上疏切谏，穆宗勃然大怒，认为是毁谤自己。金殿杖六十，贬斥为民。监杖的宦官腾祥和石星有嫌隙，借机报复，把石星打得死去活来；赖同乡好友穆文熙保护，才得了一条活命，回到家乡。万历皇帝即位，石星之冤得到

昭雪，官至兵部尚书，万历二十五年（1597 年）因在朝鲜对日战事中受责入狱论死，后病死狱中。

【6】穆文熙，字敬甫，东明人，明代文学家。明世宗嘉靖四十一年（1562 年）进士，历任工部郎中、尚宝寺寺丞、吏部考功司员外郎、广东按察使、户部侍郎、兵部侍郎等职。穆文熙曾两次为坚持正义弃官。第一次于穆宗隆庆年间，同乡石星上疏直言皇帝过错，受到杖责。穆文熙挺身而出，极力营救，并与石星一起弃官归里。第二次于万历年间，穆文熙被起用任吏部考功司员外郎，御史部永春巡案河东时得罪了宰相，宰相竟将永春列入有过官员中，文熙不平，为其申辩，宰相不允。

【7】缇帅，锦衣卫使的别称。明代的廷杖由锦衣卫官校执行。《日下旧闻考·宫室·明一》："故事，凡杖者以绳缚两腕，囚服，逮赴午门外，每入一门，门扉随阖，至杖所列校百人，衣襞衣，执木棍林立，司礼监宣驾帖讫，坐午门西墀下左，锦衣卫使坐右，其下绯而趋走者数十人。须臾缚囚定，左右厉声喝，喝阁棍，则一人持棍出，阁于囚股上喝打则行杖，杖之三，则喝令着实打，或伺上意不测曰用心打，则囚无生理矣。五杖而易一人，喝如前，每喝环列者群和之，喊声动地，闻者股栗。凡杖以布承囚，四人舁之，杖毕举布掷诸地，几绝者十恒八九。"

【8】王世贞，字元美，号凤洲，又号弇州山人，汉族，太仓（今江苏太仓）人，嘉靖二十六年（1547 年）进士授刑部主事，恃才傲物，数积忤于权相严嵩子世蕃。值忠臣杨继盛因弹劾严嵩论死，世贞又驰骑往营救且经济其丧，严嵩父子大恨之。

徐中行 (1517—1578)，明代文学家，字子舆，一作子与，号龙湾，天目山长兴（今属浙江）人。美姿容，善饮酒。嘉靖二十九年（1550 年）进士。授刑部主事兵部武选司杨继盛上疏弹劾奸相严嵩，被囚系狱，中行不顾牵连，公然探狱，赠送食物。继盛被害后，又为其料理丧事，引起严嵩忌恨。

王穉登 (1535—1612)，明文学家，嘉靖末游京师，客大学士袁炜（文荣）家，深受赏识。隆庆初，再游京师，徐阶当国，与袁炜颇不相容，有人劝王穉登不要对人提曾做客于袁炜家的经历，王穉登刻《燕市》《客越》二集详叙其事。

沈明臣，字嘉则，号句章山人，晚号栎社长，鄞县（今浙江宁波）人。早年为秀才，累赴乡试不中，遂专意于诗。嘉靖间为浙江总督胡宗宪幕僚，掌书记职。后胡宗宪被捕系狱死，幕客星散，独他走哭墓下。

【9】民国《新城县志·灾祸》："隆庆二年，陨星二，化为石，今存库。"《明史·五行志》："隆庆二年三月己未，保定、新城陨黑石二。"

【10】（明）田艺蘅《留青日札·天鼓鸣》："又二年三月五日，怀庆府东北方天鼓鸣三声；又三月，直隶新城县空中迅响三次，其声如雷。"按，《史记·天官书》："天鼓，有音如雷非雷，音在地而下及地。其所往者，兵发其下。"一般指天空中原因不明的巨响。

【11】（明）王圻《续文献通考·物异考·冰雹》："隆庆二年正月二十四日，未时，

遵化县有黑云忽起，雨冰雹，小者如弹丸，大者如鸡子，须臾满地。”（明）田艺蘅《留青日札·雹》：“隆庆二年三月二十四日，未时，遵化县冰雹如鸡子。”

【12】《明穆宗实录》：“隆庆二年三月戊寅，京师地震。是日，永平府乐亭县、辽东宁远卫，遵化、顺义等县，山东登州府同日地震。乐亭地裂二处，各长三丈余，黑水涌出，宁远城（今辽宁兴城）崩。”

【13】（明）王圻《续文献通考·物异考·地陷》：“隆庆二年，乐亭县地名刘下庄地裂一处，宽一尺，长三丈。又迤东地裂一处，宽一尺，长一丈。又地名扬銮坨地裂一处，宽一尺，长三丈，各涌黑沙水出。”

【14】《古今图书集成》引《畿辅通志》：“隆庆二年三月戊寅地震，乐亭东郊刘州庄地裂三丈余者二，黑沙水涌出。迁安滦河岸裂。”

【15】原字“跑”，误，当为“刨”。

【16】（明）田艺蘅《留青日札·天鼓鸣》：“隆庆二年，二圣庙前天鼓鸣三次，南面六十余步天下火光一块，陷地一尺，刨出黑石一块如碗大。许家庄亦落一星，天鼓鸣三次，如火光落地，陷一孔如拳大，出黑石一块重二斤十四两。”（明）王圻《续文献通考·象纬考·天变》：“隆庆二年三月，新城县二圣庙前，天鼓鸣三次，许家庄亦天鼓鸣三次。又怀庆府天鼓鸣三次。又陕西西宁卫天鼓鸣。”（明）王圻《续文献通考·象纬考·流星星陨星摇》亦载。

【17】雍正《山西通志·祥异二》：“万历元年秋，静乐雁门村星陨，入地五尺，掘出黑石重千斤。有司以闻。”按，《二申野录》系于隆庆二年。

【18】（明）王圻《续文献通考·物异考·火灾》：“隆庆二年四月，承运库火，累朝宝器皆毁。”（明）田艺蘅《留青日札·天火》：“《左传》曰：人火曰火，天火曰灾。《尚书》曰：火，曰炎上……嘉靖间火焚太庙九庙、奉天殿、午门者屡矣，隆庆初火焚承运库，累朝宝器殆尽，皆火失其道也，可不复其官邪？”

【19】引《国语·周语下·太子晋谏灵王壅谷水》。五则：象天、仪地、和民、顺时、共神。

【20】（明）施显卿《古今奇闻类记·天文纪·旋风撮楼转炮》引《邸报》：“隆庆二年四月十四日，陕西凉州西陵卫地方，有旋风忽起，将本门炮楼撮起跌碎，楼下铜将军原口西尾东，被风括转口南尾北。巡按御史杨一桂具本奏闻。”

【21】（明）施显卿《古今奇闻类记·天文纪·天雨五谷》：引《邸报》“隆庆二年四月十四日，陕西凉州西宁卫地方，天降黑豆遍地无数，人食之则气闭。巡按御史杨一桂具本奏闻。”（明）王圻《续文献通考·物异考·天雨异物》：“隆庆二年四月，御史周弘祖言：天雨黑豆。”（明）王圻《稗史汇编·灾祥门·祥瑞类》亦载。

【22】（明）王圻《续文献通考·物异考·冰雹》：“隆庆二年夏四月初五，卯时，万全都司及左右二卫葛峪、深井等处，白昼晦冥，雨雹壅至，大者如杯卵，小者如枣栗。

牛羊有被伤者。”

【23】雍正《陕西通志·祥异二》：“隆庆二年正月，榆林卫地震有声。三月，西安及临潼一带地震，倒塌城池房屋，压伤人口。凤翔府亦是日夜戌时震二次，有声。初五日戌时，汉中府及所属南郑等县地震。十五日地震，倒塌东北城角。十六日丑时又震，塌西城垛头。西安府地震如雷，灰尘蔽天，垣屋欹侧。泾阳、咸阳、高陵城无完室，人畜死伤甚多。十九日，陕西兴平县地震，多损伤人畜房屋者。咸宁县灞桥柳巷泾、阳县回军永乐各村镇，俱倒塌如平地，压死二百余人。”

【24】(明)田艺蘅《留青日札·李良雨》：“隆庆三年五月，陕西民李良雨，本男子无恙，忽变为妇人，与同伙一人合为夫妇。其弟李良云报官，奏闻。”按，《二申野录》系于隆庆二年，且云太原人。

【25】西汉有两位京房，于易学皆有研究。一位受学于杨何，官至太中大夫、齐郡太守。另一位是西汉今文易学的创始人，以卦气、阴阳灾异推论时政。其弟子云，京房言灾异，未尝不中。京房《易传》是指后一位京房解释《周易》的著作。

【26】(明)田艺蘅《留青日札·雹》：“隆庆二年五月，自京师、延绥、河东、河南皆冰雹，火光频见。宣府都御史王遴奏：马韦堡大雨雹，长四十里，高二尺。”

【27】(明)王圻《续文献通考·象纬考·天变》：“隆庆二年七月，山西平阳府绛州奏：西北天裂，自丑至寅乃合。”

【28】《明穆宗实录》：“隆庆二年六月丙子，浙江台州府飓风大作，海潮泛涨，天台诸山水骤合冲入台州府城，三日乃退，溺死人民三万余口，冲决田地一十五万余亩，荡析庐舍五万余区。山西平阳府绛州奏：西北天裂，自丑至寅乃合。”

【29】康熙《上海县志·祥异》：“隆庆二年冬十月夜，上海雷电，桃李花开，麦秀，梅杏实。”

己巳(隆庆三年，1569年)三月，土星逆行，犯太微垣上将。水星犯天江[1]。诏杖尚宝司丞郑履淳[2]，寻令削籍(原注：履淳上疏陈时政言：四方多故，万民失业。燕云，辽代中原之脊也，而鼙鼓一闻，三关震动。徐梁汴卫沃衍之地也，而洪波荡析，四顾无烟；荆襄秦洛，形胜之区也，强梗凭陵而啸聚；浙直闽广，财货之薮也，奸宄剽夺而师劳；宗藩之坐窘无筹，中泽之哀鸣尤惨，物怪人妖，天鸣地震，彗星两见于女尾[3]，日月继食于元春[4]，天心人事种种可骇，正微臣痛哭流涕之秋，皇上卧薪尝胆之日也。夫嗷嗷赤子，圣主之资，若不及今定周家桑土之谋，切虞廷困穷之惧，则上天所以警动海内者，适已资他人矣，今之最急，莫如用贤，陛下谅阴已三期矣，曾召问一大臣，面质一讲官，赏纳一谏士，以共画思患预防之策乎？窃虑高亢睽孤，乾坤否隔，忠言重折槛之罚[5]，儒臣虚纳诲[6]之功，姬姜违脱珥之规[7]，周召拂同舟之义[8]。回话屡愆，赵普[9]奚从？补牍[10]内批[11]突出，苏辙[12]何自封还？善类失于振[13]，扬厉阶[14]启乎阉寺[15]，言涉宫府，辄肆阻挠，权在私门，牢不可破。迨其手握王爵，口衔天宪，风行势协，衅积党成，会使台辅具员，九卿拱手，元良愠侮于孤立，百职骈首[16]而奔命，霜虽未冰，月已几望，前车不远，怨岂在明。万议汹汹，皆谓群小肆侮，明良疏间，未有若是可获永安者。伏愿奋英断以决大计，勿为小故所淆；弘睿哲以任君子，勿为嬖昵所惑。以美色奇珍之玩保疮痍，以昭阳[17]细务之勤和庶政，以蛮裔[18]为关门劲敌，以钱谷为黎庶脂膏。拔用陆树声、石星[19]之流，纳取殷士儋[20]、翁大立等疏。经史讲筵，臣民章奏，必与所司面相可否。庶万几之裁理渐熟，人才之邪正自知。察变谨微，回天开泰，计无逾此者。疏入，上以履淳妄议朝廷，怀奸生事，命廷杖，下刑部狱，削籍为民）。四月，选民间淑女十一岁至十六岁者三百人[21]。五月，江南大水，淮扬皆饥[22]。初，吴淞江久湮，童谣曰：要开吴淞江，须是海龙王。人谓工决难成。至是巡抚海忠介公（是年海瑞以右佥都御史巡抚应天）倡议开浚，而董其事者则郡同知王推官、龙宗武也，其言始验[23]。夏六月，大风潮，江海溢，冲击钱塘江岸，坍塌数千余丈，漂没官民船千余只，溺死者无算[24]。闰六月，雷火焚昭庆寺（今杭州昭庆寺）戒坛[25]。潮没瓜埠（六合瓜埠镇，与今江苏南京隔江而对），坏田庐[26]。秋七月，钱塘江无潮[27]。宁国人施六来投军，身长一丈六尺[28]。九月，广州大风拔木[29]。罗江县（今四川绵阳西南）乡人浚井得龙首骨及珠一颗，如鹅卵大，晶光耀目，人争取玩，忽雷一震，复堕于井，再觅之不获[30]。松江有豕，生八足[31]。三山民家牛产一黄犊，七足，腹下四足，脊上三足，皆软，前后窍各二[32]。

【1】土星：中国古代又叫镇星、填星，是五星中移动最慢之星，每一年坐镇一个星宿，故二十八年才可坐镇完二十八星宿。顺行时有福力，逆行时会有祸患。太微垣上将指太微垣外围东藩的四颗星，分别称上相、次相、上将、次将。

水星：中国古代称为辰星，或“昏星”。《晋书·天文志中》云：辰星见，则主刑。又为宰相之象，又为杀伐之气，战斗之象。辰星出入躁疾，常主夷狄，又曰蛮夷之星。又主刑法之得失。光明与月相逮，其国大水。天江《晋书·天文志上》云：天江四颗星，在尾宿的北面，主管水事。天津星九颗，横跨天河之中，又叫天汉，又叫天江，主管长江、黄河、淮河、济水四条大河的桥梁渡口。

在占星术中，土星逆行且犯太微垣上将和水星犯天江都是凶兆。

按，《明史·天文志二》：“隆庆三年三月甲子，太白昼见，历二十二日。”

【2】郑履淳，字叔初，刑部尚书晓子也。举嘉靖四十年进士，除刑部主事，迁尚宝丞。隆庆三年冬，疏言朝政之失，指斥穆宗即位三年，不理朝政，等等。帝大怒，杖之百，系刑部狱数月。刑科舒化等百般挽救，乃释放，削职为民。神宗立，复起为光禄少卿，寻卒。

【3】（明）王圻《续文献通考·象纬考·彗孛》：“隆庆三年（1569年）十二月，彗星见女尾。”按，女尾，二十八星宿中的尾宿和女宿，又称须女、婺女宿。

【4】（明）王圻《续文献通考·象纬考·日食》：“隆庆三年，春正月朔，日食。”

【5】折槛之罚：汉成帝时汉槐里令朱云朝见成帝时，请赐剑以斩佞臣安昌侯张禹。成帝大怒，命将朱云拉下斩首。云攀殿槛，抗声不止，槛为之折。经大臣劝解，云始得免。后修槛时，成帝命保留折槛原貌，以表彰直谏之臣。后用为直言谏诤的典故。朱云《汉书》有传。

【6】纳诲：进献善言。

【7】姬姜违脱珥之规：姬姜指贵族妇女。脱珥，指摘去簪珥等饰物，请罪自责，借指妇女有懿德贤行。

【8】周召：西周成王时辅臣周公和召公的合称。两人分陕而治，周公治西方，召公治东方，皆有美政。同舟之义：互相救助，同心协力。拂：违背。

【9】赵普：字则平。北宋人。出生于幽州蓟县（今北京），后先后迁居常山（今河北正定）、洛阳（今河南洛阳）。他最初是殿前都指挥使赵匡胤的幕僚，是赵匡胤“黄袍加身”的预谋者、“杯酒释兵权”的导演者，三度为相，为一代名臣，从政50年，终年71岁。赵普足智多谋，可读书少，后来听从赵匡胤的劝告才读了《论语》，有“半部论语治天下”之说。

【10】补牍：宋代赵普曾荐贤才于太祖，太祖不用。赵普屡奏，太祖愤怒地撕碎其牍掷还，赵普仍缀补破牍复奏，太祖终于省悟，任用其人。后遂用为忠贞事君的典故。又，补为公牍的意思。

【11】内批：从宫内传出来的皇帝圣旨。

【12】苏辙：字子由，北宋散文家，眉州眉山（今属四川）人。嘉祐二年（1057年）与其兄苏轼同登进士科。因朝廷政争，仕途坎坷，屡遭谪贬。他是唐宋八大家之一，

与父洵、兄轼齐名，合称三苏。元丰五年（1082 年）黄河北流以后，依然决溢不断，朝廷诸大臣主张回河东流，苏辙连上三疏，极力反对，但在以太后为主的中枢的坚持下最后还是花费大量人力财力引河东流，可是黄河回复东流后不过五年时间，元符二年（1099 年）复于内黄决口，东流断绝，主流又趋向北流，仍至乾宁军一带入海。

【13】振：意同震，震恐。

【14】厉阶：指祸端；祸患的来由。

【15】阉寺：指宦官。

【16】百职：各种职业。骈首：头挨着头，并排。

【17】昭阳：十干中癸的别称，用于纪年。《淮南子·天文训》："亥在癸曰昭阳。"（东汉）高诱注："在癸，言阳气始萌，万物合生，故曰昭阳也。"

【18】蛮裔：蛮荒之地。

【19】陆树声，字与吉，松江华亭（今上海松江）人。初冒林姓，及贵乃复。嘉靖二十年状元。选庶吉士，授编修。他淡泊名利，屡次辞官，却使他的名声显著，人们更想请他入朝任职。神宗嗣位后，拜陆树声为礼部尚书。陆树声狷介耿直，在位时尽心尽职，为此经常得罪宦官集团。陆树声门生盈门，后来当过兵部尚书的袁可立、礼部尚书董其昌都是他的得意门生，且与其子陆彦章在万历十七年同中进士。

石星，字拱辰，号东泉，东明（今山东东明）人。明嘉靖三十八年（1559 年）进士。他也是一位忠直之臣。隆庆元年穆宗即位，沉湎酒色，荒废政务，隆庆二年石星上疏切谏，穆宗勃然大怒，当即廷杖六十，贬斥为民。

【20】殷士儋，字正甫，又字棠川，济南历城人。嘉靖二十六年（1547 年）中进士，选为庶吉士，授翰林院检讨。他因在隆庆皇帝还是东宫太子时就是东宫的讲官，后又迁为右赞善，进官洗马。隆庆皇帝即位以后，他以帝师旧恩受到宠遇，升为侍读学士，因官至内阁大学士，人称"殷阁老"。隆庆四年（1570 年）正月，发生日食和月食。他借此上疏言事，提出"布德、缓刑、纳谏、节用"等建议，令大小官员关心民间疾苦。但因遭到首辅高拱的排挤打击，隆庆五年（1571 年）殷士儋多次上疏请求辞官，获隆庆帝旨准并赐给道里费，仍领薪俸。万历九年卒。

【21】（明）王圻《续文献通考·内职》："隆庆三年（1569 年）谕礼部：'祖制设六尚，以备内治，其选民间淑女十一岁至十六岁者三百人。'"

【22】（明）王圻《续文献通考·物异考·水灾》："隆庆三年五月，江南淫雨三月不绝，田禾漂没……淮、杨、徐俱大水。"

【23】（明）朱国祯《涌幢小品·谣乩》："吴淞江久湮。童谣云，要开吴淞江，须是海龙王。人谓工决难成。后巡抚海忠介（即海瑞）倡议开浚。而董其事者则郡同知黄□□、推官龙宗武也。其言始验。是时两月不雨。工亦易集。殆有天意焉。"

【24】万历《钱塘县志·纪事》："隆庆三年，大风潮，江海溢。按，初一日夜，怪风震涛冲击钱塘江岸，坍塌数千余丈，漂没官民船千余只，溺死者无算。"

【25】（明）田艺蘅《留青日札·戒坛》："杭州昭庆寺每年三月开戒坛为天下僧人受戒之所故名曰万善戒坛……隆庆三年己巳，闰六月六日戌时，为雷火一夜焚尽，盖天将灭之也 。"

【26】万历《应天府志·郡纪下》："隆庆三年，潮没瓜埠，坏田庐。"光绪《六合县志·杂事》亦载。

【27】万历《钱塘县志·纪事》："秋七月，江无潮。"

【28】（明）田艺蘅《留青日札·长人》："隆庆三年，宁国人施六来投军门，长一丈六寸。"

【29】道光《广东通志·前事略》："隆庆三年九月，广州大风拔木。"

【30】乾隆《四川通志·祥异》："隆庆三年，罗江民浚井，得龙首骨及珠一颗，大如鹅卵，晶光耀日，忽雷震，珠复堕井，再觅不获。"

【31】康熙《松江府志·祥异》："松江七宝（今上海七宝镇）民家，生八足豕。"按，《二申野录》系于隆庆三年。

【32】（清）褚人获《坚瓠余集·五足牛》引《广闻录》："嘉靖庚申，钟祥民家，牛生六足。又隆庆年间，三山民家，牛生黄犊，七足。腹下四足如常，脊上三足皆软，前后窍各二。"

庚午（隆庆四年，1570年）正月己巳朔，日有食之[1]。江宁（今江苏南京）火，一夕数发，逾月方止[2]。夏四月，京师（今北京）地震[3]。流福沟（今浙江杭州河坊街）甃（音：昼）石忽动，抉起，见鳖如大车轮，红白色，龟首而三尾，作马鸣[4]。秋七月，浙江湖州府（今浙江湖州）山崩成湖[5]。八月，河决小河口，自宿迁（今江苏宿迁）至徐州（今江苏徐州）三百里皆淤，而坡反为河[6]。六合县（今江苏六合）饥[7]。京师显灵宫道士买一鱼，腹有"秦白起妻"字[8]。冬十一月，金星昼见三日[9]。

【1】（明）王圻《续文献通考·象纬考·日食》："隆庆四年（1570年）庚午，春正月朔，日食。礼部奏请免朝。"

【2】万历《应天府志·郡纪下》："隆庆四年春正月，火一夕数发，逾月方止。"同治《上江两县志·大事下》亦载。

【3】《明穆宗实录》："隆庆四年四月戊戌朔，京师地震。"

【4】（明）朱国祯《涌幢小品·妖人物》："隆庆庚午（四年，1570年）孟夏，流福沟甃石忽动，抉起，见鳖如大车轮，红白色，龟头而三尾，作马鸣。屠者举悬肉钩曳投市鱼箭中，击之，锯牙啮人，市众聚观竟日，恶妨其业，磔焉。"

【5】（明）王圻《续文献通考·物异考·山崩》："隆庆四年八月，浙江湖州府山崩成湖。"（明）田艺蘅《留青日札·山飞》亦载。

【6】（明）幻轮编《稽古略续集》："隆庆庚午四年八月。浙江湖州府山崩成河。九月河决，小河口三百里皆淤，坡顾成河，溺人失米甚众。"

【7】万历《应天府志·郡纪下》："隆庆四年冬，六合饥。"

【8】（清）褚人获《坚瓠秘集·冥报》引《广闻录》："隆庆中，京师显灵宫道士买一鱼。腹有'秦白起妻'四字。"（明）王同轨《耳谈·鱼腹豕腹字》亦载。

【9】（明）王圻《续文献通考·象纬考·星昼见》："隆庆四年十一月，金星昼见三日。"

辛未（隆庆五年，1571年）春正月己丑，京师大风，扬尘四塞[1]。二月辛巳，日晕有珥，白虹亘天，左右戟气俱苍白色[2]。夏四月，浙江杭州府栗树生桃[3]。戊午，京师大冰雹[4]。五月，韶州大水，英德官署水深四尺[5]。六月辛卯朔，京师地震者三[6]。乙卯，雷震圜丘广利门鸱（音：吃）吻，碎之[7]。秋七月，命陕西织造羊绒[8]（原注：计三万二千二百四十匹，计价七十五万两。巡按御史乞寝之，不听）。九月，西溪（属浙江钱塘）有栗树生林檎（即海棠）三枚[9]。冬十一月庚午，京师天鼓鸣。十二月，杭州天鼓鸣二声，人谓之天爆。谚云：天爆雉鸡叫，有米没人要[10]。

【1】《明穆宗实录》："隆庆五年正月乙丑，大风扬尘四塞。"

【2】《明穆宗实录》："隆庆五年三月辛巳，日晕有珥，白虹亘天，左右戟气俱苍白。"（明）王圻《续文献通考·象纬考·日变》亦载。按，《二申野录》系于二月辛巳，有误。

【3】【9】（明）田艺蘅《留青日札·木生异实》："隆庆五年辛未四月，钱塘湖市李树生桃，形类油桃，色红。小仆亲见，二枚，无核。九月，西溪栗树生林檎三枚，黄生药采之。"（明）王圻《续文献通考·物异考·草异》："隆庆五年四月，浙江杭州府栗树生桃。"（明）幻轮编《稽古略续集》："辛未五年，浙江杭州栗树生桃。"

【4】《明穆宗实录》："隆庆五年四月戊午，京师大雨雹。"

【5】同治《韶州府志·祥异》："隆庆五年夏五月，大水。"光绪《英德县志·灾异》：

"隆庆五年夏，大水。县堂水深五尺，城外民居荡尽，人溺死者不可胜计。"

【6】《明穆宗实录》："隆庆五年六月辛卯朔，京师地震者三。"

【7】《留青日札·雷击屋树》："隆庆五年六月二十五日午时，京师雷震三次，圜丘广利门鸱吻击碎倒地。次年五月二十六日卯时，驾崩。"（明）王圻《续文献通考·物异考·雷震》："隆庆五年六月二十五日午时，京师雷震圜丘广利门，鸱吻碎之。"

【8】《明穆宗实录》："隆庆五年二月壬子，遣内臣往陕西督造羊绒，工部尚书朱衡及科道诸臣疏止之，诏如前旨。"按，督造羊绒以制龙袍。

【10】（明）田艺蘅《留青日札·天鼓鸣》："五年十一月十二日天鼓鸣二声，人谓之天爆，谚云：天炮雉鸡叫，有米没人要。果然夏米反贱也。"

壬申（隆庆六年，1572年）春正月，杭州大雨雪[1]。闰二月癸酉，赤风扬尘蔽天[2]。四月，浙江黑眚见，时杭城黑雾中，一物蜿蜒如车轮，日光掣电，冰雹随之[3]。睢宁大雨河溢，五龙见云中，雷火霹雳。乡人言：是日有龙为蛛网所挂，不得脱，须臾火龙焚其网，龙乃脱去，蛛死山中，丝网尚弥山谷，或截为马鞭[4]。五月，南直隶龙目井化为酒[5]。通山（今湖北通山）月光昼见。月下有二星[6]。七月七日，华亭县（今上海松江）钟飞，轰轰有声，火引前后，色红而黄，有铸时年月，云是闽飞来[7]。莆田县（今福建莆田）文赋里（在莆田城内）有大蛇吞鹿，遥视腹下有字[8]。淀湖涌水成山，高数丈，长二里许[9]。八月，有五色云如彩霞聚紫微垣，又有黑赤如旗近辅弼星。颍川（今安徽阜阳）王户部在通州（今江苏南通）时宴客烹鳖，剖之，中有鬼判各一，朱发蓝面、皂帽、绿袍，左执簿，右执笔，种种皆具，刻画所不能工[10]。

【1】万历《杭州府志·郡事纪下》："万历六年春正月，大雨雪。按，六七日不止。"

【2】《明史·五行志二·赤眚赤祥》："隆庆六年闰二月癸酉，辽东赤风扬尘蔽天。"

【3】（明）幻轮编《稽古略续集》："壬申六年四月，浙江黑眚日见，时杭州黑雾中，一物蜿蜒如车轮，日光掣电，冰雹随之。"（明）王圻《续文献通考·物异考·黑眚黑祥》："穆宗隆庆六年四月，浙江省城黑雾中一物蜿蜒如车轮，日光掣电，冰雹随之，瓦屋皆震，林中鸟雀击死无算。"

【4】（明）朱国祯《涌幢小品·龙》："隆庆壬申，睢宁大雨，河溢，有五龙见云中，雷火霹雳，乡人言是日有龙为蛛网所挂，不得脱。须臾，火龙焚其网，龙乃脱去，

蛛死山中，丝网尚弥山谷，或截取为马鞭。”

【5】（明）朱国祯《涌幢小品·龙》：“五月，南直隶龙目井化为酒。”

【6】雍正《湖广通志·祥异》：“隆庆六年五月，通山月光昼见，月下有二星随之。”原书作“通州”，当为“通山”，《二申野录》有误。

【7】（明）王圻《续文献通考·物异考·金异》：“隆庆六年七月七日，华亭县东见云端有一物甚巨，火引前后，色红，有人随之，色稍淡而黄，轰轰有声，向东而飞至八团某寺外，堕地八尺余，乃钟也。有铸时年月，云自闽省来者。夫金石至重，有时而飞，亦奇怪事。”《明史·五行志三》：“隆庆六年七月七日，有物轰轰，飞至直隶华亭（今上海松江）海滨坠于地，乃钟也。铸时年月在，识者谓来自闽云。”

【8】光绪《莆田县志·祥异》：“隆庆六年八月，文赋里西冲院中有大蛇出，吞鹿，人不敢捕，遥视蛇腹下有字。”

【9】乾隆《江南通志·机祥》：“万历六年，淀湖涌水成山，高数丈，长二里许。”按，《二申野录》系于隆庆六年。

【10】（明）冯梦龙《古今谭概·鳖异》：“颍川王户部在通州时，一日宴客，庖人烹鳖。剖之，有鬼、判各一。朱发蓝面，皂帽绿袍；左执簿，右执笔，种种皆具，刻画所不能及。王自是遂断滋味。”

癸酉（万历元年，1573年）春正月，会审王大臣[1]。是日方晴，忽风沙大作，黑雾四塞，雨雹不止。夏四月，木、火同入奎壁[2]，水星逆行箕、斗成勾巳[3]。六月，翰林产白燕，内阁生嘉莲[4]。广东彗星见。秋，大有年[5]。《涌幢小品》：“凡楠木，最巨者，商人采之，凿字号，结筏而下，既至芜湖，每年清江主事必来选择，买供运舟之用，南部又来争，商人甚以为苦，剔巨者沉江干，俟其去，没水取之，常失去一二。万历癸酉，一舟漂没，中有老人，素持斋，守信义，方拍水，若有人扶之至一潭口，榜曰水龙府。殿上人冕旒甚伟。面有黑痕，宛然所凿字号也。传呼曰：曾相识否？老人顿首曰：榜已明矣，惟大王死生之。又传呼曰：汝善人，数尚可延，速归。令一人负之而出，俄顷抵岸，则身在大木上，衣服皆不濡，即登岸，一无所见[6]。”

【1】《明神宗实录》：“万历元年正月庚子，上出视朝，有男子着内使巾服，直趋宫门，为守者所执，状奏诏下东厂究问。癸卯，辅臣张居正言，适见司礼监太监冯保奏称：圣

驾出宫视朝，有一男子身挟二刃，直上宫门礓𥕢，当即拿获。臣等窃详，宫廷之内，侍卫严谨，若非平昔曾行之人，则道路生疏，岂能一径便到。观其挟刃直上，则造蓄逆谋殆非一日，中门必有主使勾引之人。乞敕缉事问刑衙门访究下落，永绝祸本……俱从之。己酉，上御文华殿讲读毕，辅臣张居正奏：奸人王大臣妄攀主者，厂卫连日推求，未得情罪，宜稍缓其狱。盖人情急则闭匿愈深，久而怠弛，真情自露，若推求太急，恐诬及善类，有伤天地之和。报闻。盖居正初意有所欲中，会廷议汹汹，故有是奏。

万历元年二月壬申：王大臣伏诛。大臣者浙中佣奴，诡名以浮荡入都，与一小竖交昵，窃其牌帽，阑入禁门。冯保恨前大学士高拱阿意者，遂欲因其锻炼，以双刃寘大臣两腋间，云受拱指行刺，图不轨。傍掠不胜楚，遂诬服，为言拱状貌及居止城郭，厂卫遣卒验之皆非，时大狱且起，张居正迫于公议，乃从中调剂，狱得无竟。”按，古代中国建筑中以砖石砌的斜坡道，为了能通行车辆，将斜面做成锯齿形坡道，称为礓𥕢。

【2】奎：二十八星宿中西方七宿之一。西方七宿组成白虎，其中奎宿由十六颗星组成，状如白虎之神的尾巴。木星：又叫岁星，性质本为仁厚。火星：名叫荧惑。都是顺行有福力，逆行有祸患。

【3】水星和地球一样是绕太阳运行，当水星运行轨道方向与地球不同时，在地球上观看水星，就会产生水星在倒退行进的视觉效果。一年之中，每隔三到四个月水星会逆行一次，每次大约二十天。在占星术中叫作“水逆”。勾巳：(元)马端临《文献通考·象纬考十二》：“去而复来，是谓‘勾巳’”

斗、箕都是星宿名。箕：即箕宿，二十八星宿中东方七宿之一。斗：即斗宿，又称南斗，二十八星宿中北方七宿之一

【4】(明)杨慎《廿一史弹词》：“太监冯保，惟逐高拱一事，是其首恶。此后颇称持正，如翰林院产白燕，内阁生嘉莲，群臣进颂，保曰：主上幼冲，不可以异物启其好。寻以白燕送出。”

【5】道光《新会县志·祥异》：“万历元年癸酉六月，彗星见。秋，大有年。”

【6】见于(明)朱国祯《涌幢小品·神木》

甲戌(万历二年，1574年)正月，都蛮平，得武侯所遗铜鼓九十三而还[1]。二月丙辰，杭州骤热，雨雹[2]。建昌下蓝雨[3]。荧惑犯氐[4](原注：荧惑者火也，火必蕴隆而后发焉)。

【1】《太师张文忠公行实》：“万历二年甲戌，正月，西南夷都蛮平。都蛮，古泸戎也。自汉遣唐蒙通巴笮，开犍为郡，治道置吏 其后诸葛亮武侯仅能讨平之，然亦弗靖……方隆庆改元，蜀当事者以都蛮上变 时赵文肃叹曰：都蛮不灭，吾叙泸赤子且无噍类！

安得畀一巡抚往任之。太师曰：吾楚一士足办此，第名未著耳。公问曰：何？太师以曾公对。已，乃卒请於上，诏曾公往讨之。曾公故有伟略，约灭此后朝食。凡越六月，而凌霄、都都、九丝等寨悉平。所逮斩获四千六百有奇，得酋王三十六人，拓地四百里，得武侯所遗铜鼓九十三而还。”

【2】万历《杭州府志·郡事记下》：“万历二年，二月丙辰，骤热雨电。”

【3】万历《建昌县志·考异志·灾异》：“万历二年二月，满县下蓝雨。”

【4】（清）吴伟业《绥寇纪略·虞渊沉》：“万历二年二月，荧惑犯氐。”按，火星古称荧惑，占星术将其作为凶星。《明史天·文志二》：“万历二年二月癸亥，荧惑犯房。五月己卯，犯氐。”

乙亥（万历三年，1575年）正月，西域献千里马，养之邸中，礼部以部檄却之（原注：千里马乃天方国所献，青骢色，鹿头鹤颈，耳如竹篾，不甚肥大，而神骏权奇，意态闲远，步之丹墀，盘旋如风，一骋竟日千里[1]）。夏四月朔日未刻（13时—15时）晦，诸星照耀，至申刻（15时—17时）渐明[2]。六月，雷震端门鸱（音：吃）吻，正昼地震[3]。浙江大风潮，江海溢[4]。静乐（今山西静乐）大雨雹，圆如车轮，片如门扇，水集，漂没人物无算[5]。秋七月，浙江无潮[6]。九月，万载（今江西万载）县有巨石自天而坠，至今其石尚存[7]。冬十月，杭州会城火[8]。张方伯节修甘州城，初破土，见有小棺，出之。已而愈斫（音：卓）愈多，棺皆二三尺，启视，须鬓俨然老人也。服饰不同，大都多纱帽红袍。亡虑五百余具，竟不知何物，又不知何缘得葬城土之内。此事古所未闻，或云是妖狐所化。然妖能灵异于生时，岂死而犹不复其本质，则亦不可解。大抵穹沙大漠之野，其为狐兔窟宅，何限积久成妖，自称君臣，死而不朽，伪袭衣冠，似有得于大阴炼形之术者，葬于睥睨之下，亦似欲借生人气以图久存者耶[9]？

【1】（明）于慎行《谷山笔麈·国体》：“尝谓天下之事，有不可胶柱而谈者，因时制宜，在人所处耳。万历乙亥，西域献千里马，养之邸中，大宗伯以部檄实之，不为上奏，时以为得体。予窃以为不然。何也？彼远人慕义，从万里献马，复使之持去，以为朝廷惜赏马之费，意必怏怏，不如以诏旨赉之，而赏其道里之费，与所献略相当；不则，受之以付北边为候骑，可以示西域，不贵其马，以折其心；可以示北夷，中国

候望有西域宝马也。此与朝廷之体无损，而事又两益。乃徒以汉代马事为比，则迂矣。千里马，乃天方国所献，时仪部唐君鹤征主会同馆，尝邀予辈数人往观，马青骢色，耳如竹篾，鹿头鹤颈，不甚肥大，而神骏权奇，意态闲远，步之丹墀，盘旋如风，恨不见其一骋耳。因忆李、杜诗中所称，殆非虚语。”

【2】（明）王圻《续文献通考·象纬考·日食》：“万历三年乙亥，夏四月朔，日食。未刻晦，诸星照耀，至申刻渐明。”按，这是日食的现象。（清）龙文彬《明会要·机异》：“万历三年四月己巳朔，日有食之既。帝感日食之变，于宫中制牙牌，手书十二条于其上，所至悬座右，以自警。”

【3】《明史·傅应祯传》：傅应祯，字公善，安福人。万历三年征授御史，疏陈三事，言：“迩者雷震端门兽吻，京师及四方地震迭告，曾未闻发诏修省，岂真以天变不足畏耶？”

《明神宗实录》：“万历三年十二月乙酉，河南道试御史傅应祯……无端以三不足诬朕，又自甘欲与余懋学同罪。这厮每必然阴构党羽，欲以威胁朝廷，摇乱国是，著锦衣卫拏送镇抚司，好生打著问了来说。”

【4】万历《杭州府志·郡事记下》：“万历三年夏六月，大风潮，江海溢。按，十月初一日夜，怪风震涛，冲击钱塘江岸，坍塌数千余丈，漂流官民船千余只，溺死人命无数。海宁县坍塌海塘二千余丈，溺死人命百余，漂流房屋二百余间，灾伤田地八万余亩。咸水涌入内河，自上塘来者至断河，自下塘来者至北关运河。海盐海患尤甚，平地水涌数丈，土石旧塘，自秦驻山，东至白马庙，延袤一十八里，全坍七百五十丈，半坍一千七百九十二丈，淹没田禾，漂流庐屋，溺死人民，不知其数。”光绪《鄞县志·祥异》：“万历三年六月戊辰，杭、嘉、宁、绍大风，海溢，淹人畜庐舍。”万历《绍兴府志·灾祥》：“万历三年六月初一日夜，上虞、余姚大风雨，北海溢，有火色，漂没田庐。上虞乃冲入城河，以器激之，有火光见。五行家谓之大沴水。”

【5】雍正《山西通志·祥异二》：“万历三年六月，静乐雨雹圜如车轮，片者若扉，崚嶒者，若牛马，伤人畜甚众。”

【6】万历《杭州府志·郡事记下》：“万历三年七月，江无潮。”

【7】雍正《山西通志·祥异二》：“万历五年，秋九月，万载县有巨石自天而堕。”按，《二申野录》系于万历三年。

【8】万历《杭州府志·郡事记下》：“万历三年十月，郡城火。按，是月二十九日夜，火发菜市桥东。”

【9】（明）王世懋《二酉委谭》：“天下事有不可晓者。往闻边城有棺数十具，启之皆纱帽红袍，以为异说，颇不甚信。数以问人，多云有之。近至关中，则同僚徐方伯时方在甘州，张大参在凉州，其说尤异。徐云修甘州城，初破土，见有一小棺出之，已而愈斫愈多，棺皆长二三尺，启视须鬓俨然老人也。服饰不同，大都多纱帽红袍者，亡虑数十。众喧然，遂止不复发，为祭文，掩而葬之。竟不知是何物，又不知是何缘

得葬城土之内。张云凉州亦同。时有之，但不如是之多耳。二君皆目击，可信人也。此事自古未闻，或云是妖狐所化，然妖能灵异于生时，岂死而犹不复其本质，则益不可解。始知天下大矣，存而不论，宁独六合之外？”

丙子（万历四年，1576年）三月，江宁（今江苏南京）雨雹[1]。五月十四日，济南昼晦，黑风自西北来，发屋伤禾，行人有吹至十数里者[2]。瑞莲产子慈宁新宫[3]。七月，岁大祲（音：近），彗星见[4]。天雨米于连州（今广东连县）[5]。冬十月，雷[6]。山阴（今浙江绍兴）诸生[7]某暴死，独其胸中、指头稍热，家人不忍殓，延绵至累月始苏，身畔有大镪五十金，为所携来，曰：我死适冥司，值亲识先死者某。骇曰，汝何以至此？然某阎王正为其子延师，当为君缓颊进之，果延入大廨中令主西席，诸子皆罗拜，北面受业，起居经史，皆与世同，而亦为师别具馔，如世人食。王则衮冕甚尊严，久之谓生曰：汝欲见五阎王乎？乃贵乡王阳明先生也。及见先生，亦为主客礼，欢然谈笑。曰，此冥司不可久居，命掌判官核生禄命。掌判官报此人寿尚有十年，先生即命与主者王，送生还。主者王从之，赠冥钱楮币甚渥。先生曰：不可，宜用世间宝。即所携五十金也[8]。广中献赤黑鹦鹉各一，赤者毛色娇丽，黑者有两耳[9]。京口邬汝翼游杭，见屠家宰猪者，去毛尽，猪腹有丹书数字曰：秦桧十世身[10]。

【1】万历《应天府志·郡纪下》：“万历四年三月，雨雹。”同治《上江两县志·大事下》亦载。

【2】康熙《新城县志·祥异》卷十：“万历四年（1576年）五月十四日，黑风昼瞑，风来自西北，发屋扬麦，拔树毁巢，禽鸟死伤甚众，行人有吹至数十里外者。”

【3】刘侗《帝京景物略·西城外·慈寿寺》：“万历丙子（万历四年），慈圣皇太后为穆考荐冥祉，神宗祈胤嗣，卜地阜成门外八里，建寺焉。寺成，赐名慈寿，敕大学士张居正撰碑。时瑞莲产于慈宁新宫，命阁臣申时行、许国、王锡爵赋之，碑勒寺左。”按，慈宁宫被灾于万历十一年十二月，新宫复建于万历十三年。瑞莲产子并申时行等撰赋于十四年。慈寿寺建于万历四年，竣工于六年。此说有意将慈寿寺和瑞莲产子、慈宁新宫附会为同一年之事。

《明神宗实录》：“万历十三年八月丁巳，慈圣皇太后诰谕……皇帝自在冲龄夙有至性……顷者慈宁宫灾寔予不德所致，皇帝震惊戒惧，引咎责躬，亲率后宫左右趋慰。

爰因旧址鼎建新宫孝诚感孚，告成不日，乃以中秋之望奉予还，御望舒圆满，轮奂辉煌，意甚适焉。予喜皇帝之孝，特用褒扬，以示永久。”

【4】道光《新会县志·祥异》：“万历四年丙子，秋，彗星见。”

【5】同治《连州志·祥异》：“万历四年，连州天雨米。”

【6】万历《应天府志·郡纪下》：“万历四年十月，雷。”

【7】诸生：封建科举制度时，参试的士子自乡试到会试、殿试，中式的可获得秀才、举人、贡士、进士的称号，诸生是秀才的别称。

【8】（清）褚人获《坚瓠秘集·正直为神》引《广闻录》：“万历四年，山阴诸生某暴死，其胸与手犹热，家人不忍殓，淹至月余始苏，身畔有大镪五十金，所携来。人问之，曰：我死适冥司，值亲识某，骇曰，汝何以至此？然某阎王正为其子延师，当为君缓颊进之。果延主西席，诸子皆罗拜，北面受业，起居经史，皆与世同，而亦为师别具肴馔，如世间食。王则衮冕甚尊严，因谓生曰：汝欲见五阎王乎？乃贵乡王阳明先生也。及见先生，亦为主客礼。欢然道故。曰，此冥司不宜久居，命掌判官核生禄命。判官报生尚有十年阳寿，先生即命语其主王，送生还阳。主王从之，赠冥钱楮币甚渥。先生曰不可，宜用世间镪，即所携五十金也。乃知正直为神，韩擒虎、蔡襄之为阎王，非诬也。”

【9】（明）于慎行《谷山笔麈·杂记一》：“《南州志》曰：鹦鹉有三种，一青，一白，一五色。交州以南诸国皆有之。唐太宗时，林邑献五色鹦鹉，自言苦寒，思归其国，太宗付使归之。今广西有秦吉了，京师谓之了哥。万历丙子，一日讲毕，上遣中使持赤、黑鹦鹉各一示阁臣、讲官，盖广中所献也。赤者，毛色娇丽，黑者，有两耳，耳黄如兽，能动，此二色则志所未备也。”

【10】（明）王同轨《耳谈·鱼腹豕腹字》：“隆庆中，京师显灵宫道士买一鱼，腹有‘秦白起妻’字。京口邬汝翼于万历丙子（四年，1576年）游于杭，入屠家，宰猪者去毛尽，猪腹丹书数字曰：‘秦桧十世身’。”

丁丑（万历五年，1577年）正月，江宁（今江苏南京）春不雨，井泉多竭，河可涉[1]。三月，均州（今湖北均县西北）有山西普州僧明惠朝山变驴，五日死[2]。合州（今四川合川）李树结长豆，栗生桃实[3]。广州雨雹[4]。秋七月，地震[5]。闰八月，徐州河淤，宿、邳、清河、桃源两岸多决。淮为河逼，徙而南，高邮、宝应湖南大坏[6]。上在讲筵读《论语》至“色勃如也”，读作“背”字。居正从旁厉声曰：“当作勃字。”上悚然而惊[7]（原注：高汝栻[8]曰：时江陵用事，与冯保相倚，共操大权，于君德夹持不为无益，惟凭借太后挟持，人主束缚钤制，不得伸缩，主上圣明，心已默忌，故祸机一发，遂不可救。世徒以江陵摧折言官，操切政体，为致祸之端；夺情起服，二子得第，为得罪之本，固皆有之，而非所以败也，江陵（指张居正）所以败者，惟在操弄主权，钤制太过耳。又曰：江陵之丧，古今宠遇，一时相传。不知此贾似道故事也。似道平时尊礼，至入朝不拜；退朝而出，人主避席，目送殿廷始坐。已而称疾欲归，人主涕泣拜留，命大臣、侍从传旨固留，日四五至，中使加赐，日十数至。此何礼也？江陵晚节礼遇，亦略相仿，至称太岳先生，又过于往代矣。嗟夫！君上崇荣出于迫胁，大非人臣之福，有识之士以为惧，不以为荣也[9]）。冬十月朔，大内火[10]。彗星见斗牛间，尾指婺女，长数十丈，光芒竟天，状若练气成白虹[11]。传曰：大臣移徙，天子愁兵起，天下受怨。先是居正辞疏云：守制是常礼小节。且云：有非常之人，然后有非常之事。逾一二日即平章机务，于苫块中欣然无哀戚状[12]。夫士人小吏匿丧有律，况大臣乎！即谓辅弼之臣有往例可称，亦三年未终而非一日不去之谓也。是月十八日，吴中行书首上[13]，十九日赵用贤[14]之疏上，二疏俱留中不发。时以星变、火灾建醮停刑，知必有继起者，故稍待耳。二十一日，中行、用贤席藁俟于东长安朝房，兵番渐已围宿。居正家仆门隶变衣装伺察者，傍午道路以目追晡矣。复有刑部员外艾穆[15]、主事沈思孝[16]共上一疏。时居正亦彷徨，遣飞骑走卒伺探诸曹中稍涉形影，亟属其所私客慰谕以阻之，家人游七、徐爵往来密勿[17]者数十番而始决。旨下：两刑部杖八十，谪戍；两翰林杖六十，削籍为民。是日，都人集长安道者千万，朝房隘不能容，至坏楹毁槛而入。晴煦中阴云陡结，天鼓大鸣，惨黯失光。杖毕，两翰林曳出，至长安以板闼舁之归。两刑部加镣锁且禁狱中三日始佥发戍。中数数闻神人语云：此天地间正气，天地间正气云。吴、赵僦寓都门外，有公卿往慰劳者，逻卒飞骑一一记籍之。厂卫之命，限仅二日裹创去。居正已袭冠裳于衰绖（音：崔迭）[18]登朝办事，出朝房见客，未几衣绯悬玉与吉典矣。时杖两翰林，邹元标怀疏而立于庭旁观受杖，切齿顿足，俟杖毕而上疏，后两日复杖于庭，如两刑部焉[19]。邹、艾诸臣庭杖，南京御史朱鸿谟[20]得报，杜门不饮食，泪簌簌下。其妻数使女辈晋食，不御。内人从旁泣曰：亲老家贫去牛衣[21]几何，时而忘耶？鸿谟曰：毋多言，死矣。遂草疏申救，语甚委切。江陵欲逮治，会有中解者止，罢归。

【1】万历《应天府志·郡纪下》："万历五年，春不雨，井泉多竭，河可涉。"

【2】雍正《湖广通志·祥异》："万历五年三月，均州有山西普州僧明惠，朝山，变为驴，五日死。"

【3】乾隆《四川通志·祥异》："万历五年，合州李树结长豆，栗实变桃味，甚甘。"

【4】乾隆《番禺县志·事纪》："万历五年丁丑，春雹，秋七月，地震。"

【5】《明神宗实录》："万历五年七月甲寅，福州府兴化府地震。"

【6】（清）陈梦雷《古今图书集成·明成伦汇编·官常典·河使部·潘季驯》："明年（万历五年）冬召为刑部右侍郎。是时河决崔镇，黄水北流，清河口淤淀，全淮南徙，高堰湖堤大坏，淮、扬、高邮、宝应间皆为巨浸。"民国《沛县志·祥异》："万历五年八月，河决宿迁、沛县等县，两岸多坏。"

【7】见于（清）谷应泰《明史纪事本末·江陵柄政》。

【8】高汝栻：明末史学家，杭州钱塘人，编有《皇明法传录嘉隆纪》《皇明续纪三朝法传全录》，记明代各朝事迹。系取陈健《皇明通纪》原本重加增订而成。

【9】按，此注大略见于（明）于慎行《谷山笔麈·记述一、二、相鉴》。

【10】《明神宗实录》："万历五年十月丙申，禁中火，仓下连房灾。"

【11】《明神宗实录》："万历五年十月戊子，时彗星见西南，光明大如盏，芒苍白色长数丈，由尾箕越斗牛，直逼女宿。"（明）贺复徵《文章辨体汇选·志九·星变志》："万历丁丑（五年）十月朔，异星见西南，历尾箕而进，光芒长亘天，状若练气成白虹。"（明）王圻《稗史汇编·灾祥门·祥瑞类》："万历丁丑（五年，1577年）十月，有金星为彗，如悬太白旗，其光竟天，南指牛斗，北扫箕尾，凡二十七日。"

【12】苫块：古礼，居父母之丧，孝子以草荐为席，土块为枕。

【13】万历五年九月，内阁首辅张居正之父去世。按照制度，他必须解职回乡守制三年，此谓"丁忧"；期满才可以回来复职，谓之"起复"。但国家有重要事情离不开的时候，皇帝也可以特批立即起复，穿素服办公，这就是所谓"夺情"。这种情况非常罕见，而且因违背儒家伦理道德，常遭社会议论。这一次，户部侍郎李幼孜倡议"夺情"，正迎合了张居正怕失去权位的心理，大太监冯保也不愿意首辅换人，于是内阁阁臣、朝臣纷纷上疏奏留。但是一批坚持正统伦理的臣子却勇敢反对。

吴中行，字子道，武进（今江苏常州）人。父性，兄可行，皆进士。隆庆五年成进士，选庶吉士，授编修。是张居正的门生。他引经据典提出反对张居正夺情的理由，遭到张居正的嫉恨，于是被庭杖六十，"受杖毕，校尉以布曳出长安门，舁以板扉，即日驱出都城。中行气息已绝，中书舍人秦柱挟医至，投药一匕，乃苏。舆疾南归，刲去腐肉数十脔，大者盈掌，深至寸，一肢遂空。”张居正、吴中行均《明史》有传。

【14】赵用贤：字汝师，常熟（今江苏常熟）人。他和吴中行一样也是隆庆五年进士，也是张居正的门生，初选庶吉士，万历初，授翰林院检讨。他也反对张居正违背伦常，竟然不为父亲守制，在吴中行递送奏疏的第二天，也送上了反对夺情的奏疏。结果也遭到庭杖六十，“用贤体素肥，肉溃落如掌，其妻腊而藏之”。《明史》有传。

【15】艾穆：平江（今湖南平江）人，字和甫，号熙亭，嘉靖戊午举人，先后任国子监助教、刑部主事员外郎，万历初擢刑部员外郎。张居正居丧不奔，他在赵用贤疏入的第二天，又和刑部主事沈思孝合写奏疏，疏言张居正行为有失纲常，结果遭杖刑八十，置之诏狱。越三日，以门扉舁出城，穆遣戍凉州（今甘肃武威）。创重不省人事，既而复苏，遂诣戍所。《明史》有传。

【16】沈思孝，字纯父，嘉兴人。举隆庆二年进士。又三年，谒选。万历初，举卓异，为刑部主事。张居正父丧夺情，他与艾穆合疏谏。遭到庭杖八十，并流戍神电卫（今广东电白）。《明史》有传。

【17】密勿：机密的意思。《明史·张居正传》载：张居正自从夺情办事得逞以后，权倾朝野，他根据个人爱憎任意提拔和排斥身边人，多通贿赂。

【18】衰绖：古人丧服胸前当心处缀有长六寸、广四寸的麻布，名衰，因名此衣为衰；围在头上的散麻绳为首绖，缠在腰间的为腰绖。衰、绖两者是丧服的主要部分。

【19】（明）抱甓外史《星变志》：“万历丁丑十月朔，异星见西南，历尾箕而进，光芒长亘天，状若练，气成白虹。辇毂下莫不汹汹，天官星家言占验者不一。先四日，江陵张师相居正闻父计，翰林当有治丧者，吴编修中行、赵检讨用贤，皆其所校士往治丧。二公者，文章行谊，雅重于时者也……先是御史刘台按辽时上疏，发江陵之奸语，切直，首犯其锋，逮赴诏狱，编伍去。而疏中实先言其预谋夺情恋位……十九日，赵检讨之疏上，二十日编修偕检讨同赴阙俟罪，二疏俱留中不发，消息几微，掖廷扫除辈有缩颈吐舌者。时以星变火灾建醮停刑，又知必有继起者，故稍待也……廿一日，二公席藁俟于东长安朝房，二公者相竟日举酒酌忻忻也，兵番渐已围宿，而江陵家仆隶变衣装伺察者旁午，道踣以目。迨晡矣，复闻两刑曹者为员外郎即艾君穆、主事沈君思孝，二君则共上一疏也……江陵亦彷徨，遣飞骑走卒诇探诸曹中稍涉形影，亟嘱其所私客慰谕以阻之。徐爵、游守礼往来密勿者数十番，而谋始决。旨屡易屡重，丙夜征传，四人者皆杖戍。编修与检讨席地卧，各以一儿子侍第曰：事属纲常，言传简册，吾得死所矣。是日都人集于长安道者千万，虽贩夫佣子愿望见忠直臣丰采。朝房隘不能容，至坏楹毁槛入矣。晴煦中阴云陡结，天鼓大鸣，惨黯失光者。移时，而校尉数十出，如持虎捕枭，就逮时以绳榜腕，以铁镝系两中指，指须臾黑涨不可忍，前押后拥。先两翰林，而两刑曹随之。两翰林举酒尽一卮，顾戚友辈曰：吾事毕矣。复顾儿子曰：吾死不惧亦不悔，无它言，空囊悬罄，只以十金买一棺殓我。盖称家之无财，亦明我之有罪也。辞色从容，

笑而入。每入一门，门即合，正如世所云阴府地狱者……四公言：庭杖时周庐环列羽林军，戈戟森严，执杖者如林，伫甚久。司礼乃出绾铜符者、服虎章者，趋跄于其间，大喝带上犯人来。自此后，每一喝，则千百辈一喊声以应，其震撼若天地崩裂者。二翰林同受杖，而二刑部继之……先喝跪下宣驾帖，宣讫，喝拿下，倏忽遂缚定。喝打棍的，喝着实打六十棍。喝五棍一换，喝着实打一校尉乃执棍出班，立喝阁上棍，乃阁棍于股上，喝打乃始打；至三棍则止，又喝着实打，至五棍则又止，一校尉复执棍出班立，其喝其喊应俱如前五棍时。盖六十棍，凡十二人喝阁上棍，喝打凡打十二声，而着实打之棍则二十。至此，则世所称阴府地狱恐无此光景，初如泰山压卵糜溃而不胜也，又如热油灌肌焚灼而难禁也，既而体肤若非我所有者，至周遭三四，其痛若更锥心刺骨，愈多则愈不堪忍，以不速毙为憾……杖毕，报棍完，喝采下去。四校尉以布袱曳之，出至长安，则以板阖舁之，行赴户部，又赴京兆、赴县，驰顿自巳至酉三十里，而道路嗟吁，追随拥塞，不得行。检讨差强忍进粥一匕箸，编修瞶眩去，亟投药一丸，昏黑出都门始苏，而息犹奄奄微也。谓其时神魂游扬，飘飘若无所栖泊，耳中数数闻神人语云：此天地间正气，此天地正气。岂冥冥中果有默佑阴骘者邪。二刑部则加镣锁具禁狱中……邹进士元标则怀其疏俟于廷，见四公受杖，旁观发愤，切齿顿足。俟杖毕上疏中贵人，持之绐曰：我是告假本，又厚贻危激之，乃肯入。盖其自分万万死耳。所谓见危授命，杰哉大夫矣。编修僦寓都门外，有公卿走慰劳者，逻卒飞骑一一籍记之，而厂卫之命至，仅二日。裹创徙。邹公复杖于朝廷，如二刑部矣……都中且有谤帖飞语及师相者，揭之通衢云：科道群狐摇尾，翰林双凤鸣阳。又云：居正身不正，用贤相不贤。思孝心何死？中行道始全。蓄艾能医病，元标欲转天，五贤一不肖，千载定须传。”按，邹元标，字尔瞻，吉水（今江西吉水）人。万历五年进士。观政刑部。当年张居正夺情，邹元标抗疏切谏。入朝的时候，适值廷杖吴中行等四人。邹元标切齿愤恨，俟廷杖毕，就向随值太监递上奏本。太监怕事，不肯收。邹元标假说：“我这是告假的奏本。”太监这才将奏本递入。张居正大怒，也将邹元标廷杖八十，谪戍都匀卫（今贵州都匀）。《明史》有传。

【20】朱鸿谟，字文甫，益都（今山东青州）人。隆庆五年（1571 年）进士，授吉安推官，与东林道领邹元标过从甚密。不久为南京御史。邹元标等人得罪，他上疏论救，语侵张居正，被斥为民，遂回乡杜门讲学，多年不入城市。直到张居正死后才复职。《明史》有传。

【21】牛衣：供牛御寒用的披盖物。如蓑衣之类。也用来比喻贫寒，亦指贫寒之士。

戊寅（万历六年，1578 年）正月初六日夜，有星如日，出自西方，众星皆西环[1]。杭州大雨雪，自二月至三月恒雨[2]。三月，张居正乞假归葬[3]

（原注：是日百官班送于春明门[4]，居正以边将所馈遗兵器列禁卫，千兵百骑，前后部鼓吹，光彩耀目。居正所坐步舆则真定钱普所创，前重轩，后寝室，以便偃息，旁翼两庑，各设童子而左右侍立为挥箑炷香，凡用卒三十二人舁之。始至州邑邮，牙盘上食，水陆过百品，居正犹以为无下箸处。而某无锡人，独能为吴馔，居正甘之，曰：'吾至此仅得一饱耳。'守遂超擢巡抚[5]）。十月，擢徐爵为锦衣卫指挥同知，署南镇抚事[6]。徐爵，冯保门下笔札人也，逐高拱谕乃其所撰，居正既擢用之，又使苍头[7]游七与结为兄弟。居正有所使，游七入以告徐爵，爵以达冯保。保有所谋亦如之。（原注：咸通中路岩为相，颇通赂遗，左右用事言者请破边咸一家，可赡军二年。边咸者，岩之亲吏也。今江陵、纪纲号七与九者，破其家赀，不当赡一军二年之费耶？又元载为相，有主书卓英倩窃权用事，士之求进者，非得英倩，无由自达。其家赀可数千万，中书省吏谓之堂后主书，最为亲密。此辈外挟宰相以要士大夫，内挟中贵以钤宰相，一时不得，则血脉不通，政多龃龉[8]。今日徐爵正其人欤。又闻徐爵久奉长斋，其未得罪前一年，忽见寸许童子行几上，惊问之，曰：吾乃汝之元神也。汝不破斋，不得祸，否则祸旋及之。已而蒲州（今山西永济）相公召饮，强之食，始破荤血，未几遂以论奏逮下狱矣[9]）。是年冬，潞安城（今山西长治）西濠水中，水成龙形，鳞甲头角皆具，如雕镂状，蜿蜒曲折，长里许[10]。

【1】《明史·天文志三》亦载。

【2】万历《杭州府志·郡事记下》："万历六年春正月大雨雪。按，连六七日不止。自二月至三月恒雨。"

【3】按，万历五年张居正父丧，张居正按例接连三次上疏请辞官归家守制，皇帝诏令夺情起复，三留三让。六年二月万历皇帝大婚礼成，三月张居正乞归葬父，五月中旬归京。

【4】春明门：城门名，唐代京师长安城东边三座城门中间的一座。因文人骚客经常在这里送别故人，所以多出现在唐诗中，后世遂以之作为京师的代名。

【5】此注见于（明）焦竑编：《国朝献征录·内阁六·张公居正传》。

【6】徐爵：大太监冯保的私人亲信，曾为冯保写过弹劾阁臣高拱的奏疏，后授锦

衣卫指挥同知，署理锦衣卫南镇抚司。《明史·职官志五》：明太祖洪武十五年（1382 年）罢仪銮司，改置锦衣卫，秩从三品，后改正三品。其下机构有经历司、镇抚司。二十年（1387 年）以锦衣卫所治多非法凌虐，乃罢。明成祖即位，复置锦衣卫。明宪宗成化年间且增置北镇抚司专治诏狱，以原旧所为南镇抚司仍掌本卫刑名兼理军匠。

【7】苍头：指官宦和富豪家中的奴仆。

【8】（明）于慎行《谷山笔麈·明刑》："咸通中，路岩为相，颇通赂遗，左右用事，言者请破边咸一家，可赡军二年。边咸者，岩之亲吏也，与卓英倩、滑涣同。考之近事，亦颇有之，如权相、纪纲号七与九者，破其家赀，不当赡一军二年之费耶？元载为相，主书卓英倩窃权用事，士之求进者，非结英倩无由自达。元和初，有堂后主书滑涣久在中书，与权珰相结，宰相议事，有与内中异者，令涣达意，常得所欲，罪发赐死，籍其家财，可数千万。此辈近亦有之。中书省吏谓之主书，堂后主书尤其亲密，即宋之堂后官也。此辈外挟宰相以要士夫，内挟中贵以钤宰相，一时不得，则血脉不通，政多龃龉，此其数千万宜尔。"

【9】（清）陈梦雷编《古今图书集成·明伦汇编·宫闱典·宦寺部·纪事四》引《见闻录》："中官冯保客徐爵，久奉长斋，其未得罪之前一年，忽见寸许童子行几上，惊问之，曰：吾乃汝之元神也，汝不破斋不得祸，否则祸旋及之矣。已而蒲州相公召饮，强之食，始破荤血，未几遂论奏下狱。"

【10】雍正《山西通志·祥异二》："万历六年十一月，潞安府城西壕中，冰成龙形，鳞甲头角皆具，状如雕镂，蜿蜒曲折，长竟里许。"

己卯（万历七年，1579 年）二月，河工成[1]。四月，苏、松大水，江南岁荒[2]。新会（今广东新会）大雨水[3]。七月，杭州郡城（今浙江杭州）火[4]。严州（今浙江建德）渔户获巨鳖，重十八斛，酒家易之，悬于室中，夜半作人言。明日杀之，腹有老人，长六寸许，五官皆具，首戴皮帽，人异之，闻于官[5]。燕京（今北京）积翠坊下有圆殿[6]，中大松偃盖青葱。万历初年，以枯死，封以都督之官，逾年复生。

【1】《明史·潘季驯传》：洪泽湖早在宋末元初便因为黄河改道形成了悬湖，明朝万历六年最高水位高出地面十米以上。万历六年（1578 年）夏，命季驯以右都御史兼工部左侍郎出任河漕总督，治理河患。他全面解决黄、淮、运河交集的问题，建议塞崔镇（今江苏泗阳临河乡）黄河决口，再在洪泽湖东岸筑防御淮河洪水的高堰（今江苏淮阴高家堰）束淮河入清口（今淮阴北，泗水入淮之处）以敌黄河之强，使二水并流，

则海口自浚。万历七年（1579年）冬，两河工成。他在《河防一览》中总结了前人对于黄河水沙关系的认识，提出了束水攻沙的治河方针，对后代治黄有重要影响。

【2】光绪《苏州府志·祥异》："万历七年，大水。"

【3】道光《新会县志·祥异》："万历七年己卯，大雨水。"

【4】万历《钱塘县志·灾祥》："万历七年七月，郡城火。"

【5】（明）王同轨《耳谈·鳖异》："万历己卯，严州建德县有渔者获一鳖，重八斤。一酒家买之，悬于室中，夜半常作人声。明日剖烹之，腹有老人，长六寸许，五官皆具，首戴皮帽。大异之，以闻令，令以闻郡守杨公廷诰。杨时入觐，命以木匣载之，携之京师。诸贵人皆见，皮冠宛然逼真，无毫发不类。"

【6】按，明代北京居民区没有积翠坊。皇城内西苑（今北海公园）连接团城和琼阴岛的石桥，南北两端各一座牌坊，北书堆云，南书积翠，故又称堆云积翠桥。积翠牌坊南的团城内有承光殿，又称圆殿，也是明帝观灯的地方。韩雍《赐游西苑记》："天顺三年四月，赐公卿大臣以次游西苑……北行至圆殿，观灯之所也。"杨士奇《赐游西苑诗序》：宣德八年四月赐游西苑，"自西安门入，循太液池之东而南，观新作之圆殿。"因此，这里应是皇家西苑内积翠牌坊下圆殿。

庚辰（万历八年，1580年）正月，文华殿西内角门柱础有"天下太平"字，拭之不灭。张居正曰："此瑞也。"请上临观。上见之曰："此伪也。"不怿（音：易）而罢[1]（原注：按，石上假字，盖以龟尿书之入寸许，即凿去一层，亦自不灭，术家类能为之[2]）。二月朔，日有食之[3]。三月，廷试，赐进士张懋修等及第出身有差。懋修，居正次子，其弟敬修与四维之子甲征皆在前列，得礼部主事[4]。时人语曰：首甲幸有三人，云胡仅此二子。或做俚言书而粘之宫墙[5]。懋修之得鼎元也，神宗亲置之首，谕居正曰：吾以此报先生耳。夫国家一线公道，止此科举之途少存饩羊（音：系羊）[6]，今以绮纨乳臭之子领袖多士，是以辟门之典[7]为酬功之具也。武隆（今四川武隆）雨沙，黄云四塞，牛马嘶鸣，沙积如堵[8]。五月，杭州大雨水[9]。秋九月，彗星见西方[10]。

【1】《明神宗实录》："文华殿角门柱础忽有'天下太平'字迹，拭之不灭。辅臣以为瑞，请上临观，上见之不怿：曰，'此伪也。'"

【2】于慎身《谷山笔麈·记述二》："万历庚辰，文华殿西入内角门柱础，有'天

下太平’四字，拭之不灭。江陵以为瑞也，请上临观。上见之不怿，曰：‘此伪也。’……偶询石上假字，盖以龟尿书文入寸许，即凿取一层，亦自不灭，术家戏法类能为之。上想知其故矣。”

【3】《明神宗实录》：“万历八年二月辛未朔，日食。”

【4】（明）焦竑编《国朝献征录·内阁六·张公居正传》：“居正二子懋修、敬修与四维之子甲征，皆中式矣。居正扈上谒诸陵归，即具疏乞休……天子慰留恳切。居正乃出，而嗣修状元及第矣，敬修亦在前列，而甲征次之，皆得礼部主事，而皆邑邑不乐。时人为之语：‘首甲幸有三人，云胡靳此二子。’而懋修与嗣修共列史官，每出则众相指而诅，或作俚谚书而粘之宫墙。”

按，以上有误。张居正有六子：张敬修、张嗣修、张懋修、张简修、张允修、张静修。张懋修是三子，敬修是长子，嗣修是二子。《明神宗实录》：“万历五年四月乙丑，命大学士张四维、申时行为会试主考官，取冯梦祯等三百名。辅臣张居正子嗣修得中式，房考为陈思育。”张嗣修在万历五年已中进士，《国朝献征录》中“嗣修”云云均属谬误。

万历八年参加会试的是张居正三子懋修和长子敬修，《明神宗实录》：“万历八年三月壬戌，命大学士申时行撰拟策题，是科阁臣张居正子敬修、懋修俱应试，张四维子泰征亦应试。”故《二申野录》云“其弟敬修”则误，敬修是懋修兄，非其弟也。此外，张四维之子名“泰征”，并非“甲征”。焦竑编《国朝献征录·内阁六·张公居正传》云：“居正乃出，而嗣修状元及第矣，敬修亦在前列，而甲征次之，皆得礼部主事。”亦将“懋修”误作“嗣修”。

【5】相传，万历八年会试，张居正三子懋修中首甲第一名即状元（又称鼎元），长子敬修首甲第二名即探花，张四维子中首甲第三名即榜眼，故又俚言谣谚“首甲幸有三名……”讽刺之。但实际上，根据《明清进士题名碑录索引》明万历八年会试首甲第一名张懋修，但第二名、三名却是萧良有、王庭撰，张四维之子张泰征是二甲第四名，张居正长子张敬修是二甲第十三名，不但没有名列首甲，而且泰征在敬修之前。所以俚言云云当属杜撰。

【6】饩羊：本指祭祀用的羊，后来喻指礼仪。

【7】辟门：《尚书·舜典》中有“询于四岳，辟四门”，比喻广罗人才。

【8】乾隆《四川通志·祥异》：“万历八年三月，武隆雨沙，黄云四塞。”

【9】万历《钱塘县志·灾祥》：“万历八年五月大雨水。按，西湖水涌进涌金门，船至三桥。”

【10】《明神宗实录》：“万历八年八月庚申夜，有异星见于东南方，每夜形体渐长，有光芒。占为彗星，至十一月望后始退。”按，《二申野录》系于万历八年九月。

辛巳（万历九年，1581年）二月辛酉，火星顺行犯井北第一星[1]（占曰：为诛罚，为火灾[2]）。三月，彗星见紫微垣，尾光芒射西北[3]。四月，南京给事中傅作舟奏：江北淮、凤，江南苏、松等府，连被灾伤，民多乏食。徐、宿之间至以树皮充饥，或相聚为盗[4]（原注：高汝栻[5]曰：近见山西邸报有父杀子、夫杀妻而食者，且开立人市，以诸物皆贵，惟人肉甚贱，此亦大可骇怪，视之树皮充饥者良有间矣）。给事中牛维曜（按，误）、御史孙承南参翰林学士王锡爵、大理寺卿王世贞，以昙阳仙去为词，语甚危[6]。牛与孙故尝客于曾省吾[7]者，欲以此媚居正。省吾为之具草，尚书徐学谟[8]亦从中煽谮，而慈圣在西宫闻之不怿[9]，使中贵张宏语居正曰："神仙者何与人事，而言路批劾之。"居正由是意折。昙阳子者，锡爵女也。王世贞为之立传，非慈宁[10]之谕，则二王几为所中矣。兴宁（今广东兴宁）大信乡有巨石，大十围，高五尺许，无故飞行一里[11]。顺德（今广东顺德）黎大章读书山中，一日宴集，忽值暴雷，火光满室，遥见玉池东有火球大如盅，飞腾而上，高二十余丈。每雷一震，辄一球起[12]。秋九月，启明星不见，至于十二月[13]。

【1】《明史·天文志二》："万历九年二月辛酉，犯井。"按，火星在占星术上为凶星。《晋书·天文上》："垒壁阵十二星，在羽林北，羽林之垣垒也，主军卫为营壅也。"羽林在营室南，又称天军；营室则是二十八星宿中北方第六星，象征天子之宫。所以火星犯垒壁阵东方第一星是凶兆。井宿：属于二十八星宿中南方七宿之一。井宿八星如井，附近有北河、南河（即小犬星座）、积水、水府等星座。井宿主水，多凶。

【2】占星术认为火星犯井宿，预兆天子或行诛罚，或发生火灾。

【3】彗星，占星术认为是妖星之一，《明史·天文志三》："彗、孛、国皇之类为妖星。"彗星犯太微是对天子不利的星变现象。

【4】《明神宗实录》："万历九年四月辛亥南科给事中傅作舟疏奏云：今江北淮、凤及江南苏松等府，连被灾伤，民多乏食。徐宿之间，至以树皮充饥，或相聚为盗，大有可忧。"

【5】高汝栻：明末史学家，杭州钱塘人，编有《皇明法传录嘉隆纪》《皇明续纪三朝法传全录》，纪明代各朝事迹。本文系取陈健《皇明通纪》原本重加增订而成。

【6】（明）沈德符《万历野获编·假昙阳》：王太仓以侍郎忤江陵予告归，其仲女

昙阳子者得道化去，一时名士如弇州兄弟、沈太史（懋学）、屠青浦（隆）、冯太史（梦祯）、瞿胄君（汝稷）辈，无虑数百人，皆顶礼称弟子，先已豫示化期，至日并集于其亡夫徐氏墓次，送者倾东南。说者疑其为蛇所祟，盖初遇仙真，即有蜿蜒相随，直至遗蜕入龛，亦相依同掩，则此说亦理所有。然和同三教，力摈旁门，语俱具危……事传南中，给事牛惟炳者，遂贽以献江陵，疏称太仓以父师女，以女师人，妖诞不经……皆当置重典。时徐太室（学谟）为大宗伯，太仓同里人也，力主毁市焚骨以绝异端。慈圣太后闻之，亟呼冯保传谕政府，江陵惊惧，始寝其事。昙阳之为仙为魔皆不可知，乃其灵异既彰灼，辞世又明白，则断无可疑。既而太仓入相后，渐有议野阳尚在人间者。

焦竑编《国朝献征录·张公居正传》："王锡爵归省，久之不出。其女得道仙去，有所奉大士上真，俾锡爵与其友大理卿王世贞筑室于城居之，而在仙之蜕附焉。锡爵嘱世贞之传语，颇传京师。给事中牛维垣、御史孙承南，故尝客曾省吾，谓此奇货可以贽居正也，省吾遂为维垣具草，与承南先后论劾锡爵等，语甚危，冀以动摇上意。事下礼部，而尚书徐学谟方思所以报居正，攘臂谓此妖孽不可长也，具稿欲大有处。而慈圣在西宫闻之不怿，使中贵人张宏语居正：神仙者何预人事，而言路批劾之？居正意绌。而学谟方盛气以见，居正笑谓此二人者皆君乡人也，事甚小，且已往，不足道。学谟薨然而退，遂停寝。"按，查《明神宗实录》，万历十一年给事中系牛维炳，牛维曜系万历三十一年扬州府泰兴知县。《万历野获编》等或作牛维垣炳，或作牛维垣，故《二申野录》"牛维曜"误。

【7】曾省吾，嘉靖三十五年进士，原籍江西，落籍湖北钟祥。隆庆末年，以右佥都御史巡抚四川，《明史稿》称其"娴将略，善治边"，万历三年六月，升兵部左侍郎、南京都察院右都御史，升工部尚书。张居正死后，曾省吾被认为是其党翼，受到张居正政敌的攻击，万历十年被勒令致仕，十二年被抄家下狱，后回原籍为民，永不叙用。（明）谈迁《枣林杂俎·少宰被杖》："江陵籍产，遣太监张程同刑部侍郎丘橓等往追逮曾尚书省吾、王少宰篆等。曾角巾青衣，王直囚服乞哀，中官杖之。"少宰，吏部侍郎的尊称。《明神宗实录》："万历十年十二月戊子户科给事中王继光参工部尚书曾省吾十罪……上勒之致仕。""万历十二年三月庚寅工科给事中唐尧钦题，今天下呶呶未已者，曰故相张居正。顾居正可恨，而所尤可恨者，则误居正之臣原任太子太保、工部尚书致仕曾省吾是也。盖省吾与王篆数人同恶相济，以欺居正。居正日为卖弄，不觉而竟成误国之罪。今居正谥已追夺，四子褫职，王篆、贺一桂等亦俱为民，则奸险如省吾者亦宜重处，以谢朝廷。诏褫省吾职。"

【8】徐学谟，嘉定县（今上海嘉定）人，嘉靖中，为荆州知府，为官清正，得到张居正的好感。万历中张居正任首辅，执掌朝中大权，重用徐学谟，擢为右副都御史、刑部侍郎，最终超擢为礼部尚书。张居正卒后，他被邹元标弹劾，于是疏言：邹元标微词冷击，迫臣之去，乞放归田里。得旨：准令致仕。《明史》有传。

【9】慈圣李皇太后原是明穆宗府中的宫女，明神宗万历皇帝的生母，所以明穆宗即位以后封贵妃。万历皇帝即位以后，为了提高自己亲生母亲的地位，尊明穆宗皇后陈氏为仁圣皇太后，尊李太后为慈圣皇太后，李太后与陈氏两人便开始没有区别。慈圣皇太后居住在宫城西部的慈宁宫，又称西宫。她为了巩固自己的地位，声称自己是九莲菩萨转生，并在各地广建寺庙。所以当张居正利用王锡爵之女自称昙阳子得道仙蜕一事，攻击对方妖诞不经的时候她会感到恼怒，说：神仙者何预人事，而言路批劾之？

【10】慈宁，慈圣皇太后居住的宫殿，这里是慈圣皇太后的代称。

【11】光绪《惠州通志·郡事》载："万历九年，兴宁十三都大信乡，有巨石大十围，高五尺，飞行一里。"

【12】万历《广东通志·杂录》："万历辛巳，顺德黎大章读书山中，一日宴集，忽值暴雷，火光满室，遥见玉池东有火球大如盅，飞腾而上，高二十余丈。每雷一震，辄一球起。人伏障后，不敢仰视。"

【13】道光《新会县志·祥异》："万历九年辛巳，九月至十二月，启明星不见。"按，启明星即太白星、金星。《史记正义》："太白者，西方金之精，白帝之子，上公，大将军之象也。"占星术认为其为战神，主兵伐。早晨出现在东方称启明，晚上出现在西方称长庚，是二十八星宿之外的古人认为最亮的星宿。

壬午（万历十年，1582年）三月初一日，浙江兵变。四月，浙江民变[1]。六月丁亥朔，日有食之[2]。朔三日[3]，彗出五车、三柱星以南[4]。山西连年大旱，百姓死亡，平凉（今甘肃平凉）、固原（今宁夏固原）城外掘万人大坑三五十处，处处多满。有一富家女，父母饿死，头插草标上街自鬻，被外来男子调戏，一言愧甚，自撞死。有一大家少妇见丈夫饿垂死，将身衣服卖尽，只留遮身小衣，剪发沿街叫卖，无有应者。其夫死，官差人拉在万人坑中。少妇大呼一声，投入坑，时当六月，满坑臭烂，韩王[5]念其节义，将妆花纱衣一套救之，妇言：我丈夫已死，我何忍在世饱食。昼夜啼哭，三日而死。秋七月丙辰朔，十二日戊辰至次日己巳，苏、杭诸郡大风雨拔木，江海潮水啸涌，常州（今江苏常州）、常熟（今江苏常熟）、崇明（今上海崇明岛）、嘉定（今上海嘉定）、吴江（今江苏吴江）等处漂没室庐人畜无算[6]。八月戊申，月入井宿与火星相犯[7]。惠州（今广东惠州）大水，没城雉者五日[8]。宁德县（今福建宁德）乡民谷连稻草，乘风飞上蔽天。人望之一阵一队，若牛马虎豹狮象之类，或飞遇山木高处，偶为木杪所碍，即有一二穗飘挂其上。土人缘木取视，则皆腐化为虫[9]。

【1】《明神宗实录》："万历十年三月庚申，杭州兵变。初杭州东西二大营兵每名月给饷银九钱，巡抚都御史吴善言奉例议减三分之一，各兵稍有怨言。至是拥诉巡按张文熙，且言春汛届期，例应防海，兼搭铜钱不便携带。文熙好慰遣之。善言遽出示曰：饷减已定，不愿者听其归农。次日兵遂大噪……拥入督抚衙门缚善言以出痛殴之。"同年五月，又发生了杭州民变，史称"浙二乱"。《明神宗实录》："万历十年五月乙酉，初杭州兵变，以才望简张佳胤往抚。佳胤甫入境，而会城有市民之变。丁仕卿者上虞流民也，久蓄奸谋，奋行保甲，借建言号召市民，指恨乡官为名，啸聚呐喊，折更楼栅门，焚劫乡官宅舍，肆行摽掠。佳胤驰入会城，出榜安谕，不听，围绕巡按衙门，拘留二司，迫民出枪刀分投焚剽，势益猖獗，城中火光烛天，哭声震地。佳胤乃召营兵密谕曰：若曹造弥天之罪，欲不死，当以功赎。众皆感奋，分布各衙门，且守且擒……陆续擒乱民一百五十余人，以便宜枭斩韩谨等五十二人，杖毙丁仕卿等九十五名。"

【2】《明神宗实录》："万历十年六月丁亥朔，日有食之。"

【3】古人不但以干支纪年，也纪月、纪日。朔三日，即初三日。

【4】原文"五星□柱星"，缺一字，据《晋书·天文志上》此处应为"三柱星"。《明神宗实录》："万历十年五月甲子，礼科都给事中石应岳等题：窃见四月末旬，彗星出于五车……臣愚不知天文星纬之术，然备观史册，天象变异皆所以警戒人主也。"《明史·天文志三》："十年四月丙辰，彗星见西北，形如匹练，尾指五车，历二十余日灭。"按，《晋书·天文志上》："五车五星，三柱九星，在毕北。"五车又称五潢。五车，就是五帝的车舍，五帝乘坐，主管天子的五种兵器，一说主管五谷的丰收减产。三柱又称三泉。天子若掌握了灵台观天之礼，则五车星、三柱星都明亮有规律。如果月亮和金木水火土五星进入五车，则战乱发生，政教不通，天下混乱。

【5】（明）朱国祯《涌幢小品·水旱》："万历九年、十年，山西连年大旱，百姓死亡。平凉、固原城外掘万人大坑三五十处，处处都满。有一富家女，父母饿死，头插草标，上街自卖，被外来男子调戏一言，愧甚，自撞死。有一大家少妇，见丈夫饿垂死，将浑身衣服卖尽，只留遮身小衣，剪发，沿街叫卖，无有应者。其夫死，官差人拉在万人坑中。少妇叫唤一声，投入坑。时当六月，满坑臭烂。韩王念其节义，将妆花纱衣一套救之，妇言：我夫已死，我何忍在世饱饭，昼夜哭，三日而死。"

按，韩王指明朝封的藩王。明初韩王封在辽东开原（今辽宁开原北），自明成祖永乐以后移驻平凉（今甘肃平凉），至明亡共传了11世。

【6】康熙《上海县志·祥异》："万历十年七月十三日，海溢，潮过捍海塘丈余，

漂没人畜无数，后大风雨彻夜，坏禾稻、木棉，是岁饥。十月十三日，飓风从西北来，江涛陡作，舟皆颠溺。邑丞曹诗适诣府，舟覆死。"《苏州府志》："万历十年七月，海溢，苏州坏田禾，人溺死甚众。"（明）王世贞《皇明奇事述·两壬午风水之变》："万历十年壬午，秋七月丙辰朔，十三日戊辰至次日己巳，大风雨拔木，江海及湖水俱啸涌。吾州常熟、崇明、嘉定、吴江等处，漂没室庐人畜以万计。考之《实录》：'嘉靖元年壬午秋七月乙巳朔，二十四日戊辰至次日己巳，大风雨江海啸涌，漂没室庐人畜亦如之。'以余所见，及野史所载，是日具有龙虎之异。前壬午祸微轻而远，后壬午祸甚惨而狭，要之六十年内所无也。今人知其周一甲子耳，不知其干支正同。盖无一日之赢欠也。异哉异哉！"此亦见载于王世贞《弇山堂别集》、（明）王圻《续文献通考·物异考·水灾》。

【7】《明神宗实录》："万历十年八月戊申，月入井宿与火星相犯。"按，井宿主水，月入井宿，预兆水患。

【8】光绪《惠州府志·郡事上》："万历十年五月，归善大水……没城堞者五日。河源尤大。"按，惠州府治归善。

【9】（明）来集之《倘湖樵书·植物而兼动物》："刘娗《笔谈》云：万历十年秋，宁德县乡民谷连稻草，乘风飞上蔽天。人望之一阵一队，若牛、若马、若虎豹狮象之类，或飞遇山木高处，偶为木杪所碍，即有一二穗飘挂其上。土人缘木取视之，则皆腐，已化为虫矣。巡道东阳王公亲见之。"

癸未（万历十一年，1583年）春正月，常熟（今江苏常熟）丘郡锡旋[1]中置熟鸡半只，忽发光焰，视之，见鸡气蒸成一小殿中，坐佛一尊，如世间大士像，眉目分明[2]。夏六月，太白犯荧惑，火与金并见[3]。秋，登州（今山东蓬莱）雨碱水，杀禾稼[4]。

【1】锡旋：铜锡盘。丘郡或邱君，人名。

【2】（明）冯梦龙《古今谭概·旋中佛像》："常熟丘郡家食橱内，锡旋置熟鸡半只，忘之矣。偶婢检器皿，见橱边光焰。发视之，乃旋中鸡蒸气结成一小殿宇，中坐佛一尊，如世间大士像，眉目分明。婢奔告郡。郡移于堂上，率家人罗拜之。三日犹不灭，召巫者束一草船，浮之于城河。时万历癸未正月初六日。见《戒庵漫笔》。此鸡疑即唐敬宗朝鸡卵种也。又唐询家烹鸡，忽火光出釜中。视之，有未产卵现菩萨像坐莲花。自是誓不杀生。"（明）李诩《戒庵老人漫笔·熟鸡奇变》："万历癸未正月初六日，常熟城中邱郡家爨下有食橱，内锡旋置熟鸡半巨只，此除夜所余者，连日以贺节驰逐忘之矣。

是早婢检器皿至食橱边，见光焰耀目，随觅所在，乃旋中鸡蒸气结成一小殿宇，中坐佛一尊，如世间大士像。婢忙奔告于郡，郡移于堂之桌上，南面，整冠服，率家众罗拜之，不灭。细视，惟见晶晶荧荧殿宇如雕，镂像眉目皆分明，越三日犹故。家众骇愕，若醉若痴，秘不敢言。第四日更余，召巫者，结束一草船，浮之于城河。是时其县学生名周琦者处郡家馆，浮河之次日，正周赴馆晨也，故闻之独详。灯熄后，余冢孙至常熟会文，周亲与孙说，竟不知何祥何灾也。郡乃严相国家家干，亦曾为某邑丞。（后郡旋殁，子以买入学事败罹罪，几千金之产，一朝荡覆靡遗。曩固怪异之兆与？惜余记时不能悬断之也。周中丙戌进士，亦不久卒，卒不久，家之颠沛更有甚于郎者云）"

【3】（清）吴伟业《绥寇纪略·虞渊沉》："万历十一年六月，太白犯荧惑。"《明史·天文志三》："万历十一年七月辛丑，太白昼见。"按，太白即金星，又称启明、长庚，是二十八星宿之外的古代人认为最亮的星宿。传说太白星主杀伐。荧惑即火星，古天文学将其作为七曜之一称作荧惑。由于它在天空中运动，有时从西向东，有时又从东向西，情况复杂，令人迷惑。占星术将其作为凶星。二星并见，预兆大凶。

【4】乾隆《山东通志·五行志》："万历十一年，登州府大饥，粜于辽。"

甲申（万历十二年，1584年）夏六月，广东地震。秋七月，又震[1]。九月，慈宁宫灾[2]。十二月，荧惑犯张[3]。彭泽（今江西彭泽）塌毛洲出火，焚裂有声，以物投之即燃[4]。

【1】同治《番禺县志·前事二》："万历十二年，地震。"道光《新会县志·祥异》："万历十二年甲申，六月，地震；七月，复地震。"

【2】《明神宗实录》："万历十一年十二月庚午，夜一更，慈宁宫火，圣母移居乾清宫。""万历十二年二月丙辰，谕内阁：慈宁宫系圣母御居，着工部会同内官监上紧鼎新，毋得延缓。辛酉，工部请鼎新慈宁宫，急缺苏州砖料，诏该地方速造起解。""万历十三年六月辛丑，慈宁宫成。"按，慈宁宫灾发生在万历十一年，《二申野录》系于万历十二年，误。

【3】（清）吴伟业《绥寇纪略·虞渊沉》："十二月，荧惑犯张。"按，荧惑，即火星；张宿，二十八星宿之一。道教认为，张宿星君主时气不和，大热。荧惑逆犯张宿，预兆失刑赏或有兵丧。

【4】见于光绪《江西通志·祥异》。

乙酉（万历十三年，1585年）春正月，荧惑犯轩辕[1]。二月，当涂（今安徽当涂）地震[2]。荧惑犯张[3]，自张历柳[4]。夏四月，京师旱[5]。新宁地震有声。琼州大雨水，漂溺人畜以万计[6]。淮安（今江苏淮安）自春徂夏亢旸，生民逃窜[7]。六月，兰溪（今浙江兰溪）大风，黄沙塞天，拔木倒屋，行人撤去里许，河覆舟[8]。

【1】（清）吴伟业《绥寇纪略·虞渊沉》："万历十三年正月，荧惑犯轩辕。"按，轩辕是中国古代星官之一，属于二十八宿的星宿，意为"轩辕黄帝"。《史记·天官书》："南宫朱鸟……轩辕，黄龙体。前大星，女主象；小星，御者后宫属。"《晋书·天文志上》："轩辕十七星，在七星北。轩辕，黄帝之神，黄龙之体也；后妃之主，士职也……南大星，女主也。"

【2】康熙《当涂县志·祥异》："万历十三年二月六日，地震，房屋摇动。"

【3】（清）吴伟业《绥寇纪略·虞渊沉》："万历十三年二月，荧惑犯张。"按，张宿，二十八星宿中南方七宿之一。道教认为，张宿星君主时气不和，大热。荧惑逆犯张宿，预兆失刑赏或有兵丧。

【4】（清）吴伟业《绥寇纪略·虞渊沉》："万历十三年二月，荧惑自张历柳。"按，柳，即柳宿，二十八星宿中南方七宿之一，其状如柳叶，居朱雀之嘴。嘴为进食之用，故多吉。荧惑犯张、犯柳，非吉。

【5】《明神宗实录》："万历十三年，二月丁卯，京师旱，自去秋八月至今春二月不雨，河井竭。"

【6】乾隆《琼州府志·祥异》："万历十三年九月，大雨连旬，水势如海，漂流人畜以万计。"光绪《澄迈县志·纪灾》："万历十三年八、九、十月，连雨，大水涨溢，自澄瀑布潭至琼博冲，居民近河者，房屋畜产漂荡，人溺死无算，田埋没数顷。"

【7】乾隆《淮安府志·五行》："万历十三年四月，地震。自春徂夏亢旸，麦枯，秋禾难种，民多逃窜。"

【8】万历《兰溪县志·祥异》："万历十三年六月，兰溪大风，黄沙塞天，拔木倒屋，行人撤去里许，河覆舟。"

丙戌（万历十四年，1586年）正月朔，黑气贯箕斗[1]，水星犯太阴，畿内大饥。五月，江宁（今江苏南京）大雨，自初三至十七日，城中水高数尺，江东门至三山门可行舟[2]。七月，北直、河南、山西、山东、陕西旱。江西、江南、江北水[3]。郧阳（今湖北郧县）兵变[4]。京师大风，土霾四塞[5]（《春秋繁露》曰：木不曲直，则多暴风[6]）建昌（今江西永修西北）有巨蛇，一角六足如鸡距[7]（《山海经》曰肥遗见，则千里之内大旱[8]）莆田（今福建莆田）孝义里地裂丈余，水涌，出黑沙，气如硫磺，沙上多牛迹[9]。保定府（今河北保定）街市砖壁内忽出火，三日夜方熄[10]。广东大饥[11]。秋八月，星入月中[12]。

【1】斗、箕都是星宿名。箕：即箕宿，二十八星宿中东方七宿之一。《晋书·天文志上》：箕四星，亦后宫妃后之府。斗：即斗宿，又称南斗，二十八星宿中北方七宿之一。《晋书·天文志上》南斗六星，天庙也，丞相太宰之位，主褒贤进士，禀授爵禄。黑气贯箕斗，预示对朝廷君臣不利。

【2】（明）顾起元《客座赘语·水灾》："嘉靖三十九年庚申大水，江东门至三山门行舟。万历十四年丙戌五月初三日大雨，至十七日，城中水高数尺，儒学前石栏皆没，江东门至三山门亦行舟。"按，三山门，明代南京城十八城门之一，位于南京城西南，今称水西门。江东门是明南京的外郭门，在三山门之西。

【3】（明）杨慎《廿一史弹词》："万历十四年，水旱迭见，四方奏报无虚日。北直、河南、山西、山东、陕西，俱报异常旱灾。江西、福建、江南、江北，俱报异常水灾。"

【4】（明）朱国祯《涌幢小品·郧阳兵变》："万历十五年，李见罗材抚郧阳，改参将公署为书院。十月初二起工。是日，参将方印已解任去，米万春继之，会于离城六十里之远河铺。方有忿言，致激军士梅林、王所、熊伯万、何继持传牌令旗与杜鹤等鼓噪而入，毁学牌，抢掠，围逼军门，凡诸不便事宜文卷，逼取军门外烧毁。又勒饷银四千二百两充赏。次日，米尚次城外十里。李飞柬速之。又次日，米入城，鼓吹铳炮，过军门履任，释戎服晋见，仍勒上疏，归罪道府生员。疏必经米验过，追改者再。仍收城门锁钥，李隐忍从之。复阅操行赏，哨官杨世华云：乘此冒赏，近于劫库。米佯怒而心是之，即讽军士，告加月粮，旧折三分，增至四分。适副使丁惟宁入城，一见米，即云：各官兵将拥汝为主帅。米大怒，拥众喧乱。守备王鸣鹤仗剑大喝曰：杀副使是反。谁敢谁敢！丁仅得免。李避走襄樊，裴淡泉应章代之，好言慰米。仍杖杀梅林、王所，事得定，而讹言传数年不息。"

（清）黄宗羲《明儒学案·中丞李见罗材》："李材，字孟诚，别号见罗，丰城人。南京兵部尚书谥襄敏遂之子。登嘉靖壬戌进士第。授刑部主事，历官至云南按察使。"其平定西南边，以功升抚治郧阳右佥都御史。他与诸生讲学，诸生因形家言，请改参将公署为书院，迁公署于旧学，许之。事已定，参将米万春始至。他是当朝宰相门生，傲视其他官员，教唆士卒为乱。李材视事，被拥入逼之，幸亏得到守备王鸣鹤保护，乃得免事。事后为此事李材受处分令闲住，而米万春视事如故。明万历戊子，有人构陷他过去冒功，有旨逮问。起初万历误听误信，必欲杀之，后他得刑部郎中高从礼等人的救援，关押了十余年后，发戍闽中，遂终于林下。

【5】《明神宗实录》："二月甲子，大风霾。三月乙巳，上以久旱，谕顺天府竭诚祈祷。戊午，以风霾久旱，遣官祭告南郊。"

【6】《春秋繁露》是西汉哲学家董仲舒的著作，本处引文出自该书《五行五事》。《春秋繁露》是以天人感应为核心的唯心理论，把人世间的一切包括封建王权的统治都说成是上天有目的的安排，将天上神权与地上王权沟通起来，为"王权神授"制造了理论根据。《春秋繁露·五行五事》："王者与臣无礼，貌不肃敬，则木不曲直，而夏多暴风。风者，木之气也，其音角也，故应之以暴风。王者言不从，则金不从革，而秋多霹雳……"

【7】（明）朱国祯《涌幢小品·蛇五则》："万历丙戌，建昌乡民樵于山。逢一巨蛇。头端一角，六足如鸡距。见人不噬，亦不惊。民因呼群往视，亦不敢伤。徐徐入深林去。华山记云，蛇六足者，名曰肥遗。见则千里之内大旱。戊子、己丑之灾，其兆已先见之矣。"按，鸡距，即雄鸡的后爪。

【8】《山海经·西山经》："太华之山……有蛇焉，名曰肥遗，六足四翼，见则天下大旱。"

【9】光绪《莆田县志·祥异》："万历十四年，孝义里地裂丈余，水涌，出黑沙，臭如硫磺，沙上多牛迹。又是念及次年，连岁旱，禾大损。"

【10】见于光绪《保定府志·前事略·祥异》。（明）王圻《续文献通考·物异考·地陷》："万历十四年，保定府一村庄，墙忽崩，中有弓箭刀剑之类。"

【11】道光《新会县志·祥异》："万历十四年丙戌，大饥。"

【12】《晋书·天文中》："凡五星入月，岁，其野有逐相。"此处喻指天象预示原首辅、宰相张居正的被废。

丁亥（万历十五年，1587 年）二月，荧惑犯翼。四月，又犯翼[1]。三月，河南光山县牛产一麟，随毙。上命飞骑取进[2]。苏、杭等处自五月至七月恒雨[3]。七月，大蝗，风，所过地皆赤，齐鲁燕赵、两河间饥馑甚。八月，河南开封、封丘、偃师等处及直隶东明、长垣地方河流冲决[4]。秀水（今浙江嘉兴）思贤乡有异鸟集于树，人头鸟身，脖下有白须，竟日而去[5]。金台有妇人以羊毛遍鬻于市，忽不见。既而都人身生泡瘤，渐大，痛死者甚众，瘤内惟有羊毛。有道人传一方，以黑豆莜麦为粉涂之，毛落而愈[6]。

【1】（清）吴伟业《绥寇纪略·虞渊沉》："万历十五年，二月，荧惑犯翼。四月，

又犯翼。”按，《晋书·天文志上》：“翼二十二星，天之乐府俳倡，又主夷狄远客、负海之宾。”星象的变化预兆礼乐兴或天子举兵。《晋书·天文志中》：“荧惑犯辰星，在翼。占曰：‘天下兵起。’”

【2】（明）吕毖《明朝小史·飞骑取死麟》：“万历十五年丁亥三月，河南光山县牛产一麟，随毙。上闻，谕内阁取视，礼部尚书沈鲤奏不敢奉诏。上复谕云：麒麟凤凰，世所稀有，朕欲一见耳。鲤报奏如前，上不怿，遂命飞骑取进。”

【3】（明）王圻《续文献通考·物异考·恒雨》：“万历十五年，苏、松等处自五月、六月、七月久雨，禾黍花豆皆淹没。”（明）钱希言《狯园》：“万历十五年五月尽间，苏、松、嘉禾滨海之地，中夜海啸，涌溢数十里，声如迅雷，漂荡室庐……死亡无数。”

【4】《明神宗实录》：“万历十五年八月庚申，上视朝毕御暖阁，谕辅臣曰：朕见各处奏报灾伤，小民不得安生，心甚忧悯，事有关吏弊切民生者，卿等深思详议来行。申时行等对：陕西亢旱，江南大水，江北蝗，风。河南被黄河冲决，灾伤重大。”

【5】（明）朱国祯《涌幢小品·物异》：“万历丁亥，秀水思贤乡有异鸟集于树，人头，鸟身，颔下有白须，竟日而去。世间变怪多矣，此亦甚奇。其年水灾，次年戊子米贵，死者满路，水皆肥腥不可食。余赴科试，在杭州昭庆寺，夜步阶除，微风吹积尸腐气，不可忍。又一日，登保俶塔，望山后积柩，几至山半，流液成川。”

【6】（清）赵吉士《寄园寄所寄·灭烛寄·异》引（明）江瓘《名医类案》：“万历丁亥，金台有妇人，以羊毛遍鬻于市，忽不见。继而都人身生泡瘤，渐大，痛死者甚众，瘤内惟有羊毛。有道人传一方，以黑豆荍麦为粉，涂之，毛落而愈，名羊毛疔。”

戊子（万历十六年，1588年）正月，鼓楼内火龙飞上草垛，又见大蝦蟆口衔火球。又钟楼内火龙飞出草垛，随云而起，草场六垛俱焚[1]。河决偃师（今河南偃师），起潘季驯总督河道[2]。四月，岁大旱[3]。潜江（今湖北潜江）雨雪砖[4]。江南大旱，疫死者无算，聚宝门（明南京正南门，今中华门）军以豆计棺，日以升计[5]。杭州春大雨水，六月旱，瘟疫盛行，鬻妻女至空室者十家而八，骸骨不及收者满山谷间[6]。南昌府雨豆，或黑或斑，味如银杏[7]。九月，岢岚（今山西岢岚）天鼓鸣三日，越日陨星，其声如雷，化为石青黑色，长三尺余，形如枕[8]。吴江书生冯涵[9]载米至苏州发粜，方入城，忽袖中沉重倍常，摸之，得生人掌，鲜白带血，暖气犹蒸，怖恐不知所出，仓忙解缆，见水面有大鱼，跃入舟，掩取闭之，下舱启视，乃生人体也，鲜血淋漓而无手足，冯以发悸病狂[10]。十二月，甘肃石灰沟等处天鼓鸣，空中有成犬形者群吠有声[11]。豫章（古地名，泛指今江西）大祲（音：进），新建县（今江西南昌）一民乡居窘甚，家止存一木桶，出货之，得银三分，计无复之，乃以二分银买米，一分银买信[12]，将与妻孥共一饱食而死。炊方熟，会里长[13]至门索丁银[14]，无以应。里长远来而饥，欲一饭去，辞以无，入厨见饭，责其欺。其人摇手曰："此非君所食。"愈益怪，始流涕而告以实。里长大骇，亟起倾饭埋之，曰："若[15]无遽至此，吾家尚有五斗谷，若随我去，负归可延数日，或别有生理，奈何自殒为？"其人随之去，负谷以归，出之，则有五十金在焉，骇曰："此里长所积偿官者，误置其中。渠[16]救我死，我安忍杀之？"遽持银至里长所还之。里长曰："吾贫人，安得此银？此殆天以赐若者。"其人故不肯持，久之，乃各分二十五金，两家遂稍裕。然二人以一善念而感天赐金，闻者亦足以劝矣[17]。

【1】（明）王圻《续文献通考·物异考·火异》："万历十六年正月，京草场内巡夜军见鼓楼内火龙飞上草垛。又夜，又见一大蝦蟆在草垛上卧，口衔一火球。又钟楼内一火龙飞出，草垛上随云起，六垛俱焚。"

【2】《明神宗实录》："万历十五年十月乙亥，首辅申时行奏：今年河流散漫自开封、封丘、偃师等处，及直隶东明、长垣地方，多有冲决。失今而不治，明年河水再至，势将北徙，正流不下徐淮，则运道甚可忧虑，此不可不亟为之图也。

万历十六年四月庚午，工科给事中梅国楼荐原任刑部尚书潘季驯堪总河之用。时季驯已镌职为民，而科臣谓其向在河上有筑浚功。会李栋、董子行、蔡宗周、常居敬亦先后荐之，故部覆起都察院右都御史、总督河道兼理军务。上谕之，赐敕即任。"

【3】（明）钱希言《狯园》："万历十六年，大旱，南海水涸。"

【4】雍正《湖广通志·祥异》："万历十六年四月，潜江雨雪砖。"

【5】【6】万历《钱塘县志·灾祥》："万历十六年，春，大雨水。夏六月，旱，瘟疫盛行。按，自三月，雨连绵，至五月中止。城内外水溢……蚕麦禾俱无收。米价腾踊，至斗米二百钱。人死者枕藉于道，鬻妻女至空室者，十家而八。骸骼不收者满山谷间。"同治《上江两县志·大事下》："万历十六年，春三月，南京旱疫。"道光《上元县志·庶征》："万历十六年夏，旱疫，死者无算。"

【7】雍正《江西通志·祥异》："万历十六年南昌府雨豆，或黑或斑，味如银杏。"

【8】雍正《山西通志·祥异二》："万历十六年九月，岢岚天鼓鸣三日，星陨为石，青黑色，长三尺余，形如枕。"

【9】按，原字《说文解字》《汉语大字典》均不载，或为“涵”字之误。

【10】(明)钱希言《狯园·袖掌化鱼》:“万历十六年，吴江县二十八都书生冯涵载米向苏州山塘粜卖。才入阊城，忽觉袖中颇重于常，摸之，得生人掌，鲜白带血，暖气犹蒸，冯怖恐不知所出，遽纳入袖，心色双坏，复出阊门，不索米价而还。仓忙解缆,行至尹山塘,忽见水面有大白鱼跃入舟中……闭之下舱。良久启视,乃一生人体也,鲜血淋漓而无手足。冯生以此发悸病狂，对人数啖粪秽，旬月而殂。”

【11】(明)杨慎《廿一史弹词》:“石灰沟天鼓鸣，空中有犬形者，群吠有声。”《明史·五行志》:“甘肃石灰沟天鸣，云中如犬状，乱吠有声。”

【12】信:即砒霜，又名土信、砒石、信石、白砒、红砒、人信。

【13】明朝实行黄册制度，自府州县到中央户部逐级编汇赋役黄册，以一百一十户为一里，其中以家财富裕的十户为里长，一里内其余的以十户为一甲，每甲出一甲长。每年有一里长和一甲长充值，负责本里和本甲的赋税征收和分派徭役的事情，十年轮换一周。

【14】丁银:实质即人口税。明代农民对国家的负担一是田地的赋税，一是按人口出的徭役。亲自赴徭役的称力差，折银缴纳的称银差。自万历九年实行一条鞭法以后，赋税和徭役都折合银两缴纳，原来的力差、银差都变成征银，即役银、丁银。

【15】若:人称代词，你。

【16】渠:人称代词，他。

【17】(明)王世懋《二酉委谭》:“豫章米贱。丁亥(万历十五年，1587年)大祲，米贵至七钱。戊子春，新建县一民乡居窘甚，家只存一木桶，出货之得银三分，计无所复之，乃以二分银买米，一分银买信，将与妻孥共一饱食而死。炊方熟，会里长至门索丁银，无以应之。里长者远来而饥，欲一饭而去，又辞以无。入厨见饭，责其欺人，人摇手曰:‘此非君所食。’愈益怪之,始流涕而告以实。里长大骇，亟起倾其饭而埋之曰:‘若无遽至此。吾家尚有五斗谷，若随我去负归，春食可延数日，或有别生理，奈何遽自殒?’为其人感其意而随之，果得谷以归，出之则有五十金在焉。其人骇曰:‘此必里长所积偿官者，误置其中，渠救我死，我安忍杀之?’遽持银至里长所还之。里长曰:‘吾贫人，安得此银?’此殆天以赐若者。其人固不肯持之去，久之乃各分二十五金，两家俱稍饶裕矣。此得之喻邦相家书，不虚也。呜呼!频年饥馑，普天同困，似天意不欲多生人也。河南北人相食而卒，未闻上苍有来牟之惠，乃忽于豫章两姓示异如此，何耶?然彼二人一善念而感天赐金，闻者亦足以劝矣。”按，(清)陈宏谋辑《在官法戒录》亦载。劝:勉励的意思。大祲:古代迷信指一种不祥之气。

己丑(万历十七年，1589年)春二月，荧惑犯氐[1]。夏四月，荧惑历亢[2]入角[3]。江南大旱。六月，杭州旱疫[4]。登云桥马通政门首，银杏树上烟起；江干化仙桥（今浙江杭州市内）木堆火起[5]。慈溪县（今浙江慈溪）八都茅家浦口，红血从草涌出，大如盆面，高一尺有余。血腥溅到船上，船出血，溅到人足，足出血，约半时方止（原注：考嘉靖年间一见慈溪有倭寇入犯之祸，一见东阳有矿贼窃发之虑。近万历十五年五月复见余姚，未几即有杭城兵民之变）[6]。七月初九日，杭州大风拔木，吹倒斜桥、天水桥等共桥六座、牌楼四座。荧惑犯房[7]。萍乡（今江西萍乡）五虎入城[8]。八月二十二日晡时（15时—17时），山东临邑县蜻蜓蔽空，势如飚轮，东西亘数里，少时大雨至，俱尽[9]。九月，荧惑犯南斗[10]，南都司狱官[11]孙一谦，麻城（今湖北麻城）人，能不以狱为利，于囚甚有恩，满三载，考转灵山（今广西灵山）吏目[12]，竟不之官而归，至番湖舟中恍然间有请为某地主者，与之应答，不数日遂卒[13]。冬十月，归善（今广东惠阳）地震[14]。

【1】（清）吴伟业《绥寇纪略·虞渊沉》："万历十七年，荧惑犯氐。"按，荧惑：即火星，中国古天文将其作为七曜之一称作荧惑。这是由于它在天空中运动，有时从西向东，有时又从东向西，情况复杂，令人迷惑。占星术将其作为凶星。氐：氐宿，二十八星宿中东方七宿之一，计有四颗。《晋书·天文志》："氐四星，王者之宿宫，后妃之府，休解之房。"就是说主象君王的寝宫，后妃的居所，休息安歇的房屋。

【2】（清）吴伟业《绥寇纪略·虞渊沉》："万历十七年四月，荧惑历亢入角。"按，亢即亢宿，二十八星宿中东方七宿之一。《晋书·天文志上》载："亢四星，天子之内朝也，总摄天下奏事，听讼理狱录功者也。"

【3】角：角宿是二十八星宿中东方第一星宿，有二星。《晋书·天文志》："角二星为天关，其间天门也，其内天庭也……其星明大，王道太平，贤者在朝；动摇移徙，王者行。"

【4】（明）王圻《稗史汇编·灾祥门·祥瑞类》："万历十七年，赤旱数千里，民至采榆皮、买麻饼充食，饿死者不知其几万人。又继之以大疫，死者益无算，甚至有灭门者。大市长街镇，日鲜有人迹，乡村益寂甚，灌莽极目。"（明）钱希言《狯园》："万历十七年，大旱。"

【5】万历《钱塘县志·祥异》："万历十七年，火起于木。按，登云桥马通政门首，银杏树上烟起；江干化仙桥木堆火起。"

【6】（明）朱国祯《涌幢小品·血涌》："万历十七年六月。慈溪县民邵二等，船到八都，地名茅家浦口，适见红血从草涌出，约有八处，大如盆面，高有一尺。血腥溅到船上，船即出血；溅到人足，足亦出，约半时方止。考嘉靖年间，一见慈溪，有倭

寇入犯之祸。一见东阳，有矿贼窃发之虞。近万历十五年五月，复见余姚。未几，即有杭城兵民之变。是时闽人陈中从琉球来，报称倭奴造船挑兵，倾国入寇，见在福建查审。寻破朝鲜，浙兵东征，死者甚众。”

【7】(清)吴伟业《绥寇纪略·虞渊沉》:“万历十七年七月，荧惑犯房。”

【8】雍正《江西通志·祥异》:“万历十七年秋七月，大疫，萍乡五虎入城。”

【9】(明)朱国祯《涌幢小品·物异》:“万历十七年八月二十二日晡时。山东临邑县蜻蜓蔽空。势如飚轮。东西亘数里。弥望无际。少时大雨至。俱尽。”

【10】(清)吴伟业《绥寇纪略·虞渊沉》:“万历十七年九月，荧惑犯南斗。”按，南斗是二十八星宿中北方的七个星宿之一。占星术上，南斗掌管生存，还象征丞相太宰之位，主褒贤进士，禀授爵禄。古人认为荧惑凌犯南斗星，兆凶。

【11】司狱官：提拿控管狱囚的职官，一般比较重要部门的司狱官为正八品，地方州县的为正九品。

【12】吏目：低级文官官职，在知州、知县下掌管文书、佐理刑狱。明朝对内外官僚有考满、考察之法。考满是对俸满的官员进行考察，三年初考，六年再考，九年通考，经考满后才得实授新的官职，其主要是对官员能力的考察，也称考选。届时称职者升，平常者复职，不称职者罢。

【13】(明)胡我琨《钱通》引《三司狱传》:“万历时孙一谦，温麻人。己丑间为南都官司狱，能不以狱为利，于囚甚有恩。故事重囚，米日一升，率为狱卒盗去，饭以不给，又散时强弱不均，至有不得食者。即讼系囚，初入狱，狱卒驱之湿秽地，索钱，不得钱，不与燥地，不通饮食，而官因以为市。一谦知之，一切严禁，手创一秤，秤米计饭，日以卯、巳时持秤按籍以次分给，食甚均。又时时见囚衣弊为浣涤补葺，令完善。视轻系之尤饿者予囚饭之半，囚得不死，狱卒无敢横索一钱者。”

(明)焦竑编《国朝献征录》:“吾闽盖有三司狱云。其一为孙一谦，一谦者，温人也。万历戊子、己丑间为南刑部司狱，能不以狱为利，于囚甚有恩。故事重囚米日一升，率为狱卒盗去，饭以不给，又散时强弱不均，至有不得食者。即讼系囚初入狱，狱卒驱之湿秽地，索钱，不得钱不与燥地，不通饮食，而官因以为市。一谦知之，一切严禁，手创一秤，秤米计饭，日以卯、巳时持秤按籍以次分给，食甚均。又时时视囚衣弊为浣濯、补葺，令完善。视轻系之尤饿者予囚饭之半，囚得不死，狱卒无敢名一钱者。每曹郎视狱，问囚有苦欲言者乎，皆对曰：幸甚，孙君衣食我。是时少司马王公用汲闻其事，以告郎中蔡献臣。久之，大司寇就李陆公光祖、少司寇琅琊王公世贞皆加叹异，欲为之地，而一谦已满三岁，考转灵山吏目去矣。王司寇赠以诗曰：青衫白马帝城西，祖道无人日欲低，犹有若卢方亩地，赭衣能作数行啼。盖纪实也。蔡献臣亦以一谦廉而才，而迁转非其道，作文慰勉之。一谦竟不之官，径归。归至番湖，舟中恍然见有请为某地主者，与之应答，妻子骇之，不数日遂卒。”

【14】光绪《惠州府志·郡事上》："万历十八年，冬十月，归善地震。"按，《二申野录》系于万历十七年。

庚寅（万历十八年，1590年）春正月朔，二月，命蠲不急之征及额外经费。又诏各省省刑、薄敛、多方赈恤，核实蠲免，毋务虚文。时首夏已过，亢阳不雨，祷祈未应，疫疠流行。厂内失火，延烧太多，至风霾先示于关中，火光继报于延绥。地震大作于西晋，天鼓复鸣于平凉，灾异频仍，不一而足[1]。八月，香山县雨血，状如弹丸，通野皆然，腥秽不可闻[2]。南宿州村民妇一产七子，肤发红白黑青诸色各异，以为妖，属人瘗之。是夜，里[3]有长者梦神谓曰：明日七将军在阨，过尔门当救之。长者起觇，门外果见所识人抱一筐，衣覆其上。问知其故，遂如神言收养。越数年，妇老竟无子，思昔所瘗之子，微闻在长者家，因属人访求其子。长者曰：神以儿属我，安有还理？于是与见，而两家子焉。肤发依旧各异，猛勇亦异常，儿，时已七岁矣[4]。汝南余佥事董治黄河，政尚严刻。值是岁中州大旱，死者相枕藉。一日，余巡行河上，忽飞蝨成阵，随暴风吹至，塞满襜舆，扑面打胸，襟袖周匝，惊怖返署，旬日病卒。乳源前江多蛇，衔尾自下而上，至燕口岩穴中，一日夜始尽，人击之亦不为害[5]。扬州大旱，下河茭葑之田，赤地如焚，有黑鼠无数，爮攂葑田，食根至尽，葑土坟起，一经野烧，悉成灰土，比之牛耕，其功百倍，时谓之鼠耕[6]。

【1】《明神宗实录》："万历十五年五月辛卯，礼科都给事中王三余题：今岁风霾先示，火光继报，西晋地震，平凉天鼓，厂内失火，焚烧太多，火星示警，疫疠流行，欲弭灾异，惟祈皇上慎起居，以防嗜欲；御讲筵，以资启沃；减内廷光禄之供，省东南织造之烦；勤召对之典，下求言之诏。命下所司。"此万历十五年事，《二申野录》误记于十八年。

【2】万历《广东通志·杂录》："万历十八年八月，香山县雨血，状如弹丸，遍野皆然，腥秽不可闻。"

【3】唐制：百户为里，五里为乡。明朝以一百一十户为一里。

【4】（明）王同轨《耳谈·南宿州儿异》："万历庚寅（十八年，1590年），南宿州村民妇一产七子，肤发红白黑青，诸色各异。以为妖，属一人瘗之江浒。是夜，其里

有富长者梦神谓曰：'明日有七将军在厄，过尔门，尔救之，当获福佑。'长者起觇之，门外果见所识人抱一筐，而衣覆其上。呼来发视之，而问知其所以，因呼钱劳之，语其人曰："是儿神已见梦于我，我当鞠之。尔但归报已瘗，勿泄也。"越三年，妇老竟无子，而思所瘗子。翁亦闻育在富长者家，遍察得之。因属人求其子，长者曰："神以儿属我，安有还理。"于是与见而两家子焉，即往是翁家。其馆谷修仪，长者皆办焉。肤发仍旧各异，勇猛亦异常。儿今七岁矣。其邑有某别驾，与潭柘寺大元禅师善，期禅师游其邑观焉，禅师谈如此。"（明）王圻《续文献通考·物异考·人异》亦载。《明史·五行志一》："万历十八年，南宿州民妇一产七子，肤发红白黑青各色。"

【5】【6】（明）朱国祯《涌幢小品·物异》："万历十七、十八年，扬州府大旱。下河茭葑之田，赤地如焚。有黑鼠无数，凥樻葑田，食根至尽，葑土坟起，一经野烧，悉成灰土，比之牛耕，其功百倍，乡民赖之，垦田十之一二。""十八年夏初，乳源前江，多蛇衔尾。自下而上，至燕口岩穴中。一日夜始尽，人击之，亦不为害。"

辛卯（万历十九年，1591年）春正月，彗星见，西北在胃宿度分[1]，尾长尺余。已而在东北，东北室、壁宿度，尾长二尺[2]。山东荒旱，蝗蝻为灾。太白昼见经天[3]，星月相去尺许，非星犯月，即月犯星。久之，星渐近，月自东北角入。月逾时始出，正在牛十八度（原注：《五纪论》[4]云：太白少阴也，不宜专行。故己、未为界，不得经天而蚀。考之前代，太白星经天昼见，太白者并不数见，若经天而又蚀，则一二见者也）。岁星见[5]，民间讹言易州有王气，官举兵，诛至矣，众空城走[6]。六月二十五日，荆州府公安县大雨如注四昼夜，时有巨蛇，形如牛，红头黑身，长一二丈，身出水涌，往来驰突，须臾堤崩陷为渊[7]。秋七月，荧惑犯南斗[8]。四月犯箕，六月又犯箕[9]。冬十月，上海雷雹时作，晦夕大震[10]。

【1】胃宿：二十八星宿中西方七宿之一，又称"天仓"。《晋书·天文志上》："胃三星，天之厨藏，主仓廪，五谷府也，明则和平。"《史记·天官书》："胃为天仓。"

【2】《明史天·文志三》："万历十九年三月丙辰，西北有星如彗，长尺余。历胃、室、壁，长二尺。"按，室、壁，分别属二十八星宿中北方七宿之一。

【3】太白昼见经天：太白即金星，它在夜晚出现，日出的时候隐没。可是当太阳升起而太白星还没完全隐没时，看起来就好像天空中有两个太阳，所以占星术又以这种罕见的现象为封建王朝"易主"之兆。

【4】《五纪论》，西汉经学家刘向讨论律历的著作。

【5】岁星见：中国古代天文学称五大行星中的木星为岁星，又称摄提、重华、应星、纪星，因为它绕行天球一周正好是十二年，与地支相同，所以称岁星。按五行说，天降祸福都会由岁星表现出来。从《史记·天官书》的记载来看，这种祭祀岁星的制度从秦汉一直持续到晚清，在紫禁城南的先农坛旁边就有一座祭祀岁星的大殿，每到金秋时节，皇帝率领文武百官在此举行盛大仪式，祈求岁星赐福天下，保佑五谷丰登。

【6】（明）朱国祯《涌幢小品·虏较射》："万历辛卯（十九年，1591年），岁星见，民间讹言，易州有王气。官举兵，诛至矣，众空城走。郎中项公德桢过署中，策曰：民方恫疑，未可骤止，阖门，治具合乐，徐遣吏晓喻，乃定。"

【7】（明）王圻《续文献通考·物异考·水异》："万历十九年，荆州府公安县，六月二十五日大雨如注四昼夜，时有巨蛇，形如牛，红头黑身，长一二丈，身出水涌，往来驰突，须臾堤崩陷为渊。"

【8】（明）王圻《稗史汇编·灾祥门·祥瑞类》："万历辛卯（十九年，1591年）荧惑犯南斗。"（清）吴伟业《绥寇纪略·虞渊沉》亦载。

【9】（清）吴伟业《绥寇纪略·虞渊沉》："万历十九年四月、六月犯箕。"按，箕：即箕宿，二十八星宿中东方七宿之一。《晋书·天文志上》：箕四星，亦后宫妃后之府。《晋书·天文志下》："月犯箕。占曰：'将军死。'

【10】康熙《上海县志·祥异》："万历十九年冬十月，上海雷电时作，晦夕大震。"按，《二申野录》作"雷雹时作"，误。

壬辰（万历二十年，1592年）正月元日，日照县（今山东日照）万鹤南来蔽日，旋绕于城外，自午至酉，向北飞去[1]。二月，西夏哱拜作乱，全陕震动。总兵李如松以水攻破之[2]。大内灾[3]。七月，颙（音：于）鸟集豫章（今江西南昌）永宁寺屋上，其形如枭，人面，四目，而有耳，高二尺许，燕雀从而噪之。其年五月晦至七月中，酷暑无雨，田禾尽枯（原注：《山海经》曰颙鸟见，大旱）[4]。冬十一月，荧惑犯氐[5]。南海民家豕自外归，皮爪光洁如屠剥然。家人惊骇出视，见其皮爪蜕于堤上，观者填门，杀豕乃已[6]。又南海民妇产子无首，两目著胸间[7]。福建连城县姑田（今福建连城县姑田镇）一里[8]出竹米数万斛，饥民食之[9]。

【1】《日照县·大事记》：万历二十年（1592年）正月元日，日照县（今山东日照）

万鹤南来蔽日，旋绕于城外，自午至酉，向北飞去。

【2】哱拜，原是蒙古鞑靼部人，降明为副总兵。其子哱承恩，袭父爵，为指挥使。万历初年任命为游击将军，统标兵千余，专制宁夏。

万历十七年，哱拜以副总兵致仕，子哱承恩袭职。万历二十年二月十八日，哱拜纠合其子哱承恩、义子哱云和土文秀等人，唆使军锋刘东旸叛乱，杀巡抚党馨及副使石继芳，纵火焚公署，收符印，发帑释囚。胁迫总兵官张惟忠以党馨“扣饷激变”奏报，并索取敕印，张惟忠随即自缢而死。此后，刘东旸自称总兵，以哱拜为谋主，以哱承恩、许朝为左右副总兵，土文秀、哱云为左右参将，占据宁夏镇，出兵连下诸城，全陕震动。三月四日，副总兵李昫奉总督魏学曾檄，摄总兵事进剿。四月，又调李如松为宁夏总兵，进行围剿。七月，捣毁河套蒙古大营，追奔至贺兰山，将其尽逐出塞。此后，明朝各路大军在总督叶梦熊的统一指挥下，将宁夏城团团包围，并决水灌城。叛军弹尽粮绝，内部火并，刘东旸杀土文秀，哱承恩杀许朝，后周国柱又杀刘东旸，人心离散。李如松攻破大城后，围哱拜家，哱拜全家自尽。哱拜《明史》无传，事迹分见于《明史·魏学曾传》《明史·李化龙传》。

【3】《明神宗实录》：“万历十九年十二月甲辰，万法宝殿灾，魏朝着拏送刑部拟罪。”按，万法宝殿在西苑中，是万历皇帝的斋宫。（明）沈德符《万历野获编·斋宫》：“西苑宫殿，自十年辛卯渐兴，以至壬戌凡三十余年，其间创造不辍，名号已不胜书……至四十四年重建万法宝殿，名其中曰寿憩，左曰福舍，右曰禄舍，则工程甚大，各臣俱沾赏。”按，大内应是宫城。西苑在皇城内、宫城外，万法宝殿位于西苑，今景山西街，故宝殿灾不应称大内灾。

【4】（明）朱国祯《涌幢小品·鸟属》：“《山经》言颙鸟如枭，人面四目而有耳。见则大旱。万历壬辰七月初，豫章城中，此鸟来集永宁寺屋上。高二尺许。燕雀从而群噪之。其年五月晦至七月中，酷暑无雨，田禾尽枯。”

【5】（清）吴伟业《绥寇纪略·虞渊沉》：“万历二十年十一月，荧惑犯氐。”

【6】万历《广东通志·杂录》：“万历壬辰（二十年，1592年），南海民家豕自外归，皮爪光洁如屠剥然。家人惊骇，出视之，见其皮爪蜕于堤上，观者填门，杀豕乃已。”

【7】万历《广东通志·杂录》：“万历壬辰（二十年，1592年），南海民产子无首，两目著胸间。”

【8】唐制：百户为里，五里为乡。明朝以一百一十户为一里。

【9】康熙《连城县志·历年纪》：“二十二年，大荒，竹生米，疗饥，活人甚众。”《闽书》：“万历二十年福建连城县姑田一里出竹米数万斛，时饥，民食之得活。”按，《二申野录》系于万历二十年。

癸巳（万历二十一年，1593年）正月望日，双雉飞集南康（今江西南康）文庙[1]。二月，海丰（今广东海丰）有黑白两蛟并见[2]。七月乙卯，彗星渐近紫微垣[3]。是时孽火飞流，河水横溢，漕舟损于飓风，禾稼伤于淫雨，灾异荐臻，民穷财尽。秋九月，荧惑犯室[4]。八月，太白昼见井度[5]。

【1】同治《星子县志·祥异》："万历二十一年癸巳，知府田琯创改学文庙。正月望日，双雉飞集庙中。"按，南康府治星子县。文庙又称孔庙，是各级官学中附属的祭祀孔子的建筑。

【2】万历《广东通志·杂录》："万历癸巳（二十一年，1593年）二月，海丰黑白两蛟出。"光绪《惠州府志·郡事上》亦载。

【3】（清）吴伟业《绥寇纪略·虞渊沉》："万历二十一年七月乙卯，彗星见于井，至乙亥，逆行紫微垣，犯华盖。"按，古代为了区分天文星象，将星空划分成三垣二十八宿。三垣即紫微垣、太微垣、天市垣。紫微垣是三垣的中垣，居于北天中央，所以又称中宫，或紫微宫。紫微宫即皇宫的意思，各星多数以官名命名。它以北极为中枢，东、西两藩共十五颗星。《宋史·天文志》："紫微垣在北斗北，左右环列，翊卫之象也。"古代认为紫微垣之内是天帝居住的地方，因此预测帝王家事便观察此天区，认为此区星象变化预示皇帝内院，流星现则内宫有丧，星象异则内宫不宁。

【4】（清）吴伟业《绥寇纪略·虞渊沉》："万历二十一年九月，荧惑犯室。"按，室是二十八星宿中北方七宿之一的室宿。室宿又名玄宫、清庙、玄冥（水神），它的出现告诉人们要加固屋室，以过严冬。

【5】《明史·天文志三》："万历二十一年八月甲午，太白昼见。"（清）吴伟业《绥寇纪略·虞渊沉》："万历二十一年八月，荧惑见井度。"按，荧惑是火星，太白是金星，《绥寇纪略·虞渊沉》误。井度即井宿，属于二十八星宿中南方七宿之一。

甲午（万历二十二年，1594年）春正月，綦江（今四川綦江）见日下复有一日相荡，数日方止[1]。刑科给事中[2]杨东明进饥民图说。三月初一日，河南御史进饥民所食雁粪[3]。九月二十三日夜，东北方有星大如鸡子，青白色，西南方有星大如碗，亦青白色，尾迹散光照地，西南行，后有二小星随之，复有流星数千，四面纷纷交错而行[4]。福建巡抚朱运昌亦奏，八月二十五日夜，长星头大红色，尾尖白色，发响一声裂开，中心红，两边白，圈转一半，身弯能动。九月初六日夜，一星圆大似碗身，色血红燥烂，霎时变为五，聚成堆，各如碗大，俱血色；至三更复并为一，血红如初，至四更分为五，至五更总归为一大如米箩，俱血红色；至鸡鸣又复碗大[5]。

广济（今湖北武穴）龙江镇民家畜群鸭，中一鸭独呼云：算账，算账。婢仆无不闻，以告家长。听之，果然，遂怒杀之。至釜中，愈烹愈大，皆不敢食，投之江中。已而无故构异讼，家赀尽破[6]。上海有鹿，高丈余，重五百余斤[7]。

【1】《四川通志》："万历二十二年（1594 年）春正月，綦江见日下复有一日，相荡数日乃止。"

【2】六科给事中，秦汉以来古代官职名，起初为加官，凡将军、博士、三公九卿获得这个加官称号的就有资格给事宫禁中，常侍皇帝左右，以备顾问。明初，承前代制度，统设给事中，不分科，洪武六年（1373 年）分吏、户、礼、兵、刑、工六科，各设都给事中一人，正七品，左右给事中与都给事中，均从七品，掌侍从、规谏、补阙、拾遗，辅助皇帝处理奏章，稽察六部事务，与御史互为补充。

【3】（明）吕毖《明朝小史·雁粪》："饥荒之时，有吃树皮，有人相食。至帝二十二年，河南饥民皆食雁粪，御史陈登云曾封进以闻。"陈子龙等编《皇明经世文编·王锡爵·劝请赈济疏》："适文书官杜茂口传圣旨，将河南巡按御史陈登云封进饥民所食雁粪示臣等观，臣等不胜哀痛、不胜惨戚，窃念民穷至此，真从古未有之变……"（明）王圻《稗史汇编·灾祥门·祥瑞类》："万历二十二年三月，河南八十二县大饥，父子相食。"

【4】《明神宗实录》："二十二年六月己巳夜，有飞星如弹，赤色有光，后有二小星随之。八月壬戌夜，东北方有流星如盏，光赤色，有声如雷，三小星尾其后。"

【5】（清）吕抚《二十四史通俗演义》："甲午（万历二十二年，1594 年）九月初六日夜，一星圆大似碗，色如血，红光烛地，霎时变为五，聚如碗大，俱血色。至三更，复并，并为一，至四更，复分为五，至五更，总归为一，大如米箩，俱血红色。"

【6】（明）王圻《续文献通考·物异考·鸭异》："万历甲申年（十二年，1584 年），广济龙江镇民某家群鸭中，一鸭独呼云：算账。始一婢闻之，继而群仆无不闻，以告于其家翁。翁听之，亦然，遂怒杀之。至釜中，愈烹愈大如鹜，皆不敢食，投之江中。已而无故构异讼，家赀尽破。盖其先世皆业屠，而翁又横暴，好渔夺人赀。所谓算账，必有阴主者。"按，《续文献通考》系于万历十二年，《二申野录》系于万历二十二年。

【7】康熙《上海县志·祥异》："万历二十二年春三月，有鹿高丈余，自狼山渡海，循海南行至上海。在黄浦中绝流而过，县官以十余舟载矢石击杀之，重五百余斤。"

乙未（万历二十三年，1595 年）春三月，京师地震，敕臣工痛加修省[1]（原注：汝栻曰：火灾迭见，地震荐闻，震于霍州（今山西霍县）[2]，连震于京师，及昌平、通州，而雨雹又见告矣[3]。是时讲筵久虚，将就勿继，禋祀[4]屡摄，精诚勿隆，龙楼[5]问寝，温情或缺。封事[6]疏于批答，而宫闱远隔端揆[7]，倦于廷对[8]，而启沃[9]罔闻，骨鲠[10]难入。而缄默易容，民誉[11]掮矣。而赐环[12]无日，寝兴[13]无常。而夜气清明，或牿[14]喜怒失平。而使令摧残太甚，舞酣歌弗惩，而琼林太庾弗戒。凡此皆足干和招灾，而仅仅弥文故事也哉）。顺德县（今广东顺德）民生一女，暴长，甫月，重五六十斤[15]。广宁（今辽宁北镇）妇生一猴二角[16]。五月十三日山东临沂县（今山东临沂）雨雹，尽作男女鸟兽形[17]。南海顺德（今广东顺德）雨豆，无皮而色黄[18]。秋七月，杭城（今浙江杭州）大方伯里沈家狗产一小儿，即时打毙[19]。广州东方昼见大星出，小星群绕[20]。

【1】《明神宗实录》："万历二十三年五月乙丑，礼部题：二十五日丁酉巳时，京师地震，自西北乾方徐往东南方，连震二次。上诏，天心示警，朕衷加惕。著各衙门痛加修省。"王圻《续文献通考·物异考·地震》："万历二十三年，钦天监揭称：五月二十五日丁酉巳时分，候得京师地震，自西北乾方来，徐徐往东南行，连震二次。"按，《二申野录》系于三月，误。

【2】《明神宗实录》："万历二十二年八月丙午朔，霍州地震。"

【3】《明神宗实录》："万历三十二年（1604年）六月丁酉，昌平州雨水暴涨冲倒长、康、泰、昭等陵石桥栏。"《明神宗实录》："万历三十五年九月癸巳，直隶巡按邓渼以通州水灾，四关圮塌，无可防守，城垣之坏一千二百余丈，并三十二年（1604年）久塌之垣，共一千七百三十余丈，宜及时缮修。"

【4】禋祀，天子燎柴祭天的仪式。

【5】龙楼，指朝廷或太子居住的宫，在此借指太子。

【6】封事，臣下上书奏事，密封的奏章。

【7】宫闱，皇帝居住的宫殿。端揆，指宰相位。宰相居百官之首，总揽国政，故称。

【8】廷对，指皇帝在朝廷上召问臣下，使奏对政事。

【9】启沃，指竭诚开导、辅佐君王。典出《尚书·说命上》商王武丁任用傅说为相，命之曰："若岁大旱，用汝作霖雨。启乃心，沃朕心，若药弗瞑眩，厥疾弗瘳。"意为："比如年岁大旱，要用你作霖雨。敞开你的心泉来灌溉我的心吧！就像药物不猛烈，疾病就不会好。"

【10】骨鲠，本指鱼或肉的小骨头，喻指品质刚直。《史记·吴太伯世家》："方今吴外困于楚而内空无骨鲠之臣，是无奈我何。"

【11】民誉，民众的称誉。

【12】赐环，也作"赐圜"《荀子·大略》："绝人以玦，反绝以环。"（唐）杨倞注："古者臣有罪待放於境，三年不敢去，与之环则还，与之玦则绝，皆所以见意也。"指放逐之臣，遇赦召还。玦、环都是玉制的佩玉，只是玦的形状如环但缺肉。

【13】寝兴，睡下和起床。泛指日夜或起居。

【14】牿，关养牛马的圈或绑在牛角上使其不能抵入的横木。

【15】万历《广东通志·杂录》："万历二十三年，顺德县民生一女，暴长，甫月，重五六十斤。"

【16】（清）计六奇《明季北略·纪异》："万历四十四年丙辰，广宁妇生一猴，二角。"按，《二申野录》系于万历二十三年。误。

【17】《明史·五行志一》："万历二十三年五月十三日，山东临沂县（今山东临沂）雨雹，尽作男女鸟兽形。"

【18】万历《广东通志·杂录》："万历二十三年，南海顺德雨豆，无皮而色黄。"

【19】万历《钱塘县志·灾祥》："万历二十三年七月，有狗妖。按，大方伯里沈家狗产一小儿，即时打毙。"

【20】同治《番禺县志·祥异》："万历二十三年，东方有大星生小星群绕。"

丙申（万历二十四年，1596年）春正月，昴星[1]动，将星灾，日晕[2]黑白二重。三月初九日夜，乾清、坤宁二宫灾[3]。四月，太白昼见井宿[4]。雷州（今广东雷州）大旱，赤地千里[5]。冬十一月，河决黄堌口（今山东单县黄堌口）[6]。

【1】昴星：《晋书·天文志上》载昴星是二十八星宿中西方第四星，共有七星，象征天之耳目，主狱事，又为旄头，胡星也。《史记·天官书》："昴曰昴头，胡星也。"

【2】日晕，是日光通过冰晶时发生的光学折射现象，在太阳周围形成光环。

【3】《明神宗实录》："万历二十四年二月乙亥，是日戌刻火发坤宁宫，延及乾清宫，一时俱烬。上时居养心殿，密迩二宫，立火光中吁祷甚切，幸不至蔓延。"

【4】（清）吴伟业《绥寇纪略·虞渊沉》："万历二十四年四月，荧惑犯井宿。"《明史·天文志三》："万历二十四年四月戊午，太白犯井。"按，荧惑是火星，太白是金星，《绥寇纪略·虞渊沉》所记与《二申野录》异。《明史·天文志》与《二申野录》相同。

夜现昼隐。占星术认为太白昼见是封建王朝“易主”之兆。

【5】万历《雷州府志·事纪》：明万历二十四年(1596年)，“雷州大旱，赤地千里。按，是岁斗米二钱五分，民多茹树皮延活。饥死者万计。”

【6】(清)顾祖禹《读史方舆纪要·单县》：“县南境黄堌口即贾鲁旧河也，万历中河屡决溢……黄堌口亦曰牛黄堌。”(清)《续行水金鉴·河水》：“黄河经曹、单二县南，俱四十里……嘉靖及万历初年，屡决于曹县。自万历二十一年以后，连决于单县黄堌口。万历三十年，决单县苏庄。三十五年，决单县东南。”

丁酉（万历二十五年，1597年）春正月，昴星尽跃，雷火焚长陵（今北京十三陵明成祖陵）明楼[1]，虫食诸陵松柏，大雨水逆行神路，石桥及诸边墙台塌损者过半[2]。皇极三殿灾[3]。黄陵陂山高数寻，一夕平地。二月二十二日，湖广澧州（今湖南澧县）安乡县地方乌鸦群居，衔絮裹火，烧民房四百余户[4]。三月，同安（今福建同安）有黑云一片，如簸箕自县口出城南，所过屋瓦皆掀动[5]。有狐自汉阳门（今湖北武昌汉阳门）入，阴雨作人哭声。民间见龟蛇大斗，死[6]。七月，荧惑犯岁[7]。八月二十七日巳时，天鼓鸣，有飞星带火光坠于河内县常平镇[8]。十月戊寅，火星逆行入井。柘城县（今河南柘城）柳树内忽出人物，各类车马冠裳等像。武昌（今湖北武汉）黄鹤楼无故自火，延烧千家[9]。黄鹤之矶，民淘眢（音：冤）井者[10]，一人入不出，一人继之曰：如有他虞，我撼绳铃，急上我。其人入见前人死，傍有大穴，穴有火光。俄一人冠方山冠[11]，着绛袍，持刃来逐之。其人大呼，撼铃起，骇几死，苏为人言。如是闻之，监司欲夷其井，一夜自满[12]。河南巩县（今河南巩县）大道有木工，持斧往役于人，憩树下，忽闻鼓乐声，不知其自，谛听之，声出树中，遂将斧击树数下，其内语曰：危哉，危哉。斧将入室矣。乃益重加斧，俄有细人长三四寸，各执乐器自树中出地上，犹自作乐数叠，来观者渐多，倏然仆地不知所往[13]。是年二月二十一日清明，湖市大火，仁和县（今浙江杭州）烧二千九百家，钱塘县（今浙江杭州）烧一千二百家[14]。七月二十二日杭州亦有乌鸦衔棉絮到处放火，烧房屋数百余间[15]。

【1】《明神宗实录》：“万历三十二年五月癸酉长陵明楼雷火灾。乙亥，圣谕：朕

览文书，见天寿山守备内官李浚等具奏，本月二十三日夜雨，雷火烧毁祖陵明楼，朕心惊惧弗已。”

【2】《明神宗实录》：“万历三十二年六月丁酉，昌平州雨水暴涨冲倒长、康、泰、昭等陵石桥栏并坛垣等处，虫食长陵松柏叶尽。”

【3】《明神宗实录》：“万历二十五年七月癸巳，敕谕昨岁乾清、坤宁宫灾惊悸未定，乃今年六月十九日皇极、中极、建极三殿复灾，夫三殿乃朕奉绍祖临御万方之地，视寝宫犹重。丁酉诏：万历二十五年六月十九日皇极、中极、建极等殿，皇极等门，文昭、武成二阁，内外周回廊房，一时被火。夫寝宫煨烬，曾几何时，正殿崇严又复罹此……”

【4】《明史·五行志》：“万历二十五年二月壬午，岳州民有鸭含絮裹火，飞上屋，入竹椽茅茨中。火四起，延烧数百家。”

【5】民国《同安县志·大事纪·灾祥》：“万历二十五年丁酉，同安有黑云一片如簸箕大，自县中出城而去，所过屋瓦皆有挞动，至刘武店尤甚。”

【6】（明）朱国祯《涌幢小品·妖人物》：“有狐从汉阳门入，阴雨作人哭，寻之无有。民间见龟、蛇大斗，后龟、蛇俱死。自此以后，水旱饥馑相仍。”

【7】（清）吴伟业《绥寇纪略·虞渊沉》：“万历二十五年七月，荧惑犯岁。”

【8】（明）来集之《倘湖樵书·金宝天降地出》：“万历丁酉（二十五年，1597年），河内县忽坠一流星，入地数尺，去外黑皮，乃银也，重百六十两，寄开封库。”

【9】（明）来集之《倘湖樵书·火之先兆》引《耳谈》：“万历丁酉（二十五年，1597年），黄鹤楼重灾，颠风大吼，火飞越城楼、县治遂及黄鹤楼，一时灰烬……所着处千八百家不属而焚。”

【10】眢井，枯井。

【11】方山冠，冠名，亦名“巧士冠”。汉代祭宗庙时乐师所戴，后世时为御用舞乐者所戴。

【12】（明）朱国祯《涌幢小品·妖人物》：“黄鹤之矶，民淘眢井者。一人入不出，一人继之曰：如有他虞，我撼绳铃，急上我。其人入，见前人死，傍有大穴，有火光，俄一人，冠方山冠，著绛袍，持刃来逐之。其人大呼撼铃，起，骇几死，苏，为人言如是。闻之监司，欲夷其井，一夜自满。”

【13】（明）冯梦龙《古今谭概·树中乐声》：“万历丁酉（二十五年，1597年），河南巩县大道，有木匠持斧往役于人。憩树下，忽闻鼓乐声，不知其自。谛听之，乃出树中，遂将斧击树数下。其内曰：“不好，不好，必砍进矣！”匠益重加斧。乃有细人长三、四寸，各执乐器自树中出地上，犹自作乐数叠。来观者益多，乃仆地。”（清）赵吉士《寄园寄所寄》亦引录。

【14】万历《钱塘县志·灾祥》：“嘉靖二十五年二月，湖墅大火。按，二十一日清明，忽起大风，湖市北关外金家胡同口，粮船上火起，烧北关官厅，延烧东西两岸，

焚死仁和县二千九百家，钱塘县一千二百家。”

【15】万历《钱塘县志·灾祥》：“嘉靖二十五年七月，鸦衔火。按，二十二日有乌鸦衔棉絮，到处放火，烧房屋数百余间。”

戊戌（万历二十六年，1598年）正月，昴星尽跳。立夏日，金华有飞雪，是年大旱，颗粒无收[1]。五月，户科给事包见捷疏奏：开矿之害有云捶凿入山者十二载，虎狼出柙者半天下，势极时危安所底止。不报。陕西巡抚许闻造疏云：五行汩陈，上干天怒，乞省悟改图[2]。邓子龙，南昌人，骁勇善战，领兵征倭，渡鸭绿江，有物触舟，取视之乃沉香一段。把玩良久。曰宛似人头。爱护之。每入梦。则香木与首或对或协而为一。后死于倭。载尸归。失其元。取香木雕为首。酷肖。子龙善战，能尽其才，亦一时名将，乃存时仅一偏将，屡为言者所攻，世之不善容才乃尔。沉香其殆怜而先知，愿与作伴、作面目乎！异哉！[3]

【1】乾隆《浙江通志·祥异下》引《金华府志》：“万历二十六年立夏，金华有飞雪，八县大旱，粒米无收，民饥。”

【2】（清）谷应泰《明史纪事本末·矿税之弊》：“二十六年六月，命内监李敬采珠广东……户科给事包见捷上言开矿之害：陛下谓徒取诸山泽，在矿使实夺取之闾阎。捶击入山者十二载，虎狼出柙者半天下。科臣赵完璧、郝敬，道臣许闻造、姚思仁，交章言之。不报。”《明神宗实录》：“万历二十六年十一月丙戌，御史许闻造上言：臣本年正月内，蒙皇上命臣巡按甘肃。臣泛舟回南，由徐至淮八十里，河身全徙，而不复为国家之用。由陆赴任，自梁入秦四千余里，亢旸不雨。所在有盗贼之虞，及过河南，裕叶嵩卢之矿得不偿失，而掊克于大户。入陕西，临潼、商、雒之矿全无所得，而巧取诸条鞭。在陛下徒取诸山泽，在矿使实夺诸闾阎。凡所经临惨毒万状，科臣赵完璧、包见捷等言之，按臣姚思仁绘图陈说，又详言之，不蒙采纳。两载之间，虎狼半天下，残民逞欲，以夺造化之权，雨旸焉得时若？运道焉得安流？不报。”

【3】（明）朱国祯《涌幢小品·触舟沉香》：“万历戊戌，副总兵邓子龙领兵征倭。渡鸭绿江，有物触舟。取视之，乃沉香一段。把玩良久，曰宛似人头。爱护之。每入梦，则香木与首，或对或协而为一。后死于倭，载尸归，失其元。取香木雕为首，酷肖。子龙。南昌人。骁勇善战，能尽其才。亦一时名将。乃存时仅一偏裨，屡为言者所攻。世之不善容才乃尔。沉香其殆怜而先知，愿与作伴、作面目乎！”

（清）褚人获《坚瓠余集·沉香雕首》引《从信录》：“南昌邓子龙，骁勇善战。领兵征倭，渡鸭绿江，有物触舟，取视之，乃沉香一段，把玩良久，宛似人头。爱护之，每入梦，则香木与首或对或协而为一。万历戊戌冬，子龙冲锋阵亡，载尸归。失其元，取香木雕为首，酷肖。岂天感其忠勇，怜而赐之沉香，作其面目乎！”

己亥（万历二十七年，1599年）春正月，命锦衣卫驯象所千户韦梦麟同御马监奉御陈奉征收湖广等处店税，征银六万两有奇，按季解进。上以湖广地方原有辛效忠店房，曾经辽藩[1]窃据收税，后有居正因己私意，乃尔革免，且租税俱被土豪侵费，殊非法纪。着原奏官会同抚按作速奏明，不许徇私隐匿[2]。于是湖广巡抚支可大奏（原注：疏云：湖楚为圣祖龙兴之地，内错江湖，外杂苗商，土力瘠硗，故称泽国。物产非有缣缥绮绣之奇也，厥贡非有璆琳珠贝之珍也。比岁灾祲荐臻，凋瘵未起，迩遘采木重役，焚林竭泽，十室九空。海内虚耗之邦未有甚于三楚者。查得本省旧有各项税课，如荆州前有辽府，后有张居正，各店房先年已经没入变价解京，尽属民间之业。今仅于沙市征收税银及各府原设有税课司，有门摊商税，有茶盐油布杂税等项，每岁征收内以给解京济边之用，外以充宗藩造葬之资，大之供官军俸钱、科举、兵饷之需，小之作纸札、公费、工食、衣粮之数，其全书揭报，记载甚明。今复差内使督征税课，若并前各项收入内帑，则百用乏绝矣。若迫于用绌，复议加派，则下民其怨咨矣。此犹以在官言之也。而其在民，则原题所未及，为其不与商税等也。今差来官民一入楚境，口口以虑亏税额为辞，而左右之拨置者既多奸宄之投入者，群集头会，箕敛秋毫，必悉行货有税矣，而且算及舟槛；居货有税矣，而且算及庐舍；米麦菽以治飧餐也，而有税；鸡豚以供肉食也，而有税；耕牛一农具耳，而税焉；骡驴一畜产也，而税焉；搜刮于十五郡之中，遍及于一百十六州县之内。白役烦差络绎道路，廪粮马匹应接不遑，一岁之中，驿递钱粮，动益千计，虽欲不扰地方，不可得矣。以故旬月来群情汹汹。众口喧呼，居者阖庐而徙，行者纳履而避，弱者俱怨于言，强者则怨于色。臣等百计安戢，纷然靡定。楚习故犷悍，又以横政驱之，恐将来多事，有莫知其所底止者。伏乞皇上回中使，停催征，仍照各关津事例，条立款目，一遵明旨，如客商货物贩积店房者，各分经纪，概行抽税，用以输课。不报[3]）。夏四月，雷击太庙[4]。秦、晋、齐地皆震。南都（今江苏南京）雷火。西宁钟不击自鸣。绍兴地出血。上海新场民严四家生一豕人，身白，体鼻方而长，前足皆人手[5]。秋八月，陕西狄道（今甘肃临洮）山崩，山长二百余丈，崩裂长一里，其下冲成一池。山南平地涌出大小五山，约高二十余丈。山未崩之先，每夜山下火光四处，其内有声如雷，稍稍又闻鼓乐之音，如此者十数夜[6]。凤阳巡抚李志极言东南民力已竭，即日解印去官。司礼监太监田义请罢矿税，抽采之役疏。留中[7]。宁国府泾县云见四字，久之乃没，其字曰："蹭瘕賫罯"[8]。顺庆府（今四川南充）插旗山牧童掘地得穴，深广各余数丈，内有瓦棺以万计[9]。广东吴川海中三龙见[10]。上海薄暮闻空中有鬼声，时以纸炮震之。民间谣曰：天上鬼车叫，城中放纸炮，不知因甚来，朝廷要纳钞。次年果有抽税之举[11]。

【1】辽藩：明太祖朱元璋庶十五子，洪武二十五年封为辽王，就藩辽东广宁（今辽宁北镇）。建文二年燕王朱棣反，四年辽王奉旨渡海归南京。朱棣篡位，为明成祖，建文四年十一月移国湖广荆州府。自此以后，各代袭爵辽王都就藩于荆州（今湖北武昌）。

【2】《明神宗实录》："万历二十七年二月戊午，命湖广守备内官会同抚按查千户韦梦麟所奏荆州府辛效忠店税。戊辰，遣内监陈奉征荆州店税。"

【3】此文大部见于（清）谷应泰《明史纪事本末·矿监之弊》。

【4】《明神宗实录》："万历二十七年四月戊寅晚刻雨，太庙槐树雷火。巡视兵科给事中桂有根以闻，并祈修省以答天变。"

【5】康熙《上海县志·祥异》："万历二十七年，上海新场民严四家生一豕人，身白，体鼻方而长，前足皆人手。"

【6】（明）王圻《续文献通考·物异考·山崩》："万历二十七年九月，狄道山崩成坑，更于平地涌出大小山五座。"（清）龙文彬《明会要·祥异》引《三编》："万历二十七年八月，陕西山崩。"

【7】司礼监是明朝掌管皇宫事务的十三个太监机构之一，权势最大。田义是万历皇帝最亲信的太监，但是他不同意派太监充当税使到全国搜刮民财的做法。据《明史·沈一贯传》记述：万历三十年（1602年）二月，万历帝突患重病，急召首辅沈一贯和诸内阁大学士进宫议事，除托付太子，并答应召回矿监，释放囚禁很久的囚犯，因上书获罪的大臣也都官复原职，并接受臣下谏言。沈一贯马上拟旨。可是第二天，万历帝病情好转，却对昨日决定深感后悔。令太监前后20余次至内阁，想要追回谕旨。并说释放囚犯，听取直谏大臣的意见等都可不变，但是矿税却不可以免。沈一贯无奈，只好交还。万历帝想要追回成命的时候，司礼太监田义曾据理力争，万历帝甚至气得抽剑

要杀田义。此时正巧太监急匆匆从沈一贯处取回圣旨，才算作罢。几日后，田义遇到沈一贯唾骂道："相公你要是稍稍再坚持一会，矿税就能撤销，为何如此胆怯！"因此终万历之世，税监也没有取消。

【8】(明)来集之《倘湖樵书·天然之字》："《千一录》云：万历己亥(二十七年，1599年)宁国府泾县云见'蹭痕赀罚'四字，久之乃没。"

【9】(明)曹学佺《蜀中广记·风俗第四》："果之先有瓦棺葬者，偶牧童于插旗山掘地见小孔，其内深广各数丈，内有瓦棺万余，以告太守，乃令瘗之，此近时事也。"果州，即今四川南充。南宋嘉定十四年(1221年)以前为果州，十四年升为顺庆府。

【10】光绪《高州府志·记述一》："万历二十七年秋，吴川大有年，海中龙见。"

【11】康熙《上海县志·祥异》："万历二十七年甲戌，上海薄暮闻空中有鬼声，时以纸炮震之。民间谣曰：天鬼车叫，城中放纸炮，不知因甚来，朝廷要纳钞。次年果有抽税之举。太监孙隆率奸徒建税监于云间第一桥，凡支河悉置。"

庚子(万历二十八年，1600年)春，广州黑眚见，自省而出，遍于乡落，怪妖变幻不常，每乘暗中伤人，多不可救。男女惊惧，夜则聚居一室，各执竹枝，烈火环坐相守，月余乃息[1]。二月，荧惑犯舆鬼[2]。陕西巡抚贾待问奏：庆阳府(今甘肃庆阳)雕岭巡检司地方于正月十八日卯时，天阴黑如夜，迅雷怪鸣二次，西北方天落火块，形如碌轴，三尺余，光照四方，又两时分坠地[3]。河南天鼓鸣，如雷，有飞星大如升，带火光坠地，掘之尺许，获一石，外黑中白，重百六十两，寄开封库[4]。上海仓侧民家产水犊，两手六足，前四后二[5]。湖广腾骧卫百户仇享奏：兴国州(今江西兴国)土民徐鼎等朋掘黄金巨万，内有唐相李林甫夫人杨氏诰命金牌、金童、金香炉等物，尚有左右金银窖未开。上曰：查明银两，一半留与本省兵饷、赈济支用，一半解进应用(原注：按徐鼎之掘也，在西塞山，地名古墓，系元卫公吕文德，其夫人系杨氏，止得金盆一、金盅一、金牌一、金丝角一，银两定计二十七两。盖缘杨氏葬卫国公之侧，意谓夫人尚有若许之金，国公宁无殉葬之物。小人捕风捉影，张大其词，以动宸听。后抚按题免开掘[6])。四月二十三日，缁川县大风雨雹，城堞铲落二百余丈，砖石皆在城上，无飘城下者。官民庐舍发扬一空，有王氏屋三间，自西院移置东院，门窗户牖，衣服、笔记宛然如初。南街国氏巷，屋脊上有桌一张平欹，上面肴簌布列，杯中酒满不溢，物色之，乃近地人家延客物也。客因风尚在其家未去[7]。是年河决黄堌口（今山东单县黄堌口）。

【1】雍正《丛化县志·新志·灾祥上》："万历二十八年，广东广州府丛化县有黑眚自省城来。"

【2】（清）吴伟业《绥寇纪略·虞渊沉》："万历二十八年二月，荧惑犯舆鬼。"

【3】《明神宗实录》："万历二十八年三月己酉，陕西巡抚贾待问奏：真宁县正月十八日卯时，天阴黑暗如夜，历两时分，迅雷怪鸣二次，西北方从天落下一火块，其大如碌轴，长三尺余，光照四远，又二时分堕地消散，天光复明。"

【4】出处不详。

【5】康熙《上海县志·祥异》："万历二十八年，仓侧民家产水犊，两手六足，前四后二。"

【6】《明史·陈奉传》兴国州奸人漆有光，讦居民徐鼎等掘唐相李林甫妻杨氏墓，得黄金巨万。腾骧卫百户仇世亨奏之，帝命奉括进内库。奉因毒拷责偿，且悉发境内诸墓。巡按御史王立贤言所掘墓乃元吕文德妻，非林甫妻。奸人讦奏，语多不仇，请罢不治，而停他处开掘，不报。

【7】（清）董谷士、董炳文同撰《古今类传·风幻》引《居东录》："万历庚子（二十八年，1600年），是日缁川县大风雨雹，城堞铲落二百余丈，砖石皆在城上，无飘城下者。官民庐舍发扬一空，有王氏屋三间，自西院移置东院，门窗户牖、衣服、笔记宛然如初。南街国氏巷屋脊上，有桌一张平欹，上面肴簌布列，杯中酒满不溢，物色之，乃近地人家筵上物也，此又一不测者耳。"

辛丑（万历二十九年，1601年）春正月，辽东税监高淮恃宠恣横，劾罢总兵某[1]。呜呼！督税而兼操举劾，并专将权矣。诸暨城西姜氏产子即咬其母死，子亦旋亡[2]。三月，雷击折天坛灯竿[3]。长陵（即明成祖陵）明楼火[4]。按，是时中官挟利权，凿山伐冢，椎髓剥肤，海内呻吟愁叹。自监司郡守[5]及青衿士[6]皆无辜收系禁狱。意长陵在天之灵，惨不忍闻，故雷火见异以相警耳。昭应寺（位于今云南大理剑川）藏经阁上大小瓦兽各口吐青气一道冲天，半时方散[7]。

【1】《明神宗实录》："万历二十九年二月甲午，辽东督税右少监高淮疏参总兵马林。

奉旨：内外官员俱系朝廷钦差，义当同寅协恭，何乃各分彼此，偏执纷争，职守安在。总兵官马林蔑旨玩法，诸不法事情好生可恶，本当拏问究治，姑且革职闲住，永不叙用，员缺便推堪用的去。”

【2】乾隆《诸暨县志·祥异》：“万历二十九年，诸暨城西姜氏产子即咬其母死，子亦旋亡。”

【3】《明神宗实录》：“万历三十三年五月庚子，是日夜子时，雷火击毁（天坛）圜丘望灯高竿。竿高十丈余，碎其上段三丈余，为百数十片，大半有火痕；下段所存六丈余左右，各有爪损。”《二申野录》系于万历二十九年。

【4】《明神宗实录》：“万历三十二年五月癸酉，长陵明楼雷火灾。”《二申野录》系于万历二十九年。

【5】监司郡守：州县官员及监察地方各级政府的官员，如知州、知县、巡抚、按察使等。

【6】青衿：古代学生的衣领是青色，故在此泛指读书人、秀才。

【7】（明）王圻《续文献通考·物异考·青眚青祥》：“万历二十九年，忽见昭应寺藏经阁上大小瓦兽共六个，各口吐青气一道冲天，半时方散。”

壬寅（万历三十年，1602年）春正月，淮安（今江苏淮安）雪，至二月，水。孛犯斗守箕[1]。二月，礼部尚书冯琦《请回中使亟罢矿税疏略》（有云，“西北之水，天设此险以限中外；东南之河，天为此利以转粮饷，而徐、淮之下流，褰（音：牵）裳[2]可涉，运艘不前，洮河之上源，又告枯竭不过三尺，谓秦监梁永作恶已极，致此咎征。要之，河自关天下不独秦分也，间者滇以张安民故，火厂房矣。粤以李凤酿祸，欲剸刃其腹矣。陕以委官迫死县令，民汹汹不安矣。两淮以激变地方，打抢官舍钱粮矣。辽东以余东翥故碎尸抄家矣。土崩瓦解，在在见告，试观此等民情，乱在旦夕，皇上宁独无动心乎？不报。[3]”呜呼！天地阴阳之气无不与政通，山川草木之祥，各以其类应。江海为百谷王，人主之象也。水善升降以润万物，德泽之象也。王者之国必依山川，夏将亡，伊洛竭。商之季而河竭；周室既卑，三川乃涸：皆国都也。晋永嘉初，河洛江汉皆可涉，危乎殆哉。周泽不浃，水土无所演，国家空弱，民间膏血祜（音：护）腊，灾异变见，川原堙塞，盖难以类言也[4]）。闰二月二十日，福宁州（今福建福安）大金笔架山突出一山，自巳至未形体变幻不一。孟夏朔，享太庙[5]。日有食之。礼部疏

（原注：奏云，按《礼》诸侯旅见天子，入门，不终礼者四，日食其一也。当祭而日食，牲未杀则废。宜以朔日[6]专救日，翼日[7]享太庙[8]）。五月，钱塘（今浙江杭州）龙井水溢[9]。高唐州（今山东高唐）飞蝗遍野，奉文上纳生员[10]。秋九月辛巳夜五更，东北有星如鸡卵大，青白色，尾有光，起自下台[11]，东北行；至近西南方，有星如碗大，青白色，尾迹炸散，光照地，起自参宿[12]，西南行，入天苑星，后二小星随之，又有大小流星数百纷错随行[13]。

【1】乾隆《淮安府志·五行》："万历三十年，水。孛犯斗守箕。三、四月，冰雹霖雨，饥馑。秋，河淮各山俱涨，田庐畜产禾苗尽无。"《明史·天文志二》："万历三十年正月丁巳，荧惑退入太微垣。"

【2】褰裳：掀起衣服的下摆。

【3】此处冯琦之疏，大略见于（清）谷应泰《明史纪事本末·矿监之弊》。

【4】此处的议论大略见于宋朝沈作喆《寓简》。沈作喆，字明远，吴兴人，自号寓山。登绍兴进士第。其序云："予屏居山中，无与晤语，有所记忆，辄寓诸简牍。纷纶丛脞，虽诙谐俚语无所不有，而至言妙道间有存焉。已而诵言之，则欣然如见平生，故人抵掌剧谈，一笑相乐也。因名之曰'寓简'。"

【5】太庙：皇帝供奉祖先的宗庙。享：供奉、上供。享太庙，即皇帝到太庙上供，祭祀祖先。

【6】朔日：农历的每月初一日。

【7】翼日：翼同翌，次日、明天。

【8】《礼记·曾子问》："曾子问曰：'诸侯旅见天子，入门，不得终礼，废者几？'孔子曰：'四。'请问之。曰：'大庙火，日食，后之丧，雨沾服失容，则废。'"意思是说，曾子问道："众多诸侯一同朝见天子，已经进入太庙的门，但未能把朝见之礼进行到底，不得不中途而废，这样的情况有几种？"孔子答道："四种。"曾子说："请问是哪四种？"孔子答道："太庙失火，日蚀，王后去世，大雨淋湿衣服而有失仪容，在这四种情况下就停止行礼。""曾子问曰：'当祭而日食，大庙火，其祭也如之何？'孔子曰：'接祭而已矣。如牲至，未杀，则废。'"意思是说："如果正在祭祀的时候发生了日蚀，或太庙失火，祭礼还要不要继续进行呢？"孔子答道："在这种情况下，要简化程序，赶快进行。如果牺牲已被牵来但尚未杀，祭礼就应停止。"按，此系礼部尚书郭正域的奏疏，见《明史·郭正域传》："万历三十一年，还署礼部尚书。夏，庙飨，会日食，正域言：《礼》当祭日食，牲未杀，则废。朔旦宜专救日，诘朝享庙。从之。"

【9】万历《钱塘县志·灾祥》："万历三十年五月，龙井水溢。按，大雨，顷刻高三四尺，寺僧急开门放之，奔流岭下，坏人庐舍。享堂内棺，冲至饮马桥。轿中妇人与舆夫俱溺死。"

【10】康熙《高唐州志·灾祥》："万历三十年，飞蝗遍野。奉文上纳生员。"按，生员即秀才，这是科举考试中参加童子试以后考取的第一个功名。但是后来明朝政府因财政支绌，也允许部分灾区的童生捐纳银钱来取得秀才的资格。这就是所谓上纳生员。

【11】下台：星宿名。《晋书·天文志上》："三台六星，两两而居，起文昌，列抵太微……在人曰三公，在天曰三台……东二星曰下台，为司禄，主兵，所以昭德塞违也。"

【12】参宿：二十八星宿中西方星宿之一，主兵。《晋书·天文志上》："参十星，一曰参伐，一曰大辰，一曰天市，一曰𫓧钺，主斩刈。又为天狱，主杀伐。"

【13】《明史·天文志三》："万历三十年九月己未朔，有大星见东南，赤如血，大如盅，忽化为五，中星更明，久之会为一，大如簏。辛巳，有大小星交错行。"天苑星：二十八星宿之外的星官。《晋书·天文志上》："天苑十六星，在昴、毕南，天子之苑囿，养兽之所也。苑南十三星曰天园，植果菜之所也。"

癸卯（万历三十一年，1693年）春正月，黑气横生斗、牛[1]，荧惑逆行午位[2]。夏四月，当涂（今安徽当涂）沟涧水无故腾涌人家，盆盅之水亦然，江南数百里皆如是[3]。五月，淮安（今江苏淮安）淫雨三旬不止，水溢，人疫死[4]。常州（今江苏常州）烈风雨雹伤稼[5]。

【1】斗、牛：即南斗和牛宿。南斗：二十八星宿中北方的七个星宿之一。占星术上，南斗掌管生存，还象征丞相太宰之位，主褒贤进士，禀授爵禄。牛宿：是北方第二星宿，因其星群组合如牛角而得名。古人认为，黑气生于南斗、牛宿，都是凶兆。

【2】午位，指最上端。荧惑：即火星，中国古天文将其作为七曜之一，又称作荧惑。占星术将其作为凶星。

【3】康熙《当涂县志·祥异》："万历三十一年，当涂沟涧水无故腾涌人家，盆盅之水亦然，江南数百里皆如是。"

【4】康熙《淮安府志·祥异》："万历三十一年五月，淮安淫雨三旬不止。"

【5】康熙《常州府志·祥异》："万历三十一年，常州烈风雨雹，伤麦。发谷给赈。"

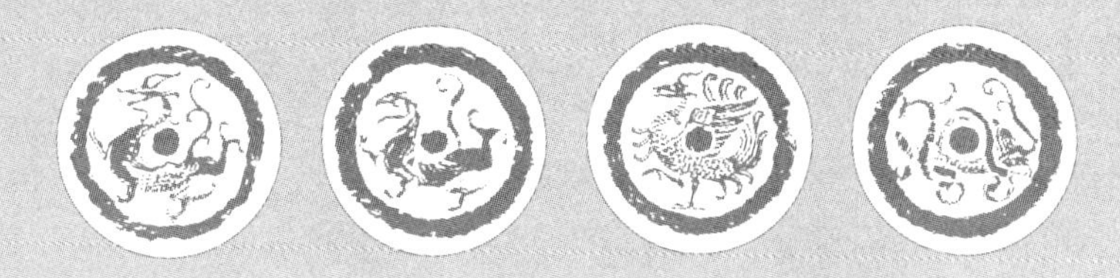

卷六

万历甲辰（万历三十二年，1604 年）至

泰昌庚申（泰昌元年，1620 年）

甲辰（万历三十二年，1604年）春正月，大雨，都城崩[1]。二月，荧惑犯角[2]。后宰门（今北京地安门）外皇城一带墙下，忽影出城郭、山川、树木、人物诸状，有铁骑数百临城，城上皆竖旗帜，与画图无异，移时乃灭[3]。安东（今江苏涟水）三月亢旱，五月、六月大霖雨，水伤菽[4]。六月，青山后湾浦口大江中，黑风大作，沉折盐船一百三十余只，淹死人民数百，溺没商本十余万。九月，客星变[5]。松江有马生卵，破之，中有珠[6]。冬十月初八日，绍兴各邑地震[7]。上海有二龙斗于黄浦[8]。建昌（今江西南城县）钓台乡有白兔二见于崇福寺旁山上。兰溪、金华界田出三岐麦[9]。十一月初九日戌时，金华（今江苏金华）、严州（今浙江建德）、开化（今浙江开化）同日地动，江南俱震。十一日，台州（今浙江临海）地震有声[10]。镇星七年守燕，自甲辰（1604年）至于庚戌（1610年）[11]。

【1】《明神宗实录》："万历三十二年七月庚戌朔，京师大淫雨。戊午，大学士沈一贯疏言：顷又淫雨连绵，两月不休，正阳、崇文二门之间中陷者七十余丈；京师之内，颓垣残壁，家哭人号。"《二申野录》误记为正月。

【2】（清）吴伟业《绥寇纪略·虞渊沉》："万历三十二年二月，荧惑犯角。"

【3】（明）来集之《倘湖樵书·影》："《狯园》：万历乙巳（三十二年，1605年），妖书变作，内外如沸，第戮皦生光，以伸三尺。其时后宰门外沿城一带，凡墙下地上影出城郭山林人物诸状。有铁骑数百临城，皆张旗帜，俨如图画，甚分明，移时渐灭。"按，《狯园》（明）钱希言著，《四库全书总目提要》："《狯园》十六卷（浙江巡抚采进本）（明）钱希言撰。希言有《戏瑕》，已著录。是书成于万历癸丑，皆记当时神怪之事……其以狯园名书者，狯者狡狯之意，狡狯者戏弄之意也。"

【4】光绪《安东县志·祥异》："万历三十二年，春旱，夏淫雨。"

【5】《明史·天文志三》："万历三十二年九月乙丑，尾分有星如弹丸，色赤黄，见西南方，至十月而隐。"

【6】（明）王圻《稗史汇编·志异门·动物之异》："万历甲辰（三十二年，1604年），松江某村马生卵，破之，中有珠。"

【7】乾隆《绍兴府志·祥异》："万历三十二年十月八日夜半，各邑地震。"

【8】康熙《上海县志·祥异》："万历三十二年，上海有二龙斗于黄浦，在孙家湾。其傍搭木尽拔，毁民庐数十间。"

【9】三岐麦：岐通歧，指一株麦子生出三个穗子，这被看作是丰收之兆。

【10】乾隆《浙江通志·祥异下》引《杭州府志》："万历三十二年，海宁、临安二县地震。"引《金华府志》："万历三十二年十一月初九夜金华八县地震。"按，万历三十二年（1604年）十一月，以泉州以东海域为中心发生8级地震，这是我国东南沿海有记载的最大一次地震。据史料记载，前一天发生前震，29日夜发生大震，山石海水皆动；泉州城内外楼房店铺全都倾倒；多处出现地裂。泉州沿海覆舟甚多。田地皆裂，并冒黑沙还带硫磺臭味，池水干涸。闽南沿海大部分地区人畜伤亡。福建、江西、浙江3省22个县（市）记载了不同程度的震害，安徽、江苏、上海、湖北、湖南、广东和广西等省区的124个县均有记载。

【11】镇星：又称填星，即土星，是五星中移动最慢之星，每一年坐镇一个星宿，故二十八年才可坐镇完二十八星宿。顺行时有福力，逆行时会有祸患。《晋书·天文志中》："填星曰中央季夏土，信也，思心也。仁义礼智，以信为主，貌言视德，以心为正，故四星皆失，填乃为之动。"

乙巳（万历三十三年，1605年）春正月，京师地震[1]。木星顺行守斗二百余日，间逆行留退。占者谓：木主仁，久而不去，主有赦。然二百日之久，又主木穷生火。是岁，淮扬（今江苏淮安、扬州）大火[2]。三月十六、十七日，月在女[3]，半夜生五彩光华，晕气周匝，六月依然。夏五月，琼州地大震，自东北起，声如雷，倾倒官民房无算，压死者千余人[4]。杭州六月无雨，至于七月[5]。台州（今浙江临海）旱蝗[6]。冬十月，钟山有白气如匹练，阔丈许，从申至亥，先白色，日入即黑[7]。十一月，泰州天鸣累日，声如怒涛。镇江华山忽裂，下视昏黑。又镇江以至宜兴（今江苏宜兴）一带，天鸣如泰州[8]。南京教场夜陨星，或坠地化为灰，或自空中分作三块，坠地有声，寻觅无迹[9]。

【1】《明神宗实录》："万历三十三年（1605年）九月丙申，是日申刻，京师地震，自东北向西南行，连动二次。时三大营官军于盔甲厂关领火药，监放内官臧朝、王权因旧药结块，令工匠以铁斧劈之，突然火发，声若雷霆，火枪、火药迸射百步之外，烧死内官臧朝及把总傅钟等十员、军人李仲保等八十三名。其局内工匠人等并街市经过居民死伤者多不可稽，焚毁作房五连，约三十一余间，火药、火器无算。"

【2】按，此处"大火"当是"大水"之误。同治《山阳县志·杂记二》："万历三十三年三四月大风雨，昼夜三旬不止，水溢，米贵，人多疫死。"

【3】女：星宿名，二十八星宿中北方星宿之一。《晋书·天文志上》："须女四星，天少府也。须，贱妾之称，妇职之卑者也，主布帛裁制嫁娶。"

【4】康熙《琼山县志·祥异》："万历三十三年（1605年）五月二十八日亥时，地大震，自东北起，声响如雷，公署民房崩倒殆尽，城中压死者数千，地裂水沙涌出，南湖水深三尺，田地陷没者不可胜纪。调塘等都田沉成海，计若千顷。二十九日午时复大震，以后不时震响不止。"

【5】万历《钱塘县志·灾祥》："万历三十三年六月，旱。按，钱塘江沙上，有海鳅百条，重数百斤，民取肉熬油。是月旱至七月无雨。"

【6】《临海县志·自然灾害》："万历三十三年，旱，蝗虫食豆。"

【7】道光《上元县志·庶征》："万历三十三年十月，钟山有白气如匹练，阔丈许，从申至亥，先白色，日入即黑。"

【8】《明神宗实录》："八月初四日戌时，直隶扬州府泰州，天鼓鸣，有声如潮而怒，起自南方，转东而下，更余乃息，数日不止。时镇江、宜兴县等处，亦同时鸣。镇江西南华山开裂，阔二三尺。"

康熙《丹徒县志·祥异》："万历三十三年（1605年）华山裂，下视昏黑，又天鸣累日，声如怒涛。"

【9】《明神宗实录》："万历三十三年九月，本月十七日戌时南京龙江陆兵后营有星大于碗，其光如火，堕于阅兵台后，至地粉碎，游走如萤，移刻乃灭化为黑灰。次十八日戌时，复有星如月从西北流至台上，分而为三，附地有声。"

丙午（万历三十四年，1606年）春正月，淮安（今江苏淮安）恒雨雪。夏四月丙午，荧惑入心[1]。五月十日，丁丑卯刻，有星自西北流东北，大如盂，赤色有光。荧惑犯房[2]（原注：一云：星昼见十余日方灭）。六月，陕西地震[3]。成都大军营白龙昼飞，光如银镜，有金甲声，田中水尽沸，人亦有摄起至数尺者[4]。七月十八日乙酉，雷震朝日坛，狂风拔树，大雨雹[5]。八月，江宁（今江苏南京）城内大火，延烧十七处，空中烟头交结，三山街[6]延烧至贡院棘墙下[7]。十一月，荧惑犯岁星[8]（原注：是年荧惑司天，周回南斗[9]）。

【1】《明神宗实录》："万历三十四年四月乙巳夜，荧惑入心。"心：心宿，二十八星宿中东方七星宿之一。《晋书·天文志上》："心三星，天王正位也。中星曰明堂，天子位，为大辰，主天下之赏罚。天下变动，心星见祥。星明大，天下同。前星为太子，

后星为庶子。心星直，则王失势。”

【2】《明神宗实录》：“万历三十四年，五月丁丑卯刻，有星自西北流东北，大如盂，赤色，尾迹有光。戊寅夜，荧惑犯房。”房：房宿，二十八星宿中东方第四星宿，又称天驷。《晋书·天文志》：“房四星为明堂，天子布政之宫也。”《宋书·天文志一》：“魏明帝太和五年（231年）五月，荧惑犯房。占曰：房四星，股肱臣将相位也。月五星犯守之，将相有忧。”

【3】《明神宗实录》：“万历三十四年六月丙辰，陕西地震。”

【4】康熙《成都府志》：“成都大军营白龙昼飞，光如银镜，有金甲声，田中水尽沸，人亦有摄起至数尺者。”

【5】《明神宗实录》：“万历三十四年七月丙戌，雷震朝日坛，风拔礼神坛大槐尽折，大雨雹，平地水深三尺许。”

【6】同治《上江两县志·大事纪下》：“万历三十四年秋八月，南京大火，延烧十七处。”按，三山街，明清南京城的著名商业区，因为与南京城三山门（水西门）接近，所以得名。

【7】贡院棘墙：贡院是封建社会中开科取士的考场。棘墙：指墙头插着荆棘的高墙。为了防止参考的举人作弊，贡院的防卫措施十分严密，墙头都插着荆棘，所以又称“棘闱”。北京贡院规模最大，外层围墙三重，有外棘墙、内棘墙、砖墙。南京的江南贡院围墙有两重，外墙高一丈五尺，内墙高一丈，墙头也铺满棘枝。

【8】（清）吴伟业《绥寇纪略·虞渊沉》：“万历三十四年十一月，荧惑犯岁。”按，岁星：中国古代天文学称五大行星中的木星为岁星，又称摄提、重华、应星、纪星，因为它绕行天球一周正好是十二年，与地支相同，所以称岁星。按五行说，如果多行不义，天降祸福都会由岁星表现出来。岁星运行有一定的顺序，若运行应序，则国家昌运，五谷丰登；若运行失次，则国有战争、瘟疫、水旱灾害。

【9】南斗：二十八星宿中北方的七个星宿之一。占星术上，南斗掌管生存，还象征丞相太宰之位，主褒贤进士，禀授爵禄。古人认为这一年荧惑掌管着天象，并且总是反复在南斗星周围出现，预示凶兆。

丁未（万历三十五年，1607年）春正月，土星逆行，斗宿退留[1]。初九日，日晕在女，有黑气蔽天[2]。江宁府学泮池冰结为花，水纹成匡，匡内大花一朵，枝梗四出。二月朔，日有食之[3]。广东巡按御史顾龙祯与左布政王泮议事不和，投杯相击，甚矣，体统之紊，台纲之堕也。方遂以知府抗御史矣，张邦政以知府抗都御史矣。彼犹礼节间耳，至泮则触之使怒，挑之使争，争而至毁冠裂裳，攘臂相加，为群僚观笑，则体统凌夷极矣[4]。闰六月初四日，月犯土宿，在斗度。是月京师大雨如注，昼夜不息，京邸高敞之地水深二三尺，各衙门皆成巨浸，平陆为河，内外城垣倾塌二百余丈，甚至大内紫金（禁）城亦塌坏四十余丈。会通运河[5]尽冲决，漂损粮船二十三只，米若干。淹死运军若干。雨霁三日，正阳、宣武二门外犹然波涛汹涌，舆马不得前，城堙不可涉[6]。有巨人从北来，著白衣白帻（音：泽），耳有坠，高二丈余，两目炯炯，火光射地，往南而去[7]。是年淫雨，三楚三吴沉灶产蛙，人相食[8]。秋七月十二日，月犯土宿。常州青虫食禾[9]。八月辛酉，彗见井度，长二尺，渐往西北。壬午，遂历于心[10]。常州布谷复鸣[11]。冬十二月，顺天巡抚刘四科奏言：擦捱（崖）子关[12]在本台根抵起霹雳雷火一块，进十八号台，碎旗杆一根，击死本台百总汤明之子，又提小孩子一名在台外放下未死。吴县石湖民陈某妻许氏产夜叉、白鱼，后又妊，过期，忽产一胞，破之，乃一秤银铜法子也，权其重，可十两，背有“万历二十六年置”七字，迹甚分明[13]。二十五日立春，常州（今江苏常州）地震[14]。海鸟长丈余，集于建昌（今江西建昌 ）宁远乡之朗湖，遇鸡犬辄囫囵噬之。乡民以弧矢射之勿中，以金鼓怖之弗动，月余始去[15]。

【1】《明史·天文志二》：“万历三十五年正月至六月，填星退留斗。”按，填星即土星。

【2】《明史·天文志二》：“万历三十五年正月庚午，日晕，黑气蔽天。”

【3】《明神宗实录》：“万历三十二年，四月辛巳朔，日有食之。”《二申野录》系于万历三十五年二月朔。

【4】《明神宗实录》：万历二十八年，“都察院左都御史温纯等疏参：广东巡按监察御史顾龙祯裂冠毁裳，肆詈行殴丑态可羞应行解任。布政使王泮取辱有无，难以悬断，既擅离任，岂容再莅合所，吏部酌议其争殴始末，仍合督按二臣分别轻重，核寔具奏，允之。”“吏部尚书李戴等题：臣比见御史顾龙祯与布政使王泮互相讦奏，一则词平而失显，一则说辨而机深，应俟勘明从重议处。惟是体统日紊，纪纲渐隳，方遂以知府抗御史，张邦正以知府抗都御史，犹曰礼节，至泮则触之使怒，挑之使争，而龙祯亦自坏其体。”

【5】会通运河，应当是“通惠运河”，又称大通河，是元明清从通州至北京的运河。

【6】（明）朱国祯《涌幢小品·都城大水》：“嘉靖三十三年甲寅六月，京师大水，平地丈余。万历三十五年丁未闰六月二十四等日，大雨如注，至七月初五、初六等日尤甚，昼夜不止。京邸高敞之地，水入二三尺，各衙门内皆成巨浸，九衢平陆成江，洼者深至丈余，官民庐舍倾塌，及人民淹溺，不可数计。内外城垣，倾塌二百余丈，甚至大

内紫金（禁）城亦坍坏四十余丈。会通运河尽行冲决，水势比甲寅更涨五尺，皇木漂流殆尽。损粮船二十三只，米八千三百六十石。淹死运军二十六人，不知名者尤多。公私什物，民间田庐，一切流荡。雨霁三日，正阳、宣武二门外。犹然波涛汹涌，舆马不得前，城堙不可渡。诚近世未有之变也。有诏发银十万两，付五城御史，查各压伤露处小民，酌量赈救。仍照甲寅年例，发太仓米二十万石，平粜。"

【7】（明）朱国祯《涌幢小品·三巨人》："万历三十五年，一宗室出门，又见一巨人从北著白衣、白帻，耳有坠，高二丈余，两目炯炯，火光射地，望南而去。"（清）吕抚《二十四史通俗演义》："京城大水，有巨人从北来，着白衣白帻，耳有坠，高二丈余，两目炯炯，火光射地，往南而去。"

【8】（明）朱国祯《涌幢小品·召治水》："汪宗孝，歙人。有义概，受廛，独好拳捷之戏……万历丁未（三十五年，1607 年）入京师，至芜城，痁（音：山）作。梦文皇遣缇骑召使治水，引见殿上。文皇貌甚伟，长髯垂膝。左右以奏牍进，文皇推案震怒曰：复坏我东南百万民命，奈何！宗孝顿首言：臣书生，不任官守，且父老不忍离子舍…… 宗孝还。其年淫雨，三楚三吴，沉灶产蛙，人相啖食。恻然心伤之，病革不可为矣。"万历《钱塘县志·灾祥》："万历三十五年六月，大雨水。"按，芜城即广陵，今江苏扬州。痁，疟疾的一种，每隔几天复发一次。文皇即明成祖，他死后的庙号是成祖，谥号是文。三楚：楚地疆域广阔，秦汉时分为西楚、东楚、南楚，合称为三楚。三楚的具体范围各家说法不一致，大致以彭城（今江苏徐州）以西至江陵（今湖北江陵）为西楚，以彭城以东至今江苏扬州、苏州为东楚，以今湖北黄冈至湖南长沙为南楚。三吴：具体范围不是很清楚，大致最早的说法是指吴（今江苏苏州）、吴兴（今江苏湖州）、会稽（今浙江绍兴）三郡。而广义除吴、吴兴、会稽三郡外，还包括了其他一些郡。沉灶产蛙：指遭大水灾时，灶都被沉入水底，乃至生出青蛙。见《国语·晋语九》："晋师围而灌之，沉灶产蛙，民无叛意。"

【9】【11】【14】康熙《常州府志·祥异》："万历三十五年七月，青虫食禾。八月，布谷复鸣。十二月二十五，地震。"

【10】（清）吴伟业《绥寇纪略·虞渊沉》："万历三十五年，八月辛酉，彗见于井度，长二尺，渐往西北。壬午，遂历于心。"按，井度，即井宿；心，即心宿。

【12】擦崖子关：明代长城关口之一，在今河北迁安境内擦崖子村。据 2003 年重立碑云：擦崖子关位于明代喜峰口（今河北迁西境内）至冷口（今河北迁安境内）的交通孔道上，蓟镇总兵府邸三屯营（今河北迁西西北三屯营）和副总兵驻地建昌营（今河北迁安东北建昌营）之间。本来有关城，高一丈四尺，周三百十七丈有奇，设西、南、北三门，门上有楼，此外辟有四水门以泄山水。

【13】（明）冯梦龙《古今谈概·产法马》："万历丁未（1607 年），吴县石湖民陈妻许氏，产夜叉、白鱼。后又妊，过期不产，一日请治平寺僧在家转经祈佑，其夕功未毕，

内呼腹痛急，忽产下一胞，讶是何物，破而视之，乃一秤银铜法马子也。举家大骇，权之，重十两。视其背，有铸成字样，验是"万历二十二年置"七字，迹甚分明，至今尚在。比邻章秀才偕同学方生亲诣其庐，传玩而异之。或疑铜精所交，或疑五郎所幻，未可知。"（明）钱希言《狯园》亦载。

【15】同治《建昌县志·祥异》："万历三十五年，海鸟长丈余，集于宁远乡之朗湖，见鸡犬之类，辄囫囵吞之。乡民以弧矢射之勿中，以金鼓怖之弗动，月余始去。"同治《南康府志·祥异》亦载。

戊申（万历三十六年，1608年）正月，南京科道内外守备、大小九卿、应天巡抚各揭帖：地方淫雨连绵，江湖泛涨，自留京以至苏、松、常、镇诸郡皆被淹没，周回千余里，茫然巨浸。二麦垂成，而颗粒不登；秧苗将种，而寸土难艺，圩岸无不冲决，庐舍无不倾颓，暴骨漂尸，凄凉满目，弃妻失子，号哭震天。甚至旧都宫阙监局向在高燥之地者，今皆荡为水乡，街衢市肆尽成长河，舟航遍于陆地，鱼鳖游于人家，盖二百年来未有之灾也[1]。福州军苏九妻邓氏一产两男两女[2]。登封县（今河南登封）平地长白菜一茎，肥大异常，烹之香美[3]。二月十一日，火星入斗[4]。三月、四月淮安（今江苏淮安）郡火灾四十日，又四十日亢旱无雨。三月二十日至二十六日火星犯土星于斗、牛[5]。四月十一日至十三日，金木克罚于娄[6]。杭州大雨水[7]。六月，荧惑犯女[8]。白龙见于黄浦龙华港，目光如电，一神人立其首[9]。七月十四日，月掩土星在斗。八月，荧惑又犯女[10]。九月，鼓山（按，在福建福州境内）大顶巨石崩坠田中，有声如雷[11]。

【1】见于（明）叶向高：《纶扉奏草·拯荒揭》。（清）龙文彬《明会要·祥异》引《三编》："万历三十六年六月，南畿大水。南京科道等官揭报，淫雨连绵，江湖泛涨，自留京至常、镇诸郡，皆被淹没，盖二百年未有之灾，乞速行赈济。"

《明神宗实录》："万历三十六年六月丙子，南京守备太监刘朝用报：江湖水灾，乞行赈济修省。得旨：留都重地，水患异常，百姓漂没，合行修省，赈济事宜令该部议。"

【2】乾隆《福州府志·祥异》："万历三十六年十一月二十二日，东城守门军妻郑氏一产二男二女。"

【3】（明）朱国祯《涌幢小品·山子道气》："邢台梅傅，字元鼎，万历辛卯举人，知登封县。戊申大旱，祷之，久不应验。麦已枯，无所及。惟有荞麦尚可种。出俸，

故劝民间收其种以待。梅一日祷，信步探幽，凡数里，忽遇溪边一隐士，揖曰：令君劳苦，雨关天行，非旦夕可速。梅曰：收荞以种可乎？隐士太息曰：可惜，可惜。向东北方一孤树下指曰：君欲活民，必须此物。梅急往视之，见平地长白菜一茎，肥大异常，亲拔而收之，隐士忽不见，烹之，香美异常，急令民间收菜子。自括私宅银章酒器与内人簪珥之属，市得数百斛，散各乡社，民间得者亦称是。又三日，率众诅龙潭，以激神怒，大雨如注。因令百姓菜、荞并种。复大旱四十日，前苗尽槁。久之，忽淫雨无常，枯荞无一生者，而菜勃然重发，逾二尺，过常年数倍。民收菜，曝干充栋，得以卒岁。"

【4】火星即荧惑：中国古天文中将其作为七曜之一称作荧惑。《晋书·天文中》："荧惑曰南方夏火……外则理兵，内则理政，为天子之理也……其入守犯太微、轩辕、营室、房、心，主命恶之。"斗：即北斗。斗象征着人君之象。所以火星入斗象征凶兆。

【5】土星：名叫镇星，是五星中移动最慢之星，每一年坐镇一个星宿，故二十八年才可坐镇完二十八星宿。顺行时有福力，逆行时会有祸患。斗、牛分别是二十八星宿中北方第一和第二星宿。这是说火星在北方的位置犯土星。

【6】金木：金星和木星。按照五行相生相克的说法，金克木。娄宿：二十八星宿中西方七宿之一。娄同"屡"，有聚众的含意，也有牧养众畜以供祭祀的意思，故娄宿多吉。这是说金星和木星相遇于娄宿所在的西方。

【7】万历《钱塘县志·灾祥》："万历三十六年夏，大雨水。"

【8】《明神宗实录》："万历三十六年六月戊辰，火星逆行入女宿度。"按，火星即荧惑。

【9】康熙《上海县志·祥异》："万历三十六年六月，白龙见于黄浦龙华港，目光如电，一神人立其首。"

【10】《明神宗实录》："万历三十六年八月辛酉，火星顺行在女宿四度。"按，火星即荧惑。（清）吴伟业《绥寇纪略·虞渊沉》："万历三十六年六月、八月，荧惑犯女。"按，女，即指二十八星宿中北方第三须女星宿。《晋书·天文志上》："须女四星，天少府也。须，贱妾之称，妇职之卑者也，主布帛裁制嫁娶。"因为古代妇女扬场的时候需要去其麸糠，所以女宿多吉。荧惑犯女则为凶兆。

【11】（清）《乾隆福州府志·祥异》："万历三十六年五月，大饥。九月，闽县鼓山石崩，有声如雷。"

己酉（万历三十七年，1609年）正月初九日，民间讹传警至，九门尽闭。十九日，淮安（今江苏淮安）雷雨大雪。二月初十日夜，阊门（江苏苏州古城的西门）城楼灾（原注：瓮城中起火，延烧至城内五百余家）[1]。钟祥县（今湖北钟祥）天雨粟[2]。大学士叶向高疏请点用吏、礼二部尚书。

不报（原注：叶云：往时掌印官缺，犹可令人暂署，今六部尚书、侍郎共只四人，皆以病杜门，只一礼部侍郎杨道宾在事供职，又陪祭时忽眩仆坛中，至今未醒，即本部之事尚不能理，况能兼摄。嗣后复孙丕扬上请，乃特点之）[3]四月，工科给事孙善继挂冠长往，刘道隆继之，顾天峻等出都，咸不候命[4]。五月，山东济南、青州二处，各产犦（音：博）牛一只，两头、三鼻、四目、二口[5]。福建乡试，临期大雨，以十二日为初试[6]。浙江初试日大雨，水满三尺，士子多为浸死[7]。御史王万祚疏言：国势濒危，急图消乱，以终盛治。是时齐鲁淮徐流民载道，荒芜罕治。民称五月不雨，三农失望，长鯈（音：条）现而赤地[8]，飞蝗起而蔽天。无登场之稼，无入土之麦。陂隰（音：习）萑苇尽充螯食，弥望皆秃。村坞坏垣，半是鹿场，逃亡殆尽。及至两浙闽广江右，并号肆虐，洪涛涨天，几为蛟龙窟穴。秋试改期，二百年来未尝见此。晋楚宋豫延边省郡，无处不报灾，无处不请救，饥寒汹汹，诚可寒心。是年蓟镇地陷，辽东地震[9]。江西、福建同日大水，淹死人民各十余万[10]。山西大旱[11]。日本倭并琉球，虏其国王，声言取鸡笼（基隆）淡水，侵闽广界[12]。甘肃地震如雷，摇倒边墙二千一百余丈，压死军民八百余人，城垣衙舍倾坏无算[13]。山东旱蝗，畿南直保诸处皆大旱，赤地千里[14]。十一月，荧惑犯氐[15]。有鼠从湖广，涉洞庭，至扬子江，昼伏夜行，尾尾相衔，渡水如履平土，至岸即入人家，在野即伤田禾。苏州城东陆太学邦杰家人妇产一肉胞而无血，破之，中裹小儿百数，形皆一二寸[16]。

【1】民国《吴县志·祥异》："万历三十七年二月十日夜，阊门城楼灾，延烧至城内五百余家，次夜始息。"

【2】雍正《湖广通志·祥异》："万历三十七年，钟祥天雨粟，沔阳大旱。"

【3】《明神宗实录》："万历三十七年二月己巳，辅臣叶向高言：顷者群臣意见不同，互相矛盾。皇上于一概章奏无所可否，以致进退去留，听其自便。辛未，辅臣叶向高言：会推阁臣一事，屡烦天听……今日大僚非但少，而且空，其点用未至……"

【4】（清）蒋平阶《东林始末》："夏四月，吏科纠擅去诸臣。初，工科给事中孙善继拜疏竟去，刘道隆继之，王元翰、顾天峻、李腾芳、陈治则各先后去；命削善继籍，道隆等各降秩。时南北科道互相攻讦，至不可问。户科给事刘文炳请召邹元标，不报。"

按，万历皇帝在位期间，不视朝政、不御讲筵、不亲郊庙、不批答章疏、不赈灾、缺官也不补。因为皇帝的消极怠工，朝廷中正直的大臣也多纷纷“乞休”，甚至不等朝廷批准，竟自拜疏而去。自万历三十七年工科给事中孙善继不候旨径去以来，朝臣挂冠径行之风愈演愈烈。阁臣叶向高在描述当时官员径行的情况时不无感慨地说道：“有封印出城者矣，始犹出于庶僚。今且至于九卿，浸淫不止。恐将来尚无犯极，虽有贬佚夺官之严旨，不能禁也。”

【5】《明神宗实录》：“万历三十七年五月乙未，山东牛产双头三眼两鼻二口者。”乾隆《山东通志·五行志》：“万历三十七年五月，济南青州二府各产牛一只，两头、三鼻、四目、二口。”按，牸牛即母牛。

【6】乾隆《福州志·祥异》引《闽书》：“万历三十七年五月二十六日，大水入城。八月，大雨，初六日，乌石山崩，贡院内水深数尺，文场垣舍倾坏，巡抚陆梦祖改首场试期，至初十日始入试。”

【7】万历《钱塘县志·灾祥》：“万历三十七年秋八月，大雨水。按，是月初七日起至初十日止。初九日值乡试，士子无不沾润，举子屋水深三尺，踞木板上属文。南湖诸堤俱决。苕溪暴涨，西溪、安溪复有水患。”

【8】长偹：即长蛇。《山海经·东山经》：“独山，其上多金玉，其下多美石。末途之水出焉，而东南流注于沔，其中多偹蟰，其状如黄蛇，鱼翼，出入有光，见则其邑大旱。”

【9】《明神宗实录》：“万历三十七年五月辛丑，寅刻，金州天鼓响，地震。”

【10】万历《福州府志·杂事志》：“万历三十七年（1609 年）五月二十四日，建宁（今福建建瓯）蛟水发，冲坏城郭，漂流庐舍，压溺男女以数万计。是日延平（今福建南平）之将乐（今福建将乐）、顺昌（今福建顺昌）等县蛟水亦发，所荡村落，悉为丘墟。二十六日澎湃而小，势若奔马，倏忽间会城中平地水深数尺，郭外则丈余矣。一望弥漫，浮尸败椽，蔽江塞野，五昼夜不绝。故老相传以为二百年来未睹也。水皆卤浊色，人不敢饮于江者浃月。当事以异灾闻，奏请蠲赈，然是时水旱遍宇内，朝廷亦不能每人济矣。”

（明）谢肇淛《五杂俎·地部二》：“吾闽俗谓延平（今福建南平）之水高与鼓山平，然未有以试也。万历己酉夏，大水骤至，城中涨溢，水从南门出，高二丈许，门圜仅露一抹，如蛾眉然。余居距门百余武，庭中水仅四五尺，东折至鳌峰，下则无水矣。相距半里许，而地形高下已逾二丈，寻常行路殊不为觉，始信人言不诬也。昔人谓桂林之壤视长沙、番禺高千尺，理固然耳。”

“万历己酉（三十七年，1609 年）夏五月二十六日，建安（今福建建瓯）山水暴发，建溪涨数丈许，城门尽闭。有顷，水逾城而入，溺死数万人。两岸居民，树木荡然。如洗驿前石桥，甚壮丽，水至时，人皆集桥上，无何，有大木随流而下，冲桥，桥崩，尽葬鱼腹。翌日，水至福州（今福建福州），天色清明而水暴至，斯须没阶，又顷之，入中堂矣。余家人集园中小台避之，台仅寻丈，四周皆巨浸矣。或曰：'水上台，可奈何？'然计无所出也。少选，妹婿郑正传，泥淖中自御肩舆迎老母暨诸室人至其家，始无恙，盖郑君所居独无水也。然水迄不能逾吾台而止，越二日始退。方水至时，西南门外白浪连天，建溪浮尸，蔽江而下，亦有连楼屋数间泛泛水面，其中灯火尚荧荧者；亦有儿女尚闻啼哭声者；其得人救援，免于鱼鳖，千万中无一二耳。水落后，人家粟米衣物为所浸渍者，出之，皆霉黑臭腐，触手即碎，不复可用。当时吾郡缙绅，惟林民部世吉捐家赀葬无主之尸凡以千计，而一二巨室大驵，反拾浮木无数以盖别业，贤不肖之相去远矣。"这次大水共淹死十余万人，福州贡院内水深数尺，考场垣舍倾坏，迫使原定于八月八日的乡试不得不改期举行。

【11】雍正《山西通志·祥异二》："万历三十七年四月十日，太原府城鼓楼瓦兽出烟，自四月不雨至明年五月。省郡大饥，火灾四见。"

【12】按，琉球在福建泉州府以东海中，万历三十年（1602年），日本的"萨摩藩侯"武力胁迫琉球归为"藩属"，在遭到反抗后，于万历三十七年（1609年）派岛津家久，率兵攻入琉球，俘虏琉球王，派兵监督琉球内政四十五年。清顺治十一年（1654年）琉球王摆脱了萨摩藩的控制，遣使臣到中国，缴还明朝敕印，请求册封。清朝封其为琉球国中山王，赐王印一，缎币三十匹，妃缎币二十匹，并定制二年一贡。但是由于郑成功控制着琉球至清朝的海道通路，所以使臣只好滞留福建。清康熙二年（1663年）台湾郑氏集团内乱，清朝趁此机会派出册封使，以首代册封使张学礼等人奉诏勅以及清朝所赐国印，赴琉球册封新王。康熙七年（1668年）重建柔远馆驿于福建，以备招待琉球使臣。

【13】《明神宗实录》万历三十七年六月辛酉，甘肃地震，红崖、清水等堡军民压死者八百四十余人，边墩摇损凡八百七十里，东关地裂，南山一带崩，讨来等河绝流数日。

【14】《明史·五行志一》："万历三十七年九月，北畿、徐州、山东蝗。"《明史·五行志三》："万历三十七年楚、蜀、河南、山东、山西、陕西皆旱。"

【15】（清）吴伟业《绥寇纪略·虞渊沉》："万历三十七年十一月，荧惑犯氐。"

【16】（明）徐应秋：《玉芝堂谈荟》："万猃园苏州城东陆太学邦杰司勋公之长子，万历己酉（三十七年，1609年）间其家人妇产一肉胞而无血，破之，中裹百余小儿，形皆一二寸许。"（明）钱希言《猃园》亦载。按，徐应秋，字君义，浙江西安人。万历丙辰进士，官至福建左布政使。

庚戌（万历三十八年，1610年）正月，义乌县治火，延及谯（音：桥）楼[1]。二月初四日夜，南康（今江西南康）四县地震[2]。四月，京师风霾蔽天，旱魃为虐[3]，自畿辅至山东、河南、山西、巴蜀等处两年无雨，三农久废，蝗起河竭，天鸣地震，妖异出现[4]。正阳门箭楼火[5]（原注：正阳门雄峙百雉，即季楼不能登，且砖石交砌即祝融[6]不能入，况店棚一星之火，始起甚微，遂能烟焰逾日，悉为煨尽。此门为朝廷抚御华夏臣民而设，谅非可诿于适然[7]之数也）八月，荧惑犯娄[8]。义乌（今浙江义乌）李氏育蚕，独一蚕特大而赤色，三眠之后愈大愈赤雄，于诸蚕结一茧，巨如鸡卵。其家既喜其大，而又异其不染有天然之色，共相传玩，已而茧裂火出，焚荡室庐为之一空[9]。浦城（今福建浦城）演武亭侧，秋日当午，大风从田际旋起水珠高五丈余，周布上下数十亩。其色转变不常，始绿而红，复成焰火，久之乃灭[10]。崞县（今山西原平）王臻家产羊，一首四耳，后身分两半，二尾八蹄[11]。山阳县（今江苏淮安）湖西民家猪生一象，惧而扑死[12]。是冬，淮安（今江苏淮安）无雪。

【1】嘉庆《义乌县志·祥异》："万历三十八年正月，县治火，谯楼毁。"崇祯《义乌县志·灾祥》亦载。

【2】同治《南安府志·祥异》："万历三十一年，南康旱。是年冬十一月乙酉，戌刻，四邑地皆大震。"

【3】《光绪昌平州志·大事表》："三月，昌平大风霾，旱。"《明神宗实录》："万历三十八年闰三月己巳，是日礼部以雨泽尚稀，奏四月初二日诏百官祷雨……王畿久旱。辛未，礼部以久旱上言。""四月辛卯，礼部以祷雨未应，疏修省。""十一月己巳，礼部以冬雪愆期，三农无望，疏请祈祷。"民国《顺义县志·杂事记》："是岁，顺义县大旱。"

【4】《明史·五行志三》："万历三十七年（1609年），楚、蜀、河南、山东、山西、陕西皆旱。三十八年（1610年）夏，久旱，济、青、登、莱四府大旱。"

【5】《明神宗实录》："万历三十八年四月丁丑，是夜正阳门箭楼忽火，至次日辰、未息。"

【6】祝融，传说上古时期的赤帝，后世也称火神。

【7】适然：偶然的意思。

【8】（清）吴伟业《绥寇纪略·虞渊沉》："万历三十八年八月，荧惑犯娄。"

【9】嘉庆《义乌县志·祥异》："万历三十八年正月，县治火，谯楼毁。"

【10】光绪《浦城县志·祥异》："万历十八年秋，日当午，旋风忽从田间起，高五丈余，水转旋如珠，始白色，渐而绿而红，变成火焰。禾稼当之者尽坏，久之乃息。"

【11】雍正《山西通志·祥异二》："万历三十八年，崞县民家产羊，首一、眼二、

耳四，耳后分两羫，尾二、蹄八。”

【12】康熙《淮安府志·祥异》：“万历三十八年，山阳县湖西民家猪生一象。”

辛亥（万历三十九年，1611 年）正月，南京刑部尚书李桢飘然长往[1]。四月十九日，怡神殿灾[2]（是时承天[3]守备太监杜茂郢人呼为太府。从来闾左齐民性命家产任其齑粉，罔不如意，依藉玺书，虚张声势。知县李来命讲礼不合，以茶扛事陷之罢归[4]。擅造三百斤大枷，枷死陈鉴等十余人。校丁阳忠等犯该大辟，借旨威迫府县，悉从宽假。凡诸生有完租细事[5]，语言相触者，则便渎奏）。台州（今浙江临海）春夏不雨，六月始种禾[6]。寿昌（今浙江建德市建昌镇）麦秀两岐，粟有双穗[7]。五月，京城大水，霖雨连朝，长安门一带皆成长河，深五六尺，舆马不能行。时春夏久旱，二麦无收，正喜得雨，又复过当，苗稼尽为损坏[8]。秋七月十四至二十三日，每夜月五彩光华匝数重[9]。陕西临洮地方乳牛产犊，人头人面[10]，俱红色，金毛金眼，人口、羊耳、牛蹄、牛身。又本处杀母羊，腹内剥出羔羊一只，人头人面羊身。山西繁峙县李宜臣妻牛氏生二女，头面相连，手足各分：一女一眼一耳四齿两手两足，一女一眼一耳四齿一手两足[11]。《五行志》曰：“草木之类谓之妖，妖犹夭胎，言尚微。虫豸之类谓之孽。孽则牙孽矣。及六畜，谓之祸，言其著也。及人，谓之痾。痾，病貌，言浸深也。”[12]故此女怪谓之人痾，其灾异在牛羊妖孽之上。八月，秣陵城内磨坊猪产一物，其形猪也，顶上生一目，鼻长二寸许[13]。冬十二月，广东竻竹花实[14]。长乐（今福建长乐）地震，经月方止[15]。

【1】万历三十八年南京刑部尚书李桢刚被提拔就提出年老多病，要求退休，而且还没得到朝廷的批准就自行离职，万历皇帝大怒。《明神宗实录》：“万历三十九年三月丙辰大学士叶向高以南京刑部尚书李桢去由真病，似难过责。因言十余年来，大臣得请者，百无一二。至如辅臣李廷机、部臣赵世卿皆羁留四载，疏至百余，且廷机又屡次叩阍，未蒙允放。今尚书孙丕扬、李化龙又以考察军政不下，相率求去，若复踵桢所为，成何纪纲？故欲禁诸臣之善去，必先体诸臣之至情。可留则留，且行其言，以安其身；不可留则听其去，明白裁断，毋事虚拘，则臣子之进退得全，而朝廷之体统不失矣。”“万历四十二年三月壬戌，原任南京刑部尚书李桢卒，准照例造坟安葬，祭减

一坛，以甫起升而即离任，例应量减一坛也。”

按，长往，一去不返，隐世避居的意思。

【2】《明神宗实录》：“万历三十九年四月戊子，怡神殿灾。”

【3】兴献王即朱祐杬，明宪宗第四子，明世宗之父，明孝宗异母弟。宪宗成化二十三年七月受封兴王，孝宗弘治七年九月，到湖广安陆州（今湖北钟祥）就藩。武宗正德十四年六月卒，赐谥“献”，所以又称兴献王。其子朱厚熜年十三岁，先以世子理国事，正德十六年三月袭封为兴王。五日以后武宗卒，因没有儿子继承帝位，皇太后和首辅杨廷和定议，迎立武宗堂弟兴王朱厚熜即位，即明世宗嘉靖皇帝。嘉靖十年八月，以安陆是嘉靖皇帝的龙飞之地，又是嘉靖皇帝的父亲陵寝所在地，因此改州为府，如凤阳的旧例，定府名曰承天，附郭县曰钟祥，以重陵寝。

【4】按，茶扛二字恐误，当是茶杠即茶梗。据《实录》李来命是钟祥知县，万历二十年进士。《明神宗实录》：“万历二十二年六月戊午，承天守备太监孙政参论钟祥知县李来命稽慢贡物。有旨逮问。大学士赵志皋等以事轻罚重，疏请免逮量惩。”此处“以茶扛事陷之罣归”一语，即指“稽慢贡物”而言。

【5】按，细事即细微的事情，小事情。

【6】《临海县志·自然灾害》：“万历三十九年，三月至五月不雨，六月始种禾。”

【7】乾隆《浙江通志·祥异下》：“万历三十九年，寿昌县麦两岐，粟两穗。”

【8】《古今图书集成·方舆汇编·职方典·顺天府部·纪事》引《昌平州志》：万历三十九年四月昌平州淫雨，水深五六尺许，苗稼尽损。《明神宗实录》：“五月辛丑酉时，大雨，雷震正阳门楼旗杆。”康熙《通州志·祲祥》：通州大水。《明神宗实录》：六月壬午，大雨水，都城内外暴涨，损官民庐舍。十月丁卯朔，礼科给事中周永春等上言：“畿辅今岁水灾较之三十二年（1604年）、三十五年（1607年）两年，其势尤甚。”

【9】乾隆《淮安府志·五行》：“万历三十九年七月十四至二十三日夜，月五彩光华，匝数重。”

【10】《明季北略·纪异》：“万历四十四年，陕西牛产犊，人头人面。”

【11】雍正《山西通志·祥异二》：“万历三十八年，繁峙民李宜臣妻孪生二女，头面相连，手足各分，其一耳目各一、齿四、手足俱；其一则耳目各一、齿四、一手两足。”

【12】注文见于《汉书·五行志中之上》。原文“惟人，谓之疴”，误，据《汉书》改。

【13】同治《上江两县志·大事下》：“万历三十九年八月，秣陵城内磨坊产怪猪，顶生一目，鼻长二寸。”

【14】光绪《德庆州志·纪事》：“万历三十八年，竻竹花。”按，《二申野录》系于万历三十九年。竻竹：一种有刺而坚硬的竹，俗称刺竹，也写作簕竹。

【15】康熙《长乐县志·灾祥》：“万历三十八年，长乐地震，经月方止。”光绪《惠州府志·祥异》亦载。

壬子（万历四十年，1612 年）正月，吏部尚书孙丕扬疏，恳乞休，不允，挂冠以去[1]。南京中和桥马草场火[2]（原注：兵部奏言：草者军马之性命也。户部发银，铺商领买，一包价银，一分一厘，每虚报堆数，至放日贱买军筹抵塞。然前草未完，又希图再领后价以完旧价。旧未得完，而新仍挂欠，年久数多，溜雨积烂，放未及半，露出荒原，不得已而鬻产以赔之，赔之不足则逃，逃不能脱，则死狱。一人逃，众人共赔，计出无聊，于是付之一炬，以灭其迹，但曰天火。此弊留都人人知之）。直隶等处监税鲁保卒。抚按题请裁革。上命归并马堂，待三殿功有次第，奏请停免。马堂原驻扎天津（今天津），一闻是命，竟发牌上任，以此为利，附堂者复藉堂为利，先是在临清（今山东临清）肆恶咆哮，人闻其风，魂魄消阻。由淮抵扬，虎而冠者刽肝益膳，奋爪磨牙，所过无不抄抢。邑镇为之罢市，盐商逃窜。山阳（今江苏淮安市淮安区）等县门被其打坏，县令逃匿。扬州（今江苏扬州）城门数日不开，父老赤子呼天振地。巡视江防御史恐激变地方，疏请撤回天津。不报[3]。南康（今江西南康）连年大水[4]。三月，淮安淫雨，五月、六月恒阴。诸暨五月十二日辰时有黑雾障天，行人冒之即疫，茹腥者必死[5]。七月，内监赵进朝与梁盈女殴驸马都尉冉兴让[6]于府中，既而复殴于朝门。吏科等曹于忭[7]疏劾妇寺恣横已极，恳乞奋朝纲，速正典刑。不报。进朝殴之于府也，公主仓皇往救，进朝动骂无耻，至令公主造室跪谢。兴让八日三疏皆不得达，究其故，巨珰卢受李恩用事，进朝以数十箱金宝馈之，因而壅蔽，多方阻绝。进朝反得单词肤受。上第知两珰，回复东厂奏报。而驸马屡次被殴，与教习官贾之凤、御史耿鸣雷各疏言国体凌替之极，皆不得上达。是以驸马挂冠于长安门而逃。东厂以闻，上大怒，下旨切责锦衣卫寻访，夺其父职为民，并罚教习主事贾之凤俸[8]。八月，各省主试官未得旨命，试期更易[9]（原注：应天试官之至，已在八月二十，改二十二日为第一场，二十五日为第二场，二十八日为第三场。浙江各省无不易期，亦变局也）。苏城（今江苏苏州）吴乙妻产金色大鲤，长四尺，鳞甲粲然，投诸清泠之渊[10]。瑞州（今江西高安）大雨雹，形似麒麟，重有斤许[11]。九月至闰十一月，淮安（今江苏淮安）恒旸。十二月二十日，淮安雷雨。二十八日丑时，雷声频震。二十九日，雪厚五寸五分。是岁，小人国入贡，泊石城，其人身长二尺，绀发绿睛，戴方帽，衣绿衣，多折缝。有大晨鸡高四尺许，重五十余斤，其人御之如滇南人之贡象，以小御大，见者骇焉[12]。

【1】孙丕扬，陕西富平人，嘉靖三十五年进士万历元年擢右佥都御史，进右副都御史，五年以得罪首辅张居正和宦官冯保，引疾归家。张居正死后，召拜户部右侍郎、刑部尚书、吏部尚书。明自万历中期以后，朝中大臣朋党林立，除顾宪成东林党之外与东林党政见不和的内阁大臣王锡爵、沈一贯和方从哲等人，他们被称为"浙党"。另外还有"秦党"，成员都是陕西籍的官僚，还有"齐党""楚党""宣党"，都是以首领的籍贯命名。孙丕扬是陕西人，自然身不由己被归入秦党。万历三十九年（1611 年）京官大计。所谓大计是指明朝对内外官僚有考满、考察之法。考满主要是对官员能力的考察，也称考选。届时称职者升，平常者复职，不称职者罢。考察则京官六年，外官三年一考，属于一种监察制度，主要考察官员是否贪污、违法乱纪，进行查处，也称大计。每逢此时，自然朝臣中人言纷至，彼此攻讦不已，当时孙丕扬已经 80 岁，身不由己，不胜其烦，屡疏求去。万历四十年（1612 年）二月，孙丕扬拜疏径归，家居二年病卒。《明神宗实录》："万历四十年二月庚午，大学士叶向高题：吏部尚书孙丕扬以老病求去，情甚迫切，但未奉旨而去，则于事体殊为难处，伏望皇上将丕扬疏发下，或留或放，庶丕扬之进退明，国体亦不失矣。"

二月丙戌大学士叶向高奏言：顷吏部尚书孙丕扬挂冠出都，臣在病卧中闻之，瞿然叹息。丕扬当出山时年已七十有八……今请告之章一概不听，甚如辅臣李廷机羁栖四载，欲控无门，视去国如登山，盼俞音如望岁，丕扬度势不能得遂至径行。《明史》有传。

【2】按，中和桥在南京光华门以南，横跨秦淮河。

【3】《明神宗实录》："万历二十七年三月庚辰朔，陈增、马堂争税。上命堂税临情，增税东昌等处，不得叠征。闰四月庚辰，逮临清守备王炀。时税监马堂纵群小横征，民不堪命，市人数千环噪其门，堂惧，令参随从内发矢，射杀二人。众遂大哗，火其署，格杀参随三十四人。堂窘，甚赖王炀救之得免。堂初甚德炀，业以状闻，而其党郑惟明以前嫌故，疑炀阴鼓众而阳救堂自解，遂诡易堂奏逮炀云。壬午，大学士赵志皋言：昨山东抚臣谒谓，众怒如水火不可向迩，若不及今取回马堂，以安反侧，则将来事势有不忍言者。夫矿税之役，臣亦逆知必有今日。今一见于天津，再见于上新河，然不意临清一发，若斯之烈也。"

《明神宗实录》："万历四十年六月癸丑，上以盐监鲁保故，遣内官刘逊驰往会同抚按等官验收一应钱粮方物，起解来京。原管三省岁造，着归并刘成；盐课税务着归并马堂各带管。万历四十年闰十一月丙寅，御史崔尔进奏：马堂残虐天津毒已叵测，何为以兼摄遂下扬州，巨舰蔽空，居民罢市，并请亟正其罪。万历四十一年二月乙巳巡按直隶御史颜思忠疏陈地方事宜：两淮……自有皇税以来，横征叠派，吸髓敲筋，商人不啻在汤火中。鲁保物故，未几复遭马堂扰害，变乱成规，商人逃窜，利归群小，怨归朝廷。"

【4】同治《星子县志·祥异》："万历四十年，连年大水。"

【5】乾隆《诸暨县志·祥异》："万历四十年五月十二日，黑雾迷障，冒行者即疫，茹腥必毙。"

【6】《明神宗实录》："万历三十七年二月丁卯，驸马冉兴让于文华门受诰给赐冠服，是日寿宁公主受册。"

《二申野录》"冉德让"，误，据《实录》当为"冉兴让"。

【7】曹于忭：即万历朝吏科给事中曹于忭。

【8】《明神宗实录》："万历四十年九月癸卯，兵部主事王以梧以内监侮辱驸马都尉冉兴让于东安门，该管千户伍长不行驰报。庚戌，命锦衣卫官访寻驸马冉兴让伴回，请旨仍褫兴让父官职，夺教习主事贾之凤俸一年。兴让以被掌家宫人梁盈女、内官彭进朝等殴辱具奏。上命中官卢受问状，进朝等群诟之于东安门内，之凤以闻，公主三奏，皆不得达。上怒系其家人，中宫传旨，诘责礼臣及科臣，请上召问公主，正群小之罪，不报。兴让乃挂冠长安左门去，给事中范济世言：驸马，上之婿也。无故而辱，则何人不可辱。公主，上之爱女也，控诉不得上闻，则何人可以上闻……台省勋戚俱以为言至是。上览东厂奏事，见兴让去，愈益怒，遂有是命。辅臣言：戚臣蒙恩重，擅行非是，圣裁允当，臣可无言。惟是驸马廷辱，万目共睹，若置不问，纪法陵夷，非所以服人心，重国体，乞重加惩戒……翁宪祥言：驸马已蒙严谕，凶恶未闻处分。可见两旬以来，其入御览者东厂之事件耳。诸臣章奏达不达皆未可知，壅蔽已甚，处置失平，俱不报。十月，广东等道御史等官疏言：驸马冉兴让亦横被凌殴群击于朝，累诉不达，计无复之。而貂珰恣肆之祸不可胜言矣。不报。十一月癸巳，命驸马冉兴让送国子监教习礼仪一年。具奏：兴让原籍蠡县，九月庚戌，锦衣卫奉旨访寻于完县葛洪山。十月戊辰，伴回至良乡县琉璃河，托疾不行。卫使驰奏，遂有旨，且责其肆意中途迁延望。"

《明神宗实录》："万历四十六年九月庚戌，礼部题：驸马冉兴让已经教习九年，德器日长。十一月甲辰驸马都尉冉兴让，乞复其父冉逢阳兵马指挥职衔。"

（明）沈德符《万历野获编·驸马受制》："公主下降，例遣老宫人掌阁中事，名管家婆。无论蔑视驸马如奴隶，即贵主举动，每为所制。选尚以后，出居于王府，必捐数万金，偏赂内外，始得讲伉俪之好。今上同产妹永宁公主，下嫁梁邦瑞者，竟以索镪不足，驸马郁死，公主居嫠，犹然处子也。顷壬子（万历四十年，1612年）之秋，今上爱女寿阳公主，为郑贵妃所出者，选冉兴让尚之。相欢已久，偶月夕，公主宣驸马入，而管家婆名梁盈女者，方与所耦宦官赵进朝酣饮，不及禀白。盈女大怒，乘醉扶冉无算，驱之令出，以公主劝解，并詈及之。公主悲忿不欲生，次辰奔诉于母妃，不知盈女已先入肤愬，增饰诸秽语，母妃怒甚，拒不许谒。冉君具疏入朝，则昨夕酣饮宦官，已结其党数十人，群捽冉于内廷，衣冠破坏，血肉狼藉，狂走出长安门，其仪从舆马，又先箠散。冉蓬跣归府第，正欲再草疏，严旨已下，诘责甚厉，褫其蟒玉，送国学省愆三月，不获再奏。公主亦含忍独还。彼梁盈女者，仅取回另差而已。内官之群殴驸马者，不问也。"

【9】《明神宗实录》："万历四十年七月辛酉，命左中允赵秉忠、升左谕德洗马邵景尧，往应天主考乡试。异时省直试差，先后题遣，例有定日。是岁，如期者独福建、川、广、云、贵六省，余停阁不下。礼臣、科臣相继催请，辅臣至连上七疏，乃得俞旨，于是试期俱改。"按，俞，即俞允，允许的意思，多用于君主。

【10】（明）冯梦龙《古今谈概·窦母等》："万历壬子（四十年，1612年），苏城吴妻娩身，产一金色大鲤鱼，长四尺许，鳞甲灿然。其家大骇，投诸清冷之渊。里人呼其父曰'渔翁'。"（明）钱希言《狯园》亦载。按，《二申野录》称"吴乙妻"，《古今谈概》《狯园》均云"吴妻"。

【11】光绪《江西通志·祥异》："万历四十年，瑞州大雨雹，形似麒麟，重有斤许。"

【12】（明）顾起元《客座赘语·大晨鸡》："万历壬子（四十年，1612年），小人国入贡，舟泊石城。其人长可二尺许，绀发绿睛，作反手字，有衣绿衣，多折缝，方巾，与中国类者。所贡锦鸡凡四，青鸾一，白鹦鹉四。两大晨鸡，其一重五十斤，状类中国之雉，而身肥，冠耸高四尺许。"

癸丑（万历四十一年，1613年）三月，河南道御史张邦俊[1]奏：恶珰梁永[2]虎噬于秦中，高淮[3]狼横于辽左，鱼肉小民，流毒远近。而咸宁（今陕西西安）知县满朝荐、广宁（今辽宁北镇）同知王邦才，愤百姓之遭荼毒，剪其羽翼，以示裁抑，无非安靖地方，而尽效忠之职分，乃听其单词捏诬，反置拘禁，已几三年。兹者蓂（音：明）荚[4]再更，犹然未蒙疎放[5]，非所以为平也。疏入，留中[6]。当涂（今安徽当涂）大水[7]。四月初二日，淮安（今江苏淮安）冰雹大如鸡卵者数百里[8]。六月大水，湖广铁牛梗每夜有牛食田禾，踪迹之，铁牛也，遂断其一足。又某寺下石坊狮子夜饮山涧水，人见而驱之，疾登坊上，亦断其足[9]。九月十五日亥时，月食在娄，月红赤色[10]。

【1】按，原书张邦俊是南道御史，据《实录》其系南京河南道御史，据改。

【2】梁永，万历时太监，为陕西税监，搜刮百姓，肆意为恶。

【3】高淮，万历时太监，为辽东税监，诬奏广宁同知王邦才逐杀税使，劫抢钱粮，遂命锦衣卫扭解来京。

【4】蓂荚：古代传说的一种瑞草，可以用来计算日子。据说从初一至十五每天结一荚，从十六到月终，每天落一荚，所以从荚数中可以知道准确的日子。

【5】踈放，又写作疏放，自由的样子。

【6】《明神宗实录》：万历三十五年七月壬子，陕西税监梁永以诸亡命被获事发，遣人系书发中入都，言夺贡事。称杨达官、王九功、魏二等各贡名马，持孝顺钱粮橐金镶珠石睛绿绦环铎簪耳坠等物。咸宁知县满朝荐，承余御史旨，命马快伏渭南道劫之也。劫事固易辩，而余御史疏先至，已言诸兵贼有所杀伤。永言朝荐所遣人捉石君章、马守才等阉割之，投尸于河事，适合上怒甚，谓御史固无恙，朝荐创为御史报仇。命锦衣卫趣逮朝荐，著抚按差护梁永还京，并撤还乐纲以陕西税务并之河南，于是陕西之民始苏，而朝荐坐诏狱者十余年。

万历三十六年六月庚申，以税监高淮诬奏逮同知王邦才、参将李获阳来京究问。壬戌，大学士朱赓等言：臣等闻有旨以高淮奏同知王邦才逐杀税使，劫抢钱粮，遂命锦衣卫扭解来京究问，仍令督抚官严追钱粮解进济工。臣等不胜惊骇。王邦才之事，臣等一时不能究其原由，但自高淮取回，中外欢呼，谓辽人方有更生之望。此旨必行，则祸变之生必在旦夕，望亟将明旨收回，毋使传布以摇人心。乙卯，王邦才等既被逮，科臣陈治则、熊鸣夏、孟成已，道臣史学迁、方大美、邓澄交章申救，并爆高淮罪状。疏俱留中。

按，留中，就是皇帝将大臣的奏疏搁置一边，既不批示，也不驳回。

【7】康熙《当涂县志·祥异》："万历四十一年，大水，十字圩又坏。"

【8】乾隆《淮安府志·五行》："万历四十一年，冰雹，大如鸡卵者数百里。"

【9】民国《钟祥县志·附录》："铁失埂之铁牛，于明万历年间，每夜食民田禾，居人踪迹之，乃铁牛也，遂断其一足。又寺下石坊狮子，夜饮山井水，人见而驱之，疾登坊上，亦断其足。"

【10】《明神宗实录》："万历四十一年九月庚午夜望，月食。"按，这是月全食的现象，即月亮被地球的本影遮挡的时候，发生的月食现象。因为大气层中折射的原因，月圆面中心与地球本影中心最接近的瞬间前后，月球表面呈红铜色或暗红色，所以又叫月红食。

甲寅（万历四十二年，1614年）正月，彗星见义乌西北[1]。淮安大风，郡城春夏每日火烧民房，共三十余次[2]。夏五月，大学士叶向高六十二疏乞休，始允[3]。以刑部郎中沈琉为东昌（今山东聊城）守[4]（原注：琉清廉素朴，食未尝副，衣未尝帛。每自叹曰：吾家自给谏登朝，食皇禄者三世，兹承乏东鲁，受吾皇分民，虽糜顶踵尚不能报，敢以身口上负圣明哉。童仆慕华者，咸告去。治民以孝弟礼仪为先，有讼至庭，为开陈曲譬，令归自省，不事刑罚。后一年，父老诫其子弟曰：毋生事，以劳渎太守，渐至狱庭生草，吏卒不亲狱具。寻迁兖东道，直旱蝗，饥民相食，汹汹思变。各司道咸给假挈孥去。琉并治各司道事，出必载印累累，捐俸借库银，以散饥民。民感德惠，曰：宁死何敢有异心。三年麦稔，即告致仕，民恸哭挽留，家为设祀焉[5]）。七月，苏州阊门外，下塘西冶坊沈廷华家，初有三足蟾蜍一只，头三角，角红如丹瑚，缘墙行走，不知所向，俄墙下地裂，走出数十人，并长六七寸，或老或少，或好或丑，或乌纱绛袍，或角巾野服，或垂白寡发，群众驱逐，薄暮忽跳跃四散而隐。明日家人晨起，忽见墙上幻出五色彩画，宛然金碧山水，次日换青绿山水，越日又换诸细巧人物故事，或麒麟，或丹凤。一日或见两仙人坐树下围棋，一日或见衣锦婴儿，捉少妇衣裾而立，观者以爪触伤妇颊，血出如缕，如是累月，竟不知何怪也[6]。冬十月，荧惑犯柳宿[7]。

【1】嘉庆《义乌县志·祥异》："万历四十二年，彗星见县西北角。"崇祯《义乌县志·灾祥》亦载。

【2】乾隆《淮安府志·五行》："万历四十二年正月，大风。三月，日晕奎娄。春夏，郡城火灾三十余次，人畜有焚死者。"

【3】《明神宗实录》："万历四十年十二月癸丑，大学士叶向高奏推补阁臣屡请不报。""万历四十一年正月辛未，大学士叶向高以阁臣未补，人言踵至，引疾乞休。四月乙卯，大学士叶向高引疾乞休。""万历四十二年八月癸卯，大学士叶向高疏请放归，先后凡十余疏，上俱温旨慰留，连篇累幅，至是情辞愈恳，圣心恻然，得旨：卿辅朕多年，秉公奉法，竭诚匡赞，劳怨不辞，独任忠勤，从来未有。朕倾心名德，眷倚方深，卿乃坚意乞归，连章恳请，情辞之苦，至不忍闻。朕鉴此悃诚，岂容终强，特允回籍调理，成卿雅志……卿宜善摄为国爱身以需召用。"

【4】《明神宗实录》："万历四十年二月辛未，升南京刑部主事沈琉为山东东昌府知府。"

【5】沈琉，字季玉，号懋所，吴江（今江苏吴江）人。万历二十三年（1595年），

与兄沈琦同榜进士，沈倬次子。历官凤阳府学教授、南京国子监学正、南京刑部主事，历郎中，出知山东东昌府。他廉介率属，治民以孝悌礼义为先，有讼至庭，为开陈曲譬，令归自省，不事刑罚，民辄愧悔。当地父老咸诫其子弟曰：勿生事以劳太守。狱庭生草。以治行第一擢兖东道按察司副使。正值大灾，赈荒擒盗，招抚流亡。逾年致仕，兖州士民攀车悲泣罢市，公改衣易舆，才得离去。六十一岁卒，东昌祀之学宫，入乡贤祠。

【6】（明）钱希言《狯园·画墙》："万历四十二年七月，苏州阊门外下塘西冶坊浜沈廷华，儒医故祖，家开米碓。其堂屋后逼近内寝，以山墙一带分隔中外…… 初有三足蟾蜍一头。头三角，角红如珊瑚，缘墙行走。看人稠叠，竟为持去，不知所向。俄顷，墙下地如裂状，走出数十人，并长六七寸，或老或少，或好或丑，或乌纱绛袍，或角巾野服，或垂白寡发，鱼贯而进，从廷华征命，纷纭相就，骂曰：还我宝来！群众驱逐，薄暮忽跳跃四散而隐。明日其家新妇晨起梳妆出房，忽见故墙上幻出五色彩画，宛然金碧山水一幅也。大骇，疾走报其姑。于时亲故无不来看。明日换青绿山水，越日又换诸细巧人物故事，或染麒麟望月，或写丹凤朝阳。一日一变，绘藻鲜明。姻家吴太学看时，适见有两仙人坐树下相对围棋。朱逸人与客往观，适见有衣锦婴儿捉少妇衣裾而立，时看人以爪触伤妇颊，出血如缕。如是累月，其家迎羽流符咒多方不能治。"（清）褚人获《坚瓠秘集·沈家怪异》引《广闻录》："万历甲寅（四十二年，1614年）七月，阊门外下塘冶坊沈廷华家，初有三足蟾蜍一只。头三角，角红如丹瑚，缘墙行走，俄墙下地裂，走出数十人，并长六七寸，或老或少，或好或丑，或乌纱绛袍，或角巾野服，或垂白寡发，群众驱逐。薄暮，忽跳跃四散而隐。明日家人晨起，忽见墙上幻出五色彩画，宛然金碧山水，次日换青绿山水，越日又换诸细巧人物故事，或染麒麟望月，或写丹凤朝阳。一日见两仙人坐树下围棋，一日忽见衣锦婴儿捉少妇衣裾而立，观者以爪触伤妇颊，血出如缕，如是累月，符咒多方不能治。"

【7】（清）吴伟业《绥寇纪略·虞渊沉》："万历四十二年十二月，荧惑犯柳。"按，柳宿，二十八星宿中南方七宿之一，其状如柳叶，居朱雀之嘴。嘴为进食之用，故多吉。荧惑犯张、犯柳，非吉。

乙卯（万历四十三年，1615年），荧惑二年逆行[1]，巳、午（9时—13时）经天。立春日，恶风发自离坤[2]。当涂县（今安徽当涂）重阳大雪[3]。

【1】《明神宗实录》："万历四十二年十一月乙丑夜，火星逆行柳宿。"按，火星即荧惑。柳宿是二十八星宿中南方第三星宿。柳宿多吉，所以荧惑逆行柳宿，被视为不祥。

【2】离、坤分别是八卦的两个卦名，如以之象征方位，则离为南，坤为西南。

【3】康熙《当涂县志·祥异》："万历四十三年，重阳大雪。"

丙辰（万历四十四年，1616年）正月，京师（今北京）大雪。无锡（今江苏无锡）有红黄黑三色雪，城中瓦屋上俱有巨人迹[1]。十四日、十五日夜，一更三点，淮安旧城内天妃祠钟无故自鸣，每二更三点住[2]。嵊（音：胜）县（今浙江嵊县）民家生犬，五足[3]。二月，会试，以大学士吴道南、礼部尚书刘楚先充考试官，取沈同和等三百五十名（原注：沈同和，吴江人，家饶阿堵，已彰物议。会试放榜，居然首选，其乡里下第举子愤愤不平，或泥污其名，或聚众声阙。及阅墨卷，首艺，时刻也。于是科臣参其怀挟，而本房亦具疏检举，士论哄然。上命礼官复试之[4]）。三月，京师大旱，敕礼官竭诚感格，以祈天泽[5]。是时上天谴告，不一而足，辽东火后复报豕妖，湖广又有两头之异，而都城内外左道尽行，人心煽惑，红封、大成等教[6]遍满地方，此非细故，君臣不能一德交儆，庙堂不能和气互修，而日泄泄焉。青衣角带，禁屠止沽，狃以为常，只恐益之疾耳。削会元沈同和为民，并黜进士赵鸣阳。同和复试之日，礼部出"明君必恭俭礼下"。同和问曰：是《书》乎？是《经》乎？是《论》乎？其座师大怒[7]。日暮，几于曳白[8]，于是发刑部询问，杖而徒之。其卷皆赵鸣阳笔。遂削其名。是科会录无元[9]。吴人为之谣曰：丙辰会录断幺绝六。以鸣阳中第六名也。先是，乙卯年南场中有鱼见于圊（音：清）[10]。鱼，水族，水至洁，而污秽至此，又见于场中，此文明失位之象。二人俱吴江人，吴为水国，遂应其兆。开国以来，未有会录无首者，乃始见于今日。丙火也，辰龙也，故谚曰：火龙无首[11]。陕西道御史刘廷元奏：今年各处天鸣、地震，时时俱见咎征，亢气狂风，人人知为凶兆，即日食暮春亢于纯阳。近者白昼陨星，日色无光，又见告矣。因言当戒谕福王并瑞王刻日完婚，为诸王陆续选择，以图修弭天变。时皇太子十余年不讲学，瑞王年二十五不婚，惠王年二十二、桂王年十九不选婚，独福王随请随报，屡请屡报，其请也多非分之希求，而其报也多不经之宠赉，如盐店则请盐井，则请芦田，则请没田，则请茶税，则请马店，则请竹木炭厂，则请天下之利权，欲聚于分封之一人，其孰甘之[12]？至貂珰如李浚、邢洪、徐进朝辈，鸱张于辇毂；陈奉、陈增、杨荣、梁永、高淮、李凤辈[13]，包烋（音：肖）[14]于税场，即中多物故，而或以病死，或以激变死，未闻特死于三尺法也。近如高寀[15]在四凶之首，法宜效两观之诛，乃奉旨回京，犹然潜匿。刘清源一疏、再疏，营求回监管事，不敕下法司，而温纶数降，信任此曹极矣。是以福王习见皇上之信任此曹也，则而象之，往返则驿递受其凌铄，守催则佃民任其诛求，丈地则肥可为瘠，征租则多可为寡，惟所欲为，莫敢谁何？灾异之告，有自来矣。疏入，不报。六月，禳蝗。（原注：丹阳〔今江苏丹阳〕有蝗从西北来，蔽天翳日，民争刲羊豕祷神，凡祷之家，只啮竹树茭芦，不及五谷。有朱姓者，牲醢[16]悉具，见蝗已过遂寝。须臾，蝗复返集，朱田凡七亩，尽啮而去，邻田不损一颖。相传有书投于路曰：借道不借粮，亦一异事[17]）。起居注之职向有翰林官专任，叶向高废其官而自领之，然向高工于笔札，岁月亦微有登记。至方从哲遂废。有以日后史事为从哲言者，从哲云，要亦何用？不得已，异日纂史官自吊（同“调”）各部文章阅之足矣[18]。内府藏籍甚多，自焦竑[19]遭谤后，史官避嫌，不敢至内府翻阅，而书皆为吏役窃出，所藏渐耗。有讽从哲整饬一番者，从哲蹙额曰，此多事矣。从哲以循墨苟容[20]，中外惟以丛脞相尚[21]，不但一史，凡勤事之吏无不垂首丧气。冬十月，荧惑犯翼。十二月，荧惑又犯翼[22]。

【1】《明史·五行志一》：“万历四十四年正月，雨红黄黑三色雪，屋上多巨人迹。”

【2】康熙《淮安府志·祥异》：“万历四十四年，淮安旧城内天妃祠钟无故自鸣。”

【3】康熙《嵊县志·灾祥》：“万历四十四年，王氏家犬生五足。某氏男二阳。”

【4】（明）朱国祯《涌幢小品·断幺绝六》：“丙辰会试，沈同和以代笔中第一名，代笔者赵鸣阳，中第六名，俱吴江人。事发按问，并罪除名。吴为水国，遂应其占，亦一厄运也。苏州人为之语曰：丙辰会录，断幺绝六，盖名次适应其数云。赵最有才情，特以馆谷落其度中。”按：断幺九是麻将术语，是指和牌时没有一、九及字牌的一种和法。断幺绝六则喻指榜中的第一名和第六名都落第，受到罪罚。

【5】《明神宗实录》：“万历四十四年四月丁卯，礼科给事中亓诗教上言……今天鸣地震、物孽人妖、水旱蝗蝻，道殣相望。”

【6】红封、大成等教是明代北方白莲教的支派。《明神宗实录》：“万历四十三年六月庚子，礼部请禁左道以正人心，言：近日妖僧流道，聚众谈经，醵钱轮会，一名涅槃教，一名红封教，一名老子教，又有罗祖教、南无教、净空教、悟明教、大成无为教，皆讳白莲之名，实演白莲之教。有一教名便有一教主，愚夫愚妇转相煽惑，宁怯

于公赋而乐于私会，宁薄于骨肉而厚于夥党，宁骈首以死而不敢违其教主之令，此在天下处处盛行，而畿辅为甚不及。今严为禁止，恐日新月盛实烦有徒。张角、韩山童等之祸将在今日。乞敕下臣部，行文五城厂卫，严令禁戢，立刻解散，如有仍为传头者，访出依律从重究拟。”

【7】按万历四十四年会试，沈同和请人代笔，冒得第一名，天下士子骚动，神宗令礼部复试。明代科举考试分三场，初场试《四书》义三道，《经》义四道……二场试《论》一道，判五道，诏、诰、表、内科一道。三场试经史时务策五道。复试时礼部出的题目本出自《四书》中的《孟子》，沈同和全然不懂，却无知地问这是在复试第几场，无怪乎考官大怒。

【8】试卷上没能写上一个字，交了白卷，叫作曳白。《旧唐书·苗晋卿传》：天宝二年，科举考试的时候，参与主持其事的苗晋卿为了讨好御史中丞张倚，故意将其子张奭推为榜首，社会上都知道张奭从不喜读书，故议论纷然，“玄宗大集登科人，御花萼楼亲试，登第者十无一二，而奭手持试纸，竟日不下一字，时谓之‘曳白’。”

【9】元，即第一名。科举会试第一名称会元。

明清时，将乡试、会试中试的举子姓名籍贯名次及其文章汇集刊刻成册，名曰试录。会录即会试中试的名录。由于这一年的第一名沈同和因作弊被除名，所以会录中没有第一名。

【10】圊：茅厕。

【11】中国古代以天干地支纪年，万历四十四年是丙辰年，按五行的说法，丙属阳火，辰属龙，故丙辰年是火龙。

【12】《明神宗实录》：“万历四十三年正月庚午，户科给事中官应震言：臣效忠陛下者有三说：一曰情爱不可偏溺，均吾君之子也，在皇太子十二年来以讲学请，则不报；在瑞王二十五龄以婚请，则不报；在惠王念二龄、桂王十九龄，以选婚请，则不报；而独是福王者随请随报，屡请屡报，宠盛而骄，只恐阶之为祸。一曰货利不可偏狥。二十年来采山、榷酤、□困于市，旅愁于途。犹幸有农民在垄亩，朝廷之正赋是供。乃顷则宦珰军骑遍历穷乡，既苦每亩三分之纳，复为分外加五之收，而农之困乃更在□贾上。一曰私人不可偏任：陛下近年于士大夫微觉厌薄，独于此曹是崇、是信。如李俊、邢洪辈之鸱张于辇毂；陈奉、陈增辈之包烋于税场；或以病死，或以激变地方死，未闻死于三尺法。近如高采奉旨回京，犹营求回监理事。皇上不敕下法司，而温纶频降。福王奈何不惟此曹之听乎，惟皇上去此三偏，远货财，斥群小，以为福王先。不报。”“万历四十三年四月甲申陕西道御史刘廷元言：近日各处天鸣地震，亢旱狂风，白昼陨星，暮春日食，皆时政失常所致，恳乞皇上裁必不可滥之恩，如丈田、货盐亟当报罢；举必不可缓之典，亲迎选婚，亟当允行，莫令父子骨肉之间恩义失中，厚薄倒置……而天变可回也。不报。”

【13】李浚，万历时司礼监太监。《明神宗实录》："万历三十九年八月甲申，万寿圣节，文武百官朝贺……大学士叶向高诣仁德门叩头称贺，遣司礼监太监李浚管待赐甜食烧割酒饭。"按，刘洪，误，当为邢洪，万历时御马监太监。陈奉，万历时湖广税监太监，一度激起湖北民变。《明神宗实录》："万历二十八年七月戊申，湖广税监陈奉题陈勘金颠末并进见在黄金。"原书冯进朝，误，当为徐进朝，万历时太监。《明神宗实录》："万历四十二年十二月庚子，刑科署科事给事中姜性言：高采、徐进朝等不处珰监横矣。"陈增，万历时山东税监太监。《明神宗实录》："万历二十九年四月癸未，山东税监陈增言：山东东昌府六府并香税课税一岁额银六万两今已全完。"杨荣，万历时云南税监太监，一度激起民变。《明神宗实录》："万历二十九年九月癸亥，是月云南矿监杨荣进金内库，凡税银一万五千四百余两、矿金三十两、矿银一千九百三十七两。"梁永，万历时陕西税监太监，一度激起民变。《明神宗实录》："万历二十八年七月己未，陕西税监梁永讦奏富平县知县王正志。"高淮，万历时辽东税监太监，一度激起民变。《明神宗实录》："万历三十六年六月庚申，以税监高淮诬奏逮同知王邦才、参将李获阳来京究问。"李凤，万历时广东税监太监，一度激起民变。《明神宗实录》："万历二十八年四月乙未，广东巡按顾龙祯为激变流殃非常大异：市舶税务内臣李凤差官陈保，往新会县拘锁平民，严刑逼勒，以致士民数千鼓噪县堂，税棍林权等率党相持，自午至戌挤踏死伤于县门者五十余命。"

【14】"包烋"同"咆哮"。

【15】高寀即高采，万历时福建税监太监，激起民变。《明神宗实录》："万历四十二年五月壬戌，福建税监高采播恶无忌，私造通倭双桅海舡，置办置倭货物数十万金，一切价值分毫不与，小民赔累，怨愤激变。采怒麾兵持刀乱砍杀伤多命，举放火箭烧毁民房，突入巡抚衙门，露刃胁制，复劫道府都司等官，质于署中，凶悖猖狂。抚按袁一骥、徐鉴疏闻，大学士叶向高、方从哲及给事中姚永济、郭尚宾先后参论。不报。"高采激起事变以后，万历皇帝只是把高采召回北京了事。《明神宗实录》："万历四十三年正月乙丑，高采奏：乞宽限调理，回监管事。上命遵旨伴送来京。"

【16】牲酝，即宰杀后准备祭神的牛羊猪等牲畜和酒。

【17】（明）朱国祯：《涌幢小品·物异》："万历四十四年，丹阳有蝗从西北来，蔽天翳日。民争刲羊豕祷神，神有蒲神大王者，尤号灵异，凡祷之家止啮竹树茭芦，不及五谷。有朱某者，牲醴悉具，见蝗势且逝，遂不致祷。须臾，蝗复返集，朱田凡七亩，尽啮而去，邻畻不损一苗。相传有怪书投其神曰：借道不借粮。亦可异也。"

【18】方从哲，字中涵，其先德清人，隶籍锦衣卫，家于北京。万历十一年进士，历官国子祭酒、吏部左侍郎。万历四十一年与吴道南一起拜为礼部尚书兼东阁大学士。次年叶向高致仕，吴道南尚在籍未至，朝中内阁只有方从哲一人支撑。吴道南到京以后，又为科臣攻击，屡屡求去，万历四十五年丁母忧。方从哲屡请补选阁臣，万历皇帝却

认为只有一个人就足以承担，拖延不允。万历四十八年七月，万历皇帝崩，长子朱常洛继位为光宗，九月以病服鸿胪寺官李可灼进献的红丸，崩于乾清宫。光宗长子朱由校继位为熹宗天启皇帝。方从哲在科臣等群起攻击之下，六上疏求去官，十二月始获致仕。崇祯元年卒。《明史》有传。

【19】焦竑，字弱侯，南京人。万历十七年状元，授翰林院修撰。大学士陈于陛建议修国史，欲使焦竑领其事，后仅修经籍志而未果。又为皇长子讲读官。万历二十五年主持顺天府乡试，被举劾，贬为福宁州同知，后辞官在家讲学。《明史》有传。

【20】循墨苟容：即墨守成规，不思进取，凡事屈从附和以取容于世。

【21】丛脞：琐碎。当时朝廷内外百官也多以纠缠琐碎的事情为时尚。

【22】（清）吴伟业《绥寇纪略·虞渊沉》："万历四十四年十二月，荧惑又犯翼。"按，《晋书·天文志上》："翼二十二星，天之乐府俳倡，又主夷狄远客、负海之滨。"星象的变化预兆礼乐兴或天子举兵。

丁巳（万历四十五年，1617年）正月，荧惑逆行，昴星跳跃，参星齐明[1]。黔抚张鹤鸣集兵分道剿苗，巡抚贵州御史杨鹤请发帑金四万，以为固守善后之用。不报。呜呼！剿之不能尽，剿势必用抚，抚之未可遽，抚又必用剿，祸至于剿不成剿，抚不成抚，贻累后来，可胜浩叹。黔中军民错壤而居，加以丛山深箐（音：庆）[2]，鸟道羊肠，绵亘数百里，贼守险甚易，我仰攻甚难，招募新兵皆四方亡命，驱市人而使之战，难一；汉兵不足势，不得不用土兵，兵素无纪律，不听节制，难二；提兵满万，无一大将登坛，难三；重赏之下必有勇夫，捉襟见肘，不敢多用一钱，难四；我合则贼分，我分则贼又合，终不能张弥天之网，设四面之罗，难五；此师之所以难胜也。按万历末年承平日久，抚按每以开衅为功，请发帑藏，请调土兵，官收其利，民当其灾，国受其害。鹤鸣此举斩杀无辜以万万计，而苗民汹汹思乱矣[3]。四月，直隶巡按王应麟奏：应天（今江苏南京）等处大蝗蔽天，食禾将尽[4]。正阳门箭楼成[5]。五月，群鼠蔽江南渡，自五月下旬千万成群，衔尾渡江，穴处食苗[6]。七月初六日，京师怪风[7]。陕西大旱，山东大蝗[8]。八月，宣府天鸣地震。九月，湖广承天（今湖北钟祥）等处夏旱秋水，蝗蝻蔽天。山东星陨、天鸣、地裂、龙斗[9]。江南、漳州（今福建漳州）各大水[10]。龙德殿、延禧宫灾[11]。是年春，济南纪家洼有异火，每夜分即出，其大如斗，光逐人，其疾如箭，近一二丈即止，寻复寻散。先是乙卯岁（1615

年）出于选城儒生张元地内，未几，赤地千里，兆庶流离，安丘劫库、劫狱，泰安、齐东杀兵、杀官，以彼验此，良可畏也[12]。广州有白气如刀，见于东方[13]。惠州大饥[14]。吴川、石城大飓风，舟自水中飞架民屋上[15]。

【1】《明史·天文志二》："万历四十五年，二月庚子，荧惑退行星度。"按，昴宿：昴是二十八星宿中西方第四星，共有七星，象征天之耳目，主狱事，又为旄头，胡星也。《史记·天官书》："昴曰昴头，胡星也。"《晋书·天文志上》："昴七星，天之耳目也，主西方，主狱事。又为旄头，胡星也。"参宿：是二十八星宿中西方第七星宿，共有十星。《晋书·天文志上》："参十星，一曰参伐，一曰大辰，一曰天市，一曰鈇钺，主斩刈。又为天狱，主杀伐。又主权衡。所以平理也。又主边城，为九译，故不欲其动也。"

【2】箐：大竹林，泛指树木丛生的山谷。

【3】《明神宗实录》："万历四十四年七月己酉，巡抚贵州都察院右佥都御史张鹤鸣疏议红苗事，言红苗之流毒湖北、川东、贵州三省所从来矣，而近日尤甚，三省边民苦于苗患。"建议合三省之力剿湖苗、川贵之苗。《明神宗实录》："万历四十五年四月己亥，贵州巡按杨鹤奏，官兵南北两路擒斩贼二千九百六十余级，需饷万分紧急，乞发川湖二省借解额饷以济燃眉。"

【4】《明神宗实录》："万历四十四年九月甲戌，应天、溧阳等处水灾，江宁、广德等处蝗蝻大起。按臣骆骎曾疏陈其状，且云蝗不渡江乃异也。今垂天蔽日而来集于田而禾黍尽，集于地而菽粟尽，集于山林而草皮木实柔桑疏竹之属条干枝叶都尽。窃闻数郡之内，数口之家，有履田一空而合户自经者。非皇上眷焉惠顾救此一方民，则江南半壁殆岌岌乎危矣。不报。"

【5】《明神宗实录》："万历三十八年四月丁丑，是夜正阳门箭楼忽火至次日辰未熄。《明神宗实录》万历三十九年六月丁丑，工科给事中张凤彩等请鼎建正阳门箭楼，刻期举行。不报。《明神宗实录》万历四十年三月丙申，工部右侍郎刘元霖请及时建竖箭楼以壮国威……时科臣马从龙亦以为请，俱不报。"《明神宗实录》："万历四十三年三月庚戌，工部屡疏，催请鼎建殿门箭楼。言皇极门是圣天子向明而治……今年大利，宜速举以奠丕基；至于正阳门箭楼一座，肃临御之观瞻，壮城守之锁钥，今一应物料俱已预庀，请与皇极门一同建……科臣刘文炳亦言之，不报。"《明神宗实录》："万历四十三年闰八月庚戌，三殿及箭楼开工，遣工部侍郎林如楚行礼。"

【6】《明神宗实录》："万历四十四年七月壬辰，南直常、镇、淮、扬诸郡蝗；土鼠千万成群，夜衔尾渡江往南，络绎不绝者几一月方止。"

《明神宗实录》："万历四十五年七月庚寅，大学士方从哲申恳切要三事：其一下报灾之疏言自北直隶、山东、山西、河南、江西以及大江南北，或大旱，或大水，或蝗蝻，又或水而复旱，旱而复蝗，至于应天（今江苏南京）所属，群鼠渡江，食民间田殆尽，此又从来未有之异。”（清）吴伟业《绥寇纪略·虞渊沉》：“万历四十四年后，应天鼠渡江者三，皆衔尾万余。”

【7】康熙《通州志·祲祥》：“万历四十五年二月，通州风霾，昼晦，空中如万马奔腾，州人震惊。七月通州复大风。”《古今图书集成·方舆汇编·职方典·顺天府部·纪事》引《昌平州志》：“昌平州怪风。”

【8】《明神宗实录》：“万历四十四年七月壬辰，陕西旱。”《明神宗实录》：“万历四十五年七月庚寅，大学士方从哲申恳切要三事：其一下报灾之疏言自北直隶、山东、山西、河南、江西以及大江南北，或大旱，或大水，或蝗蝻，又或水而复旱，旱而复蝗。”

【9】《明神宗实录》：“万历四十六年三月戊子，直隶巡按龙遇奇奏，应天（今江苏南京）鼠妖，方头短尾，渡江啮禾不绝；江北地震、天鸣、龙斗种种见告。”

【10】万历《漳州府志·灾祥》：“万历四十五年六月，大雨连日不止，西北二溪水涨，城垣不浸者仅尺许。城外沿溪海澄等处，民舍尽漂去，溺死者不可胜数。”

【11】《明神宗实录》：“万历四十五年正月壬午，东朝房失火，户科等衙门、朝房被焚五间；延及公生门（东安门内稍北），尽为烧毁。”《明神宗实录》：“万历四十四年十一月己巳夜，隆德殿灾，殿距宸居不远，上心惊恐终夜不宁。癸酉，大学士方从哲等言：‘前以禁城离照之地，而桥坊陨于暴风。今以宸居严閟之区，而殿宇飞为烈焰。旬日之内，奇变迭呈，此岂可以寻常视之。’丁亥，南城延禧宫灾。”《二申野录》系于四十五年，误。

【12】道光《济南府志·灾祥》：“万历四十四年，蝗，饥甚，人相食，蠲赈有差。临邑异火出，大如斗，烟直上，二三丈，遇行人疾逐，至近乃止。万历四十五年，齐东旱蝗。”

【13】宣统《南海县志·前事补》：“万历四十七年六月，彗星见，有白气自东而西，形如刀，与彗相耀。”

【14】光绪《惠州府志·郡事纪上》：“万历四十四年，归善饥，海丰大饥，长乐大饥。”按，《二申野录》系于万历四十五年。

【15】光绪《高州府志·记述一》：“万历四十五年，秋七月，吴川、石城飓风大作，屋尽圮，有舟飞屋上。”

戊午（万历四十六年，1618年）春正月，白彗出氐、亢[1]。是岁荧惑疾行周天，犯太微垣勾巳将相位[2]，金星入巳午[3]。二月，清明日，夜一鼓时，东北有星大如斗，赤色向南行，有声若雷，鸡犬皆惊，其光触地，纤毫毕见，坠于西，声闻者三[4]。常州春无麦[5]。淮安恒雨。三月庚午，大风霾，日色晦冥，将昏，东方电流如火，赤光照地，少顷西亦如之[6]。京师正阳门外，河水三里余，赤如渍血[7]。琼州雨雹，大如鸡卵[8]。闰四月，广宁（今辽宁北镇）卫民孙登妻涂氏生一猴，头上二角毛全，门牙四，身上有毛不全，落地随死[9]。六月，兰溪赤日中雨雪花，从下视之，似从日内出，至檐而没[10]。七月，东方有白气长竟天，其占为彗及蚩尤旗象主兵，而星陨、地震报相踵。又海州遥见白虹贯日，如日并出者三，白气直罩城上[11]（原注：吴梅村曰：彗星自万历五年起，讫于四十六年，中间凌犯惟此两年最大。五年见西南，长数丈，而四十六年，先以九月甲寅长星见东南，形如匹布，广尺，长二丈，九日而灭，所谓蚩尤旗也[12]。十月乙丑，彗再出于氐，自东南转指西北，扫太阳守星，入于亢，又渐往西北，扫北斗天璇、天玑、文昌、五车[13]，逼紫微垣，次月十九而灭[14]。天意初以谴告人主而不悟，其末载蚩尤旗竟天，斗极微垣，天子之宫廷而皆扫灭，以见祸患已成，消复亦不可为也。已其至崇祯十二年十月复见者，杨嗣昌以是年八月晦受命督师，十月朔至襄阳（今湖北襄樊），大誓三军，而彗星即于其时见[15]。又上以十月命王绍禹为河南总兵，后绍禹兵叛，失陷洛阳（今河南洛阳）；嗣昌开县（今四川开县）丧师，襄阳（今湖北襄樊）继破，两藩遇害[16]，京师之祸实基于此。天意若日彗之扫北斗、紫微，今害征至矣。呜呼，可不畏哉！）马湖、青羊二江（在今四川成都）合涌，逆上岷江，水立数十丈[17]。泉州（今福建泉州）东方有赤云一片，长丈余，形如刀，数月不散[18]。秋九月癸丑，广州彗星见，出辰分角亢度，其尾冲指奎娄壁度，先数夜有白气，自东亘西如刀形，与彗星并见，锋芒如帚，两月乃灭[19]。冬十月，淮安雷雨，彗星起氐入紫微[20]，贯北斗，扫文昌[21]。十二月六日，广东大雪后连岁皆稔[22]。

【1】白彗：星名。《晋书·天文志中》："太白散为天杵、天柎、伏灵、大败、司奸、天狗、天残、卒起、白彗。"意思是说金星流散为白彗等星。太白即金星，又称启明、长庚，是二十八星宿之外的古代人认为最亮的星宿。传说太白星主杀伐，古代诗文中多以比喻兵戎之兆。

氐、亢：二十八星宿中东方第二三星宿。《晋书·天文志下》："太白犯氐，占曰：'国有忧。'""太白昼见，在亢。占曰：'亢为朝廷，有兵丧，为臣强。'"

【2】中国古代为了区分天文星象，将星空划分成三垣二十八宿。三垣即紫微垣、太微垣、天市垣。太微垣是三垣的上垣，位居北斗之南。太微象征政府机构，星名亦多用官名命名，例如左执法即廷尉，右执法即御史大夫等。太微垣外围东藩的四颗星，分别称上相、次相、上将、次将。勾巳，（元）马端临《文献通考·象纬考十二》："去而复来，是谓'勾巳'。"

【3】巳午：巳是指东南方，午是指正南方。

【4】《明神宗实录》："万历四十六年十一月乙巳，有星自北陨南，其大如斗，其声如雷，光芒烛地，乍裂分散。"按，《二申野录》系于二月。

【5】康熙《常州府志·祥异》："万历四十六年，常州春雨无麦。"

【6】《明神宗实录》："万历四十六年三月辛未，方从哲言：昨日申刻，天气晴朗，忽闻空中有声如波涛汹涌之状，随即狂风骤起，黄尘蔽天，日色晦冥，咫尺莫辨。及将昏之时，见东方电流如火，赤色照地，少顷西亦如之。又雨上蒙蒙，如雾、如霰，土气袭人，入夜不止。当春和景明之时，突然有此风霾之异，天心示警不言可知。今部院大臣缺者固多，至兵部职司军旅，关国安危。今侍郎崔景荣被言出城，已难强留，其印信望即委尚书薛三才署掌，庶枢筦有人，天变可弭。"（清）吴伟业《绥寇纪略·虞渊沉》亦载。

【7】（清）计六奇《明季北略·纪异》："万历四十四年，龙斗正阳门，河水三里赤如渍血，京师大震。"

【8】乾隆《琼州府志·祥异》："万历四十六年三月初四，郡旱，祷雨，未时，有云从西南至，雨皆雹，大如鸡卵。"

【9】《明神宗实录》："万历四十六年，闰四月癸酉，辽东广宁卫住民孙应登妻，产一猴，二角四牙，浑身有毛，落地即死。"（清）计六奇《明季北略·纪异》："万历四十四年丙辰，广宁妇生一猴，二角。"

【10】光绪《兰溪县志·祥异》："万历四十六年六月，天雨花。按，戊午年（四十六年，1618年）六月，兰溪赤日中雨空白花，自下视之，似从日出，至檐际乃没。"

【11】【12】（清）吴伟业《绥寇纪略·虞渊沉》："万历四十六年，先以九月甲寅，长星见东南，形如匹布，广尺，长二丈，九日而灭，所谓蚩尤旗也。"崇祯《义乌县志·灾祥》："万历四十六年，蚩尤旗且见东北。彗星有赤光如火，长竟天。"按，蚩尤旗：蚩尤是传说中的远古部落领袖，因和黄帝部落大战而赫赫有名，据说在涿鹿一役中被杀。后人或以一种彗星称蚩尤旗，作为兵乱的征兆；或是一种云，其象上黄下白。《晋书·天文志中·妖星》："六曰蚩尤旗，类彗而后曲，象旗。或曰，赤云独见。或曰，其色黄上白下。或曰，若植雚而长，名曰蚩尤之旗。或曰，如箕，可长二丈，末有星。主伐枉逆，主惑乱，所见之方下有兵，兵大起；不然，有丧。"

【13】（清）吴伟业《绥寇纪略·虞渊沉》："万历四十六年十月乙丑，彗再出于氐，

自东南转指西北，扫太阳守星，入于亢，又渐往西北，扫北斗天璇、天玑、文昌、五车，逼紫微垣。次月十九而灭。”按，北斗星宿包括天枢、天璇、天玑、天权、玉衡、开阳、摇光七颗星。五车是二十八星宿之一的毕宿的星官，毕宿有十五个星官，五车是其中之一，亦称五潢，共有五星。《史记·天官书》：“轸南众星曰天库楼；库有五车。”《晋书·天文志上》：“五车五星，三柱九星，在毕北。五车者，五帝车舍也，五帝坐也。”所以，五车是指五帝的五辆车，或指车舍、车库。

【14】紫微垣：紫微垣是三垣的中垣，居于北天中央，所以又称中宫，或紫微宫。紫微宫即皇宫的意思，各星多数以官名命名。它以北极为中枢，东、西两藩共十五颗星。《宋史·天文志》：“紫微垣在北斗北，左右环列，翊卫之象也。”古代认为紫微垣之内是天帝居住的地方，因此预测帝王家事便观察此天区，流星现则内宫有丧，星象异则内宫不宁。

【15】崇祯十二年（1639年），杨嗣昌受命督师，攻张献忠等农民义军。

【16】崇祯十四年（1641年）正月，李自成农民义军击败守卫洛阳的河南总兵王绍禹，攻陷洛阳，杀藩王福王；二月，张献忠攻陷襄阳，杀藩王襄王。

【17】（明）方以智《物理小识·水斗水立水断地涌色变之异》：“老父记，万历戊午，马湖、青羊二江合涌，逆上岷江，水立数十丈。”按，（清）赵吉士《寄园寄所寄》亦载。

【18】（清）乾隆《福州府志·祥异》：引旧《福建通志》：“万历四十六年秋分夜，东方有云赤白色，形如刀，长丈余，累月方消。”

【19】宣统《南海县志·前事补》：“万历四十七年六月，彗星见，有白气自东而西，形如刀，与彗相耀。”光绪《惠州府志·郡事上》：“万历四十六年秋，旄头贯于太白。冬，彗星见于东南。按，其形如刀。”按，奎宿，二十八星宿中西方第一星宿，有十六星，象征天之府库。《晋书·天文志上》：“奎十六星，天之武库也。一曰天豕，亦曰封豕。主以兵禁暴，又主沟渎。”娄，二十八星宿中西方七宿之一。娄同“屡”，有聚众的含意，也有牧养众畜以供祭祀的意思，故娄宿多吉。《晋书·天文志上》：“娄三星，为天狱，主苑牧牺牲，供给郊祀。”壁宿，二十八星宿中北方第七星宿，有二星，象征书库。《晋书·天文志上》：“东壁二星，主文章，天下图书之秘府也。”

【20】氐：二十八星宿中东方第三星宿。《晋书·天文志上》：“氐四星，王者之宿宫，后妃之府，休解之房。”

【21】北斗七星由天枢、天璇、天玑、天权、玉衡、开阳和摇光七颗星组成，其中斗身中的四颗星又叫魁星。魁星就是文曲星，也叫文昌星，简称文星，因名带“文”字，古人附会为主管文运兴衰的星官。

【22】雍正《广东通志·编年志一》：神宗万历四十六年（1618年）冬十二月，广东雪，时恒阴，寒甚，白昼雪下如珠，次日复下如鹅毛，历六日至八日乃已，山谷之中峰尽壁立，林皆琼挺，父老俱言，从来未有，此后连岁皆稔。按，广东一般冬天并不下雪，而明

代晚期竟大雪六到八日，山谷皆冰封，树木皆为冰雪所覆，而且此后连年如此，可见当时气候酷寒，已经进入小冰期。

己未（万历四十七年，1619年）正月二日，荧惑犯轸[1]。十八日，司天占火星逆行[2]。二月、三月丙戌、甲午、庚子，荧惑犯翼[3]。二月二十日，京畿天色忽变，黄尘蔽天，倏忽之间满天尽赤。顷之，有光射人如血，已，昏暗如夜[4]。是月，金木相争，仅间一寸，晨出东方，有四、五月相荡。绍兴府城火[5]。三月，廷试，赐进士庄际昌等及第出身有差[6]（时际昌进呈卷子有别字，有洗补[7]。科臣杨濂曰：以状元而有别字，必三百进士皆不识字人乃可；以状元而洗补，必三百进士皆曳白乃可[8]。一时以为名言。宋集英胪唱[9]，执政林摅当传姓名，不识"甄盎"字，以寡学被黜[10]。近世士人以经义致身，误书、误读者何限，宁独际昌哉！）杜松越五岭，将抵浑河，牙旗折为二，军库灾，火器尽毁，白气竟天三匝。刘綎出师日，五星斗于东方[11]。京城宣武门外响闸（在宣武门桥东）至东玉河，水复赤，正阳门尤甚[12]。四月初六日申时，邳州（今山东邳县古邳镇）见西南陨一星，大逾碗口，流下旁添小星，两边各三点[13]。凤阳（今安徽凤阳）大旱，秋无麦禾，民食树皮，饿死半之[14]。六月十三日，东阳见两日，牵连分合如吞吐状。七月初四日戌时，有血光星长数十寸，照地如昼，自淮南流入西北，坠地。八月，长星蚩尤旗并出东南翼、轸，楚分，至十月终乃没[15]。荧惑贯南斗。御史杨鹤挂冠去[16]。九月，月犯轩辕。十月初二日，雷震广宁（今辽宁北镇）。初四日，淮安雷震[17]。十一月初五日，日有背气四重，珥气一重。十一日巳刻，星晕两耳及黑气两道，芒色甚异。二十一日，日背气三重，晕箍三道[18]。

【1】（清）吴伟业《绥寇纪略·虞渊沉》："万历四十七年正月二日，荧惑犯轸。"按，轸宿是二十八星宿中的南方第七星宿，主冢宰、车骑……有军出入皆占于轸。火星即荧惑，中国古天文中将其作为七曜之一称作荧惑。荧惑犯轸是兵乱之兆。

【2】火星逆行并不是表示火星真的倒退行进，而是由于火星和地球一样是绕着太阳运行，当火星运行的轨道方向与地球不同时，在地球上观看火星，就会产生火星在

倒退行进的视觉。

【3】（清）吴伟业《绥寇纪略·虞渊沉》："万历四十七年二月、三月丙戌、甲午、庚子，荧惑犯翼。"按，《晋书·天文志上》："翼二十二星，天之乐府俳倡，又主夷狄远客、负海之滨。"星象的变化预兆礼乐兴或天子举兵。《明神宗实录》："万历四十七年二月壬申，夜五更火星逆行，测在翼宿十八度二十分。"

【4】《明神宗实录》："万历四十七年二月甲戌，是日从未至酉天色忽变蒙尘沙赤黄色涨天；乙亥，大学士方从哲题：臣昨日在阁办事，午后忽见狂风大作，黄尘四起，赤气横空，时方申酉之交，而天色晦冥有如深夜，雨土蒙蒙，咫尺不辨，至起鼓以后风势转加，自非天心甚怒，何以有是？"

【5】乾隆《绍兴府志·祥异》："万历四十七年，府城火。"

【6】庄际昌，字景说，号羹若，初名梦岳，应试时改际昌，学籍永春，乡籍晋江青阳。万历四十三年中举人。万历四十七年中进士，会试、殿试皆第一。是整个明代惟一在会试、殿试均得第一人。但因制策"醪"字偶误为"胶"字，数目字误写，卷面稍有刮补，被人指摘，遂不受职而请假归里。天启年间，补授翰林院修撰，参加编修国史。直起居注，会试考官。宦官魏忠贤操纵朝政，主持考试的官员，多数是魏忠贤的私党，际昌据理力争，无所顾忌。后被罢职。返籍归乡，为家乡兴利除弊。明崇祯元年（1628年），魏忠贤伏诛，际昌被起用为右谕德，崇祯二年病逝官邸。运灵柩回家乡晋江，葬于青阳山左麓，赠詹事府詹事。

【7】洗补：就是在卷子上涂改。

【8】（清）阮葵生《茶余客话》："己未殿试，赐一甲进士庄际昌等及第出身。时际昌卷有别字，又洗补未净。科臣杨涟曰：'以状元而有别字，必三百人皆不识字乃可。以状元而洗补，必三百人皆曳白乃可。'"

【9】胪唱：科举时，殿试之后，皇帝传旨召见新考中的进士，依次唱名传呼，为"胪唱"，也叫"传胪"。宋朝是在集英殿上举行。

【10】《宋史·林摅传》："集英胪唱贡士，林摅当传姓名。不识'甄盎'字，帝笑曰：'卿误耶？'摅不谢，而语诋同列。御史论其寡学，倨傲不恭，失人臣礼，黜知滁州。"原文为"甄画"，误，据改。

【11】（明）刘岱《夜航船·天文部·五星斗明》："神宗万历四十七年，五星斗于东方，杜松、刘全军战没于浑河及马家寨等处。"按，万历四十七年，明杨镐统领明朝大军分四路进攻辽东女真努尔哈赤，山海关总兵官杜松受命统领中路左翼急进，至萨尔浒（今辽宁抚顺东浑河南）遇伏，全军覆没。刘綎是辽阳总兵官，统领南路，在杜松之后亦遭全军覆没。

【12】（明）来集之《倘湖樵书·水色》引《槎庵小乘》："万历四十六年四月，礼部一本《水异骇观，天心示儆，乞圣明加意修省，以图消弭事》，祠祭司案呈：本月内

京师喧传城河水赤。臣等遂于二十五日，亲诣观看，见西自宣武门外东响闸起，至正阳门外御河闸止，约长三里许，水色尽赤，深红紫暗，状如积败之血，委系异常，相应题请修省，云云。”《明史·五行志一》：“万历四十七年四月，宣武门响闸至东御河，水复赤。”

【13】《明神宗实录》：“万历四十七年三月乙酉夜，东南方有星如碗大，赤黄色，尾迹有光，起自大角星东北方，行至近浊。”

【14】《凤阳府志》：“万历四十七年，春至夏，江北大部分地区旱。宿县：夏旱，禾苗皆枯……凤阳：大旱，无麦禾，民食树皮，饿死者半。”

【15】（明）张岱《夜航船·彗星》：“曰长星，亦曰枪。芒角四射者曰孛，芒角长如帚曰彗，极长者曰蚩尤旗。”翼、轸，楚分：古代天文上的翼宿和轸宿，代表地面楚地分野。也就是说，这两个星宿的变化预兆着地面今湖北、湖南地区将发生的事件。

蚩尤旗：蚩尤是传说中的远古部落领袖，因和黄帝部落大战而赫赫有名，据说在涿鹿一役中被杀。后人或以一种彗星称蚩尤旗，作为兵乱的征兆；或是一种云，其象上黄下白。

【16】《明神宗实录》：“万历四十七年五月癸未朔，署吏科事给事中张延登奏：诸臣擅官守，谓何如工部侍郎林如楚之沿途候旨，御史杨鹤之挂冠径去，巡方崔尔进、张惟任之俱不候代，兵科赵兴邦之舆疾出城，法纪陵夷莫此为甚。伏乞圣断，以励官常。不报。”

【17】光绪《淮安府志·灾祥》：“万历四十八年七月，大风雨，雷火竟天，焚指挥蔡宽屋及旧城南门城楼。冬，雷震。”同治《山阳县志》亦载。按，《二申野录》系于万历四十七年。

【18】《明神宗实录》：“万历四十七年十一月庚子，日生晕，两耳及背气二道，各青赤黄色。”

庚申（万历四十八年、光宗泰昌元年，1620年）春正月，广州龙门（今属广东惠州）祥云见[1]。山东巡抚王在晋奏：泰安州岱庙配天门东，青龙神一尊，身高二丈有余，口内出火。烟光相杂，将神扯倒，运水救灭，未至延烧。按神像口出火焰。通查志乘，为从来未有之灾，毋亦以齐事观之，其艰难如火之益热矣[2]。冲棚在野[3]，而传烽守埤[4]之无人雕服[5]从戎，而鸣镝流礴（音：博）[6]之未息，是焚林之灾也。糇（音：候）粮在裹[7]，望唇市以鸣浆；箕斗[8]空悬，渡蛟宫[9]而输粒，是沸鼎之煎[10]也。闾阎括穷士[11]之毛，加编至再，笞杖流凶年之血迭至无休，是炊骨[12]之征也。夺牛而存焦土，田畯[13]罢耕，截流以系行舟，长年屏迹，是燃眉之急也。焚将及幕[14]而不知其危，爇且加薪[15]而不虞其燎，是厝（音：错）火[16]之危也。被发以救乡邻不辞昏夜，闭户以疏同室未见缨冠[17]，是焦头烂额之情形也。且西天毗卢之殿[18]，金碧辉煌，而东方青帝之宫[19]，锱铢抽索[20]，针头削铁，诛求及众，施之金钱，佛面刮金[21]，饟兵[22]借十方之香火，官僚之供应于斯，军兵之衣食于斯，凡典礼工费等项，靡不取给于斯，而又科饷以为地方之卫也。神不能分身以应，不难舍其身付之烈焰，以息无已之求。此神明有怫然欲吐之衷，勃然不平之愤，燥急心热乃披露于口以令人之悟耳。先是本州三冬少雪，麦苗未发，一旦遭风霾之变，些须萌蘖[23]尽被压坏，且雨土终日，狂风拔木，黄霾从西北起，沙土蔽日，怪风异常，不特一神口火出也。二月夜，当涂（今安徽当涂）有异鸟哀鸣，声如一串铃，或见其集梵刹树为九头鸟[24]。三月乃去。四月二十一日山阴（今浙江绍兴）大雪，有龙昼见[25]。五月十三日，更深；月贯房中星，犯心中星。六月十一日，犯心前星[26]。七月初八日，又犯，日旁见两日。七月二十一日壬寅，凤阳（今安徽凤阳）烈风暴雨，墙屋俱偃，淮水大上，陆地行舟[27]。酉时，淮安地震，有声三次，从西北方来[28]。是日，帝崩于乾清宫[29]。二十二日，辰时，雨中大霹雳，连发四声，火光竟天。自指挥蔡宽屋出，焚毁淮安旧城南门城楼七间，风雨愈盛，火愈烈。二十四日，淮安又地震有声者三[30]。八月丙午朔，夜，白气如练，过牛、女[31]，历轸、翼，良久乃散[32]。太白犯太微垣，成勾巳[33]。初六日，荧惑犯太微垣、右将[34]。十一日，当涂（今安徽当涂）地震有声如雷[35]。本日乃贞帝[36]诞日。十三日以后，淮安每夜月五彩光华，半月不止。十五日，陕西临高、兰州之间，巳时见河流上泛白，至申时彻底澄清，上下数十里，一望无际，至十七日未时照旧浊流[37]。九月乙亥朔，哕鸾宫灾[38]。贞帝崩[39]。江西大水[40]。二十四日戊戌，赤气亘天，辽阳赤地千里[41]。冬十月乙卯，四方有苍白云，风从东南来，微细。太史占曰：立冬之节有云，人主吉，天下苦。风从巽[42]来，冬温。明年旱，天下苦，凤阳（今安徽凤阳）其与乎？《素问》[43]风从东南来名曰弱风，其伤人也，内舍于胃，外在肌肉[44]。其气主体重则明年人病在胃，当无过饥失饱，宜服平胃之药，轻身之草。十一月，荧惑犯左相[45]。初十日，淮安大雷连发，电光四照[46]。是年有道士歌于市曰：委鬼当头坐，茄花遍地生[47]。

【1】道光《广东通志·前事略七》："泰昌元年正月，广东龙门祥云见。"

【2】（明）吕毖《明朝小史·万历纪·神口出火》："帝之末年，山东泰安州岱庙配天门东青龙神一尊，身高二丈有余，口内出火，烟光相杂，将神扯倒，运水救灭，未至延烧。"

【3】冲棚：即棚户房，泛指简陋的草土房。

【4】传烽守埤：烽，指边戍发出的敌人来犯的警报，点燃柴草发出滚滚浓烟；埤，指边城墙上的矮墙，又称女儿墙，士兵可以隐蔽在墙后发射弩箭。总之是泛指守边的士兵。

【5】雕服：盛箭的箭袋。

【6】鸣镝流磻：鸣镝，发射后带有哨声的箭。流磻，指习射。磻，用生丝绳结于箭身上的石块，以射飞鸟，以便一箭射获双鸟。

【7】糇粮在裹：裹，携带的意思。糇粮，熟的干粮。即指携带熟食干粮，以备出征或远行。语出《诗经·大雅·公刘》："乃裹糇粮，于橐于囊。"

【8】箕斗：古代盛谷物的工具，一用来盛颗粒饱满的，一用来盛颗粒干空的。

【9】蛟宫：传说中的龙宫。

【10】鼎沸之煎：鼎沸，指水烧沸腾的鼎。这里是比喻非常痛苦的煎熬。

【11】穷士：贫困之士。

【12】炊骨：烧人骨为炊，比喻非常凄惨。

【13】田畯：原意指古代管农事、田法的官，这里是指耕作的农夫。《诗·豳风·七月》："同我妇子，馌彼南亩，田畯至喜。"《毛传》："田畯，田大夫也。"罢耕：放弃耕种农田。

【14】幕：帐篷中覆在上面的大帐布。

【15】爇：烧、燃烧。

【16】厝火：厝火积薪的简缩语，比喻不知隐藏的危险。

【17】《孟子·离娄》："今有同室之人斗者，救之，虽被发缨冠而救之，可也；乡邻有斗者，被发缨冠而往救之，则惑也，虽闭户可也。"孟子举例，形容禹以天下为家的观点，批评说普通人对自家人和外人有感情上的差别。自己人有事就很抓紧，外人的话就可能冷眼旁观，就是事不关己高高挂起的意思。孟子认为这样不正确。

【18】毗卢是"毗卢遮那佛"的略称，"毗卢遮那佛"是释迦牟尼的法身佛。佛教

中经常会提到“三身佛”，其中天台宗认为即法身“毗卢遮那佛”、应身“释迦牟尼佛”、报身“卢舍那佛”。佛教认为法身毗卢遮那佛不管在什么时候都永远存在，可见其在佛教中的地位非常重要。因此，许多寺院都有供奉，如：寿县报恩寺、北京法源寺、洛阳白马寺。毗卢殿在寺院的后面，俗称后殿。

【19】青帝，是中国古代传说中五帝之一，掌管天下的东方，亦是古代帝王及宗庙所祭祀的主要对象之一，亦称“苍帝”“木帝”。在“先天五帝”的概念中，青帝即为太昊。五行中对应木，季节中对应春天，五色中则对应青色。

【20】锱铢抽索：锱、铢：都是古代很小的重量单位。形容搜刮得一干二净。

【21】针头削铁：从针头上削铁，形容搜刮十分刻薄。明代有一曲《夺泥燕口》：“夺泥燕口，削铁针头，刮金佛面细搜求，无中觅有。鹌鹑嗉里寻豌豆，鹭鸶腿上劈精肉，蚊子腹内刳脂油，亏老先生下手！”收入明代李开先的《一笑散》中，原题作“讥贪狠小取者”，概括了贪婪之徒穷由极恶、贪得无厌的可憎嘴脸。

【22】饟兵：饟同饷，指供给军队的粮饷。

【23】些须萌蘖：些须，或做些需，即少许的意思。萌蘖：植物生长出的新芽。

【24】【35】康熙《当涂县志·祥异》：“嘉靖四十八年二月夜，有异鸟哀鸣，三月乃去。按，声如一串铃，或见其集梵刹树为九头鸟。八月十一日地震，有声如雷。”按，九头鸟：《山海经·大荒北经》：“大荒之中，有山名曰北极天柜，海水北注焉。有神，九首人面鸟身，名曰九凤。”

【25】嘉庆《山阴县志·机祥》：“嘉靖四十八年，四月二十一日，大雪。”

【26】心宿，十二十八星宿中的东方第五星宿，有三颗星，即“太子”“天王”“庶子”，又分别名为“心前星”“心中星”“心后星”。房宿是二十八星宿中第四星宿，有四颗星。房中星即房宿中星官。

【27】《凤阳县志·祥异》：“万历四十八年秋七月壬寅，烈风暴雨，墙屋尽倒，淮河暴涨，陆地行舟。”

【28】《明熹宗实录》：泰昌元年（1620年）十月己未，淮安府地震，雷火击毁城楼，大雨如注，平地尽成巨浸。《明史·五行志三》：“万历四十八年（1620年）二月庚戌，云南及肇庆、惠州、荆州、襄阳、承天、沔阳、京山皆地震。”

【29】《明神宗实录》：“万历四十八年七月癸巳，是日上崩。”

【30】《明熹宗实录》：“泰昌元年十月己未，淮安府地震，雷火击毁城楼，大雨如注，平地尽成巨浸。”

【31】牛、女：二十八星宿中的北方星宿计有斗、牛、女、虚、危、室、壁七个星官，故称北方玄武七宿。

【32】《明光宗实录》：“万历四十八年七月丙子，白气见。夜四更，候得白气如疋练，长三丈余，穿过牛、女、虚、危，历轸，至翼，良久乃散。”按，轸、翼：二十八星宿

中南方的第七、六位星官。

【33】《明史·天文志二》："泰昌元年八月丙午朔，太白犯太微垣勾巳。"按（元）马端临《文献通考·象纬考十二》："去而复来，是谓'勾巳'。"

【34】《明史·天文志二》："泰昌元年八月辛亥，犯太微右将。"太微垣是三垣的上垣，位居北斗之南。太微象征政府机构，星名亦多用官名命名，例如左执法即廷尉，右执法即御史大夫等。

右将：二十八星宿中北方第二星宿牛宿。有河鼓等十一星官，又称牵牛。河鼓主星为上将军，其左右有左、右将军。

【36】贞帝：万历皇帝的长子朱常洛，继位为光宗，30天以后就病死，谥曰贞。

【37】《明熹宗实录》："泰昌元年九月癸巳，陕西巡抚李起元奏：兰州黄河自八月十五日至十七日彻底澄清，上下数十里，一望无际。"

（清）计六奇：《明季北略·河清》："八月十五日，临巩、兰州之间，巳时见河流上泛白，至申时彻底澄清，上下数十里，一望无际，至十七日未时，照旧浊流，共清三日，时临巩道与户部郎中黄衮亲诣河桥目睹。"

【38】《明熹宗实录》：光宗"泰昌元年十月丁卯，哆霓宫灾。"按，《二申野录》系于九月，误。

【39】明光宗贞皇帝朱常洛，明神宗长子。明朝第十四位皇帝，仅在位30天。万历皇帝素来不喜爱他，一度想废长立幼。登基十天之后，即泰昌元年八月初十，光宗病重。服用李可灼进献的红丸暴毙，史称红丸案。谥号贞皇帝，庙号光宗，葬于明十三陵之庆陵。

【40】《明熹宗实录》："泰昌元年九月癸巳，江西大水，该省抚按以闻。"

【41】《明史·五行志三》："泰昌元年，辽东旱。"

【42】巽：在八卦中代表风，在方位中表示东南方。

【43】素问：《黄帝内经·素问》简称《素问》，记载黄帝与岐伯等人的对话，以黄帝问而岐伯答的形式记载，是古代汉族医学著作之一，也是现存最早的中医理论著作，相传为黄帝创作，大约成书于春秋战国时期。

【44】《灵枢·九宫八风》："风从东南方来，名曰弱风，其伤人也。内舍于胃，外在肌肉，其气主体重。"《灵枢》和《素问》同是《黄帝内经》的组成部分。

【45】太微即太微垣，是三垣的上垣，位居北斗之南。太微象征政府机构，星名亦多用官名命名，例如左执法即廷尉，右执法即御史大夫等。太微垣外围东藩的四颗星，分别称上相、次相、上将、次将。荧惑是凶星恶曜，其犯太微垣是凶兆。

【46】同治《山阳县志·杂记二》："万历四十八年七月，大风雨，雷火竟天……冬，雷电。"

【47】（清）吴伟业《绥寇纪略·虞渊沉》："万历末年，有道士歌于市曰：'委鬼当头坐，茄花遍地生。'北人读客为楷，茄又转音，为魏忠贤、客氏之兆。"

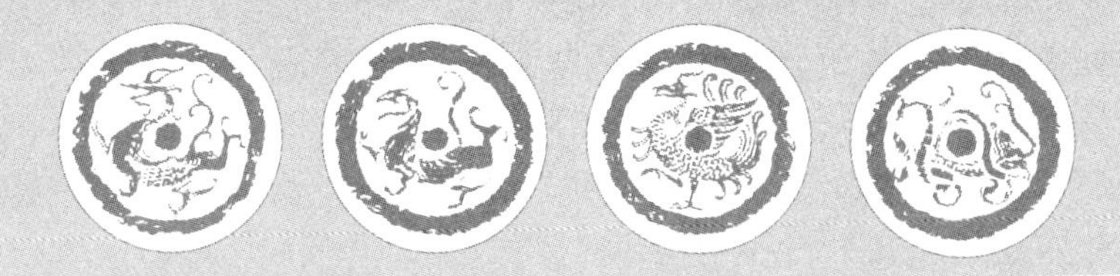

卷七

天启辛酉（天启元年，1621 年）至

天启丁卯（天启七年，1627 年）

辛酉（天启元年，1621年）正月癸酉朔，日生晕[1]。淮安大风雪，自艮方（东北方），二日卯（5时—7时）薄房灾[2]。元旦前后，当涂（今安徽当涂）大雪四十余日，深六七尺，野鸟饿死[3]。丙戌夜，土星逆入井宿[4]。丁亥，寅初四刻立春，应正月节，其时四方有苍白云，风从西南方坤位上来，微细，占曰：风从坤来，六月水，多怨，土功兴[5]（原注：熹宗天性极巧，癖爱木工，手操斧斲（音：卓）营建栋宇，即大臣不能及。又好髹漆器皿，朝夕修制，不殚烦劳，当造作得意时，解衣盘礴[6]，非素宠幸不得窥视。或有急切本章，令左右读之，一边手执斤削，一边侧耳注听，读奏毕，命曰：你们用心行去，我知道了。所以太阿下移[7]）。二十六日，草场火[8]。海运遭风，命抚臣祭告海神[9]。二月初二日正，辰刻，日两傍有耳如月状，内红光白焰甚为闪烁，倏然如玉环，其大竟天，并日晕形如连环状，其西面与东北面复各有形如日，但色道惨淡，如月在笼。日晕上并圈中约有数丈许，精采青红如虹状。其幻形者二，皆外向，与日光相背，自辰至午方散[10]（原注：总之，无日不风，无日不雪，不见天日者殆一两月。未几，西河沦没[11]，赤子罹凶，日凡二变，风亦三告矣。日，君象也，两傍有耳，物压其上，皆左右僭窃之象；惨淡无色，光不射目，有大权旁落之征）。闰二月初三日，京师风霾，初六日又大风霾，俱从东南巽位上来，黄尘敝天，逾时不解[12]。保定巡抚胡思伸荐原任按察使邢云路[13]，精于历法，宜起用（原注：时云路年已七十有三，其算泰昌元年月食，台官失算二刻，验之果然，人多异之）。二十七日，昭和殿灾[14]。六月，淮安淫雨不止，里河堤岸冲倒，水由二铺灌入三城，平地深一丈许[15]。七月初五日，亥时，流星引练红赤色，后有小星数百随之，起自西北，傍女宿。八月，淮河清。陕西巩昌府产麒麟，怪而击死。是月，荧惑、太白斗西方，历两月同度[16]。汉中（今陕西汉中）山有虎，生角[17]（原注：道书云：虎千年则蜕牙而生角）。九月壬子，广东肇庆府西门外居民王体积厅地血喷出，遍地流溢，体积立其旁，血射其身并其足，伤数处[18]。上以客（音：且）氏保护圣躬，效有劳积，着择地三十顷以为护坟香火之用；以魏进忠侍卫有功，着于陵工造成，叙录在内[19]（原注：《妖媪（音：袄）传》云：魏进忠杀王安[20]后，手便滑。尽以私人升秉，且结内阁，设立内标，带刀悬刃聚甲，出入大内，谓之内丁，凡万余人。内丁下各有亲丁、余丁，合之数万人。与客氏同谋，杀光庙选侍赵[21]，赵故与魏、客不协，遂矫旨。赵尽出光庙所赐金珠等陈列于案，沐浴礼佛，西向遥拜，恸哭良久，投缳而绝。裕妃张方妊[22]，应册封礼。客氏僭于上，绝饮食，闭�（音：瓢）道[23]中。偶天雨匍伏，掬檐溜数口而绝。成妃李，诞二公主而殇。先是冯贵人以诽谤赐死[24]，时范贵妃久失宠[25]，成妃间侍上寝，为冯乞怜。二逆侦知之，矫旨革封，绝饮食。成妃故鉴裕妃饥死，密储食物壁间，遂得窃食自活。数日，忽降宫人，妃亦不知所坐[26]。驾言急病，立刻掩杀[27]。肆恶宫中如此，浸假[28]而及于外朝。噫！可畏哉）。白气起于翼、轸之野[29]，初如彗，久之渐大，自东亘天至西北，如蚩尤旗[30]，占三度半，至十月方没。冬十月初七日戌时，流星白色如盏，自北飞流女宿及斗宿[31]。十一月十五日亥刻，淮安（今江苏淮安）大雷一声，电光大照，去向乾方[32]。诸暨（今浙江诸暨）蒋氏妻生一女，未几变男，及长仍亦为女，后嫁夫，孕一子而死[33]。十二月，日晕风异（原注：十四日早，天色黯淡不类常，时及向午，日轮上值中天光不射目，仰视者见日上恍有一物，其体可比日大，而混沌无光，伏压日上，东西磨荡，非烟非雾，如盖如吞，怪风扬沙，一坐溟溟，通天皆赤。既而大雪连朝，厥永在地，即撒风怒号而久阴，沙重撮起为难。须臾之间，红日无光，乾坤失色，此亦非常之变[34]）。宝庆府雷震，移署鸱于学门，赤鲤飞集泮池[35]。盐山（今河北盐山）大风昼晦[36]。扬州乌巢生白鸦，喙距皆赤[37]。河间（今河北河间）大水。宣平县（治今浙江武义县柳城镇）清修寺[38]碑忽发火三夜，光煜煜烛山，有声轰轰然。

【1】日晕：日光通过冰晶时发生的光学折射现象，在太阳周围形成光环。

【2】崇祯《吴县志·详异》："天启元年，正、二月苏州雨雪连绵，米石价一两一钱。"按，薄房灾：指不结实的房子如草房之类，被雪压毁。

【3】康熙《当涂县志·祥异》："天启元年正月元旦前后，当涂大雪四十余日，深六七尺，野鸟饿死。"按，嘉庆《常德府志》："天启元年春，大寒，雪积五十余日，鸟兽多死。"民国《湖北通志》："天启元年正月，黄州郡县皆大雪凡四十余日，人多僵死。钟祥大雪，汉水冰坚可渡。蕲州大雪，冰厚尺许"。同治《德化县志》卷五十三载："天

启元年正月，大雪四十余日，虎兽多饥死。”民国《阳江县志》：“天启元年二月，雨雪，岭南素无雪，是春寒冽异常，大雪半月。”雍正《湖广通志·祥异》：“天启元年春正月，黄州郡县大雪四十余日，人多僵死。”按，常德、黄州在今湖北境内，德化在今江西境内，阳江在今广东境内，当涂在今安徽境内，可见当时长江以南广泛地区普遍出现了严寒气候。

【4】土星：名叫镇星，移动最慢，每一年坐镇一个星宿，故二十八年才可坐镇完二十八星宿。井宿：属于二十八星宿中南方七宿之一。井宿八星如井，附近有北河、南河（即小犬星座）、积水、水府等星座。井宿主水，多凶。《宋书·天文志一》：“魏明帝青龙三年六月丁未，镇星犯井钺。四年闰四月乙巳，复犯。戊戌，太白又犯。占曰：‘凡月五星犯井钺，悉为兵起。’一曰：‘斧钺用，大臣诛。’”

【5】《玄精碧匣灵宝聚玄经·水火风雷部》：“风从坤来，春多寒凉。六月水灾，土工兴孽。”《玄精碧匣灵宝聚玄经》，撰人不详，三卷。出自《正统道藏》太玄部。

【6】解衣盘礴：中国画术语。解衣，即袒胸露臂；盘礴，即随便席地盘坐。本意是全神贯注于绘画。

【7】太阿下移：太阿，即相传春秋时干将、欧冶子铸造的名剑，用来比喻大权。太阿下移就是说，权力旁落到下属的手里去了。（明）文秉《先拨志始》：“太阿下移，而忠贤辈得以操纵如意也。”

【8】《熹宗实录》：“天启元年二月乙丑，安仁草场火，夺监督主事霍允猷俸一月。”

【9】《熹宗实录》：“天启元年二月乙丑，海运遭风，遣山东抚臣及蓟辽等处道臣致祭海神。”

【10】（清）计六奇《明季北略·辛酉七年纪异》：“天启元年辛酉二月初三日，辽东日晕，两傍有耳如月状，内红白光焰闪烁，倏如玉环，其大竟天，并日晕形影如连环状，如西南东北面，复各有形如日，但其色惨淡，如月之在宠。其日晕之上，大圈之中，约有光彩数十丈，青红如虹状。忽如人形，又似刀形、弓形者，二皆外向，与日光相背。自辰至午方散。翼日，淮徐地震，屋瓦皆动（见抚按疏）。”《续通志·灾祥略一》：“熹宗天启元年二月甲午，晕有珥，白虹。”《明史·天文志三》：“天启元年二月甲午，日交晕，左右有珥，白虹弥天。”

【11】西河，又称河西，有多种解释，这里是指今辽宁浑河以西，如广宁（今辽宁北镇）等地区。《明季北略》记载：天启元年明朝沈阳、辽阳先后陷于后金。经略袁应泰云：“辽阳会城危在指顾……公等可速出城，收拾余烬，为退守河西计。”天启二年正月，广宁溃败。

【12】《明熹宗实录》：“天启元年闰二月乙亥，是日风霾，因谕内阁：朕见今日偶然风尘大作，心甚兢惕。戊寅，风霾。乙酉，是日风霾如前。甲午，上御经筵，以风霾示警免赐酒饭。”

【13】邢云路，明安肃（今徐水县）龙山人，明末著名天文学家。他著《戊申立春考证》一卷，著《古今律历考》七十二卷。曾参加两次改历运动（1595年和1610年），是明末复兴天文学的重要人物。《畿辅统志》有传。

【14】《明熹宗实录》："天启元年闰二月戊戌，昭和殿灾。"

【15】《明史·河渠志三》："天启元年，淮、黄涨溢，决里河王公祠。"乾隆《淮安府志·运河》：明初漕运，自仪真（今江苏仪征）至淮安的运河称里河。自淮安往北至黄河称外河。按，王公祠在二铺，是纪念明漕运总督王宗沐。

【16】《明史·天文志二》："天启元年八月丙申，荧惑与太白同度者二日。"按，荧惑就是火星，太白就是金星。《明史·天文志二》记载"同度者二日"，《二申野录》记为"历两月同度"。

【17】（南梁）任昉《述异记》卷上载："汉中山有虎生角，道家云：虎千岁则牙蜕而角生。"（清）赵吉士《寄园寄所寄·灭烛寄·虎》引《稗史》："汉中山有虎生角，道家云：虎千年则牙蜕而生角。"

【18】《明熹宗实录》："天启元年六月二十日，肇庆府大雨如注，西门外王体积家厅地上微折处，血水喷出，如趵突泉状，色鲜气腥，遍地皆溢。"

【19】《明熹宗实录》："天启元年正月壬寅，御史王心一疏言：伏睹明旨，一则曰：奉圣夫人客氏保护效有劳绩，著户部速行择给地二十顷以为护坟香火之用；一则曰：魏进忠侍卫有功，著工部于陵工告成叙录在内。""天启元年八月乙酉，命给奉圣夫人客氏坟地，从其请也。"

【20】王安：保定人，万历六年入宫为太子伴读，为人刚直不阿。但他受魏忠贤的奉承，曾大力提拔魏忠贤。天启元年，任其为司礼监，魏忠贤恐怕他日后成为障碍，就指使手下弹劾王安，让心腹王体乾任司礼监。更编造理由将王安发配充军，又派人将之缢死。王安死后，客氏和魏忠贤更是肆无忌惮。

【21】赵氏是光宗的选侍，尚未有封号时光宗即死。熹宗即位以后，她因遭到魏忠贤和客氏的敌视，被他们矫诏赐死。

【22】张氏是熹宗的妃子，因性直烈，被魏忠贤和客氏迫害而死。

【23】襍道：指别宫即正式寝宫以外的宫室，或是几面宫墙间的过道。

【24】冯氏是熹宗的贵人，因在熹宗面前进言，反对魏忠贤统领太监进行军事训练即内操，被魏忠贤矫旨以诽谤的罪名赐死。

【25】范慧妃天启二年因生永宁公主朱淑娥，被熹宗册封慧妃。天启三年生皇次子朱慈焴（悼怀太子），晋封皇贵妃。但两个孩子皆早夭，她自己也失宠被幽禁。

【26】李氏是熹宗的妃子，天启三年因诞育怀宁公主而封号成妃。后来怀宁公主死，遂失宠。天启六年她借侍寝的机会为失宠的慧妃求情，因此被魏忠贤、客氏迫害。成妃机警，吸取了张裕妃天启三年被活活饿死的的教训，事先在宫墙夹缝藏了许多食物，

才没有饿死。如此坚持半月，明熹宗才又想起她来，客氏也以为她有神仙保佑才没饿死，所以没有进一步加害她。李成妃虽幸免于难，但被贬为宫女，逐去西五所干苦活。

【27】以上见于（明）刘若愚《酌中志》、（清）谷应泰《明史纪事本末·魏忠贤乱政》。选侍、妃、贵妃都是宫内妃、嫔的称号，地位高低不等。魏忠贤、客氏于熹宗郊天之日，掩杀胡贵人，以暴疾闻，这是天启三年事。

【28】浸假：原是"假如"、"假令"的意思，后来演变为"逐渐"的意思。

【29】白气：白色的云气，古人迷信，以为刀兵之象。

古人用天上二十八宿的方位来区分地面的区域，某星宿对着地面的某区域，叫做某地在某星的分野，并以其所在星宿判定相应分野的吉凶。翼和轸是南方朱雀七宿中第六宿和第七宿，翼、轸分野为楚即今湖北、湖南、河南南部地区。

【30】蚩尤旗：古人以一种彗星称蚩尤旗，或是一种云，其象上黄下白，作为兵乱的征兆。

【31】斗宿，又称南斗，二十八星宿中北方七宿之一。《晋书·天文志上》南斗六星，天庙也，丞相太宰之位，主褒贤进士，禀授爵禄。女宿：北方第三宿，其星群组合状如箕，亦似"女"字，古时妇女常用簸箕颠簸五谷，去弃糟粕留取精华，故女宿多吉。流星犯及斗宿和女宿，为凶兆。

【32】乾方：西北方向。

【33】乾隆《诸暨县志·祥异》："天启初，诸暨蒋氏妻产一女，未几变男，及长仍亦为女，后嫁夫，孕一子而死。"

【34】《明熹宗实录》："天启元年十二月辛巳，是日午，风从西北乾方来，扬尘四塞……怪风扬沙，通天皆赤。"

【35】光绪《邵阳县志·祥异》："天启元年，雷震府学，移邻署鸱吻于明伦堂。泮池赤鲤飞起。末年，雷震北塔角。"按，赤鲤：又称"赤骥"，传说中的神鱼，能飞越江湖，为神仙所乘。泮池：府州县及国子监等官学的学宫内，有个椭圆形的池子叫泮池。

【36】民国《盐山新志·故事略》："天启元年十二月，大风昼晦。"

【37】乾隆《江南通志·机祥》："天启元年，扬州乌巢生白鸦，喙距皆赤。"

【38】出处不详。按，清修寺在宣平县北十五里，南朝时建，明时重建，清代又建。

壬戌（天启二年，1622年）正月十一日，卯后，日旁有直气一道，直立日北，长二丈余。二月，淮安天雨沙土，黄色，蔽日无光。山东一带人家藏仓，小黑马料豆尽飞不见，适仪真人于清明日男妇上坟北门外小坡，于田间捡取有小黑豆，或一撮，或至二三合者[1]。三月，陕西居民王进榜家白雄鸡生卵[2]。四月，日当午，太白昼见经天，至五月中旬正在井[3]（原

注：太白阴星也，出东当伏东。出西当伏西，过午为经天。经天，天下革政，日阳也，日出则星伏。太白昼见是为争明，强国弱，弱国强）。二十四日，邳、桃、沭阳[4]雨冰雹，二麦伤。北城元帝庙[5]槐树自火。五月，京师旱，壬午大雨雹[6]。户部侍郎陈大道奏：复旧辅张居正祭葬谥荫，从之[7]。二十日，辽阳城起白云，后起黑云，变成红云一块，从空堕下，火光焰天，城内房屋、人口、牲畜，烧死几尽。六月庚戌，星变（原注：山东巡抚赵彦秦曰，正当午，东二仗许，偏壮，有一星，明显随日而转）。十六日未刻，宿迁县黄河清数百里，须眉毕照。荧惑入南斗，逆行至二十五日以后，守斗口，逾月顺行，复入斗魁，逾五旬不退舍[8]。七月，淫雨倾坏山海边垣、官民庐舍无算[9]。初五日寅时，莱州地震有声，次日怪风大作，拔木倾屋，黄河船有被风掀起在岸者[10]。初七日申刻，日四珥，珥旁有赤气一道，状如虹霓，忽成一人字，头向南，脚向北，久而不散。是日，盐山（今河北盐山）大雨，坏官民庐舍，禾稼尽没[11]。陕西北门锁连响者三，其声甚震，锁开落地，随即窥视，并无人影行踪[12]。八月四日，荧惑复犯斗魁之东一星，东一星亡[13]。异水满，入兰溪城市[14]。册封选侍李氏为庄妃[15]。二十八日卯时，演象所内火药房毁[16]。九月二十三日，迅雷电风雨，晦冥。次日午后有声如雷，有烟如云，起西城外。凤凰至河南禹州，身长丈余，百鸟相从，住七日去，躙死之鸟不计其数，地上榛松梧子厚尺余[17]。冬十月，淮北河清，有龙见于北花房，临河，长可数寸，鳞爪毕具，碧光耀目。宋太监取之，以绵絮装入金盒内，奏知御前取玩，累日驯扰不惊，但以各物投之皆不食，后有诏送至黑龙潭，忽然口吐云雾，扬身露爪，长数十丈，烈风暴雨从之而去[18]。十二月，陕西地震如雷，肃夹山岭等处地震，天鸣星陨[19]（原注：其时有刘超者，晋人，其父贾于永城（今河南永城），因家焉。超颀而长，有才武，能读书，于左、国、三史[20]，皆上口，再中河南壬子（万历四十年，1612年）、戊午（万历四十六年，1618年）两科武举，俱第一。天启二年（1622年），永城王三善为黔抚，超与曹县（今山东曹县）人刘泽清以偏陴从。时安拜彦围贵阳，已十月。三善以十二月进兵龙里，追至老鸦关。超出广陵兵，既胜，而骄恣抢掠，反为贼所乘，诸将多死，而超独免，积劳迁四川遵义总兵。至崇祯间，同邑练国事、丁魁楚、丁启睿皆

以督抚讨贼，超以故将，在总理五省军前效用。九年（1636年）秋，兵部叙黔功，超以解围，荫一子外卫副千户世袭。超上书阙下，诵言王三善以子死未葬，与谥未定，黔中共事者，比将百人。今力战如都司范可行、郭应魁而不录其劳，死事如王允纲、王允佐而不恤其死。其得赠者，止一刘奇为游击，而见在效用，惟刘泽清为通州总兵，然自用他战绩，非黔功也。又自以一战捷龙里，再战捷革铺，三战逐邦彦于陆广河外，亲解黔围。身所斩四十一级，其二为贼目，所部卒斩级千余，复地千里，仅一外卫千户而犹副也，功大赏薄，有怏怏心。十二年（1639年）正月二十一日，赴京听用，朝论以其怨望斥之。六月十八日，复归永城，会河北土寇大起，李自成攻汴梁甚急，上募能救汴者。超应诏，请招募土寇，率所领六千人杀贼，乃用为保定总兵。名救汴，实不行，与其弟越陈兵出入，多与群盗通，永人大不便之。进士魏景琦召见，授御史，已受命，按江南矣。会言事罢归，负气诋超为通贼。超不胜忿，起杀景琦一家，并乔举人明楷而反。河内令王汉以才名，擢御史，按豫，寻进为抚。方治军怀庆（今河南沁阳），奉密旨，用计擒贼，提兵至永城（今河南永城），声言招抚。练国事、丁魁楚等，夜开北门，纳其军。方坐城头，发降票，超死士猝发，遂遇害。超与刘泽清通谱牒为一家，时泽清已贵，贻书欲以激发，请泽清以杀抚臣难之。超与其婿王全黔谋拘邑绅练国事、丁魁楚等，逼令草公奏，为己请宽罪。而全黔令其舅高擢者，同王仲宝、曹育民等五人，赍本以入，为金吾缉事者所获，供泽清为之囊橐。上置不问，而命凤抚马士英、太监卢九德、河南总兵陈永福讨之。九德以十六年（1643年）四月初六日率京营副将杨大相、赵民怀、薛光胤等，至永（今河南永城），故将杜文焕、王承勋以家卒从，漕抚史可法遣参将李世春千六百人，凤泗总兵牟文绶挑精骑百人皆会，而副将周士凤扼双沟以防奔逸。贼于初七日突围，以攻东北，诸将乘锐合击，十三、十四日，连战十五合，贼死不可胜数，其气遂衰。士英先檄刘良佐于正阳（今安徽寿县正阳关），率诸将刘泽洪等，从颍、亳（今安徽阜阳、亳县）趋永（今河南永城），以十三日至；而黄得功在庐州（今安徽合肥），率马成龙等，挑精骑千人，为士英前驱。士英自率中军杨振宗、刘复生、蒋正秀、姜兆熊，并箄兵从宿州（今安徽宿州）趋永（今河南永城），十七日质明至，诸将乘锐渡濠，直抵城下。故督帅丁启睿时在城外，士英与之谋，得贼虚实，偕永福及副将丁启元、参将李时隆等，议筑长围。先是永（今河南永城）之绅民筑城浚濠，制炮积粮，以防流寇，至是反为超用。永人逃出，则全家俱毙。驱无知之人，以当锋镝，官军之被伤者亦千余人。上忧贼之负隅也，特发御前银一万两、各色蟒衣斗牛飞鱼等、纻丝一百匹，犒赏战士。超穷急请降，士英伪许之，既出见，犹带刀自备。士英下与之礼，手去其刀曰："若归朝，何用此为？"已而潜易其亲信，遂就执。五月之十日，上闻捷音，下诏曰："反贼就擒，城中绅士得全，朕心喜悦。"六月朔，献俘，超与其弟越，凌迟处死，传首九边。小六儿及超、越妻妾子女，给功臣为奴，家产入官，父母祖孙兄弟俱流二千里。超党张君晦者，勇善战，亦论斩。超时年六十二，豫人有惜之者曰："超知书，好交东南及中州知名士，少时自负其才，以永城人不许令就文试，故俛而从武，往往与同里不合。"王抚军汉，字子房，其遇害也，超为文祭之曰："古之子房善谋，君何轻身失算，误为乱兵所害？"所以自明其不反之意。超向在黔中，曾保全马督家口于围中，贻书士英，深自辨置，文义颇可观。其就执，缘诱降，塘报未尽实。然杀近臣，戕大夫，婴城拒战，其反决矣。此其当诛，又非可以浮词他说解也[21]）。

【1】（清）赵吉士《寄园寄所寄》引《先曾祖日记》："天启二年，山东一带人家藏仓，小黑马料豆，尽飞不见，适仪真人于清明日男妇上坟北门外小坡，于田间各检取有小黑豆，或一撮，或至二三合。"

【2】（清）赵学敏《本草纲目拾遗》引《史异纂》："天启二年，陕民王进榜白雄鸡生卵。"

【3】《明史·天文志三》："天启二年五月壬寅，有星随日昼见。"《明史·天文志三》："天启二年二月丙戌，太白昼见。"按，太白即金星，它在夜晚出现，日出的时候隐没。可是如果太阳升起太白星还没完全隐没时，看起来就好像天空中有两个太阳，所以占星术又以这种罕见的现象为封建王朝"易主"之兆。

【4】邳、桃、沭阳：即邳州（今江苏古邳）、桃源（今江苏桃源）、沭阳（今江苏沭阳），均在今江苏北部。

【5】按，元帝即北方玄武帝，亦称玄帝。自唐宋后，为避皇帝名讳，"玄"常与"元"

混用互见。所奉主神也就是真武大帝。因此，庙名变化由来可知。

【6】《明熹宗实录》："四月甲申，京师亢旱，祈祷未应。壬辰，京师雨雹，大如鸡卵，屋瓦俱碎，毁折草木麦苗，不可胜纪。"

【7】《明熹宗实录》："天启二年五月戊戌，户部等衙门左侍郎等官陈大道等，合词为原任大学士张居正请恤……得旨：旧辅张居正夺情专权致招物议，但当皇祖冲年，辅政十载，天下乂安，任怨任劳，功不可泯。所奏具见公论，准复原职予祭葬，文忠谥。已追夺著改相应行房屋未变价者，准给子孙奉祠居住。"

【8】【13】康熙《当涂县志·祥异》："天启二年六月望后，荧惑入南斗，逆行至二十五日以后，守斗口，逾月顺行，复入斗魁，逾五旬不退舍。八月四日，荧惑复犯斗魁智东一星，东一星亡。"

【9】光绪《永平府志·灾祥》："天启二年秋，滦河溢。淫雨坏边墙无算。"

【10】乾隆《山东通志·五行》："天启二年二月，东昌府地震。七月，莱州地震有声。"

【11】民国《盐山新志·故事略》："天启二年，七月七日大雨，至初九日止，官舍民庐倾覆殆尽，禾稼全没。"

【12】雍正《陕西通志·祥异二》："天启二年，陕西北门镇连响者三，其声甚震，锁开落地，随即窥视，并无人影行迹。"

【14】万历《兰溪县志·祥异》："天启二年，异水满，入城市。"

【15】《明史·后妃二》：庄妃李氏是明光宗选侍，明崇祯皇帝的养母。当时宫中有两个姓李的选侍，人称东李、西李，庄妃即是西李。崇祯皇帝幼年先是育于西李，后西李生了女儿，于是改命东李抚视。熹宗天启元年二月封庄妃。"魏忠贤、客氏用事，恶妃持正，宫中礼数多被裁损，愤郁薨"。

【16】《明史·五行志二》："天启二年五月戊申，旗纛庙正殿灾，火药尽焚，匠役多死者。"按，明代北京旗纛庙在先农坛内太岁殿东，清代改为神仓。

【17】(清)赵吉士《寄园寄所寄·灭烛寄·异》引《先曾祖日记》："天启三年九月，凤凰至河南禹州，身长丈余，百鸟相从，不计其数。内有鸟如马之大，本处官以面饭设祭，隔三里之遥，住七日去。躧死之鸟，不计其数，地上榛松梧子，厚尺余。"

【18】(明)刘若愚《酌中志》："天启二年十月某日，有龙见于北花房临河，即宋太监晋办膳处，长可数寸，鳞爪毕具，碧光耀日。时晋总理加绵絮装入盒中奏知，先帝送付黑龙潭。"

【19】《明熹宗实录》："天启二年九月甲寅，陕西固原州星殒如雨，平凉、隆德等县，镇戎、平虏等所，马刚、双峰等堡，地震如翻。城垣震塌七千九百余丈，房屋震塌一万一千八百余间，牲畜塌死一万六千余只，男妇塌死一万二千余名口。十一月癸卯，陕西地震。"道光《万全县志·变占》："天启二年，天鸣星陨，时蔚州有妖人侯德之变。"

【20】左、国、三史：即《左传》、《国语》。三史通常是指《史记》、《汉书》和东

汉刘珍等写的《东观汉记》。范晔《后汉书》面世以后，取代《东观汉记》，列为“三史”之一，即所谓《史记》、《汉书》、《后汉书》。

【21】（清）赵吉士《寄园寄所寄·裂眦寄·群寇》引《绥史未刻编》。

癸亥（天启三年，1623年）正月朔，淮安（今江苏淮安）风起，艮后震三日[1]。火犯房北第一星。二十三日夜，月犯房键闭星[2]。二十五日巳时至酉，日晕，奎、娄外有白气，内有黑气。二月上元（今江苏南京），江宁（今江苏南京）、应天（今江苏南京）、常（今江苏常州）、镇（今江苏镇江）、扬州（今江苏扬州）等处地震有声[3]（原注：提督操江熊明遇奏：上元、江宁等县地震，应天、常、镇、扬州复称地震有声。盖根本重地，岂宜作震动之象，毋亦高皇帝之灵恸乎，其有不安者耶？畯夫[4]田妇方疾耕力织，以佐陛下之锦衣玉食，而传造之显派大浮，内监之料价逾额，致抚按不能伸其庇民察吏之权，水衡不能操其量入为出之算，一不安也。吏道庞杂，渔夺百姓，奸邪并生，赭衣塞路[5]，而良民常以无辜饥寒死狱中。弹劾保荐卒凭气力为行止，而田夫野叟之公评，壅淤不得上闻，二不安也。箱簏（音：鹿）[6]空虚，民以饥饿自卖为人奴婢者有之，独吴中数郡偏属豪民，负田宅子女投充贵势，渔食闾里，曲避征徭，聚剧由役专累单寡，剥产[7]鬻奴，摇手触禁，民怨私沸，有司莫告，三不安也。水陆军兵，缘承平之久，戏同坝上。而将吏贪，不爱卒，而侵牟之。各卫祖军挑梗其形，侏儒其腹，府吏胥徒抗蔽巧法，割贫军之糈为常例，牢不可破。开天首善，曾无武纛[8]精兵一当缓急，四不安也。浮游奇民，剽轻好怪，谈兵说剑，家藏禁书，路蜚妖语，不奉虎符，擅行弄兵，讵盟歃血，伏莽[9]候梗。其雄又能蒙子公之力，走贵人之门，操持短长，爚（音：月）视听，而三家五户之间，少抱鸡狗之才者，无不横金张盖，惮吓乡井，五不安也。中都帝乡，芒砀荒莽，淮南咽喉，梁豫犬牙，五湖清渺，吴越盘互，灶丁盐徒非民非商，所以盗贼如云，连带江海，焚燔官寺，劫取狱囚，篡杀长吏，盖天下极大利大害之地，倘有司抚按不平，抢攘立见，六不安也。昔殷高宗雉升于鼎，能省其故，遂享百年之归。齐人有告其君以地动者，晏子曰：此不足虑，是见勾星伸而维星散耳，能修其政齐亦无他。伏愿陛下穆然深思，渊然远览，反身修行，思其咎譽，岂不亦善承天心仁爱也哉[10]）。永平府永镇东门失火，自火药楼延及草场，城楼窝铺、女墙、火药、甲仗尽成煨烬。城内外民房军屋尽成瓦砾，遭压、焚死、破损焦烂者不计其数[11]。三月十六至十八日淮安大风从巽来，天昏惨，拔木扬沙[12]。又蚩尤见氐、房，天鼓鸣，白虹贯日[13]。四月以后，火星在斗，见于南方，守百日，逆流。三月，火在斗，四月留斗[14]。五月，荥经县（今四川荥经县）江边大石方广数丈，忽飞去不知所之[15]。火星逆退在牛，六、七月入斗魁[16]，成勾巳[17]。蓟州民杨礼家母彘（音：治）生子，人面豕耳，额上一目，颊下微有须，身无毛，四蹄类牛。八月，开内操[18]，初六日，火出魁斗，犯狗国并狗星[19]。九月半，出斗[20]（原注：六月望后火星入南斗，逆行二十五夜，以逾五十日不退舍[21]。《汉志》曰：斗，江、湖、扬州分野也。八月初四日昏，火星犯斗魁之东一星。东一星亡，其时月在昴初度，昏初见月如弯弧，金星落弹丸，少顷金星为月所食，金星亡。九月十九日昏，酉时，金星正凌心，火金上而心下，相距如楲（音：男）剑[22]。十二月初四日日加辰，太白昼见于坤宫，又自去冬，木星逆行贯苍龙，至今正月初，凌历轩辕大星，相距不及寸。《天官书》曰：轩辕大星，天子后宫之象。而吴楚之疆，候荧惑，占鸟衡，则轩辕星正直南京，朱鸟又古人所为吴分也[23]）。兰溪（今浙江兰溪）余阙书院梁上产芝如斗大[24]。当涂县（今安徽当涂）民产异物，一产子眼鼻俱在脑后，而略具人形，无下体；一产物如鸦状，无羽毛，倏化为血。冬十月，当涂（今安徽当涂）火[25]。闰十月壬辰夜，有丈余火龙坠院侧巷，动荡闪烁，游入民居，则形忽小如蜈蚣，两角光微紫，众骇之，送入水中，既而火灾四发[26]。湖广郴州沅陵县（今湖南沅陵）民家牛生犊，一目二头三尾，当即剖杀，三心三肾[27]。瓯坪溪民家猪生四子，最后一子长嘴猪身，人腿，只眼，腿皆无毛，异声惊人，随毙之[28]。陕西凤县（今陕西凤县东北）东关外，飞鼠成群。居民获其一，长一尺八寸，阔一尺，两旁肉翅无足，足在肉翅之四角，前爪趾四，后脚趾五，毛细长，其色若鹿，逐之去甚速（按，当即蝙蝠）[29]。润州（今江苏镇江）、毗陵（今江苏常州）一带河水尽竭。十二月丁未，当涂（今安徽当涂）地震二十日，常州（今江苏常州）震二十一日，申时淮安（今江苏淮安）地震，淮水沸腾，并江南苏（今江苏苏州）、松（今上海松江）、江西同时震。二十二日申、酉时，常州（今江苏常州）地中有声如雷，自北而南，屋舍皆动摇[30]。是日海宁县（今浙江海宁）东乡民家生羝（音：底。按，即羊），二尾八足[31]。

【1】乾隆《淮安府志·五行》："天启三年，十二月地震，淮海水翻，房动摇。"

【2】《明熹宗实录》："天启三年正月甲午，夜五更，火星顺行犯房宿北第一星。甲寅，月犯键闭星。"

《明熹宗实录》："三年四月戊辰礼部尚书盛以弘上言：入春以来正月初三日甲午夜火星犯房宿北第一星，二十三日甲寅[晓](晚)刻月犯键闭。"

【3】(明)金日升《颂天胪笔》："癸亥（天启三年，1623年）二月，江宁、应天、常、镇、扬州等处地震有声。十二月丁未，当涂地震。二十日，常州地震。二十一日申时，淮安地震，淮水沸，并江南苏、松、江西同时地震。二十二日申酉时，常州地中有声如雷，自北而南，屋皆动摇。"

【4】畯：原意指古代管农事、田法的官，这里是指耕作的农夫。《诗·豳风·七月》："同我妇子，馌彼南亩，田畯至喜。"《毛传》："田畯，田大夫也。"罢耕：放弃耕种农田。

【5】赭衣塞路：赤者衣，古代囚衣。因以赤土染成赭色，故得称。又以指罪囚，穿囚服的人挤满了道路。形容罪犯很多。

【6】箱簏：即装物品的箱子。

【7】剉产：剉同锉，折损的意思。这里是指破家。

【8】蠭，同"锋"，古代军队的名号，如武锋将军。

【9】伏莽：指军队埋伏在草莽中。亦指潜藏的寇盗。

【10】《明熹宗实录》："天启三年十二月甲寅，提督操江熊明遇《请轸念根本疏》曰：天启三年十二月廿二日申时四刻，忽觉地震矣。常令行通查府属州县有无伤损等因。当据上元、江宁、句容等县各称地从西北方震起，向东南去，墙垣动摇，屋脊梁□俱各有声，城垣墙垛倒塌。又据常州、镇江、扬州等府申称，地震有声，自西南来，屋瓦摇落，房窗斜倾，且多倒塌，一连两次，移晷方定。"

【11】《明熹宗实录》："天启三年二月辛巳，永平府城楼灾，火药尽焚，椽木飞射，如雷电交作。焚城北草场大小二垛，延及居民。"

【12】《明熹宗实录》："三年四月戊辰礼部尚书盛以弘上言：三月初五日乙未夜，月犯毕宿右股北第一星，十八日戊申未时风从东南巽方来，扬沙有声。"

【13】天鼓鸣：《史记·天官书》："天鼓，有音如雷非雷，音在地而下及地。其所往者，兵发其下。"一般指天空中原因不明的巨响。按，蚩尤：即蚩尤旗，古人以一种彗星称

蚩尤旗，或是一种云，其象上黄下白，作为兵乱的征兆。氐：二十八星宿中东方第二星宿，有四星，氐四星为天宿宫，又名天根、天府。房：东方第三星宿，有四星。房四星为明堂，天子布政之宫也。

【14】《明史・天文志二》："天启三年四月，荧惑守斗百日。"按，斗、牛，斗魁：斗宿是东方七宿的第一宿，牛宿是第二宿。北斗七星由天枢、天璇、天玑、天权、玉衡、开阳和摇光7颗星组成，其中斗身中的四颗星又叫魁星。魁星就是文曲星，也叫文昌星，简称文星。

【15】乾隆《四川通志・祥异》："天启三年夏五月，大雪深尺许。荣经县江边大石，方广数丈，忽飞不知所之。"

【16】民国《顺德县志・前事》："天启三年癸亥夏六月望，荧惑入南斗，自下而上，守斗中十有四日，自西转南。"斗、牛，斗魁：斗宿是东方七宿的第一宿，牛宿是第二宿。北斗七星由天枢、天璇、天玑、天权、玉衡、开阳和摇光7颗星组成，其中斗身中的四颗星又叫魁星。魁星就是文曲星，也叫文昌星，简称文星。

【17】勾巳：（元）马端临《文献通考・象纬考十二》："去而复来，是谓'勾巳'。"

【18】《明熹宗实录》："天启三年五月乙未，浙江道御史彭鲲化上言：'天子有道，守在四夷，备虽在近而尤在远。内操不过护圣驾，驾不轻出，设此何用？宜以内操之费操练营兵，以守京师；更练关兵，以守山海，固门户，乃所以固堂奥也。'得旨：所奏修边诸事，著内外各衙门著实料理。内操原不糜费，不必渎奏。"

【19】《明史・天文志二》："天启三年八月甲子，荧惑犯狗国。"按，狗国是中国古代星官之一，属于二十八宿的斗宿，意思是"狗住的国度"，含有4颗恒星。

【20】《明熹宗实录》："天启三年八月甲子，火星顺行犯南斗魁第二星，约相离二十余分，火星在上。"

【21】民国《顺德县志・前事略》："天启三年六月望，荧惑入南斗，自下而上守斗中十有四日，自西而转东。"

【22】椷剑：椷，古通"含"，容纳的意思。

【23】《明熹宗实录》提督操江熊明遇《请轸念根本疏》："癸亥（天启三年）六月望后，大星入南斗，逆行二十五夜以后守斗口。七月二十五夜，顺行，复入斗魁逾五十日不退舍。《汉志》曰：斗，江湖扬州分野也。八月初四日昏，火星犯斗魁之东一星，东一星亡。其时月在昴初度，昏初见月如弯弧，金星落弹丸。少顷，金星为月所食，金星亡。九月十九日昏、酉时，金星正凌心，火星金上而心下，相距如椷剑。十二月初四日，日加辰，太白昼见于坤宫，又自去冬木星逆行，贯苍龙，至今正月初，凌历轩辕大星，相距不及寸。《天官书》曰：轩辕大星，天子后宫之象，而吴楚之疆候，荧惑占鸟衡，则轩辕星正直南京。朱鸟又古人所为吴分也。"《明熹宗实录》："天启三年九月甲辰，木星顺行犯轩辕大星。"按：二十八星宿中南方井、鬼、柳、星、张、翼、

轸七宿，其形如鹑鸟，曰‘前朱雀’即所谓朱鸟。《史记正义》说：“鸟衡，柳星也，一本作注张也。”荧惑主南方，鸟衡为南方宿。吴、楚地在南方，因以荧惑、鸟衡占吴、楚事。《天官书》即《史记·天官书》。《汉志》即《汉书·天文志》：“斗，江、湖。牵牛、婺女，扬州。”《二申野录》云：“斗，江、湖、扬州分野也”有误。

【24】万历《兰溪县志·祥异》：“天启癸亥年（三年，1623年）金兰书院梁上产芝，其大如斗。”

【25】康熙《当涂县志·祥异》：“天启三年春，当涂县民产异物，一产子，眼鼻俱在脑后而略具人形，无下体；一产物如鸦状，略无羽毛，倏化为血。冬，火。”民国《当涂县志·异闻·产异》亦载。

【26】康熙《当涂县志·祥异》：“天启三年十二月丁未，地大震。按，先是，闰七月壬辰夜，有丈余火龙坠院侧巷，动荡闪烁，游入民居，则形忽小如蜈蚣，两角光微紫，众骇之，送入水中。既而地震裂。”民国《当涂县志·大事记》亦载。

【27】（明）张岱《夜航船·荒唐部·怪异·牛妖》：“天启间，沅陵县民家牸牛生犊，一目二头三尾，剖杀之，一心三肾。”

【28】（明）张岱《夜航船·荒唐部·怪异·猪怪》：“民家猪生四子，最后一子，长嘴、猪身、人腿、只眼。”

【29】（明）张岱《夜航船·荒唐部·怪异·陕西怪鼠》：“天启间，有鼠状若捕鸡之狸，长一尺八寸，阔一尺，两旁有肉翅，腹下无足，足在肉翅之四角，前爪趾四，后爪趾五，毛细长，其色若鹿，尾甚丰大，人逐之，其去甚速。专食谷豆，剖腹，约有升黍。”

【30】《明熹宗实录》：“天启三年十二月丁未，南直应天、苏、松、凤、泗、淮、扬、滁州等处同日地震，扬州倒卸城垣三百八十余垛、城铺二十余处。”康熙《常州府志·祥异》：“天启三年十二月二十日，地大震。二十二日申、酉时，地中有声如雷，自北而南，屋舍皆动。”嘉庆《松江府志·祥异》：“天启三年七月，连日地大震。上海地生白毛。十二月，地又大震，声如风雨，自西北至东南，屋宇动摇。”

【31】光绪《海宁州志稿·祥异》：“天启三年十二月，东乡民家生豩，三尾八足，怪而毙之。”。

甲子（天启四年，1624年）正月晦，日有食之（原注：时日色甚红，有大星如日悬中间，四旁十一小日环之[1]）。二月，风霾，日白无光[2]。十一日，火星如蛋，自北移东，没[3]。三月初四日申时，淮安雷雨暴至，霹雳七声。四月，京师地震[4]（原注：时方诣太庙行祀典跸旋，至夜二更，地忽大震，屋壁动摇，逾更止）。常州（今江苏常州）淫雨，伤二麦[5]。义乌（今浙江义乌）有白麻雀，红足，集宾馆，余鸟噪，集者以万计[6]。内官殴辱给事赖良佐，事闻，严旨诘责良佐（原注：朝仪旧例，外朝非系面恩不入，内班病嗽，退班回避。时良佐患痰嗽，随例退班，又署掌科印，于午门外谢恩，突遇二人诘问，佐以实对，即以柳条扑打，衣冠毁裂，诟詈不已。讯其名，乃赵进忠、韩文远也。官非直班，妄加鞭于青琐[7]，咎非失仪，顿受辱于内监。太监之横，渐不可长矣）。五月，京师旱[8]。朝鲜李倧弑其主晖，自立[9]。南京皇城兴庆左房永福、永寿二宫灾[10]（原注：留都宫禁倒塌不许修，其内堆积枯朽椽柱，寂无人到，野草荆棘满地，不知火从何至。想枯木岁久，风浸日晒，故老相传，木能生火，自焚之灾，信或有之）。上海淫雨坏禾，岁饥[11]。加魏忠贤原荫侄男一人二级，赉给银币[12]，自后恩荫荐加，令人不可意度。延绥巡抚翟凤翀奏：榆林兵营，猪妖示异（原注：猪一头二身八足二尾一首也，而分身为二，分尾为二，又分足为八，有始合终离之象焉，有四分五裂之意焉。查晋元帝建武元年有豸（音：治）八足，后有刘隗之变。武帝太元十三年，京都人家产子一头、二身、八足，后边刁用事，渐乱国政，则咎征可虞，而修省宜急也[13]）。六月，皇子薨[14]。初五日，镇江大寒，夜微雪[15]。有异星昼见，去日有尺，光动摇[16]。京师大雨雹。江南水患异常，浙江巡抚王洽、南直巡抚周起元各疏奏闻[17]。徐州大水[18]（原注：时黄河汹涌，魁山堤溃，四散冲决。徐州东南城，平地水深丈余，墙塌陷者一百六十四丈，房舍倾倒者八千六百九十余间，漕米漂流者三千五百六十余石、预备仓旧积新谷一千七百八十余石。军民男妇死于水者，阖城人民去三分之二，浮尸枕藉水滨。有司以闻[19]）。六科廊灾[20]（原注：上天谴告，荧惑为灾，自有此火，而六科廊之册籍一空矣[21]）。京师一日三地震，乾清宫之震尤甚[22]。七月辛未，上海地震有声[23]。八月，陕西地震[24]。九月，北直丰润县西北起，四面疾风暴雨，摇动房屋，拔折树枝。本县城内外并路途行人奔避不前，冻死百余[25]。蓟州于中秋日骤然暴风，大雨滂沱，迅雷霹雳，声匝响震，空中黑暗，四望晦冥，宇舍摇动，屋瓦飞掷，大树吹折者过半，四面城楼与寺观、牌坊，俱吹陨落，兼之冰雹，冻死男女无算[26]。越城（今江苏苏州外越王城）罗坟坂有五圣庙，里人造一漆几（音：鸡）供神，舁至连河桥，几上漆文皱起，幻出牡丹花数朵，叶数茎，细若图画。舁人喧阓，聚观者众，满几上下显花叶大小千百余朵，经日方灭[27]。冬十月朔，玉玺出[28]（原注：河南临漳县务本庄去磁州八里，漳河西畔，耕种平地，忽起大风，旋转半晌，随见河崖坍塌，声震如雷，祥光旋绕。由青衿王思直等向视之，开出黄白交映，其大如斗，晶洁异常，光灿陆离，龙纽斗形，方四寸，厚三寸余，重一百一十余两。篆文曰：受命于天，既寿且昌。按秦并六国，得楚卞和氏璧，令廷尉李斯篆文，玉人孙寿刻之，文曰：受命于天。既寿且昌。迨汉以还遂袭为传国玺。至永嘉后，没于刘、石。不可复视。宋元符元年，段义[29]、翟朝阳[30]、宋宗[31]、崔彧[32]、杨桓之徒[33]，迎合宁宗，附会太妃，假伪相愚，见于李微之、杨慎[34]所辨驳，班班可考。又闻玉玺汉平帝时已缺一角，今乃全璧，断非秦物可知，岂河清凤仪祥瑞接踵，故天降此玺以表瑞耶？抑朝廷好言符瑞，而思直等假此以附会耶？盖有不可知者矣[35]）。上虞（浙江上虞）地震[36]。十一月初八日，镇江大暑，裸体三日[37]。十二月二十二日戌时，淮安地从西北大震，向东南去，有声如轰雷[38]。

【1】康熙《常州府志·祥异》："天启年正月晦，日蚀甚红，有大星如日悬中间，四旁十一小日环之。"

【2】《明史·五行志三》："天启四年二月辛丑，风霾昼晦，尘沙蔽天，连日不止。"（清）《续通志·灾祥略》："明熹宗天启四年二月壬子，日淡黄无光。"

【3】光绪《靖江县志·祥异》："明天启四年二月二十一日，大星见，如蛋，自北移东没。"

【4】《明史·五行志三》："天启四年二月丁酉。蓟州、永平、山海地震，坏郭庐舍。辛丑，风霾昼晦，尘沙蔽天，连日不止。甲寅，乐亭地裂，涌黑水，高尺余。京师地震，宫殿动摇有声，铜缸之水，腾波震荡。三月丙辰、戊午，又震。庚申，又震者三。五月癸亥，乾清宫东丹墀旋风骤作，内官监铁片大如屋顶者，盘旋空中，陨于西墀，铿訇若雷。"

【5】康熙《常州府志·祥异》："天启四年四月，淫雨淹旬，伤二麦尽。"

【6】嘉庆《义乌县志·祥异》："天启四年，白麻雀，红足，集宾馆，余鸟噪，集者万计。"

【7】青琐：原指装饰皇宫门窗的青色连环花纹，后借指宫廷，泛指豪华富丽的房屋建筑。亦指刻镂成格的窗户。按《二申野录》原作青锁，误。

【8】《明熹宗实录》："天启四年五月辛巳，久旱，至是大雨，辅臣奏贺。"

【9】《明熹宗实录》："天启三年四月戊子，朝鲜国王李珲为其侄李倧所篡，乃借称彼国王太妃顺臣民之心，以废昏立明。"

【10】同治《上江两县志 · 大事下》："天启三年秋七月，南京大内左傍宫火。"

【11】康熙《上海县志 · 祥异》："天启四年五月，淫雨彻昼夜，坏禾苗，岁饥。"

【12】《两朝从信录》："天启四年五月加魏忠贤原荫侄男一人二级，赉给银币。"

【13】雍正《陕西通志 · 祥异二》："天启四年五月，延绥巡抚翟凤翀奏：榆林兵营猪妖示异。猪一头二身、八足、二尾、一首也，而分身为二，分尾为二，又分足为八，有始合终离之象焉，有四分五裂之意焉。"

【14】《明熹宗实录》："天启四年六月丙申，皇子慈焴薨，谥悼怀太子。"

【15】乾隆《江南通志·机祥》："熹宗天启四年（1624 年）夏六月五日，镇江大寒，夜微雪。"

【16】光绪《靖江县志》："明天启四年六月，异星昼见，去日仅尺，有光，动摇。"

【17】《明熹宗实录》："天启四年六月戊申，江南大水，巡抚应天周启元、巡抚浙江王洽，俱告灾。"

【18】《熹宗旧纪》："河决徐州，山东饥赈之。"

【19】《两朝从信录》："天启四年，河决。六月初三午时黄水汹涌，魁山堤溃，四散奔流，冲裂徐州东南城垣，平地水深丈余，淹死人畜甚多。"

【20】《熹宗旧纪》："天启四年七月，是月癸亥六科廊火。"

【21】《两朝从信录》："失火，内使郭光裕、李福、杨国贞、崔吉祥等罪责降贬有差。文书房传出圣谕：六科廊被灾，所有原贮文册系累朝典章、见行规例，俱属紧要文书，当即补查……一应文书，著在京五府六部都察院六科寺府监卫各衙门，各照经管职掌，通查存贮文案、章奏、副稿，开写明白簿籍，六科廊以备查考。仍查紧要文册，刻期写送传兵、吏部。"

【22】《明熹宗实录》："天启四年六月癸未朔，左副都御史杨涟劾魏忠贤专擅……大罪二十四。"《两朝从信录》左副都御史杨涟题为《逆珰怙势作威专权乱政欺君藐法无日无天大负圣恩大干祖制恳乞大奋乾断立赐究问以早救宗社事》………今年以长日风霾告，又以一日三地震告，而乾清之震犹甚，皆忠贤积阴蔽阳之象。

【23】康熙《上海县志 · 祥异》："天启四年七月辛未，上海地震若雷声，民居有倾者。"

【24】《明熹宗实录》："天启二年十一月癸卯，陕西地震。"按，《二申野录》系于天启四年。

【25】出处不详。

【26】出处不详。

【27】出处不详。

【28】《明熹宗实录》："天启四年（1624年）十月辛卯，巡抚河南右副都御史程绍遣副使张梦鲸进玉玺云：九月乙卯，临漳人邢一秦耕于漳河西得一螭纽，方四寸，厚三寸，重一百十两。篆曰：受命于天，既寿永昌。议告郊庙，群臣称，贺颁诏天下，赐程绍、张梦鲸金币。"

《两朝从信录》："巡抚程绍奏报：玉玺见漳滨，大约以圣明不贵异物，宜登庸异宝，以图万世治安。其疏曰：臣谨按：史传秦并六国得楚卞氏之璧，命廷尉李斯篆文，玉人孙寿刻之，文曰：受命于天，既寿永昌。逮汉以还，相袭为传国玺。至永嘉后，没于列国，遂不可复得。暨（宋）元符、（元）元贞之朝，段义、翟朝宗、崔彧、杨桓之徒，迎合宁宗，附会太妃，假手为伪，接踵相愚，见于李徽之、杨慎所辨驳者，班班可考镜也。盖秦玺之不足征久矣，今管河北道臣张梦鲸，呈称漳河之滨得玉玺一颗，亲赍至汴，臣谛观审视，方棱无缺，依然全璧，闻至汉平世已缺一角，如此断非秦玺……伏望皇上达观承命之真符不在偶藏之旧宝，怡神寡欲，亲贤纳谏，在朝之忠直，勿事虚拘；遗野之名流，急为登进……虽谓虞舜之黄玺、夏禹之玄圭，至今存可也。"

【29】段义：北宋咸阳郊区平民。李焘：《续资治通鉴长编》："宋哲宗元符元年五月戊申朔，上御大庆殿，受传国宝，行朝会礼。初，咸阳民段义郊居，因造屋斸地，得玉玺，其文曰：'受命于天，既寿永昌。'藏于家未献。有一诣尚书省言雍人有得宝物匿而不献者，都省方下长安问状，而义已持玺来献。玺玉甚美，色正绿。蹇序辰为礼部尚书，安惇为谏议大夫，皆言此秦玺，汉以为传国宝，自五代亡之，今为时而出，天所贶赐，当以礼祗受，告于郊庙。"

【30】翟朝宗：南宋宁宗时期的扬州知州、镇江副都统。《宋史·宁宗纪四》："嘉定十三年十二月癸未，镇江副都统翟朝宗以'皇帝恭膺天命之宝'来献。"《续资治通鉴》"宋宁宗嘉定十三年十二月，镇江副都统翟朝宗得玺于金师，献之，其文曰'皇帝恭膺天命之宝'。"

【31】宋宗：参照《两朝从信录》载录，此为衍文，当删。

【32】崔彧：元代御史中丞。《元史·崔彧传》："崔彧，字文卿，小字拜帖木儿，弘州人。"元世祖至元十九年，除集贤侍读学士，后拜刑部尚书。二十三年，加集贤大学士、中奉大夫、同佥枢密院事。二十八年，由中书右丞迁御史中丞。"三十一年，成宗即位。先是，彧得玉玺于故臣扎剌氏之家，其文曰：'受命于天，既寿永昌'，即以上之徽仁裕圣皇后，至是，皇后手以授于成宗。"

【33】杨桓：元代监察御史。《元史·杨桓传》："杨桓，字武子，兖州人。"中统四年（1263年），补济州教授，召为太史院校书郎，迁秘书监丞。"至元三十一年（1294年）拜监察御史。有得玉玺于木华黎曾孙硕德家者，桓辨识其文，曰：'受天之命，既寿永昌'，乃顿首言曰：'此历代传国玺也，亡之久矣。今宫车晏驾（按，元世祖刚去世）皇太孙

龙飞（按，成宗继位），而玺复出，天其彰瑞应于今日乎！’即为文述玺始末，奉上于徽仁裕圣皇后。”按，徽仁裕圣皇后名伯蓝也怯赤，又名阔阔真，元世祖忽必烈太子真金的妃子，真金早卒，其子铁穆尔被立为皇太孙。至元三十一年（1294年）元世祖去世，铁穆尔即位，是为元成宗，尊其母为皇太后。大德四年（1300年）皇太后去世，谥号裕圣皇后。元武宗至大三年（1310年）追谥徽仁裕圣皇后。《元史》有传。

【34】李微之，宋代著名文人，与岳珂同时，史学名家，曾官至秘书监、兼工部侍郎。

杨慎，字用修，号升庵，明正德六年状元，官翰林院修撰，预修武宗实录。其父杨廷和是明朝的三朝老臣、内阁首辅。世宗嘉靖中，杨慎因在“大礼议”中抗旨，被流放、终老于云南永昌卫。《明史》有传。

【35】（明）方以智《印章考》：“（宋）段义、（元）杨桓所上之传国玺，非秦玺也。永和复归江左者，晋玺也；自西燕传六朝、隋谓之神玺者，慕容玺也；刘裕得之关中者，姚秦玺也；女真所获者，石晋玺也。则弘治熊翀所上者可知矣。升庵（杨慎）云：元朝至元三十一年，木华黎曾孙硕德卒，其妻出古玉印货之，中丞崔彧、秘丞杨桓辨其为传国玺上之。慎按，秦始皇之玺，一曰：皇帝寿昌；一曰：既寿永昌，已传疑有二矣。至朱梁亡，入于后唐。又唐主存勖谋即位，魏州僧以传国玺献，遂即位。则后唐之玺，盖有二也，必有一赝矣。是以今日既曰与潞王从珂同焚于洛阳之真武楼矣，而他日段义又得之以为宋哲宗献。今日既曰入金与金哀宗同焚于蔡州之幽兰轩矣，而翟朝宗又得之以为宋宁宗献。若果赝而酷肖，则徽宗正炫名受欺者，又何疑其检无螭、角无缺，却之不用而别制定命玺乎？即赝迹在宋屡败露矣，而元之崔彧、杨桓又何得之寡妇而献之？余意（杨）桓著《六书统》必私刻之，谋于崔彧而托为之，欲迎合皇太妃以翊戴成宗为此炫耀耳……宋哲宗元符元年五月，咸阳民段义地得玉玺，蔡京及讲议官十三员奏曰：皇帝寿昌者，晋玺也；受命于天者，魏玺也；有德者昌，唐玺也；唯德元昌者，石晋玺也；则既寿永昌者，秦玺可知。夫京辈何惮于欺人乎？……弘治十三年，熊尚书为副都御史，节镇陕西，入边见宝气，公命掘之，得古玉玺一颗，文有“受命于天，既寿永昌”八字，纳之。天启时亦出玉玺，此亦河图之天黄符玺也。善哉！……此小玺之真伪不可知。而又云秦得楚卞和璧，命篆玉人孙寿刻之，即传国玺，则不问而知其妄矣。”

（元）陶宗仪《南村辍耕录·传国玺》：“御史中丞崔彧进传国玺笺曰：“资德大夫御史中丞臣崔彧言，至元三十一年，岁次甲午，春正月既旦，臣番直宿卫，御史台通事臣阔阔术即卫所告曰：‘太师国王之孙曰拾得者，尝官同知通政院事。今既殁矣，生产散失，家计窘极，其妻脱脱真萦病，一子甫九岁，托以玉见贸，供朝夕之给。’及出玉，印也。阔阔术，蒙古人，不晓文字，兹故来告。闻之、且惊且疑，乃还私家取视之，色混青绿而玄，光彩射人。其方可黍尺四寸，厚及方之三不足，背纽盘螭，四厌方际，纽尽玺塄之上，取中通一横，可径二分，旧贯以韦条。面有象文八，刻画捷径，位置匀适，皆若虫鸟鱼龙之状，别有仿佛有若命字若寿字者。心益惊骇，意谓无乃当此昌运，传国玺出乎？急召监察御史臣杨桓至，即读之曰：'受命于天，既寿永昌。'此传国宝玺文也。"

【36】《上虞县志·自然灾害》："天启四年十月，地震。"

【37】乾隆《江南通志·禨祥》卷一九七载："天启四年（1624年）镇江……十一月初八日大暑，人裸体三日"。

【38】乾隆《淮安府志·五行》："天启五年十二月，地从西北大震，向东北去，有声如雷。"

乙丑（天启五年，1625年）正月，常州天鼓鸣，六七月又鸣[1]。起用原任御史崔呈秀，命其回道管事[2]，罢礼部侍郎何如宠、右谕德缪昌期，削原任太仆寺少卿刘宗周籍[3]。二月，调湖广、山东、江西、福建四省考官顾锡畴等于外，夺其三级，并中式举人艾南英等停科，各有差[4]（原注：逆珰目不识丁，焉知试录作何语。奉迎其意者，乃明为指点，此正人才之厄，摧折及于典试，几于青山有泣声，白日无颜色矣[5]。其时有万历戊戌科进士王绍徽、陕西咸宁人，为魏忠贤乾儿，官至吏部尚书，进退一人必秉命于忠贤，时称王媳妇，尝造《点将录》倾害东林诸君子。忠贤阅其书，叹曰："王尚书妩媚如闺人，今笔挟风霜乃尔！真吾家之珍也！"愈亲爱之。其称东林开山元帅托塔天王南京户部尚书李三才。总兵都头领：天魁星呼保义大学士叶向高，天罡星玉麒麟吏部尚书赵南星。掌管机密军师：天机星智多星右谕德缪昌期，天间星入云龙左都御史高攀龙。协同参赞军务头领：地魁星神机军师礼部员外顾大章。掌管钱粮头领：天富星扑天雕礼部主事贺烺，地狗星金毛犬尚宝司少卿黄正宾。正先锋：天杀星黑旋风吏科都给事中魏大中。左右先锋：地飞星八臂哪吒吏部郎中邹维琏，地走星飞天大圣浙江道御史房可壮。五虎将：天勇星大刀手左副都御史杨涟，天雄星豹子头左佥都御史左光斗，天猛星霹雳火大理寺少卿惠世扬，天威星双鞭手浙江道御史袁化中，天立星双枪将太仆寺少卿周朝瑞。又有马军八骠骑大将八员，走探声息、走报机密头领二员，行文走檄调兵遣将头领一员，掌管行刑刽子手头领二员，巡视城垣头领一员，定功赏罚政司头领二员。考算钱粮，支出纳入头领一员。分守江南泛地水军头领八员。守护中军头领十二员。四方打听邀接来宾头领八员。专守帅字旗头领一员。马军头领二十员。步军头领二十七员等名色。所列如李应升、蒋允仪、解学龙、吴尔成、孙慎行、陈于庭、钱谦益、文震孟、方震孺、徐宪卿、郑三俊、毛士龙、夏嘉遇、周顺昌、何士晋、赵时用等人，皆南直人也。一时更有《东林朋党录》、《东林同志录》、《东林籍贯录》。群小同心排挤正士，不遗余力。此等语皆属言妖亡国景象也[6]）。三月，诏肃宁县（今河北肃宁）建坊，赐敕旌奖东厂太监魏忠贤并荫其弟侄一人都督佥事[7]（原注：忠贤秉权日，朝臣附之者以为父，忠贤目曰乾儿，都人作百子图演义嘲之。其时献媚者争为立祠，自永恩祠一倡，而怀仁、崇仁、隆仁、彰德、显德、怀德、昭德、茂德、戴德、瞻德、崇功、报功、元功、旌功、崇勋、茂勋、表勋、感恩、祝恩、瞻恩、德馨、鸿惠、隆禧，内而中官，外而封疆大吏，丹黄土木，遍于环宇。至杭州建于关壮缪、岳忠武两祠之间，而国子生陆万龄请建祠于太学之侧，则无忌惮极矣。闻逆祠小像有以沉檀塑者，眼耳口鼻手足宛转一如生人，肠肺则以金玉珠宝，髻上空一穴，以四时花簪之，其献媚如是[8]）。四月，逮杨涟、左光斗、袁化中、魏大中、周朝瑞、顾大章究问追赃[9]。嵊（音：胜）县（今浙江嵊县）民裘英家李树生黄瓜，长二寸许[10]。山阴（今浙江绍兴）、会稽（今浙江绍兴）、诸暨（今浙江诸暨）大旱[11]。五月，御史崔呈秀议革三协、遵化道、山海府厅[12]。山东大盗横行，劫去起解鞘银[13]若干，御史邢绍德以闻[14]。十八日，北郊大雨如注[15]。六月五日，盐山（今河北盐山）地震[16]。八日夜，广州见大星如球，光长数丈，自东流入于南，响震一声，散作十余道，炤耀如日光，枥马鸡犬皆惊，须臾乃灭[17]。七月，下杨涟、左光斗、顾大章、袁化中于北镇抚司[18]。册封任氏为容妃[19]。前右副都御史杨涟卒于狱[20]（原注：杨涟入狱时度不免，啮指血草章千言，冀以尸谏，埋卧所，为许显纯所发，付之火[21]）。

【1】康熙《常州府志·祥异》："天启五年、六年、七年，天鼓鸣；六、七月又鸣，各邑皆同。"

【2】《明熹宗实录》："天启四年十二月，崔呈秀回道管事。呈秀提问，拟戍。礼

科李恒茂题：《京畿亏苦两端事》言：御史崔呈秀受银放盗为假，知县石三畏赃私狼籍为诬。有旨：呈秀事情显系诬蔑，不必行勘，著回道管事。"《明史》有传。

【3】《两朝从信录》："天启四年十一月，是月，翰林院侍读缪昌期闲住，杨涟二十四罪疏或曰缪为具草，故珰衔之，告病，遂得闲住。"《明熹宗实录》："天启五年正月乙亥，礼部左侍郎、协理詹事府事何如宠，因病乞归。得旨：实录未完，屡旨催督。何如宠告病，显属规避，著冠带闲住……原任太仆寺少卿刘宗周奏：臣里居之席未暖，遽蒙显擢为右通政，未尝不感极而继之以泣……世道之衰也，士大夫不知礼义为何物，往往知进而不知退……此臣所以展转踌躕有死不敢趋命也。得旨：刘宗周眇视朝廷，矫情厌世，好生恣放。著革了职，为民当差，仍追夺诰命。"按，何如宠，《二申野录》作"何如龙"，误，据实录改。

【4】《明熹宗实录》："天启七年七月己巳，圣谕：朕闻盛王御世，专崇道术；圣人设教，在正人心……无何迩来伪学兴朝，邪党树帜，大坏风纪，专务招摇，一唱百和，此挽彼推，文字之间，遵崇诡异，楮墨所露，半是刺讥，如上科（天启四年乡试）正副考官方逢年、章允儒、熊奋渭、李继贞、丁乾学、郝土膏、顾锡畴、陈子壮，及中式举人谢锡贤、刘正衡、艾南英、程祥会、雷縠、孙昌祖之辈，都不以崇正摅忠为念，乃以讪上谤政为怀，置圣经若弁髦，骛人情于险巇，生心害政，长此安穷？朕窃忧焉。虽已概加惩处，用起更新，而在朝臣工犹沿宿染，未殄余风，兹特预为申饬，不惮再三。"

《明史·顾锡畴传》："顾锡畴，字九畴，昆山人……天启四年（1624年）魏忠贤势大炽，锡畴偕给事中董承业典试福建，程策大有讥刺。忠贤党遂指为东林，两人并降调。已，更削籍。"

停科：中国古代的"罚科"制度，是科举制度的重要组成部分。五代及宋元时期称为"殿举"、"殿罚"，明清时期称之为罚科，指科举时代对违规、舞弊或文理荒谬者暂时废止其继续考试资格的一种处分。乡试中式者罚停会试，会试中式者罚停殿试，并根据所犯轻重以定处罚停考的科数。艾南英就是天启四年（1624年）乡试中举人以后，罚停天启五年（1625年）的会试。

《万历野获篇·顺天解元》："万历三十八年庚子，第一名赵维寰，浙江平湖人，以文体被参，礼部覆试，罚科，举人之有罚科自此始。"

【5】按，天启四年顾锡畴等考官分赴各省主持乡试，后被政敌鼓动大太监魏忠贤向皇帝举报在试题和答卷中讪上谤政、大有讥刺，于是四省的正副考官八人和中式的举人艾南英等人分别受到降调和停科的处分。

【6】（明）文秉《先拨志始》、（清）张贵胜《遣愁集》均有记述。

【7】《明熹宗实录》："天启五年三月乙丑，嘉魏忠贤修肃宁城，荫弟侄一人都督佥事，仍于本县建坊，赐敕旌表，从崔呈秀请也。"

【8】（明）朱茂曜《两朝识小录》。

【9】《明熹宗实录》："天启四年十月己酉，吏部右侍郎陈于庭、左副都御史杨涟、左佥都御史左光斗削籍。时推乔允升、冯从吾为太宰（即吏部尚书），谓党庇也。吏部郎中张光前、御史房可壮、袁化中并调外。"按，《两朝从信录》载："十一月甲子，时各衙门奉旨会推吏部尚书……圣谕曰：朕已屡谕更改，如何此次会推仍是赵南星拟用之私人？显是陈于廷、杨涟、左光斗钳制众正抗旨徇私……况近日杨涟既曾亲接圣谕，今值会推之日岂可佯为不知……公然欺朕幼冲，真巨猾老奸，冥顽无耻……陈于庭、杨涟、左光斗俱恣肆欺瞒，大不敬，无人臣礼，都著革了职为民，仍追夺杨涟、左光斗诰命。袁化中疏认罪，降一级调外；任选郎张光前、御史房可壮以会推事认罪，各降调。刑部尚书乔允升引疾求归。"

《明熹宗实录》："天启五年三月丁丑，锦衣卫北镇抚司掌司事许显纯等勘问汪文言之狱，辞连赵南星、杨涟、左光斗、魏大中、缪昌期、袁化中、惠世扬、毛士龙、邹维琏、邓美、周朝瑞、黄龙光、顾大章、卢化鳌、夏之令、王之采、钱士晋、徐良彦、熊明遇、施天德等，以移宫建议者为立名躐等之资……启贿赂之门，而升迁之法滥……得旨：仍发显纯严刑究问，杨涟、左光斗、袁化中、魏大中、周朝瑞、顾大章遣缇骑逮至京，究问追赃，赵南星等俱削籍，抚按提问，追赃具奏。"按，赵南星、杨涟、左光斗、魏大中、缪昌期、袁化中、周朝瑞、黄龙光、顾大章等皆《明史》有传。

【10】康熙《嵊县志·灾祥》："天启五年夏四月，李生黄瓜。按，生于西清裘胤英家园，长二寸许，色黄，味苦。"

【11】康熙《诸暨县志·灾祥志》："天启五年（1625年）亢旱，苗尽稿。"康熙《绍兴县志》天启五年（1625年），大旱。道光《会稽县志稿·灾异》："天启五年（1625年）乙丑，大旱。"嘉庆《山阴县志·机祥》："天启五年，大旱。"

【12】《明熹宗实录》："天启五年六月庚子，兵部尚书高第言：遵化道臣未可遽裁，海口镇臣仍宜暂设，以防冲要，以固封疆。得旨：卿建此议，具见沉谟，便推的当官员来用。"

【13】鞘银：即官方解送的饷银，又可以"银鞘"代称。银鞘是古代解送饷银时的盛放物，一般是剖木挖心，将银两放在里面封好，可以按件称算。《儒林外史》第三十四回："只听得门外骡铃乱响，来了一起银鞘……那解官督率着脚夫将银鞘搬入店内。"

【14】《明熹宗实录》："天启五年七月壬子，兵部覆：御史邢绍德等疏：以盗贼纵恣，有司玩泄，乞行文各省直抚按严加综核，备列考成，务起积弛而臻实政。从之。"

【15】《明熹宗实录》："天启五年十月丙子，大学士顾秉谦等奏：皇上亲临北郊御跸再传，淫潦忽霁，若天地故呈其异。"

【16】民国《盐山新志·故事略》："天启五年，春旱。六月初五日地震。"

【17】康熙《从化县志·灾祥上》："天启五年夏六月夜，大星见。按，是夜二鼓，

星如球，光长数丈，自东流入于南，响震一声，散作十余道，照耀如日光，枥马鸡犬皆惊，须臾乃灭。”

【18】《明熹宗实录》：“天启五年五月庚戌，下袁化中镇抚司究问；甲戌，下顾大章北镇抚司究问。”按，天启五年三月，杨涟、左光斗等人因受中书汪文言狱牵连，被缇骑逮至京。按，北镇抚司又称北司。《明史·职官志五》：明太祖洪武十五年（1382 年）罢仪銮司，改置锦衣卫，秩从三品，后改正三品。其下机构有经历司、镇抚司。二十年（1387 年）以锦衣卫所治多非法凌虐，乃罢。明成祖即位，复置锦衣卫。明宪宗成化年间且增置北镇抚司专治诏狱，以原旧所为南镇抚司仍掌本卫刑名兼理军匠。锦衣卫北镇抚司简称北司，南镇抚司简称南司。北司专治诏狱，权重于南司。

【19】《明熹宗实录》：“天启五年八月壬寅，册封任氏为容妃。”

【20】《明熹宗实录》：“天启六年三月丁亥，巡按直隶御史杨春茂疏言：杨涟、左光斗在监病故。奉旨：着行抚按，严提家属追赃。”按，天启五年七月，左光斗、杨涟同日被狱卒杀害。

【21】见于（明）吴应箕《吴次尾集》。吴应箕，字次尾，号楼山，是明末文学家、抗清英雄。崇祯贡生，曾参加复社。清兵破南京后，在家乡坚持抗清，被执不屈死。按，许显纯系锦衣卫北镇抚司指挥。

丙寅（天启六年，1626 年）正月，常州天鼓鸣。二月，吏部尚书赵南星遣戍[1]。三月，中后所灾[2]。四月癸巳，子时，白雾降[3]（原注：占曰：臣下擅权。又曰：主兵丧）。逮前吏部主事周顺昌[4]（原注：苏州逮周公顺昌，民变，击毙校尉后，苏民倡议，天启无道，互戒天启钱不用，各府州县皆和其说，将天启钱积下。后传至京中，各省直出示晓喻，钱乃行，私禁凡十阅月[5]。五人墓事，世艳传。时至江阴，逮御史李应升，开读时，亦有垂髫少年十人，各执短棒，直呼入宪署，杀逆珰，校尉、诸尉踉跄越墙奔窜。一卖蔗童子十余岁抚髀曰：“我恨极矣！”遂从一肥尉后，举削蔗刀脔其片肉，掷以饲狗。[6]时一中贵夜巡，忽闻冢中人声，盖既已瘗而苏者，发之，得一女子，云：为某翰林第七姬侍儿，遭鞭箠，将毙，复置冰上冻一夕乃死。事闻，上怒，罢其官[7]。五月，王恭厂灾[8]（原注：五月朔，人见都城隍庙唱名，后宰门火神庙红球滚出；前门城楼角有数千萤火，忽并合如车轮。至初六日巳时，王恭厂灾。震初作，乾清宫御案皆碎，建极殿飞瓦杀人。象房震倒，群象逸出，不可控制。御史何廷枢、潘云翌被震死，全家覆入土中；自顺城街北至刑部街，尽为齑粉。有女人衣饰尽而身存，有同伴头去，此肩无恙；有从空坠人头，及须发耳鼻。大木远落，密云石狮掷出城外，衣服挂于西山树杪，银钱器皿，飘至昌平阅武场中[9]。先是，钦天监周司历奏：五月初六日巳时，地鸣如雷，从东北艮位上行，至西南有云气障天。占曰："地鸣，天下兵起相攻，妇寺大乱，地中汹汹有声，亡邑之凶象也。"魏忠贤闻知，以为妖言惑众，传旨杖一百，立刻打死。初六日后宰门火神庙天未明，闻殿内吹打粗细乐三叠毕，火球从殿中出，腾空而上。又海岱门火神庙，庙祝见火神飒飒行动，若将下殿。忙拈香跪告，火神竟走，庙祝抱住，不觉失手，火神走去。此时已巳牌，天色皎洁，忽有声如吼，远远从东北，渐至京城西南角，灰气涌起，屋宇动宕。忽大震一声，天崩地塌，昏黑如夜，万物平沈，僵尸层叠，秽气薰天。顾必大开学，师徒三十余人，一响后，踪迹俱无。顾阁老小夫人单袴　走出街心，顾从阁里出，亲自扶回。宣府杨总兵行至玄弘寺街，随从一共七人，连人和马，俱陷入地。承恩寺街有女轿八乘经过，震后轿俱打坏，女子、轿夫都不见。有州吏目弟在街，与相识六人，拜揖未完，头忽飞去，其六人竟无恙。时天启在乾清宫进膳，殿震，奔交泰殿，内官死者死，走者走，只一近侍扶行，为建极殿飞瓦打得脑浆迸出。缙绅伤者甚多，压死家眷不记其数[10]）。朝天宫三殿两廊灾，共焚房一百三十二间[11]（原注：兵部尚书王永光奏：皇上者天所钟爱而不忍加怒者也，乃一怒而地震如雷，万象倾覆；再怒而祝融为虐，朝天宫付之烈焰矣。以四方辐辏之地，半属丘墟；以千官呼祝之坛，尽成灰烬，即行路皆为惋惜，况臣子能不痛心。因思水旱盗贼之变，犹待章疏奏闻；即日月薄蚀、星辰逆行，亦须太史之占候。兹独谴告于都城之内，迭征于旬日之间。甚至雨泽未沛，冰雹随之，乖戾之象，皇上亦既耳闻目击，悚惕不宁矣。乃诸臣条上封事，自停刑、罢税之外，率未能恩免何项，宽恤何人，概以"知道了"三字应之。夫委之不知，犹俟有悔悟之日，知而不改，何时是苏息之期?《诗》曰：天之方蹶，无然泄泄[12]。敢为皇上与诸臣交诵之。疏入，旨以危言激聒，明是要君，责之[13]）。周顺昌、周宗建先后卒于狱[14]。蓟门地震[15]。六月朔，山阴（今江苏江阴）东方五色云见。义乌大水，舟行衢道。淮安蝗蝻匝地，山海、盐沭、安赣之墟更甚。皇子薨，谥为献怀太子[16]。京师地震，轰然有声，河间、天津三卫亦震，宣、大同日震[17]。京师大雨[18]（原注：西山洪水骤发，城中水深六尺，新旧屋宇倾倒不计其数。卢沟桥人家被水冲去。良乡城俱颓，势若江河，尸横遍野，直至涿州而止）。闰六月二十一日夜，从西北起火，大雷霹雳一声，红光一块落于中府东垛旧草顶上，随即火起。时值大雨，火势更张，红光遍彻，移时不息。浙江巡抚潘汝桢[19]请俯舆情，鼎建厂臣祠宇，赐额，以垂不朽。从之[20]（原注：礼科阎可陛曰：二三年来，献媚建祠几半海内，除台臣宁光先所劾外，尚有创言建祠者李蕃也，其天津、河间、真定等处倡率士女，劙金建祠，上梁迎像，行五拜礼，呼九千九百岁，目中真不知有君父矣。创建两祠者，李精白也。其迎忠贤像，旗帜上对联有云：至神至圣中乾坤而立极，多福多寿同日月以长明。若乃毛一鹭之建祠应天，姚宗文、张翼明建祠于湖广、大同，朱蒙童建祠于延绥（今陕西榆林），刘诏蓟州建祠用冕旒金像，吴淳夫临清祠毁民房万余间，河南建祠毁民房一万七千[21]余间，江西建祠毁先贤澹台灭明[22]之祠，诸如此辈不可胜纪。上得罪于名教，下播恶于生民，取百取千，只博泥沙之用，筑愁筑怨，争承尸祝之欢，皆汝桢之疏作之俑也）。秋七月，霾雨为灾，边城倒塌，巡抚袁崇焕奏闻[23]。初一日。江北狂风暴雨两昼夜，拔木损舟，河水骤长丈许，各省直多同。初九日，黄河决，匙头湾洪流倒入骆马湖，左右自新安镇以下，邳、宿城外周围皆水，荡然大壑，田庐淹没，数月稍减[24]。八月，登州卫所西北角楼于本月十六日夜，守宿人见红云一块自西南起，直至北楼内，有声如雷，顷刻焚烈，压死守宿军士，积贮火药荡然一空，巡抚李嵩以闻。冬十月，广州大饥[25]，东省蝗，福建地震[26]。晋魏忠贤为上公[27]。十一月十八日卯时，南京地震[28]。二十六日，留都紫城烟起如缕，从土隙中出，欲燃未燃，两日始灭[29]。十二月，魏鹏翼荫袭锦衣卫世袭指挥佥事[30]（原注：鹏翼，忠贤之从孙，时才十龄，魏忠贤之柄事也，其摧折朝臣概为削夺，始于元年八月满朝荐[31]始，二年解经邦[32]继之，四年陈于庭[33]继之，殆至五年，而纵恣不可胜言矣。五年内削夺尚书周嘉谟[34]、崔景荣[35]、余懋衡[36]、周希圣[37]、李腾芳[38]、孙慎行[39]、朱光祚[40]，侍郎张鼐[41]、张凤翔[42]、孙居相[43]、岳元声[44]、郝名宦[45]、朱世守[46]、南居益[47]，都御史曹于汴[48]、喻安性[49]、程正已[50]、毕懋康[51]、杨鹤[52]、刘可法[53]，通政涂一榛[54]、王孟震[55]、刘宗周[56]、卿寺曹珍[57]、易应昌[58]、吴之皞[59]，寺丞萧毅中[60]、杨一鹏[61]，翰林叶灿[62]、侯恪[63]、陈子壮[64]、姚希孟[65]，府尹谈自省[66]，太仆等卿庄钦邻[67]、姜志礼[68]、韩策[69]、陆完学[70]、刘惟忠[71]、马孟祯[72]、倪应春[73]、罗汝元[74]、欧阳调律[75]、汪先岸[76]、钱春[77]、王国瑚[78]、盛世承[79]、彭遵古[80]、傅宗皋[81]、陈以闻[82]。六年，削夺阁臣刘一燝[83]、韩爌[84]、冯铨[85]，尚书李思诚[86]、赵南星[87]，左都御史高攀龙[88]，侍郎沈演[89]，都御史郭尚宾[90]，通政倪思辉[91]、韩国藩[92]，寺丞姜习孔[93]、彭惟成[94]，翰林方逢年[95]、顾锡畴[96]，太仆卿寺等曾汝召[97]、张泼[98]、孙之益[99]、涂乔迁[100]、史弼[101]、徐如珂[102]、须之彦[103]，司丞吴殿邦[104]，七年（1627 年），削夺卿寺等陈胤丛[105]、伦肇修[106]、彭鲲化[107]，詹事曾楚卿[108]，翰林郑鄤[109]、陈仁锡[110]、文震孟[111]、张捷[112]、王一中[113]、王伉[114]，其他不可胜计）。

【1】【87】赵南星，字梦白，高邑（今河北高邑）人。万历二年 (1574 年) 进士，熹宗天启朝官至吏部尚书（尊称大冢宰）。他是东林党领袖之一，反对魏忠贤宦官势力，终被削职，天启五年（1625 年）十二月被编织罪名，遣戍代州（今山西代县），并最终卒于戍所。《明史》有传。

《明熹宗实录》引《熹宗旧纪》：天启四年十二月，是月丙申，削吏部尚书赵南星籍，李维桢引疾致仕。

《明熹宗实录》："天启五年（1625 年）十二月戊子，得旨：赵南星奸党渠魁，依律遣戍，不准收赎。"

【2】《明熹宗实录》："天启六年（1626 年）三月庚戌，辽东经略高第疏报：中后所灾，毁仓廒粮囤、官生军民房二千一百五十余间，男妇、马骡、盔甲、弓箭、火药等项。"

【3】《明史·五行志》："天启六年四月癸巳，白露著树如垂线，日中不散。"

【4】《明熹宗实录》："天启六年（1626 年）二月戊戌，提督苏杭织造太监李实，参原任应天巡抚周起元，违背明旨，擅减原题袍段数目，捎勒袍价，又不容臣驻彼地方……引类呼朋，而邪党附和，逢迎者则有周宗建、缪昌期、周顺昌、高攀龙、李应昇、黄尊素俱与起元臭味亲密，每以私事谒见……得旨：周宗建、缪昌期、周顺昌、高攀龙、李应昇、黄尊素尽是东林邪党，与起元臭味亲密，干请说事，大肆贪婪……除周宗建、缪昌期已经逮解外，其周起元等五人都著锦衣卫差的当官旗扭解来京究问。"

【5】《寄园寄所寄·焚尘寄·胜国遗闻》引《先曾祖日记》:"苏州逮周公顺昌,民变,击毙校尉。后苏民倡议天启无道,互戒天启钱不用,各州府县皆和其说,将天启钱积下。后传至京中,各省直出示晓谕,钱乃复行,私禁凡十阅月。"

【6】(清)赵吉士《寄园寄所寄·焚尘寄·胜国遗闻》引《贞胜编》。

【7】(清)赵吉士《寄园寄所寄·焚尘寄·胜国遗闻》引《太白剑》:"一中贵夜巡,忽闻冢中人声,盖既瘗而苏者,发之,得一女子,云:'为某翰林第七姬侍儿,遭鞭扑将毙,复置冰上冻一夕,乃死。'事闻,翰林自引过,如魏丞相,上怒,罢其官。"

【8】《明熹宗实录》:"天启六年(1626年)五月戊申巳刻,王恭厂灾……王恭厂之变,地内有声如霹雳不绝,火药自焚,烟尘障空,椽瓦飘地,白昼晦冥,西北一带相连四五里许房舍尽碎。时厂中火药匠役三十余人尽烧死,止存一名吴二。上命西城御史李灿然查报,据奏:塌房一万九百三十余间,压死男妇五百三十七名口。著即分别轻重,作速优恤。"

【9】(清)赵吉士《寄园寄所寄·焚尘寄·胜国遗闻》引《绥史》。

【10】(清)赵吉士《寄园寄所寄·焚尘寄·胜国遗闻》引《客中闲集》。

【11】《明熹宗实录》:"天启六年(1626年)五月癸亥,朝天宫灾。得旨:朝天宫系敕建殿宇,千官习礼之处,火灾突发,深动朕心,大小臣工倍宜修省,以回天意。"

《明季北略》:"祝融为虐,朝天宫付之烈焰矣。以四方辐辏之地,半属丘墟;千官呼祝之坛,尽为灰烬。即行路为之惋惜,况臣子能无疚心也?"

【12】《诗经·大雅·板》:"天之方难,无然宪宪。天之方蹶,无然泄泄。辞之辑矣,民之洽矣。辞之怿矣,民之莫矣。"意为:天下正值多灾多难,不要这样作乐寻欢。天下恰逢祸患骚乱,不要如此一派胡言。政令如果协调和缓,百姓便能融洽自安。政令一旦坠败涣散,人民自然遭受苦难。蹶:动乱。泄泄:通"呭呭",妄加议论。

【13】《明熹宗实录》:"天启六年(1626年)五月丁卯,兵部尚书王永光以朝天宫灾上疏言:今者以四方辐辏之地,半属丘墟……因思水旱盗贼之变,犹待章疏之奏闻;即日月薄蚀星辰逆行,亦烦太史之占验;独谴告于都城之内,叠征于旬日之间,甚至雨泽未沛,冰雹随之,乖戾之象显示相左……得旨:……疏内以危言激聒,明是要君,为首的姑不究。"按,王永光,字有孚,号射斗,河南长垣人。万历二十年进士。历官中书舍人、吏部主事、工部左侍郎、工部尚书、户部尚书、南京兵部尚书、吏部尚书等职。

【14】《明熹宗实录》:"天启六年(1626年)六月戊子,原任吏部主事周顺昌毙于狱。""己丑,原任御史周宗建卒于狱。"《明史》有传。

【15】《明熹宗实录》:"天启六年(1626年)五月庚申,总督蓟辽阎鸣泰奏,据密云县申:本月初六日巳时地微震,初九日丑时复大,震数日之内两次示警,甚为变异……得旨:蓟门地震,奴患孔棘,备御宜周,这马价、火器、火药等件,作速酌议给发。"

【16】《明熹宗实录》:"天启六年(1626年)丁丑辰时皇太子薨逝,素服,辍朝三

日，命照悼怀太子例行丧礼，并祔葬墓侧。闰六月癸卯追封献怀太子，遣张惟贤持节、大学士顾秉谦捧册，各行礼。”

【17】《明熹宗实录》：“天启六年（1626年）六月丙子，寅时，京师地震。是日。天津三卫、宣、大俱连震数十次，倒压死伤更惨。山东济、东二府，河南一州六县俱震。”

【18】《明熹宗实录》：“天启六年（1626年）闰六月癸卯，圣谕户、礼二部：今春入夏，异灾频仍，亢旱弥甚。兹者复遭淫雨，昼夜连绵，震动若倾，滂沱如注。京师米价腾涌，房屋塌伤人口。又谕内阁：淫雨为虐……传示礼部竭诚祈祷。丁未，天寿山守备太监孟进宝疏奏：大雨连绵，宝城、神路冲塌。辛亥，提督九门太监金良辅言：天雨连绵，都城及桥梁坍塌。丁巳，巡视中城御史龚萃肃奉谕查过，淫雨为灾，五城地方塌倒民房七千三百三间，损伤男妇二十五名口。”

（清）计六奇《明季北略》：“六月二十八日至闰六月初三日，北京大雨倾盆，城中水长六尺，屋屋倒塌，压死人口甚多。又良乡县尽夜阴雨，数日不止。至初一日半夜，水由城西门灌入，仓谷漂流，田禾冲入江内，尸横遍野。又武清、东安、大兴诸县，大雨数日，禾尽淹没（顺天府尹疏）。”

【19】按，“潘汝桢”或书作“潘汝祯”。

【20】《明熹宗实录》：“天启六年（1626年）六月辛丑朔，巡抚浙江右佥都御史潘汝祯疏称浙江苏、杭等府机户张选等呈称：先年织造钱粮……向有稽延至一二年回批未掣，司府监追家属，身毙囹圄，困苦万状。幸遇东厂魏忠贤，为国惜民，所有本厂茶果等费名色，即行捐免，不两月间掣批回销选等，省直机户叨沐洪恩情，愿捐赀建造生祠，世世顶礼。臣等……今据各府机户备呈捐免情因……建词报本，委出真情……得旨：据奏，魏忠贤心勤为国，念切恤民……宜从众请，用建生词，著即于该地方营造，以垂不朽。”

【21】按，《二申野录》原作“一万七十余间”，误，当为“一万七千余间”。

【22】《史记·仲尼弟子列传》：“澹台灭明，武城人，字子羽，少孔子三十九岁。状貌甚恶。欲事孔子，孔子以为材薄。既已受业，退而修行，行不由径，非公事不见卿大夫。南游至江，从弟子三百人，设取予去就，名施乎诸侯。孔子闻之，曰：“吾以言取人，失之宰予；以貌取人，失之子羽。”

【23】《明熹宗实录》：“天启六年（1626年）闰六月丁亥，辽东巡抚袁崇焕、督师王之臣，各疏报淫雨为灾，山海关内外城垣倒塌，兵马压伤。宁远前屯、中后等城修筑者，既成复坏，囤米冲损，粮草浥烂，不可胜计。”

【24】《明史·五行志一》：“六年（1626年）秋，河决匙头湾，倒入骆马湖，自新安镇抵邳、宿，民居尽没。”《明熹宗实录》：“总督漕河崔文昇题修筑堤工事。得旨：河决由于堤薄，秋深相度地势起工，务为一劳永逸，说得是。骆马湖沙土难筑，邳土坚凝，预督浅夫开掘，俟回空粮船带取，委属可行。”

【25】光绪《广州府志·前事略五》:“天启六年,新会大旱,饥。”乾隆《番禺县志·事纪》:“天启六年丙寅,大旱。”

【26】《明熹宗实录》:“天启六年九月甲戌,福建地震。”按,《二申野录》系于十月。

【27】《明熹宗实录》:“天启六年(1626年)十月戊申,内官监太监李永贞奏:三朝阙典聿新鼎建,工程神速,皆魏忠贤之功,乞圣鉴叙录,随奉传谕:皇极殿工我皇祖迟延未举者三十余年,诚重之也。爰及朕躬,襄兹钜典,是皆忠贤心无二意,算有定谋,惟断可成……其晋秩为上公加恩三等……允合舆论,朕志先定,尔部攸同。”

【28】(清)计六奇《明季北略》:“八月朔,江南有拔木之风,古今少见。上天一怒,而地震如雷,万象倾覆。”

【29】同治《上江两县志·大事下》:“天启六年十月辛酉,南京西华门生烟,旧宅材瘗土中,沃以水,三日始灭。”

【30】《明熹宗实录》:“天启六年(1626年)十月丁卯,以皇极殿工告成,荫锦衣卫世袭指挥佥事王之梁、魏鹏翼等八员。”按,《二申野录》作“魏鹏翌”且云是魏忠贤之孙,《实录》、《明史·宦官二》作“鹏翼”,且云是从孙,据《实录》改。

【31】《明熹宗实录》:“天启二年(1622年)八月丁卯,太仆寺添注少卿满朝荐题:臣起家秦令,为民翦珰系狱者七年,乃始得解脱……向者四月雨雹震虩异常,连昼扬霾,白日为晦,月星午见,太白经天,东邦地震,几于彻省……周嘉谟、刘一燝顾命倚重之大老,以构谗去;孙慎行守礼介石之宗伯,以封典诎王纪执法如山之司寇,以平反革职,皆漠不顾惜……得旨:时事多艰,满朝荐起废向用,不思奋力抒忠,何乃空言讦讪,本内自拟逢干倾国等语,视朕为何如主?且褒言比喻大臣影响,妄猜宫禁,显是沽名卖直,本当重处,姑从轻革职为民,永不叙用。”《明史》有传。

【32】《明熹宗实录》:“天启二年(1622年)三月庚子,新升辽东经略解经邦(原兵部侍郎)三疏力辞重任,上以经邦托词避难,甚失臣谊,著革职为民,永不叙用。”

【33】《明熹宗实录》:“天启四年(1624年)十月己酉,吏部右侍郎陈于庭、左副都御史杨涟、左佥都御史左光斗削籍。”按,以会推时推荐乔允升为吏部尚书,失旨受责。《明史》有传。

【34】《明熹宗实录》:“天启元年(1621年)十一月丁卯,吏部尚书周嘉谟封印乞归……上令右侍郎盛以弘暂署部务。十二月癸酉,吏部尚书周嘉谟陛辞。”“天启五年(1625年)五月甲子试御史周维持言:…… 周嘉谟护庇王安,以蔑旨罔上……得旨:周嘉谟俱削夺。”按,王安是明朝太监,为人正直,得朝中东林党人敬重,太监魏忠贤即出自其门下。天启元年魏忠贤与客氏得势以后,恐怕受到王安揭发,即与奸党勾结将其害死。三年后,魏忠贤又以与王安串通为名,大肆迫害东林党人。《明史》有传。

【35】《明熹宗实录》:“天启五年(1625年)七月乙丑,吏部尚书崔景荣六疏乞休,赐驰驿回籍。九月丁巳,御史倪文焕请分别邪正……又言,旧太宰崔景荣原是东林一

派……得旨：崔景荣东林一派，倚奸细刘保为腹心，著削籍为民，仍追夺诰命。”《明史》有传。

【36】【39】《明熹宗实录》：“天启五年（1625年）八月壬午，御史张讷奏毁天下讲坛，略云：书院虽有数处而脉络总之一条……至若孙慎行、冯从吾、余懋衡三大头目，位尊势重，未经处分，恐……为害更烈，乞圣断施行……得旨：其东林关中、江右、徽州一切书院俱著拆毁……孙慎行、冯从吾、余懋衡名虽假乎理学，行无异乎市井……此三员都著削籍为民，仍追夺诰命。”《明史》有传。

【37】《明熹宗实录》：“天启五年（1625年）十二月辛丑，刑科给事中苏兆先疏，参南京户部尚书周希圣，御史蒋允仪、赵延庆。得旨：都著削籍为民当差，仍追夺诰命。”

【38】《明熹宗实录》：“天启四年（1624年）六月己未，礼部侍郎李腾芳忧去，进礼部尚书兼翰林学士。天启五年六月庚寅，御史王际逵疏参：李腾芳被察，复起躐籍佐铨，闻讣加衔，出自何典？得旨：都著削了籍为民当差，追夺诰命。”按，躐等，即越级，不按次序。《明史》有传。

【40】《明熹宗实录》：“天启五年（1625年）二月甲辰，总理河道工部尚书朱光祚乞休，许之，著驰驿去。六月己亥，原任河南道御史升陕西按察司副使、致仕田一甲疏陈：太常少卿胡忻臣……与朱光祚黉夜相会，大开贿端……得旨：朱光祚夙与胡忻朋比纳贿，居官全事粉饰，略无实政，著削了籍，仍追夺诰命。”

【41】《明熹宗实录》：“天启五年（1625年）三月癸亥，大学士顾秉谦等具疏，推礼部右侍郎来宗道、张鼐、丘士毅、周炳谟、彭凌霄、南京国子监祭酒李思诚，俱堪充实录副总裁，左庶子周延儒、编修南居仁充纂修官。得旨：……其张鼐诈病要名，养资骄慢，又先年疏内曾洗补字样失填，好生欺侮朕躬，大不敬，无人臣礼，著革了职，仍追夺诰命。”《明史》有传。

【42】《明熹宗实录》：“天启五年（1625年）六月己卯，兵部左侍郎张凤翔引疾求去，许之。壬午，御史陈朝辅疏纠兵部侍郎张凤翔，谓凤翔为门户传头、东林帮手……得旨：张凤翔当群凶气焰时，不能早自振拔，甘从比附。武邑之役，半属黔首，贼擒兵到，何得有功？乃枢篆甫署，辄推匪人。姑著冠带闲住，并削荫子。”《明史》有传。

【43】《明熹宗实录》：“天启五年（1625年）九月丁巳，户科给事中陈序疏参兵部侍郎孙居相、南赣巡抚梅之焕，以居相、之焕出赵南星之门，而密交杨涟也……得旨：俱削籍，追夺诰命。”《明史》有传。

【44】《明熹宗实录》：“天启五年（1625年）九月甲戌，南京江西道御史徐复阳疏参兵部侍郎岳元声……得旨：岳元声贪迹素著，屡挂弹章。著削籍为民，仍追夺诰命。”按，岳元声，字之初，号石帆。明浙江嘉兴人，岳飞十八世孙。万历进士。天启初，出任南京兵部右侍郎，因劾魏忠贤，削籍罢归。

【45】【74】【78】《明熹宗实录》：“天启五年（1625年）十二月戊寅，广东道御史

陈世埈参南京兵部侍郎郝名宦、太仆寺少卿罗汝元、光禄寺少卿王国琊。得旨：都著削籍为民，仍追夺诰命。”

【46】【61】【70】《明熹宗实录》：“天启五年（1625年）十月壬辰，浙江道御史潘汝祯疏参刑部右侍郎朱世守、大理寺寺丞杨一鹏、兵部侍郎刘策、布政使陆完学，均系东林遗奸，不宜混厕仕路。得旨：俱削籍，追夺诰命。”

【47】【52】《明熹宗实录》：“天启五年（1625年）九月丁巳，吏科给事中黄承昊劾总理河道侍郎南居益，依傍门户，躐跻闽抚，及升总河，迁延不至，乞亟令休致。得旨：南居益依傍门户，削籍为民，仍追夺诰命；御史卓迈疏参原任御史杨鹤、江秉谦、夏之令为党护熊廷弼者，应削夺……俱得请。”

【48】《明熹宗实录》：“天启五年（1625年）七月甲戌，御史石三畏疏论……李三才、曹于汴等朋比为奸，搅翻世界，一时正人驱逐必尽……得旨：本内参邪党李三才、曹于汴等诸臣，已故的著追夺诰命，见存的著削籍为民，其守正被屈者酌量擢用。”《明史》有传。

【49】《明熹宗实录》：“天启五年（1625年）十二月丙戌，巡关御史洪如钟原参山石道佥事刘永基……并纠山海巡抚喻安性受其谄媚，力庇匪人；顺天巡抚申用懋荐举不当……是日上传旨：刘永基、喻安性俱削夺。”

【50】《两朝从信录》：天启四年（1624年）十一月，保定巡抚程正己回籍……正己掌癸亥（天启三年）察时，亓诗教、赵兴邦、官应震、吴嗣亮号四凶，俱处以不谨。吏都魏应嘉争之不听。至是尽翻察典，正己因为所逐。

【51】《明熹宗实录》：“天启五年（1625年）六月庚寅，御史王际逵疏参郧阳巡抚毕懋康，依附邪党，夤缘抚臣，妄报军情，职守安在……著削了籍为民当差，追夺诰命。”《明史》有传。

【53】《明熹宗实录》：“天启五年（1625年）十一月辛未，四川道御史王时英疏参浙江巡抚刘可法。得旨：刘可法厚结赵南星，躐升浙抚……著削籍为民当差，仍追夺诰命。”

【54】《明熹宗实录》：“天启五年（1625年）十二月庚辰，原任南京御史被察李良栋自言，前任留台以救王德完，忤邹元标，为标党王允成、涂一榛朋谋倾陷，中以察典，乞赐昭雪。得旨：涂一榛、王允成把持察典事情，著部院参看来说。”

【55】《明熹宗实录》：“天启五年（1625年）十一月辛未，广西道御史田景新再参……左通政王孟震。得旨：王孟震巡城不简，居乡凶横，俱削籍为民，仍追夺诰命。”

【56】《明熹宗实录》：“天启五年（1625年）正月乙亥，原任太仆寺少卿刘宗周奏：‘臣里居之席未暖，遽蒙显擢为右通政，未尝不感极而继之以泣……世道之衰也，士大夫不知礼义为何物，往往知进而不知退……此臣所以展转踌躕有死不敢趋命也。’得旨：刘宗周眇视朝廷，矫情厌世，好生恣放。著革了职，为民当差，仍追夺诰命。”

【57】《明熹宗实录》："天启五年（1625年）十二月乙酉，曹珍狎主讲席，献媚东林……得旨：奸党宜清，调停当戒。这本说的是曹珍狎主邪盟，董应举侵挠盐政，李遇知荐举匪类，献媚东林，都著削籍为民当差，仍追夺诰命。"

【58】《明熹宗实录》："天启五年（1625年）十一月壬子，南户部福建司员外郎胡芳桂，疏参御史易应昌，得旨：俱削职为民，追夺诰命。"《明史》有传。

【59】《明熹宗实录》："天启五年（1625年）十二月庚寅刑科给事中潘士闻疏参大理寺少卿吴之皞。得旨；吴之皞依附党人，居乡不谨……著削籍为民，追夺诰命。"

【60】《明熹宗实录》："天启五年（1625年）乙亥朔，贵州道御史张枢疏纠太常寺卿陈伯友倚恃袁化中、周朝瑞而骤跻通显，大理寺寺丞萧毅中借援左光斗、顾大章而立擢清华。上命俱削籍为民，追夺诰命。"《明史》有传。

【62】【77】《明熹宗实录》："天启五年（1625年）五月壬子，试御史门克新疏：请罢右庶子叶灿、光禄寺卿钱春、遵化道按察使张光缙，以为依傍门户之戒……上是其言……叶灿、钱春、张光缙俱削籍为民。"

【63】《明熹宗实录》："天启五年（1625年）九月乙丑，御史智铤疏参礼科给事中解学龙、翰林院编修侯恪……得旨：解学龙、侯恪甘作东林鹰犬，俱著削籍为民，仍追夺诰命。"《明史》有传。

【64】《明熹宗实录》："天启四年（1624年）五月庚辰，翰林院编修陈子壮、户科左给事中周之纲主试浙江。天启五年（1625年）十一月壬子，吏科都给事中陈熙昌、翰林院编修陈子壮俱削籍，追夺诰命。奉旨：陈子壮并父陈熙昌依傍门户，岂可并列要津，且试录内有庸主失权、英主揽权等语，显属谤讪，都著削夺。"

【65】《明熹宗实录》："天启五年（1626年）六月丙戌，工科给事中杨所修，以门户劾翰林院简讨姚希孟，为缪昌期等死友……得旨：姚希孟革职。"

【66】《明熹宗实录》："天启六年（1626年）四月壬寅，削顺天府府尹谈自省……籍，为民当差，仍追夺诰命。以御史刘弘光参劾门户也。"

【67】【100】《明熹宗实录》："天启五年（1625年）十月丁酉，升吏部文选司郎中庄钦邻为太常寺少卿。十一月甲戌，礼科给事中李恒茂……参庄钦邻躐升非制，孙之益督学无状……得旨：庄钦邻未满六选，破格先升，图便己私，坏乱成法；孙之益阿附党人，督学无状，都著削了籍，为民当差，仍追夺诰命。"

【68】《明熹宗实录》："天启六年（1626年）五月戊申，原任太常寺少卿姜志礼削籍为民，追夺诰命。从应天巡抚毛一鹭所勘奏也。"《明史》有传。

【69】【76】《明熹宗实录》："天启五年（1625年）七月庚午，御史袁鲸条陈四议：疏末复论韩策、汪先岸。谓韩策为赵南星手引，以外藩而巧躐乎上卿；汪先岸与汪文言同宗……宜立加褫斥。上下其议于该部：韩策等俱削籍，追夺诰命。"

【71】《明熹宗实录》："天启五年（1625年）五月甲子，试御史周维持言：张问达

招引王之采，以结党煽惑；周嘉谟护庇王安以蔑旨罔上；刘惟忠……依附权奸，俱宜立赐摈斥。得旨：惟忠革职，问达、嘉谟俱削夺。"《明史》有传。

【72】《明熹宗实录》："天启五年（1625年）十二月庚辰，湖广道御史王业浩疏参太仆寺少卿马孟祯……得旨：马孟祯要结权党，倾陷正人……著削籍为民当差，仍追夺诰命。"

【73】《明熹宗实录》："天启五年（1625年）十二月甲申，陕西道御史何可及疏参太仆寺少卿倪应春。得旨：倪应春才能济恶，力足文奸，与左光斗呼吸相通，惟赵南星指使是听，都著削籍为民，仍追夺诰命。"《明史》有传。

【75】《明熹宗实录》："天启五年（1625年）十二月，礼科给事中叶有声疏参太仆寺少卿欧阳调律……门户遗奸。得旨：欧阳调律锄斥正人，倒乱察典……著削籍为民当差，仍追夺诰命。"

【79】《明熹宗实录》："天启五年（1625年）四月己丑，上传傅淑训、盛世承，俱著削籍。"

【80】《明熹宗实录》："天启五年（1625年）六月戊戌，山西道御史刘弘光纠门户党邪王图、程正已、赵昌运、彭遵古，都著削籍，追夺诰命。"

【81】《明熹宗实录》："天启五年（1625年）九月丙辰，广西道御史王珙言：南京尚宝司卿傅宗皋结党东林，肆毒南国……得旨：傅宗皋革职为民，追夺诰命。"

【82】《明熹宗实录》："天启五年（1625年）四月辛丑，降尚宝司卿陈以闻二级调外任用，御史庄谦以门户纠之也。十月癸卯，南京云南道御史梁克顺……劾部臣……陈以闻等。得旨：陈以闻作令贪酷，被察贿结高攀龙，引入赵南星，躐升工部，又日夜与汪文言伐异党同……着削籍，为民当差，仍追夺诰命。"

【83】《明熹宗实录》："天启二年（1622年）三月丁酉朔，大学士刘一燝十疏乞骸骨，允之，加少师兼太子太师，荫一子尚宝司司丞，赐银币蟒衣，遣行人护送驰驿。壬子，大学士刘一燝三疏恳辞升荫，允之，仍驰驿护送。""天启五年（1625年）四月己亥，礼科给事中叶有声疏纠原任大学士刘一燝，荐原任吏科都给事中阮大铖、兵部职方司郎中余大成。得旨：本内阮大铖起升京堂、余大成起补兵部职方司郎中，刘一燝关说行私，著削了籍为民当差，仍追夺诰命。"《明史·刘一燝传》：刘一燝归乡以后"已而魏忠贤大炽，矫旨责一燝误用熊廷弼，削官，追夺诰命，勒令养马"。

【84】《明熹宗实录》："天启五年（1625年）七月壬申，削原任大学士韩爌籍。"《明史》有传。

【85】《明熹宗实录》：天启六年闰六月壬寅，御史陈朝辅再疏言：辅臣冯铨胆落而舌挢者，全在新局纳贿二语……得旨：这本说冯铨事迹多端，即著回藉闲住，以候公论之自定。按，冯铨，字振鹭。涿州人，明万历进士，授翰林院检讨。他不是东林党人，天启五年（1625年）谄事魏忠贤得进，以礼部侍郎兼东阁大学士入内阁，不久即晋尚书，

加少保兼太子太保。天启六年（1626年）即罢。崇祯二年（1629年）以谄事魏忠贤入逆案，三年（1630年）论输赎为民。顺治元年（1644年）降清，令以大学士原衔入内院佐理机务。

【86】天启六年（1626年）十二月戊辰：削礼部尚书李思诚、吏部主事于志舒籍，为民，追夺诰命。按，其受东厂太监魏忠贤陷害，虽上疏百般自辨，熹宗“皆不听”。

【88】《明熹宗实录》：天启五年四月己亥，原任南京御史游凤翔升广州府知府，疏言宪臣高攀龙胞弟高如麟，应试南畿，雇人代笔，幸得中式。臣疏攻如麟，攀龙恨之，致有此转。得旨：游凤翔准复原官。本内参高攀龙，著削了籍，为民当差，仍追夺诰命。《明史》有传。

【89】《明熹宗实录》：天启六年闰六月己巳，刑部左侍郎沈演奏：司官开报舛错，书役妄供可骇，乞赐勘明并祈罢斥。得旨：沈演著削籍为民。

【90】《明熹宗实录》：“天启六年（1626年）十月戊子，吏部尚书周应秋等，会推江西巡抚郭尚宾为刑部左侍郎。得旨：郭尚宾曾附党人，著削籍为民。”

【91】《明熹宗实录》：“天启六年（1626年）九月辛巳，削南京吏部右侍郎钱龙锡、通政使倪思辉籍，各追夺诰命。”《明史》有传。按，《二申野录》作“倪斯辉”，误，今据《实录》改。

【92】【103】《明熹宗实录》：“天启六年（1626年）九月癸未，削通政使司左通政韩国藩、尚宝司少卿须之彦籍，追夺诰命。”

【93】《明熹宗实录》：“天启六年（1626年）正月乙丑，御史曾应瑞疏参尚宝司少卿范凤翼等：……原任南京吏科给事中升南京大理寺右寺丞姜习孔，臣不知何许人，但按其条奏，无他规画，惟各疏荐。习孔固与涂一榛、王允成辈同管南察，排陷善类。一榛等业经斥逐，而习孔独晏然无恙，其何以谢舆评也。得旨：范凤翼、姜习孔、孙绍统、傅梅、吴鸣虞俱系邪党，削籍为民，仍追夺诰命。”

【94】《明熹宗实录》：“天启六年十二月甲寅，南京大理寺右寺丞彭惟成，久依门户，著削籍为民，仍追夺诰命。”

【95】《明史·方逢年传》：“方逢年，遂安人。万历四十四年进士。天启四年（1624年）以编修典湖广试，发策有‘巨珰大蠹’语，且云：‘宇内岂无人焉，有薄士大夫而觅皋、夔、稷、契于黄衣阉尹之流者’。魏忠贤见之，怒，贬三秩，调外。”

《明熹宗实录》：“天启五年（1625年）二月丙戌，吏部奉旨，降调各省考官，湖广正副：翰林院编修方逢年、礼科都给事中章允儒；山东正副：户科都给事中熊奋渭、兵部职方司主事李继贞；江西正副：翰林院简讨丁乾学、吏科给事中郝土膏；福建正副：翰林院简讨顾锡畴、兵科给事中董承业。”

【96】【97】《明熹宗实录》：“天启六年（1626年）二月丁亥南京江西道御史徐复阳疏奏：近阅邸报，诸臣在辇毂者击邪之章日上，而夺邪之旨亦日下，海内共快……原

任太仆寺少卿曾汝召阿附党人，与杨涟、左光斗倡和……得旨：曾汝召阿附邪党羽翼移宫，希图定策……并前降处的方逢年、章允儒、顾锡畴、丁乾学、熊奋渭、李继贞都著削了籍为民，仍追夺诰命。”

【98】《明熹宗实录》：“天启五年（1625年）十一月庚午，御史梁梦环疏参兵部侍郎唐世际、御史张泼、徐如翰等。得旨：张泼，袁化中死党，跃冶速化；徐如翰献媚门户，奸谋叵测，都着削籍为民，仍追夺诰命。”按，《二申野录》作“张除”，误，据实录改。

【99】《明熹宗实录》：“天启六年（1626年）十二月辛酉，以南京太仆寺卿涂乔迁久系门户，落籍，追夺诰命。”

【100】《明熹宗实录》：“天启六年（1626年）四月庚子，削南京光禄寺卿史弼籍，仍追夺诰命，以其素傍门户，因考满而处之也。”

【101】《明熹宗实录》：“天启六年（1626年）九月己卯，削光禄寺卿徐如珂、巡抚福建都察院右副都御史朱钦相籍，各追夺诰命。”

【104】《明熹宗实录》：“天启六年（1626年）闰六月乙丑，福建道御史李灿然疏参户部侍郎徐绍吉、职方郎中郑履祥窜入冯铨之幕，甘心依附，无非以铨能侵票拟之权，擅翻天之手。如吴殿邦横参巡方之公祖，则不难逐陈保泰以快其私……得旨：吴殿邦多事，居乡横参公祖，立逐豸绣以快己私，都著削籍为民当差，仍追夺诰命。”

【105】《明熹宗实录》：“天启六年（1626年）十二月己卯，削大理寺右少卿陈胤丛，以久系门户也。”

【106】《明熹宗实录》：“天启七年（1627年）五月甲戌，削大理寺右少卿伦肇修籍，追夺诰命，以其久傍门户也。”

【107】《明熹宗实录》：“天启七年（1627年）三月丁亥，削夺大理寺右寺丞彭鲲化、兵部职方司郎中刘永祚，以门户邪党也。”

【108】《明熹宗实录》：“天启七年（1627年）正月壬辰，正推詹事曾楚卿削夺，谓系张鼐门生也。”

【109】【110】【111】《明熹宗实录》：“天启七年（1627年）正月辛卯，吏部尚书周应秋覆：原任修撰文震孟、编修陈仁锡、庶吉士郑鄤，以孙文豸等牵累，奉旨除名为民，永不叙用，仍追夺诰命。得旨：……知道了。”《明史》有传。

【112】《明熹宗实录》：“天启七年（1627年）二月癸亥，得旨：太仆寺少卿张捷曾附党人，为李应昇死友，着削籍为民，追夺诰命。”

【113】《明熹宗实录》：“天启七年（1627年）二月丁巳，正推太仆寺少卿王一中以门户削夺。”

【114】《明熹宗实录》：“天启七年（1627年）正月辛卯，削夺光禄寺少卿王伉，以久依门户也。”

丁卯（天启七年，1627年）正月，当涂（今安徽当涂）大雪十日，雪时忽大雷电[1]。常州（今江苏常州）天鼓鸣[2]。二月，镇江（今江苏镇江）地名戴港（在城东南四十三里），挖出一石碑云：九世悠悠地上休，巍巍福地反淇州（今河南淇县）[3]。人间若问消磨事，只在龙盘蛇上头。三十八岁算八字，江上东边黑水流，寅卯起，辰巳止。淡淡水，不用米，还在常，不在扬，星在日边出，摇在五年头，碑出干戈动，东边血水流。寅卯辰巳午，人难过，鬼神愁[4]。三月，太和山玉虚宫火[5]。山东青州西王疃牛产犊，碧色朱唇，遍体麟甲，产时烨然有光，不逾时死，巡抚李精白绘图以进[6]。四月，山场火，逼皇陵，延烧四十余里。盗窃天坛神器，偷伐皇陵树木[7]。十一日，霍山县（今安徽霍山）路旁洪水冲出刘伯温[8]碑记：生出西山马，卸却贵州鞍，杀尽五溪苗，踏破大元关，天启命逢下甲子，黎民涂炭饥荒死，奴辈道从民大乱，定国安邦血流楚，只恐木上生铜铁，是是非非方信武[9]。其时镇江（今江苏镇江）东百里徐山因蝗虫无收米贵，有乡老夫妇难以度日，二人思自尽，忽来一老人劝云：毋自尽，跟我来，有物与汝食。至一山，呼带锄挖土，贫者曰：土岂能食乎？老人曰：挖下自有物。依将土挖开，果见有白粉石。贫老口嗡如粉，即言曰：尔非神仙乎？老人回曰：我非是仙，那前来者是仙。回头已不见。乡人争取，救活万人[10]。平阴县（今山东平阴）宋杰养蚕上簇，俱未成茧，忽一夕变为黄旗，阔长皆丈许[11]。五月，荧惑入南斗，形成勾巳，留守六十余日而后去[12]。金华洪水，通济桥坏[13]。七月二十二日，暴风雨，嵊（音：胜）县（今浙江嵊县）学殿阁楼亭尽圮[14]。余姚（今浙江余姚）大水[15]。萧山县（今浙江杭州萧山）长河（今杭州萧山西长河镇）冠山（在今杭州萧山西）[16]之麓有茅山（今杭州萧山西），一夕忽光气插天，人多往觅，其所见有石壁，明澈如镜，山川人物毕照，逾月渐晦[17]。诸暨（今浙江诸暨）六十都岳储赵山，轰雷骤响，塔石忽燃，经时而灭[18]。八月丁卯，怀宗（崇祯皇帝）即位，将就宝座，大声忽发于殿之西，若天崩地塌然，仗马皆惊，百僚震恐，帝亦为之悚动。识者曰：此鼓妖也，西方其有事乎？[19]（原注：按，天鸣有声，君不恤下，下人将叛之象。京房《易》[20]占曰：天有声，人主忧。又曰：万姓劳，厥妖天鸣。是时帝诛逆珰，虽返政权，而流寇起，兵革岁动，众庶劳也。帝后不得所终，故曰为人主忧。声发于西者，盖群盗起西秦，天随之而鸣也。汉相朱博[21]受册，有声如钟，李寻以为人君听失，为众所惑，空名得进，有声无形，不知所从生。帝即位之后，宰相周延儒[22]、杨嗣昌[23]等以空名得进，后皆不终，又鼓妖之应也）

【1】康熙《当涂县志·祥异》："天启七年正月，当涂大雪十日，雪时忽大雷电。"

【2】康熙《常州府志·祥异》："天启五年、六年、七年天鼓鸣。六、七月又鸣，各邑皆同。"按，《史记·天官书》："天鼓，有音如雷非雷，音在地而下及地。其所往者，兵发其下。"一般指天空中原因不明的巨响。但也有一些可能是山崩、山鸣、陨石坠地等伴随的现象。

【3】《二申野录》作"洪州"，误，当是淇州。

【4】（清）赵吉士《寄园寄所寄·灭烛寄》引《先曾祖日记》："天启七年二月，镇江地名戴港，挖出一石碑云：'九世悠悠地上休，巍巍福地反淇州，人间若问消磨事，只在龙盘蛇上头。三十八岁算八字，江上东边黑水流。寅卯起辰巳止，淡淡水，不用米，还在常，不在扬。星在日边出，摇在五年头，碑出干戈动，东边血水流，寅卯辰巳午，人难过，鬼神愁。'"

【5】太和山是武当山的古称，玉虚宫全称"玄天玉虚宫"，道教指玉虚为玉帝的居处。这里是武当山建筑群中最大的宫殿之一。玉虚宫始建于明成祖永乐年间，明成祖宣称他父亲朱元璋和他取得天下，都曾得到真武神的阴助默佑，因此在武当山建造宫观，表彰神功，报答神恩。

【6】《明熹宗实录》："天启七年三月甲戌，山东巡抚李精白疏言：正月初八日，莒州民王九尝耕牛产犊，宛然麟也，绘图呈献。得旨：所进麟图，朕览，知道了。"

【7】《明熹宗实录》："天启七年四月戊戌，天寿山守备太监孟进宝言：盗伐皇陵禁木，遗火延烧，该口官军不行禁缉，劾把总赵应奎等，命刑部提问，依律正罪。"

【8】明朝初年刘基，字伯温，是明太祖的重要谋士。民间关于他有很多神话传说。《明史》有传。

【9】（清）赵吉士《寄园寄所寄·灭烛寄》引《先曾祖日记》："天启七年四月十一日，霍山县路旁洪水冲出刘伯温碑记：生出西山马，卸却贵州鞍，杀尽五溪苗，踏破大元关。天启命逢下甲子，黎民涂炭饥荒死，奴辈道从民大乱，定国安邦血流楚，只恐木上生铜铁，是是非非方信武。"

【10】（清）赵吉士《寄园寄所寄·灭烛寄》引《先曾祖日记》："天启七年，镇江东北里徐山，因蝗虫无收，米贵。有乡老夫妇难以度日，二人思自尽，忽来一老人劝云：'无

自尽，跟我来，有物与你食。’至一山，叫带锄挖土。贫老曰：‘土岂能食乎？’老人曰：‘挖下自有物。’依将土挖开，果见有白粉石，贫者口噙如粉，即言曰：‘尔非神仙乎？’老人回云：‘我非是仙，那前来者是仙。’回头已不见，乡人争取，救活万人。”

【11】（清）吕抚《二十四史通俗演义》。

【12】康熙《当涂县志·祥异》：“天启七年五月，荧惑入南斗，形成勾巳，留守六十余日而后去。”按，《晋书·天文志上》：“北方，南斗六星，天庙也，丞相太宰之位，主褒贤进士，禀授爵禄。”《史记·天官书》：“南斗为庙。”荧惑：即火星，中国古天文将其作为七曜之一称做荧惑。占星术将其作为凶星。荧惑居南斗星宿的位置。古人认为是凶兆。勾巳：（元）马端临《文献通考·象纬考十二》：“去而复来，是谓‘勾巳’。”

【13】光绪《金华县志·祥异》：“天启七年，金华洪水，通济桥坏。”按，通济桥，俗称金华大桥。通济桥横跨在婺江，将金华分成南北两区。是通向兰溪、衢州的要道，以前只有浮桥相通，但每遇江水暴涨，往往桥断舟散，交通断绝。终于在元代元统二年（1334年）通济桥大功告成。

【14】民国《嵊县志·祥异》：“天启七年，秋七月二十二日，暴风雨拔木偃禾，大成殿、可远楼、迴峰楼、化龙门楼、四山阁、文星亭俱圮。”

【15】光绪《余姚县志·祥异》：“天启七年七月，余姚大水。”

【16】（清）顾祖禹《读史方舆纪要·浙江四》“绍兴府萧山县”：“冠山，在县西十七里，山形如冠。”

【17】乾隆《浙江通志·祥异下》引《绍兴府志》：“天启七年秋，萧山县茅山，忽一夕光气插天，人往视，见一石壁明澈如镜，山川人物毫末毕照，逾月而晦。”

【18】乾隆《诸暨县志·祥异》：“天启七年，六十都岳储赵山，轰雷骤响，塔石忽燃，经时而灭。”按，都：明、清时基层行政区划是图，图下分十庄，图有地保；图上设都，相当于区或乡。

【19】（清）叶梦珠《阅世编·纪闻》：“天启七年丁卯八月，崇祯帝即位，南面正立，将就宝座，而大声发于殿之西，若天崩地塌然，仗马既惊，百僚震恐，上亦为之震动。识者曰，西方其有事乎？此鼓妖也。”（清）吴伟业：《绥寇纪略·虞渊沉》亦载。按，崇祯皇帝卒后，南明弘光年间定庙号思宗，后改为毅宗。隆武年间谥为威宗。清军入京以后，多尔衮为笼络民心，定“怀”为崇祯的庙号。

【20】《汉书·京房传》：京房（前77年—前37年），西汉学者，本姓李，字君明，东郡顿丘（今河南清丰西南）人。汉代，焦延寿将《易》学流变为术数，京房从焦延寿学《易》，以灾异讲《易》，以之干政，开创了京氏易学，有京氏《易传》存世。焦延寿云：“得我道以亡身者，京生也。”汉元帝建昭二年（前37年）京房在与中书令石显等人的政争中失败，被逐出长安，降为魏郡太守，行至新丰及陕县两上封事，借灾异以攻石显，被下狱处死。

【21】朱博，字子元，杜陵（今陕西西安）人，少家贫，武吏出身，性仗义刚直，广交公卿子弟，因此出名。汉成帝时，历任冀州刺史、琅琊太守、左冯翊、大司农、犍为郡太守、光禄大夫、廷尉、后将军。汉哀帝时，为京兆尹、大司空、御史大夫。汉哀帝建平二年（前5年），朱博弹劾丞相孔光，朱博继任丞相，封阳乡侯。《汉书·五行志中》"哀帝建平二年（前5年）四月乙亥朔，御史大夫朱博为丞相，少府赵玄为御史大夫，临延登受策，有大声如钟鸣，殿中郎吏陛者皆闻焉。上以问黄门侍郎扬雄、李寻，寻对曰：'洪范所谓鼓妖者也。师法以为人君不聪，为众所惑，空名得进，则有声无形，不知所从生。其传曰岁月日之中，则正卿受之。今以四月日加辰巳有异，是为中焉。正卿谓执政大臣也。宜退丞相、御史，以应天变。然虽不退，不出期年，其人自蒙其咎。'扬雄亦以为鼓妖，听失之象也。朱博为人强毅多权谋，宜将不宜相，恐有凶恶亟疾之怒。八月，博、玄坐为奸谋，博自杀，玄减死论。"

【22】《明史·周延儒传》："周延儒，字玉绳，宜兴（今江苏宜兴）人。万历四十一年（1613年）会试、殿试皆第一名……庄烈帝即位，召为礼部右侍郎……崇祯二年（1629年）十二月，京师有警，特旨拜延儒礼部尚书兼东阁大学士，参机务。"次年（1630年）六月，温体仁亦入内阁。九月，任周延儒为首辅。"而体仁阳曲谨媚延儒，阴欲夺其位，延儒不知也……五年（1632年）宣府太监王坤承体仁指，直劾延儒庇于泰（按，陈于泰是周延儒姻亲）。"温体仁复暗中嗾使给事中陈赞化弹劾周延儒，诬称其"目陛下为羲皇上人，语悖逆"，并引上林典簿姚孙渠、给事中李世祺、副使张凤翼为证。崇祯皇帝大怒，令锦衣卫帅王世盛穷究其事，无所得。周延儒蒙在鼓中，尚冀温体仁从中为之说情，温体仁不但不理，反而暗中贬斥与周延儒交好的朝官，周延儒无奈，只好引疾乞归。

【23】《明史·杨嗣昌传》："杨嗣昌，字文弱，武陵（今湖南常德）人。"崇祯九年（1636年）兵部尚书，"议增兵十二万，增饷二百八十万"。十一年（1638年）入阁仍掌兵部事。十二年（1639年），"嗣昌因定议，宣府、大同、山西……三总兵各练万，总督练三万……延绥、宁夏、甘肃、固原、临洮……五总兵各练万，总督练三万……辽东、蓟镇五总兵各练万，总督练五万。""神宗末增赋五百二十万，崇祯初再增百四十万，总名辽饷。至是，复增剿饷、练饷，额溢之。先后增赋千六百七十万。民不聊生，益起为盗矣。"

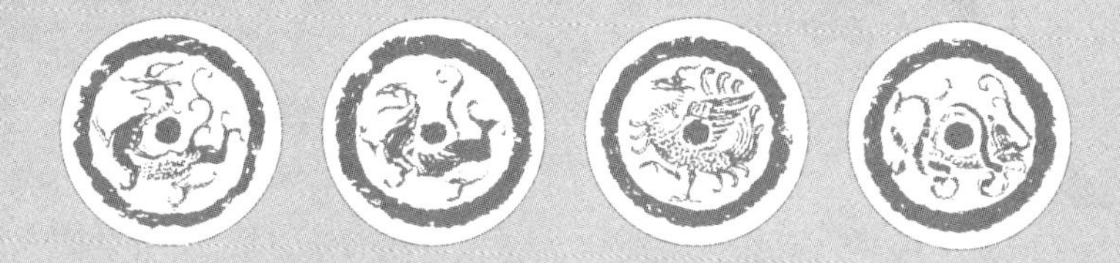

卷八

宗祯戊辰（崇祯元年，1628 年）至
崇祯甲申（崇祯十七年，1644 年）

戊辰（崇祯元年，1628年）春正月，禁衣饰僭侈及妇女金冠袍带等[1]。命内官俱入直，非受命不许出禁门[2]。二月，戒谕廷臣交接近侍[3]，以侍读学士温体仁直经筵日讲[4]。三月，义乌陨霜杀麦。县治火，毁东廊[5]。以周延儒为礼部右侍郎[6]。二十五日五鼓（3时-5时），全陕天赤如血，巳时（9时-11时）渐黄，日始出[7]（原注：天色忽变，是谓异常，四国来侵，不出八年，由兵战。京房曰：闻善不与，兹谓不知厥异黄[8]）。太湖县（今安徽太湖）云成五色，有楼阁状[9]。夏四月，阳城（今山西阳城）西隅民家见一龙头，面如羊，俯其庭瓮中饮水讫，乘雾上升，形渐长大，将近屋脊。偶邻居一妇登楼眺之，时妇新产，龙见其妇，蜿蜒不能去，垂首簷际者数刻，忽大雷一声，火光耀熠，始入云际[10]。陕西自四月至七月不雨[11]。五月，西安有孽火入人家，色青，光荧荧然，广轮盈尺者数十，旋于地，若斗，不滥炎，民磔鸡犬禳之乃去（原注：占曰：秦为德水。水火牡也，火出而妖火入，秦鹑首先灾，害及乌孥，豫、楚亦将有咎[12]）。五凤楼前获一黄袱，内袭小函一卷，题曰：天启七，崇祯十七，还有福王一。清晨内侍得之奏御，上命巡视皇城各官推究，科臣奏，此必妖人所为，一加推究，必有造讹立异，簧鼓圣听者。上可其奏，立命火之[13]（原注：［陕西］清涧有一书生孟长更于本处石油寺，日则读书，夜则点灯抄写。乡人讹言长更在石油寺若黄巢造兵书作反。长更不能自白，恐官司捕之，遂倡众作乱，因长夜点灯逼迫至此，众号为点灯子。《传》曰言之不从，厥咎僭，时则有诗妖讹言[14]）。七月二十三日大风雨，海溢，山阴（今浙江绍兴）、会稽（今浙江绍兴）、萧山（今浙江萧山）、余姚（今浙江余姚）、上虞（今浙江上虞）、诸暨（今浙江诸暨）大水，府城街市行舟，民溺死者数万余[15]（原注：是日杭州（今浙江杭州）骤风烈雨，仁和牛头堰于望云生一子，甫弥月，大潮汹涌，于惶悸奔逃，子随潮泼去。次日，赭山港渔户王获一大鱼，重百余斤，挈至彭敬泉家完逋，易酒米。初，破鱼，肠中一小孩端坐不动，且惊且喜，以为神异，乳哺之，取名鱼生。于闻往彭求还，不允，讼于尹。。尹曰：鱼腹子，此天赐也，不可背。而于为本生父，亦不可忘。合子之娶妇，宿於于，生子即于孙也；宿于彭，生子即彭孙也[16]）。八月，陕西恒雨霜，杀稼；冬大雨雪，木冰[17]。十一月庚申，枚卜[18]阁臣，一时大僚及台谏相构不休。

其不得与会推者，因造为二十四气之目，以摇惑中外（其曰：二十四气者，杀气吴甡（音：深）、棍气孙晋、戾气金光宸、阴气章正宸。妖气吴昌时、淫气倪元璐、瘴气王锡衮。时气黄景昉、膻气马嘉植、贼气杨枝起、悔气王士镕、霸气倪仁桢、疝气周仲琏、粪气房之骐、痰气沈维炳、毒气姚思孝、逆气贺王盛、臭气房可壮。望气吴伟业、杂气冯元飙、浊气袁恺、油气徐汧、秽气瞿式耜、尸气钱元悫（音：确），各有诨号，中间贤不肖参杂，其指为淫气、逆气、油气、秽气者，其后皆死国难[19]）。延安大饥，府谷（今陕西府谷）民王嘉胤[20]倡乱，又有不沾泥杨六郎、白水（今陕西白水）盗王二等掠蒲州（今山西永济）、韩城（今陕西韩城），劫宜君（今陕西宜君）狱，北合嘉胤五六千人。米脂李自成从嘉胤，已而群盗破，自成走匿。延安张献忠从乱[21]（原注：流寇起自崇祯元年，迄于明亡。大抵皆边盗、逃兵、土寇、饥民，此扑彼兴，不可胜计。始于王嘉胤，终于李自成、张献忠，生民遭毒，良不忍言[22]。寇之毒也，萌于秦，延于晋，及畿南，蔓于豫、楚、蜀、江北，出没秦、豫、楚、蜀，蹂躏无虚日，破城屠邑，营刈生民，杀人八百万，流血三千里，殆不啻焉[23]）。十二月，大学士韩爌入朝[24]。是时朝臣好以纱縠（音：胡）竹箨（音：唾）为带[25]，取其便易。《诗》曰：匪伊垂之，带则有余[26]。《传》曰：带其褊（音：扁）矣。金银贵而重，纱箨贱而轻，改而从之，贱将乘贵重者为轻，带其褊而将尽之象也[27]。

【1】（清）谷应泰《明史纪事本末》："怀宗崇祯元年春正月，禁衣饰侈僭及妇女金冠袍带等，从御史梁天奇之言也。"

【2】《明实录附录·崇祯长编》："崇祯元年正月辛巳，命内臣俱入直，非受命不许出禁门。"乙酉，复故大学士刘一燝、韩爌职。

【3】（清）谷应泰《明史纪事本末》："崇祯元年二月，戒谕廷臣交接近侍。"

【4】《明实录附录·崇祯长编》："崇祯元年二月癸卯，命翰林侍读学士温体仁直经筵日讲。"《明史》有传。

【5】嘉庆《义乌县志·祥异》："崇祯元年三月，霜杀麦苗，荒芜遍野。县治火，毁东廊。"

【6】（清）谷应泰《明史纪事本末》："崇祯元年三月，以周延儒为礼部右侍郎。"

【7】《明实录附录·崇祯长编》："崇祯元年三月辛巳，昧爽，陕西天赤如血，射

牖隙皆赤。”（清）吴伟业《绥寇纪略·虞渊沉》：“崇祯元年三月二十五日五鼓，全陕天赤如血，巳时渐黄，日始出。占曰：此赤眚也，主大旱，有急兵。是年，白水贼王二反。”

【8】（汉）京房《京房易传》：“言大臣之义，当观贤人，知其性行，推而贡之。否则为闻善不与，兹谓不知，厥异黄，厥咎聋，厥灾不嗣。”

【9】乾隆《江南通志·机祥》：“崇祯元年，太湖县云成五色，有楼阁状。”

【10】（清）赵吉士《寄园寄所寄·灭烛寄·异》引《苏谭》：“崇祯戊辰夏，阳城县西隅民家，见一龙头面如羊，俯其庭瓮中饮水，饮讫乘雾上升，形渐长大，将近屋脊，偶邻居一妇登楼眺之。时妇新产，龙见其妇蜿蜒不能去，垂首檐际者数刻。忽大雷一声，火光耀熠，始入云际。语云：‘龙忌产妇。’信然。”

【11】（清）吴伟业《绥寇纪略·虞渊沉》：“陕西自四月不雨，至于七月。八月，淫雨不止，岁大饥。”

【12】（清）吴伟业《绥寇纪略·虞渊沉》：“崇祯元年五月，西安有火，大如碾、如斗，色青，光焰尺许，数十魂入人家，用羊豕禳之，尝留数日乃去。不分昼夜，亦不为民害，至七月中而止。”按，注文同见于此，不录。

【13】（清）吴伟业《绥寇纪略·虞渊沉》：“崇祯元年，五凤楼前获一黄袱，内裹小函一卷，题云：‘天启七，崇祯十七，还有福王一。’清晨内侍得之奏御，上命巡视皇城各定推究。科臣奏此必妖人所为，一加推究，必有造讹立异，簧鼓圣听者。上可其奏，立命火之。”

【14】（清）赵吉士《寄园寄所寄·裂眦寄·流寇琐闻》引《寇志》：清涧孟长更于本处石油寺，日则读书，夜则点灯抄写。乡人讹传长更在石油寺，若黄巢造兵书作反。长更不能自白，恐官司捕之，遂倡众作乱，众号点灯；或曰点灯子，即赵四儿。

《汉书·五行志中》：“《传》曰：“言之不从义，是谓不，厥咎僭，厥罚恒阳，厥极忧。时则有诗妖，时则有介虫之孽……”按，“言之不从”，从，顺也。“是谓不义”，义，治也。言上号令不顺民心，虚哗愦乱，则不能治海内，失在过差，故其咎僭。

【15】《古今图书集成·山川典》引《嘉兴府志》、《杭州府志》、《绍兴府志》：“崇祯元年（1628年）七月二十三日，浙江海溢，人畜庐舍漂溺无数，嘉兴飓风淫雨，滨海及城郊居民被溺死者不可胜计。绍兴大风，海水直入郡城，街市可行舟。山阴、会稽、萧山、上虞、余姚被溺死者，各以万计。山阴、会稽之民溺死各数万，上虞、余姚各以万。”光绪《余姚县志·祥异》：“崇祯元年（1628年）七月二十三日，海溢，漂没庐舍、人畜无算。”光绪《诸暨县志·灾异》：“崇祯元年戊辰，七月二十三日，大风雨，拔木扬沙，自辰至未，水深十余丈，埂庐尽坏，湖乡居民，溺死千余人。”民国《萧山县志·水利门》：“崇祯元年七月二十三日，飓风大作，海水泛溢，由白洋入瓜沥，飘没庐舍，淹死人民无算。二十九日复大风雨，淹死人口共计一万七千二百余口，老稚妇女不在数内。”

【16】（清）吕抚《二十四史通俗演义》：“戊辰（崇祯元年，1628年）七月二十三

日，杭州仁和县牛头堰于望云生一子，甫弥月，忽大潮涌至，于家惶惧奔逃，子随潮去。次日，赭山港王渔户获一大鱼，重百余斤，抬至彭敬全家易酒米。初破鱼，肠中一小儿，端坐不动，以为神异。彭无子，遂乳哺为己子，于望云亦无子，闻之往彭敬全家求还，彭不允，于讼之官。府尹判：鱼腹全子，千古异事，着两家合子之。待长，两家各为娶妇。其宿于家妇而生者，即为于孙。宿于彭家妇而生者，即为彭孙。后各生数子。”

【17】木冰，即雨、雪、霜粘附在树枝上，遇寒冷而成冰的自然现象。古人因“冰”“兵”同音，所以认为这是有兵祸的预兆。

【18】枚卜，明代指皇帝决定入内阁大臣人选。枚卜是由吏部尚书会同有关官员推荐候选名单，然后由皇帝决定。

【19】见于（清）褚人获《坚瓠广集·二十四气》。

【20】王嘉胤，府谷县人（今陕西省府谷县黄甫乡人）。王嘉胤曾为边兵，后逃亡归里。崇祯元年因年荒乏食，率众起义于府谷。后陕西白水县的王二从澄城率部来投，聚集人马六千多人，最早举起了明末农民起义的旗帜。王嘉胤起义后，响应者蜂拥而至，高迎祥、李自成、张献忠、王自用等都曾是他的部下。当时，起义烽火燃遍陕西，并蔓延到晋、宁、甘三省，起义队伍已发展到两万多人。崇祯四年（1631 年）义军遭受曹文诏重兵围攻，转战到山西阳城一带，在阳城战役中，被奸细杀害，时年 40 余岁。

【21】见于《寄园寄所寄·裂眦寄·流寇琐闻》引《翦寇录》。

【22】《寄园寄所寄·裂眦寄·流寇琐闻》引《鸡窗剩言》：“流寇起自崇祯元年，迄于明亡，大抵皆边盗逃兵，土寇饥民，此扑彼兴，不可胜计。始于王嘉胤，终于李自成、张献忠，生民遭毒，良不可言。”

【23】《寄园寄所寄·裂眦寄·流寇琐闻》引《翦寇录》：“寇之毒也，萌于秦，延于晋，及畿南，蔓于豫、楚、蜀、江北，出没秦、豫、楚、蜀，蹂躏无虚日，民遭菅刈，杀人八百万，流血三千里，殆不啻焉。”

【24】《明实录附录·崇祯长编》：“崇祯元年四月庚子，召前大学士韩爌入朝。十二月己丑，大学士韩爌入朝。”《明史》有传。

【25】纱縠：精细、轻薄的丝织品的通称。竹箨：正在生长的竹笋的外皮。

【26】《诗经·小雅·都人士》，意思是说，衣带有余而下垂。《五杂俎》云：“古人之带，多用韦布之属，取其下垂，似今衣之有大带。”

【27】（清）吴伟业：《绥寇纪略·虞渊沉》：“崇祯中，朝臣好以纱縠竹箨为带，取其便易。《诗》曰：匪伊垂之，带则有余。《传》曰：带其褊矣。金银贵而重，纱箨贱而轻，改而从之，贱将乘贵，重者为轻，带其褊而将尽之象也。”

己巳（崇祯二年，1629 年）春正月，洛川（今陕西洛川北）、淳化（今陕西淳化）、三水（今陕西旬邑）、略阳（今陕西略阳）、清水（今甘肃清水）、成县（今甘肃成县）、韩城（今陕西韩城）、宜君（今陕西宜君）、中部（今陕西黄陵）、石泉（今陕西石泉）、宜川（今陕西宜川）、绥德（今陕西绥德）、葭（今陕西佳县）、耀（今陕西耀县）、静宁（今陕西静宁）、潼关（今陕西潼关）、阳平关（今陕西阳平关）、金锁关（今陕西金锁关），流贼恣掠[1]。固原逃兵掠泾阳（今陕西泾阳）、富平（今陕西富平），执游击李英[2]（原注：给事薛国观[3]曰：贼之炽，由置盗不问，实酿其祸）。二月，以陕西左布政刘广生为秦抚、右副都御史杨鹤总督三边官军，剿汉南贼平[4]。张献忠据米脂十八寨乞降[5]。三月，流盗掠真宁（今甘肃正宁）、宁州（今甘肃宁县）、安化三水（今陕西旬邑）[6]。夏四月，固原贼犯耀州（今陕西耀县），参政洪承畴破之[7]。以内官监太监曹化淳提督南京织造[8]。五月乙酉朔，日有食之（占曰：兵起东北）[9]。秋七月，以司礼监曹化淳提督东厂[10]。开化（今浙江开化）白石井及积魁巷火并发，延烧民庐无算[11]。广州牡蛎血（原注：生新安南头水滩，剖之有血，通滩皆然。民不敢采食。是年，寇、疫，损人甚多）[12]。松江（今上海松江）莫翁女已适人，化为男[13]。八月初九日，绍兴（今浙江绍兴）大风雨，海溢，飘没田庐（原注：较元年水，更增五寸许）[14]。冬十一月，京师警，遣乾清宫太监王应朝监视行营，太监冯元升核军，吕直劳军。山西巡抚耿如杞兵哗于涿（今河北涿州），掠良乡（今北京良乡），劲卒皆为盗扰[15]。山东大盗混天王掠延川（今陕西延川）、米脂（今陕西米脂）、青涧（今陕西清涧）。耿如杞兵叛，自成与之合，众万余，推高迎祥为闯王，自称闯将，寇山西、河南[16]。十二月，以司礼监太监沈良佐、内官太监吕直提督九门及皇城门，司礼太监李凤翔总督忠勇营、提督京营[17]。进周延儒为礼部尚书、东阁大学士[18]。兵部尚书王洽有罪下狱[19]（原注：初，耿所统皆沿边劲卒，已至都下矣，兵部调守通，明日又调守昌，又明日又调守良乡。功令：兵到日不准开粮，次日列营汛地乃给之。西兵连调三日，三日不得粮，既馁且怒，遂沿山东一带劫掠，耿以不戢军士逮问。耿既逮，五千人哄然尽散溃，归山西，而晋中流贼起矣[20]。其时延绥总兵吴自勉入援，沿途逗留，贿放精兵，变卖营马，延抚张梦鲸愦恚（音：会）

死，濒死，移书杨鹤纠参。鹤不以上闻[21]）。

【1】（清）谷应泰《明史纪事本末·中原群盗》："崇祯二年正月壬戌，抚治郧阳都御史梁应泽以汉南盗告急，请兵。抚标止步兵三百人。陕西巡抚胡廷宴、延绥巡抚岳和声，各报洛川、淳化、三水、略阳、清水、成县、韩城、宜君、中部、石泉、宜川、绥德、葭、耀、静宁、潼关、阳平关、金锁关等处，流贼恣掠。给事中薛国观上言：'贼之炽也，由乔应甲抚秦，置盗劫不问，实酿其祸。今弭盗之方，在整饬吏治，有先事堤防之法，有临事剪灭之法，有后事惩戒之法。'上是之。"

【2】《明实录附录·崇祯实录》："崇祯二年正月己巳，固原逃兵掠泾阳、富平，执游击李英。"

【3】薛国观，韩城（今陕西韩城）人。万历四十七年（1619年）进士。《明史·薛国观传》：薛国观于天启时附于大太监魏忠贤一党，故于崇祯初年被劾离去。崇祯三年（1630年）复起，初任给事中，又擢任左佥都御使。四年（1631年）八月"拜礼部左侍郎兼东阁大学士，入参机务。崇祯十二年（1639年）薛国观任内阁首辅，十三年（1640年）被罢，十四年（1641年）赐死。

【4】查继佐《明书·庸误诸臣传·杨鹤传》："杨鹤，字修龄，湖广常德人。万历末年进士，历都御史，出陕西三边总督。崇祯初，陕西盗王二起。初，所部土贼居多，二年，骑贼至七、八千人。抚臣胡廷宴与延绥巡抚岳和声各讳盗，互委养祸。至是，边贼王子顺等内围韩城，鹤与巡抚刘广生击败之。子顺走合府谷首贼王嘉胤，掠延安、广阳，城堡俱陷。鹤主抚，不以闻，约广生持牌四川招贼。所款但不焚毁，而淫掠不免，于是所在竞乐为贼……科臣奏抚贼欺饰之弊，逮鹤刑部狱论死。"当时他的儿子杨嗣昌以进士历官巡抚都御史，上表愿代父死，崇祯皇帝诏杨鹤减刑遣戍。

【5】崇祯二年六月，陕西农民军张献忠在清涧作战受挫，所据十八寨，假降于明总兵官杜文焕。保全了自己，渡过了难关。

【6】《明实录附录·崇祯实录》："崇祯二年三月丙子，流盗掠真宁；戊寅，掠宁州、安化、三水。"

【7】《明实录附录·崇祯实录》："崇祯二年四月甲午，固原盗侵犯耀州，督粮道参政洪承畴令官兵乡勇万余人分十二营围贼于云阳，几覆之。乘夜雷雨溃围，走淳化，入神道岭，追斩二百余级。"

【8】（清）谷应泰《明史纪事本末·宦侍误国》："崇祯二年夏四月，以内官监太监曹化淳提督南京织造。"

【9】（清）龙文彬《明会要·祥异》："崇祯二年五月乙酉朔，日食。"

【10】《明实录附录·崇祯实录》："崇祯二年秋七月乙酉，以司礼太监曹化淳提督东厂。"

【11】光绪《开化县志·祥异》："崇祯二年七月，白石井及积魁巷火并发，延烧民房店铺甚多。"

【12】出处不详。

【13】（清）吴伟业《绥寇纪略·虞渊沉》："崇祯二年己巳，松江莫翁无子，有一女嫁与李氏。夫妇初相得，后其夫渐不内御。有邻女学刺绣于莫氏而同寝，俄有孕，诘问得其情，讼之。太守按验，果有之。乃命莫氏归而娶此女为妻。"（清）吕抚《二十四史通俗演义》："松江莫翁女已适人，忽化为男。"（明）王圻《稗史汇编·志异门·妖怪类》："彭节斋为经略使，有一浙人寓江西，招一尼教女刺绣。女忽有娠，父母究问，云是尼也。告官，屡验皆是女形。忽有人教以盐肉水渍其阴，令犬舔之，已而阴中果露男形。彭判是为妖物，难拘常律，奏闻斩之。"

【14】乾隆《绍兴府志·祥异》："崇祯元年七月，大风拔木发屋，海大溢，府城街市行舟，山、会等民溺死各数万，上虞、余姚各以万记。二年八月，海复溢。七年，余姚大水。"

【15】（明）王汝南《续补明纪编年》："崇祯二年十一月，都城警，诏天下勤王。山西巡抚耿如杞以兵入援，哗于涿州，大掠良乡。耿如杞逮论死，溃兵遂窜走秦、晋山谷间为盗。"

【16】（清）谷应泰《明史纪事本末》："十一月，京师戒严，山西巡抚都御史耿如杞以兵入卫，哗于涿，大掠良乡，如杞逮论死。西兵皆沿边劲卒，溃而失次窜走，剽掠山东。大盗混天王等掠延川、米脂、青涧等县，起前总兵杜文焕剿之。"

【17】（清）谷应泰《明史纪事本末·宦侍误国》："崇祯二年十二月，以司礼监太监沈良佐、内官太监吕直提督九门及皇城门。司礼太监李凤翔总督忠勇营，提督京营。"

【18】《明实录附录·崇祯实录》："崇祯二年十二月戊寅，进礼部侍郎周延儒、何如宠、钱象坤为礼部尚书兼东阁大学士，直文渊阁。"

【19】《明实录附录·崇祯实录》："崇祯二年十一月辛卯，兵部尚书王洽下狱。洽不习边事，闻警仓皇无以应，遵化陷，再日始得报。上怒其侦探不明，故罪之。"

【20】（明）李逊之《崇祯朝野纪》崇祯二年：山西巡抚耿如杞，率兵五千入援，皆劲卒也。最先抵都城下，兵部即调守通州，明日又调守昌平，又明日调守良乡。功令：兵到初日，不准开粮，西兵连调三日，皆不得粮，既馁且怒，遂沿路劫掠。耿以不戢军士，逮问大辟。至次年弃市。耿在天启年间，官蓟州兵备，以不拜逆珰生祠，为抚臣刘诏诬劾问辟，幸遇上登极，赦罪复官，即超升巡抚，仅越两年，复得罪死西市，深可痛也。自如杞逮后，五千余人哄然各散，溃归山西，而晋中流贼，从此起矣。

【21】张梦鲸，字仲鳞，号华阳，明朝齐东县人（今山东高青县）人。因功特简延绥巡抚兼都察院右副都御史。后在"奉檄勤王""提兵入卫"行军途中病故。卒于崇祯三年（1630年）正月初六日。

庚午（崇祯三年，1630年）春正月，荧惑入东井，退舍复赢，居数月[1]。秦连岁旱，边卒以饥饷哗。给事刘懋请裁驿站，于是盗益多[2]。陕西边盗王子顺、苗美勾逃兵掠绥德（今陕西绥德），围韩城（今陕西韩城），犯青涧（今陕西清涧）。美叔苗登雾聚安定（今陕西子长县安定镇）王嘉胤，陷府谷（今陕西府谷）；他盗入山西，犯襄陵（今山西襄陵）、吉州（今山西吉县）、太平（今山西汾城东北）、曲沃（今山西曲沃）。王子顺、苗美陷蒲县（今山西永济）。贼自神木（今陕西神木）渡河，分三部犯赵城（今山西赵城）、洪洞（今山西洪洞）、汾（今山西汾阳）、霍（今山西霍县），掠石楼（今山西石楼）、永和（今山西永和）、吉（今山西吉县）、隰（今山西隰县），贼首号横天一字王[3]。二月庚午，荧惑入鬼宿[4]，犯积尸气[5]。司礼监太曹化淳等各荫锦衣卫指挥佥事[6]。三月朔，嘉善县（今浙江嘉善）大雷雹，抵暮鬼哭彻旦，听之如在空中，亦如在门庭，家家悉闻。是日，苕溪（今浙江杭州附近）、松江（今上海松江）皆然[7]。大学士韩爌致仕[8]。四月，进礼部尚书温体仁东阁大学士[9]。五月，罗浮山崩[10]。贼破金锁关（今陕西金锁关）。义乌（今浙江义乌）湖清门火，延烧县治[11]。六月，王嘉胤陷黄甫川、清水二营（均在今陕西府谷西北），据府谷（今陕西府谷），掠延安（今陕西延安）、庆阳（今甘肃庆阳），城堡多陷。王子顺、张述圣、姬三儿降，贼魁黄虎、小红狼、一丈青、龙江水、掠地虎、郝小泉俱免死。安置山西[12]。流寇破蒲城（今陕西蒲城）、潞安（今山西长治）[13]。七月，陕抚王顺行请三年裁扣驿站银三万两充养兵费，不果行[14]。八月，王嘉胤勾西人入犯[15]。十月，王嘉胤陷清水营，复陷府谷。大盗李老柴攻合水（今陕西合水北）[16]。十一月，贼陷河曲[17]。十二月，神一元破宁塞（今陕西靖边西），据之围靖边（今陕西靖边），陷柳树涧（今陕西定边东南）、保安（今陕西志丹）等城[18]。

【1】（清）叶梦珠《阅世编·天象》："崇祯三年庚午，荧惑入东井，退舍复赢，居数月。"按，荧惑：即火星，中国古天文将其作为七曜之一称做荧惑。占星术将其作为凶星。

东井：《晋书·天文志上》：二十八星宿中南方第一星宿是东井八星，象征天之南门，“主水衡事，法令所取平也”。退舍复赢：《史记·天官书》：“早出者为赢……晚出者为缩。”“赢”同“盈”。又云：岁星“趋舍而前曰赢，退舍曰缩。”趋舍而前是说比正常运行超前了。退舍是指星辰后移位置。

【2】《明实录附录·崇祯实录》：“崇祯二年二月甲午，裁定驿站，从刑科给事中刘懋之请也。即改刘懋为兵科给事中，专管驿递，务从节省，以苏民力。”

《明实录附录·崇祯实录》：“崇祯三年六月壬子，兵科左给事中刘懋上言：秦之流贼非流自他省，即延庆之兵丁、土贼也，边贼倚土贼为向导，土贼倚边贼为羽翼。六七年来，韩蒲被掠，其数不多，至近年荒旱频仍，愚民影附流劫于泾原、富、耀之间，贼势始大。当事以不习战之卒，剿之不克，又议抚之。其剿也，所斩获皆饥民也，而真贼饱掠以去；其抚也，非不称降，群聚无食，仍出劫掠，名降而实非降也。且今年麦苗尽枯，斗粟三钱，营卒乏饷三十余月，即慈母不能保其赤子，彼官且奈兵民何哉。且迩来贪酷成风，民有三金纳赋，不能得一金。至于捕一盗而破十数人之家，完一赎而倾人百金之产，奈何民不驱为盗乎。若营兵旷伍，半役于司道，半折于武弁，所余老弱既不堪战，又不练习，当责督抚清汰掺练以备实用也。”

【3】（清）赵吉士《寄园寄所寄·裂眦寄》引《啸虹笔记》：“三年庚午正月秦连年旱，边卒以饥饷哗，刘懋奏裁驿站，于是盗益多。陕西边盗王子顺、苗美连逃兵掠绥德，围韩城，犯青涧，美叔苗登雾聚安定。王嘉胤陷府谷。他盗入山西，犯襄陵、吉州、太平、曲沃。王子顺、苗美陷蒲县，贼自神木渡河，分三部犯赵城、洪洞、汾霍，掠石楼永和、吉隰。贼首号横天一字王。”

【4】（清）吴伟业《绥寇纪略·虞渊沉》：“崇祯三年庚午二月，荧惑如鬼宿，犯积尸气。”按，鬼宿：即舆鬼，鈇锧，二十八星宿中南方第二星。《晋书·天文志上》：“舆鬼五星，天目也，主视，明察奸谋。”星相术认为，荧惑停留在鬼宿以南，预示男子死丧；在鬼宿以北，则女子死丧。

【5】积尸气：舆鬼的俗称。鬼宿中央白色如粉絮者，谓之积尸气，一曰天尸，主死丧祠。

【6】《明实录附录·崇祯实录》：“崇祯三年二月癸亥，司礼太监宋晋、王永祚、李凤祥、曹化淳各荫锦衣卫指挥佥事，内官太监李承芳荫正千户。”

【7】出处不详。

【8】《明实录附录·崇祯实录》：“崇祯三年正月辛卯，大学士韩爌致仕，赐金币。”

【9】《明实录附录·崇祯实录》：“崇祯三年六月辛酉，进礼部尚书温体仁、吴宗达兼东阁大学士直文渊阁。”

【10】罗浮山在今广东博罗县境内。

【11】嘉庆《义乌县志·祥异》：“崇祯三年，义乌湖清门火，延烧县治大半。”按，义乌旧时有七座城门，湖清门是西北门。

【12】(清)谷应泰《明史纪事本末·中原群盗》:"崇祯三年六月,王嘉胤陷黄甫川、清水二营,遂据府谷。洪承畴与杜文焕围之,贼夜劫营,官兵击败之。延安知府张辇、都司艾穆蹙贼于延川。贼求抚,王子顺、张述圣、姬三儿等俱降。王嘉胤等掠延安、庆阳,城堡多陷,总督杨鹤主抚,不以闻,与陕抚刘广生遣官持牌四出招贼,贼魁黄虎、小红狼、一丈青、龙江水、掠地虎、郝小泉等,俱给牒免死,安置延绥河西,但不焚杀,其淫掠如故。民罹毒益甚,有司莫敢告,而寇患成于此矣。"

【13】(清)谷应泰《明史纪事本末·中原群盗》:"崇祯三年六月,山西流贼破蒲州、潞安,官兵败没。"

【14】《明实录附录·崇祯长编》:陕西巡抚王顺行以流贼蔓延,剿抚并亟,兵饷万难措处,请将西安府裁扣三年驿站银……拨给臣三万两,使得假防秋之便,招选西边精锐以当(音:挡)边贼……帝命所司即与酌议。"

【15】《明实录附录·崇祯长编》:"崇祯三年八月丁巳,陕贼王嘉胤勾套部二千人入犯,官军斩首数十,贼退守官坪寨,佯乞降,夺路走黄甫川。"

【16】《明实录附录·崇祯长编》:"崇祯三年十一月己卯,陕西奏盘谷之捷。先是流贼王嘉胤陷清水营,杀游击李显宗,又陷府谷县。李老豺因嘉胤声势纠贼三千人攻合水县,三边总督杨鹤征宁夏总兵贺虎臣驰剿。虎臣率兵而前,遇之于盘谷,擒斩六百六十一级。"按,"李老豺",《二申野录》作"柴"。

【17】《明实录附录·崇祯长编》:"崇祯三年十二月甲子,山西巡按罗世锦疏奏:前者府谷之复,秦帅杜文焕轻庇亲兵,以贼首王嘉胤首级冒赏一百两,且谓巢穴既倾,荡平自易,乃攻城不力,移祸晋疆,致狡贼饥军协谋陷我河曲。"

【18】《明实录附录·崇祯长编》:"崇祯三年十二月戊午,神一元破宁塞县,杀参将陈三槐,遂据其城。己巳,神一元勾套部三千骑,益围靖边,凡三日夜不拔,遂旁陷柳树涧诸堡。"

辛未(崇祯四年,1631年)春正月,命御史吴甡赈延安(今陕西延安)饥[1]。神一元陷保安(今陕西志丹)[2]。一元死,弟一魁领其众,陷合水(今陕西合水北),围庆阳(今甘肃庆阳))。杜文涣、张应昌来救,庆阳围解[3]。山西贼犯平阳(今山西临汾)[4],王嘉胤渡河掠菜园沟[5]。二月,神一魁劫宁夏,破庆阳(今甘肃庆阳)东关[6]。宜君贼赵和尚等犯泾阳(今陕西泾阳)、三原(今陕西三原)、韩城(今陕西韩城)、澄城(今陕西澄城),神一魁陷合水(今陕西合水北)[7]。三月,副总兵曹文诏大破贼,孙继业、茹成名降[8]。陕盗刘五、可天飞据鹿角城,混天飞、独行狼据芦保岭，分犯各县，陷武安、华亭，王老虎围庄浪，宜君、洛川盗起[9]。河间（今河北河间）春夏大旱。四月，太白昼见，荧惑再入鬼宿，犯积尸气[10]。戊午夜望，月食[11]（原注：传曰：四月月蚀，民饥流亡。又曰：戊日月蚀，大臣下狱[12]）。上海沙岗（今上海杨浦区沙岗路）有虎出芦中，至乍浦（今浙江嘉兴乍浦）获之[13]。神一魁降，余党郝临庵、刘六众数万恣掠，贼陷始兴，降盗不沾泥复攻米脂。总兵王承恩、张应昌率兵援之，贼败遁，寻降[14]（原注：不沾泥手杀双翅虎，缚紫金龙以自赎）。五月，大同雨雹，襄垣县雨雹，大如伏牛，如丈石，小如拳，杀人畜甚众[15]。榆林连年旱。西安大旱[16]。王承恩击宜川贼，败之。闯王虎、金翅鹏降（原注：金翅鹏即王子顺之侄王成功），余贼走宜君[17]。延安贼赵四儿（原注：即点灯子）掠韩城（今陕西澄城）、郃阳（今陕西合阳），寻降[18]。李应期诛降盗王子顺，满天星降党二万人复叛去[19]。贼陷中部[20]。吴甡至延安（今陕西延安），以西安推官史可法行赈救，如诏书从事，人便之[21]。六月，临颍县雷风大霾，倾屋拔木，砖瓦、瓷器坠地无损，铜铁者碎[22]。河南草生战斗状，有人马形，皆若披甲持矛，驰骋纠结，乱乃大作[23]。曹文诏击斩王嘉胤于山西之阳城（今山西阳城）[24]。嘉胤死，其党推王自用号紫金梁，其党有老回回、八金刚、闯王、闯将、八大王、扫地王、闯塌天、破甲锥、邢红狼、乱世王、混天王、显道神、乡里人、活地草等，分三十六营。鄜州（今陕西富县）贼混天猴张孟金谋袭靖边（今陕西靖边），独行狼等犯合水（今陕西合水北）[25]。秋七月，曹文诏大破贼上天龙、马老虎，独行狼掠鄜州，寻降[26]。赵四儿率六千余众，东渡山西，入沁水。贼李老柴、独行狼陷中部（今陕西黄陵）（原注：时有受抚贼田近庵者，以六百人守马栏山应之，署事同知郑思玄奉杨鹤檄，委任招抚，贼至，不成备，以丧其邑[27]）。逮总督杨鹤下刑部狱，谪戍[28]（原注：杨鹤之于神一魁给赏花红，鼓乐迎导，索札副则予以官；求安插则定其地，奉之惟恐不及。有潼关道胡其俊者，贼独头虎已出其境，追送九十万钱，名曰馈赆，又因其索酒，备粱肉传致给之。当贼初起，轻胡廷晏之安坐不击，谓此吾省城贤主人，关中传以为笑[29]）。二十日，启明星伏，数月不见。八月，贺虎臣击斩庆阳（今甘肃庆阳）贼刘六[30]。以曹文诏为临洮总兵[31]。山西贼入河北，犯济源（今河南济源）[32]。九月，命太监张彝宪总理户、工二部钱粮。唐文征提督京营戎政。王坤往宣府（今河北宣化）、刘文忠往大同（今山西大同）、刘允中往山西，各监视兵饷。曹文诏擒赵四儿[33]（原注：贼最畏总兵曹文诏，其兄子标将曹变蛟更骁勇。时为之谣曰：军中有一曹，流贼闻之心胆摇。）文诏自隶马世龙麾下为军锋，入秦四年春，击贼栗园大胜，又克河曲（今山西河曲南），斩贼一千五百余，六月斩王嘉胤。是年冬，歼点灯子。五年春，击杀可天飞、郝临庵、独行狼。八月，又败贼甘泉（今陕西甘泉）。六年春，斩代贼千五百级，又败贼榆社（今山西榆社），又斩阳城（今山西阳城）贼千余级。乃因小故，陷以他事，落职二年，及复予官，贼锋益锐，虽屡立功，八年五月卒战死于真宁（今甘肃正宁西南），贼遂益无所惮，诏弟文耀阵殁忻州（今山西忻县），变蛟亦善战多功，后松山不食死。一门没王事，曹氏称最[34]。神一魁复叛，其党黄友才斩以献，独头虎、满天星、一丈青、上天猴等恣掠宜、雒。黄友才复叛，赵四儿党黑煞神起，又有过天星、蝎子块与紫金梁等共数十部。陕西贼陷宜川（今陕西宜川）。冬十月辛丑朔，日有食之[35]。命太监监军王应朝往关、宁[36]，张国元往蓟镇东协，王之心中协，邵希韶西协。十一月，陕贼谭雄陷安塞（今陕西安塞南），官军诱斩之。不沾泥张存孟陷安定（今陕西子长）。闰十一月，降贼混天猴勾盗，夜陷甘泉，劫饷，河西道张允登遇害[37]。以太监李奇茂监视陕西茶马，吴直监视东岛兵饷[38]（原注：初，上既罢内臣，外事俱委督抚。然上英察，辄以法随其后，外臣多不称任使者。自京师戒严，乃复以内臣视行营，自是衔宪四出，动以威倨上官，体加于庶司，群相壅蔽矣[39]）。十二月，甘泉贼陷宜君（今陕西宜君）、葭州（今陕西佳县），诸降盗复叛，攻绥德（今陕西绥德）[40]。献忠及罗汝才等一千九百人降洪承畴[41]（原注：献忠与罗汝才同起河北之谣曰：邺基复邺基，曹操再出来。汝才窃孟德以为军号，迹其且降且叛，本两人起兵时故智，不待谷房变而后知其诈也[42]）。

【1】《明实录附录·崇祯长编》："崇祯四年正月丁酉，帝以延镇岁祲民饥，命户、兵二部发银十万两，遣御史吴甡前往赈恤，仍令府州县有司设法凑济，以杜乱源。"

【2】《明实录附录·崇祯长编》："崇祯四年二月乙卯，陕西巡按李应期疏奏：山

西过河流贼结巢于宜川、韩城等处，大肆焚劫，横杀人民；复合西路饥军、饥民神一元、陈三槐等，聚众千余，攻城掠地，乘抚臣洪承畴帅师助晋，各贼攻克新安边柳树涧、宁塞之后，复走攻保安县城，至正月初五日城破，县官存亡未卜。"

【3】《明实录附录·崇祯长编》："崇祯四年三月乙未，三边总督杨鹤报平贼。先是，初三日定边副将张应昌提兵破贼。庆阳围解，贼遂遣刘金、刘鸿儒求抚，鹤许之。初九日贼目孙继业、茹成名等六十余人入城投降，并送还合水知县蒋应昌及保安县印，庆阳之贼遂平。"

《明实录附录·崇祯实录》："崇祯四年三月丁丑，张应昌等击神一魁，败之，庆阳围解，时议招一魁散余党千人。"

【4】《明实录附录·崇祯实录》："崇祯四年正月己卯，夜盗陷保安，副总兵张应昌擒斩百七十三级。神一元死，弟一魁领其众。癸未，流盗掠平阳。"

【5】《明实录附录·崇祯实录》："崇祯四年正月庚寅，王嘉胤渡河掠菜园沟，副总兵曹文诏击却之。"

【6】《明实录附录·崇祯实录》："崇祯四年二月壬子，总兵贺虎臣、杜文焕等合军围保安，神一魁勾河套千余骑突围出，诸军怯走。一魁纠众数万，劫宁夏都指挥王英，兵溃，各道将兵弃城南奔。戊午，神一魁至庆阳，破东关，游击伍维藩等击斩五百余人。"

【7】《明实录附录·崇祯实录》："崇祯四年二月丙寅，宜君盗赵和尚等南窥泾阳、三原、韩城、澄城，各盗分犯不可计。己巳，官兵退韩城盗于葭州，斩首四百六级。壬申，神一魁陷合水县。"

【8】《明实录附录·崇祯实录》："崇祯四年三月癸未，贼首孙继业、茹成名等六十余人来降，还合水知县蒋应昌并保安县印。"

【9】《明实录附录·崇祯实录》："崇祯四年三月甲午，大盗刘五、可天飞据铁甬城，混天飞、独行狼等聚芦保岭，众各万余，苦饥，于是铁甬城盗犯平凉、固原，芦保岭盗犯耀州、泾阳、三原，混天猴薄宁州，分犯环县。贼陷武安，监正吴三才遁。己亥，贼诈称官兵，袭华亭县，知县徐兆麒遁，越二日去之。时曹文诏、王性善以贼围庄浪，剿之，故得乘虚入犯也。"按，铁甬城，《二申野录》称"鹿角城"。

【10】（清）吴伟业《绥寇纪略·虞渊沉》："崇祯四年四月，太白昼见，荧惑再入鬼宿，犯积尸气。"（清）叶梦珠《阅世编·天象》："四年辛未四月，太白昼见，荧惑再入鬼宿，犯积尸气。"按，太白昼见：太白即金星，又称启明、长庚，是古代人认为二十八星宿之外的最亮的星宿。传说太白星主杀伐。太白星在夜晚出现，日出的时候隐没。可是如果太阳升起太白星还没完全隐没时，看起来就好像天空中有两个太阳，所以占星术又以这种罕见的现象为封建王朝"易主"之兆。

【11】《明实录附录·崇祯长编》："崇祯四年，又应日食者一，月食者二。"

【12】《宋史·天文志》："星不欲明，其中有星，则贵人下狱。"

【13】康熙《上海县志·祥异》："上海沙岗有虎出芦中，自黄浦西入浙界，至乍浦获之。"

【14】《明实录附录·崇祯实录》："崇祯四年四月丁卯，是月降盗不沾泥拥众胁粮赏，复攻米脂，葭州守卒却之。巡抚张福臻调王承恩同狐山堡副总兵侯拱极、都司艾万年等共人三千，令樊一蘅监之，至葭州王家庄。洪承畴、张应昌亦至。贼分两营以待。辛未、壬申连战，贼始遁……官兵集于西川双湖峪，其间窑寨六十有四，皆属天险，尽为盗薮，无窥之者，于是承畴令所在设防堵截。不沾泥惧，率百十骑逃关山岭，马科等击之，又逃含峪，止二十七骑渡河，守备孙守法、方英擒之，尽歼其骑。不沾泥乃降，手杀贼首双翅虎，缚献紫金龙以自赎。"

【15】（清）吴伟业《绥寇纪略·虞渊沉》："崇祯四年五月大同雨雹，襄垣县雨雹，大如伏牛，如丈石，小如拳，杀人畜甚众。"

《明实录附录·崇祯实录》："崇祯四年五月壬寅，大同、襄垣等县雨雹，大如卧牛、如犬石，小如拳，斃人畜甚众。"按，《二申野录》"犬石"作"丈石"。

【16】《陕西通志》（明）马懋才《备陈灾变疏》："榆林连旱四年，延安饥民众甚，西安大旱。"

【17】《明实录附录·崇祯实录》："崇祯四年五月，王承恩击宜川贼，败之，渠帅闯山虎、金翅鹏等乞降。金翅鹏即王子顺侄，王成功也。余贼走宜君，其众二万，官兵又斩二百四级。"

【18】《明实录附录·崇祯长编》："崇祯四年九月癸卯，陕西巡抚练国事疏报剿抚延安、西安流贼情形……渠魁刘道海、点灯子等皆面缚来归，悉就散遣，大势已定，至霖雨占足，秋禾丰茂，西安一带人心颇安。"

【19】《明实录附录·崇祯实录》："崇祯四年五月丁亥，初，洪承畴抚盗王子顺等。驻榆林巡按御史李应期诛之。上谓贼势獗甚，招抚为非，杀之良是。""庚子，大盗满天星等来降，选骁悍者置营中，散其余党一万二千余人，给免死票、路费，即命其魁分勒回籍。未数月皆叛去。"

【20】《明实录附录·崇祯实录》："崇祯四年五月壬寅，流盗自合水、保安逃出者万余人，从庆阳攻中部，署印同知郑师玄告急，杨鹤遣官招之。是夜，降丁内应，城陷。"

【21】《明实录附录·崇祯长编》："崇祯五年正月辛酉，陕西巡按吴甡疏荐，署潼关道右布政使杨弘、备分巡河西道右参政张允登……西安推官史可法（等二十一人）……或输助独多，鼓士民忠义之气；或抚循有法，收地方保障之功。一时守令，于此称最，内如推官史可法，单骑减从，身历险阻，披荆棘，探虎狼，无处不到，无人不沾，使皇恩遍于赤子，白骨起为苍生，勤瘁半年，劳绩异等，又当特荐，以昭盛典。"

【22】《明实录附录·崇祯长编》："崇祯四年六月庚戌未刻，临颍县雷雨忽作，王家庄风霾，坏民居，压死三人，即至杜家庄，倾楼拔木，室庐器用尽失，飘散无迹，

压死五人，风霾渐至巩家庄长五十余丈，广十五丈，砖瓦瓷器翔空，落地亡恙，铁器皆碎。”（清）吴伟业《绥寇纪略·虞渊沉》亦载。

【23】（清）吴伟业《绥寇纪略·虞渊沉》：“崇祯四、五年，河南草生战斗状，有人马形，皆若披甲持矛，驰驱纠结，乱乃大作。”

【24】《明实录附录·崇祯实录》：“崇祯四年六月癸卯朔，曹文诏击斩王嘉胤于阳城。”

【25】《明实录附录·崇祯实录》：“崇祯四年六月辛酉，延绥副总兵张应昌、兵备道戴君恩以贼混天猴张孟金约齐、兰二贼谋袭靖边，先邀之，遇于真水川岔口。贼遁，追至中湖山，力战，射白广恩坠马，又射死张伏仓，贼乱，大败之。癸亥，贼混天猴、独行狼万余人谋攻合水县，自甘泉之甄家湾而东，洪承畴率都司马科等二千人追之。丁酉，追至甘泉山中，混天猴等乞降。”

【26】《明实录附录·崇祯实录》：“崇祯四年七月戊寅，大盗上天龙、马老虎、独行狼复掠鄜州，列三营于太平原，杨鹤、王承恩从三川驿往，击斩独行狼、马老虎，贼溃，上天龙以二千人降。”

【27】《明实录附录·崇祯实录》：“崇祯四年七月辛丑，贼陷中部县。先是，守道翟师雍所抚盗田近庵等以六百人分驻马栏山，吴甡书止之。及李老柴、独行狼、郝临庵等南下攻中部，田近庵内应而陷。吴甡行次隆坊镇，去县四十里，随遣总兵王承恩屯城北、副总兵赵大胤等屯城西，合战大败之。”

【28】《明实录附录·崇祯实录》：“崇祯四年七月癸未，逮总督陕西三边军务、兵部右侍郎杨鹤下刑部狱，明年戍袁州卫。”

【29】（清）赵吉士《寄园寄所寄·裂眦寄》引《绥史》：“杨鹤之于神一魁，给赏花红，鼓乐迎导，索札副则予以官，求安插则定其境，奉之惟恐不及。有潼关道胡其俊者，贼独头虎已出其境，追送九十万钱，名曰馈赆。又因其索酒篝粱肉，传致给之。当贼初起，轻胡廷晏之安坐不击，谓此吾省城贤主人，关中传以为笑。”按，篝，就是所谓的“篝火”，可以边烤火边吃喝。粱肉，又作粱肉，指美食佳肴。

【30】《明实录附录·崇祯实录》：“崇祯四年八月癸卯，总兵贺虎臣前奉杨鹤檄，剿庆阳贼刘六等，计斩刘六。是日于环县击斩余党五百人。”

【31】《明实录附录·崇祯长编》：“崇祯四年八月丁未，以孙显祖为总兵镇守山西，曹文诏为总兵官镇守临洮。”

【32】《明实录附录·崇祯实录》：“崇祯四年九月壬申朔，山西流盗，犯济源。”

【33】《明实录附录·崇祯实录》：“崇祯四年九月乙未，命太监张彝宪总理户、工二部钱粮，唐文征提督京营戎政，王坤往宣府，刘文忠往大同，刘允中往山西，各监视兵饷。赵四儿就擒，赵四儿即点灯子也。”

【34】（清）赵吉士《寄园寄所寄·裂眦寄》引《怀秋集》。

【35】（清）龙文彬《明会要·祥异》："崇祯四年十月辛丑朔，日食。"

【36】关、宁即山海关、宁远（今辽宁兴城）。

【37】（清）赵吉士《寄园寄所寄·裂眦寄》引《啸虹笔记》。

【38】《明实录附录·崇祯实录》："崇祯四年十一月丁亥，以太监李奇茂监视陕西苑马、茶马，吴直监视登岛兵饷。"

【39】（清）谷应泰:《明史纪事本末·宦侍误国》:"初，上既罢诸内臣，外事俱委督、抚。然上英察，辄以法随其后，外臣多不称任使者。崇祯二年，京师戒严，乃复以内臣视行营，自是衔宪四出，动以威倨上官，体加于庶司，群相壅蔽矣。"

【40】《明实录附录·崇祯实录》："崇祯四年十二月庚午，甘泉贼陷宜君县，又陷葭州，兵备佥事郭景嵩死之。"

【41】《明实录附录·崇祯实录》："崇祯四年十二月庚寅，洪承畴奏：抚贼张献忠、罗汝才等千九百余人。不久复叛入山西。"

【42】（清）吴伟业《绥寇纪略盐亭诛》："河北之谣曰：郿台复郿台，曹操再出来。汝才偷取孟德以为军号，迹其且降且叛，本两人起兵时故智，不待谷房变而后知其诈也。"按，谷房之变：崇祯十一年春，张献忠、罗汝才伪降于明，张献忠驻谷城（今湖北谷城），罗汝才驻房县（今湖北房县）。当年五月，张献忠复叛于谷城，罗汝才九营并起应之。七月，二部合于房县。史称"谷房之变"。

壬申（崇祯五年，1632年）春正月，延绥（今陕西榆林）贼混天猴伪为米商，陷宜君（今陕西宜君），复陷保安（今陕西志丹）、合水（今陕西合水北）[1]，流入山西者，陷永宁（今山西离石）、蒲州（今山西永济），曹文诏击败贼[2]。贼破华亭（今陕西华亭），扰庄浪（今甘肃庄浪）。文诏又破铁角城，斩可天飞，而郝临庵、独行狼亦就诛[3]。官军斩黄友才[4]。二月，盗夜入鄜州（今陕西富县），佥事郭应响死之[5]。三月，西濠溃，贼陷华亭[6]。文诏追至落水城。贼红军友为其党所杀[7]。工部右侍郎高弘图削籍[8]。四月，湖广流盗自兴国入江西泰和（今江西泰和县）、吉安（今江西吉安）[9]。二十一日，大通桥（今北京东直门外）下有声如雷，有白物状如犬，拥波而驰至小圣窝而伏[10]。六月，从化（今广东从化）灵芝三产于学宫[11]。二日，袁州（今江西宜春）天雨黑谷（原注：是谓禾不熟，人君赋敛重，故天示戒。不出五年，国乏军粮[12]。）秋七月，山西贼陷大宁（今山西大宁）[13]。连州（今广东连县）地震有声[14]。张献忠复叛[15]。

八月，紫金梁、老回回围窦庄，既而乞降。八大王、闯塌天不从，犯济源（今河南济源），陷温、阳（今河南温县、山西阳城）[16]。九月，山西贼破临县（今山西临县）豹山，居其城，又陷修武（今河南修武），焚掠武陟（今河南武陟）、辉县（今河南辉县），围怀庆（今河南沁阳）。贼尽向河北，官军与战，复入沁水（今山西沁水）[17]。冬十月辛丑朔，日有食之。诏副总兵左良玉援怀庆（今河南沁阳）[18]。初十日，兰溪南门火。二十五日，西门火[19]。义乌县治火，延烧两廊[20]。以太监曹化淳提督京营戎政[21]。贼乔六自斩其魁降[22]。仙居县（今浙江仙居）桃李冬实[23]。十二月，兰溪（今浙江兰溪）南门又火[24]。以司礼右少监刘芳誉提督九门。令百官进马（原注：三品以上各贡一匹，余合进，俱纳于御马监，实赍金贸之本监也[25]）。南京礼部主事周镳削籍（原注：镳上言：内臣用易而去难，此从来之通患，然不能遽去，犹冀有以裁抑之。今张彝宪用，而高宏图之骨鲠不可容矣。金铉之抚庐，虽幸免罪，以他事中之矣。王坤用而魏呈润以救胡良机处矣，赵良曦以直纠扶同处矣；邓希诏用而曹文衡以互结投闲矣，王宏祖以礼数苛斥矣。若夫孙肇兴之激直，李曰辅、熊开元之慨慷，无不罢斥，未能屈指。尤可叹者，每读邸报，半属内侍之温纶，从此以后，草菅臣子，委亵天言，只徇中贵之心，将不知所极矣。上怒其切直，削籍。礼部员外袁继咸疏救之，不听[26]）。贼阎正虎据交城、文水，邢满川、上天龙据吴城、向阳，紫金梁入榆次、入寿阳[27]。时乱世王遣其弟混天王乞降不得，陷霍、垣曲、长子，又陷辽州[28]。赵和尚等斩其魁霍维端，降[29]。上海大荒，米谷腾贵，民饥[30]。

【1】《明实录附录·崇祯实录》："崇祯五年正月癸卯，贼陷保安县又陷合水县。流贼陷山西蒲州、永宁，且大掠。"

【2】（清）谷应泰《明史纪事本末·中原群盗》：五年正月，延绥贼伪为米商入宜君，遂陷之。复陷保安、合水。流入山西者，陷蒲州、永宁，大掠四出。

【3】《明实录附录·崇祯实录》："崇祯五年正月戊午，洪承畴等击贼槐安堡，又败之。贼虽奔窜，尚破华亭，扰庄浪，而官兵追捕亟，贼皆破胆，争潜匿。先是陇西、韩城、安塞、安定诸寇，承畴偕文诏先后清荡。铁角城为边盗薮，贼魁郝临庵、可天飞以援中部，亦为王师所败，独行狼窜入其伍，耕牧铁角城为持久计，闻他盗尽平，则亦震惧，虎儿凹、锥子山之贼大败，可天飞已斩，其二贼皆生得就诛，自是西人稍休息焉。"

【4】《明实录附录·崇祯实录》:“崇祯五年八月丙辰，陕西巡抚练国事疏奏：秦中寇乱,惟神一魁、不沾泥两大伙为边贼之最强者。神一魁雄据于宁塞,不沾泥盘固于两川,皆延镇要害之所，不但别寇倚之为势，即客兵亦畏之如狼。神一魁、黄友才虽相继就戮而余贼甚众，依然狂逞。”

(清)谷应泰《明史纪事本末·中原群盗》:“崇祯五年正月甲子，张应昌等击黄友才，斩之。”

【5】《明实录附录·崇祯实录》:“崇祯五年二月庚寅，盗夜入鄜州，兵备佥事郭应响出御，死之。”

【6】《明实录附录·崇祯实录》:“崇祯五年三月壬戌,贼自武安监陷华亭,甲子,遁。”

《明实录附录·崇祯长编》:“崇祯五年四月壬午，先是庆阳西壕杀败，余孽勾引铁角城一带之贼侵掠武安，遂克华亭，势甚危迫。”

【7】《明实录附录·崇祯实录》:“崇祯五年四月乙丑，临洮副总兵蒋一阳遇长宁逃盗于清水，战败，失亡数百人，把总徐承斌死之，都司李宫用见执。曹文诏、杨嘉谟自陇州邀盗，径抵麻镇，相又遗谕帖以间之，盗相疑，杀渠帅红军友。”

【8】《明实录附录·崇祯实录》:“崇祯五年三月辛丑，工部右侍郎高弘图上言：臣部例有公座,中则尚书,旁列侍郎,礼也。内臣张彝宪奉理两部之命,竟与臣部迭分宾主,俨然临其上，不亦辱朝廷而亵国礼乎……弘图遂引疾求去，不允，疏七，上削籍。”

【9】《明实录附录·崇祯实录》:“崇祯五年四月丁酉，湖广流盗自兴国直入江西泰和县。”

【10】(明)刘侗《帝京景物略·三忠祠》:“出都门，半取水道，送行人，闲者别张家湾，忙者置酒此祠亭，去住各荒率，亭所阅，少闲人。对岸鹿园，金章宗故园也，今曰蓝靛厂。下流十里小圣窝，龙湫也。崇祯壬申(崇祯五年)四月二十一日，大通桥下有声如雷，有白物如犬，拥波而驰，至小圣窝而伏。”

【11】康熙《从化县志·灾祥》:“崇祯五年夏六月，灵芝三产于学宫。”

【12】雍正《江西通志·祥异二》:“崇祯五年夏六月二日，袁州雨黑榖，人争拾之以食。”(唐)李淳风《乙巳占·天占》:“天雨五谷，是谓禾不熟。人君赋敛重数，故示戒。不出五年，国乏军粮。”

【13】(清)谷应泰《明史纪事本末·中原群盗》:“崇祯五年七月，山西贼陷大宁。”

【14】同治《连州志·祥异》:“崇祯五年，连州地震有声。”

【15】(清)谷应泰《明史纪事本末·张献忠之乱》:“崇祯四年,张献忠率众二千人,就抚于三边总督洪承畴。崇祯五年，献忠复叛，随贼首高迎祥、紫金梁等转寇山西诸郡县。”

【16】(清)谷应泰《明史纪事本末·中原群盗》:“崇祯五年八月庚辰,贼首紫金梁、老回回、八金刚以三万众围窦庄。时张道浚得罪家居,率其族御之,贼多死,闻秦师且至,

惧欲乞抚。紫金梁呼于壁下，道浚登陴见之，紫金梁免胄前曰："我王自用也。误从王嘉胤，运故至此，此来乞降耳！"俄老回回亦至。道浚谕之曰："急还所俘，散若徒众，吾为请于抚军，贷尔死。"贼乃还所掠，拔营而西，入阳城界。道浚以贼情告于统殷曰："贼狡未可信。"因遣使往觇贼，诸贼咸就约，惟八大王、闯塌天五营不受命。紫金梁归款未决，诸军乘贼不备，轻骑袭贼营，贼怒，南犯济源，陷温县。"按，《二申野录》云"陷温、阳"，与此略有不同。

【17】（清）谷应泰《明史纪事本末·中原群盗》："崇祯五年九月，山西贼破临县，贼魁豹五等据其城。又陷修武，杀知县刘凤翔，焚掠武陟、晖县，遂围怀庆。上以藩封重地，切责河南巡抚樊尚燝杀贼自赎。贼既尽向河北，山西巡抚宋统殷、备兵冀北王肇生率军次陵川，扼贼北归。贼北走，遇官军，贼死斗，互相胜负。会夜与贼争险，对营两山头，贼缘穷谷而登，大噪，官军乱，统殷、肇生皆走，与诸军相失。宣大总督张宗衡将兵至高平，统殷、肇生以师毕会，大破贼于桑子镇，贼复入沁水。"按，《二申野录》云"破临县豹山，据其城。"《明史纪事本末》云"破临县，贼魁豹五据其城。"两书略有异。

【18】（清）谷应泰《明史纪事本末·中原群盗》："崇祯五年十月，诏副总兵左良玉将兵二千五百人援怀庆。"

【19】【24】万历《兰溪县志·祥异》："崇祯五年十月初十日，兰溪南门火。二十五日，西门火。十二月，兰溪南门又火。"

【20】嘉庆《义乌县志·祥异》："崇祯五年，义乌县治火，爇两廊。"

【21】《明实录附录·崇祯实录》："崇祯五年秋七月壬寅，司礼太监曹化淳提督京营戎政。"

【22】《明实录附录·崇祯实录》："崇祯五年十月癸未，安塞遗贼掠西川胡坌，延绥巡抚陈奇瑜委总兵王承恩击败之。贼目乔六自斩其党魁以降，余遁，延绥稍宁。"

【23】民国《台州府志·祥异三》："崇祯五年，仙居县桃李冬实。"

【25】《明实录附录·崇祯实录》："崇祯五年十二月己丑，命司礼监右少监刘芳誉提督九门。是冬，令百官进马，三品以上各贡一匹，余或合进，俱纳御马监，不过赍金贸之本监也，自外入者，虽骏骥亦却之。"

（明）杨士聪《玉堂荟记》："自壬申（崇祯五年，1632年）冬，每一闻警，则令百官进马并及鞍辔。勋戚有进有不进者，辅臣、六卿、侍郎，每人一匹；其余每衙门共进数匹，或合进一匹，皆于御马监上纳。收马之处门外常系数马，其进马者皆遣役赍银以往，就彼易马，旋即交纳。如有以他马入者，虽千金之骏不用也。"

【26】《明实录附录·崇祯实录》："崇祯五年庚辰，南京礼部主事周镳请撤太监张彝宪，略曰：内臣用易而去难，此从来之通患，然不能遽去，犹冀有以裁抑之。今皆不然，但见因内臣而疑廷臣者多矣，用廷臣而疑内臣无一焉。如彝宪用，而高弘图之鲠

介终不可容矣。以至金铉、孙肇兴、魏呈润、赵良曦、曹文衡、王弘祖及李曰辅之激直，熊开元之慷慨，无不罢斥。尤可叹者，每读邸报，半属内侍之温纶。从此以往，锻炼臣子，委亵天言，只循中贵之心，将不知所极矣。上怒其切直，削籍。礼部员外郎袁继咸疏救，不听。”

【27】《明实录附录·崇祯实录》：“崇祯五年十二月戊辰，总督张宗衡、巡抚山西许鼎臣同逐临县贼，贼转入磨盘山，山方六百里。阎正虎盘踞交城、文水以窥太原，邢满川、上天龙盘踞吴城、向阳以窥汾州，紫金梁等以秦兵、豫兵、毛兵尽集泽、潞东南，遂乘虚掠东北，从沁州、武乡、辽州、榆社入榆次，又入寿阳，距太原不五十里，许鼎臣遂撤临县之师以归。”

【28】《明实录附录·崇祯实录》：“时贼首乱世王与紫金梁争一掠妇，构小隙，遣其弟混天王来归。廷议方督进讨，诸将讳言受降，权辞谢之，约得紫金梁头，始为请于朝。混天王唯唯，泣涕而去。乱世王与破甲锥合谋，图紫金梁。贼分为三，陷霍、垣曲、长子诸县。壬辰，陷辽州，是日除夕也。”

【29】《明实录附录·崇祯实录》：“是月，赵和尚等贼斩其魁霍维端以降，诸将分领入营，还宜君。”

【30】康熙《上海县志·祥异》：“崇祯五年，大荒，米谷腾贵，民饥。”

癸酉（崇祯六年，1633年）春正月朔，大风霾，日出两珥[1]。大学士周延儒以宣府阅视太监王坤疏劾，遂放归[2]。初四日丁酉，贼阑入畿南西山，距顺德百里，分其伍为二：北向者西犯平县，东窥固关；南向者犯河北怀卫、庆辉诸府[3]（原注：稗臣孟国祥曰：畿南咽喉重地，顺德为大平原，千里直走京师，非有河山为之蔽也。今晋有曹文诏、张应昌，豫有左良玉、邓玘，贼将何之乎？昔之秦驱于晋，晋驱于豫者，今转而驱之顺德矣。请通州兵二千驰救。许之[4]）。丁未，左良玉败贼于涉县西，斩其渠[5]。献忠寇河南（原注：是时献忠随贼首高迎祥、紫金梁等）。二月，贼据林县，山中饥民相望起，左良玉败绩于武安河南[6]（原注：左良玉，字崑山，辽东人。少失父，为其叔所养。其贵也，不知其母姓。年十八，从军，以功官都司。初以苦贫，劫锦州军装，坐法当斩。有丘磊者，与同犯，请以身独任罪，而良玉得免死。既失官，无聊，乃走昌平，事侍郎侯恂。给侍左右，尝命以行酒。冬至宴上陵朝官，良玉大醉，失四金卮，旦日惶恐请罪。侍郎曰：“若七尺躯，岂任典客哉？向者吾误若，非若罪也。”会大凌河围急，诏下昌平军赴。援榆林人尤世威时为总兵，以护陵不得行。侍郎与之谋："今欲遣将，谁可者？"世威曰："大凌当天下劲兵处，围不易解，中军将王国靖书生也，左右将军更不可任，独左良玉可耳。顾良玉方为走卒，奈何帅诸将？"侍郎曰："果尔，吾独不能重良玉乎？"即夜遣世威谕意，且曰："吾将自往请之。"漏下四鼓，良玉闻世威至，疑其捕己也，绕床走曰："得非丘磊事发耶？"匿床下。世威排闼呼曰："左将军富贵至矣！速命酒饮我！"引出告以故。良玉失色，战栗立，移时乃定，跪世威前。世威且跪且掖起之，而侍郎至，乃面与期。诘旦，会辕门，大集诸将，以三千金送良玉行，赐之卮酒三、令箭一，曰："三卮酒者，以三军属将军也；令箭如吾自行，诸将其听左将军令，左将军今已为副将军，位诸将上矣。"良玉出，而以首触辕门墀下，曰："此行倘不建功，当自刎其头。"已而果连战松山、杏山下，录捷功第一，遂为总兵官。良玉自起谪校，至元戎，首尾仅岁余，年三十二，长身赪（音：撑）面，骁勇善左右射，目不知书，惟通晓解文义。有喻布衣者，为掌记，性方严，良玉以父事之。贼至，自立阵前说降，曰："汝等良人家子弟，失计陷叛逆至此，左兵不可犯，盍早降？"贼不听，而后兵随之。既胜，劝勿太掩杀，曰："其中保无威胁不得已者。"良玉每出军胜，先遣人报喻，知喻草履迎三十里，左下马欢甚，以其舆舆归。喻饬中厨备饭，为笑乐；或败，喻南面坐，见左不为起，左长揖不敢就席，喻呼其名责之曰："良玉！朝廷待汝厚，今折损官家士马，又日靡其饷金，何以为颜乎？"左封宁南，时喻已前死。每饭，酹酒于地，呼喻大兄，其待士识道理如此[7]）。建昌民家生豕，一首二身八蹄二尾[8]。三月，蜀贼寇百丈关，官军败没[9]。丙午，山西兵击贼于阳城（今山西阳城）北，绅张道浚设伏于三缠凹，擒满天星、闯王[10]。四月丙寅，山西贼陷平顺。[11]五月，河北贼陷涉县[12]。命司礼太监张其鉴等赴各仓同提督诸臣盘验收放[13]。太监张应朝调南京，与胡承诏协同守备[14]。己酉，谕兵部：流寇蔓延，各路兵将功罪应有监纪。特命太监陈大金、阎思印、谢文举、孙茂林为内中军，会各抚道，分入曹文诏、左良玉诸营[15]。寻复以阎思印同总兵张应昌合剿汾阳。知县费甲鐄以逼迫苦供亿，坠井死[16]。都昌（今江西都昌）五月至九月不雨[17]。六月，命内监卢九德等赴中州夹击[18]。乙丑，川兵溃于林县[19]。丙寅，河北贼围汤阴、林、辉、涉、安诸邑。别贼自阳城（今山西阳城）、垣曲来合于济源。山西贼陷和顺[20]。辛巳，左良玉破贼于怀庆，贼尽奔太行山[21]。河南大旱，密县民妇生旱魃，焚之，乃雨[22]。命太监高起潜监视锦、宁，张国元监视山西石塘等路，综核兵饷[23]。秋七月，山西贼陷乐平、永和、沁水[24]，河北贼攻彰德，左良玉御却之[25]。叙内臣守莱州功，徐时得、翟升各荫锦衣卫正千户。命湖广守备太监魏相监视登岛兵饷[26]。八月，陕西贼攻庆德，参政陆梦龙战殁[27]。闻喜广宁里扬雷父食子，张河图等十三人杀人母子二并食[28]。九月己亥，张应昌获贼张有义（原注：即一盏灯）[29]。冬十月，莎鸡数万集于襄城（今河南襄城）[30]。丁卯，山西、河北贼二十四营渡河，犯阌乡（今河南灵宝阌乡），陷渑池（今河南渑池），分入河南、湖广、汉中（今陕西汉中）、兴平[31]。畿内贼至宁晋，掠南宫，走五台山，山周数百里，贼据显通寺，其中薪储皆具，险阻足守，官军不敢击[32]。汝宁（今河南汝南）有鸟，鸠身猴足，昼飞有声[33]（原注：按：《本草》此鸟名寇雉，主兵乱）。时流寇渡河，犯汝，至十年此鸟复见于上蔡（今河南上蔡）。六、七两年凤阳（今安徽凤阳）出恶鸟数万，兔头、鸡身、鼠足人取供饥，甚肥，但犯其骨立死[34]。十二月，河南贼陷伊阳（今河南汝阳）、卢氏（今河南卢氏），掠汝州（今河南临汝）、淅川（今河南淅川）、内乡（今河南内乡）、光化（今湖北老河口北）、均州（今湖北均县），犯南阳（今河南南阳）[35]。湖广贼假进香陷郧西（今湖北郧西）[36]。湖广贼陷上津（今湖北上津）。陕西贼陷镇安（今陕西镇安），延绥巡抚陈奇瑜击斩永宁关贼钻天哨、开山斧、一座城，延水盗悉平，奇瑜威名著关、陕。是年陕西、山西大饥[37]。当涂（今安徽当涂）大旱风，无遗粒[38]。

【1】《明实录附录·崇祯实录》："崇祯六年春正月甲午朔，大风霾，日生两珥。"（清）吴伟业：《绥寇纪略·虞渊沉》亦载。

【2】《明史·周延儒传》："周延儒，字玉绳，宜兴（今江苏宜兴）人。万历四十一年（1613年）会试、殿试皆第一名……庄烈帝即位，召为礼部右侍郎……崇祯二年（1629年）十二月，京师有警，特旨拜延儒礼部尚书兼东阁大学士，参机务。"次年（1630年）六月，温体仁亦入内阁。九月，任周延儒为首辅。"而体仁阳曲谨媚延儒，

阴欲夺其位，延儒不知也……五年（1632年）宣府太监王坤承体仁指，直劾延儒庇于泰（按，陈于泰是周延儒姻亲）。”温体仁复暗中嗾使给事中陈赞化弹劾周延儒，诬称其“目陛下为羲皇上人，语悖逆”，并引上林典簿姚孙渠、给事中李世祺、副使张凤翼为证。崇祯皇帝大怒，令锦衣卫帅王世盛穷究其事，无所得。周延儒蒙在鼓中，尚冀温体仁从中为之说情，温体仁不但不理，反而暗中贬斥与周延儒交好的朝官，周延儒无奈，只好引疾乞归。

【3】（清）谷应泰《明史纪事本末·中原群盗》：“六年正月丁酉，贼阑入畿南西山，距顺德百里。时大队在山西，分为二：一北向，西犯平县，窥固关；一南向河北。怀、卫之间，尽遭蹂躏矣。”

【4】见于（清）吴伟业：《绥寇纪略·渑池渡》。

【5】《明实录附录·崇祯实录》：“崇祯六年正月丁未，总兵左良玉破贼于涉县西坡，斩其渠，贼望左家旗帜皆靡。”

【6】（清）谷应泰《明史纪事本末·中原群盗》：“崇祯六年二月，贼踞林县山中，饥民相望而起。左良玉败绩于武安，河南兵七千，先后失亡殆尽，贼益炽。”

【7】见于（清）叶梦珠《阅世编·纪闻》。

【8】《明实录附录·崇祯实录》：“崇祯六年二月癸亥朔，建昌军沈学之家生豕，二尾八蹄二身一首。”（清）吴伟业：《绥寇纪略·虞渊沉》亦载。

【9】《明实录附录·崇祯实录》：“崇祯六年三月己未，蜀贼攻百丈关，守备郭沾辰阵中败没。”

【10】（清）谷应泰《明史纪事本末·中原群盗》：“崇祯六年三月丙午，山西兵击贼于阳城北，张道浚设伏于三缠凹。贼至，伏起，击之，斩其魁，生擒贼首满天星、闯王，贼大奔。巡抚鼎臣献俘阙下，奏道浚功第一。”

【11】《明实录附录·崇祯实录》：“崇祯六年夏四月丙寅，贼破平顺县杀知县徐明扬。”

【12】《明实录附录·崇祯实录》：“崇祯六年五月庚申，曹文诏夜袭贼于偏店，贼亡走，坠山谷者亡算，尽南奔。诸将会兵逐之沙河，夺马骡数千，贼自邯郸南走。河北贼陷涉县。”

【13】《明实录附录·崇祯实录》：“崇祯六年四月辛巳，命司礼监太监张其鉴、郝纯仁、高养性、韩汝贵、魏伯绶等赴各仓，同提督诸臣盘验收放。”

【14】《明实录附录·崇祯实录》：“崇祯六年五月丙午，太监张应朝调南京与胡承诏协同守备。”

【15】《明实录附录·崇祯实录》：“崇祯六年五月己酉，谕兵部：流贼蔓延，各路兵将云集，一切功罪勤惰应有监纪，特命内中军陈大金、阎思印、谢文举与山西内中军孙茂霖会各抚道，分入曹文诏、张应昌、左良玉、邓玘中军监纪功过、督催粮饷、

安抚百姓，仍著内库发四万金素红蟒缎四百匹、红素千匹，军前立赏。”

【16】《明实录附录·崇祯实录》：“崇祯六年秋七月辛卯朔，大风拔木。壬辰，贼屯武安。乙未，贼屯彰德、汾州。命太监阎思印同张应昌合剿汾阳。知县费甲鐄以逼迫苦供亿，投井死。”

【17】同治《都昌县志·祥异》：“崇祯六年，自五月至九月不雨，大旱，饥，米价昂贵。”《明史·五行志三》：“崇祯六年，京师及江西旱。”

【18】（清）谷应泰《明史纪事本末·中原群盗》：“崇祯六年六月辛巳，左良玉破贼于怀庆，贼尽奔太行山。上念中州寇盗蔓延，命总兵倪宠、王朴分将京营兵，监以内监杨进朝、卢九德，赐二帅弓矢千五百，战马三百，健丁三百，驰赴中州夹剿。”

【19】《明实录附录·崇祯实录》：“崇祯六年六月乙丑，川兵溃於于林县，毛兵杀伤甚众，潞王告急，乞抚臣驻卫辉控御之。”

【20】《明实录附录·崇祯实录》：“崇祯六年六月丙寅，贼围汤阴，败乡兵。林、辉、涉、安等县，绵亘一山，故易蔓也。又贼自阳城、垣曲来合于济源。”

（清）谷应泰《明史纪事本末·中原群盗》：“崇祯六年六月丙寅，河北贼围汤阴、林、辉、涉、安诸邑，别贼自阳城、垣曲来合于济源。山西贼陷和顺。”

【21】按，据（清）谷应泰《明史纪事本末》“命内监卢九德驰赴中州夹剿”一事，在左良玉破农民军于怀庆之后。

【22】《明实录附录·崇祯实录》：“崇祯六年六月甲申，河南大旱，密县民妇生旱魃，浇之乃雨。”按，“浇之”，《二申野录》作“焚之”。

【23】《明实录附录·崇祯实录》：“崇祯六年六月辛酉朔，命太监高起潜监视锦、宁、张国元监视山西石塘等路，综核兵饷，犒赏军士。”按，《二申野录》将此条置于月末，似误。

【24】《明实录附录·崇祯实录》：“崇祯六年七月丙申，贼陷山西乐平县。”

【25】《明实录附录·崇祯实录》：“崇祯六年秋七月乙未，贼屯彰德、汾州。”

【26】《明实录附录·崇祯实录》：“崇祯六年秋七月庚子，叙内臣守莱功，徐时得、翟升各荫锦衣卫正千户，余升赏有差。湖广守备太监魏相监视登岛兵饷 。”

【27】《明实录附录·崇祯实录》：“崇祯六年八月丁亥，流寇过静宁，攻隆德知县费彦芳告急，固原道参政陆梦龙驻静宁州，闻警往援，遣把总王珍领二百人往，先遁，明日隆德陷，彦芳被杀，梦龙战绥德城外，阵没。”

【28】见于（清）吴伟业《绥寇纪略·虞渊沉》。按，此事当系于崇祯七年。

【29】（清）谷应泰《明史纪事本末·中原群盗》：“崇祯六年九月己亥，张应昌败贼于平山，获贼首张有义，即一盏灯也。”

【30】《明实录附录·崇祯实录》：“崇祯六年九月，是秋襄城县莎鸡来自西北，群集以万计，固沙漠产，今飞入塞内，占者以为兵兆也。”（清）吴伟业《绥寇纪略·虞渊

沉》亦载。

【31】《明实录附录·崇祯实录》:“崇祯六年十一月乙卯，武安、涉县贼佯乞抚，乘冰渡河，陷渑池。”

【32】《明实录附录·崇祯实录》:“崇祯六年十月癸未，赵州贼至宁晋，阻清水河不得渡，南宫被掠甚惨，总兵梁甫在获鹿，逾期始至，贼已至柏乡，西归五台山矣。五台山周围数百里，贼据显通寺，其中薪刍粮储皆具，险阻足恃，官军号称夹击，其时未尝遇贼也。”按,《二申野录》记农民军渡河和西归五台山均在十月，似误。

【33】【34】(清)吴伟业《绥寇纪略·虞渊沉》:“崇祯六年七月，汝宁有鸟，鸠身猴足，昼飞有声。时流寇渡河，犯汝，至十年此鸟复见于上蔡。按,《本草》此鸟名寇雉，主兵乱。六、七两年凤阳出恶鸟数万，兔头、鸡身、鼠足，人取供馔，甚肥，但犯其骨立死。”

【35】《明实录附录·崇祯实录》:“崇祯六年十二月己未朔，贼陷伊阳。”

【36】《明实录附录·崇祯实录》:“崇祯六年十二月庚辰，贼假进香客，陷郧西县，掠遂平。”

【37】见于《明史纪事本末·中原群盗》崇祯六年十二月癸未。

【38】民国《当涂县志·大事记》:“崇祯六年，旱，晚禾薄存，大风偃之，无遗粒。九月丁未，大风飘瓦折树，人不能立。”

甲戌(崇祯七年，1634年)春正月，遍天五色气如环，大小不一，逾时方灭[1]。杭州大雪[2]。降盗王刚、王之臣、通天柱等至太原挟赏，巡抚戴君恩设宴诱斩之[3](原注:王之臣即豹五;通天柱，孝义土贼也)。河南贼薄谷城(今湖北谷山),掠光化(今湖北老河口)、新野，围均州，入夷陵;陕贼陷洵阳，兴安贼陷紫阳、平利、白河，破凤县，入四川，陷迁安;楚贼陷房县(今湖北房县)、保康[4]。闯与献奔盩(音:粥，今陕西周至)、鄠(音:户，今陕西户县)[5]。献忠犯信阳(今河南信阳)、邓州(今河南邓县),败奔商(今陕西商县)、雒(今陕西洛南),与李自成合，陷澄城(今陕西澄城),寇平凉、邠(音:宾)州(今陕西彬县),旋与群贼出潼关(今陕西潼关),寇嵩、汝[6]。二月，海丰(今广东海丰)雨血[7]。黄梅县(今湖北黄梅)天雨黑子如粟[8]。苏州城外野火四起，始一二炬，倏变数百，隐隐人马戈甲状，入民舍中，粟米一空，民操械鸣金御之[9]。澄城关帝庙壁有画虎，偶道士讽经至夜三鼓，见虎双眸炯然，从壁而下，抖擞跳跃，若将噬人。道士错愕不知所措，急取斧格之，虎上壁忽不见[10]。谪给事庄鳌献于外[11]。进陈奇瑜总督讨贼[12]。三月初二日，黄州（今湖北黄冈）昼晦，明日地震如雷[13]。山西自去秋八月至是不雨，人相食[14]。总理太监张彝宪请入觐官投册，以隆礼统，许之[15]（原注：山西提学佥事袁继咸上言："士有廉耻然后有风俗，有气节，然后有事功。如总理内官有觐官赍册之令，皇上从之，特在剔厘奸弊，非徒群臣诎膝也。乃上命一出，靡然从风，藩臬守令，参谒屏息，得免呵责为幸。嗟乎！一人辑瑞，万国朝宗，诸臣未觐天子之光，先拜内臣之座，士大夫尚得有廉耻乎？逆珰方张时，义子乾儿昏夜拜伏，自以为羞。今且白昼公庭，恬不知怪，国家自有觐典，二百余年未闻有此，所为太息也。"上以越职言事，责之。既，张彝宪亦奏，辨谓：觐官参谒，乃尊朝廷。继咸复言："尊朝廷莫大于典例，知府见藩臬行属礼，典例也。见内臣行属礼，亦典例乎？诸司至京，投册吏部各官，典例也。先谒内臣，亦典例乎？事本典例，虽坐受犹以为安；事创彝宪，即长揖只增其辱。高皇帝立法，内臣不得与外事，若必以内臣绳外臣，会典所不载。"上仍切责之[16]）。红毛鼠渡江食禾，当涂县（今安徽当涂）青山下更甚，剖之无骨、无肠，入人家，家鼠啮杀之[17]（原注：依帝之山有兽名狙如，其状如鼣鼠，白耳白喙，见则其国有大兵[18]）。夏四月，山西永宁（今山西离石）民杀食父母[19]。川贼复入陕，陷两当（今甘肃两当）、凤县（今陕西凤县），楚贼尽西奔汉中（今陕西汉中）[20]。五月，洪承畴出援甘肃[21]。陕别贼陷文县（今甘肃文县），再陷凤县（今陕西凤县东北）、汉南[22]六月，江西饥[23]。洪承畴等扼贼，汉中（今陕西汉中）贼诈降，陈奇瑜信之（原注：贼出险复不可制），贼出栈道，陷麟游（今陕西麟游）、永寿（今陕西永寿西北），陷同安（今陕西境内）[24]。官军围闯于车厢峡，闯自缚乞降，奇瑜纵之出，复叛去[25]。叙禁旅功，荫太监曹化淳世袭锦衣卫千户，袁礼、杨进朝、卢志德各百户，赐衣币，以击盗屡捷也[26]。秋七月，叙州（今四川宜宾）母猪龙洞，铜鼓声闻一昼夜[27]。萧县（今安徽萧县）北山鸣。明年又鸣者再[28]。河南孟县民孙光显祖墓在河阳驿之东，有葡萄草，夏抽新条，条列万状，有美人者、达官者、为龙凤、为龟麟、为雀鱼蛇鼠、为蝉、为孔雀、鹦鹉。道臣曹应秋取得三美人、一凤、一鹦鹉。

美人黄衣白裳，面施粉黛。凤，苞羽五彩。鹦鹉，栖于架，架上有盏，盏中有粟。点染生动，善画不及也。其连陌王氏、党氏茔所产皆同。有一草而枝蔓出二茔外者，即与凡草无异[29]。陕降盗陷陇州[30]，叛兵杨国栋败，其党斩以献[31]。闯贼陷澄城（今陕西澄城），围郃阳（今陕西合阳），转寇平凉，掠邠（音：宾）州（今陕西彬县）[32]八月，余姚（今浙江余姚）大水[33]。豫贼谋袭汴（今河南开封）。陕贼复陷陇州，贼先锋高杰降（原注：杰，字英吾，后封兴平伯，卒为许定国所杀）[34]。闯贼陷威宁，西遁乾州（今陕西乾县）[35]。闰八月，河南大旱[36]。陕贼陷灵台（今甘肃灵台）、崇信（今甘肃崇信）、白水（今陕西白水）、泾川（今陕西泾川）[37]。陈奇瑜至凤县，时贼益炽，北接庆阳（今甘肃庆阳），西至巩昌（今陕西巩昌），西北至邠（音：宾）州（今陕西彬县）、长安（今陕西西安），西南则至盩厔（今陕西周至）、宝鸡，贼众殆二十万，始悔其见愚，分兵出御，而兵已寡矣[38]。九月初七日未时，京师火药局忽然震响，烟起如云，将制火药石碾飞掷于泡子河城墙下，又一石碾自空中落于民家屋上打透至炕，炕上有小儿，但堕地，依然无恙。又一人其腰系挂梁上，首与足俱下垂，衣皆脱去，止有皮存，其中并无肉无骨，形状比生时增长多许[39]。司礼监张从仁改内官监，提督九门[40]。火、土、金三星会于尾宿之天江左右，木星犯鬼宿积尸气[41]。应天（今江苏南京）地震[42]贼二十营至函谷，陷扶风[43]。豫贼入黄州（今湖北黄冈）、广济（今湖北武穴）[44]。冬十月，大同牛疫号嗷（音：叫）以数千[45]。宁夏有鼠，衔尾食苗者十余万[46]。河南扫地王趋江北，掠潜山（今安徽潜山）、太湖（今安徽太湖）、宿松（今安徽宿松）。别贼陷陈州（今河南淮阳）、灵宝（今河南灵宝）。楚贼自京山（今湖北京山），间道趋显陵（今湖北钟祥东北）。时大寇仍聚秦中，老回回屯武功（今陕西武功）[47]。总兵左光先击闯高陵（今陕西高陵）、富平（今陕西富平）间[48]。十一月，太康县（今河南太康）门牡自开者三，知县许某集邑绅议其事，屋梁坠，知县击死[49]。逮总督陈奇瑜[50]。江北贼陷英山（今湖北英山），焚霍山（今安徽霍山）[51]。十二月，陕西、郧阳（今湖北郧县）各告警，贼游兵东下常德（今湖南常德）[52]以乾清宫太监马云程提督京营戎政[53]，撤南京守备太监胡承诏、张应朝，以司礼太监梁洪泰、内官太监张应乾协同守备[54]。命蒲州（今山西永济）布衣魏文魁入京测验（原注：魁言今年甲戌二月十六日癸酉晓刻，月食，今历官所订乃二月十五日壬申夜也。八月应乙卯月食，今乃以甲寅，遂令八月之望为晦，并白露、秋分皆非其期，讹谬不可胜言）[55]。

【1】民国《盐山新志·故事略》："崇祯七年正月，遍天五色云气如环，大小不一，逾时方灭。"

【2】光绪《杭州府志·祥异三》："崇祯七年正月，大雪十五夜，无灯。"

【3】《明实录附录·崇祯实录》："崇祯七年春正月壬辰，降盗王刚、王之臣、通天柱等至太原挟赏，巡抚戴君恩于明日设宴斩刚等各营，共擒斩四百二十九人。王之臣即豹五，通天柱即孝义土贼。"

【4】《明实录附录·崇祯实录》："崇祯七年，春正月丙申，贼自钧州掠谷城，遂趋襄阳。辛丑，贼陷洵阳，逼兴安。西乡土寇乘之，汉中为震。游击唐通剿土寇，而兴安贼随破紫阳、平利、白河、三县。巡按御史范复粹驰赴汉中，贼始奔南，破凤县入四川。甲寅，贼攻房县，日夜毁民居门扉舁攻，穴城入之，又陷保康。"

【5】《明实录附录·崇祯实录》："崇祯七年五月丙申，洪承畴以副总兵贺人龙、刘成功等兵二千，游击王永祥骑八百赴蓝田。盖寇出陕西之道有二，曰商、雒，曰汉中、兴平。时贼深入南山大峪，实近省会，故逐之，遂东奔纲峪川，复入大山，远窜商、雒，其前犯西安、泾阳、三原之贼李自成、张献忠等，俱西奔盩厔、鄠二县。"

【6】《明实录附录·崇祯实录》："崇祯七年七月庚子，淳化、耀州、富平贼李自成、张献忠等东奔，陷澄城县，围郃阳旬余。""十一月癸亥，时李自成自潼关奔偃师、巩县，张献忠等奔嵩、汝。"

【7】（清）计六奇《明季北略》崇祯七年"志异"："崇祯七年二月，海丰雨血。"（清）吴伟业《绥寇纪略·虞渊沉》亦载。

【8】（清）吴伟业《绥寇纪略·虞渊沉》："崇祯七年，黄梅县天雨黑子如粟。"

【9】见于《江南通志·杂类志》。

【10】（清）赵吉士《寄园寄所寄·灭烛寄·虎》引《陕西通志》："天启丙寅（天启六年，1626年），澄城路从广任临清州判，尝于关帝庙壁间画虎。崇祯间，道士讽经，至夜三鼓时，见虎双眸炯然，从壁而下，抖搜跳跃，若将及人。道士错愕，不知所措，急取斧格之，虎壁忽不见。"

【11】《明实录附录·崇祯实录》："崇祯七年二月壬戌，监视登岛太监魏朝，以给事中庄鳌献所上太平十二策内撤监视，因求罢，不允，贬鳌献于外。"按，《二申野录》

中将“庄鳌献”称为“庄鳌”，误，今据《崇祯实录》、《明实录附录·崇祯实录》改。

【12】《明实录附录·崇祯实录》：“崇祯七年三月丁亥，南京右都御史唐世济上言：流寇有四：一乱民、一驿卒、一饥黎、一难氓，宜分别剿抚。上善之，命专委总督陈奇瑜。”

【13】（清）吴伟业《绥寇纪略·虞渊沉》：“崇祯七年三月初二日，黄州（今湖北黄冈）昼晦，明日地震如雷。”《明史·五行志三》：“崇祯七年三月戊子，黄州昼晦如夜。”

【14】《明实录附录·崇祯实录》：“崇祯七年三月丁亥，山西自去秋八月至今不雨，大饥，人相食。”（清）吴伟业《绥寇纪略·虞渊沉》：“崇祯七年，山西自六年八月至七年四月不雨。永宁民苏依哥食父母。南阳郭廷玉妻霍氏，以母而食女。山西闻喜广盈里扬雷，以父而食男。又张河图等十三名杀人母子而并食之。”

【15】《明实录附录·崇祯实录长编》：“崇祯七年二月戊辰，总督太监张彝宪请入觐官投册，以隆体统。许之。”

【16】《明实录附录·崇祯实录长编》：“崇祯七年二月庚午，山西提学佥事袁继咸上言：士以廉耻气节为端，有廉耻然后有风俗，有气节，然后有事功。如总理内臣有觐官赍册之令，皇上从之，特在清理文移，剔厘奸蠹，非欲群臣诎膝也。乃上令一出，靡然从风，藩臬守令参谒屏息。嗟乎！一人辑瑞，万国朝宗，诸臣未觐天子之光，先拜内臣之座，士大夫尚得有廉耻乎？逆珰方张，是时干儿、义子昏夜拜伏，自以为羞，今且白昼公庭，恬不至怪，国家自觐典二百余年未闻有此，臣所为太息也。科臣李世祺劾辅臣温体仁、吴宗达，既谪世祺，复罪考选文选郎中吴鸣虞，使言官括囊无咎，大臣无一人议其后。大臣所甚利，忠臣所甚忧，又臣所为太息也。奏入，上责其越职言事，摭拾浮议。既张彝宪亦奏辨谓：觐官参谒乃尊朝廷。继咸又上言：尊朝廷莫大于典例，知府见藩臬行属礼，典例也；见内臣行属礼，亦典例乎？诸司至京投册吏部各官，典例也；先谒内臣，亦典例乎？事本典例，虽坐受犹以为安，事创彝宪，即长揖只增其辱。上仍切责之。”

【17】康熙《当涂县志·祥异》：“崇祯七年夏，红毛鼠渡江来损田禾，青山下更甚，剖之无骨、无肠，入人家，家鼠啮杀之。”

【18】《山海经·中山经·中次十一经·依帝山》：“又东三十里，曰依帝之山，其上多玉，其下多金。有兽焉，状如猷鼠，白耳白喙，名曰狙如，见则其国有大兵。”

【19】（清）赵吉士《寄园寄所记·裂眦寄·流寇琐闻》引《啸虹笔记》：“崇祯七年三月，山西自去秋八月至是不雨，人相食。四月山西永宁民杀食父母。”

【20】《明实录附录·崇祯实录》：“崇祯七年四月丁丑，贼陷两当县……蜀贼合于秦，又卢象升等萃兵于楚，故贼尽奔汉中、兴平……是时诸贼尽入汉中、兴平，以接于商、雒矣。”

【21】《明实录附录·崇祯实录》：“崇祯七年五月乙巳，洪承畴自汉中西援甘肃。”

【22】《明实录附录·崇祯实录》：“崇祯七年五月辛卯，贼陷文县。文县去岁大旱，

入秋早霜，冬无雪，今春不雨，斗米七钱。”《明史纪事本末·中原群盗》：“崇祯七年五月，陕别贼陷文县。文县去岁大旱，入秋早霜，冬无雪，今春不雨，斗米银七钱。已亥，贼复出，再陷凤县、汉南，招抚之。”

【23】（清）谷应泰《明史纪事本末·崇祯治乱》：“崇祯七年六月，江西饥，逋赋益多。”

【24】（清）谷应泰《明史纪事本末·中原群盗》：“崇祯七年五月已亥，贼一出栈道，西陷麟游、永寿，东陷同安。”

【25】《明实录附录·崇祯实录》：“崇祯七年六月己巳，先是陈奇瑜围李自成大部于南山车厢峡，会连雨四十日，贼马乏刍且苦湿，死者过半，弓矢俱脱，贼大窘，乃自缚乞降，奇瑜许之，各给免死票，回籍。”

【26】《明实录附录·崇祯实录》：“崇祯七年六月乙卯朔，叙禁旅功，荫太监曹化淳世袭锦衣卫正千户，袁礼、杨进朝、卢志德各百户赐金币余有差。”

【27】《明实录附录·崇祯实录长编》：“崇祯七年七月乙未，叙州定远堡母猪龙洞，闻铜鼓声一日夜。”（清）吴伟业《绥寇纪略·虞渊沉》亦载。

【28】（清）吴伟业《绥寇纪略·虞渊沉》：“崇祯七年，是年，萧县北山鸣，明年又鸣者再。”

【29】（清）吴伟业《绥寇纪略·虞渊沉》：“崇祯七年，河南孟县民孙光显祖墓，在河阳驿之东。有葡萄草，夏抽新条，条列万状，有美人者、达官者、为龙凤、为龟麟、为雀鱼蛇鼠、为蝉、为孔雀、鹦鹉。道臣曹应秋取得三美人，一凤、一鹦鹉。美人黄衣白裳，面施粉黛。凤芭羽，五彩。鹦鹉，栖于架，架上有盏，盏中有粒。点染生动，善画不及也。其连陌王氏、党氏茔所产皆同。有一草而枝蔓出二茔外者，即与凡草无异，盖妖征也。”

【30】《明实录附录·崇祯实录》：“崇祯七年秋七月乙酉朔，降盗陷陇州。”

【31】《明实录附录·崇祯实录》：“崇祯七年七月辛卯，叛兵杨国栋等拥三千骑直抵西安城下乞抚，巡按御史范复粹无计，惟登陴固守。明晨练国事在鄠县闻之，驰还……讲一日夜未决，度不受抚，必西走鄠、盩厔，密檄沿途官兵饬备……国事又遣官招之，谕杀渠自赎，予上赏。顷之，一贼斩国栋，以首献。贼人人自疑，互戕千余人，余仍入南山 。”

【32】《明实录附录·崇祯实录长编》：“崇祯七年七月李自成、张献忠等东奔，陷澄城县，围郃阳旬余，联络百余里，闻承畴兵至解围，由清水、秦州窥平凉、邠州矣。”

【33】光绪《余姚县志·祥异》：“崇祯七年八月，余姚大水。”

【34】《明实录附录·崇祯实录》：“崇祯七年八月乙亥，高杰降于贺人龙，人龙率以袭贼，却之。”

（清）谷应泰《明史纪事本末·中原群盗》：“崇祯七年八月陕贼复陷陇州，屯州城浃月，参将贺人龙等援陇州，贼围之。贼先锋高杰降于贺人龙。人龙率以袭贼，却之。”

【35】《明实录附录·崇祯实录》：“崇祯七年十月乙巳，时大寇聚秦中，李自成在乾州；招之，不听。”

【36】（清）吴伟业《绥寇纪略·虞渊沉》：“崇祯七年，河南大旱。”

【37】（清）谷应泰《明史纪事本末·中原群盗》：“崇祯七年闰八月乙酉，陕贼陷灵台。辛卯，陷崇信、白水。丙辰，陷泾州。河南大旱。”

【38】《明实录附录·崇祯实录》：“崇祯七年闰八月壬寅，陈奇瑜至凤县。时贼益炽，北结庆阳，西至巩昌，西北至邠州、长安，西南则盩厔、宝鸡，众殆二十万；奇瑜始悔，分兵出御，而兵亦寡矣。”

【39】见于（明）刘若愚《酌中志·内府衙门职掌·盔甲厂》。

【40】（清）谷应泰《明史纪事本末·宦侍误国》：“九月，司礼监太监张从仁改内官监提督九门。”

【41】（清）谷应泰《明史纪事本末·修明历法》：“七年春正月乙巳，督修历法。山东右参政李天经疏言：“七政之余，依新法则火、土、金三星本年九月初旬会于尾宿之天江左右。木星于是月前，犯鬼宿之积尸气，一时五纬，已有其四，非必以数合天，即天验法之一据也。”

【42】（清）吴伟业《绥寇纪略·虞渊沉》：“崇祯七年九月，应天地震。”

【43】（清）谷应泰《明史纪事本末·中原群盗》：“崇祯七年九月，贼二十余营，西至函谷关，东至河阳，连屯百余里。别贼万余，连营雒南、阌乡。癸亥，陕贼陷扶风。”

【44】（清）谷应泰《明史纪事本末·中原群盗》：“崇祯七年九月甲戌，豫贼东至于蕲水，大队尽入黄州、广济。”

【45】（清）吴伟业《绥寇纪略·虞渊沉》：“崇祯七年，大同牛疫号嗷以数千。”

【46】（清）吴伟业《绥寇纪略·虞渊沉》：“崇祯七年，宁夏鼠害稼，衔尾食苗者十余万。”

【47】（清）谷应泰《明史纪事本末·中原群盗》：“崇祯七年十月癸巳，河南盗扫地王等趋江北，自英、霍分掠潜山、太湖、宿松，别部陷陈州、灵宝。己酉，楚贼自京山，间道趋显陵，明日遁入山中。时大寇仍聚秦中，老回回屯武功。”

【48】《明实录附录·崇祯实录》：“崇祯七年十月乙巳，总兵左光先击李自成于高陵、富平间，斩四百四十余人。”

【49】（清）吴伟业《绥寇纪略·虞渊沉》：“崇祯七年，太康县门牡自开者三，知县许某集邑绅议其事，屋梁坠，知县击死。”

【50】《明实录附录·崇祯实录》：“崇祯七年十一月庚辰，削总督兵部右侍郎兼副都御史陈奇瑜职，听勘。先是八月，陕西诸臣李玄、李遇知等奏抚寇之误：贻害封疆、戕害生民，盖指奇瑜也。”

【51】(清)谷应泰《明史纪事本末·中原群盗》:"崇祯七年十一月壬戌,江北贼陷英山,焚霍山。"

【52】《明实录附录·崇祯实录》:"崇祯七年十二月,是月陕西各处告警,云东下常德,而河南为剧。"

【53】《明实录附录·崇祯实录》:"崇祯七年十二月癸未朔,以乾清宫管事太监马云程提督京营戎政。"

【54】(清)谷应泰《明史纪事本末·宦侍误国》:"崇祯七年十二月,以乾清宫太监马云程提督京营戎政。撤南京守备太监胡承诏、张应朝,以司礼太监梁洪泰、内官太监张应乾协同守备。"

【55】《明实录附录·崇祯实录长编》:"崇祯七年正月辛丑,满城布衣魏文奎上言:今年甲戌二月十六日癸酉晓刻月食,今历官所订乃二月十五日壬申夜也。八月应乙卯日食,今乃以甲寅,遂令八月之望与晦并白露、秋分皆非其期,讹谬尚可言哉。臣年已七十八矣,谨将本年日食、月食时刻分杪详具进览。命召文奎入京测验。"

乙亥(崇祯八年,1635年)春正月,和州(今安徽和县)白望市地涌血,□(楼)猪产马象、芥菜结茄豆[1]。河南贼陷荥阳(今河南荥阳),屠汜水(今河南汜水),又陷固始(今河南固始)。秦贼数十万出关,三分:入晋(今山西),入豫(今河南),入楚(今湖北)[2](原注:按,秦寇半出官兵,官兵与战,率皆其识面亲邻,矢石间相与语言,有泣下者。贼辄遗所掠牛驴,及老幼病残胁从之人,恣官兵俘杀报功,谓之打活仗[3])。河南、北贼三分,陷荥(今河南荥阳)、汜(今河南汜水),掠郑州(今河南郑州),犯商州(今陕西商县),围汝宁(今河南汝南),掠归德(今河南商丘)。襄阳(今湖北襄樊)贼与汝合十五营,数十万[4]。河南贼复入汉中(今陕西汉中),陷宁羌(今陕西宁强)。江北贼陷霍丘(今安徽霍丘)[5]。陕西贼陷灵台(今甘肃灵台)[6]。河南贼三分,趋六安(今安徽六安)、凤阳(今安徽凤阳)、颍(今安徽阜阳)、濮(今河南濮城),陷颍州(今安徽阜阳)[7]。丙寅,陷凤阳(今安徽凤阳),焚皇陵,恣掠三日。闯、献皆与[8](原注:凤阳无城廓,贼大至,留守朱国相、千户陈宏祖、陈其忠巷战死。贼焚皇陵楼殿为烬,燔松三十万株,杀守陵太监六十余人。纵高墙罪宗九十一人,焚留守分司[9]府厅五百九十四间,焚鼓楼龙兴寺六十七间,毁民房二万二千六百五十二间。杀知府颜容暄等六员,失印二颗,武官失印二十颗。

杀武官四十一人，杀生员六十六名，陵墙班军二千二百八十四名，高墙军一百九十六名，精兵七百五十五名，操军八百余名。贼渠列帜，自称古元真龙皇帝，恣掠三日。杀戮之惨，天地为黑。有缚人之夫与父，而淫其妻女，然后杀之者。有驱人之父，淫其女以为戏，而后杀之者。甚至裸孕妇于前，共卜其腹中男女，剖而验之以为戏；一试不已，至再至三者。又甚至以大锅煮油，掷孩子于内，观其跳跃啼号，以为乐者。又甚至缚人于地，生刳其腹，实以米豆，牵群马而争饲之。取人之血，和米麦为粥，以喂马驴，使之腹壮而能冲敌者。所掳人子女百千，临行不能多带，尽杀而去。或杀人而间以芦苇薪木堆城下，纵火焚之，令秽气烟焰，薰逼城上，守兵立仆。太监卢九德，总兵杨御蕃以川兵三千救凤阳（今安徽凤阳），南京兵亦至。贼趋庐州[10]）。凤陵未灾前，有遥见陵中二人，一衣朱，一衣青，殴击甚苦，寻闻号泣声，乃集数十人持杖入，惟二犬踉跄走。无何，寇至[11]。陷巢县（今安徽巢县），攻舒城（今安徽舒城），围六合（今江苏六合）[12]（原注：贼聚稚子百十，环木焚之，听其哀号，以为笑乐。又裸妇人数千，詈于城下，少有媿阻，即磔之，攻三日而去[13]），陷舒城（今安徽舒城）、无为州（今安徽无为）[14]。河南贼畏承畴兵，入潼关（今陕西潼关）[15]。河北贼满天星、张大受向麻城（今湖北麻城），抵汉口（今湖北汉口）[16]。群贼尽集宛、雒，闯独留秦中，其众七八万，洪承畴败之，乞抚，寻复振，突出潼关（今陕西潼关），献掠庐（今安徽合肥 ）、凤（今安徽凤阳）、安庆（今安徽安庆）[17]。是月，议湖广加派[18]。余姚（今浙江余姚）地震[19]。义乌（今浙江义乌）猪产并身一头两足[20]。二月，江北贼陷潜山（今安徽潜山）、罗田（今湖北罗田），陷太湖（今安徽太湖），时豫、秦、晋、楚、江北皆多盗，献与老回回西走商州（今陕西商县）[21]。三月，湖广盗陷麻城（今湖北麻城）。村民擒蕲（音：其，今湖北蕲春县蕲州镇）、黄（今湖北黄冈）大盗爬天王[22]。汉中贼陷宁羌（今陕西宁强）[23]。四月初八日，溧阳（今江苏溧阳）福贤等乡雷雨冰雹并作，昼晦暝，飞石扬沙，平地盈尺，植物与屋瓦俱毁[24]。南京大风，吹落皇城门内匾二字于地跌碎，仅存木框在檐下。承运库太监周礼言：崇祯六、七两年，省直金银花银共逋八十九万，命趣之[25]。五月，群贼悉萃于秦（今陕西）。开援纳，济军需[26]。六月乙西，秦贼摇天动陷西和（今甘肃西和）[27]。丙午，总兵曹文诏至娑罗寨（今甘肃正宁境内），寇大至，力竭自刎。文诏敢斗，前后杀贼万计，为贼所畏。官军闻之夺气[28]。秋七月，秦贼陷澄城（今陕西澄城）。八月，陷咸阳（今陕西咸阳）、商（今陕西商县）、雒（今陕西洛南）。寇复入河南，犯卢氏（今河南卢氏），命楚抚卢象升总理讨贼[29]。宣城（今安徽宣城）池中出血[30]。九月，荧惑犯太微[31]。冬十月，老回回陷陕州（今河南陕县）。翻山鹞降。闯王渡河[32]。开化（今浙江开化）自五月不雨至十月。十一月二十六日，台州（今浙江临海）地震[33]。河南贼焚关厢而西。老回回犯南郑（今陕西南郑）。秦贼一字王二十万，撞天王十七万犯阌乡（今河南灵宝阌乡）、灵宝（今河南灵宝）。整齐王败走。偃（今河南偃师东南）、巩（今河南巩县）、汝州（今河南临汝）群贼大会于龙门、白沙（今河南洛阳龙门、白沙），连营六十里。总兵祖宽分兵袭击之，败入霍丘（今安徽霍丘），逼凤阳（今安徽凤阳）[34]。献与群贼再出潼关（今陕西潼关）。祖宽大破献忠于姑家庙[35]。太监高起潜弟荫锦衣卫中所正千户世袭[36]。江宁（今江苏南京）巳、午二时白虹贯日如连环者三，东西二虹如背日，在连环交处无光作白色，又有大白气一道贯日与虹中[37]。十二月，城凤阳（今安徽凤阳）[38]。闯王、曹操数十万围光州（今河南潢川），屠之[39]。汉中（今陕西汉中）群贼会汉南、江北。贼陷巢县（今安徽巢县）、含山（今安徽含山）、和州（今安徽和县）[40]。献合诸贼围庐州（今安徽合肥），分道陷巢县（今安徽巢县）、含山（今安徽含山）、和州（今安徽和县），沿江下，犯江浦（今江苏江浦）[41]。上以寇祸，冬至再郊天，费十万金，威仪视初郊尤肃。先一日，驾幸斋宫，而后端冕入祀。乃内珰之炽炭于地室者太甚，火延及于茵蓐，御座为文皇帝（按，即明成祖朱棣）盘龙椅，皆焚。从官有忧色，曰：天不享矣[42]。

【1】光绪《直隶和州志·祥异》："崇祯八年，城有虎患。白望市地涌血，芥结茄豆，豕生马、象各一。"按，□（音：楼）猪：求子猪、母猪。

【2】（清）谷应泰《明史纪事本末·中原群盗》："崇祯八年正月丁巳，河南贼陷荥阳，屠汜水，又陷固始。时秦贼数十万出关，分为三：一自上平阳入晋；一自武关向襄阳入楚；一自卢氏东向，分犯河南、北。"

【3】《寄园寄所寄·裂眦寄·流寇琐闻》引《忆记》："秦寇半出官兵，官兵与战，率皆其识面亲邻，矢石间相与语言，有泣下者。贼辄遗所掠牛驴，及老幼病残胁从之人，恣官兵俘杀报功，谓之打活仗。"按：《二申野录》"秦寇"作"秦地"，"相与语言"作"相与话言"，均误，据改。

【4】（清）谷应泰《明史纪事本末·中原群盗》："崇祯八年正月，河南、北诸盗复分为三：一走伊、汝，陷荥、汜，焚掠无遗，东剽及郑州，复分道犯商城；一自叶、蔡南围汝宁；一自怀庆东渡河，掠归德、睢、汝、陈、许等州。其襄阳贼，与汝宁合十五营，众数十万，并入襄阳境。"

【5】（清）谷应泰《明史纪事本末·中原群盗》："崇祯八年正月，河南逸贼复入汉中，陷宁羌，转入临、巩。庚申，江北贼陷霍丘。"

【6】（清）谷应泰《明史纪事本末·中原群盗》："崇祯八年正月庚申，陕西贼陷灵台。"

【7】（清）谷应泰《明史纪事本末·中原群盗》："崇祯八年正月庚申，河南贼分三道：一趋六安，一趋凤阳，一趋颍、濮。壬戌，陷颍州，知州尹梦鳌、通判赵士宽俱阖室死之。"

《明实录附录·崇祯实录长编》："崇祯八年正月庚申，汝宁贼趋颍州。时河南贼分三道，趋六安，趋凤阳，趋颍，掠濮州。"

【8】《明实录附录·崇祯实录》："崇祯八年正月丙寅，贼陷凤阳。诈树旗进香，前骑后步，贼大至，而无城，遂溃。毁公私庐舍，光烛百里；杀知府颜容暄、推官范文英等六人，武官四十一人，横尸塞道。焚皇陵楼殿，燔松三十万株，杀司香太监六十余人；高墙罪宗百余人、卫军皆伏迎道左，呼'千岁'。闻玄宫且不戒，守臣秘不以闻。留守朱国树巷战，斩二十七人，力竭死；恣掠三日。"

【9】按，"分司"，《二申野录》作"公司"，误，据改。

【10】按，此注系据《寄园寄所寄·裂眦寄·流寇琐闻》所引《寇志》《明季遗闻》二文合并而成。

【11】（清）赵吉士《寄园寄所寄·灭烛寄》引《绥史》。

【12】《明实录附录·崇祯实录》："崇祯八年正月乙亥，贼陷巢县杀知县严彦芳；攻舒城，知县章可臻开西门诱贼，坑千人；因掠霍山、合肥、怀远、卢淮，抵庐江；邑人具币求免，伪许之。夜袭城，城陷。"

【13】（清）赵吉士《寄园寄所寄·裂眦寄·流寇琐闻》：引《寇志》："贼围六合，聚稚子百十，环木焚之，听其哀号，以为笑乐。又裸妇人数千，詈于城下，少有愧阻，即磔之，攻三日而去。"

【14】《明实录附录·崇祯实录》："崇祯八年正月己卯，黄梅贼陷无为州，又掠宿松；以潜山、太湖、宿松俱无城也。"

【15】《明实录附录·崇祯实录》："崇祯八年正月己卯，洪承畴抵河南。时南阳及卢氏、嵩县等盗知承畴至，又入潼关渭华、南山及商、雒间。"

【16】（清）谷应泰《明史纪事本末·中原群盗》："崇祯八年正月庚辰，江北贼满天星、张大受等攻桐城，不利。贼渠乘舆绕城呼降，守将射中其腰，夜走潜、太诸邑。诸邑多山氓，习猎，射虎豹，药弩窝弓甚设，所在结寨杀贼，贼遂西向麻城，抵汉口。

【17】（清）谷应泰《明史纪事本末·李自成之乱》："崇祯八年，群贼尽集宛、雒，李自成独留秦中，其众七八万。总督洪承畴邀击，连败之。秦中郡县俱坚壁清野，贼饥疲，东西分窜，退屯兴平、武功诸县，计穷乞抚以缓兵。阴遣诸贼攻掠山谷堡寨，搜掘巨室，窖藏刍粮，尽为贼有。贼既得食，复连营走汉中。为西兵所挫，东走邠宁、环庆，其众渐散。会承畴以宁夏兵变，旋师边镇，自成得收余烬复振，突出潼关，守将艾万年等兵俱溃。"按，"秦中"，《二申野录》作"秦平"，误，据改。

【18】《明实录附录·崇祯实录》："崇祯八年正月乙亥，议湖广加派。"

【19】光绪《余姚县志·祥异》："崇祯八年，余姚地震。"

【20】嘉庆《义乌县志·祥异》："崇祯八年，猪产两身一头八足。"

【21】《崇祯实录》："崇祯八年二月壬午朔，时湖广兵扼贼，贼仍走太湖……凤颍之贼入英山、霍山、蕲、黄梅、潜山、广济、黄陂以及黄州皆扰……官兵既东，其在嵩、卢氏、灵宝、陕、邓、淅川诸寇密逖潼关、雒南者，又折入秦中；……其老回回、张献忠等续过商州，至于秦州。"

【22】（清）罗保田《蕲黄四十八寨纪事·鄂砦篇》："崇祯八年，是年三月，湖广贼陷麻城，蕲、黄大盗爬天王拥众八百余人，村民擒之。"（清）谷应泰《明史纪事本末·中原群盗》："崇祯八年三月庚申，蕲、黄大盗爬天王拥众八百余人，村民擒之。身长八尺，自言：'天亡我，非我罪也'。倡乱十二年，陷十州县，其子日啖人心，发、双目俱赤。"按，蕲，即指蕲州，今湖北蕲春县蕲州镇。黄，即指黄州，今湖北黄冈。

【23】（清）谷应泰《明史纪事本末·中原群盗》："崇祯八年三月壬戌，汉中贼陷宁羌。"

【24】（清）吴伟业：《绥寇纪略·虞渊沉》："崇祯八年四月初八日，溧阳（今江苏溧阳）福贤等乡雷雨冰雹并作，昼晦，飞石扬沙，平地盈尺，植物与屋瓦俱尽。"

【25】《明实录附录·崇祯实录长编》："崇祯八年四月丁亥，承运库太监周礼言：崇祯六年、七年省直金花银共负八十九万，命趣之。"

【26】（清）谷应泰《明史纪事本末·崇祯治乱》："崇祯八年五月，谕户部暂开援纳，济军需。"

【27】（清）谷应泰《明史纪事本末·中原群盗》："崇祯八年六月乙酉，秦贼摇天动袭陷西和。"

【28】《明实录附录·崇祯实录》："崇祯八年六月丙午，曹文诏至娑罗寨，寇大至，

力竭自刎。文诏敢斗，杀贼甚多，为贼所畏；官军闻之，夺气。”

【29】（清）谷应泰《明史纪事本末·中原群盗》：“崇祯八年七月癸亥，秦贼陷澄城。八月壬午，陷咸阳。丁酉，商、雒寇复入河南，犯卢氏。”

【30】（清）吴伟业《绥寇纪略·虞渊沉》：“崇祯八年八月，宣城池中出血。”

【31】《明实录附录·崇祯实录》：“崇祯八年九月壬申，荧惑犯太微。”按，荧惑：即火星，中国古天文将其作为七曜之一称做荧惑。（唐）李淳风《乙巳占》：“火（荧惑）入太微，天下不安。”

【32】（清）谷应泰《明史纪事本末·中原群盗》：“崇祯八年十月壬辰，老回回袭陷陕州。乙巳。先是，贼翻山鹞降于承畴，贼首闯王退屯乾州，承畴令降贼翻山鹞说之，不听，南走武功。承畴追击败之，闯王率大队自盩厔、武功，分道渡河。”

【33】《临海县志·自然灾害》：“崇祯八年十一月二十六日，地震，屋皆动。”

【34】（清）谷应泰《明史纪事本末·中原群盗》：“崇祯八年十一月辛酉，河南贼焚关厢而西。老回回犯南邓。秦贼一字王等部众二十万，撞天王统十七万，自潼关出犯阌乡、灵宝，大队东行，尘埃涨天，阔四十里，络绎百里，老弱居中，精骑居外。左良玉与总兵祖宽两军相隔，东西七十里，遥望山头，不敢邀击。贼抄掠诸路，截烧粮草，诸军乏食。秦贼屯于郿州，绵亘百里。己未，祖宽破贼整齐王于九嵩，贼溃而为二，东走偃、巩，南走汝州。丙辰，群贼大会于龙门、白沙，连营六十里，祖宽分兵袭击之，斩首千余级，群贼败衄，东南奔光、固，入霍丘，进逼凤阳。淮督朱大典率兵驰寿州。”

【35】（清）谷应泰《明史纪事本末·张献中之乱》：“崇祯八年十一月，献忠与群贼自潼关出犯阌乡、灵宝，东行。庚申，总兵祖宽大破献忠于姑家庙。”

【36】（清）谷应泰《明史纪事本末·宦侍误国》：“崇祯八年冬十一月，太监高起潜弟荫锦衣卫中所正千户，世袭。”

【37】《钦定续文献通考》卷二一二《象纬考·天变》引《崇祯长编》：八年四月，南京钦天监正戈近亨疏言：“二月二十五日巳时，太阳生交晕二，上下抱气二，东北背气一，白虹二直贯日体，日傍如连环者二，一环于左，一环于右，至未方散。谨按，占书曰：交晕如连环贯日者，兵起相争；又曰：晕而抱背为败亡；又曰：白虹贯日，诸臣不忠，近臣为乱。丙午日，奎宿分野应属鲁齐、大梁之间；巳时，属楚分，木星守井宿，主秦分兵灾。”

【38】《明实录附录·崇祯实录》：“崇祯八年十二月戊寅，城凤阳。按，凤阳原来无城垣。崇祯八年正月丙寅，农民军陷凤阳，焚皇陵，诸臣忌讳，不敢闻。寻以獾穴为解，又因而秘不上闻。至是城始成。”

【39】（清）谷应泰《明史纪事本末·中原群盗》：“崇祯八年十二月乙酉，贼闯王、曹操数十万围光州，舁大炮二十座攻城，然二炮，城拉然崩颓。城中顷刻火作，贼乘而入，

官吏士民屠戮无遗。”

【40】（清）谷应泰《明史纪事本末·中原群盗》：“崇祯八年十二月乙酉，汉中群贼会于汉南。戊戌，雅黎参将罗于莘连击败之，穷追贼于子午谷，夺其所掠子女二千口，贼奔饶风关。庚子，江北贼陷巢县、含山，遂袭陷和州。”

【41】（清）谷应泰《明史纪事本末·张献忠之乱》：“崇祯八年十二月，献忠合诸贼围庐州，分道陷巢县、含山，遂陷和州。沿江下，犯江浦。”

【42】（清）吴伟业《绥寇纪略·虞渊沉》：“崇祯八年冬至，上以寇祸，冬至再郊天，费十万金，威仪视初郊尤肃。先一日，驾幸斋宫，而后端冕入祀。乃内珰之炽炭于地室者太甚，火延及于茵褥，御座为文皇帝盘龙椅，皆焚。从官有忧色，曰：天不享矣。”

丙子（崇祯九年，1636年）春正月，孝陵（南京明太祖陵）雷火[1]。初八日乙酉，建宁（今福建建瓯）宁远、政和两门及城墙皆哭，如女子啼声[2]。松江（今上海松江）绣野桥雨毛[3]。曲阜县（今山东曲阜）先师庙圣像，两目流泪如汗，三日夜[4]。总理卢象升次凤阳（今安徽凤阳），诸兵会，闯王、闯塌天、八大王、摇天动七贼数十万攻滁州（今安徽滁县）。卢象升、祖宽大败之，走凤阳（今安徽凤阳），焚怀远（今安徽怀远）[5]。枣阳贼紫微星陷怀远（今安徽怀远）、灵璧（今安徽灵璧），逼泗州（今江苏盱眙）。混天王伏诛。郧（今湖北郧县）、襄（今湖北襄樊）贼焚谷城（今湖北谷城）。江北贼陷萧县（今安徽萧县）。陕贼陷麟游（今陕西麟游）[6]。滁贼败，突入沛县（今江苏沛县）。河南别贼陷阌乡（今河南灵宝阌乡）[7]。闯王、扫地王、紫金梁二十四营攻徐州（今江苏徐州）不克，返陷虞城（今河南虞城北）。群贼大会于兰阳（今河南兰考）[8]。闯出河南攻固始（今河南固始），左良玉、陈永福败之于朱仙镇（朱仙镇位于河南省开封市开封县县城西南部），遂走登封（今河南登封）、密县（今河南密县），复归秦[9]。献合群贼围滁州（今安徽滁县），卢象升大挫之，窜河南[10]。二月，山西饥，人相食[11]。贼陷潜山（今安徽潜山）、太湖（今安徽太湖）。郧贼焚竹山（今湖北竹山）[12]。过天星败降，寻复劫掠[13]。闯走庆阳（今甘肃庆阳）、邠（音：彬）（今陕西彬县）、宁（今甘肃宁县）。三月，河南饥，母烹其女[14]。山西贼陷和顺（今山西和顺）[15]。九条龙、张胖子陷谷城（今湖北谷城）、官山（今湖北竹山）、竹溪（今湖北竹溪）、房县（今湖北房县）[16]。贼将黑煞神、飞山虎诛[17]。闯王、蝎子块入汉中（今陕西汉中），犯巩昌（今陕西巩昌）北境[18]。过天星复叛于延安（今陕西延安）[19]。李自成、老回回十万自楚、豫入商（今陕西商县南）、雒（今陕西洛南），诱别部当（音：挡）官军，自出延西，围绥德（今陕西绥德）[20]。江宁（今江苏南京）自四月至七月不雨，遍地如扫[21]。四月辛卯，当涂（今安徽当涂）天鼓鸣，自西南向东北去[22]。五月，江西临江府（今江西清江西南）南门城墙陷地二十余丈[23]。新安（今河南新安）田家庄槐树开鸡冠花[24]。六月丙子夜，有星大如斗，色赤，芒耀数十丈，自西南流东，声如雷[25]。岁星犯南斗[26]。命司礼太监曹化淳同法司录囚[27]。闯犯朝邑（今陕西大荔），分陷米脂（今陕西米脂）、延安（今陕西延安）、绥德（今陕西绥德），衣锦昼游[28]。诸暨（今浙江诸暨）二都赵氏有池，产五色莲花，每于日入时赤光烛天，尤胜西方[29]。秋七月，陕贼陷成县（今甘肃成县）[30]。孙传庭擒闯王高迎祥及刘哲等，磔于京[31]。贼推自成为闯王[32]，犯阶（今甘肃武都）、徽（今甘肃徽县）。都城戒严，遣内中军李国辅守紫荆关（今河北紫荆关），许进忠守倒马关（今河北倒马关），张元亨守龙门关（今河北龙关），崔良用守固关（今山西平定固关，北起娘子关嘉峪沟，南至白灰村村口），勇卫营太监孙维武、刘元斌以六千五百人防马水（今河北涿鹿南部山区，古称马水口）、沿河（今北京门头沟沿河城）。兵部尚书张凤翼督援兵出师，以监视关、宁太监高起潜为总监，南援霸州（今河北霸县），辽东前锋总兵祖大寿为提督，同山海总兵张时杰属起潜，给起潜金三万、赏功牌千，购赏格。以前司礼太监张云汉、韩赞周为副提督，巡城阅军司礼太监魏国征守天寿山。寻以国征总督宣府（今河北宣化）、昌平（今北京昌平），京营御马太监邓良辅为分守；太监郭希诏监视中西二协，太监杜松分守。以张元佐为兵部右侍郎，镇守昌平（今北京昌平）。时内臣提督天寿山（今北京十三陵）者皆即日往，上语阁臣曰：内臣即日就道，而侍郎三日未出，何怪朕之用内臣耶？以司礼太监卢维宁总督天津、通州、临清、德州，内中军太监孙茂霖分守[33]。是月二十日，沔阳（今湖北仙桃）州长夏门外居民刘敕甫家，白日黑风揭一屋去，柱壁、囊橐不动，四邻如故[34]。山阴（今浙江绍兴）龙见尾，观者如堵。八月，盐山（今河北盐山）大水，禾稼皆没，桃李秋花结实[35]。命科道各官分地督运，从太监张彝宪之言也[36]。召廷臣于平台及河南道御史金光宸。初，光宸参督师张凤翼及镇守通州兵部右侍郎仇维桢首叙内臣功为借援，又请罢内臣督兵，上勿善也。是日，上怒甚，曰：仇维桢方至通州（今北京通州），尔即借题沽名，欲重治之。适大雷雨，议谪[37]。老回回焚开封西关。时群盗出没豫、楚，散而复合[38]。九月，京师警，命象升入卫[39]。象升去，贼休息襄（今湖北襄樊）、郧（今湖北郧县），秋高乃出，二十万沿江而下，烽及仪、杨[40]。寇至尉氏、登封（今河南登封）、汝南[41]，自成犯凤翔（今陕西凤翔）。冬十月朔，淮安（今江苏淮安）新城东门民家牝鸡振翅啼跃，而化为雄[42]。天狗见豫分[43]。河南寇陷襄城（今河南襄城），汉南贼陷褒城（今陕西勉县褒城镇）[44]。丹徒田野，火光烛天[45]。起杨嗣昌为兵部尚书[46]。命采平阳（今山西临汾）、凤翔诸矿，以储国用[47]。赐太监曹化淳等彩币，时各进马也[48]。禁文武舆盖器饰之僭[49]。时百官冬朝，戴貂暖耳，陈启新诡示其贫，以布作袹（音：博）[50]。启新近臣，亏班联[51]之体，以羞朝望，且近于诈，非礼也[52]。北方小民制帻（音：责），倒侧其檐，自掩眉目，名曰"不认亲"。其后寇乱民散，途遇亲戚，有饮泣而不敢认，有掉臂而不欲认，一以畏人避罪，一以自为寡恩[53]。京师妇女宴会出游，好赁蟒服于质库[54]，乘车去茀（音：服）[55]，不避呵殿[56]；视其衣，交龙灿然，乱上下之序，溷肴无别，台谏以为言，终莫能禁[57]。又松江（今上海松江）士大夫好着缣（音：尖）巾[58]，屋其上而广之前，后施幅武[59]垂于肩，杂以组紃（音：循）而纰（音：皮）[60]其旁缘其下，此武士巾[61]也。其有期功之丧[62]，别缀白绦（音：涛）于其上，有兵丧之象[63]。常熟（今江苏常熟）妇女裳下齐杀为襞（音：必）积[64]者百而綷（音：剧）[65]之，与衰服无异，人皆以为凶服[66]。无锡一孝廉，尝衣短衣，不蔽膝，巾紫色而朱带，双垂自首以属于要。金坛一公子跛而陋，好施粉黛，弓其足，为妇人装，昼必寝，其见客也常以夜，后其两人皆以凶终[67]（原注：《曹风》之诗曰：蜉蝣之羽，衣裳楚楚[68]。百年以来，世室豪家侈汰已甚，饮酒则载号载呶，歌舞则优杂子女，其风始于江汉宛雒，而被于吴越。上屡下诏，以寇盗灾荒，士大夫狃承平余俗，欲身率天下以俭，而终不改于戏，有葛屦履霜之心，而不能变羊裘逍遥之习。诗人刺共公之好奢，而谓不称其服[69]者，其咎在上也。《春秋》戒子臧[70]之身灾，而谓服之不衷者，其咎在下也）。叙京师城守功，太监张国元、曹化淳荫指挥佥事，各世袭，赐金币。初，内监为京营提督，收用降丁，及守昌平（今北京昌平），俱散去，至有叩京师城下者皆称京营兵，莫能辨[71]。十一月二十六日戌时，山阴（今浙江绍兴）、会稽（今浙江绍兴）地震[72]。金华（今浙江金华）八县大旱，民食土，名观音粉[73]。嵊（音：胜）县（今浙江嵊县）、新昌（今浙江新昌）皆旱[74]。凤翔（今陕西凤翔）学前乌集地数万为阵，方能应矩[75]。叙禁旅功。太监刘元斌荫锦衣卫百户。命御马太监陈贵总监大同、山西，牛文炳分守；御马太监王梦弼分守宣府（今河北宣化）、昌平（今北京昌平），郑良辅协理。召兵部左侍郎王业浩、司礼太监狱曹化淳于平台[76]。十二月，曹化淳加后军都督府左都督，世袭锦衣卫指挥佥事[77]。荧惑如炬，在太微东南[78]。镇江金鸡岭土山崩，闻有神言[79]。上海极寒，黄浦冰[80]。

【1】《崇祯实录》："崇祯九年正月壬申，孝陵树雷火。"（清）吴伟业《绥寇纪略·虞渊沉》亦载。

【2】康熙《建宁府志·灾祥》："崇祯九年春正月初八日乙酉，宁远门哭，有武弁巡城，守者言其状，再遣人往，政和门皆哭如女子啼声。"

【3】见于康熙《松江府志》。绣野桥在今上海松江老城区中山西路，东西走向，是明松江府西门外大街的重要通衢桥梁。

【4】（清）吴伟业《绥寇纪略·虞渊沉》："崇祯六年，曲阜县孔子庙圣像，两目流泪如汗，三日夜。"

【5】（清）谷应泰《明史纪事本末·中原群盗》："崇祯九年正月丁未，总理卢象升师次于凤阳，诸道兵毕会。

壬子，闯王、闯塌天、八大王、摇天动七贼连营数十万攻滁州。甲寅，卢象升合诸道兵驰援滁州，祖宽以关、辽劲卒为前锋，象升以火攻三营为后劲，躬率麾下三百骑居中督战……官军踊跃争奋，贼大溃……丙辰，滁州溃奔诸贼西向凤阳，犯园陵，漕抚朱大典、总兵杨御蕃列营陵墙，守甚严，贼不敢攻，遂西渡河，焚抄怀远。"

【6】（清）谷应泰《明史纪事本末·中原群盗》："崇祯九年正月癸亥，江北贼紫薇星陷怀远。甲子，朱大典兵至怀远，贼焚庐舍，北渡。己丑，陷灵璧，进逼泗州。副将祖大乐败贼于永城，斩贼首混天王，夺驴马万头。郧襄贼焚谷城，士民空城走。

戊辰，江北贼陷萧县。己巳，陕西贼陷麟游。”

【7】（清）谷应泰《明史纪事本末·中原群盗》：“崇祯九年正月己巳，滁阳败北之贼，祖大乐再破之于永城，精锐散亡大半，东奔宿州，突入沛县，焚僇妇竖不遗，尽掠丁壮入营中。壬申，河南别贼陷阌乡。”

【8】（清）谷应泰《明史纪事本末·中原群盗》：“崇祯九年正月，闯王合扫地王、紫金梁等二十四营攻徐州，不克，遂西陷虞城，入河南。一字王、曹操、扫地王五营由归德趋开封，至石家楼。辛未，祖大乐潜师归德截其前，分兵设伏，而以轻兵诱之，遇贼于雪园。既战，官军佯败，贼争先驰逐，大乐鸣鼓举麾，东西两翼突出攻贼，贼惊大乱，官兵三面奋击，斩首一千四百余级。郧、襄贼分为二：一往均州，一入四川。乙亥，群贼大会于兰阳。”

【9】（清）谷应泰《明史纪事本末·李自成之乱》：“崇祯九年春正月，李自成出河南，攻固始，左良玉遇自成于阌乡，相持六日。总兵陈永福援之，败之于朱仙镇，自成走登封、密县。”

【10】（清）谷应泰《明史纪事本末·张献忠之乱》：“崇祯九年正月，张献忠合群贼围滁州，总理卢象升大败之，贼窜河南。”

【11】《明实录附录·崇祯实录》：“崇祯九年二月乙巳，山西饥，人相食。”（清）吴伟业《绥寇纪略·虞渊沉》亦载。

【12】（清）谷应泰《明史纪事本末·中原群盗》：“崇祯九年二月丙子，贼陷潜山。己卯，陷太湖。郧、襄贼犯竹山。竹山自崇祯七年为贼屠陷，八年十月，知县黄应鹏仅栖草舍数椽。至是贼复至，应鹏弃城走，贼遂入据城。有征粮六百石，尽为贼有。食尽，焚县治而去，为空城矣。”

【13】（清）谷应泰《明史纪事本末·中原群盗》：“崇祯九年二月己卯，甘肃总兵柳绍宗败贼过天星于西宁州……贼穷蹙请降。陕西巡抚甘学阔受其降，安插其部数万人于延安。寻延河劫掠如故。”

【14】《明实录附录·崇祯实录》：“崇祯九年三月庚申，唐王聿键奏：南阳洊饥，有母烹其女者。”

【15】（清）谷应泰《明史纪事本末·中原群盗》：“崇祯九年三月丙午，山西贼陷和顺。”

【16】（清）谷应泰《明史纪事本末·中原群盗》：“崇祯九年三月丁未，贼九条龙、张胖子从南漳、柳池陷谷城、官山，逼保康，二千里焚掠靡遗。庚戌，陷竹溪、房县，知保康城空不入。”

按，《二申野录》原作“陷谷城、官山、竹溪、房山”，谷城、竹溪均在湖北，与其相近的县是竹山、房县，今据改。

【17】（清）谷应泰《明史纪事本末·中原群盗》：“崇祯九年三月丁巳，贼走郧州，

官军三道并进，大雾，贼迷道，不知兵至，仓猝接战，奔山。官军逐之，贼颠而坠者无算。杀贼将黑煞神、飞山虎，追奔数十里，尸填沟堑。”

【18】(清)谷应泰《明史纪事本末·中原群盗》：“崇祯九年三月乙丑，贼闯王、蝎子块自兴安入汉中。”

【19】《明实录附录·崇祯实录长编》：“崇祯九年五月，降盗过天星安置延安，复叛，谋渡河入山西。”

【20】《明实录附录·崇祯实录长编》：“崇祯九年五月，李自成、老回回、混十万等数部，自楚豫入商南、雒南大岭。”

【21】道光《上元县志·庶征》：“崇祯九年，江宁自四月至七月不雨。”

【22】民国《当涂县志·大事记》：“崇祯九年四月，天鼓鸣，自西南向东北。”

【23】《明实录附录·崇祯实录长编》：“崇祯九年，清江县南城陷二十余丈，入地深二丈有奇。”(清)吴伟业《绥寇纪略·虞渊沉》亦载。按，明代临江府治清江县，遗址在今江西清江西南。

【24】顺治《新安县志·祥异》：“崇祯九年，新安田家庄槐树开鸡冠花。”

【25】(清)吴伟业《绥寇纪略·虞渊沉》：“崇祯九年，六月丙子夜，有星大如斗，色赤，芒耀数十丈，自西南流东，声如雷。”(清)计六奇:《明季北略》崇祯九年“志异”亦载。

【26】(清)吴伟业《绥寇纪略·虞渊沉》：“崇祯九年，岁星犯南斗。”

【27】《明实录附录·崇祯实录长编》：“崇祯十年闰四月庚戌，命司礼太监曹化淳同法司录囚。”《崇祯实录》同。据此《二申野录》系于九年，误。

【28】(清)谷应泰《明史纪事本末·李自成之乱》：“崇祯九年夏四月，李自成欲往绥德渡河入山西，定边副将张天机力战却之。贼沿河犯朝邑，将围绥德。延绥总兵俞翀霄引兵逐贼，陷贼伏中，翀霄被执，绥、延精卒尽覆。贼分陷米脂、延安、绥德。贼本延安人，至是再入延安，衣锦绣昼游，炫其亲戚，故从乱者益众。”

【29】乾隆《诸暨县志·祥异》：“崇祯九年，附二都赵氏池内产五色莲花，每日入时，赤光灼天。”

【30】(清)谷应泰《明史纪事本末·中原群盗》：“崇祯九年七月癸丑，陕西贼陷成县。”

【31】《明实录附录·崇祯实录》：“崇祯九年七月壬戌，巡抚陕西孙传庭击贼于盩厔，擒闯王安塞高迎祥及刘哲等。”

(清)谷应泰《明史纪事本末·中原群盗》：“崇祯九年七月壬戌，巡抚陕西孙传庭击贼于盩厔，大破之，擒贼首闯王高迎祥及刘哲等，献俘阙下，磔于市。”

【32】(清)谷应泰《明史纪事本末·李自成之乱》：崇祯二年“山西兵溃于涿鹿，叛走秦、晋间山谷。李自成出与之合，旬日间众至万余，推高迎祥为首，称闯王，转

寇山西、河南。贼中称自成为闯将。已而官军击迎祥，斩之，群盗推自成为主。”

【33】（清）谷应泰《明史纪事本末·宦侍误国》：“崇祯九年秋七月，我大清兵至居庸，遣内中军李国辅守紫荆关，许进忠守倒马关，张元亨守龙门关，崔良用守固关，勇卫营太监孙维武、刘元斌以六千五百人，防马水、沿河。兵部尚书张凤翼督援兵出师以监视关、宁。太监高起潜为总监，南援霸州。辽东前锋总兵祖大寿为提督，同山海总兵张时杰属起潜，给起潜金三万、赏功牌千，购赏格。以前司礼太监张云汉、韩赞周为副提督，巡城阅军。司礼太监魏国征守天寿山。寻以国征总督宣府，昌平京营御马太监邓良辅为分守。太监邓希诏监视中西二协，太监杜勋分守。以张元佐为兵部右侍郎，镇守昌平。时内臣提督天寿山者皆即日往，上语阁臣曰：“内臣即日就道，而侍郎三日未出，何怪朕之用内臣耶！”以司礼太监卢维宁总督天津、通州、临清、德州，内中军太监孙茂霖分守。

【34】（清）吴伟业《绥寇纪略·虞渊沉》：“崇祯九年七月二十日，沔阳州长夏门外居民刘敕甫，白日黑风揭一屋去，柱壁、囊橐未动，四邻如故。”按，囊橐：口袋的意思，借指粮仓、行李财物。

【35】民国《盐山新志·故事略》：“崇祯九年，大水，禾稼皆没。桃李秋花结实。”

【36】《明实录附录·崇祯实录长编 》：“崇祯九年八月戊寅，命科部各官分地督运，从太监张彝宪之言也。”

【37】《明实录附录·崇祯实录》：“崇祯九年八月戊子，召廷臣于平台，及河南道御史金光宸。初，光宸参督师张凤翼及镇守通州兵部右侍郎仇维桢，首叙内臣守御功为借援；又请罢内臣督兵，上弗善也。是日，上怒甚，曰：‘仇维桢方至通州，尔即借题沽名，欲因朝对重治之！’会大雷雨，上意解，乃议谪。”

【38】《明实录附录·崇祯实录长编》：“崇祯九年八月庚辰，老回回焚开封西关。时群盗出没豫、楚间，屡衄，散而复合。”

【39】《明实录附录·崇祯实录》：“崇祯九年九月己酉，以卢象升为兵部左侍郎，总督各镇援兵，赐尚方剑。”

（清）谷应泰《明史纪事本末·中原群盗》：“崇祯九年九月，京师戒严，命总理卢象升总督各镇兵入援。癸亥，改象升总督宣、大、山西军务。”

【40】（清）谷应泰《明史纪事本末·中原群盗》：“崇祯九年九月，初，象升方追贼至郧西，闻警，以师入卫，遂有改督之命。时闯王已诛，蝎子块已为象升追逐入秦，河南少宁……及是象升既以关、辽之兵北去，老回回等盘踞郧、襄间，休粮息马，秋高足食，乃以全军合曹操、闯塌天诸贼，共二十万，沿江长驱而下，蕲、黄、六合、怀宁、望江、江浦所在告警，烽火及于仪、扬矣。”

【41】（清）谷应泰《明史纪事本末·中原群盗》：“崇祯九年九月壬戌，寇至尉氏。甲子，至登封，至汝南。于是寇复入河南矣。”

【42】（清）吴伟业《绥寇纪略·虞渊沉》："崇祯九年十月朔，淮安新城东门民家，牝鸡振翅啼，跃而化为雄。"

【43】见于《明史·天文志三》。

【44】（清）谷应泰《明史纪事本末·中原群盗》："崇祯九年十月甲申，河南贼陷襄城。汉南贼陷郧城。"按，《二申野录》称汉南贼陷褒城，褒城在今陕西勉县东褒城镇，明清属汉中府。

【45】（清）吴伟业《绥寇纪略·虞渊沉》："崇祯七年，丹徒田野，火光烛天。"

【46】《明实录附录·崇祯实录》："崇祯九年十月壬申朔，起守制杨嗣昌为兵部尚书。"

【47】（清）谷应泰《明史纪事本末·崇祯治乱》："崇祯九年十月命采平阳、凤翔诸矿，以储国用。"

【48】《明实录附录·崇祯实录》："崇祯九年十月甲午，赐阁臣及太监曹化淳等彩币，时各进马也。"

【49】（清）谷应泰《明史纪事本末·崇祯治乱》："崇祯九年十月，禁文武舆盖器饰之僭。"

【50】袙：古代男子包发的头巾。

【51】班联：朝班的行列。

【52】（清）吴伟业《绥寇纪略·虞渊沉》："百官冬朝戴貂暖耳，陈启新诡示其贫，以布作袙君子，曰暖耳，中下者无甚价且礼亦可以弗著，启新近臣，亏班联之体以羞朝望，且近于诈，非礼也。"

【53】（清）吴伟业《绥寇纪略·虞渊沉》："北方小民制帻低侧，其檐自掩眉目，名曰不认亲，其后寇乱民散，途遇亲戚，有饮泣而不敢认，有掉臂而不欲认，一以畏人避罪，一以自为寡恩，先见之于首服焉。"

【54】质库：中国古代进行押物放款收息的商铺。亦称质舍。

【55】呵殿：古代官员出行，仪卫前呵后殿，喝令行人让道，称呵殿。

【56】茀：指车蔽，古代妇女乘车不露于世，车之前后设障以自隐蔽。

【57】（清）吴伟业《绥寇纪略·虞渊沉》："京师妇女宴会出游，好赁蟒服于质库，乘车去茀，不避呵殿，视其衣，交龙灿然，乱上下之序，溷肴无别，台谏以为言，然终莫能禁。"

【58】缣巾：用细绢制成的头巾称为"缣巾"，多为王公雅士戴用。

【59】幅武：指幅式。

【60】组紃：指丝织带。纰：在衣冠或旗帜上镶边。

【61】武士巾：武士的头巾样式。

【62】期功之丧，期，指服丧一年。斩衰、齐衰、大功、小功和缌麻，这是中国古

代亲族中不同的人死去时穿的五种孝服。

【63】（清）吴伟业《绥寇纪略·虞渊沉》："松江士大夫好著缣巾，屋其上而广之前，后施幅武垂于肩，杂以组绚紃而纰其旁，缘其下，此武士巾也。其有期功之丧别缀白绦于其上，有兵丧之象。"

【64】襞积：即襞绩。"襞"是指衣服折叠，"积"是指聚集，指古代衣袍上的折裥。

【65】綷：粗绳子。

【66】（清）吴伟业《绥寇纪略·虞渊沉》："常熟妇女裳下齐杀为襞积者，百而綷之，与衰服无异，人皆以为凶征。"

【67】（清）吴伟业《绥寇纪略·虞渊沉》："无锡一孝廉尝衣短衣，不蔽膝，巾紫色而朱带双垂，自首以属于要。金坛一公子跛而陋，好施粉黛，弓其足为妇人装，昼必寝，其见客也，常以夜后，此两人皆以凶终。"

【68】《诗经·曹风·蜉蝣》："蜉蝣之羽，衣裳楚楚。"蜉蝣，虫名，成虫寿命很短，朝生暮死。本诗是咒骂曹国的统治者只知道享乐，连死在眼前都不察觉。

【69】"不称其服"，讽刺那些平庸官僚表里不一，所穿的衣服和真正的才位不相配。出自《诗经·曹风·候人》："维鹈在梁，不濡其翼。彼其之子，不称其服。"

【70】子臧，春秋时期郑文公的公子。郑太子华被杀，《春秋左氏传·僖公二十四年》："郑子华之弟子臧出奔宋，好聚鹬冠。郑伯闻而恶之，使盗诱之。八月，盗杀之于陈、宋之间"。

【71】《明实录附录·崇祯实录》："崇祯九年十一月丙午，叙京师城守功，提督京营成国公朱纯臣荫指挥佥事，协理戎政兵部尚书陆完学进太子太保、荫正千户，太监张国元、曹化淳荫指挥佥事，各世袭、赐金币。其余文武大臣内员，升赉有差。初，曹化淳提督京营，收用降丁，凡城外皆称京营降丁；而所收降丁，已叛于昌平矣。"

【72】嘉庆《山阴县志·机祥》："崇祯九年十一月二十六日戌时，山阴地震。"

【73】嘉庆《义乌县志·祥异》："崇祯九年，大旱，民食土名观音粉。百姓赖以活者甚众。"

【74】民国《嵊县志·祥异》："崇祯九年丙子，自五月不雨至于九月，民多饥死。"民国《新昌县志·祥异》："崇祯九年，旱。十四年、十五年连旱。"

【75】（清）赵吉士《寄园寄所寄》引《陕西通志》："崇祯九年，凤翔学前，鸟集地数万为阵，方能应矩。"

【76】（清）谷应泰《明史纪事本末·宦侍误国》："崇祯九年十一月，叙禁旅功，太监刘元斌荫锦衣卫百户。命御马太监陈贵总监大同、山西，牛文炳分守。御马太监王梦弼分守宣府、昌平，郑良辅协理。召兵部左侍郎王业浩、司礼太监曹化淳于平台。"

【77】（清）谷应泰《明史纪事本末·宦侍误国》："崇祯九年十二月，曹化淳加后军都督府左都督，世袭锦衣卫指挥佥事。"

【78】(清)吴伟业《绥寇纪略·虞渊沉》:"崇祯九年十二月,荧惑如炬,在太微东南。"

【79】(清)吴伟业《绥寇纪略·虞渊沉》:"崇祯九年十二月,镇江金鸡岭土山崩,闻有神言。"

【80】康熙《上海县志·祥异》:"崇祯九年十二月,上海极寒,黄浦冰。"

丁丑(崇祯十年,1637年)春正月辛丑朔,日有食之,太白昼见[1]。广州(今广东广州)元旦雷声。工部尚书刘遵宪因培筑京城,上加派输纳事例[2]。老回回趋桐城(今安徽桐城)[3](原注:贼之趋桐城也,大众尽奔。有刘道者,年七十,独身当栅门,横予大呼白髭尽张如猬磔,贼数十骑不敢前,更回马从他道以入。道从容还,负其店主人一老媪,走匿舍后山,从山顶望尘起,尤啮齿顿足,其气直欲吞贼,世何尝无壮士哉?贼将入桐城时,火光连数十里。一老人通不经意,贼至自扶杖出见,与絮语平生穷苦状,谓不足备主人。贼笑曰:"汝苦若此,何必久住世间为?"笑而杀之。又一翁赴其戚属家,其家方汹汹出避,翁骂曰:"汝曹一出此室,立碎矣,正当需乃公,为而居守。"其家避未竟而贼至,翁立见杀[4])。总兵秦翼明逐贼于麻城(今湖北麻城)、黄冈(今湖北黄冈)间,败之,老回回所部、整齐王、八大王九营溃,分为四,犯庐江(今安徽庐江)、舒城(今安徽舒城),分扰江北。时混天星侵商(今陕西商县)、雒(今陕西洛南),李自成犯西安(今陕西西安),过天星据汧(今陕西千阳)、陇(今陕西陇县),蝎子块勾西人、余楚贼尽在江北。别贼会池河(今安徽凤阳东)。李自成犯泾阳(今陕西泾阳)、三原(今陕西三原),献寇蕲(今湖北蕲春县蕲州镇)、黄(今湖北黄冈),败于黄冈,复入江北,东掠至仪真(今江苏仪征),寻西入楚[5]。二月,遣廷臣趋各省逋赋[6]。太监孙茂霖奏,石块生火,延烧仓库等屋[7]。北地[8]红雨白虹,赤气贯日[9]。命陕抚孙传庭总理河南[10]。左良玉连破贼,擒一条葱、新来虎[11]。以御马太监李名臣提督京城巡捕,王之俊副之;司礼太监曹化淳提督东厂,分守津(今天津)、通(今北京通州)、临(今山东临清)、德(今山东德州)[12]。逮前巡盐御史张养、高钦舜。养先卒,诏录其家[13]。三月，会稽（今浙江绍兴）山石言声如钟[14]。陕西天鼓鸣[15]。十四日，真定（今河北正定）昼晦如夜，大风霾，发屋拔木[16]。夏四月，闯据阶（今甘肃武都）、成（今甘肃成县）。义乌（今浙江义乌）枯禾重苏结粒，米香异常[17]。命南京守备太监孙象贤、张云汉清核兵马械仗[18]。罢关内道杨于国，降永平道刘景耀[19]。谕百官，求直言。刑科给事李如灿应诏上疏，下锦衣卫狱[20]。左谕德黄道周疏救，上不怿（音：义），切责之。新安所（今云南蒙自市新安镇）千户杨光先劾吏科给事中陈起新及元辅[21]温体仁。上怒，廷杖，戍辽西[22]。杨嗣昌上均输事例[23]。闰四月四日雅州（今四川雅安）地震[24]，十四日新镇（今河南浚县新镇）地震者二，十六日又震者一。同时马湖（今四川屏山）四土司地震者二，又叙州府（今四川宜宾）震，建武所（今四川筠连东）震，泸州（今四川泸州）震，越隽卫（今四川越西）震，皆同日[25]。二十九日，荣县（今四川荣县）黄时泰家地鸣，声闻半里[26]。太湖县（今安徽太湖）枫香店官兵营刀枪上火光闪烁，炮空鸣，鬼夜哭[27]。老回回八营避暑六和（今江苏太湖），散入潜山（今安徽潜山）、太湖（今安徽太湖）[28]。河南汝水变味甚恶，饮者多病[29]。钟山鸣似虎哮吼[30]。钱塘江木柿化为鱼，渔人网获，中有首尾未变者，木如故[31]。是月大旱，久祈不雨[32]。五月，荧惑昼见[33]。郧、襄贼犯荆州（今湖北江陵），焚荆王坟园[34]。六月，大学士温体仁引疾免[35]。太白经天[36]。秋七月，江北贼陷六合（今江苏六合），围天长（今江苏天长）[37]。以史可法为右佥都御史，巡抚安（今安徽安庆）、庐（今安徽合肥）、池（今安徽贵池）、泰（今江苏泰州）等处军务[38]。八月，黄州（今湖北黄冈）天雨虫，色黑，大如菽，蠕蠕动，食苗俱尽[39]。凤翔（今陕西凤翔）蝗飞蔽天[40]。山东雨血[41]。剑州（今四川剑阁）大水，先未水一日，沿滩巨石数百皆自反而复，水至，民登州堂以避者免，余皆漂没。黄肠凶具架在民屋檩者累累[42]。贼突入凤阳（今安徽凤阳），掠器械，分往河南、泗州（今江苏盱眙）[43]。冬十月，太白昼见，怒赤[44]。江宁（今江苏南京）大雾晦冥，雾敛，著树木冰有若旗枪，稜脊森然。过天星同闯入蜀，混天王、蝎子块随之[45]。闯偕过天星九股陷宁羌（今陕西宁强）、昭化（今四川昭化）、剑州（今四川剑阁）、梓潼（今四川广元梓潼)、江油(今四川江油东北)、崇宁(今四川崇宁)[46]。十一月,以司礼太监曹化淳、杜勋等提督京营,孙茂霖分守蓟镇中西三协,郑良辅总理京城巡捕[47]。江北贼陷灵璧(今安徽灵璧)[48]。十二月,禁军大集襄阳(今湖北襄樊),命洪承畴、孙传庭合剿,贼走郧西(今湖北郧西)[49]。太监陈奏地震[50]。泗州(今江苏盱眙)学宫桧树吐烟若篆,有异香。时上好察,迩言有人诣通政司投疏,谓年号宜用古字作寀,盖以山压宗,故不安;从古文则宗庙安于泰山也,人以为妖言[51]。上过宫中秘殿,老阉以此先朝所封,戒勿动。上命启之,得古画数幅,有一人带进贤冠者七,曰官多法乱;有数十人隔河对泣,曰军民号泣[52]。京师宣武门外斜街民家白鸡,羽毛鲜好,啄距纯赤,重四十斛,慈溪(今浙江慈溪)孝廉应廷吉见之,愀然曰:此鷔也,所见之处国亡[53](原注:万历三十六年,靖边营军家雌鸡化为雄[54]。《五行传》曰:不鸣、不将、无距者事不成[55]。今鷔则鸣将有距矣,盖是时寇患已大成,故鸡祸也)。

【1】(清)吴伟业:《绥寇纪略·虞渊沉》:"崇祯十年春,太白昼见。"(清)吴伟业:《绥寇纪略·虞渊沉》:"崇祯十年丁丑春正月辛丑朔,日食,免朝贺。"按,太白即金星,夜现昼隐。如果太阳升起太白星还没完全隐没时,看起来就好像天空中有两个太阳,所以占星术认为这种罕见的现象为封建王朝"易主"之兆。

【2】(清)谷应泰《明史纪事本末·崇祯治乱》:"崇祯十年春正月,工部尚书刘遵宪因培筑京城,上加派输纳事例。"

【3】(清)谷应泰《明史纪事本末·中原群盗》:"崇祯十年正月丙午,老回回等趋桐城。"

【4】(清)赵吉士《寄园寄所寄·裂眦寄·流寇琐闻》引《太白剑》:"贼丁丑(崇祯十年,1637年)之趣桐城也,大众尽奔,有刘道者,年七十,独身当栅门,横矛大呼,白髭尽张如猬磔,贼数十骑不敢前,更回马从他道以入。道从容还,负其店主人一老媪,走匿舍后山,从山顶望尘起,尤啮齿顿足,其气直欲吞贼,世何尝无壮士哉?贼将入桐城时,火光连数十里。一老人通不经意,贼至自扶杖出见,与絮语平生穷苦状,谓不足备主人。贼笑曰:"汝苦若此,何必久住世间为?"笑而杀之。又一翁赴其戚属家,其家方汹汹出避,翁骂曰:"汝曹一出此室,立碎矣,正当需乃公,为而居守。"其家避未竟而贼至,翁立见杀。"

【5】(清)谷应泰《明史纪事本末·中原群盗》:"崇祯十年正月丁未,总兵秦翼

明逐贼于麻城、黄冈间，败之。老回回所部整齐王、八大王九营溃而为四。一支走罗田，一支走团风镇，一支向蕲水，一支趋岐亭。闯塌天等诸贼分两路至江北。一自桐城犯庐江、舒城，一由光、固踰霍山、六合东行。各分为数十股，分扰江北。戊午，淮抚朱大典驰赴之。时诸贼混天星侵轶商、洛，李自成纵横西安，过天星盘踞汧、陇，独行狼在汉南，蝎子块在河西，与西番合谋。其余楚贼尽在江北，而豫贼亦自光、固而南会之。应天巡抚张国维驻师京口，沿江戒严。甲子，别贼自颍、亳趋滁州，营火夜烛数十里，群贼会之。至池河，礼醮于大山寺，荐拔亡者，遂分屯大江、小江、皇甫、常山诸山，仪真、六合人民俱倚担而立。"

【6】《明实录附录·崇祯实录》："崇祯十年二月甲戌，遣朝臣趣各省逋赋。"

【7】（清）吴伟业：《绥寇纪略·虞渊沉》："崇祯十年正月，太监孙奏：石块生火，延烧仓场等屋。"

【8】北地，指中国古代地名北地郡，其地域大致在今陕西、甘肃、宁夏一带。

【9】（清）吴伟业《绥寇纪略·虞渊沉》："崇祯十年春，北地红雨。"《绥寇纪略·虞渊沉》："崇祯十年，是年春白虹赤气贯日。"按，白虹贯日：《晋书·天文志中》："日为太阳之精……人君之象也。""日中有黑子、黑气、黑云……臣废其主。"白色的长虹横贯太阳，古人认为将有不祥事情发生，或是兵祸，不利于君主。不过这里所谓白虹并不是虹而是晕，是一种大气光学现象。

【10】（清）谷应泰《明史纪事本末·中原群盗》："崇祯十年二月乙酉，命陕西巡抚孙传庭兼总理河南。"

【11】（清）谷应泰《明史纪事本末·中原群盗》："崇祯十年二月，左良玉大破贼于舒城、六安，连战三捷。秦翼明败闯塌天于细石岭，擒贼首一条葱、新来虎。"按，擒一条葱、新来虎者系秦翼明，非左良玉。

【12】《明实录附录·崇祯实录》："崇祯十年正月甲辰，以御马太监李名臣提督京城，巡捕王之俊副之。二月甲戌，以司礼太监曹化淳提督东厂。"

【13】《明实录附录·崇祯实录》："崇祯十年二月壬午，总理淮、扬盐课太监杨显名参前巡盐御史张养、高钦舜共侵税额；诏逮养、钦舜。养先卒，下抚、按，录其家。"

【14】（清）吴伟业《绥寇纪略·虞渊沉》："崇祯十年三月，会稽山石言，声如钟。"

【15】（清）吴伟业《绥寇纪略·虞渊沉》："崇祯十年三月，陕西天鼓鸣。"

【16】（清）吴伟业《绥寇纪略·虞渊沉》："崇祯十年三月十四日，真定（今河北正定）昼晦如夜，大风霾，发屋拔木。"

【17】嘉庆《义乌县志·祥异》："崇祯十年四月，枯禾重苏，结粒，米香异常。"

【18】《明实录附录·崇祯实录》："崇祯十年夏四月庚午朔，命南京守备太监孙象贤、张云汉同兵部尚书范景文清核兵马、械杖。"

【19】《明实录附录·崇祯实录》："崇祯十年夏四月，是月，总监太监高起潜行部，

永平道刘景耀、关南道杨于国耻行属礼，上疏求免。上谓总监原以总督体统行事，罢于国、降景耀二级。以后，监司皆莫敢争。”

【20】《明实录附录·崇祯实录》：“崇祯十年闰四月甲子，刑科给事中李如灿上言：今日之旱，殆非寻常灾异也。天下财赋之地，已空其半；又遇骄阳亢旱，吴、越、楚、豫、燕、齐之间不知几千万里，是所未尽空者，殆将并空矣。而所以敛怒干和者，皆理财为之害也……若夫辅成君德、安攘中外，尤在相臣；赖其决策。今俱泯默，未有闻也；此瞻彼顾，徇私结党。盖自八、九年间拂戾干和之事始未政本积于四海，又何怪天旱地坼、日食风变之屡见哉！上怒，下汝灿于狱。”

【21】首辅是明代对首席大学士的习称，名义上相当于宰相之职，设置于建文四年（1402 年）八月。明代朱元璋废除宰相一职之后，世间便再无宰相。明中期后，大学士又成实际宰相，称之为“辅臣”，称首席大学士为“首辅”，或称“首揆”、“元辅”。

【22】《明实录附录·崇祯实录》：“崇祯十年闰四月戊申，新安所千户杨光先，劾吏科给事中陈启新及元辅温体仁，舁棺自随。上怒，下刑部狱，廷杖，戍辽西。”

【23】《明实录附录·崇祯实录》：“崇祯十年闰四月戊申，杨嗣昌上均输事例。”按，杨嗣昌，武陵（今湖南常德）人，崇祯九年任兵部尚书。崇祯十年他提出围剿农民军的方略，主张增兵十二万，增饷二百八十万，为征收兵饷，并将因粮即根据土地的多少纳租赋改为“均输”，更加重了贫苦农民的负担。清人彭孙贻曰：“兵兴以来，辽饷、练饷计亩日增，民蹙蹙靡所驰骋，嗣昌复进均输之说，以重困吾民。是以胥天下而驱为盗也。”“杨嗣昌险夫哉，一言而亡国”。

【24】（清）吴伟业《绥寇纪略·虞渊沉》：“崇祯十年闰四月初四日，雅州地震。”

【25】（清）彭遵泗《蜀碧》：“丁丑（崇祯十年，1637 年）闰四月，雅州地震。马湖四土司，地震者二；叙州、建武、泸州、越雋，皆同日震。”按，《明史·五行志三》：“崇祯十年正月丙午，南京地震。七月壬午，云南地震。十月乙卯，四川地震。”

【26】（清）吴伟业《绥寇纪略·虞渊沉》：“崇祯十年九月二十九日，荣县黄时太家地鸣，声闻半里。”

【27】（清）吴伟业《绥寇纪略·虞渊沉》：“太湖县枫香店官兵营刀枪上火光闪烁，炮空鸣，鬼夜哭。时讨寇郑、潘、陆诸将，全军覆没。”

【28】（清）谷应泰《明史纪事本末·中原群盗》：“崇祯十年闰四月，大旱。群盗盘踞江北，老回回等八营，谋避暑六安，乃散入潜山、太湖诸岭阴林樾以息马，时出抄掠。”

【29】（清）吴伟业《绥寇纪略·虞渊沉》：“崇祯十年，钟山鸣，似虎哮吼。”

【30】见于（清）吴伟业《绥寇纪略·虞渊沉》。

【31】（清）吴伟业《绥寇纪略·虞渊沉》：“崇祯十年三四月，钱塘江木柿化为鱼，渔人网获，中有首尾未变者，木如故。”

【32】《明史·五行志三》：“夏，京师及河东不雨，江西大旱。”

【33】《明实录附录·崇祯实录长编》："崇祯十年五月丙申，以黄道周为左春坊兼翰林院侍读。黄道周上言：五月朔夕荧惑与日同在鹑火、参火之分。"（清）吴伟业《绥寇纪略·虞渊沉》："崇祯十年五月，荧惑昼见。"

【34】（清）谷应泰《明史纪事本末·中原群盗》："崇祯十年五月，郧、襄贼犯荆州，焚荆王坟园。"

【35】《明实录附录·崇祯实录》："崇祯十年六月戊申，大学士温体仁引疾免，才赐金币，遣行人吴本泰护归。体仁在事，诸臣攻者后先相继，故不得已求去。"

【36】（清）吴伟业：《绥寇纪略·虞渊沉》："崇祯十年六月，太白经天。"按，太白即金星，夜出日隐。如果太阳升起太白星还没完全隐没时，就好像天空中有两个太阳，占星术认为这种罕见的现象为封建王朝"易主"之兆。（清）吴伟业《绥寇纪略·虞渊沉》："崇祯十年六月，太白经天。十月，太白昼见，怒赤。"

【37】《明实录附录·崇祯实录》："崇祯十年七月丁亥，寇陷六合，围天长。"

【38】《明实录附录·崇祯实录长编》："崇祯十年七月己巳，以史可法为右佥都御史，协理剿寇军务，巡抚安、庐、池、太，兼辖光、蕲、固始、广济、黄梅、德化、湖口等县。"

【39】（清）吴伟业《绥寇纪略·虞渊沉》："崇祯十年丁丑，八月，黄州天雨虫，色黑，大如菽，蠕蠕动，食苗俱尽。"

【40】雍正《陕西通志·祥异二》："十年八月，凤翔蝗飞蔽天。"

【41】乾隆《山东通志·五行志》："崇祯十年七月，天雨血。"

【42】（清）彭遵泗《蜀碧》："丁丑（崇祯十年，1637年）五月，剑州大水。先一日，沿滩巨石数百皆反复无定，及水至，民登州堂以避者免，余俱漂没。黄肠凶具架屋檩者累累。"（清）吴伟业《绥寇纪略·虞渊沉》亦载。

【43】《明实录附录·崇祯实录》："崇祯十年八月戊申，寇入凤阳，掠器械而去；渡河，分往河南、泗州。"

【44】见于（清）吴伟业《绥寇纪略·虞渊沉》。

【45】（清）谷应泰《明史纪事本末·中原群盗》："崇祯十年十月，陕贼过天星同李自成入蜀，混天王、蝎子块随之。"

【46】《明实录附录·崇祯实录》："崇祯十年冬十月丙申，李自成自七盘关入西川；丁酉，陷宁羌州；壬寅，陷昭化、垫江；癸卯，犯剑门关；甲辰，陷剑州；乙巳，陷梓潼；戊申，寇入趋绵州、江油，薄成都。

【47】《崇祯实录》："崇祯十年十一月己巳，以司礼署印太监曹化淳提督京营，太监李明哲提督五军营，郑良辅总理京城巡捕。"

【48】《明实录附录·崇祯实录长编》："崇祯十年十一月癸巳，寇陷灵璧。"

【49】《明实录附录·崇祯实录》："崇祯十年十二月辛丑，命洪承畴合孙传庭并剿河南寇。"（清）谷应泰《明史纪事本末·中原群盗》："崇祯十年十二月，禁军大集于

襄阳，贼尽走郧西。乙巳，命洪承畴合孙庭并剿河南寇。”

【50】（清）吴伟业《绥寇纪略·虞渊沉》：“崇祯十年十二月，太监陈奏地震。”

【51】（明）李清《三垣笔记》：“崇祯中，有人诣通政司投疏，谓年号‘崇’字宜用古字作‘宻’。盖以山压宗不安，若宗庙安于泰山，则吉征也。通政司怪其诞，屏弗奏。”吴伟业《绥寇纪略》云：“崇祯时，有人诣通政司投疏，谓年号宜用古字作‘宻’，盖以山压宗，故不安，从古文作‘宻’，则宗社安于泰山也，人以为妖言。”

【52】（清）叶梦珠《阅世编·记闻》：“十年丁丑，上过宫中一秘阁，老阉以此乃先朝所封，戒勿动，上命启之，得古画数幅，有带进贤冠者七，曰官多法乱，有数十人隔河对泣，曰军民号泣，妄男子得传闻，形之章奏，上亦弗诘，人乃以为信。”（清）吴伟业：《绥寇纪略·虞渊沉》亦载。

【53】（清）褚人获《坚瓠广集·鸡妖》：“《绥寇纪略》载：崇祯丁丑（十年，1637年），京师宣武门外斜街，民家白鸡，羽毛鲜洁，喙距纯赤，重四十斛。慈溪应孝廉廷吉见之，愀然曰：此鹙也，所见之处国亡。”又见于《明史·五行志二》。

【54】（清）吴伟业《绥寇纪略·虞渊沉》：“万历三十六年六月，靖边营军家雌鸡化为雄。《五行传》曰：不鸣、不将、无距者事不成。今鹙则鸣将有距矣，上是年寇患已大成，故鸡祸也。”按，《明史·五行志》系于万历二十二年。

【55】《后汉书·五行志一》：“灵帝光和元年，南宫侍中寺雌鸡欲化雄，一身毛皆似雄，但头冠尚未变。诏以问议郎蔡邕。邕对答曰：宣帝黄龙元年，未央宫雌鸡化为雄，不鸣无距……头，元首，人君之象，今鸡一身已变，未至于头，而上知之，是将有其事而不遂成之象也。”

戊寅（崇祯十一年，1638年）春正月，蓟镇（今河北遵化东三屯营）总兵王奏地震[1]。左良玉、陈洪范破贼郧西（今湖北郧西）[2]，献忠再降于陈洪范[3]。二月朔，日光摩荡竟日[4]。丙申，城卢沟，名拱极城（今北京卢沟桥宛平城）[5]（原注：太监督役，掠途人受工，民力为惫[6]）陕寇尽据西川。闯陷泸溪（今江西资溪）[7]。凤翔（今陕西凤翔）蝻生，食麦[8]。三月朔，河间（今河北河间）怪风拔树。夏四月，大雨雹[9]。常州（今江苏常州）风灾[10]。岁星昼见[11]。新局（新火药局在北京宣武门街北口街西）火药灾，石板平起空中，民家酱瓿移至屋不动；乘驴过者，人驴飞至半空，驴肠腹溃而人堕地无损[12]。十六日己酉夜，荧惑逆行尾八度，为月所掩[13]。五月初五日丁卯退至尾初度，渐至心[14]（原注：吴梅村曰：荧惑自犯鬼宿后其凌犯失度者凡八，莫甚于十一年。从尾度渐至于心。心，太子之象。郄萌[15]曰：犯太子。太子忧；犯庶子，庶子忧。按万历三十四年四月丙午，荧惑入心，其年皇太子第一子生，是时郑贵妃在上旁，太子将有动摇之议。其后光庙虽立，祚不长。熹庙国统再绝。先皇十年，太子加元服出阁讲学，其明年荧惑入心，太子二王后以国变遇害。占曰：王者绝嗣是其应也。杨嗣昌时为兵部尚书，奏为占主中宫后妃。今熹庙成妃发引，所谓白衣之会也。又历举汉光武帝、明帝，唐宪宗、宋太宗时皆月食火星不为灾。其论明帝永平，则云是年立皇后马氏德冠后宫。嗣昌主献谀以宽上意，此语尤援引不伦。科臣何楷驳之曰：臣不知嗣昌何所指斥，且心为明堂，前后星皆太子之属，恐奸人踵邪说以危东宫，宜以为戒。是时田贵妃擅宠幸，其父弘遇数犯法交结朝臣，谋倾中宫，渐有萌芽。巫咸[16]所占：妃妾有谋后者。天道信可畏，何楷精于内学，恐嗣昌险诈，将解椒亲以固权免祸，故先事折之[17]）。六月初二日，安民厂（今北京西直门街北）灾[18]（原注：贴厂太监王甫、局官张之秀俱毙。八月又灾[19]）。常州（今江苏常州）旱[20]。十一日，萧山（今浙江萧山）蝗入境，无禾[21]。凤翔（今陕西凤翔）蝗食禾，大饥[22]。进杨嗣昌礼部尚书兼东阁大学士，仍署兵部[23]。二十三日，宣府（今河北宣化）乾石河山场骤雨怪风，冰雹打死马骡四十八匹[24]。西安大风霾，黑气冲天，兵刃火出，听之有声[25]。秋七月，杨嗣昌夺情起复。侍讲学士黄道周、工科给事中何楷、翰林院修撰刘同升、编修赵士春、试御史林兰友、成勇、范景文俱以争夺情免官。道周杖诏狱，勇遣戍[26]。（原注：夺情之事，居正起之，嗣昌终之，皆楚人入相。居正闻丧，彗星见；嗣昌入阁，会荧惑入心。数十年党锢异同，纠结不可解，以致国亡，天道信不诬哉）。八月，常州蝗，天雨粟，形如青黄麦[27]（原注：占曰：天雨粟，不肖者食禄，三公易位[28]）。总督洪承畴报陕贼剿降尽，命出关[29]。江北贼陷睢宁（今江苏睢宁），曹操会过天星、托天王、十反王、整齐王、小秦王、混世王、整十万、革里眼于陕州（今河南陕县），犯襄阳（今湖北襄樊）。洪承畴、孙传庭大破之。闯困潼关原，仅十八骑，遂自蜀入楚，依献，献不允，走商雒（今陕西商洛山）依老回回营。卧疾半年，授以百人。后谷房变，复同诸贼出文、阶[30]（原注：闯贼父守忠祷于华山，梦神以破军星为之子，生自成，呼为黄来儿[31]。妻韩氏，故娼也。县役盖君禄与之通，自成杀淫者，偕李过亡命甘州，后妻邢氏，又与高捷通，高捷窃之以降。潼关原之败，妻女为官军得，止从数十骑过谷城，献忠与之饮酒，半酣，献忠抚其背曰：“李兄盍亦从我降而仆仆奔走乎？”时献忠已有异志，自成仰而嘻曰：‘不可。’献忠乃资其衣马以去。谷人皆以之尤文灿曰：“若使主兵者调度得宜，彼缚闯自效矣[32])。九月，顺抚陈祖苞奏，境内冰雹为灾[33]。辽东地震。洛阳地震[34]。兰溪甘棠乡出瑞粟，有两茎双穗者，有一茎六穗者，县令图形勒石于县左壁[35]。冬十月，以御马太监边永清分守蓟镇西协[36]。京师警，召孙传庭、洪承畴入卫[37]。曹操乞抚（原注：曹操即罗汝才）分屯房、竹，献亦就抚，屯谷城[38]（原注：熊文灿庸鄙无能，驻节襄阳，于后园种蔬，日用数十人灌溉。时旱，郡邑申文祈雨。文灿批文云：‘园蔬茁茂，禾苗何以独枯？不过奸民为逋粮地耳。’左良玉谋于巡按林铭球，巡道王瑞旃欲诱执张献忠。文灿曰：‘杀降不祥。’力庇之，乃移其营于城内[39])。十一月五日，日中黑子、黑气或青白气；日入时，光摩荡如两日[40]（原注：京房曰：天下不顺其主，厥异日中有黑子、黑气。一曰臣有蔽主明者，一曰日有黑子、黑云若青，若赤黄，若乍二、乍三，皆为天子恶之[41])。萧山北山（今浙江杭州萧山北山）鸣[42]。新乡天雨黑水[43]（原注：是为雨，暴君无道，奸臣得志，亡国之征也），京师黑眚见，似飞霾，民大扰[44]。乐昌（今广东乐昌）城东苏氏猪生一子，猪首狮身，两眼环大，鼻勾无孔，额有赤角如笱，直上耳尖，面圆唇红，上下各三齿[45]。当涂大疫，患毛疹，身热似伤寒，三日出疹，胀甚，投以药，皆死。有妪以针刺中指中节间，出紫血少许，去如羊毛者一茎，随愈，疫渐息而妪死[46]（原注：黄道周疏曰：臣自少学《易》，以天道为准，以《诗》、《春秋》推其运候，上下载籍二千四百年，考其治乱，百不一失。臣所学本于周孔，无一毫穿凿。其法以《春秋》元年己未为始，加五十有五，得周幽王甲子。其明年十月辛卯朔，日食，以是上下中分二千一百六十年，内损十四，得洪武元年戊申，为大明资始。戊申距今二百六十四年。以《乾》、《屯》、《需》、《师》别之三卦五爻，丁卯大雪，入《师》之上六，是陛下御极之元年，正当《师》之上六[47]，其辞曰：“大君有命，开国承家，小人勿用。”自有《易》辞告诫人事，未有深切著明若此者也。凡易一卦直六十七年零一百五日，一爻直十一年零七十七日有奇，今历十分之四矣。陛下恭默，深明天道，尝寤寐以思贤才，而贤才卒不可遽得；惩毖以绝小人，而小人卒不可遽绝。方陛下开承之始，外清逆党，内扫权珰，天下翕然想望太平，曾未四年而士庶离心，寇攘四起，天下骚然，不复乐生。虽深识遠虑之士，岂虞变动至此乎？臣观陛下开承应大君之责，而小人柄用，懷干命之心，在陛下以大君之哲可制小人而有余，在小人以干命之才可中大君所不觉。自臣入都来所见，诸大臣举无远猷，动成苛细。治朝著者以督责为要，谈治边疆者以姑息为上策，序仁义道德则以为不经，谈刀笔簿书则以为知务，片言可折者藤葛终年，一语相远则株连四起，使陛下长驾远驭之意积渐而入科条之中，臣子悃愊靖献之思抑郁而消文网之内，迹其所为，既不足服小人之心，度其末流终必承小人之败，支吾辗转，苟据目前，瑕衅既成，则诞欺立见[48]。凡外廷诸臣所敢于欺诳陛下者，必不在于拘挛守文之士，在于权力缪巧之人；内廷诸臣所敢于欺诳陛下者，必不在于锥刀帛布之微，在于阿柄神丛之大。惟陛下超然省览，思地中有水之象，知民情之所由通，体刚中而应之文，知师功之所由立，因以旁稽载籍，自汉唐以来所用在师中而致治者几何人？用在师中而致乱者几何人？因以仰质圣贤，自孔孟所称，对君子而砭小人者几何事？就小人而砭小人者几何事？自古迄今决无吹毛数睫可成远大之猷，敛怨树威可奏雍熙之业者。凡小人见事，智恒短于事前，言恒长于事后；不救淩城，而谓淩城之必不可筑；不理岛民，而谓岛民之必不可用，兵溃于久顿，则谓乱生于有兵；饷糜于漏巵，则谓功消于无饷；乱视荧听，以至极坏不可复挽。臣观今日道化未弘，用师之毒，势不可已。昔有夏胤征，仲尼所录；向戍去兵，丘明非之。今陛下之意在于干城，腹心群臣之图在于偷安避患，上下相畸，不遂于成。臣愚以为，正功之道在乎定命，乱邦之诫止乎小人。小人用，即无边患，亦足以致乱；小人不用，即有干戈亦足以致理。从古有酿乱致乱之人，必无有讨乱致乱之事。隋梁晋宋事不足称，殷武周宣功在自立。凡人主之学，一以天道为师，则万物之情可照人主断事；一以圣贤为法则，天下之材具服。自二年以来，以察去蔽而蔽愈多，以刑树威而威愈殚，是亦反甲商以归周孔，捐苛细而振弦纲之秋也。惟陛下超然深思易象阴阳当否之泰。何者谓之丈人，何者谓之弟子，何者谓之长子，何者谓之小人，用之而乱朝著则去之，勿以朝著为尝；用之而乱边疆则去之，勿以边疆为戏。因以定命正功，安内攘外不过数年，而三锡之勋可成，无疆之休毕至矣。臣考自丁卯大雪至戊寅春分，凡十一年零七十七日，皆在师上六勿用之防，诚不可已。书曰：无疆惟休，亦无疆惟恤。臣膏肓已久，痼疾又新，不能冒矢石以报陛下，又不忍溘然终闭。一言而死，诚不自恤，吐此一言，即瞑目无愧，非敢穿凿附会，以渎圣明，为天下万世之所讥笑[49]）。

【1】（清）吴伟业《绥寇纪略·虞渊沉》："崇祯十一年正月，蓟镇总兵王奏地震。"

【2】（清）谷应泰《明史纪事本末·中原群盗》："崇祯十一年正月，总兵左良玉、陈洪范大破贼于郧西。"

【3】（清）谷应泰《明史纪事本末·张献忠之乱》："崇祯十一年正月，总兵左良玉、陈洪范大破贼于郧西，张献忠请降。"

【4】（清）叶梦珠《阅世编·天象》："崇祯十一年戊寅二月朔，日光摩荡竟日。"（清）吴伟业《绥寇纪略·虞渊沉》："崇祯十一年二月朔，日光摩荡竟日。"

【5】（清）谷应泰《明史纪事本末·宦侍误国》："崇祯十一年二月丙申，城卢沟，名拱极城。"

【6】（清）谷应泰《明史纪事本末·宦侍误国》："崇祯十一年二月丙申二月丙申，城卢沟，名拱极城，太监督役，掠途人受工，民力为惫。"

【7】《明实录附录·崇祯实录》："崇祯十一年二月乙未朔，寇陷泸溪县。"

【8】《重修凤翔府志》："崇祯十一年凤翔蝻生，食麦，六月蝗食禾。"（清）赵吉士《寄园寄所寄·灭烛寄》："崇祯十一年凤翔蝻生食麦，及秋成蝗食禾，人大饥。"

【9】（清）叶梦珠《阅世编·天象》："崇祯十一年壬子二月二十五日辛丑，大雨雹。予方读书于张氏不窥轩中，午、未之间，忽然雨雹，大者如胡桃，小者如龙眼，顷刻庭间积与阶齐。"

【10】【20】康熙《常州府志·祥异》："崇祯十一年夏四月，风灾。六月，旱。秋八月，蝗。"

【11】见于（清）吴伟业《绥寇纪略·虞渊沉》："十一年四月，太白昼见。"又见《明史·天文志三》："崇祯十一年四月壬子，岁星昼见。"

【12】（明）杨士聪《玉堂荟记》："戊寅（崇祯十一年，1638年）四月、六月、八月皆有火药之变。而四月为甚，石板平起空中，人家酱瓿或移置屋脊而酱不倾，骑驴过者人驴俱在空中，驴腹肠溃破而人徐堕地无恙，似有物凭之者也。"（清）吴伟业《绥

寇纪略·虞渊沉》亦载。

《崇祯实录》："崇祯十一年四月戊戌，新厂灾，毙七百余人。"

【13】（清）吴伟业《绥寇纪略·虞渊沉》："崇祯十一年四月十六日己酉夜，荧惑逆行尾八度，为月所掩。"道光《万全县志·变占》："崇祯十一年，夏四月己酉，荧惑去月仅七八寸，至晓逆行八度。夏五月丁卯夜，荧惑退至尾初度，渐入心宿。"

【14】（清）吴伟业《绥寇纪略·虞渊沉》："崇祯十一年五月，初五日丁卯，荧惑退至尾初度，渐至心。"（清）计六奇《明季北略·杨嗣昌论荧惑》："戊寅（崇祯十一年）四月己酉丑刻，荧惑去月仅七八寸，退至尾初度，渐入心宿。"

【15】郄萌：指东汉秘书郎郄萌。据说他是宣夜说的倡导者。宣夜说是中国古代的宇宙论，认为宇宙有无限广度的空间。

【16】巫咸：巫咸是古代汉族传说中的人物，据说是唐尧时人，以作筮著称，能知人之生死存亡，期以岁月论断如神，尧帝封为良相。他擅长卜星术，是用筮占卜的创始者。

【17】《烈皇小识》："时火星示变，皇上于宫中斋沐祈祷，素服减膳，并谕各衙门俱角素修省。杨嗣昌上疏，略曰：'臣闻月食五星，古今异变，史不绝书，然亦观其时势主德何如。今兹月食火星，在于前月己酉……其时寅卯，适值熹庙成妃发引，内外文武百官，祭奠郊外，其所谓白衣之会，在宫已有，其应阴，无庸致疑，一也。当食之时，火星触月，在于上角，不在中，亦不在下，臣愚谨视明白，无庸致疑，二也。'"按，白衣之会，指帝王或其配偶之丧。在星占中，白衣之会为大凶之兆。《史记·天官书》："昴曰髦头，胡星也，为白衣会。"

《明史·何楷传》："十一年五月，帝以火星逆行，减膳修省。兵部尚书杨嗣昌方主款议，历引前史以进。楷与南京御史林兰友先后言其非。楷言：'嗣昌引建武款塞事，欲借以申市赏之说，引元和田兴事，欲借以申招抚之说，引太平兴国连年兵败事，欲借以申不可用兵之说，徒巧附会耳。至永平二年马皇后事，更不知指斥安在。'"

【18】《明实录附录·崇祯实录》："崇祯十一年六月癸巳，安民厂灾，伤万余人。"

【19】《明实录附录·崇祯实录》："崇祯十一年八月丁酉，安定门火药局复灾。"

【21】出处不详。

【22】《明史·五行志一》："崇祯十一年六月，两京、山东、河南大旱蝗。"

【23】（清）谷应泰《明史纪事本末·崇祯治乱》："崇祯十一年六月，兵部尚书杨嗣昌改礼部兼东阁大学士，仍署兵部。"

【24】（清）吴伟业《绥寇纪略·虞渊沉》："崇祯十一年六月二十三日，宣府乾石河山场骤雨怪风，大雹打死马骡四十八匹。"

【25】（清）吴伟业《绥寇纪略·虞渊沉》："崇祯十一年孙传庭奏：西安风霾大作，黑气冲天，兵刃火焰出现，听之有声。"

【26】《明实录附录·崇祯实录》："崇祯十一年秋七月戊戌朔，命杨嗣昌大祀、大

庆暨传制、颁诏诸大典不预，直阁素服，进朝、日讲、召见如常服随班。先是，嗣昌奉诏于二月趋朝，时父服阅十八月、母服才五月也。工科给事中何楷劾杨嗣昌入阁吉服，忘亲；上以楷苛求，切责之。已亥，召文武大臣于平台及黄道周……道周又极诋杨嗣昌夺情蔑伦……上怒甚……　庚戌，翰林院修撰刘同升、编修赵士春各疏救黄道周，劾杨嗣昌；卫景瑗疏如之。甲寅，工科都给事中何楷、试御史林兰友又申救道周，遂降楷二级调用，兰友降一级。寻谪道周江西知事、刘同升福建知事、赵士春简较。九月丁丑，逮南京御史成勇。勇劾杨嗣昌不终丧制，忠孝两亏。上怒，逮讯之。”

【27】康熙《常州府志·祥异》：“崇祯十一年，秋八月蝗，雨粟，形如青黄麦。”

【28】(唐)瞿昙悉达《大唐开元占经》：“墨子曰：“天雨粟，不肖者食禄，与三公一位。”

【29】(清)谷应泰《明史纪事本末·中原群盗》：“崇祯十一年八月，总督洪承畴报陕西贼剿降略尽，命出关向河南、湖广。”

【30】《明实录附录·崇祯实录》：“崇祯十一年八月癸卯，流寇自虹县陷睢宁。”

(清)赵吉士《寄园寄所记·裂眦寄·流寇琐闻》引《啸虹笔记》：“江北贼陷睢宁。曹操会过天星、托天王、十反王、整齐王、小秦王、混世王、整十万、革里眼于楚州，犯襄阳。洪承畴、孙传庭大破之，闯困潼关原仅十八骑，遂自蜀入楚依献，献不允。走商、洛，依老回回营卧夜。半年授以百人，后谷房变，复同诸贼出文、阶。”按，谷房之变：崇祯十一年春，张献忠、罗汝才伪降于明，张献忠驻今湖北谷山县，罗汝才驻今湖北房县。十二年五月，张献忠复叛于谷城，罗汝才九营并起应之。七月，二部合于房县。史称“谷房之变”。

【31】(清)赵吉士《寄园寄所记·裂眦寄·流寇琐闻》引《贞胜纪》：“闯贼父守中祷子于华山，梦神以破军星为之子，生自成呼为黄来儿。”

【32】(清)赵吉士《寄园寄所记·裂眦寄·流寇琐闻》：“妻韩氏，故倡也，县役盖君禄与之通。自成杀淫者，偕李过亡命甘州。后妻邢氏，又与高杰通，高杰窃之以降。潼关原之败，妻女为官军得。张献忠玛瑙山之败，妻女九人，被擒者七，淫掠之报，已见当身矣。”

(清)赵吉士《寄园寄所记·裂眦寄·流寇琐闻》引《绥史》：“当戊寅之冬，谷人亲见李自成以兵败，从数十骑过谷城。献忠与之饮酒，半酣，献忠抚其背曰：‘李兄盍亦从我降而仆仆奔走乎？’时献忠已有异志，自成仰而嘻曰：‘不可。’献忠乃资其衣马以去。谷人皆以之尤文灿曰：‘若使主兵者调度得，宜彼且缚闯自效矣。’”

【33】(清)吴伟业《绥寇纪略·虞渊沉》：“崇祯十一年九月，顺抚陈祖苞奏，境内冰雹为灾。”

【34】(清)吴伟业《绥寇纪略·虞渊沉》：“崇祯十一年九月，辽东地震。巡抚方一藻以闻。冬，洛阳地震。”

【35】光绪《兰溪县志·祥异》："崇祯十一年九月，甘棠乡出瑞粟。"

【36】《明实录附录·崇祯实录》："崇祯十一年丁未，以御马太监边永清分守蓟镇西协。"

【37】《明实录附录·崇祯实录》："崇祯十一年十二月丁酉，命洪承畴入援。时清兵连破平乡、南河、沙河、元氏、赞皇、临城、高邑、献县。戊戌，赐孙传庭尚方剑，总督各镇援兵。"按，孙传庭、洪承畴入卫事在十二月，《二申野录》系于十月，误。

【38】《明实录附录·崇祯实录长编》："崇祯十一年四月，先是总理熊文灿专主抚盗，张献忠佯许之。文灿请贷其罪安置保康山中，报可。献忠求襄阳一郡以屯其军，文灿议饷二万人，献忠乞饷十万人，迁延未就。是月辛未降于谷城，文灿受之。工科给事中沈胤培疏争之不得，于是诸贼益轻王师，蔓不可制。"

（清）谷应泰《明史纪事本末·中原群盗》："崇祯十一年十月，京师戒严，召孙傅庭于陕西，召洪承畴于三边。于是承畴、传庭率诸将合兵五万，先后出潼关入援。曹操闻之，谓为剿己也，率九营从郧阳浅渚乱流而涉，突走均州，叩太和山提督太监李维政乞抚。维政为言于文灿，文灿乃檄止诸军。曹操九营俱就抚，文灿上言请贷其罪。令诸将宴曹操于迎恩官署，授操为游击将军，供亿甚备。曹操名罗汝才。"

【39】（清）赵吉士《寄园寄所寄·裂眦寄·流寇琐闻》引《明季遗闻》："熊文灿庸鄙无能，驻节襄阳，于后圃种蔬，日用数十人灌溉。时旱，郡邑申文祈雨。文灿批文云：'园蔬茁茂，禾苗何以独枯？不过奸民为逋粮地耳。'左良玉谋于巡按林铭球，巡道王瑞旃欲诱执张献忠。文灿曰：'杀降不祥。'力庇之，乃移其营于城内。"

【40】（清）吴伟业《绥寇纪略·虞渊沉》："崇祯十一年十一月五日，日中黑子、黑气或青白气。日入，光摩荡如两日。"

【41】（唐）李淳风《乙巳占》："日中有黑子、黑云，若青若黄赤，乍二乍三，天子崩。"

【42】（清）吴伟业《绥寇纪略·虞渊沉》："崇祯十一年十一月，萧县北山又鸣。"

【43】（清）吴伟业《绥寇纪略·虞渊沉》："崇祯十一年，新乡雨黑水。"《明史·五行志》："山东雨黑水。新乡亦如之。"

【44】（清）吴伟业《绥寇纪略·虞渊沉》："崇祯十一年，都市黑眚似飞霾，民大扰。"

【45】同治《乐昌县志·灾祥》："崇祯十一年，乐昌城东苏氏猪生一子，猪首狮身，两眼环大，鼻勾无孔，额有赤角如笋，直上耳尖，面圆唇红，上下各三齿，以众观摸索致毙。"

【46】康熙《太平府志·星野·附祥异》："崇祯十一年，大疫。又患羊毛疹，其病先类伤寒，身热三日，出瘤疹，胀甚，投以药，皆死。有妪得挑法，针刺中指中节间，出紫血少许，去羊毛一茎，随愈。由是转相传授，始多活。未几，老妪死。"

【47】师卦是《易经》六十四卦的第七卦。"师"指用兵。"师"卦上六的卦象是

“大君有命，开国承家，小人勿用”。即班师告捷之日，天子颁发命令，定功封赏，立大功者，使之开国为诸侯；立小功者，使之承家为卿，大夫。不可重用小人，否则将危害邦国。

【48】按，此处《二申野录》较原文缺“即如往岁遵、永被兵已七八日，而叙收复者以为千古奇功；又如近者山东被残已六七县，而护叛帅者以为不犯秋毫，即此二事而远迩情形概可知矣”数句。

【49】见于黄宗羲编《明文海·奏疏十八》：黄道周“易数疏”。

己卯（崇祯十二年，1639年）春正月元旦，日出无光。三日，日光摩荡若镜袋喷花，自旦至暮。五日，日旁青黑气若戟，东南有白虹[1]。叙缉奸功，东厂太监王之心、曹化淳袭锦衣卫百户[2]。盐山（今河北盐山）兵变，城野人民死亡无算[3]。二月朔，蕲（音：齐）州（今湖北蕲春）石铳自震（原注：州署有石铳十一门忽自震，堂瓦崩颓，署州事李色新将火药倾出，移置堂前空地，后于三月初一自震，烟火冲天，堂柱亦自起火[4]）。四川保宁府天鼓鸣[5]。凤翔（今安徽凤翔）大鼠成群，食牛，入人腹食婴儿见骨[6]。十二日，宁远日变，辰时，两旁各一白丸，俄日上有白气；申时，有黑气掩日，忽侵入日中，忽从日内坠出，摩荡数次，巡抚方一藻以闻[7]。十七日，易州白石口南城，天声自北起，至南；次日从东北起，至西南，皆晴日无云，风亦甚缓，其响如雷，又似桴（音：浮）鼓声[8]。以司礼太监崔琳清理两浙盐课赋税[9]。革里眼、射塌天合混十万，掠信阳（今河南信阳）、光山（今河南光山）。三月，群贼会固始（今河南固始），乃趋六安（今安徽六安）避夏[10]。四月，有星陨于凤翔（今陕西凤翔）袁画师家，不及地，旋转如冶金，良久渐高飞去，照数十里[11]。十八日，会宁县（今甘肃会宁）降旱霜，自春徂夏不雨[12]。时上颇于内庭建设斋醮，礼科给事中张琛上言：宗社之安危在旦夕，必非佛氏之祸福。正德初遣太监刘允诚驰驱西域，可为鉴戒，不听[13]。京城浚濠，广五丈，深三丈（原注：给事中夏尚絅上言：“连年塞垣失守，门庭无恙，若使堑水足拒，则去年通、德、沧、济，其为广川巨浸何限？而扬鞭飞渡，如入无人，则控扼险要，在人不在险明矣。今掷此百万于水滨，孰若移而用之于岩疆，使敌骑不得躏入哉？[14]”）左良玉再破射塌天，降之（原注：即李万庆）[15]。苏州产怪马，当头一目，豕蹄，扇尾，出胎即啼啮驰骤，旋死[16]。五月初九日未刻，抚宁县自灵沟起东至沙河长不老口，西至榆关，大雨雹，田禾尽死[17]。觜宿下移[18]（原注：其占为虎狼食人[19]。觜主西方，闯、献恣睢（音：滋虽），秦、蜀其为貙貐（音：处与）[20]豺虎肉，视斯民之应乎）。献忠复叛于谷城[21]。出帑金三十万济饷，仍命后偿之[22]。六月，宣府（今河北宣化）地震[23]。高唐州（今山东高唐）飞蝗蔽日[24]。礼部尚书林欲楫请核僧道赡地，毁淫祠，括绝田助饷[25]。盐山（今河北盐山）蝗蝻遍野，食稼殆尽[26]。秋七月，罗汝才九营复叛应献，二贼合房县（今湖北房县）[27]。以司礼太监张荣提督九门，王裕民总督京营[28]。戒午门、端门内臣延接朝士[29]。天雷击破城铺楼墙七丈余，木炮击碎，密云巡抚赵光抃以闻[30]。八月，杭州（今浙江杭州）蝗大至，北关外积二三寸，多灰色，亦有绿色者，头类马[31]。白水、同官、洛南、陇西大雨雹[32]。九月，大学士杨嗣昌督师讨贼[33]（原注；赐尚方剑，宴于平台后殿。上手觞嗣昌三爵，赐以诗云：盐梅今暂作干城，上将威严细柳营，一扫寇氛从此靖，还期教养遂民生。书用黄色金龙蜡笺，厚如指甲，长四尺余，阔一尺六七寸，字大二寸余。后一行署云：赐督师辅臣嗣昌。又一行署云：崇祯十二年九月。前钤：御笔之章。引首一宝，上方中书一押，大体似明德二字合成者，钤一：表正万邦之宝[34]）。二十日，京师草场火[35]。北直、山东、河南、山西旱饥，飞蝗遍野，民掘坑堑，燃火以驱蝗，须臾填满[36]。福建、粤西地震[37]。黄州（今湖北黄冈）鼠食禾，渡江五六日不绝[38]。以内官监太监杜秩亨提督九门[39]。冬十月朔，彗星见，荧惑逆行太微，犯上相，填星晕[40]。老回回、革里眼、左金王四股犯安庆、桐城，相持逾年[41]（原注：左金王即蔺养成）。杨嗣昌至襄阳，逮前督师熊文灿[42]。十一月，前庶吉士张居请行铜钞。从之[43]。松江（今上海松江）有大鱼，长数十丈，目中可容三人而无睛[44]。连江（今福建连江）浦口地裂出血，激射丈余[45]。十二月，黄州（今湖北黄冈）城南门流血五日[46]。又太仓（今江苏太仓）岳王市地中涌血[47]（原注：京房曰：临狱不解，兹谓进非，厥咎天罚，故天雨血[48]）。歙县（今安徽歙县）许村有石自鸣[49]。四川省城（今四川成都）东门外岳庙，玉帝土像动摇不止，后迁庙于城中[50]。萧县（今安徽萧县）西山鸣，如雷、如风、如涛，声连昼夜[51]。蕲（音：齐）

州（今湖北蕲春）各街道，每夜鬼哭咆哮，闻之有声，逐之有影[52]。

【1】见于（清）吴伟业《绥寇纪略·虞渊沉》。（清）叶梦珠《阅世编》："十二年己卯（崇祯十二年，1639年）正月三日，日光摩荡，自旦及暮。五日，日旁有青黑气若戟。"

【2】《明实录附录·崇祯实录》："崇祯十二年正月乙丑，叙缉奸功，东厂太监王之心及曹化淳荫锦衣卫百户。"

【3】【26】民国《盐山新志·故事略》："崇祯十二年，盐山兵变，城野人民死亡无算。秋，蝗蝻遍野，食稼殆尽。"

【4】《蕲州志》："崇祯十二年二月初一，蕲州署有石铳十一门自震，堂瓦崩颓，署州事李色新将火药倾出，移出堂前空地下，后于三月初一自震，烟火冲天，堂柱亦自起火。"（清）吴伟业《绥寇纪略·虞渊沉》亦载。

【5】（清）吴伟业《绥寇纪略·虞渊沉》："崇祯十二年二月，四川保宁府天鼓鸣。"

【6】（清）赵吉士《寄园寄所记·灭烛寄·异》引《陕西通志》："崇祯十二年，又大鼠成群食牛，入人腹，食婴儿见骨。"

【7】见于（清）吴伟业《绥寇纪略·虞渊沉》。按，《二申野录》原为"宁前日变"，今据改。

【8】见于（清）吴伟业《绥寇纪略·虞渊沉》。按，《二申野录》原为"又似桴声"，今据改。桴，击鼓的鼓槌。

【9】《明实录附录·崇祯实录》："二月己丑朔，以司礼太监崔琳清理两浙盐课、各项赋税。"

【10】（清）赵吉士《寄园寄所寄·裂眦寄·流寇琐闻》引《啸虹笔记》："十二年己卯（崇祯十二年，1639年），二月，革里眼、射塌天合混十万，掠信阳、光山。三月，群贼会固始，乃趋六安避夏。"

【11】（清）赵吉士《寄园寄所记·灭烛寄·异》引《陕西通志》："十二年夏，有星陨于凤翔袁画师家，不及地旋转如冶金，良久渐高飞去，照数十里。"

【12】见于（清）吴伟业《绥寇纪略·虞渊沉》。

【13】《明实录附录·崇祯实录》："崇祯十二年四月癸卯，礼科给事中姜采上言：'近月以来，皆传皇上于内廷建设斋醮；臣窃疑之。正德初年，从事内典，遣太监刘允驰驱西域，糜费大官，讹传道路；皇上惩前毖后，聪明绝世，岂真见不及此？固曰'聊复尔尔'。然唐、虞之宽仁，必非佛氏之慈悲也；宗社之安危，必非佛氏之祸福也。顾役役焉，以九重之尊严，从西竺之繁文；臣必不敢以为可也。'山西道御史廖惟义亦言之；不听。"按，《二申野录》作"张埰"。

【14】《明实录附录·崇祯实录》："崇祯十二年四月，是月，京城浚濠，广五丈、

深三丈。给事中夏尚絅上言：'连年率皆藩篱失守，门庭无恙。若使堑水足拒，则通、德、沧、济，其为广川巨浸何限；而扬鞭飞渡，如入无人。控扼险要，在人、不在险明矣。今掷此百万于水滨，孰若移而用之于岩疆防御要害，使不敢蹦入之为得哉！'"

【15】(清)谷应泰《明史纪事本末·中原群盗》："崇祯十二年四月辛卯，左良玉再破射塌天、老回回、改世王于河南之镇城。射塌天乞抚，连营百里，夺民二麦以自给。良玉遣人谕止之，不听。"

【16】《江南通志·杂类志》："苏州产怪马，当头一目，豕蹄，扇尾，出胎即驰骤嘶啮，旋死。"

【17】见于(清)吴伟业《绥寇纪略·虞渊沉》。

【18】见于(清)吴伟业《绥寇纪略·虞渊沉》。

【19】觜宿是二十八星宿中西方第六宿，居白虎之口，口福的象征，故觜宿多吉。觜宿下移则入虎口，凶。

【20】貙貐：貙，古代对云豹的称呼。貐，古代汉族传说的一种恶兽。

【21】谷房之变：崇祯十一年春，张献忠、罗汝才伪降于明，张献忠驻谷城(今湖北谷城)，罗汝才驻房县(今湖北房县)。十二年五月，张献忠复叛于谷城，罗汝才九营并起应之。七月，二部合于房县。史称"谷房之变"。

【22】《明实录附录·崇祯实录》："崇祯十二年五月己巳，出帑金三十万济饷，仍命后偿之。"

【23】(清)吴伟业《绥寇纪略·虞渊沉》："崇祯十二年六月，宣府地震，总督陈新甲以闻。"

【24】康熙《高唐州志·祥异》："崇祯十二年，高唐州飞蝗蔽日。"

【25】(清)谷应泰《明史纪事本末·崇祯治乱》："崇祯十二年六月，礼部尚书林欲楫请核僧道赡地，毁淫祠，括绝田助饷。"

【27】按，史称"谷房之变"。

【28】《明实录附录·崇祯实录》："崇祯十二年秋七月戊午，以司礼太监张荣提督九门、司礼太监王裕民总督京营。"

【29】《明实录附录·崇祯实录》："崇祯十二年秋七月戊午，戒午门、端门诸内臣延接朝士。"按，(明)杨士聪《玉堂荟记》记载："上不信中官，禁朝官与中官往来。曩日两阙及承天门、端门憩足之地皆不得入，于体甚正。其实，结交近侍不在此也。此等中官有何可结？终年往还，居停不过一餐，馈送不过一金。彼密通奥援在不见不闻之中有千百计者，孰从而致诘乎？"又云："黄石斋(即黄道周)朝参不坐中官房间。"朝官入朝参拜皇上，因紫禁城内外距离很远，朝官往往在午门、端门等处守门太监屋里休息片刻，并借此机会结交太监，利用他们接近皇帝的机会，打探消息，通风报信。

【30】见于(清)吴伟业《绥寇纪略·虞渊沉》。原文是"炮木击碎"，《二申野录》

则为“木炮击碎”，似误。

【31】乾隆《浙江通志·祥异下》引《杭州府志》：“崇祯十二年五月三十日，未时，蝗从东南来，几蔽天。八月初八日，蝗大集，至关外积二三寸。”

【32】（清）吴伟业《绥寇纪略·虞渊沉》：“崇祯十二年八月，白水、同官、洛南、陇西大雨雹，秦抚丁启睿以闻。”

【33】《明实录附录·崇祯实录》：“崇祯十二年九月壬戌，命大学士杨嗣昌以兵部尚书督师讨贼，赐尚方剑，给帑金四万、赏功牌千五百、蟒纻绯绢各五百。”

【34】《寄园寄所寄·裂眦寄·流寇琐闻》引《孤见吁天录》“崇祯十二年九月，命大学士杨嗣昌以原官兼兵部尚书，督师讨流寇，赐上方剑，宴于平台后殿上，手觞嗣昌三爵：赐以诗云：‘盐梅今暂作干城，上将威严细柳营，一扫寇氛从此靖，还期教养遂民生。’书用黄色金龙蜡笺，厚如指甲，长四尺余，阔一尺六七寸，字大二寸余。后一行署云：‘赐督师辅臣嗣昌。’又二行署云：“崇祯十二年九月。”前钤御笔之章，引首一宝，上方中书一押，大体似明德二字合成者，钤一：表正万邦之宝。”

（清）彭遵泗《蜀碧》：“及是年（崇祯十二年）五月，献忠复叛，攻杀知县阮之钿，汉东大扰。上命阁部杨嗣昌督师讨之，赐上方剑，宴于平台后殿。上手觞嗣昌三爵，赐以诗云：盐梅今暂作干城，上将威严细柳营，一扫寇氛从此靖，还期教养遂民生。书用黄色金龙蜡笺，后署云：赐督师辅臣嗣昌。”

【35】（清）吴伟业《绥寇纪略·虞渊沉》：“崇祯十二年九月二十日，京师草场失火。”

【36】（清）吴伟业《绥寇纪略·虞渊沉》：“崇祯十二年北京、山东、河南、山西旱饥，飞蝗遍野，民掘坑堑，燃火以驱蝗，须臾填满。”按，《二申野录》“北京”作“北直”。

【37】（清）吴伟业《绥寇纪略·虞渊沉》：“崇祯十二年九月，福建地震，巡抚萧亦辅以闻；粤西地震，巡按御史左永图以闻。”

【38】（清）吴伟业《绥寇纪略·虞渊沉》：“崇祯十二年黄州鼠食禾，渡江五六日不绝。传曰：鼠，盗窃小虫，昼伏夜匿害稼者。贪邪小人窃禄位，而寇盗以滋生也。”

【39】（清）谷应泰《明史纪事本末·宦侍误国》：“崇祯十二年九月，以内官监太监杜秩亨提督九门。”

【40】（清）吴伟业《绥寇纪略·虞渊沉》：“崇祯十二年十月初一日，彗星见（原注：上于初四日，修省，免刑罚）。”“崇祯十二年十月，荧惑逆行太微，犯上相。”“崇祯十二年十月，填星晕。”

【41】（清）谷应泰《明史纪事本末·中原群盗》：“崇祯十二年十月，老回回、革里眼、左金王南营四股合二万人，分屯英、霍、潜、太诸山寨，突犯安庆、桐城诸路……贼多购薪、黄人为间，或携药囊蓍蔡为医卜，或谈青乌姑布星家言，或缁流黄冠，或为乞丐戏术，分布江、皖诸境，觇虚实，时时突出焚掠，相持逾年，毒流四境。”

【42】《明实录附录·崇祯实录》:“崇祯十二年十一月甲寅朔,逮总理兵部尚书熊文灿。”

(清)谷应泰《明史纪事本末·中原群盗》:“崇祯十二年十月,嗣昌至襄阳,入熊文灿军中。诏逮文灿入京,论死,弃西市。”

【43】《明实录附录·崇祯实录》:“崇祯十二年十一月,前庶吉士张居请行铜钞。从之。”

【44】(清)吕抚《二十四史通俗演义》:“松江有大鱼,长数十丈,目中可容三人而无睛。”嘉庆《松江府志·祥异》:“崇祯十二年己卯春,有二大鱼至海滨。按,一在金山县天妃宫前,黑色无鳞,长数十丈,剖之,肠如车轮,舌长丈许。一在青村者,白色差小,皆无睛。”

【45】乾隆《福州府志·祥异》引《连江县志》:“崇祯十二年,连江浦口地裂出血,喷激丈余”。

【46】出处不详。

【47】见于(清)吴伟业《绥寇纪略·虞渊沉》。

【48】《京房易传·易占上》:“临狱不解,兹谓进非,厥咎,天雨血。天雨血者,兹谓不亲,民有怨咨,不出三年,亡其宗。佞人用功,天雨血。”

【49】民国《歙县志·祥异》:“崇祯十二年,许村石自鸣。”许村在今歙县城西北20公里许村镇,是歙县著名文化古村落。

【50】乾隆《四川通志·祥异》:“崇祯十二年,成都东岳庙玉帝像自动不止。”

【51】(清)吴伟业《绥寇纪略·虞渊沉》:“崇祯十二年十二月十三日夜,萧县西山复鸣,如雷如风如涛,连日夜不止。”

【52】见于(清)吴伟业《绥寇纪略·虞渊沉》。

庚辰(崇祯十三年,1640年)春正月,杭州(今浙江杭州)大雨震电[1](原注:去立春八日,尚在腊底而震电,是阳失节也)。义乌(今浙江义乌)雨雪三月[2]。闰正月,苏州(今江苏苏州)知府陈洪谧、松江(今上海松江)知府方岳贡俱以逋赋削籍[3]。二月,风霾亢旱[4]。钜鹿县(今河北巨鹿)地屡震[5]。亢宿坼(音:彻)(原注:亢主宗庙,其星变,主王者绝嗣,将致宗庙不享[6])。二十一日,大名府浚县(今河南浚县,时属北直隶大名府)等处东北,见有黄黑云气一道,忽分往西南二方,顷刻四塞,狂风昼晦,黄埃中有青白气及赤光,隐隐时开时暗,巡抚薛文铨以闻[7]。罗汝才掠信阳(今河南信阳),陷光州(今河南潢川)[8]。平贼将军左良玉大破张献忠于太平县（今四川万源）之玛瑙山。献遁，窜兴、房（今湖北兴山、房县一带）[9]。[原注：张献忠之在谷城（今湖北谷城），良玉请击，熊文灿曰：彼虽怀贰，衅未成也，君虽敢斗，众未集也，骤而击之，他寇必动，脱不能胜，所失实多，不如徐之。良玉曰：不然，逆贼利野战不利城守，今以吾衆出不意，彼士有骇心，粮无后继，诸部观望，必不能前。贼怠我奋，贼寡我衆，攻之必拔，袭之必擒，若失此机，悔无及矣。文灿苦禁之而止。献忠既焚穀躏房（今湖北房县），窜入郧、竹（今湖北郧县、竹山）山中，文灿请追之，良玉不可。文灿曰：将军逗挠耶，贼已绝地穷窜，急追毋失。良玉曰：向云疾击，惧其逸也。今非不击，避其锐也。箐薄深阻，前逃后伏，我失其便，非绝地也。二叛往矣，九营从之，同恶气盛，非穷窜也。负米入山，颠顿山谷，十日粮尽，马毙士饥，果行也，我师必败。已而罗□（今湖北境内）丧绩，良玉具条前后，与理臣争者以闻于朝。大司马杨嗣昌讳言文灿失策，而又知过不在左也，故于其督师，特表左为平贼将军，即刷孟明、曹沫之耻[10]，左雅知其意，不为用。当嗣昌誓师襄阳（今湖北襄樊），诸大师惴惴奉指挥恐后，左独守便宜，不甚受所下方略。杨亦宽假衔辔，以优容之。官兵之追献忠于蜀也，良玉受命先驱，其机宜往复所不同于制府者有三：于取道也，嗣昌曰兴平，良玉曰大竹（今四川大竹）；于遣兵也，嗣昌曰偏师，良玉曰全军；于料敌也，嗣昌曰吾恐其折回平利（今陕西平利），良玉曰贼不敢复瞰郧、房（今湖北郧县、房县）。嗣昌曰八贼将必旁窜归巫，良玉曰逆献必不远投曹过。监军道万元吉以其不相承禀，深以为言。嗣昌能降心曲从，故玛瑙山赖以取胜。夫合楚蜀之事观之，罗□山左良玉以为不可战者也，文灿违之，以致败。玛瑙山左良玉以为不可不战者也，嗣昌从之，以奏功。彼其老于行间，审势制胜，智略诚有大过人者，若又能加之以恭慎，将之以忠诚，不伐其劳，不矜其智，虽古名将何以加焉！乃自以一筹之得，笑文臣为不知兵，而嗣昌以使相之尊，赐剑之重，九调而九不至，驯至穷寇生其羽毛，群帅离其心膂。兵熸于开县（今四川开县），地覆于襄阳（今湖北襄樊），此仅可诿之贺人龙而于良玉不知责乎？及夫督师缢，藩王亡，贼于是乎伐蔡（今河南汝南）侵随（今湖北随州），汉东大扰，然良玉当新败之余，下当阳（今湖北当阳），出宛、叶（今河南南阳、叶县），一再战于麻城（今湖北麻城）、洵阳（今陕西旬阳）之间，贼遂以破，献忠漏刃破胆，奉头奔窜之不遑，其前之亡羊则缓追也，其后之脱兎则逸获也。江汉巴蜀之民当肝脑涂地于此贼之手，故使良玉不成其功。呜呼！此孰非天为之哉！[11]］。三月，诏撤各镇监军还京[12]。初十日，夜三更，去孝陵（南京明太祖陵）宝城十里，长头枫香树、松树各一被雷火霹烧，南兵部尚书汪庆百以闻[13]。十五日，蕲州（今湖北蕲春县蕲州镇）城隍庙古钟不击自鸣[14]。襄阳（今湖北襄樊）春山乡获牛犊，两头二目[15]。（原注：《京房易传》曰：牛生子，二首一身，天下将分之象[16]）德安府（今湖北安陆 ）天雨鱼[17]（原注：占曰：天雨鱼鳖，民流亡，臣专政，有兵丧[18]）。吴郡（今江苏苏州）天雨麦。关中渭南县（今陕西渭南）天雨荞麦[19]。高唐州（今山东高唐）大无麦禾[20]。余姚（今浙江余姚）文庙柏树见雀饧[21]（原注：天雨爵饧为饥荒，不出三年，改易王者。爵饧如甘露，着树白者甘露，黄者爵饧）夏四月，月入井晕[22]（原注：月犯井，兵起，人主忧。又曰：大臣诛，有破军杀将[23]）。五月，罗汝才、过天星七股入蜀，官军扼夔门（今四川奉节夔门）[24]。癸未，贼陷大昌（今四川重庆巫山县大昌镇），犯夔州（今四川奉节），副将贺人龙生擒自来虎等，石砫女帅邀之，又斩东山虎[25]（原注：崇祯末，秦良玉自将兵三万援夔城（今四川奉节），过夔一步即其石砫司（今四川石柱土家族自治县），守夔亦守家也。知绵州陆逊之罢官归，巡抚遣之按行营垒，过秦，秦冠带佩刀出见，见左右男妾十余人，然能制其下，视他将加肃。为陆置酒叹曰：邵公不知兵，吾一妇人受国恩应死，所恨与邵同死耳。未几，贼大至，张令被射死，秦石砫兵亦覆没，秦单骑见抚曰：事急矣，尽发吾溪洞之卒可二万，我自廪其半，半饩之官，足破贼。土官家用一箸一帚调兵者，最急箸，以能饭者毕至；帚则扫境内出也。邵见嗣昌与已不相中，而蜀无见粮，峒寨之人讵可信？遂谢良玉计不用。邵抚捷春也[26]。当良玉帅师勤王，召见，赐采币羊酒，御制诗旌之曰：蜀锦红袍手制成，桃花马上请长缨，世间不少奇男子，谁肯沙场万里行？[27]）擒贼副塌天，贼入乾溪，罗过分道西行，率小秦王、上天王、混世王、一连莺、关索走云阳（今四川云阳）[28]。江北贼陷罗田（今湖北罗田）[29]。盐山（今河北盐山）飞蝗遍野[30]。当涂（今安徽当涂）大水，有蝗[31]。六月，泰阶坼（音：彻）[32][原注：大臣多戮死者。后武陵（即杨嗣昌）、韩城（即薛国观）、宜兴（即周延儒）三相，皆不以令终[33]]。绍兴（今浙江绍兴）不雨四月[34]。诸暨（今浙江诸暨）雨雹害稼，杀牛羊甚众[35]。山阴（今浙江绍兴）、会稽（今浙江绍兴）蝗，自西北来[36]。常州（今江苏常州）李生瓜[37]。大学士薛国观免[38]（原注：先是，上召国观，语及朝士贪婪。对曰：使厂卫得人，朝士何敢如是？东厂太监王化民在侧，汗浃沾背，于是专侦其阴事。而国观亦褊忮（音：扁至），坐通贿败[39]）。二十四日，浑源（今山西浑源）地震（原注：八月初九日复震[40]）。官军擒贼，赦其俘一竿枪、自来虎、伍林为军锋，擒掠山虎[41]（原注：汝才之精锐殆尽）。托天王常安国降，遣抓地虎谕过天星，擒流金锤、金狗儿、滚地狼。又可天虎降，降将杨旭、一隻虎随官军追贼，贼败走大昌（今四川重庆巫山县大昌镇）[42]。献忠入巫山隘（原注：自兴、房（今湖北兴山、房县一带）走白羊山，入巫山隘（今巫山）[43]）秋七月，雷震襄府（今湖北襄樊）门树，树有盐数斗[44]。月晦无光（原注：杭州十二、十四两夜，月无光。占曰：七月，月无光，虫灾岁凶）。阳城县（今山西阳城）析城山中，诸树枝头遍挂人形，长三寸，绿色衣冠，襟袖宛然，两腋下穿黑绒线，如傀儡绳系状。山人拾之悬室内，至春时，绿壳开裂，中出一蛱蝶飞去[45]（原注：《南越志》：银山有女树，天明时皆生婴儿，日出能行，日没死，日出复然。又大食国有孩儿树，赤叶，枝生小儿，长六七寸，见人则笑[46]。香山（今广东中山）有物如婴孩而裸，鱼贯同行。又清远县（今广东清远）山中有小儿奔走如人形，而肋下两翅）。台州（今浙江台州）飓风拔木覆庐[47]。罗汝才、小秦王、上天王、混世王、一连莺踞大宁（今山西大宁）。小秦王、金翅鹏降。汝才合献[48]。八月，湖广西门旗竿上出火大如斗，飞落城河[49]。华阴县（今山西华阴）渭水赤[50]。杭州城（今浙江杭州）门夜鸣[51]。赈河东、真定、山东、河南[52]。过天星、惠登相降（原注：相，清涧人）。饥民聚太行山，所在蜂起[53]，江北贼革里眼、左金王突霍、太（今安徽霍山、太湖），陷麻城（今湖北麻城）、黄梅（今湖北黄梅）[54]。九月，五车中隐，三柱不见[55]（原注：史曰：柱不具，兵起。一云：五车，天子之兵车舍也。三柱动，则车骑发。崇祯中，朝士劝上修车战之法，而孙传庭陕县（今河南陕县）之败，竟以火车致溃，其三柱不见之明效欤！[56]）九月望，两日出没[57]。河南陕县（今河南陕县）李际遇、申靖邦、任辰、张鼎为盗，众五万[58]。关索、王光恩、杨光甫降。罗汝才之入蜀，凡九股，整十万，扫地王、小秦王、金翅鹏、托天王、过天星、关索八股，相继降，回、革（按，即江北革里眼、老回回）、左走英、霍（今安徽英山、霍山一带），逼凤阳（今安徽凤阳）。秦师大破闯于函谷。蝎子块诛，部贼相继降闯，窜汉南[59]。秦兵蹙之于北，左良玉扼武关以南。自成穷蹙不得逸，屡欲自经，会嗣昌以围师必缺，空武关一路，遂逃郧阳（今湖北郧县），得饥民数万，复大振（原注：流贼初起，杨鹤主抚，贼出险，遂横不可制，是流贼之祸，鹤首之也。闯贼将擒，杨嗣昌谓围师必缺，开函谷一道，闯逃出遂不可收，是流贼之祸，昌终之也，前后误国，可谓是父是子）。献、操陷大昌（今四川重庆巫山县大昌镇）[60]。冬十月辛卯朔，日有食之，参足突出玉井[61]。新会（今广东新会）昼晦如夜[62]。河南怪风[63]。回、革（按，即江北革里眼、老回回）趋楚。降将扫地王张一川被献擒，剐死[64]。官军逼之，操（按，罗汝才诨号曹操）、献（即张献忠）陷剑州（今四川剑阁），走西川（今四川中西部地区）[65]。十一月，闯困殽、函（今崤山、函谷关之间）[66]，蝎子块死，满天星、张耖子、邢家米及闯部大天王、镇天王、一条龙、小红狼、九良星相继请降，闯溃围出[67]。河南土寇起，袁时中聚众数万，破开州（今河南濮阳）[68]（原注：袁时中，北京滑县（今河南滑县，当时属北直隶大名府）人，崇祯十三年（1640年）河北大荒，群盗无虑数十万。真定以南，道路全梗。时中啸聚亡命，先袭开封（今河南开封），十四年（1641年）三月初六日攻陷霍丘（今安徽霍邱），又突往萧县（今安徽萧县），执其令以去。以其对袁老山一营而言，故谓之小袁营。诸贼中惟时中最黠，同起者相继扑灭，而时中渡河南走，有众四千人，围兰阳（今河南兰考）。总兵陈永福、吴遂程击败之；二将去，而兰阳之围复合。寻又为官兵所挫，时中乃东奔归德（今河南商丘），达于颍、亳（今安徽阜阳、亳县），纠合饥民十余万。时李自成养兵襄城（今河南襄城），由郾城（今河南郾城）而东坞壁向应，时中走颍、亳（今安徽阜阳、亳县），屯以西，相遇于陈、蔡之间。时中畏其强，而自成贪其众，遣辩士说之，相与为盟，许配以女。时中遂俯首听命，破睢阳（今河南睢县）、宁陵（今河南宁陵）以及于归德（今河南商丘），时中皆为先锋甚力。然两贼仓卒以形势依倚，其中实不相得，又见自成驱之当矢石，而己收其利，心不服。其去归德（今河南商丘）攻汴（今河南开封）也，行至杞县（今河南杞县），遂叛而去。自成介马追之，疾驰二百里，其众半道散亡，时中左右属者百余骑，仅而免。自成围汴，而时中于其间收合余烬，复得数万人，东归颍、亳（今安徽阜阳、亳县），为官军所逐，屯柘城、鹿邑界中。保督杨文岳抚之不就，总督侯恂、豫抚王汉尝有意羁縻之。时中傈（音：票）狡不驯，而往来者持浮说以博利，卒不能得贼要领。杞县（今河南杞县）之南，有地曰圉镇，逼介睢州（今河南睢县），时中荐处以荼毒，两境之民，罔有宁日。睢州（今河南睢县）无长吏，刘肇昆、欧阳永镇、赵成名皆以幕椽客将主州事。诸生黄亮好纵横，权宜招诱，尝入其营中。贼党多河北人，久客思家，潜求北渡。间有商贩怀、卫间者，而太康（今河南太康）、鹿邑焚掠自如也。御史苏京按豫，素知其反覆。会永城刘超反，时中投牒请以擒超自赎，京却之。寻得旨，许陈永福与之俱。时中自以衔上命，策马河口径渡。京与豫抚秦所式谋之曰："彼畏闯，非图超也，使一至河北，是为逆徒树党耳，永城可复下耶？"乃敛舟北岸，而告曰："若斩李际遇并自成伪官来者，可以从君请，不则姑戢其下勿动。"已而自成移屯渐以逼，有扶沟（今河南扶沟）诸生刘宗文者，为贼用，说时中除旧衅，复自归。时中缚之，献于御史京，置诸法。自成游骑数百，已钞其营，时中杀一将曰张三，生俘三人，曰马龙、余应、王得贵，诧言破贼。自成闻之怒，俄而全队大至，擒时中杀之，余众或杀或降。散者向杞，杞令李翕如擒胡明山等十余人。或向睢，睢人之与贼习者，舣筏为之渡，渡百人。御史京遣吏士收缚，已拔其健者十余人为亲信，他或逃东南以去。时中起十三年，至十六年五月二十四日灭[69]）。十二月，宣府（今河北宣化）地震[70]；汝宁（今河南汝南）、上蔡（今河南上蔡）地裂[71]。新安县（今河南新安）都御史吕孔学墓上石碣吹入云中，去五里方坠[72]。闯围永宁（今山西离石），陷之，杀万安王采𨫼（音：晴）。土寇一斗谷等应之，陷宜阳（今河南宜阳），时得李岩为谋主[73]。两京、山东、河南、山西、陕西、浙江大旱，人相食，草木俱尽[74]。

【1】乾隆《浙江通志·祥异下》引《杭州府志》："崇祯十三年正月，杭州大雨震电。六月，大疫，十室而九。八月，旱，禾尽槁，米一石四金。民采榆屑杂米以食。"

【2】嘉庆《义乌县志·祥异》："崇祯十三年正月，大雪大雨三阅月。"

【3】见于（清）谷应泰《明史纪事本末·崇祯治乱》。

【4】《明实录附录·崇祯实录》："崇祯十三年二月戊寅，谕曰："日者风霾大作，土田亢旱，麦苗将槁；甚至伤折南郊树木。天心仁爱，警示频仍。非政事之多失，即奸贪之纵肆；或刑狱之失平，抑豪右之侵虐：诸如此类，皆干天和。兹许文武人等直言无隐，悉陈利弊，以裨时政。"

【5】（清）吴伟业《绥寇纪略·虞渊沉》："崇祯十三年二月初十日，巨鹿县地震，十二日又震。"

【6】文、注均见于吴伟业《绥寇纪略·虞渊沉》。

【7】见于（清）吴伟业《绥寇纪略·虞渊沉》，但巡抚薛文铨作"韩文铨"。

【8】（清）谷应泰《明史纪事本末·中原群盗》："崇祯十三年二月辛未，罗汝才掠信阳，寻陷光州。"

【9】（清）《明史纪事本末·中原群盗》："崇祯十三年二月，平贼将军左良玉大破张献忠于太平县（今四川万源）之玛瑙山，斩首万级。献忠精锐俱尽，止骁骑千余自随，遁走兴、归（今湖北兴山、秭归）山中。寻自盐井（今湖南澧县盐井镇）窜兴、房（今湖北兴山、房县一带）界上。"

【10】孟明是百里奚的儿子，秦穆公的主要将领。他曾率领秦军与晋国决战，屡战屡败，但最终他还是战胜了晋军，秦穆公见晋国屈服了，就率领军队转到崤山，掩埋了三年前在这里阵亡的将士的骨骸，祭祀了三日才回国。

曹沫，是鲁国人，鲁国将军，凭借勇力侍奉鲁庄公。他与齐国作战，三战三败。鲁庄公害怕了，就献上遂邑这块地方求和，但仍然用曹沫为将。在盟会上，曹沫手持匕首胁迫齐桓公，使他答应全部归还鲁国被侵占的土地。曹沫就扔掉匕首，走下盟坛，脸色不变，言辞从容如故。桓公大怒，要背弃自己的誓约，管仲说："你不能这样。贪图小利来使自己快乐，在诸侯中失去信义，失去各国的帮助，不如把土地给他。"这样，桓公就割还了曹沫三次战役失败被侵占的鲁国领土。

【11】见于《绥寇纪略·九江哀》。

【12】《明实录附录·崇祯实录长编》："崇祯十三年三月丁亥，各镇监尽行撤还。"

【13】见于（清）吴伟业《绥寇纪略·虞渊沉》。

【14】（清）吴伟业《绥寇纪略·虞渊沉》："崇祯十三年三月十五日，蕲州城隍庙

古钟，不击自鸣。”

【15】（清）吴伟业《绥寇纪略·虞渊沉》：“崇祯十三年，襄阳春山乡获牛犊，两头二目。《京房易传》曰：牛生子，二首一身，天下将分之象。”

【16】《京房易传》：“牛生子，一首二身，其邑分。牛生子，二首，天下分南北之象也。”

【17】（清）吴伟业《绥寇纪略·虞渊沉》：“崇祯十三年，德安府天雨鱼。”

【18】（唐）李淳风《乙巳占》：“天雨鱼鳖，国有兵丧。”（唐）瞿昙悉达《大唐开元占经》：“《天镜》曰：‘天雨鱼鳖，为兵丧，万民流亡。’《洪范·传》曰：‘天雨鱼鳖，国有兵丧。’”

【19】（清）吴伟业《绥寇纪略·虞渊沉》：“崇祯十三年，雨麦于吴郡；关中渭南县，天雨荞麦。”

【20】康熙《高唐州志·祥异》：“崇祯十三年，春，微雨。自麦至秋，亢旱不雨，禾黍尽干，一粒弗获。斗米千钱，草根树皮，一望皆尽。至父子相食，妻孥不保。死者相枕藉，鸡犬无声，真亘古奇荒也。大率阖州百姓，饥死者十之七八，病瘟及流亡在外者十之一二，所存鹄而鸠形，指可屈数。”

【21】光绪《余姚县志·祥异》：“崇祯十三年，余姚文庙柏树见雀饧。”（唐）李淳风《乙巳占》：“天雨爵锡，如甘露著树，不出三年，改易王。白者为甘露，黄者为爵锡。”按，雀饧：与甘露相似的一种凝结在树上的露水。古人迷信，认为这是不祥之兆。

【22】见于（清）吴伟业《绥寇纪略·虞渊沉》。

【23】（唐）李淳风《乙巳占》：“东井：月犯井，将军死。月犯井左右星，女主忧。月犯井，人主有忧，大水。”井即井宿，又称东井，属二十八星宿中南方七宿之一。井宿八星如井，附近有北河、南河（即小犬星座）、积水、水府等星座。井宿主水，多凶。

【24】（清）谷应泰《明史纪事本末·中原群盗》：“崇祯十三年五月，罗汝才、过天星七股尽入蜀。监军万元吉扼夔门。”

【25】（清）谷应泰《明史纪事本末·中原群盗》：“崇祯十三年五月癸未，贼陷大昌，犯夔州石砫，女帅秦良玉发兵援夔州……罗、过诸贼自夔州山后抄掠，官军分扼诸隘，贼掠无所得。副将罗于莘击过天星于郑家寨，败之，过天星以百骑走。群盗既困，谋夺尖山西走。四川总兵郑嘉栋、湖广副将张应元、汪云凤会陕西副将贺人龙、李国奇之师赴之，贼以奇兵攻尖山寨，人龙等诸军奋呼齐进，入贼阵，断贼为二……贼皆骑，斩首七百余，生擒自来虎等七十一人，夺甲仗马骡无算。贼退屯羊桥，四出抄掠，石砫兵邀之于马家寨，复斩首七百，又追破之留马垭，斩贼首东山虎。”

【26】（清）赵吉士《寄园寄所寄·焚麈寄·闺中异人》引《稗史》。

【27】（清）郑达《野史无文》：“四川石砫司土司女帅秦良玉，见国家多难，愿出为朝廷效力，帅师勤王。召见，赐彩币羊酒。御制四诗以旌之：‘学就西川八阵图，鸳

鸯袖里握兵符。古来巾帼甘心受，何必将军是丈夫！'‘蜀锦征袍自翦成，桃花马上请长缨。世间多少奇男子，谁肯沙场万里行？'‘胡虏饥餐誓不辞，饮将鲜血带胭脂。凯歌马上清吟曲，不是昭君出塞时。'‘凭将箕帚扫虏胡，一派欢声动地呼。试看他年麟阁上，丹青先画美人图。'"

【28】（清）谷应泰《明史纪事本末·中原群盗》："崇祯十三年五月癸卯，诸将会秦、楚、蜀兵击贼于岭上。诸军云合，贼营大乱，斩首千级。秦兵夺罗汝才大旗，擒其老管队副塌天，贼突围，遁走七箐坎，入于干溪。丙午，罗、过诸贼犯夔州下关城。罗汝才老而滑，多机诈，过天星多拥徒众，二贼以智力相倚，至是屡战不利，谋归楚……罗、过分道西行，汝才率小秦王、上天王、混世王、一连莺五营走云阳尖山坝；过天星、关索二营走云阳水碓口；期同会于开宁。"

【29】（清）谷应泰《明史纪事本末·中原群盗》："崇祯十三年五月，是月，江北贼陷罗田。"

【30】民国《盐山新志·故事略》："崇祯十三年，三月至秋不雨，禾苗尽枯，飞蝗遍野。斗米银四两，木皮草根剥掘俱尽，人相食。"

【31】康熙《当涂县志·祥异》："崇祯十三年，大水，蝗。"（清）吴伟业《绥寇纪略·虞渊沉》："崇祯十三年，两京、山东、河南、山西、陕、浙旱蝗。"

【32】（清）吴伟业《绥寇纪略·虞渊沉》："崇祯十三年六月，泰阶坼。"按，泰阶：即泰微垣中的三台星官，计六星，分三阶。《晋书·天文志上》："上阶：上星为天子，下星为女主。中阶：上星为诸侯三公，下星为卿大夫。下阶：上星为士，下星为庶人。所以和阴阳而理万物也。君臣和集，如其常度，有变则占其人。"坼，裂的意思。三台坼，预兆大臣有难。

【33】杨嗣昌，明末兵部尚书，武陵（今湖南常德）人。他统兵镇压农民军，崇祯十四年二月张献忠起义军攻陷襄阳，杀襄王。"嗣昌在夷陵，惊悸，上疏请死。下至荆州之沙市，闻洛阳已于正月被陷，福王遇害，益忧惧，遂不食，以三月朔日卒"。

薛国观，明崇祯十二年内阁大臣，韩城（今陕西韩城）人。他为崇祯皇帝献追比众外戚捐纳军饷之计，而招怨于皇亲国戚，使得崇祯皇帝追恨不已，故崇祯十三年（1640年）罢职，又穷治其亲信王陛彦之狱，都是要借故杀薛国观。最后，王陛彦案尚未结，崇祯皇帝却以"行贿有据，即命弃市，而遣使逮薛国观"。八月，赐死。

周延儒，宜兴（今江苏宜兴）人，崇祯六年（1633年）任内阁首辅时被温体仁排斥，引疾乞归。十四年（1641年）二月复受召入京，数月后再次入阁担任首辅。十六年（1643年）罢，寻赐死。

【34】乾隆《绍兴府志·祥异》："崇祯十三年，绍兴不雨者四月。山阴、会稽蝗。"

【35】光绪《诸暨县志·灾异》："崇祯十三年庚辰，夏，雨雹，禾稼尽折，击伤牛羊无算。"

【36】嘉庆《山阴县志·禨祥》："崇祯十三年，有蝗从西北来。不雨者四月，米价腾贵。"乾隆《绍兴府志》亦载。

【37】康熙《常州府志·祥异》："崇祯十三年夏，旱，李生瓜。秋蝗，大饥。"

【38】《明实录附录·崇祯实录》："崇祯十三年六月癸亥，上命大学士薛国观拟谕，不当上旨；上怒其不恪遵，自取易之，以授国观。及改入，复不称；遂大怒，令五府、九卿议处。定国公徐允桢等会议：国观当令致仕。刑科给事中袁恺又劾国观周上妒贤，傅永淳等皆其私人；议罪不足蔽辜。癸酉，国观免。"

【39】《崇祯实录》："崇祯十三年，初，上召国观，语及朝士婪贿；对曰：'使厂卫得人，朝士何敢渎货！'东厂太监王化民在侧，汗出浃背；于是专侦其阴事，以及于败。"按，褊忮（音：扁至）指心胸、气量、见识等狭隘。

【40】（清）吴伟业《绥寇纪略·虞渊沉》："崇祯十三年六月二十四日，浑源地震。八月初九日，复震。"

【41】（清）谷应泰《明史纪事本末·中原群盗》："崇祯十三年六月辛亥，昧爽，贺人龙等诸将薄贼营……秦、蜀军争逐之，斩首千二百，俘六百人，赦其俘一竿枪、自来虎、伍林三人，隶为军锋。壬子，秦军蹑贼而前……麾兵并进，噪而扬尘，声动山谷，围中奋呼以应之。贼围开四溃，斩首五百余级，生擒贼渠掠山虎十六人。"

【42】（清）谷应泰《明史纪事本末·中原群盗》："崇祯十三年六月丁巳，郑嘉栋率诸将连营蹑贼，及之于观音山……张应元穷追至寞山……渠托天王常国安请降，应元止兵，裂帛作书，令国安所部抓地虎驰谕过天星。过天星曰："必托天王身至为信，乃降也。"抓地虎反命……辛酉，过天星西走，诸军拔营逐之……诸军共获首千七百余级，擒贼首流金锤、金狗儿，夺马骡三百。过、关二贼东奔达州，张应元等进逼之。丁卯……生擒滚地狼等一十七人，降其管队可天虎等四十人。庚午，贼自袁坝东奔开县，至高城，诸将分营出战，嘉栋将中军，副将罗于莘将左军，降将杨旭、一只虎将右军，战于城下。贼败，走大昌。"

【43】（清）谷应泰《明史纪事本末·张献忠之乱》："崇祯十三年六月，献忠自兴、房走白羊山，入巫山隘。闻川兵蹑之，益入深谷中，掩息旗鼓，转入而西，不知所往。都司曹进功率兵入山侦贼，不见一人而还。"

【44】见于（清）吴伟业《绥寇纪略·虞渊沉》。

【45】《阳城县志·祥异》："崇祯十三年秋，阳城县析城山中，诸树枝头遍挂人形，长三寸，绿色衣冠，襟袖宛然，两腋下穿黑绒线，如傀儡绳系状。山人拾之悬室内，至春时，绿壳开裂，中出一蛱蝶飞去。"

【46】《山海经·大荒南经》注："吴任臣《广注》引《南越志》云：'银山有女树，天明时皆生婴儿，日出能行，日没死，日出复然。'又引《事物绀林》：'孩儿树出大食国，赤叶，枝生小儿，长六七寸，见人则笑。'"（明）冯梦龙《古今笑史·树生儿》引《广

博物志》:“海中有银山，其树名女树。天明时，皆生婴儿。日出能行，至食时皆成少年，日中盛壮年，日晚老年，日没死。日出复然。”

【47】《临海县志·自然灾害》:“崇祯十三年，飓风。”

【48】(清)谷应泰《明史纪事本末·中原群盗》:“崇祯十三年七月，罗汝才、小秦王、上天王、混世王、一连莺连营踞大宁……先是，汝才与金翅鹏不相能，金翅鹏常惧为所并。至是，小秦王、金翅鹏相率降于嗣昌……汝才屡败，党羽多降，势益孤。而张献忠时在巴、巫，与良玉相持，谋西走，汝才遂合于献忠，谋渡川西走。”

【49】见于(清)吴伟业《绥寇纪略·虞渊沉》，但原文没有“湖广”二字。

【50】见于(清)吴伟业《绥寇纪略·虞渊沉》。

【51】见于(清)吴伟业《绥寇纪略·虞渊沉》。

【52】(清)谷应泰《明史纪事本末·中原群盗》:“崇祯十三年八月，是月，发仓赈河东，帑金三万赈真定、山东、河南饥民。”

【53】(清)谷应泰《明史纪事本末·中原群盗》:“崇祯十三年七月，过天星、惠登相乞降。”按,《二申野录》系此事于该年八月，似误。

【54】(清)谷应泰《明史纪事本末·中原群盗》:“崇祯十三年八月，饥民复相煽为盗，啸聚太行山，所在蜂起应之。江北贼革里眼、左金王突霍、太间，上命太监刘元斌监禁军六千驰赴河南江北，合皖、豫兵讨之。禁军击破贼于霍山，贼窜走，寻陷麻城、黄梅。”

【55】见于(清)吴伟业《绥寇纪略·虞渊沉》。按，五车是天市垣中的星官,《晋书·天文志》:“五车五星，三柱九星，在毕北。五车者，五帝车舍也，五帝坐也，主天子五兵，一曰主五谷丰耗……三柱一曰三泉。天子得灵台之礼，则五车、三柱均明有常。”

【56】火车：明代一种可以装载大炮和粮草的车辆。崇祯十六年(1643年)，李自成大破明督师孙传庭火车营，民军倾巢而出，穷追不舍，一日一夜追杀四百余里，官军死亡四万余人，损失兵器辎重数十万。

【57】(清)吴伟业《绥寇纪略·虞渊沉》:“崇祯十三年九月望，两日出没。”望，即农历十五日。

【58】(清)谷应泰《明史纪事本末·中原群盗》:“崇祯十三年九月丁亥，河南陕县盗李际遇、申靖邦、任辰、张鼎众至五万，总兵王继禹遣游击高谦击之，一日三捷，斩二千余级，追至尉氏。”

【59】(清)谷应泰《明史纪事本末·中原群盗》:“崇祯十三年九月己丑，嗣昌屯巫山。先是，关索败，伏深箐中，闻过天星降，益惧。嗣昌遣人招之。关索见诸降将效力军前，遂来归，与其党王光恩谒嗣昌于巫山舟次，率其副杨光甫等数人顿首涕泣，请死罪。嗣昌抚慰之，给以银币。光恩，延安人；光甫，郧阳人。所部六千，杀伤散亡，

已去其半，存者三千，乃简其精锐赴军前杀贼。罗汝才之入川也，凡九股：整十万、扫地王、小秦王、金翅鹏、托天王、过天星、关索。惟汝才合于献忠，其八相继俱降矣。嗣昌飞章以闻，叙赉文武将吏有差。回、左、革诸贼走英、霍，逼凤阳。是月，秦师大破贼于函谷，斩首数千，诛蝎子块。余贼分窜延安、庆阳。"

【60】（清）赵吉士《寄园寄所寄·裂眦寄·流寇琐闻》引《啸虹笔记》："秦兵大破闯于函谷，部贼相继降，闯窜汉南，屡欲自经。会嗣昌以围师必缺，空武关一路，遂逃郧阳，得饥民数万，复大振。献、操陷大昌。"

【61】见于（清）吴伟业《绥寇纪略·虞渊沉》。按，参宿是西方七宿之一，其下方的四颗星，排列形状如井，故称玉井，是参宿中的星官之一。《晋书·天文志上》："参十星……东南曰左足，主后将军；西南曰右足，主偏将军……参左足入玉井中，兵大起，秦大水，若有丧，山石为怪。"又云："玉井四星，在参左足下，主水浆以给厨。"

【62】道光《新会县志·祥异》："崇祯十六年十二月朔，日无光，星昼见。"按，《二申野录》系于崇祯十三年。

【63】雍正《河南通志·祥异》："崇祯十三年三月，卫辉大风沙霾昼晦。"

【64】（清）谷应泰《明史纪事本末·中原群盗》："崇祯十三年十月，回、革趋楚。抚军宋一鹤赴蕲、黄协剿，命诸将分屯襄、郧、承天诸扼要。降将扫地王张一川击献贼于梓潼，陷阵被擒，贼剐之。"

【65】（清）谷应泰《明史纪事本末·中原群盗》："崇祯十三年十月壬戌，张献忠、罗汝才陷剑州。甲子，过剑阁，趋广元，直走阳平关。从间道别出百丈山，将入汉中。总兵赵光远守阳平甚严，贺人龙、李国奇复整兵而东。贼乃踰昭化走西川。"

【66】崤函：指河南的崤山与函谷关。崤函并称，主要因此处地势险要，是兵家必争之地。大致在灵宝市、陕县范围。

【67】（清）谷应泰《明史纪事本末·中原群盗》："崇祯十三年，是冬，闯贼困于崤、函，蝎子块既死，群贼满天星、张妙子、邢家米及闯贼部将大天王、镇天王、一条龙、小红狼、九梁星相继请降。闯贼溃围而出。"

【68】（清）谷应泰《明史纪事本末·中原群盗》："崇祯十三年，开州人袁时中聚众数万破开州。"按，袁时中是河南滑县人。开州即今河南濮阳，明代与滑县均属北直隶大名府。

【69】以上（清）赵吉士《寄园寄所寄·裂眦寄·流寇琐闻》引《绥史未刻编》。

【70】（清）吴伟业《绥寇纪略·虞渊沉》："崇祯十三年十二月，宣府地震，总督张福臻以闻。"

【71】（清）吴伟业《绥寇纪略·虞渊沉》："崇祯十三年，是年，汝宁、上蔡地裂。"

【72】（清）吴伟业《绥寇纪略·虞渊沉》："崇祯十三年，是年冬，河南府大风。新安县都御史吕孔学墓上石碣，吹入云中，去四五里方坠。"

【73】（清）吴伟业《绥寇纪略·汴渠垫》："崇祯十三年十二月李自成陷永宁杀万安王采𨰻。"

（清）谷应泰《明史纪事本末·中原群盗》："崇祯十三年十二月，自成围永宁，云梯肉薄攻城，陷之，焚杀一空，杀万安王采𨰻。连破四十八寨，土贼一斗谷等群盗响应，遂陷宜阳，众至数十万。杞县诸生李岩为之谋主。贼每以剽掠所获散济饥民，故所至咸归附之，兵势益盛。"

【74】（明）文秉《烈皇小识》："崇祯十三年，是年，山、陕、河南大旱，蝗起。冬，大饥，人相食，草木俱尽，土寇并起。"《明史·五行志三》："崇祯十三年，北畿、山东、河南、陕西、山西、浙江、三吴皆饥。自淮而北至畿南，树皮食尽，发瘗胔以食。"乾隆《沧州志·纪事》："崇祯十三年，沧州蝗，人相食。"

辛巳（崇祯十四年，1631年）春正月壬寅朔，黄雾四塞，日眚无光[1]（原注：占曰：民相食，主去君[2]）。湖广地震[3]。山东盗李廷实、李鼎铉陷高唐州（今山东高唐）。山东所在贼起，东平州（今山东东平）吏胥倡乱，迎贼入城。巡抚王国宝檄总兵刘泽清击破之[4]（原注：刘泽清，字鹤洲，家在曹县（今山东曹县）。尝一渡河救汴，壁垒未成，辄遁走。其为人好声色，将略本无所长，修科臣韩如愈一言之怨，乘乱徼半道杀之。其晋封东平也，自云先帝已行封，而诏不达，故与广昌、兴平拜独进侯，人莫得而辨也[5]）。闯围河南府（今河南洛阳），叛兵迎之，城遂陷，福王遇害[6]（原注：福王，神宗爱子，母郑贵妃专宠，就国日，海内全盛。上所遣税使、矿使数十人，月有奉日。有进广明珠，滇、黔丹砂，空青宝石，豫章（今江西）磁，陕西异织文毳，蜀重锦，齐楚矿金矿银，他搜括赢羡亿万计。各人主私财，入贵妃掌握，拟斥十之九以资王，富厚甲天下。及贼逼，援兵之过洛者，口语藉藉，或詈道中言曰："王府金钱百万，厌粱肉，而令吾辈枵腹死贼乎？"南大司马吕维祺在城中苦劝王，王不为动。未几，洛阳破，王之血肉，且为闯之福禄酒，况财宝乎？贼入王府，珠玉货赂山积，装缣囊负，任以入卢氏山中（今河南卢氏与三门峡之间的崤山、熊耳山之间），发王府中及仓粟，大赈饥民[7]）。献入巴州（今四川巴中），大败官军于开县（今四川开县），复下夔门（今四川奉节夔门），走兴、房（今湖北兴山、房县一带）山中[8]。二月，福建地震[9]。山西偏头关（今山西省忻州市偏关县与宁武关、雁门关合称“外三关”，是三关中最西边的一座）天鼓鸣[10]。楚府猫犬流泪，有哭泣声[11]。太仓卫（今江苏太仓）指挥姜周辅家鸡伏子，两头四翼八足（原注：挥使亦勋旧也，卫将废，厥灾见于其家[12]）。嘉兴（今浙江嘉兴）城声震如裂，时称城愁[13]。河南土寇陷新野。罗汝才与献自川入楚。河南土寇瓦罐子、一斗谷归闯，合攻开封（今河南开封）。山东土寇逼东阿（今山东东阿）、汶上（今山东汶上）[14]。革、左（按，即江北革里眼、左金王）伪降，旋叛[15]。河南土寇孟三据河阴（今河南荥阳北），官军斩之[16]。闯席卷子女玉帛入山，围开封（今河南开封），周王却之。献袭襄阳（今湖北襄樊），害襄王；渡江，破樊城（今湖北襄樊市樊城），陷当阳（今湖北当阳）、陕县（今河南陕县），又陷光州（今河南潢川）、新野（今河南新野），攻固始（今河南固始），再陷光州（今河南潢川）[17]。革、左（按，即江北革里眼、左金王）在皖、桐勾合之。献、操陷随州（今湖北随州）[18]。三月初二日，天津游击张国安巡河至赵家场，刀枪上火星灼灼有光，黑夜列戟如星，巡抚李继贞以闻（原注：晋成都王颖与长沙王相攻，隋尧君素守蒲州（今山西永济），唐刘武周据并州（今山西太原）反，其兵器皆夜有火光。万历中，各边台竿有火，凡十五见。其墙子路有火，时风雷大作。绥静边堡军执棍扑之，棍亦生火，孤山堡亦如之。山东抚治令箭及刀枪头皆出火。《魏书》曰：轻民命，好攻战，则金失其性而为变。神宗非好战之主，而怀宗用兵亦有所不得已也，然则火何为而作哉？[19]）绍兴连岁旱，民苦饥。诸暨、上虞、余姚蝗遍野，邑人钱世贵属民以水照火，蝗赴水死者十之三[20]。河间（今河北河间）大旱，蝗飞蔽天，人相食[21]。丙子，督师大学士杨嗣昌自缢于军[22]。陕督丁启睿督师[23]。革、左（按，即江北革里眼、左金王）五营走麻城（今湖北麻城），勾献[24]。夏四月，召前大学士周延儒入朝[25]。闯陷归德（今河南商丘）。牛金星降贼，荐宋献策[26]。天津（今天津）地震[27]。闰四月初八日，雷火起蓟州（今天津蓟县）城西北，烧至赵家谷，延二十余里[28]。当涂（今安徽当涂）旱，大饥疫[29]。上海大旱蝗，饿殍载道。有卖婆窃人子女，至家杀之，以供饱啖，邻人闻所烹肉甚香，启锅视之，手足宛然，鸣官，立毙之[30]。萧山（今浙江杭州萧山）下乡人许三，杀子而食[31]。五月，赦傅宗龙，督陕兵讨贼[32]。河南袁时中二十万，窥凤、泗（今安徽凤阳、泗州），总兵刘良佐击败之[33]（原注：广昌伯刘良佐，字明宇，故东抚朱大典之旧将，后总督淮阳（今江苏淮阳），再率麾下从护祖陵，御革左最后收永城亦有功[34]）。泰安（今山东泰安）土寇十余万掠兖州（今山东兖州），走邳州（今山东邳县古邳镇），焚掠，犯徐州（今江苏徐州），至扬州（今江苏扬州）南沙河店，毁漕船，入东平州（今山东东平），丰县、徐州贼合之。东平贼李青山屯梁山（今山东梁山）[35]（原注：青山本屠者，因乱啸聚，据梁山之寿张集（今山东寿张），上累诏趣刘泽清以进剿。十四年十二月二十一日，泽清所部游击赵维修追青山，斩其党艾双双，双双青山技艺师，伪封当家大元帅，梁山诸贼，皆其管辖也。二十七日，青山兵败遁去，有贾望山者，泽清破其巢，执而讯之，称青山同逆党萧侯封等三人，逃往山东之沂州。十五年正月六日，兖东防守都司齐见龙报其弟齐翌龙生擒青山以献。先是青山以百骑走泗水，材官杨衍者，故将［杨］御蕃侄也。杀其骑且半，逐之至费县东之箕山，杨相射中其马，翌龙遂得而生擒馘之。援剿禁旅，太监入都者曰刘元斌，于中道诡称搜解青山余党，欲以自为功。司礼监王裕民以其疏入奏，疏曰："臣等所擒梁山寿张集逆贼李青山，有伪军师王邻臣等，本东平州诸生，城陷为贼所得，因为之用。与伪中军赵一资同备心腹，贼之陆梁跳荡，其谋也。别部如黑虎庙伪元帅李明芳，临潮集伪元帅余城印，戴家庙伪元帅陈维新。城印破东平州，明芳、维新破张秋，而维新又烧漕船三十隻者也。又以攻破阴新，烧彝陵关籍者，伪元帅朱连掌贼之老营，与同起攻破新泰、东阿。伪元帅李相南梁山梁家湾楼顺天飞虎，伪元帅徐尚德猩猩屯，伪元帅李青芳，青山之从弟也。梁山伪元帅侯严化，蓝店伪元帅贾望山，萧皮口伪元帅吴应诏，油篓山伪元帅二人王山印、王东楚。梁山伪副元帅二人冯文运、吕同升皆以破东平（今山东东平）时，先登为骁贼。萧皮口伪副元帅王加与，花蓝店伪副元帅魏建宏，又有伪千总张明山，伪参谋杨某，而冯三益、吕明年、王茂祥、施可凭皆贼目。臣元斌臣泽清奉皇上歼渠赦胁之旨，不敢根株支蔓，惟条奏首恶，及附逆有迹者二十四人，青山缚置槛车，余皆反接以徇。"上曰："青山小丑，久乃就擒，不足以献庙祉。其命法司，按轻重，磔斩于都市且赏赉将士有差。"或曰："王邻臣劝青山以约降。”其献俘也，上率太子永、定二王，御门受之。众贼曰：“许我做官，乃缚我耶？”至市，青山奋起，所缚之桩立拔，大诟骂当事负约，死乃绝声[36]）。贺人龙破闯于灵峡山中[37]（原注：时闯众五十万，曹操复与合众益强。献贼败归之，复去[38]）。破傅宗龙军，遂陷项城（今河南项城），分贼图商水（今河南商水）、扶沟（今河南扶沟）[39]。闯、操合陷叶县（今河南叶县），刘国能死；陷泌阳（今河南泌阳）[40]（原注：刘国能即降将闯塌天，性至孝，就抚乃奉其母命也。先是庚寅六月，左帅遣之围献于玛瑙山，献食尽，分兵抄粮，不得者杀之，贼卒多降。左使国能将之前行，诈称粮至，献开营延入，国能大破之，擒其妻敖氏、高氏与徐以显、潘独鳌等送襄阳（今湖北襄樊）狱。至是，守叶。闯贼破城，自刎死，其妻先死，其子方八岁，自解所带小刀刎死[41]）。献、革、左（按，即张献忠、革里眼、左金王）自霍、太（今安徽霍山、太湖）来会，围左良玉于郾城（今河南郾城），陷襄城（今河南襄城）[42]。六月初二日，雷震宣城（今安徽宣城）西门城楼，火药冲发，楼遂糜碎[43]。湖广大风雹，巡按汪承诏以闻[44]。两京、河南、山东、浙江蝗，多饥盗[45]。江南池河守备高策铨报，于广武卫之龙山、英武卫（今安徽凤阳东南）之小横土中变成红绿白三色米粉，军民取以充饥。取者日数千人，名曰观音粮[46]。左、革（按，即江北革里眼、左金王）陷宿松（今安徽宿松）、英山（今湖北英山）[47]。献被左师败于南阳（今河南南阳），西走，与操合陷信阳（今河南信阳）、泌阳（今河南泌阳），走随州（今湖北随州）[48]。秋七月二十六日，大同（今山西大同）地震者三[49]。高唐州（今山东高唐）有鼠千百为群，食禾立尽[50]。左、革（按，即江北革里眼、左金王）陷潜山（今安徽潜山），围麻城（今湖北麻城）[51]。献围郧阳（今湖北郧县）。总兵黄得功戏下兵叛，西走，投献，陷郧西（今湖北郧西）。操忤于献，北走，与闯合。献破郧兵，有众数十万[52]。八月，大学士薛国观赐死，籍其家[53]。宣府（今河北宣化）冰雹为灾[54]。戊午，上海海潮，日三至[55]。辛酉，上幸太学。先期，命司礼太监王德化率群臣习仪太学[56]。陕西地震[57]。献掠信阳（今河南信阳），左师大败之，负重创，遁山中，仅数百人[58]。九月，四川龙安府（今四川平武）地震。应天（今江苏南京）地震[59]。改东厂提督京营亦称总督[60]。罗汝才自南阳（今河南南阳）趋邓、淅（今河南邓县、淅县）合闯[61]。献大败，奔自成，自成将杀之，东走，与回、革（按，即老回回、革里眼）同入霍山（今安徽霍山）拒守[62]。冬十月辛卯朔，日有食之，既白昼如夜，星斗尽见，百鸟飞鸣，牛羊鸡犬皆惊逐[63]。太监刘元斌、卢九德率兵追贼，献纠回、革、左（按，即老回回、革里眼、左金王），自霍、太（今安徽霍山、太湖）会闯于河南[64]。合六营，复攻舒城（今安徽舒城）[65]。十一月，禁朝臣私探内阁，通内侍（原注：于是侍漏俱露立，毋敢入直舍[66]）。降将李万庆没于贼，复陷襄城（今河南襄城），杀陕抚汪乔年；围南阳（今河南南阳），陷之，唐王遇害[67]。十二月，陷洧州（今河南尉氏）、许州（今河南许昌）、长葛（今河南长葛）、鄢陵（今河南鄢陵），合操（按，即罗汝才），陷禹州（今河南禹州），徽王遇害，再围开封（今河南开封），陈永福射中闯左目[68]。福建巡抚萧奕辅奏，异风[69]。高邮湖（今江苏高邮）星陨大如屋[70]。钟祥（今湖北钟祥）南门城楼吐烟三日[71]。是年杭城（今浙江杭州）旱饥，既富家亦半食粥，或兼煮蚕豆以充饥。贫者采榆屑木以食[72]。谚云：湖船底漏，司厨刀锈。梨园饿瘦，上瓦下瓦，抱裯（音：绸）远走[73]。

【1】《明实录附录·崇祯实录》："崇祯十四年正月壬寅，黄雾四塞，日青无光。夜，大雨。"

【2】（唐）李淳风《乙巳占》："黄雾四塞，太阳翳精，主之昏乱，政教不明。"

【3】（清）吴伟业：《绥寇纪略·虞渊沉》："崇祯十四年正月，湖广地震，巡抚宋一鹤以闻。"

【4】（清）谷应泰《明史纪事本末·中原群盗》："十四年正月甲辰，山东土贼李廷实、李鼎铉陷高唐州。时山东盗起，东平、东阿、张秋、肥城所在皆贼。兖州二十州县，一时啸聚响应，惟济宁、滋阳无盗。京畿道梗，省直饷银数百万俱阻于兖州。东平州吏胥倡乱，迎贼入城据之。巡抚王国宾发六道官兵防兖州，檄总兵刘泽清击破东平贼，复其城。"

【5】（清）赵吉士《寄园寄所寄·裂眦寄·群寇》引《绥寇未刻编》："东平侯刘泽清字鹤洲，家在曹县，尝一渡河救汴；壁垒未成，辄遁走。其为人好声色，将略本无所长，修科臣韩如愈一言之怨，乘乱徼半道斩之（上遣科臣韩如愈督江浙饷，马嘉值

督闽广饷，泽清遣兵徂击之于东平戴家庙，而见白公贻清，询其名曰："非是。"既而遇韩，斫数刀，韩挺不挠，惟以幼子不宜杀劫者，曰："无与小儿事。"舍之去。马以变服免。如愈在垣，性严正无所依附，其纠泽清也。泽清持重币贿之，如愈呼使诮让，反其币。故及）。自云先帝已行封，而诏不达，故与广昌兴平拜独进侯，人莫得而辨也。"

【6】（清）赵吉士《寄园寄所寄·裂眦寄·流寇琐闻》引《啸虹笔记》。

【7】（清）赵吉士《寄园寄所寄·裂眦寄·流寇琐闻》引《绥史》。

【8】（清）谷应泰《明史纪事本末·张献忠之乱》："十四年正月丁丑，献忠、汝才入巴州。己卯，走达州……己丑，猛如虎率诸将及贼于开县……献忠凭高而望，见后军无继，左军皆前却不进，因以精锐绕谷中，出官军后，驰而下。左军先溃，士杰及游击郭开、如虎子猛先捷皆战死。前军已覆，如虎突战溃围出，马仗军符尽失。贼东走巫山、大昌……贼既度巫山，昼夜疾走兴、房山中。"

【9】（清）吴伟业：《绥寇纪略·虞渊沉》："崇祯十四年二月，福建地震，巡抚萧奕辅以闻。"

【10】《明实录附录·崇祯实录》："崇祯十四年二月丁卯，夜，山西偏头关天鸣。"

【11】见于（清）吴伟业：《绥寇纪略·虞渊沉》。

【12】文、注均见于（清）吴伟业：《绥寇纪略·虞渊沉》。

【13】见于（清）吴伟业：《绥寇纪略·虞渊沉》。

【14】（清）谷应泰《明史纪事本末·中原群盗》："崇祯十四年二月丁卯，河南土贼陷新野。张献忠、罗汝才俱自川入楚，惟摇天动留川东……戊午，河南土寇瓦罐子、一斗谷诸盗尽归于李自成，合攻开封。山东土贼留东阿、汶上。"按，《二申野录》作"河北土寇陷新野"，误，当为"河南土寇"，据改。

【15】（清）谷应泰《明史纪事本末·中原群盗》："崇祯十四年二月革、左诸贼因张、罗远窜，豫、皖之兵四集，急而归款。杨卓然议插之潜、太间。二盗实无降意，借款以缓师，而公行肆掠。卓然每左右之，以塞人责。及闯、献陷襄、洛，革、左遂承机复炽，倚山剽攻。

【16】（清）谷应泰《明史纪事本末·中原群盗》："崇祯十四年二月丙寅，河南土贼孟三陷河阴，据之。游击高谦攻围七昼夜，拔之，斩孟三。"

【17】（清）赵吉士《寄园寄所寄·裂眦寄·流寇琐闻》引《啸虹笔记》："崇祯十四年二月，[李自成]席卷子女玉帛入山，围开封，周王却之。袭破襄阳，害襄王，渡江，破樊城，陷当阳、郏县，又陷光州、新野，攻固始，再陷光州。"

【18】（清）赵吉士《寄园寄所寄·裂眦寄·流寇琐闻》引《啸虹笔记》："崇祯十四年二月，革、左在皖、桐勾合之。献、操陷随州。三月嗣昌缢。"

【19】文、注均见于（清）吴伟业：《绥寇纪略·虞渊沉》。

【20】乾隆《诸暨县志·祥异》："崇祯十五年，诸暨飞蝗遍野，斗米价千钱。知

县钱世贵嘱民以火照水，蝗赴水死者十之三。”

【21】《明史·五行志一》：“崇祯十四年六月，两京、山东、河南、浙江大旱蝗。”

【22】《明实录附录·崇祯实录》：“崇祯十四年三月丙子朔，督师、大学士杨嗣昌自缢。”

《明史·杨嗣昌传》：崇祯十四年二月张献忠起义军攻陷襄阳，杀襄王。“嗣昌在夷陵，惊悸，上疏请死。下至荆州之沙市，闻洛阳已于正月被陷，福王遇害，益忧惧，遂不食；以三月朔日卒”。

【23】《明实录附录·崇祯实录长编》：“崇祯十四年三月甲子，以丁启睿为兵部尚书、督师，赐尚方剑，节制陕西、河南、四川、湖广、江北，仍兼督三边军务。陈新甲荐之也。”

【24】（清）谷应泰《明史纪事本末·中原群盗》：“崇祯十四年，是春，革、左贼五营，闻献忠东来，走麻城以勾之。湖广巡抚宋一鹤闻之，渡江进兵屯蕲州，擒贼谍，焚舟断渡。”

【25】《明史·周延儒传》：崇祯六年（1633年）周延儒任首辅时被温体仁排斥，引疾乞归。十四年（1641年）二月复受召入京，数月后再次入阁担任首辅。十六年（1643年）罢，寻赐死。

【26】（清）赵吉士《寄园寄所寄·裂眦寄·流寇琐闻》引《啸虹笔记》：“崇祯十四年四月，陷归德，牛金星降贼，荐宋献策。”

（清）谷应泰《明史纪事本末·李自成之乱》：“崇祯十四年，卢氏贡士牛金星向有罪当戍边，降于贼，自成以其女为妻。金星荐卜者宋献策善河洛数。献策长不满三尺，见自成献图谶云：‘十八孩儿当主神器。’自成大喜，拜军师。”

【27】（清）吴伟业：《绥寇纪略·虞渊沉》：“崇祯十四年四月，天津地震，巡抚李继贞以闻。”

【28】见于（清）吴伟业：《绥寇纪略·虞渊沉》。

【29】见于康熙《当涂县志·祥异》。

【30】康熙《上海县志·祥异》：“崇祯十四年，是年春，大饥，斗米至三四钱，人食草木，根皮俱尽，抛妻子死者相枕藉……有卖婆抱人子女，至家杀之，以供饱啖，邻人闻所烹肉甚香，启锅视之，手足宛然，鸣官，获之立毙。”

【31】见于康熙《绍兴府志》。民国《萧山县志·水旱祥异》：“崇祯十四年四月，疫疠大作，死者相藉于道。五月大旱，米每石三两三钱，大麦每担一两五钱。”

【32】（清）张岱《石匮书后集·烈皇帝本纪》：“崇祯十四年五月，赦兵部尚书傅宗龙出之狱，以右侍郎都御史督陕西兵讨贼。”

《明史·庄烈帝纪二》：“崇祯十二年十二月丙午，下兵部尚书傅宗龙于狱。十四年五月庚辰，释傅宗龙于狱，命为兵部侍郎，总督陕西三边军务，讨李自成。”

【33】（清）谷应泰《明史纪事本末·中原群盗》：“崇祯十四年五月，河南土寇袁时中聚众至二十万，入江北，窥凤、泗……丁丑，朱大典率诸军击败之，率众保险，

潜弃牲畜宵遁。丁酉，总兵刘良佐简骁骑自义门追击五十里，贼窜逸深林。良佐分轻兵追捕，明日，及贼大队，贼方扼险拒守，官军以火炮奋击之……二十万众鸟兽散。时中以数百骑宵遁，北渡河，走入河南，所获仗甲弓矢山积。"

（清）吴伟业:《绥寇纪略·通城击》:"袁时中者豫土寇，号小袁营，据蒙阴之义门，窥凤犯泗。朱大典以刘良佐之兵大挫之于龙德寺。"

【34】（清）赵吉士《寄园寄所寄·裂眦寄·群寇》引《绥寇未刻编》："广昌伯刘良佐字明宇，故东抚朱大典之旧将，后总督淮扬再率麾下，从护祖陵，御革、左，最后收永城亦有功。"

【35】（清）谷应泰《明史纪事本末·中原群盗》："崇祯十四年五月，泰安土寇十余万掠宁阳、曲阜、兖州，所至燔屋庐，掠妇女……闻青州兵至，遂走邳州……庚子，犯徐州北关，焚之，抄劫至扬州南沙河店，毁漕船十六艘，复东北行入东平州。丰县土寇千余万围县城，徐州贼合之，攻城愈急。东平贼首李青山屯于梁山。"

【36】见于（清）赵吉士《寄园寄所寄·裂眦寄·群寇》引《绥史未刻编》。

【37】（清）谷应泰《明史纪事本末·李自成之乱》："崇祯十四年五月乙亥，贺人龙破李自成于灵峡山中。"

【38】（清）谷应泰《明史纪事本末·李自成之乱》："崇祯十四年五月，罗汝才不合于张献忠，七月自内乡、淅川走邓州，与自成合营。时自成有众五十万，复得汝才军，众益炽。九月，张献忠众散于南阳，以数百骑奔自成。自成将杀之，汝才以五百骑资献忠，献忠东奔合回、革。"

【39】（清）谷应泰《明史纪事本末·李自成之乱》："崇祯十四年九月丁丑，陕督傅宗龙率兵四万次新蔡，与保督杨文岳之兵会。贺人龙、李国奇将秦兵，虎大威将保定兵，共结浮桥渡河，合兵趋项城……自成、汝才亦结浮桥于上流，将趋汝宁。觇官军至，尽伏精锐松林中……贼觇之，突起林中，搏官军。人龙敛兵不战，国奇迎战不胜，两军俱溃……保定兵宵溃，文岳夜奔项城，宗龙独立营当贼垒……辛卯，营中火器弓矢俱尽。宗龙简卒，尚有六千。夜漏二下，潜勒军突贼营，溃围出，诸军星散……壬辰，至项城，贼追之，被执至城下……贼抽刃击宗龙，中脑而仆，复厉声骂，贼斲其耳鼻，死城下。人龙、国奇俱归陕，贼获衣甲器械无算，遂陷项城，屠之。分兵屠商水、扶沟，所在土寇蜂起骚动。"

【40】（清）吴伟业：《绥寇纪略·通城击》："李自成方残叶县杀副将刘国能，而围左良玉于偃城……国能之守叶也，力战不能支，城陷。贼杀其令张我翼，而好谓国能曰：'若我故人也，何不服？'国能按剑骂曰：'我初与若同反，今则王臣也，奈何从贼。'遂遇害。"

【41】见于（清）赵吉士《寄园寄所寄·裂眦寄·流寇琐闻》引《知寇子》。

【42】（清）谷应泰《明史纪事本末·李自成之乱》："崇祯十四年十月，张献忠纠回、

革、左诸贼自霍、太北行会李自成，河南诸土寇以兵毕赴，自成众逾百万。左良玉兵至临颍，临颍为贼守，良玉攻破屠之，尽获贼所掠。自成怒，合兵攻良玉。良玉退保郾城，自成、汝才围之，良玉悉兵拒守。贼陷襄城。”按，《二申野录》将此事系于崇祯十四年五月。

【43】（清）吴伟业：《绥寇纪略·虞渊沉》。

【44】（清）吴伟业：《绥寇纪略·虞渊沉》。

【45】《明实录附录·崇祯实录》：“崇祯十四年六月癸酉，两京、山东、河南、浙江旱，蝗；多饥盗。”

【46】见于（清）吴伟业：《绥寇纪略·虞渊沉》。

【47】（清）谷应泰《明史纪事本末·中原群盗》：“崇祯十四年六月庚戌，革、左诸贼陷宿松、英山，朱大典驻师寿州，造长枪三千，长丈二尺，鸟铳三千，大阅诸军数万人，刻期入山搜剿。贼方分掠诸县，闻之尽合营屯潜山。”

【48】（清）谷应泰《明史纪事本末·张献忠之乱》：“崇祯十四年六月，左良玉败献忠于南阳之西山。献忠西走，与汝才合兵攻南阳，昼夜穴城，知府颜日愉力拒之。贼去，陷信阳，获左兵旗帜，令群盗袭以入泌阳，陷之。癸亥，走随州。”

【49】见于（清）吴伟业：《绥寇纪略·虞渊沉》。

【50】见于康熙《高唐州志·祥异》。

【51】（清）谷应泰《明史纪事本末·中原群盗》：“崇祯十四年七月庚辰，革、左陷潜山，遂围麻城。督师丁启睿大破贼于麻城，斩千二百级，贼解围去。”

【52】（清）谷应泰《明史纪事本末·张献忠之乱》：“崇祯十四年七月丁丑，献忠围郧阳，郧兵御之多杀伤。己卯，献忠宵遁。总兵黄得功戏下兵叛，西走投献忠。献忠陷郧西。罗汝才忤于献忠，北走合自成，左良玉败之于邓州，再败之于淅川。辛卯，郧兵与献忠战，败绩……献忠既拔郧西，马骡器甲，抢获甚盛。群盗蚁附之，众至数十万。”

【53】《明实录附录·崇祯实录》：“崇祯十四年七月辛亥，夜，赐故大学士薛国观死、诛中书舍人王陛彦，各籍其家。时漏下已鼓，中旨赐自尽，叩寝出之；国观犹徘徊不忍死，部寺官命卒扶就缢死。久之得旨，始解就殓。国观性疏傲，无远识。上尝以财匮问国观，因密劝上搜括戚畹；且曰：‘缙绅则臣任之，戚畹非独断不可。’于是借武清侯家四十万金，李氏破家应命；戚寺争恨之。临刑，犹曰：‘吴昌时杀我！’国观自贾之祸，终不觉也。”

【54】见于（清）吴伟业：《绥寇纪略·虞渊沉》。

【55】康熙《上海县志·祥异》：“崇祯十四年八月戊午，上海海潮，日三至。”

【56】《崇祯实录》：“崇祯十四年八月辛酉，上幸太学，以重修告成也……先期，司礼太监王德化奉命率群臣习仪于太学。”

【57】（清）吴伟业：《绥寇纪略·虞渊沉》：“崇祯十四年八月，陕西地震，茶马

御史陈羽百以闻。”

【58】（清）谷应泰《明史纪事本末·张献忠之乱》：“崇祯十四年八月，左良玉乃自南阳引兵逆击献忠于信阳，斩其首将沙贼，大破之，夺其马万余，降众数万。献忠负重创，易服夜遁，窜入山中。”

【59】（清）吴伟业：《绥寇纪略·虞渊沉》：“崇祯十四年九月，四川巡按陈奏：龙安府地震。是月，应天巡抚黄希宪奏：地震。”

【60】《明实录附录·崇祯实录》：“崇祯十四年九月辛巳，改东厂提督京营者亦称总督。”

【61】（清）谷应泰《明史纪事本末·中原群盗》：“崇祯十四年九月，罗汝才自南阳趋邓、淅，以合于闯贼。”

【62】（清）谷应泰《明史纪事本末·李自成之乱》：“崇祯十四年九月，张献忠众散于南阳，以数百骑奔自成。自成将杀之，汝才以五百骑资献忠，献忠东奔，合回、革。”

【63】康熙《鄞县志·祥异》：“崇祯十四年十月朔，日有食之，既，乃昼晦见星，鸟雀归林，移时渐复。”康熙《宁波府志》：“崇祯十四年日食，既，昼晦见星，鸟雀尽返于林，移时乃复。”乾隆四川《营山县志》：“崇祯十四年，昼晦如夜，人物对面不见，饭时方明，一时称异。”康熙《定海县志·祥异》：“崇祯十四年十月，日食，既，时当昼，天晦冥，鸡犬皆惊。”

【64】（清）谷应泰《明史纪事本末·中原群盗》：“崇祯十四年十月，太监刘元斌、卢九德率京营兵与总兵周遇吉、黄得功合追贼于凤阳，及之……张献忠纠合回、革、左诸贼，自霍、太北行，会闯贼于河南。”

【65】（清）谷应泰《明史纪事本末·张献忠之乱》：“崇祯十四年十月，张献忠合六营贼，复出攻舒城。”

【66】《明实录附录·崇祯实录》：“崇祯十四年十一月己卯，禁朝臣私探内阁、通内侍。于是待漏俱露立，毋敢入直舍。”

【67】（清）谷应泰《明史纪事本末·李自成之乱》：“崇祯十四年十一月，陕西巡抚汪乔年率马步三万趋河南……时襄城新破，乔年迟疑不敢进……自成闻之，解郾城之围来迎战。乔年安营未定，有二将先逃，官军大溃。贼乘之，一军尽覆。乔年以数百人入城，居守五日，襄城复陷。乔年自刎，未殊，被执见杀……杀守将李万庆，万庆乃降将射塌天也。自成再破秦师，获马二万，降秦兵数万，威镇河、洛。乘胜围南阳，数日城陷，总兵猛如虎死之，唐王遇害。”

【68】（清）谷应泰《明史纪事本末·李自成之乱》：“崇祯十四年十二月，李自成连陷洧州、许州、长葛、鄢陵……自成、汝才合兵陷禹州，徽王遇害。复围开封，巡抚高名衡、总兵陈永福等竭力守御……永福射中自成左目。”按，《崇祯实录》称，“张献忠、李自成合攻开封七日夜。”并非与罗汝才合攻开封。

【69】见于（清）吴伟业：《绥寇纪略·虞渊沉》。

【70】见于（清）吴伟业：《绥寇纪略·虞渊沉》。

【71】雍正《湖广通志·祥异》："崇祯十四年十二月，狼入钟祥，南门城楼鸱吻吐烟三日。"

【72】光绪《杭州府志·祥异三》："崇祯十四年六月，杭州大旱，飞蝗蔽天，食草根几尽，人饥见疫。按,《仁和县志》:是年旱，富家半食粥，或兼煮蚕豆以充饥。《钱塘县志》：是年大旱，蝗飞蔽天，民初食豆麦，次糠秕，不给，煮榆皮、橡栗食之。僵尸载道。"《明史·五行志三》："崇祯十四年，南畿饥。金坛民于延庆寺近山见人云，此地深入尺余，其土可食。如言取之，淘磨为粉粥而食，取者日众。又长山十里亦出土，堪食，其色青白类茯苓。又石子涧土黄赤，状如猪肝，俗呼"观音粉"，食之多腹痛陨坠，卒枕藉以死。是岁，畿南、山东洊饥。德州斗米千钱，父子相食，行人断绝，大盗滋矣。"

【73】梨园：旧指戏班子。瓦：也叫瓦市、瓦肆，系戏场、书场等卖艺场所。上瓦下瓦：是两个市场的名称,泛指各瓦市中手艺人。裯：指被单,一说床帐。泛指生活用品。意思是指，天大旱，停在湖里的船被太阳晒得裂开了缝；无饭可做，厨师的刀都生锈了；戏班子生意冷清，艺人们纷纷带上行李远走他乡。

壬午（崇祯十五年，1642年）春正月辛未朔，潞安（今山西长治）风霾，昼晦如夜，道绝往来[1]。罢提督京营内臣[2]。起孙传庭，督陕兵讨贼[3]。山东李青山就擒，诛[4]。左、革陷潜山（今安徽潜山）、巢县（今安徽巢县）[5]。闯攻开封（今河南开封）。献陷亳州（今安徽亳县）[6]。二月，群鼠渡江，昼夜不绝[7]（原注：万历戊午、己未，江北有方鼠千万，衔尾渡江南，芦麦尽为所咋。其鼠头方，尾长。天启时，田鼠纠结如桴蔽江，入芦苇根苗立尽。张养默言：短尾方喙，小于鼠，而足方长[8]。传曰：鼠，盗窃小虫，昼伏夜匿，害稼者，贪邪小人窃禄位，而寇盗以滋生也[9]）。左、革陷全椒（今安徽全椒）[10]。闯、操合群盗八十万，围陈州（今河南淮阳），屠之，令回、革复攻舒城（今安徽舒城）[11]。皇极鸱吻出烟，近察之，乃细赤蠓如是飞者三日（原注：《元史》于燕都建宫殿，时掘地见赤头虫无万数。术者曰将来代国家者此物也而赤虫则从古未有也[12]）。三月，左、革、回五股合献攻六安（今安徽六安）[13]；袁时中会之，旋合于闯[14]。闯、操陷睢州（今河南睢县）、太康（今河南太康），围归德（今河南商丘），陷之；陷宁陵（今河南宁陵）、考城（今河南民权东北）[15]。闯、操三攻开封（今河南开封）[16]。夏四月，荧惑犯岁星[17]。十五日山西地震[18]。顺天三河县（今河北三河）境内，空中忽堕一龙，牛头蛇身，有鳞有角，婉转叫号于沙土中，以水沃之则稍止，如是者三昼夜乃死[19]。（原注：夫龙之为物，以不见为神，以升云行天为得志，今偃然暴露其形，是不神也。不上于天而下堕于地，失职且死矣[20]）。滕县（今山东滕县）有酒化为血[21]。浦江（今浙江浦江）地大动[22]。孙传庭斩贺人龙（原注：贼闻人龙死，酌酒相庆曰：贺疯子死，取关中如拾芥矣[23]）。袁时中以贼合，陷六安（今安徽六安）[24]。五月，荧惑犯镇星[25]。雷震孝陵（南京明太祖陵）松树[26]。星流如织。岁星逆行[27]（原注：占曰：君令逆，则岁星逆行。郄萌曰：岁星逆行，社稷亡，天下兵起，民去其乡[28]）。宥马士英，起兵部左侍郎兼佥都御史，提督凤阳（今安徽凤阳）[29]。革贼陷无为州（今安徽无为）[30]。献袭破庐州（今安徽合肥）[31]。六月，革、左复入六安（今安徽六安）、英、霍（今安徽英山、霍山一带）山中。革贼入舒城（今安徽舒城）[32]。献忠陷庐江（今安徽庐江）[33]。秋七月，保抚杨文岳奏，怪风[34]。山西复地震[35]。十六日莱州地震[36]。凤阳（今安徽凤阳）屡地震（原注：自十五至十七年，连岁不止）。其初宝顶中有声如雷，东西动荡者数十昼夜，而震乃发[37]。以司礼太监齐本正提督东厂，王承恩提督勇卫营[38]。泰州两大山因地震合为一，其民居两山间者数百家皆被压没不见[39]。聊城县民马中杰家生豕，一首二尾七蹄[40]（原注：《五行传》：听之不聪，时则有豕祸。万历中，豕祸七。天启，秦、楚皆豕妖，有长喙人足而一目者。是年误用陈奇瑜为总督，因抚失贼，听不聪之效也[41]）。京师铁炮自鸣[42]。四川达州（今四川达县）城壕水变为血，城中井鸣[43]。蕲州（音：其，今湖北蕲春县蕲州镇）树杪火发，焚其木殆尽[44]。革贼毁庐州城（今安徽合肥）[45]。八月，主考将至南闱，民间讹传曰壬午（崇祯十五年）不开场。自此江南沦没，是科已后不复为明之南闱矣[46]。革、左、回掠信阳（今河南信阳），出麻城（今湖北麻城），会献[47]。献合水陆贼五十六营于皖江，复陷六安（今安徽六安），谋入金陵（今江苏南京）[48]。袁时中突入萧县（今安徽萧县）[49]。延绥定边堡妖鼠产于蝦蟆腹中，一产数十，遍二三百里，食禾稼皆尽[50]。江宁（今江苏南京）大疫[51]。金县田鼠残食夏秋禾苗，巡按李悦心以闻。陇西县田鼠灰、黄、白三色，害稼[52]。九月，老回回分兵犯芜湖（今安徽芜湖），掠桐、安（今安徽桐城、安庆）。革、左犯颍州（今安徽阜阳），旋合闯[53]。河决灌开封（今河南开封）。侯恂督师河上，推官黄澍以舟迎周王北渡[54]。闯败官军于南阳（今河南南阳）[55]。献走潜山（今安徽潜山），黄得功大败之，贼腹心、妇竖俱尽[56]（原注：靖南侯黄得功，字浒山，京营名将也。尝败张献忠于潜山（今安徽潜山）之方岭，杀万人，献忠几获而佚。侯为人戆而忠，出于天性，所部不过三万。每战，身自冲突，劲疾若飞，江淮人呼曰："闯子。"几诧以为无敌[57]。靖南起徒步，初为群商执鞭，往都经山东，值响马，众商俱逃遁。靖南独手两驴蹄御贼，贼无不披靡，由是勇名震远近[58]。休宁汪耐庵曾拜靖南侯门下。高杰引兵争扬州（今江苏扬州），公从靖南侯饮，盘列生彘肩，割啖之。帐下骁将能饮者，以次坐，人浮巨觞。有丘总兵弟守备，辞不能饮，侯怒，欲杖之，总兵目公，公大笑，侯问故，曰："生笑丘守备腿不及杖粗也。"侯笑而止。俄报高兵十里外将至矣，侯笑饮不动。又报距五里，又报仅三里，饮如故。及报已抵城下，侯乃上马，旁一卒授之弓，执左手，又一卒授之枪，挂于肘，又一卒授之鞭，跨左腿下，一卒授之锏，跨右腿下；背后五骑，骑负一箭筒，筒箭百，随之往。抽箭乱射，疾如雨，箭尽掷弓，继以枪，枪贯二骑折旋，又击死二骑。须臾掷枪，用鞭锏双挥之，肉雨坠，众军已歌凯矣，归而豪饮如平时[59]。侯有副将林报国勇敢当先，用为前部，所向有功。左金王、老回回、革里眼等，数惮之。革贼大管队二将者，五营中以骁勇闻，设伏以待报国。报国恃勇深入，堕其伏，二将截战，射伤报国之马，报国步战，遂不得脱。二将提报国首上山骂，诱侯，盖恃其有伏也。各路兵皆集，无一敢前。侯正切齿，欲为复仇，匹马直取二将。贼四起，用挠钩钩侯，侯奔回，二将追近，侯回身，联箭中贼喉落马。贼兵救夺，侯铁鞭打开，提归二将首级，以祭报国。群贼溃而走。贼中又有少年将嗜杀而勇，号无敌将军，大呼于阵曰：汝曹何怯也，吾为汝曹擒黄将以来。众贼皆按辔观之。无敌将军大呼驰至侯前，侯立擒之，横至马上，左手按其背，右手策马去，自是贼众胆落，相戒须避黄闯矣[60]。靖南自刎后，金陵有人忽奔真武庙中者，跳舞大呼曰：“我靖南侯也，上帝命我代岳武穆王为四将，岳已升矣。”言毕，手提右廊岳像于中，而已立其位，作握鞭状，良久乃苏[61]。呜呼！大厦将倾，虽忠肝贯日，犹不能善其后，况恃势恣横，本起盗贼者乎？独靖南之殁，人有余哀，至今村赛列之神庙，与武穆埒。未可同日而共道也[62])。冬十月丙午，冬至夜半，上海疾雷迅风暴雨[63]。诛太监刘元斌、王裕民[64]。山东妇人生一物，双猫首，首有角，角之巅有目，身如人，手垂过膝[65]。嘉定有一男子无家室，忽腹大面黄，人以为蛊，其邻夜闻呼唤声，生一男，将执，以闻之官。其人抱儿遁去，不知所之[66]。闯屠南阳（今河南南阳）；闯、操合趋汝宁（今河南汝南）[67]。刘良佐再破献于安庆（今安徽安庆），献走蕲水（今湖北浠水）[68]。十一月，袁时中合于闯[69]，闯贼游兵窥怀庆（今安徽怀庆），欲北渡，刘泽清御却之[70]。蕲州（音：其，今湖北蕲春县蕲州镇）有鬼，白日成阵，墙上及屋脊行走，揶揄居人[71]。团风、鸭蛋洲（今湖北黄冈团风镇、鸭蛋洲）有飞雀万余，投蕲州南城壕[72]（原注：后献忠破武昌，从鸭蛋洲（今湖北黄冈鸭蛋洲）渡此，比之鸜鹆来巢，为羽虫之孽，近黑眚也[73]。黑色意主急，有飞鸟之象焉[74]）。黄梅（今湖北黄梅）孔陇镇地藏，目出泪一缕，循鼻而下，拭而复出[75]。闰十一月，河南土寇蜂起，李好、孙学礼、李际遇各数万。闯合诸贼围汝宁（今河南汝南），屠之；向襄阳（今湖北襄樊），掠崇王由樻及世子、诸王妃嫔以行[76]。献屠桐城（今安徽桐城），陷无为州（今安徽无为）、黄梅（今湖北黄梅）、太湖（今安徽太湖）[77]。泉州（今福建泉州）雨水如血，红白不一[78]。绍兴（今浙江绍兴）连岁桃李冬花[79]。十二月，青浦（今上海青浦）东门外河内一石，及滩上一石，又诸生杨家柱础皆涌血不止。蜀剑州（今四川剑阁）民家，有滴血污其门，城中数万户皆同[80]。广济（今湖北武穴）胡是恭家，马生角八寸，从耳中出[81]。袁时中东犯凤、皖[82]。荆州迎贼，左良玉避贼。贼陷襄阳（今湖北襄樊），分贼陷夷陵（今湖北宜昌）、宜城（今湖北宜城）、荆门（今湖北荆门），向荆州（今湖北江陵）；遣老回回据夷陵（今湖北夷陵）以犯澧（今湖南澧县）[83]。是年，奉先殿鸱吻忽落地作披发鬼，哭出宫，群臣共见。又周后宫中忽传云接驾，因具袍笏伺之，见卤簿严肃，及近前，乃一老年女人，旧阉云：此李太后也。

为神宗生母。良久寂然[84]。凤阳（今安徽凤阳）祖陵悲号震动，三年不止，以迄于亡[85]。

【1】雍正《山西通志·祥异二》："崇祯十五年元旦，长治、襄垣风霾昼晦。"按，潞安府治长治。

【2】《明实录附录·崇祯实录》："崇祯十五年正月辛卯，罢提督京营内臣。"

【3】（清）谷应泰《明史纪事本末·李自成之乱》："崇祯十五年正月癸未，起孙传庭兵部侍郎，总督陕西兵剿寇。"按，崇祯十二年，孙传庭因与杨嗣昌的矛盾，"假耳聩，不任事；托巡按御史代请。教谕某以传庭同乡，候之密语，侦其诈，讦奏；故逮庭及御史"。孙传庭下狱三年期间，明军屡被李自成农民军所败，故崇祯十五年明廷重新起用孙传庭。

【4】《明实录附录·崇祯实录》："崇祯十五年正月丙子，山东盗平，擒李青山入京。青山，本屠人，乘机啸聚数万人；战败，逃山谷中，迹捕得之。"

【5】（清）谷应泰《明史纪事本末·中原群盗》："崇祯十五年正月辛巳，左、革陷潜山。壬午，陷巢县。"

【6】《明实录附录·崇祯实录》："崇祯十五年正月辛巳，李自成益攻开封。开封城，宋人所筑也；土坚而刚。寇穴城，土陨，数千骑歼焉；寇骇而徙，南屠陈州。"

【7】见于（清）吴伟业：《绥寇纪略·虞渊沉》。

【8】（明）方以智《物理小识·鼠徙》："占曰：鼠无故皆夜去，则邑有兵。唐武德元年，李密、王世充隔洛相拒，密营中鼠一夕渡水。嘉靖时，有群鼠衔渡。万历戊午、己未（四十六、四十七年）江北有方鼠千万，衔尾渡江南，芦麦尽为所咋。其鼠头方，尾长。天启时，田鼠纠结如桴蔽江，入芦苇，根苗立尽。张养默言：短尾方喙，小于鼠，而足方长。崇祯壬午（十五年）鼠衔尾渡江。"

【9】《汉书·五行志中》："鼠，盗窃小虫，夜出昼匿；今昼去穴而登木，象贱人将居显贵之位也。""京房易传曰：'臣私禄罔辟，厥妖鼠巢。'"按，"罔辟"就是欺骗君主的意思。

【10】（清）谷应泰《明史纪事本末·中原群盗》："崇祯十五年二月，左、革陷全椒。"

【11】（清）谷应泰《明史纪事本末·李自成之乱》："崇祯十五年三月庚午，李自成、罗汝才合群盗八十万围陈州，兵备副使关永杰率士民死守……贼怒，屠陈州。"

（清）谷应泰《明史纪事本末·张献忠之乱》："崇祯十五年三月，献忠合回、革诸贼，复攻舒城。"

《明实录附录·崇祯实录》："崇祯十五年三月辛未，张献忠陷舒城。七月，是月，李自成陷陈州，杀睢陈道佥事关永杰。"

按，《二申野录》系李自成屠陈州、攻舒城于二月，《明史纪事本末》均系于三月，且李自成、张献忠分别所为。《崇祯实录》系张献忠攻舒城于三月，李自成屠陈州于七月。

【12】按，文、注均见于（明）方以智《物理小识·赤虫谶》："《元史》于燕都建宫殿时，掘地见赤头虫无万数。术者曰：将来代国家者，此物也。崇祯壬午年（十五年，1642年），皇极鸱吻出烟，近察之，乃细赤蠓，如是飞者三日。癸未（十六年，1643年）孟冬，享太庙，卫士夜惊，有黑物如牛，高数丈，自午门奔端门出。此是黑眚，而赤虫则从古未有也。"

【13】（清）谷应泰《明史纪事本末·张献忠之乱》："崇祯十五年四月乙巳，献忠合诸贼陷六安。"

【14】（清）谷应泰《明史纪事本末·中原群盗》："崇祯十五年三月丙子，革、左、老回回五股，合步骑数万趋寿州，复以兵合献忠攻六安。袁时中亦会之。时中旋合于闯。"

【15】（清）谷应泰《明史纪事本末·李自成之乱》："崇祯十五年三月辛卯，李自成陷睢州，陷大康，遂围归德府。归德无兵，民自为守。乙未，贼鳞次穴城，城陷。贼乘胜陷宁陵、考城。"

【16】（清）谷应泰《明史纪事本末·李自成之乱》："崇祯十五年四月癸亥，李自成、罗汝才合群贼复攻开封。"按，崇祯十四年二月，李自成一攻开封；十五年正月，李自成二攻开封。

【17】中国古代，火星叫荧惑，木星叫岁星。《开元占经·五星占三》："荆州占曰：荧惑犯岁星为战。按《宋书·天文志》曰：晋大安三年正月，荧惑犯岁星。七月，卫将军陈眕率众奉帝伐成都，六军败绩，兵逼乘舆。"

【18】【34】（清）吴伟业《绥寇纪略·虞渊沉》："崇祯十五年四月十五日，山西巡抚蔡懋德奏地震。七月，复奏地震。"

【19】（明）文秉《烈皇小识》："崇祯十五年四月中，顺天三河县地方，半空中忽堕下一龙，牛头而蛇身，有角，有麟，宛转叫号于沙土中，以水沃之则稍止。抚按不敢奏闻，如是者三昼夜乃死。"

【20】《新五代史·前蜀世家》："夫龙之为物，以不见为神，以升云行天为得志，今偃然暴露其形，是不神也；不上于天而下见于水中，是失职也。"

【21】乾隆《山东通志·五行志》："崇祯十五年，滕县酒化为血。"

【22】乾隆《浙江通志·祥异下》引《金华府志》："崇祯十五年，浦江县地震。"

【23】（清）谷应泰《明史纪事本末·李自成之乱》："崇祯十五年夏四月，孙传庭檄召诸将于西安听令，固原总兵郑家栋、临洮总兵牛成虎、援剿总兵贺人龙各以兵来会。传庭大集诸将，缚贺人龙坐之旗下……因命斩之，诸将莫不动色……人龙，米脂人，初以诸生效用，佐督抚讨贼，屡杀贼有功，总全陕兵。叛将剧贼多归之，人龙推诚以待，往往得其死力。襄城之役，朝廷疑人龙与贼通，密敕传廷杀之。贼闻人龙死，酌酒相庆曰："贺疯子死，取关中如拾芥矣。"

【24】按，袁时中会众部，攻六安。《明史纪事本末》系于三月。

【25】镇星，即土星。

【26】见于（清）吴伟业：《绥寇纪略·虞渊沉》。

【27】二事皆见于（清）吴伟业：《绥寇纪略·虞渊沉》。

【28】（唐）瞿昙悉达《开元占经》："郗萌曰：'岁星之行，当迟而疾，失一次以上至二次，则人主惊走，社稷危亡，天下兵起，民去其土，死者如兵陵。'

【29】《明实录附录·崇祯实录》："崇祯十五年五月戊寅，宥马士英，起兵部左侍郎兼右佥都御史，提督凤阳军务兼督湖广、安庆合剿。"按，起初，崇祯五年七月丙寅，"逮士英，以擅笞张家口守备，又取都司库六千金；太监王坤密以闻"。

【30】《明实录附录·崇祯实录长编》："崇祯十五年五月甲戌夜，革贼陷无为州。"

【31】（清）谷应泰《明史纪事本末·张献忠之乱》："崇祯十五年五月甲戌，张献忠袭破庐州。先是，献忠遣英、霍游民阳为贸易者，潜入庐州城。适督学御史以较士至郡，献忠遣贼数百，负书卷，衣青衿，杂诸生应试者，旅寓城中。甲戌夜漏三下，献忠卷甲疾驰入郡，城中贼纵火应之。城陷，学使者及备兵副使蔡如蘅俱走，知府郑履祥死之。"

【32】（清）谷应泰《明史纪事本末·中原群盗》："崇祯十五年六月，革、左诸贼复入六安、英、霍诸山中，倚林樾度夏，秋爽复出，岁以为常。安、庐州县，残破者半，官吏咸携印篆舣舟理事。城中荆榛塞路，人烟久断。革里眼入舒城，屯于板山。"

【33】（清）谷应泰《明史纪事本末·张献忠之乱》："崇祯十五年六月辛亥，献忠袭陷庐江，焚戮一空，还兵舒城。"

【35】见于（清）吴伟业：《绥寇纪略·虞渊沉》。

【36】见于（清）吴伟业：《绥寇纪略·虞渊沉》。

【37】（清）吴伟业：《绥寇纪略·虞渊沉》："崇祯十五、六、七年凤阳地震，连岁不止。其初，宝顶中有声如雷，东西动荡者数十昼夜，而震乃发。凤阳巡抚田仰以闻。"

【38】（清）谷应泰《明史纪事本末·宦侍误国》："崇祯十五年秋七月，以司礼太监齐本正提督东厂，王承恩提督勇卫营。"

【39】（清）吴伟业：《绥寇纪略·虞渊沉》："崇祯十五年，泰州两大山因地震合为一，其民居两山间者数百万家，皆被压，掩没不见。"按，《二申野录》作"数百家"、"压没不见"。

【40】宣统《聊城县志·通纪志》："崇祯十五年，豕生豘，一首二尾七蹄。"

【41】文、注均见于（清）吴伟业：《绥寇纪略·虞渊沉》。按，《汉书·五行志中之下》传曰："听之不聪，是谓不谋，厥咎急，厥罚恒寒，厥极贫。时则有鼓妖，时则有鱼孽。时则有豕祸，时则有耳疴，时则有黑眚黑祥，惟火沴水。"

【42】见于（清）吴伟业：《绥寇纪略·虞渊沉》，但无"京师"两字。

【43】（清）吴伟业：《绥寇纪略·虞渊沉》："崇祯十五年，四川达州城壕水变为血，

城中井鸣。”

【44】见于（清）吴伟业：《绥寇纪略·虞渊沉》。

【45】（清）谷应泰《明史纪事本末·中原群盗》：“崇祯十五年七月甲戌，革贼毁庐州城。”

【46】（清）赵吉士《寄园寄所寄·灭烛寄·异》引《志异》：“予于崇祯壬午（十五年，1642年），分校南闱，二场后，外间喧传棘场开一窦，疑有关节内达者。监试监临官俱入内帘省视，则墙两层，外层有穴，而内层墙无之，遂窒之而已，至后夜仍穴之成窦。监场御史叶瞻山于夜躬伺之，则两狐先后自窦而出，两眼如灯射入，群疑始释。自此江南沦陷，是科已后，不复为明之南闱矣。是科主考将至，尤讹传曰：‘壬午（崇祯十五年）不开场矣！’亦成谶语。”

【47】（清）谷应泰《明史纪事本末·中原群盗》：“崇祯十五年八月，回、革、左连营光山、罗山，一军掠信阳，一军出麻城，仍与献忠合军。”

【48】（清）谷应泰《明史纪事本末·张献忠之乱》：“崇祯十五年八月辛丑，献忠分三军：一军上六安，一军趋庐州，一军往庐江三河。掠双桥巨舟二百艘。复大治舟舰于巢湖习水师，因大会群贼，合水陆五十六营，集于皖口。壬子，献忠再陷六安，挫明黄得功、刘良佐兵，谋渡江入南京，遂僭号改元，刻伪宝，选自宫男子，伪署总兵以下官。”

【49】（清）谷应泰《明史纪事本末·中原群盗》：“崇祯十五年八月，保镇游击赵崇新与贼袁时中讲抚于夏邑，为贼所绐，被杀。时中复佯就抚，诏许其投诚自新。时中出不备，突入萧县，执知县以去。”

【50】见于（清）吴伟业：《绥寇纪略·虞渊沉》。

【51】道光《上元县志·庶征》：“崇祯十四年五月，大疫，死者数万人。”

【52】（清）吴伟业《绥寇纪略·虞渊沉》：“崇祯十五年，金县田鼠残食夏秋禾苗，巡按李悦心奏。陇西县田鼠灰、黄、白色，咬伤麦穗。”按，《二申野录》与此文字稍异。

【53】见于（清）谷应泰《明史纪事本末·中原群盗》。

【54】（清）谷应泰《明史纪事本末·李自成之乱》：“崇祯十五年七月，贼围开封久，守臣告急。八月，开封久困，食尽，人相食。开封城北十里枕黄河，巡抚高名衡、推官黄澍等城守且不支，恃引河水环濠以自固，更决堤灌贼，可溃也……九月，河决开封。贼先营高处，然移营不及，亦沉其卒万人。河流直冲入城，势如山岳，自北门入，穿东南门出，流入涡水，水骤长二丈，士民溺死数十万。巡抚高名衡、陈永福咸乘小舟至城头。周王府第已没，从后山逸出西城楼，率宫眷及诸王露栖城上雨中七日，督师侯恂以舟迎王。”

【55】（清）谷应泰《明史纪事本末·李自成之乱》：“崇祯十五年九月孙传庭率兵至南阳，李自成、罗汝才西行逆之……贼奔逐入伏中……斩首千余级，贼溃东走。追之，贼尽弃甲仗军资于地。官军争取之，无复步伍。贼觇官军嚣，反兵乘之，左军先溃，

诸军继之，丧材官、将校七十有八人，贼倍获其所丧焉。”

【56】（清）谷应泰《明史纪事本末·张献忠之乱》：“崇祯十五年九月，黄得功复以大兵逐之。己卯，贼悉走潜山，命贼将一堵墙为殿。营于山上，步骑九十哨，分营为四，前阻大沟，后枕山险，为持久计。得功、良佐卷甲疾趋，夜半缘山后噪而升。贼惊起失措，且前阻大沟，不能成列。官军奋击，贼踰崖跳涧四溃。追奔六十里，斩首万余。献忠溃围走，一堵墙伏林中，焚杀之……贼腹心谋士、妇竖俱尽。”

【57】（清）赵吉士《寄园寄所寄·裂眦寄·群寇》引《绥寇未刻续编》：“靖南侯黄得功字浒山，京营名将也。尝败张献忠于潜山之方岭，杀万人，献忠几获而佚。为人戆而忠，所部不过三万。每战，身自冲突，劲疾若飞，江淮人呼曰：‘闯子。’几诧以为无敌。”

【58】（清）赵吉士《寄园寄所寄·裂眦寄·群寇》引《啸虹笔记》：“靖南起徒步，为郡商执鞭往都，经山东，值响马；众商俱逃遁，靖南独手提两驴蹄御贼，贼无不披靡，由是勇名震远近。”

【59】（清）赵吉士《寄园寄所寄·裂眦寄·群寇》引《柳轩丛谈》：“休宁汪耐庵曾拜靖南侯门下。高杰引兵争扬州，公从靖南侯饮，盘列生彘肩，割啖之。帐下骁将能饮者，以次坐，人浮巨觞。有丘总兵弟守备，辞不能饮，侯怒，欲杖之，总兵目公，公大笑，侯问故，曰：‘生笑丘守备腿不及杖粗也。’侯笑而止。俄报高兵十里外将至矣，侯笑饮不动。又报距五里，又报仅三里，饮如故。乃报已抵城下，侯乃上马，旁一卒授之弓，执左手，又一卒授之枪，挂于肘，又一卒授之鞭，跨左腿下，一卒授之锏，跨右腿上；背后五骑，骑负一箭筒，筒箭百，随之往。抽箭乱射，疾如雨，箭尽掷弓，继以枪，枪贯二骑折旋，又击死二骑。须臾掷枪，用鞭锏双挥之，肉雨坠，众军已歌凯矣，归而豪饮如平时。”

【60】（清）赵吉士《寄园寄所寄·裂眦寄·群寇》引《寇志》：“黄得功副将林报国勇敢当先，为得功前锋，所向有功。左金王、老回回、革里眼等，数惮之。革贼大管队二将者，王营中以骁勇闻，设伏以待报国。报国恃勇深入，陷其伏中，二将截战，射伤报国之马，报国步战，遂不得脱。二将提报国首上山骂，诱得功，盖恃其有伏也，各路兵皆集，无一敢前。得功正切齿，欲为复仇，匹马直取二将。贼四起，用挠钩钩得功，得功奔回，二将追近，得功回身，联箭中喉落马。贼兵救夺，得功铁鞭打开，提归二将首级，以祭报国。群贼丧气，我兵惊散，自是贼营相传须避黄闯矣。”

【61】（清）赵吉士《寄园寄所寄·裂眦寄·群寇》引《啸虹笔记》：“靖南自刎后，金陵有人忽奔真武庙中者，跳舞大呼曰：“我靖南侯也，上帝命我代岳武穆王为四将，岳已升矣。”言毕，手提右廊岳像于中，而己立其位，作握鞭状，良久乃苏。”

【62】（清）赵吉士《寄园寄所寄·裂眦寄·群寇》引《绥寇未刻续编》：“大厦将倾，虽忠肝照日，犹不能善其后，况恃势恣横，本起盗贼者乎？独靖南之殁，人有余哀，

至今村赛列之神庙，与武穆埒。未可同日而共道也。”

【63】康熙《上海县志·祥异》:“崇祯十五年春，蝗蝻遇雨化为鳅蟹。冬十月丙午，冬至夜半，疾雷迅风澍雨，折木飞瓦。”

【64】《明实录附录·崇祯实录》:“崇祯十五年十月戊午，诛司礼太监刘元斌。”按，《崇祯实录》：“崇祯十四年十月，复遣太监卢九德、刘元斌率京营兵入河南。刘元斌驻归德南，四十日不进。城门昼闭，纵诸军大掠，杀樵汲者以冒功，已而欲攻城，索赂乃免。”“十一月，南阳仍陷，刘元斌闻之，乃拥妇女北去。俄命御史清军，元斌仓皇皆沈之于河。”（清）谷应泰《明史纪事本末·张献忠之乱》：“崇祯十五年冬十月，诛司礼太监刘元斌。初，元斌监军河南，群盗在陕、洛，元斌留归德不敢进，纵诸军大掠，杀樵汲者论功。及论辟，未得旨即奏辨。上怒，并诛太监王裕民。”

【65】（清）吴伟业:《绥寇纪略·虞渊沉》:“崇祯十五年，山东妇人生一物，双猫首，首有角，角之巅有目，身如人，手垂过膝。巡抚陈以闻于朝。”

【66】见于（清）吴伟业:《绥寇纪略·虞渊沉》。

【67】（清）谷应泰《明史纪事本末·李自成之乱》：“崇祯十五年冬十月，李自成复陷南阳，屠之，回兵屯开封北。自成、汝才合兵趋汝宁。”

【68】（清）谷应泰《明史纪事本末·张献忠之乱》：“崇祯十五年十月丙午，刘良佐再破献忠于安庆，夺马骡五千，救回难民万余。献忠引兵西走蕲水。”

【69】（清）谷应泰《明史纪事本末·中原群盗》：“崇祯十五年十一月，袁时中会合于闯贼。”

【70】（清）谷应泰《明史纪事本末·李自成之乱》：“崇祯十五年十一月，孙传庭治兵于登封，收斩逃帅，进兵汝宁。贼游兵窥怀庆，欲北渡，刘泽清御却之。”

【71】（清）吴伟业:《绥寇纪略·虞渊沉》:“蕲州有鬼，白日成阵，墙上及屋脊行走，揶揄居人，城遂陷。”

【72】（清）吴伟业:《绥寇纪略·虞渊沉》：“崇祯十五年冬，团风、鸭蛋洲有飞雀万余，投蕲州南城壕。”《绥寇纪略·盐亭诛》：“十六年癸未正月，破广济寻破蕲州，三月蕲再屠且尽。蕲先期有飞雀万余投南城濠，树杪发火，火器不爇自震，鬼白昼墙上骑而揶揄人。”

【73】鹳鹆，鸟名，又作鸲鹆，俗称八哥。《汉书·五行志下》:“昭公二十五年”“夏，有鸲鹆来巢”。刘歆以为羽虫之孽，其色黑，又黑祥也，视不明听不聪之罚也。按，刘歆，字子骏，汉高祖刘邦四弟楚元王刘交之后，名儒刘向之子。是中国儒学史上的重要人物，后因谋诛王莽事败自杀。建平元年（公元前6年）改名刘秀。西汉后期的著名学者，古文经学的真正开创者。

【74】《周易·小过》：“艮上震下，飞鸟之象。”意思是说：小事错误，无碍大局，仍能亨通。小事错误，但能存利人之心，行中正之道，进退合时，还是可以通行无阻。

但不遵循正道，如果图谋大事，必不能成功。本卦有飞鸟过山之象。飞鸟空中过，叫声耳边留，警戒人们：攀高将遇险，下行则吉利。

【75】（清）吴伟业：《绥寇纪略·虞渊沉》："崇祯十五年十一月，黄梅孔陇镇地藏，目出泪一缕，循鼻而下，拭而复出。十二月二十三日城陷。"

【76】（清）谷应泰《明史纪事本末·李自成之乱》："崇祯十五年闰十一月己酉，李自成合诸贼围汝宁。监军孔贞会以川兵屯城东，杨文岳以保定兵屯城西……庚戌，贼四面环攻……死伤众，而攻不休。一鼓百道并登，执文岳及分巡佥事王世琮于城头……贼屠士民数万，燔烧邸舍无遗。丁巳，拔营走确山，向襄阳，掠崇王由樻及世子、诸王、妃嫔以行。"

【77】（清）谷应泰《明史纪事本末·张献忠之乱》："崇祯十五年十二月，献忠复东去，陷桐城，屠之。初，献忠西遁，诸军俱剿袁时中于颍，故献忠乘虚突出。丙戌，陷无为州，遂陷黄梅。壬辰，陷太湖。"按，《崇祯实录》："崇祯十五年十一月己卯，张献忠陷黄梅；丁亥，张献忠陷无为州；闰十一月丁丑，张献忠陷太湖，杀知县杨春芳。"战绩及年月均有不同。《二申野录》系此三事均于崇祯十五年闰十一月，有误。

【78】乾隆《泉州府志·祥异》："崇祯十五年，泉州雨水如血。"

【79】康熙《绍兴县志·祥异》："崇祯十五年，绍兴大旱，连岁桃李冬花。"

【80】（清）吴伟业：《绥寇纪略·虞渊沉》："崇祯十五年，青浦东门外河内一石，又滩上一石，又诸生杨家柱础，皆涌血。不出三月之内，蜀剑州民家，有滴血污其门，城中数万户皆同。"

【81】雍正《湖广通志·祥异》："崇祯十五年，黄州郡县蝗，大饥，继以疫，人相食。广济胡是恭家，马生角八寸，从耳中出。"

【82】（清）谷应泰《明史纪事本末·中原群盗》："崇祯十五年十二月，袁时中东犯凤、皖。"

【83】（清）赵吉士《寄园寄所寄·裂眦寄·流寇琐闻》引《啸虹笔记》："崇祯十五年十二月，袁时中东犯凤皖荆州，迎贼。左良玉避贼，贼陷襄，分贼陷夷陵、宜城、荆门，向荆州，遣老回回据夷陵，以犯澧。"

（清）谷应泰《明史纪事本末·李自成之乱》："崇祯十五年十二月，李自成切齿于左良玉，每战必力。良玉惧，不敢复与争锋，故恒避之。郧抚王永祚跳城走。己巳，襄阳陷，贼分兵陷夷陵、宜城、荆门，向荆州。甲戌，自成遣贼将马守应据夷陵，以犯澧。"

【84】（清）赵吉士《寄园寄所寄·灭烛寄·怪》引《座右编》："壬午（崇祯十五年），阅邸报，奉先殿鸱吻忽落地，作披发鬼哭出宫，群臣共见。又周后宫中忽传云：'接驾。'因具袍笏伺之，见卤簿严肃，及近前，乃一老年女子。旧阉云：'此乃太后也，为神宗生母。'良久寂然。"

【85】（清）吴伟业：《绥寇纪略·虞渊沉》："崇祯十五年后，凤阳祖陵悲号震动，三年不止。"

癸未（崇祯十六年，1643 年）春正月朔，荧惑逆行，失其处[1]。左良玉避贼东下。流土寇、叛兵白贵、小秦王、托塔王、刘公子、混江龙、管泰山俱冒左军劫掠[2]。闯贼陷承天（今湖北钟祥），犯显陵，分贼陷潜江、京山，攻德安，陷云梦，入黄陂屠之，陷景陵（今湖北天门）[3]。献贼破广济，袭蕲州，陷蕲水，陷黄州，称西王，陷罗田[4]。是月二日，京师大风昼晦，五凤楼前门拴，风断三截；建极殿庑檐榱桷俱折[5]。五日，大内诸殿脊及各门楼冉冉若炊烟而微淡，久而乃息[6]。京营巡捕军夜宿棋盘街之西，更初定，一老人嘱曰：夜半子分，有妇人缟素涕泣自西至东，勿令过，过者厄不浅，鸡鸣则免矣。吾乃土神，故以告也。夜半，妇果至，军如所戒，不听前。五鼓偶熟睡，妇折而东，旋返，蹴逻者醒之曰：我，丧门神也。上帝命我刑罚此方，若何听老人言阻我？灾首及汝。言毕不见。逻者惧，奔归告家人，言未终，仆地死，大疫乃作[7]。二月，举场左右人鬼错杂，薄暮，人屏不行。一时贸易多得纸钱，乃置水投之，有声则钱，无声则纸，大疫定后乃已[8]。先是，河北传一小儿见，人白而毛，逐之，入废棺中，发则白毛飞空几满，俄而疫大作，渐染江南[9]。民相戒曰：无食茄，食者必病。既而验之，以手折茄，中分之，辄有一羊毛，断之以刀则无有（原注：此白眚也。《公羊传》曰：大眚者何？大瘠也。何休曰：邪乱之气所生先王设疾医，掌万民之疾病，又索鬼神而祭禜之，以其时埋骴掩骼，无弗盖藏，故民得考终厥命[10]。今两河暴骨弗收，恶气蕴祟而为疫，羊金也，金气伤，故羊祸转入于疾病，此其征也。其时又有书“□□□”三字于门，相传亦系釜底朱书，故民争效之。是书，《道藏》中固以解疫，生民短折，人主不徙救，而天救之，亦大可哀也夫[11]）。湖广土寇陷澧州、常德，又陷武冈，杀岷王。时湖南诸蛮獠皆伺衅，土寇勾引，攻掠，尽归闯[12]。闯遣贼陷麻城，攻陕县，陷之[13]。盐山（今河北盐山）清明后大雪连日。三月二十四日，京师风霾昼晦[14]。闯贼袭杀革里眼、左金王，并其众[15]（原注：革即贺一龙），罗汝才为闯攻郧阳、澧州[16]。土寇勾闯陷常德，辰、岳诸府相继陷（原注：而云贵路梗矣）。献贼屠蕲州，且尽破蕲水，驱美女以彝城[17]。四月，汤溪李树生瓜。义乌牛生两头，一身八足[18]。闯杀汝才（原注：汝才号曹操，智而狡。初隶高迎祥，后合献，又合闯），攻郧阳，陷保康，入禹州[19]。二十一日甲申，下诏，励将士讨贼，又告谕：汝、洛岛壁诸人，若等迹似弄兵，原非得已，义存报国，不乏同心，所宜赦罪录功，大伸讨贼，斩伪官者授职，捕贼徒者给赏，恢城献俘者不次用之[20]。今就其可纪者三人（原注：沈万登汝宁真阳县人，大侠也。七年冬，汝人盛之友者，起岳城，万登聚乡勇万人为之应，白太征、吴太宇亦并起。万登称顺义王，太征、太宇各自为长。之友被陈永福所破穷蹙，遂窜入流寇中，而万登等拥众自如。同时有舞阳杨四、泌阳郭三海及张五平、侯鹭鸶、盛显祖等，而杨四据九曲，郭三海据平头垛，称为强。三海诈归命，杨四诡请杀贼自赎，数反覆，未能有以定。十二年七月，万登乃请降。刘洪起者，西平盐徒，与其弟洪超、洪道结乡井以自保，又有洪勋、洪礼等，号为诸刘，尝乘夜遣人入贼中，取其马。贼营中谣曰："高点灯，多熬油，防备西平刘扁头。"刘字东桥，扁头，其别号也。党与渐以盛，官授为西平都司。郭三海之反覆也，十年春，巡按御史杨绳武檄洪起捕其党张五平、侯鹭鸶，诛之；郭三海亦为陈州军士所获。汝宁游击朱荣祖颇善战，击陈尔学、盛显祖，破之；又以计诱贼首殷守祖入城受赏，并其党五千杀之尽。万登乃以明年降，授都司，即其所居真阳为屯部。是年，杨四为左良玉所杀。十五年四月，杨文岳援汴不利归，以其兵获白太征，诛之。闰十一月，汝宁陷，文岳及文武将吏俱毙。有东寨韩华美者，投自成受伪命守汝。自成寻追左良玉于襄阳，拔营走。当城未破时，同知韩煌署遂平篆，贼至，走嵖牙山以免，残民乃迎以入署巡道事。而沈万登之在真阳也，李自成授以威武大将军，不受。马士英承制命为副总兵，遂与刘洪起、洪礼谋收复。李际遇，登封人。幼读书，曾应童子试，不就。去而耕，遇矿徒，用饮食相交结。有陈金斗者，为其军师。金斗自谓受天书，能占候望气，乘旱荒以蛊惑倡乱，官军擒金斗并际遇妻子杀之。惟际遇中伤乘马得脱。时禹州有任辰者，有众二万人，寻为官军所杀。际遇复其众，与于大忠、申靖邦、周如立、姬之英等，各结土寨。李踞登封之上寨，于踞嵩之屏风寨，放火杀人，并邻寨以自益。于大忠破宜阳、新安二城，永宁、大宋各寨，极凶惨，而际遇差有善意，人归之。李自成之陷宛、洛、汝、蔡，际遇请降，刘氏兄弟不可，相与谋曰："谁请兵，谁保乡里？"超与道曰："吾两人愿死，兄宜行。”洪起一日夜走七百里，至左帅军前请救，足底入棘刺石屑而已不知。十六年二月，楚抚宋一鹤塘报有云：“副将刘洪起在西平与老回回等四家打仗。”三月，兵部报遂平副将刘扁子将汝州伪官杀死，土寇赵发吾等归之。洪起遂有众十万，有忠勇称，而李际遇亦杀伪官以自效，上皆下诏褒奖。自成之在襄阳也，意欲移驻南阳。发右营出邓州以迎敌，秦军发左营出颍州以敌，左兵发后营一隻虎出河南以敌袁时中、李际遇、刘洪起。时中寻为自成所灭，刘、李独存，两人固劲敌也。沈万登初与刘洪礼佐韩煌以城守，而自成以夏四月于襄阳大置官吏，遣伪防御使金有章并邓琏、邹应麟、樊仲表至汝。檄到，韩华美具仪从郊迎，我巡道韩煌及署县事朱某潜避去。伪果毅将军以兵护都尉侯玉凤及长旅四人，分屯各门山寨。如马尚志、苏青山者次第受贼所署官。韩华美出屯信阳。有章建牙，杀戮征求无虚日，万登阳与合而阴图之。九月二十四日，漏二下，令乡勇传呼曰：“土寇薄城。”有章惧，请万登所部孙玉成等入守，而已脱走真阳，万登已密令收缚。十月朔，孙玉成、景凤台等，合计执邓琏、马尚志等，万登至而磔之，汝人争食其肉。初四日，韩煌入，民遮道哭迎。万登遂以所部兵镇汝援剿，太监卢九德以闻，得旨：沈万登擒斩伪员甚多，具见义奋，有功将吏限一月内从优察议叙。当是时，李自成围李际遇于玉寨甚急，会督师孙传庭之兵出自潼关，围乃解。督师与自成战于襄、洛之间，万登、际遇皆不能出师为助。已而督师败，自成入秦，两人于其间完守入保。明年甲申春，万登乃与洪起相贼杀，其衅起于万登之中军王明表杀洪起弟洪勋，攫其金，洪起称兵复仇。韩煌知事不可为，与推官伍三秀避之于固始。四月朔，洪起召其党郭黄脸、金皋、赵发吾以合围。汝人粮糗牛马俱尽，掘野草煮瓦松，终之以食人。彰德司理陈朱明闻京都变，南奔过汝为刘、沈议和，沈不从。五月朔，城破，万登偕孙玉成、陈田皆被执，洪起磔之于三里店。洪起自称左平南麾下副将军，南至楚、颍，北抵大河，无不奉其约束。韩华美弃伪职来投，洪起复令守汝。六月朔，自成右翌权将军袁宗第闻洪起破汝也，自德安驰而至，洪起弃城走楚，依左军，而华美出迎贼。宗第怒其反覆，捶之几毙。据城五日，宗第移营入秦。九月，洪起自楚归，擒南阳、开封诸伪官，传送南中，诏用为淮蔡总兵，加都督同知。洪起自称受敕书进宫保，州县已下，皆听其署用，即汝宁御史公署，修改巨丽，开帅府，棨戟旌旗甚设。明年春，出军新、息、光、固之间，征各寨金币，以充军粮。六月，大兵至汝，洪起遁走平头垛，孔将希贵围之急，洪起中流矢毙，其下遂散。李际遇之在玉寨，亦以不早降官军，执至京师死。噫嘻！此三人者，亦既已亡矣。此外有李好者，人马以万计，尝以其兵从自成；而刘铉、李奎、郑乾、伏应魁等，各统数千众，介似贼、似民之间。他若武山、翟营、孙学礼、周加礼、徐良臣、金高等，不及千人，何足数哉？[21]）二十四日午时，金华郡中见日忽无光，有青红赤白气围日四重，内黑气蒙之[22]。五月朔，京师大雨沾衣如血，雷霆通夕不止。次日见太庙神主或横或倒，诸铜器为雷火所击，融而成灰[23]。河间大风，白昼晦[24]。进魏藻德为礼部右侍郎兼东阁大学士[25]。以内官监太监王之俊提督京城巡捕，练兵[26]。闯贼攻杀袁时中，老回回降闯为所部（原注：即马守殷），自后止闯、献两大贼陆沉中原矣[27]。献破汉阳，陷武昌，沉楚王，屠楚宗，尽驱民于江[28]。武昌未破前一月，有异人呼于市曰："一群猪，屠伯至矣。"楚宗最横，遇乱亦最酷[29]。六月二十三日夜，雷震奉先殿，庙脊鸱吻碎，中有剑鞘拔去，不知落在何所。庙门玲珑雕刻处皆损坏，有龙爪痕[30]。有商人自山东载花豆渡淮，及出卖如人首，耳目口鼻咸具[31]。闯贼大造战舰于荆、襄，遣老回回攻常德，谋自王于荆，众五六万。每一兵役二十余人，凡百万人。闯留贼守襄阳，率精锐往河南与官军战，大败，奔襄城，谋据关[32]。秋七月，松江绣野桥雨血[33]。黄州城南门哭，五日止[34]。官军迫贼，献率众西渡，陷咸宁、蒲圻，向岳州，三败乃悉二十万众围陷之。八月，陷长沙、湘潭，又陷衡州[35]。是月十四日夜，黎城星月皎洁，见一龙蜿蜒上升，金光闪烁，牖户皆黄[36]。九月，陷永州，破宝庆、常德；分贼入广西全州，犯江西袁州。献归长沙，陷萍乡，狗攸县、分宜[37]。冬十月朔，冬至，五更，上海迅雷震电，大雨。初十日黄昏时，有银一片自西飞来，银边相触，有叮当声，渐渐往南，不知所之[38]。十五日，汝宁光州雨绵如絮，飞遍田野（原注：占曰：天雨絮，兵起，国将丧，无后[39]）。乾州（今陕西乾县）冰雹大如斛，毁民屋，伤人[40]。建极殿鸱吻中，有声似鹁鸠曰：苦、苦。其声渐大，后作犬吠声，三日夜不止[41]。时将祭宗庙，卤簿已设，忽黑气自空而坠，如有妇人衣白者，疾飞入宫，又见太庙中鬼皆啸呼而出[42]。京师黑眚入宫中，尝见如豕如犬者，黑色行，作鬼声[43]。江南自京口（今江苏镇江）至江阴（今江苏江阴）、无锡（今江苏无锡），民晓起，或见黑圈记其门，或见釜底画梅花，一夜殆遍[44]。一隻虎陷阌乡，陷潼关，孙传庭阵亡。陷华阴，屠渭南，陷华州，屠商州，陷临潼，陷西安；分贼掠商、延中部[45]。十一月，火药库灾，震惊远迩，伤三十余人。药之所激，空棺飞过数十家，库梁坠入锦衣卫堂上[46]。贼陷延安，屠凤翔；陷榆林，屠之。（原注：榆林为天下劲兵处，频年饷绝，军士饥困而殚义殉城，志不少挫，阖城男子、妇女无一人屈节辱身者）；捣宁夏三边，俱殁，屠庆阳（今甘肃庆阳），传檄定河南西境[47]。十二月朔，日无光，星昼见[48]（原注：占曰：日暗无光，九十日社稷亡）。李自成遣贼攻汉中，不克，前锋渡河入山西，陷平阳（今山西临汾），杀西河王等三百人，遣贼陷甘州[49]。前大学士周延儒有罪赐死[50]（原注：崇祯朝所任五十相，即位初劝进者，多絓吏议，瓯卜[51]者或滥廷推[52]。蒲州（今山西永济）韩爌[53]定国是而幹略无闻，高阳（今河北高阳）孙承宗[54]当岩关而密勿[55]莫预，君心之所向，全在乎元年之枚卜[56]。而宜兴（今江苏宜兴）周延儒[57]、乌程（今浙江乌程）温体仁[58]之衅起，宜兴初望止于一推君子，持之太过；体仁在上前，言多倾险。大臣宜以朝廷大体，从容争奏，俾体仁与钱谦益[59]俱罢，主上未必不悟。乃冢臣王永光[60]权谲两端，辅臣李标[61]、钱龙锡[62]苦心引救，不能明言两人长短，故使体仁得行其说。由今思之，体仁用而天下乱，未必谦益用而天下治也。然谦益之为人也，才而疏，其才也可以有为，疏也亦易于偾败。体仁腹心阴沉，大有以过人，迹其所为，宜兴比而体仁未尝不私，武陵杨嗣昌[63]欺而体仁未尝不诈，韩城薛国观[64]鸷而体仁险恶过之。用事八年，致寇难日深，剿抚机宜尽失；其后之人踵得罪，而己独免，果操何说而得此？彼盖挟其机智，上以弥缝主心，中以诿避事任，下以锢遏言路，幸使名位全身家固，而万事溃决不可收矣。语曰："日中必慧，操刀必割。"[65]人主之芒刃，不可一日而顿也。自神祖（按，即神宗万历皇帝）不视朝二十载，而天下之局，咸出宰相（按，即内阁大臣）之与台谏（按，即御史、给事中等监察官）以相持，宦寺乘之，以驯致崔、魏之祸[66]。迨怀宗（按，即崇祯皇帝）诛锄大奸，虚怀侧席；不幸老成忠厚，半磨灭于逆奄之手，新进蜂起，颇欲借正论以挟持人主，而自诩功名。体仁乘帝之疑，持私说以险诐惑乱天下，杂然起与之争。帝既信其孤立，又恐难于独任，则纵言者搏击以观之，冀得中收其用，而党祸遂不可解。举军国大计，无一关大臣小臣之心，间取得失功罪，搀而入于恩仇之中，俾主上为之彷徨疑误，莫适所从。兼以溷任事者之心，而抵于败，故曰国家之祸，宰相与台谏为之也。当宜兴、乌程（按，即周延儒、温体仁）共执政，草泽易于湔除，两相漫不之省。宜兴（按，即周延儒）去而寇患始棘；又经乌程（按，即温体仁）之恋权，偷责酿祸而不决策者累年，武陵（按，即杨嗣昌）受之无所诿，以至于毙；则当国之解免，不待智者知其难。宜兴家居本佚乐，自以帝必思之，身闲既久，亦不得已于一出，中外知其必出，说以尽反乌程之所为，故其复相也，捐租起废，清狱肆赦，罢内操，及诸镇监军，欲以大收士大夫之志。然必取当世所急者，一为县官尽力，乃可身名两全；顾宜兴不知，为宜兴谋者亦不知也。帝自念搰搰然焦劳宵旰而不效，姑取天下事付之宜兴，以小自弛易，朝士乐其宽而幸其专，争欲狎骊龙之睡，以行所欲；故虽中原糜溃，辄交口而诵相公，以拭目太平，宰相与台谏之势合，而变隙生矣。同宜兴再召者，有江夏贺逢圣[67]、淄川张至发[68]，皆不久称病。谢德州升者[69]，性谿刻，又以人言免，天下事一决于延儒。陈井研（今四川井研）演[70]，本与升同拜；晋江（今福建晋江）蒋德璟[71]、黄景昉[72]、兴化（今江苏兴化）吴甡（音：深）[73]，又以贺、谢行后始入。甡故按秦、抚晋，以剿抚流寇有功者也。癸未三月朔，承天告陷，帝痛念山陵，见阁臣而流涕，自咎失德，因责中外调度乖方，诸臣叩头谢。次日帝再召甡曰："杨嗣昌死，督师无人，卿可往湖广督师图恢复！"甡曰："逆贼不道，犯我陵园，臣何敢惜其死？愿陛下发劲旅，假便宜率之而南，必雪国愤。"退而上书，请兵三万人，进复襄阳、承天，而兼顾南京，重根本。秦督师孙传庭宜出关，合势图贼。帝览奏，殊不怿，御昭文阁，召甡前曰："先生奏用兵多三万人，岂易猝办？且南京走楚远，是退守也，讵是今日计耶？"甡顿首曰："左良玉跋扈不用命，阁部十檄之不至，豫督侯恂是其旧帅，仅遣数十骑为卫而已。臣凭藉宠灵，不过阁部，良玉退居江汉，有甚河南，方廑内忧，遑御外侮。若臣有重兵在握，进可制强敌，退可驭骄帅，不则徒损威重万分何益？南京高皇帝陵寝在焉，臣懖承天前事，丰芑是虞[74]，出师南征，敢不兼顾，非退守也。”次辅陈演进曰：“督师去，则督抚之兵皆其兵。”甡曰：“臣之请兵，正以督抚无兵耳。秦督新集之众，不足仗，且辽缓几千里，势岂相及？豫督得良玉护从之卒数十，岂足言军？豫兵败于开封，新抚裒疮痍，亡散者二千在河北；楚兵承天新衄，诸将不知存亡，督抚何兵可为臣调度者乎？臣今日勉衔上命，提空名视师，仰面悍镇，束手待贼，计入境之日，必骑置急奏。臣待帷幄，望天颜尚不得请，况在行间万里外乎？兵者，国之大事，机宜一失，祸不忍言，臣敢惜余生，不以上告君父耶？”帝见其语切，为色动曰：“先生言是，若一时难调发，其先将一万人从。”乃召兵部尚书张国维[75]，议配以唐通[76]兵七千，马科[77]兵二千，京营兵一千，赐督师臣赏功银五万两；而于左良玉下特诏出帑金，专赐其军，从督师请也。唐通寻以西协留防，而国维寻与司农傅淑训[78]俱得罪，上方简用大僚，与兵食重有所变更，督师需次未发。帝一日召阁臣，出札示之曰：“此秦督进兵疏也，卿等以为何如？”甡曰：“兵危事而传庭易言之，矜其勇气，刻日扫除，以约束未定之兵，当剽悍方张之寇。是役也，臣窃危之！”上曰：“何也？”甡曰：“传庭军资甲仗，皆敛之于民，秦父老怨刺骨，又不结以恩信，而驱不教之民以战，一往趋利，难以持久；信其间谍，恐堕狡谋。臣愚不知其所以胜，惟上熟虑之！”上曰：“临事而惧，好谋而成，先生见良是，顾贼横已极，秦督奋然，一有所出，亦恶可以少也。”甡乃不敢复言。先是，宜兴之能用人也，六卿以下，郑三俊[79]、刘宗周[80]、冯元飈[81]、倪元璐[82]等，皆其所称举；即上所最恨者，无如黄道周[83]，且录用督师，甡则援而至于相者也。自吴昌时[84]入，于宜兴最亲，而兴化之交亦厚，日游于两公之门，以招摇宠利；而三四趋风僄锐之徒，乃起而与之争权。其中稍自持正者，默以告兴化，谓两相应早自别白。又有宜兴素厚善者，求事稍不嗛，辄阳趍而阴背之，宰相与台谏且离且合，而江南北之郄渐成。上亦颇知其端，未察也；会延儒先以视师蓟门，中官及骆金吾养性[85]之间得以入。而甡因受命办严，逡巡失上指，同官又从而龋龁之，浃辰而江南、北两相俱罢。

延儒自用他事看议，甡以三月请兵，责其稽缓，既皇恐待罪，再疏与致仕去。而孙传庭[86]加督师，兼制应皖豫楚诸军，举讨贼事专责之矣。当是时，上新任枢计二臣冯元飚、倪元璐，皆由兵侍郎不次用，召见中左门，谕之曰："国家艰难，兵食宜合一，卿两人同乡里，负才望，朕故用以协心规画，卿其有以报朕。此两人者公忠阔达，实有济变材，早年为体仁之所抑没，元飚缘南卿寺间地免，元璐则乌程畏蔡泽之逼，嗾勋臣论劾之。宜兴再召而始出，一见被眷遇，始信上知人，向误国事皆体仁辈壅蔽之耳。元飚数被病，强起视事，上赐药饵杂物，居数月不得瘳。元璐归并三饷，以便稽核，广鼓铸，行钞法以助之，聊支吾匮绌，非其意也。每见人，辄顿足曰："使吾两人早受知，竭狗马之力，天下事或不至溃裂，今定何及耶？"传庭之出关也，贻书元飚，雅不欲速战；且上意及朝论趣之急，不得已誓师，既下汝州，克宝丰，三日五捷。帝坐便阁喜甚，召元飚曰："传庭乘胜，贼灭亡在旦夕，卿居中调度有方，朕且加殊赏。"元飚顿首曰："贼故见羸，以诱我师，兵法之所忌也，臣不能无忧。"上嘿然，良久弗应，因罢去。无何，传庭兵败书闻，在廷切切惴恐。台谏之纠宜兴者，日数奏，上方以西事为恨曰："吾日夜忧贼，而大臣多受金钱，坏法令，无纤毫以国家为意，即心膂之谓何？"因震怒。而张献忠先已破武昌，上又追恨，使吴甡早誓师南征，不至此，独怪台谏鲜有平心按劾，故于逮延儒也，并甡治之，延儒赐帛自裁[87]。延儒熟于世故，情面多而执持少，贿来不逆，贿歉不责。当时有参其利归群小，玷集厥躬者，此实录也。甡固未出国门，武昌之败，诛之无辞，得减死，戍金齿。初延儒未罢时，上骤用修撰魏藻德[88]为大学士。又一年而吏侍郎李建泰[89]、副都御史方岳贡[90]同首辅陈演入阁佐理，藻德廷对第一，甫三年；岳贡久滞松江太守，得谴，用清名召见，不三月得相，皆特恩也。建泰风骨峭拔，性慷慨，负重名，晋人，善治生，家百万，数欲捐输，以佐县官。有止之者曰："公行且相，奈何以赀进？"及相，而贼已过河，计不留之以为大盗资，顾扼腕已晚。是时上数愤懑不食，建泰进曰："臣自度居中，无以分主忧，愿驰至太原，出私财，购死士，且以倡率乡里击贼，不用公帑，十万之众，可集也。"上大悦，即其所荐凌駉[91]、介松年[92]、郭中杰[93]以从，駉以进士授兵部主事，松年改户科给事中，中杰假副总兵为中军。十七年正月二十六日，行遣将礼，先期驸马都尉万炜[94]奉特牲告太庙，上临轩手敕：代朕亲征，加劳，赐龙节一，尚方剑一。百僚皆侍班，金吾备法驾警跸，御正阳门楼，光禄寺置宴，大合乐，御制诗饯行。建泰拜谢，上为之起，凭栏目送之，良久，乘舆乃返。是日大风扬沙，建泰就车，适数步，而左�折，观者以为忧。进士程源私与駉曰："贼过河，全晋已骚动，若疾行可及，迟则不能支。若晋破，公虽行，无能为也。"既而曲沃（今山西曲沃）陷，建泰家破被掠，气夺，所过东光诸小邑，闭门不给饷，攻之始开。建泰疾甚，兵尽溃，犹豫畿辅不能进[95]。上以建泰之行也，于二月朔，用工部尚书范景文[96]、礼部侍郎丘瑜[97]入辅，而藻德、岳贡于二月二十六日受命，特遣藻德以兵部尚书，兼工部，进文渊阁，为总河。岳贡以户部尚书，兼兵部，进文渊阁为总漕，皆管屯练事务，驻于临清（今山东临清）、淮（今江苏淮安）、扬（今江苏扬州），备南迁也。寻得旨中止。是月，德璟、演相继罢。德璟之罢也，以光时亨疏言练饷殃民，追咎首为此策者。德璟拟旨云："向时聚敛，小人倡议搜括，致民穷祸结，误国良深。"上不悦，召见，诘之以小人主名，德璟不敢斥言杨嗣昌，但以旧司农李待问为对。帝曰："朕非聚敛，止欲练兵。"德璟曰："皇上岂肯聚敛，因既有旧饷五百万，新饷九百余万，复增饷七百三十万，当时部科实难辞责，且所练兵马安在？蓟督抽练兵四万五千，今止三万五千，保督抽练三万，今止二千五百，保镇抽练三万，今止二三百。若山永兵七万八千，蓟密兵十万，昌平兵四万，宣大山西兵陕西三边兵名二十余万。一经抽练，将原额兵马俱不问，并所抽亦未练，徒增七百三十万之饷耳，民安得不困？"上曰："今已并三饷为一，何必多言？"璟言户部虽并三饷为一，然外州县追比只是三饷。上震怒，责以朋比，德璟力辨，诸辅臣复为申救，而倪司农元璐至以钞饷系本部职掌，自引咎，上始少解。德璟退，又言："臣因近日边臣，每言兵马，只以练饷立说，或数千，或数百，抵塞明主，而全镇新饷，兵马数万，概言不足，是因有练饷而兵马反少也，臣私心恨之。又近日直省各官，每借练饷名色，追比如火，致百姓困苦，遇贼辄迎，虽三饷并急，不止练饷，而练饷又甚，臣又私心恨之。益至外无兵，内无民，且并饷亦不能完，故推咎于练饷之人，冒昧愚戆，罪当死。”因引咎出直，上虽慰留之，竟以此去。先是，十四年（1641年），山西巡按御史陈纯德奏抽兵练饷之弊，疏曰：“兵一抽则人失其故居，无田园丘陇之恋，无父母妻子之依，思归则逃，逢敌则溃，抽余者既以饷薄自安于无用，抽去者又以远调而不乐为用，伍虚而饷仍在，不归主帅则归偏裨，且乐其逃而利其饷。武弁扣克既熟，则凡可以营谋转升皆是物也，精神不用以束伍而用以扣饷，厚饷不用以养兵而用以营升，伍虚则无人，而又安言练，饷靡则愈缺，而安望其俗，此两穷之道也。”[98]先朝词臣有经世之略者，莫过于海上徐文定公光启[99]，晋江蒋公德璟。徐公《农书》及西洋火器诸法，皆讲求以备国用，惜年老未及行施。蒋公于钱粮士马之数，了若指掌，在上前亦能敢言。然上素恶直好谀，见延儒、体仁、嗣昌辈语多迎合，又猥巧捷给，而蒋不免于戆直，口操闽音，以此不甚合；然其时已危急，虽用之无益也。德璟去，都谏孙承泽[100]、汪惟效[101]争之皆力，魏藻德亦以为言，然已先传藻德为首辅矣。璟初以山西新陷，未敢辄去，又以在廷连章见留避嫌，即具疏辞朝。井研相演虽同免，其得放在后，时畿辅寇骑已充斥，乃不果行。呜呼！上之号啕求贤者，十有六年，至末造庶几乎一遇，以今观之，如蒋德璟、李建泰、范景文之在政本，倪元璐、冯元飚之备六卿，以视前之充位者，相去远矣。然必用阘（音：踏）茸斗筲[102]之魏藻德，躐（音：列）[103]而处乎其间，则又何也？祖宗朝各边养兵，全取给于屯盐、民运二者，其开支京帑，始自正统，讫于万历之末，亦止三百余万。今抽饷、练饷并旧饷约计二千余万，民穷财尽，而兵反少于往时。据德璟所陈，当时蠹国诸臣，真万死不足以塞责。诚以怀宗之明察，若使德璟效用如乌程、宜兴时，俾当宁早闻此言，且虚怀前席之恐后；不幸大势已去，明知前人之蔽欺，不可胜诛，不得已责曲沃（按，即李建泰）破家专征，访通州以敌台城守，皆为目前支吾苟且计，其经久远谟，非不深领其言，固以无可如何，拂于心而逆于耳。噫嘻！孰非时为之哉？君子不得不致恨于始用事之人也！[104]）

【1】见于（清）吴伟业：《绥寇纪略·虞渊沉》。荧惑就是火星，被古人认为是凶星。

荧惑逆行预示灾祸。《晋书·天文下》："一曰：'荧惑逆行，其地有死君。'"

【2】（清）谷正泰《明史纪事本末·中原群盗》："十六年正月，左良玉率众二十万，避贼东下，沿江纵掠。江南、北流土寇降将叛兵白贵、小秦王、托塔王、刘公子、混江龙、管泰山等，所在蜂拥，俱冒左兵攻剽，南都大震。"

【3】（清）谷正泰《明史纪事本末·李自成之乱》："十六年春正月，李自成围承天，知府开门迎贼……贼改承天府曰扬武州。遂犯显陵。钦天监博士杨永裕亦降于自成……请贼发显陵。忽大声起山谷，若雷震，贼惧而止。分兵陷潜江、京山诸县。遣贼将攻德安。乙巳，陷云梦。丙午，陷孝感。丁未，自成、汝才至黄陂，知县怀印走。贼设伪令。黄陂士民杀伪官，贼怒，反兵攻黄陂，屠之，夷城垣为平地。戊申，陷景陵。贼别将陷德安。"

《明实录附录·崇祯实录》："崇祯十六年（1643年）春正月丙申朔，李自成陷承天，总兵钱中选战没，巡抚湖广、右佥都御史宋一鹤、钟祥知县萧汉死之。汉知钟祥有声，贼戒其部曰：杀贤令者死无赦，乃忧之寺中。戒诸僧曰：令若死，当屠尔寺。僧谨视之。汉曰：吾尽吾道，不碍汝法，遂自经。自成改承天曰扬武州。"

【4】（清）谷正泰《明史纪事本末·张献忠之乱》："十六年正月辛酉，张献忠以二百人夜袭，陷蕲州……遂屠蕲州……时楚兵尽随良玉东下蕲、黄一带，惟土兵三百人守蕲水，献忠乘虚充斥。三月丁酉，陷蕲水，屠之。丙辰，献忠自蕲水疾驰至黄州，乘大雾攻城。黎明，城陷……献忠据府自称西王。麻城诸生周文江倡乱，迎降献忠。献忠大喜，伪授文江知州。贼寻陷罗田。"

【5】见于《明史·五行志三》。

【6】（明）李清《三垣笔记·笔记中》："癸未（崇祯十六年，1643年）正月二日，大风昼晦，次晨稍霁。又三日午后，传各殿脊烟起，疑有火灾。诸阁臣出视，见各殿及门脊上冉冉若炊烟而微淡，久之乃息。亦异云。"（清）吴伟业：《绥寇纪略·虞渊沉》亦载。

【7】（清）吴伟业：《绥寇纪略·虞渊沉》："崇祯十六年（1643年）春，京营巡捕军夜宿棋盘街之西，更初定，一老人嘱曰：夜半子分，有妇人缟素涕泣自西至东，勿令过，过者厄不浅，鸡鸣则免矣。吾乃土神，故以告也。夜半，妇果至，军如所戒，不听前。五鼓偶熟睡，妇折而东，旋返，蹴逻者醒之曰：我，丧门神也。上帝命我刑罚此方，若何听老人言阻我？灾首及汝。言毕不见。逻者惧，奔归告家人，言未终，仆地死，大疫乃作。注：七月二十九日，从驸马巩永固请，发御前银一千两，合药施病者，再发二万两，令五城掩埋。"

【8】（明）李清《三垣笔记·附识中》："癸未（崇祯十六年，1643年），举场左右，人鬼混杂，薄暮，人屏不敢行。一时贸易多得纸钱，知者皆投之水，有声则钱，无声则纸，皆以此辨之。亦一异也。"（清）吴伟业：《绥寇纪略·虞渊沉》亦载。

【9】见于（清）吴伟业：《绥寇纪略·虞渊沉》。按，原文“白毛飞空几满”句下为“名曰羊毛瘟，江南渐传染。”

【10】考终厥命：语出《尚书·洪范》：“五曰考终命。”意思是说，尽享天年，长寿而亡。

【11】见于（清）吴伟业：《绥寇纪略·虞渊沉》。按，原文“天将救之”句下文应接“非其彰彰者乎？”

【12】见于（清）谷正泰《明史纪事本末·中原群盗》。

《明实录附录·崇祯实录》：“崇祯十六年（1643年）三月，盗陷武冈州，杀岷王。时常德、武陵、衡、桂蛮獠皆伺隙，土寇勾引攻掠。”按，《二申野录》、《明史纪事本末》均系于二月。

【13】（清）谷正泰《明史纪事本末·李自成之乱》：“十六年二月庚午，李自成遣贼陷麻城，城空无人，贼回屯德安。自成分兵为四：老回回守承天，罗汝才守襄阳，革里眼往黄州，自将其一。癸未，自成攻陕县，知县李贞率士民坚守一昼夜，杀伤甚众。贼百道环攻，一鼓而拔，纵兵大杀。”

【14】（清）吴伟业：《绥寇纪略·虞渊沉》：“崇祯十六年（1643年）三月二十四日，风霾昼晦。大学士周延儒请急图防弥。”

《明季北略·志异》：“癸未（崇祯十六年）二月二十日戊子，京师大风霾。”按，二书所记，相差一月。

【15】（清）谷正泰《明史纪事本末·李自成之乱》：“十六年（1643年）三月癸卯，李自成袭杀革里眼、左金王，并其众。”

按，（清）谷正泰《明史纪事本末·李自成之乱》：“十六年（1643年）三月闯贼屯襄阳，命罗汝才攻郧阳，久不下，多死，汝才所部怨闯贼。四月甲子朔，闯贼数十骑突入汝才营，汝才卧未起，入帐中斩其头。汝才一军皆哗，闯贼以大队兵胁之，七日始定，所部多散亡，降于秦督孙传庭。”

【16】（清）谷正泰《明史纪事本末·李自成之乱》：“十六年（1643年）三月乙未，澧州土贼勾李自成陷常德。常德富强甲湖南，生齿百万，积粟支十年。巡抚陈睿谟遇贼于陕，先奔，士民无固志，贼遂陷之。自是辰、岳诸府相继俱陷，而云、贵路梗矣。”

【17】（清）谷正泰《明史纪事本末·张献忠之乱》：“十六年（1643年）正月辛酉，张献忠以二百人夜袭，陷蕲州……遂屠蕲州。留妇女毁城，稍不力，即被杀……时楚兵尽随良玉东下蕲、黄一带，惟土兵三百人守蕲水，献忠乘虚充斥。三月丁酉，陷蕲水，屠之。”按，本书三月记载和前面正月记载相互错讹。按，“彝”同“彝”，清代为了避讳常以“彝”代替“夷”。彝城就是平毁城墙的意思。

【18】（清）吕抚《二十四史通俗演义》：“汤溪李生黄瓜。义乌有牛生两头一身八足。”

【19】（清）谷正泰《明史纪事本末·李自成之乱》："十六年（1643年）夏四月，李自成杀罗汝才，并其众。降将惠登相、王光恩在郧阳，阴使人招汝才所部，多奔降之。自成怒，攻郧阳，登相、光恩屡败之。自成遂筑长围以困郧。丁酉，陷保康，知县石惟坛死之。辛丑，自成遣贼将以兵十万至禹州，守将杨芬、张朗先期具礼迎贼，贼设伪官之任。"

【20】（清）赵吉士《寄园寄所寄·裂眦寄·群寇》引《绥史未刻编》："崇祯十六年（1643年）四月二十一日，上传尽免河南五府田租者半。又诏谕汝洛、岛壁诸人：若等迹似弄兵，原非得已，义在报国，不乏同心，所宜赦罪录功，大伸讨贼。斩伪官者授职，捕贼徒者给赏，恢城献俘者，不次用之。"

（清）谷正泰《明史纪事本末·李自成之乱》："十六年（1643年）夏四月，甲申，下诏励将士讨贼，告谕天下。"

【21】见于（清）赵吉士《寄园寄所寄·裂眦寄·群寇》引《绥史未刻编》。

【22】见于康熙《金华府志》。

【23】（清）吴伟业：《绥寇纪略·虞渊沉》："崇祯十六年（1643年）仲夏，大雨沾衣如血，雷霆通夕不止。次日，见太庙神主或横或倒，诸铜器为雷火所击，融而成灰。"按，《二申野录》在前句"雷霆通夕不止"和下一句"次日，见太庙神主……"之间，插入"河间大风，白昼晦"，误，当属误植。

【24】见于《河间府志》。

【25】《明实录附录·崇祯实录》："崇祯十六年（1643年）五月甲寅，魏藻德辞礼部右侍郎，许之；以翰林院侍读学士直阁。戊午，进少詹事兼东阁大学士。"

【26】《明实录附录·崇祯实录》："崇祯十六年（1643年）五月辛亥以内官监太监王之俊提督京城巡捕练兵。"

【27】（清）谷正泰《明史纪事本末·李自成之乱》："十六年五月，闯贼攻袁时中，杀之……扶沟诸生以闯贼命招时中，时中执送于京，斩之，复擒闯贼游骑送于京。闯贼大怒，以兵二万攻时中，杀之，'小袁营'遂灭。于是秦中蜂起之贼，大半降于官军，其强者俱为闯贼所并，至是而尽，惟老回回遂为闯贼所部。老回回名马守应。自后止闯、献两大贼陆沉中原矣。"

【28】（清）谷正泰《明史纪事本末·张献忠之乱》："十六年（1643年）五月，张献忠沿江而上，悉师破汉阳，临江欲渡，武昌大震……贼果从煤炭洲而渡，直逼城下。壬戌，楚府新募兵为贼内应，开门迎贼……楚宗多从贼者。贼执楚王，尽取宫中积金百余万，辇载数百车不尽，楚人以是咸憾王之愚也。贼以篴舆笼王，沉之西湖。屠僇士民数万，投尸于江。尚余数万人，纵之出城，以铁骑围而蹙之江中。浮尸蔽江而下，武昌鱼几不可食。"

【29】（清）赵吉士《寄园寄所寄·裂眦寄·群寇》引《异录》："武昌未破前一月，

有异人呼于市曰：'一群猪，屠伯至矣。'楚宗最横，遇乱亦最酷。"

【30】(清)吴伟业：《绥寇纪略·虞渊沉》："崇祯十六年（1643年）六月二十三夜雷震奉先殿庙脊，吻碎中有剑鞘拔去，不知落在何所。庙门玲珑雕刻处皆损坏，有龙爪痕。太监苏允宁换鸱吻，比前减小，上不悦，降允宁级。"

【31】(明)李清《三垣笔记·笔记中》："崇祯末，有商人自山东载花豆渡淮，及出卖，如人首然，耳目口鼻皆具。"(清)吴伟业：《绥寇纪略·虞渊沉》亦载。

【32】(清)谷正泰《明史纪事本末·李自成之乱》："崇祯十六年（1643年）六月，李自成大造战舰于荆、襄，遣老回回攻常德。自成谋自王于荆，其亲信大帅二十九人，分守所陷郡邑……每一精兵则蓄役人二十余，其驮载马骡不与焉。众实五六万，且百万也。七月，闻秦督兵将至，留毛贼守襄阳家口，自成率精锐往河南。九月己酉，命河北、山西就近饷孙传庭军。自成将步骑万余逆战，官军前锋击断自成坐纛，进逐之，贼披靡，贼营逃亡者相属。时传庭前锋尽收革、左故部，皆致死于贼。而高杰统诸降贼，备悉贼中曲折。自成遣其弟一只虎逆战，三战三北。自成奔襄城，诸军进逼之。自成累败而惧，挑土筑墙自守。"

【33】(清)吴伟业：《绥寇纪略·虞渊沉》："癸未年（崇祯十六年，1643年），松江绣野桥雨血。"按，据康熙《松江府志》记载：绣野桥在今上海松江老城区中山西路，东西走向，是明松江府西门外大街的重要通衢桥梁。

【34】(清)吴伟业：《绥寇纪略·虞渊沉》："崇祯十六年癸未（崇祯十六年，1643年），黄州城南门哭，五日止。"

【35】(清)谷正泰《明史纪事本末·张献忠之乱》："十六年八月，张献忠陷咸宁、蒲圻，距岳州二百里。沅抚李榦德、总兵孔希贵以兵二万守城陵矶……大败之，三战三捷。献忠乃悉众二十万围岳州，百道俱攻。力屈城陷，榦德、希贵俱走长沙。庚辰，献忠陆行向长沙，甲申至城下，长沙人民先已走，李榦德奉吉王、惠王走衡州。丙戌，长沙陷，总兵尹先民、何一德降贼，巡抚王聚奎单骑走江夏，推官蔡道宪死之。献忠既陷长沙，设立伪官，大书伪榜，驰檄远近。庚寅，贼袭陷衡州，桂王及吉、惠二王走永州。"

【36】《山西通志·祥异二》："崇祯十六年（1643年）八月乙亥夜，黎城星月皎洁，忽见一龙蜿蜒上升，金光闪烁，户牖皆黄。"

【37】(清)谷正泰《明史纪事本末·张献忠之乱》："十六年（1643年）九月，献忠拆桂王府殿材至长沙，构造宫殿。遣兵南追三王，至永州，巡按湖南御史刘熙祚督水师御之……遂遇害。于是全楚皆陷。戊戌，官军入岳州……献忠屯衡州，复分军为三：一军往永州，一军入广西全州，一军犯江西袁州。献忠陷长沙，开科取士。丙辰，贼前锋至袁州，献忠至萍乡，知县弃城走。萍乡士民牛酒远迎贼，路相属。戊子，贼陷萍乡，尽焚公廨屋庐，空其城。献忠归长沙，分兵徇攸县、分宜。"

【38】康熙《上海县志·祥异》："崇祯十六年（1643年）冬至，五更，上海迅雷震电，大雨。初十日黄昏时，有银一片自西飞来，银边相触，有叮当声，渐渐往南，不知所之。"

【39】（唐）李淳风《乙巳占·天占三》："天雨絮，其国将丧，无后，有兵。"

【40】（清）吴伟业：《绥寇纪略·虞渊沉》："崇祯十六年（1643年）十月十五日，汝宁光州雨绵如絮，飞遍田野。乾州冰雹大如斛，毁民屋，伤人。"

【41】（清）吴伟业：《绥寇纪略·虞渊沉》："崇祯十六年（1643年）冬，建极殿鸱吻中，有声似鹁鸠曰：苦、苦。其声渐大，后作犬吠声，三日夜不止。"

【42】（清）吴伟业：《绥寇纪略·虞渊沉》："崇祯十六年（1643年），上将祭宗庙，卤簿已设，忽黑气自空而坠，如有妇人衣白者，疾飞入宫，军人皆见之。是年，人见太庙中，鬼皆啸呼而出。"

【43】（清）吴伟业：《绥寇纪略·虞渊沉》："崇祯十六年（1643年），京师黑眚见，宫中常见如豕如犬者，黑色行，作鬼声。"

【44】（清）韩菼、许重熙 、戴田有《江阴城守纪》："崇祯十七年（1644年），民家晓起，皆有黑圈记其门，或于釜底画梅一枝，一夜殆遍。"按，《二申野录》系于崇祯十六年（1643年）。

【45】《明实录附录·崇祯实录》："崇祯十六年（1643年）九月，孙传庭兵溃于襄城……传庭与高杰以数千骑走河北，遇巡按御史苏京；京曰：'君自为计，我当以实闻！'戊午，李自成攻潼关，白广恩击破之，贼不退，传庭竟回潼关，众尚四万。十月，李自成间道缘山崖出潼关后，夹攻官军，大溃；总督孙传庭死之，白广恩遁。自成结阵而西，连陷华州、渭南，杀渭南知县杨暄；又陷临潼、陷商州，屠之：关中瓦解。丙寅，巡抚陕西都御史冯师孔知寇棘，急入西安收保。午刻设城守，俄寇至。是夕，高杰逃至，不纳；寇攻城。壬申，西安城陷，以守将内应也。戊寅，李自成分兵略鄜、延，中部知县朱华堞阖家自经。"

【46】按，崇祯十六年（1643年）北京火药库灾，此系《二申野录》之仅记，不见于他书。杨士聪《玉堂荟记》称："辛巳（崇祯十四年，1641年）罢内操年余，而火变亦绝。"《玉堂荟记》详记崇祯朝故事，成书崇祯十六年（1643年）十二月，距北京城陷仅有百余日，其说当亦可信。

【47】（清）谷正泰《明史纪事本末·李自成之乱》："崇祯十六年（1643年）十一月，自成陷延安，大会群贼，戎马万匹，旌旗数十里，于米脂祭墓。以五百骑按行凤翔，守将诱而歼之。自成怒，亲攻凤翔，陷之，屠其城。壬寅，李自成发金数万，招榆林诸将，以大寇继之……乙未，贼四面环攻，城上强弩迭射，贼死尸山积。更发大炮击之，贼稍却。丙午，贼攻宁夏，镇兵逆战，三胜之，杀贼精锐数千。自成归西安，益发贼往宁夏。关中诸贼闻宁夏之败，数万东奔商、洛，出潼关，复散入河南。壬子，

自成复往攻宁夏。丁巳，李自成陷榆林……榆林为天下劲兵处，频年饷绝，军士饥困，而殚义殉城，志不少挫，阖城男子妇女无一人屈节辱身者。榆林既屠，贼捣宁夏。宁夏总兵官抚民迎降。三边俱没，贼无后顾，长驱而东矣。自成攻庆阳，城中坚守四日，力不支城陷。备兵副使段复兴、董琬，乡绅太常少卿麻禧死之。屠庆阳，执韩王。”

【48】见于（清）吴伟业：《绥寇纪略·虞渊沉》。原按：“昔汉臣有封事曰：小民正月朔日，尚畏毁器物，而况天子日月之眚乎！若白虹贯日、日中黑子、两日并出，皆亡征也。”

【49】（清）谷正泰《明史纪事本末·李自成之乱》：“崇祯十六年（1643年）十二月，李自成遣贼入汉中，不克。高杰在绛州，闻李自成将东渡，分道东走。戊辰，至蒲州。李自成前锋渡河入山西。庚辰，贼至河津，陷平阳，知府张嶙然走太原，吏民皆降，贼杀西河王等三百人……山西郡县闻贼至，望风迎款。贼遣伪牌遍行山西，其辞甚悖。李自成遣贼陷甘州。”

【50】《崇祯实录》：“崇祯十六年（1643年）十二月乙丑，前大学士周延儒有罪赐死。初，逮至，犹召见，令馆于城外，数日遂赐如薛国观云。”按，崇祯十四年，薛国观被赐死。

【51】瓯卜，皇帝选择宰相的意思。《新唐书·崔琳传》：“玄宗每命相，皆先书其名。一日书琳等名，覆以金瓯，会太子入，帝谓曰：‘此宰相名，若自意之，谁乎？即中，且赐酒。’太子曰：‘非崔琳、卢从愿乎？’帝曰：‘然。’”

【52】廷推，又称廷议。明代，阁臣即属宰相。任命时，一般是皇帝把看中的人选与阁臣、给事中、御史商议，即所谓廷推。

【53】韩爌，字象云，蒲州人。万历二十年（1592年）进士。选庶吉士。进编修，历少詹事，充东宫讲官。四十五年（1617年），擢礼部右侍郎，协理詹事府。久之，命教习庶吉士。万历中官至礼部尚书、东阁大学士。东林党元老。崇祯元年（1628年）十二月还朝，复为首辅。二年，受袁崇焕一案牵连，复去职。崇祯十六年（1643年）卒。《明史》有传。

【54】孙承宗，字稚绳，号恺阳，北直隶保定高阳人。明末军事战略家。曾为明熹宗朱由校的老师。而后替代王在晋为蓟辽督师，修筑宁锦二百里防线，统领军队十一万，功勋卓著，遭到魏忠贤的妒忌，辞官回乡。崇祯二年，孙承宗复出。崇祯四年（1631年）七月，他因辽东战事失利而辞职，回归故里。崇祯十一年（1638年），清军大举进攻，十一月，进攻高阳。孙承宗率领家人守城，城破被擒，五个儿子，六个孙子，两个侄子，八个侄孙全部战死，孙承宗自缢而死。《明史》有传。

【55】密勿：指机密。

【56】枚卜，明代指皇帝决定入内阁大臣人选。枚卜的过程是由吏部尚书会同有关官员推荐候选名单，然后由皇帝决定。

【57】周延儒，宜兴（今江苏宜兴）人。万历四十一年（1613年）会试、殿试皆

第一名……庄烈帝即位，召为礼部右侍郎……崇祯二年（1629年）十二月，京师有警，特旨拜延儒礼部尚书兼东阁大学士，参机务。”崇祯六年（1633年）任内阁首辅时被温体仁排斥，引疾乞归。十四年（1641年）二月复受召入京，数月后再次入阁担任首辅。十六年（1643年）罢，寻赐死。《明史》有传。

【58】《明史·温体仁传》：“温体仁，字长卿，乌程（今浙江湖州）人。万历二十六年（1598年）进士”，崇祯三年（1630年）任礼部尚书兼东阁大学士，七年（1634年）任内阁首辅，秉朝政，十年（1637年）致仕，十一年（1638年）卒。

【59】钱谦益，字受之，号牧斋，苏州府常熟县鹿苑奚浦（今江苏张家港）人。万历三十八年（1610年）一甲三名进士，东林党的领袖之一，官至礼部侍郎，因与温体仁争权失败而被革职。崇祯年间，他作为东林党首领，颇具影响。明亡后，马士英、阮大铖在南京拥立福王，建立南明弘光政权，钱谦益依附之，为礼部尚书。后降清，为礼部侍郎。

【60】王永光，河南长垣人，字有孚，号射斗。万历二十一年（1593年）进士，官至南京大理寺卿。熹宗天启年间，官至兵部尚书。毅宗崇祯元年，户部尚书后改吏部尚书。崇祯四年致仕。他虽然没有列入逆案阉党，但被朝中清议所不齿。冢臣：朝中大臣、重臣。

【61】李标，字汝立，号建霞，河北高邑人。历官礼部尚书、户部尚书、少保兼太子太保，武英殿大学士，曾两次出任内阁首辅。崇祯元年（1628年）十一月拜礼部尚书兼东阁大学士；崇祯三年（1630年）首辅韩爌退，李标复为首辅，累加少保、太子太保、武英殿大学士。崇祯十一年（1638年），五次上疏归里，得到允许，告老还乡。崇祯十七年（1644年）十二月病逝。明末，朝廷党派林立，相互倾轧，李标中立无党，极力反对党派之争。李标为官清正，性耿直，敦大礼，顾大局，明辨是非曲直，敢于直言谏君，每事持大体，以风节显。《明史》有传。

【62】钱龙锡，字稚文，号机山，松江华亭（今上海）人。万历三十五年（1607年）进士，天启年间受魏忠贤阉党排斥，崇祯元年（1628年）起为大学士、阁臣。他因主持清理魏忠贤阉党逆案而深受阉党余孽御史高捷等人怀恨。此时，他们宣称袁崇焕杀毛文龙是钱龙锡默许，崇祯皇帝又罢钱龙锡官职。三年（1630年）八月，杀袁崇焕，下钱龙锡诏狱。初定处死，后经黄道周等人疏救，终改为流戍。《明史》有传。

【63】杨嗣昌，明末兵部尚书，武陵（今湖南常德）人。他统兵镇压农民军，崇祯十四年（1641年）二月张献忠农民军攻陷襄阳，杀襄王。“嗣昌在夷陵，惊悸，上疏请死。下至荆州之沙市，闻洛阳已于正月被陷，福王遇害，益忧惧，遂不食，以三月朔日卒”。《明史》有传。

【64】薛国观，韩城（今陕西韩城）人。万历四十七年（1619年）进士。《明史·薛国观传》：薛国观于天启时附于大太监魏忠贤一党，故于崇祯初年被劾离去。崇祯三年

（1630年）复起，初任给事中，又擢任左佥都御使。四年（1631年）八月"拜礼部左侍郎兼东阁大学士，入参机务"。崇祯十二年（1639年），崇祯皇帝采纳他的建议，向武清侯李国瑞借军饷未果，竟削夺其爵位，李国瑞惊吓而死，"诸戚畹人人自危。会皇五子疾亟，李太后凭而言。帝惧，悉还李氏产，复武清爵，而皇五子竟殇。或云中人构乳媪，教皇五子言之也。未几，国观遂以事诛。"按，薛国观任内阁首辅在崇祯十二年（1639年），被罢在十三年（1640年），被诛在十四年（1641年）。《明史》有传。

【65】"日中必慧，操刀必割。"语出《六韬·文韬》："日中必慧，操刀必割，执斧必伐。日中不彗，是谓失时；操刀不割，失利之期；执斧不伐，贼人将来。"，原意是：日到中午就一定要晒东西，手里拿着刀，就一定要割东西，拿起斧子就要抓紧时机砍伐。到了中午不曝晒就会丧失时机；拿起刀子不宰割也会丧失时机；拿起武器不杀敌，反会被敌所害。这是比喻做事应该当机立断，不失时机。

【66】崔、魏之祸：即指熹宗天启年间阉党崔呈秀和大太监魏忠贤把持、干预朝政，迫害贤臣的祸乱。

崔呈秀，蓟州（今天津蓟县）人，万历四十一年（1613年）进士。天启初年擢升御史，巡抚淮、扬。因其品质卑污，不被东林党人见纳。天启四年还朝，结纳大太监魏忠贤，乞为养子，迫害贤良，天启七年（1627年）进为工部尚书，朝官多拜为门下士，势倾朝野。崇祯皇帝即位，铲除魏忠贤奸党。崔呈秀先乞罢官归家，及魏忠贤死，随即自缢。

魏忠贤，肃宁人。少无赖，自宫，变姓名曰李进忠。其后乃复姓，赐名忠贤。魏忠贤和皇长孙朱由校的奶娘客氏，深相结交。光宗崩，长孙朱由校嗣立，是为熹宗天启皇帝。魏忠贤、客氏并有宠。忠贤不识字，按旧例不当入司礼监，但有客氏说项，遂成为宫内权力最大的司礼监太监。他生性猜忍阴毒，好谀。帝深信任此两人，两人势益张，宫中人莫敢忤。神宗万历皇帝时期，廷臣渐立门户，以危言激论相尚，国本之争，指斥营禁。及忠贤势成，其门派即谋倚靠宦官势力以倾东林党人。他的党羽遍政府要津。于是益无忌惮，复增置太监武装万人，恣为威虐。他和客氏联手迫害光宗选侍赵氏、裕妃张氏致死。又革成妃李氏封。客氏以计堕皇后张氏胎，帝由此乏嗣。天启三年冬，魏忠贤兼掌权力极大的皇家特务机构东厂事，欲尽杀异己者。刑罚酷滥，甚至剥皮、刲舌，所杀不可胜数。至此，朝廷内外大权一归魏忠贤，他一岁数出，锦衣武装夹驰左右，其他侍奉随属以万数。士大夫遮道拜伏，至呼九千岁。客氏居宫中，胁持皇后，残虐宫嫔。天启七年（1627年）秋八月，熹宗崩，信王朱由检立，即崇祯皇帝。嘉兴贡生钱嘉征劾忠贤十大罪，十一月，遂安置魏忠贤于凤阳，寻命逮治。魏忠贤行至阜城，闻之，自缢死。诏磔其首，悬首河间。笞杀客氏于浣衣局。崇祯二年（1629年）命大学士韩爌等定逆案，终逐忠贤党徒。《明史》有传。

【67】贺逢圣，字克繇，江夏（今湖北武汉）人。为诸生，受知于督学熊尚文，举

于乡。家贫，充任应城教谕。万历四十四年（1616年），殿试第二人，授翰林编修。熹宗天启间，为洗马。湖广建魏忠贤生祠，忠贤闻上梁文出自贺逢圣手，大喜。逢圣曰："误，借衔陋习耳。"忠贤咈然去。翌日削贺逢圣籍。庄烈帝即位，崇祯元年复官，连进秩。九年（1636年）六月，以礼部尚书兼东阁大学士，入阁辅政，加太子太保，改文渊阁。十一年（1638年）致仕。十二年（1639年）再入阁。明年（1640年）再致仕。《明史》有传。

【68】张至发，淄川（今山东淄博）人。明朝大臣。天启十年（1631年）代温体仁为内阁首辅大学士。自世宗朝许赞以后，外僚入阁，自张至发始。无大作为。次年，罢相归家。崇祯八年(1635年)升为刑部右侍郎。崇祯十五年（1642年）病卒。《明史》有传。

【69】《清史稿·谢升传》："谢升，山东德州人。明万历三十五年（1607年）进士，官至建极殿大学士兼礼部尚书。"《明史·宰辅年表二》："谢升于崇祯十三年（1640年）四月改礼部尚书兼东阁大学士，八月晋为少保兼太子太保、吏部尚书、武英殿大学士。十五年（1642年）四月罢。"此处以乡贯称谢升，是当时社会对有地位人的习惯尊称。其他，如宜兴（周延儒）、乌程（温体仁）、通州（魏藻德）、井研（陈演）、文长洲（文征明）、何香山（何吾驺）等等，均是。

【70】陈演，井研（今四川井研）人。《明史·陈演传》："陈演……天启二年（1622年）进士，改庶吉士，授编修。崇祯时，历官少詹事，掌翰林院，值讲筵。十三年（1640年）正月擢礼部右侍郎，协理詹事府。"同年四月，拜礼部左侍郎兼东阁大学士，与谢升同时入阁。十六年（1643年）五月代替周延儒而为首辅。十七年（1644年）三月李自成起义军攻陷北京，被杀。《明史》有传。

【71】蒋德璟，字中葆，号八公，又号若柳，明泉州晋江人。明熹宋天启二年（1622）登进士，改庶吉士，授编修。崇祯十五年（1642年）晋礼部尚书兼东阁大学士。崇祯十六年（1643年），改任户部尚书，晋太子少保文渊阁大学士。崇祯十七年（1644年）三月，竟引罪去位。明亡以后，他曾参加南明抗清活动，加入明唐王朱聿键在福州建立的隆武政权，但终因足疾严重，恳求罢离。当他回到家乡，病情已经恶化了。清顺治三年（1646年）九月，唐王朱聿键败，蒋德璟涕沾不食 ，以示尽忠尽节，遂以是月卒于家中。《明史》有传。

【72】黄景昉，明福建晋江人，字太穉，号东崖。熹宗天启五年（1625年）进士，选庶吉士。庄烈帝崇祯元年（1628年），授翰林院编修。崇祯十五年，与礼部尚书兼东阁大学士蒋德璟、吴甡、陈洪谧、林欲楫、黄鸣俊同时入阁，成为辅臣。崇祯十六年（1643年），加太子少保、户部尚书、文渊阁大学士。景昉连连上书要求引退。黄景昉在阁仅10个月，崇祯十六年（1643年）九月离京返乡。崇祯十七年（1644年），明亡。唐王朱聿键在福州监国，旋称帝，是为隆武帝。他参加隆武政权，但未久即告归。唐王失败后，

景昉蛰居家中近20年，专以著述为事。《明史》有传。

【73】吴甡，字鹿友，晚号柴庵。江苏人。明万历四十一年（1613年）进士。先后任福建邵武、晋江及山东潍县知县。天启二年（1622年），升为御史。后受阉党魏忠贤迫害，削籍革职。崇祯皇帝即位，吴甡官复原职，后出任河南、陕西巡按。崇祯十五年（1642年）任东阁大学士，为内阁次辅，但与首辅周延儒矛盾重重。崇祯十六年（1643年）李自成农民军蓬勃发展，崇祯皇帝命吴甡督师湖广。吴甡遂请拨发精兵三万“自金陵赴武昌”。谁知等了很长时间，无兵无饷，仅凑残兵万余，难以果行。后吴甡同意五月出发，崇祯皇帝进吴甡为太子少保、户部尚书兼兵部尚书、文渊阁大学士。可是“越宿忽下诏责其逗留”，削其官职，交法司议罪。十一月，吴甡被遣戍云南。十七年（1644年）三月，充军途中的吴甡听到李自成进入北京、崇祯吊死煤山，肝胆俱摧。五月，福王建立弘光政权，下旨赦还。但对前途完全无望的吴甡不再出仕，隐居邑中凡26年，卒于家。《明史》有传。

【74】“丰芑”借指国家奠基之地。出自《诗·大雅·文王有声》：“丰水有芑，武王岂不仕。”意思是说：丰水是无情之物，犹以润泽而生菜为己事，况武王 岂不以功业为事乎。明太祖建都于南京，成祖北迁，仍建为留都。明代诗文时以“丰芑”指南京 。

【75】张国维，字玉笥，浙江东阳人。天启二年（1622年）进士。崇祯八年（1635年），时任巡抚都御史的张国维同巡抚御史王一鹗曾任明末江南十府巡抚，后任兵部尚书。清兵入关后，宁死不降，以身殉国。《明史》有传。

【76】唐通，明末较为重要的将领，曾为宣化总兵、蓟镇总兵等要职。手握兵权，举足轻重。崇祯十六年（1643年）崇祯皇帝曾召见唐通并赐蟒玉，对他寄予极大的希望。唐通后奉命守居庸关，三月农民军一到，唐通和太监杜之秩出关迎降。清军入关以后，崇祯十七年（1644年）九月十五日，投附大顺后在山海关战役前后活跃一时的原明居庸关守将唐通，杀害李自成亲族，向清军乞降。

【77】马科，明朝总兵，崇祯初即从李卑平流寇，后归洪承畴麾下。李自成欲入川，马科与曹变蛟败之，并穷追之至潼关，参与潼关南原大战，大破闯军。旋任山海关总兵，崇祯十三年（1640年）从洪承畴援锦州，松锦之役明军全面败溃，马科率残部奔逃塔山。

【78】傅淑训，字启昧，孝感（今湖北孝感）人，万历二十九年（1601年）进士，前后历官四十余年。崇祯十四年（1641年）十一月以傅淑训为户部尚书，十六年（1643年）五月罢，后终老乡里。

【79】郑三俊，字用章，建德（今安徽东至）人。明万历二十六年（1598）进士，授元氏知县，累任南京礼部郎中，归德知府，福建提学副使。崇祯初，官拜南京户部尚书，后转吏部尚书。崇祯十五年（1642年）正月，复命阙下，加太子少保，留为北京刑部尚书。七月，为北京吏部尚书。十六年（1643年）五月丙午，郑三俊以误荐吴昌时而引咎劾罢。明亡以后，家居十余年乃卒。《明史》有传。

【80】刘宗周，字起东，别号念台，绍兴府山阴（今浙江绍兴）人，因讲学于山阴的蕺山，学者又称蕺山先生。万历二十九年（1601 年）进士，崇祯初年启用为顺天府尹，九年（1636 年）为工部右侍郎，十五年（1642 年）八月，为都察院左都御史；十一月戊寅，刘宗周因奏答屡屡不合崇祯皇帝的心意，因此被削籍罢官。崇祯十七年（1644），李自成率农民军攻陷北京，崇祯自缢身亡。福王朱由崧在南京监国，建立南明，诏起复刘宗周左都御史原官。可是在愈演愈烈的党争中，他不得不辞职。刘宗周历经万历、天启、崇祯、弘光四朝，"通籍四十五年，在仕六年有半，实立朝者四年。"弘光元年（1645）五月，清兵攻破南京，福王被俘遇害，潞王监国。六月十三日（7 月 6 日），杭州失守，潞王降清。十五日午刻，刘宗周听到这一消息，决定绝食，两旬而死。《明史》有传。

【81】冯元飚，字尔弢，浙江慈溪人。明天启二年（1622 年）进士。天启六年（1626 年）任揭阳县令。崇祯朝先后任户部给事中、礼部右给事中、太常少卿、南京太仆卿、通政使、兵部右侍郎、兵部尚书。明亡以后在家乡去世。

【82】倪元璐，字汝玉，一作玉汝，号鸿宝，浙江上虞人。明天启二年（1622 年）进士，历官翰林院编修、翰林院侍讲学士，南京国子监司业。崇祯十五年（1642 年）十二月任倪元璐为兵部右侍郎，兼程至京，即日召对。元璐面奏守边事宜，上褒美之。上以首辅陈演推荐，升倪元璐为户部尚书兼翰林院学士。

李自成入京，殉国自缢死。《明史》有传。

【83】黄道周，字幼玄，一作幼平或幼元，又字螭若、螭平、幼平，号石斋，福建漳浦（现福建东山）人。天启二年（1622 年）进士，深得考官袁可立赏识，历官翰林院修撰、詹事府少詹事。他是明末学者、书画家、文学家、儒学大师、民族英雄。明亡以后，他参加南明唐王朱聿键在福州建立的隆武政权，任吏部兼兵部尚书、武英殿大学士（首辅）。抗清失败，被俘殉国，谥忠烈。《明史》有传。

【84】吴昌时，字来之，浙江秀水人，一说嘉兴人。崇祯七年（1634 年）进士，官至礼部主事、吏部郎中。崇祯时任吏部文选司郎中，协助尚书掌官吏班序秩迁升、改调之事，崇祯十四年（1641 年）以后是内阁首辅周延儒的亲信。《明史·周延儒传》：当时，吴昌时以年例为由，把不合自己心意的十几个御史、给事中外调，引起舆论哗然，御史祁彪佳、给事中吴麟徵等纷纷揭发吴昌时结交宦官，刺探皇帝近旁的消息，挟势弄权。崇祯皇帝大怒，"御中左门，亲鞫昌时，折其胫，无所承，怒不解……乃下狱论死。"此崇祯十六年（1643 年）七月事。此前五月，周延儒已经再次被罢，崇祯皇帝"遂命尽削延儒职，遣缇骑逮入京师……安置正阳门外古庙……冬十二月，昌时弃市，命勒延儒自尽，籍其家。"

【85】骆养性，嘉鱼人。明代锦衣卫都督。他袭父荫任锦衣卫指挥使，官至左都督。李自成农民军围攻北京时，他受命与内官守城，城陷后投降，被追赃 3 万两。清军入

关以后，他又降清，受命巡抚天津。顺治元年（1644年）九月因擅自迎接南明弘光帝使臣左懋第，而被革职。后授浙江掌印都司。不久卒。

【86】孙传庭，字伯雅，又字百谷，一字白谷，代州镇武卫（今山西代县）人。万历四十七年（1619年）进士。明崇祯十五年（1642年）任兵部侍郎，总督陕西。次年升为兵部尚书(改称督师)。带兵镇压李自成、高迎祥。由于时疫流行，粮草不足，兵员弹药缺少，朝廷催战，无奈草率出战，崇祯十六年兵败，在陕西潼关战死。《明史》有传。

【87】周延儒于崇祯十六年（1643年）被赐死。

【88】魏藻德，字师令（一作恩令），号清躬。崇祯十三年（1640年）状元。顺天通州（今北京市通州）人。崇祯十七年（1644年）二月至三月担任内阁首辅，三月十九日李自成军进入北京城，明朝亡。入城后，李自成大将刘宗敏即刻抓捕魏藻德等重臣入狱，要求所谓捐款助饷。魏藻德被夹棍夹断十指，交出白银数万。然而刘宗敏并不相信他仅有几万两白银，五天五夜的酷刑后，魏藻德因脑裂死于狱中，他的儿子随即也被处死。

【89】李建泰，字复余，号括苍。明山西曲沃人。熹宗天启朝进士。庄烈帝崇祯十六年（1643年）提拔为吏部右侍郎兼东阁大学士。崇祯十七年（1644年）春，他请命驰至山西，以私财召募士卒抵御李自成农民军。可是刚出北京，他就听到家乡曲沃已经被农民军占领的消息，惊吓而病。他在京畿逗留，后入保定，直至被李自成农民军俘获。后降清为内院大学士，坐事罢归。明降将姜瓖反于大同，李建泰与之遥相呼应，于是为清军所杀。《明史》有传。

【90】方岳贡，字四长，谷城人。天启二年（1622年）中进士。授户部主事，进郎中。崇祯元年（1628年），方岳贡出任松江知府。他呕心沥血，策划修筑当地的捍海石塘，使得农田得以避免海水入浸的危害。在给事中方士亮推荐下，被提拔为山东副使兼右参议，不久又超擢左副都御史。崇祯十六年（1643年）十一月命以本官兼东阁大学士，入内阁参与机务。崇祯十七年（1644年）二月，方岳贡提拔为正一品官吏，任户、兵二部尚书兼文渊阁大学士，总督漕运、屯田、练兵诸务。李自成起义军攻克北京后，被害。《明史》有传。

【91】凌駉，字龙翰，崇祯十六年（1643年）进士。歙县人。崇祯十七年（1644年），出身山西曲沃的李建泰自请往山西用家财招募军队，对抗李自成农民军。正月二十六日，崇祯皇帝亲自在正阳门城楼举行遣将礼，卫兵自午门直抵城外，分东西两列，旌旗甲仗齐备，十分隆重。崇祯皇帝在城楼上赐宴，诸朝廷大臣在旁陪侍。酒过七行，崇祯皇帝用金杯亲自为李建泰倒酒三杯，并将金杯赏给了他。宴席上，崇祯皇帝又手书“代朕出征”四字，表示对他的极大期望，并应李建泰之请，授进士凌駉为兵部职方主事，以主事赞画督师李建泰军。李建泰败后，建泰降贼，駉遁至临清。因商人之资，募兵三千。

权州印，部署乡勇，斩伪防御使王皇极等三人，复临清、济宁，传檄山东。以后他南下参加福王在南京建立的隆武政权。

【92】乔松年，崇祯四年进士，山西解州人。崇祯十七年（1644 年）正月，李建泰自请往山西用家财招募军队，对抗李自成农民军。崇祯皇帝亲自在正阳门城楼举行遣将礼送行，并应李建泰之请，授乔松年户科给事中衔，随军出征，及李建泰兵败保定，降李自成农民军，授从事。

【93】郭中杰，明副总兵官。李建泰自请往山西用家财招募军队，对抗李自成农民军。崇祯皇帝亲自在正阳门城楼举行遣将礼送行，并应李建泰之请，以郭中杰为中军。及李建泰被困保定，他和李勇与农民军约白旗为号，并缒城出降。

【94】万炜，明驸马。万历十三年（1585 年）尚神宗同母妹瑞安公主。崇祯时，万炜嫡庶诸子皆官至都督。万炜官至太傅，以亲臣侍经筵。崇祯十七年（1644 年）李建泰西征，万炜已七十余岁，奉旨以太牢告庙。及李自成农民军攻陷北京，同长子一并被害。

【95】见于（清）赵吉士《寄园寄所寄·焚尘寄·胜国遗闻》引《绥寇未刻编》；（清）徐鼒《小腆纪年》。

【96】范景文，字梦章，号思仁，别号质公，河间府吴桥（今河北吴桥）人。万历四十一年（1613 年）进士。历官东昌府推官、吏部文选郎中、工部尚书兼东阁大学士。崇祯十七年（1644 年）李自成破北京，崇祯皇帝自缢。范景文赴双塔寺旁的古井自杀殉国。《明史》有传。

【97】丘瑜，号鞠怀，宜城（今湖北宜城）人。天启五年（1625 年）进士。选为庶吉士；后升为检讨，掌修国史。崇祯时，任詹事府的少詹事。召为礼部左、右侍郎，祟祯十七年（1644 年），以本官兼东阁大学士。李自成攻陷北京，自杀殉国。一说被害。

【98】见于（清）赵吉士《寄园寄所寄·焚尘寄·胜国遗闻》引《绥寇未刻编》。

【99】徐光启，字子先，号玄扈，松江（今上海松江）人。万历三十二年（1604 年）进士，翰林院庶吉士。从西洋人利玛窦学天文、历算、火器，尽其术。遂遍习兵机、屯田、盐策、水利诸书。天启三年起故官，旋擢礼部右侍郎。五年，被魏忠贤党弹劾，落职闲住。崇祯元年召还，以礼部左侍郎理部事，擢本部尚书。五年五月，以本官兼东阁大学士，入参机务，与郑以伟并命。寻加太子太保，进文渊阁。光启雅负经济才，有志用世。及柄用，年已老，值周延儒、温体仁专政，不能有所建白。六年（1633 年）十月卒。赠少保。谥文定。

【100】孙承泽，字耳北，一作耳伯，号北海，又号退谷，一号退谷逸叟、退谷老人、退翁、退道人，原籍山东益都，世隶顺天府上林苑（今大兴）。明末清初政治家、收藏家。明崇祯四年（1631 年）进士。官至刑科都给事中。清顺治元年（1644 年）被起用，历任吏科给事中、太常寺卿、大理寺卿、兵部侍郎、吏部右侍郎等职。

【101】汪惟效，崇祯四年（1631年）进士，徽州祁门人。崇祯辛未进士，官工科都给事中。

【102】阘茸斗筲：阘即庸碌，鄙下；茸，鹿茸，细毛。阘茸合起来，意思是指人品卑劣或者庸碌无能。斗筲：形容人器量狭小，见识短浅。

【103】躐等，即越级，不按次序。

【104】见于（清）赵吉士《寄园寄所寄·焚尘寄·胜国遗闻》引《绥寇未刻编》。

甲申（崇祯十七年，1644年）春正月乙酉朔，京师大雨雾（原注：占曰：风从乾起，主暴兵破城。城未破之前十余日，风霾大作，自辰至未止，拔去关帝庙旗杆、琉璃厂大树[1]）。沅州（今湖南芷江）、铜仁（今贵州铜仁）连界处掘出一古碑，上有字两行，云：东也流，西也流，流到天南有尽头。张也败，李也败，败出一个好世界[2]。司天奏：帝座下移[3]，枉矢东流，冲太阴[4]。闯贼称王于西安（今陕西西安），僭号大顺，改元永昌，通好献贼[5]。献贼自岳阳（今湖南岳阳）北渡，步骑数十万入夔州（今四川奉节）[6]（原注：先是，万历末年，民间好叶子戏，图赵宋时山东群盗姓名于牌而斗之，至崇祯时大盛。其法以百贯灭活为胜负，有曰闯，有曰献，曰大顺，后皆验[7]）。凤阳（今安徽凤阳）地震[8]。南京（今江苏南京）孝陵夜哭[9]。癸丑夜，星入月中，长庚星见东方[10]。乙卯，上饯李建泰于正阳门（今北京正阳门）。建泰顿首拜谢，印绶花怒张如斗。是日，大风扬沙，建泰肩舆不数武杆折，识者以为不祥[11]。先是，内殿奏章房多鼠盗食，与人相触而不畏，元旦后鼠忽屏迹（原注：《易·飞候》曰：鼠群居不穴，君死国亡他占曰：鼠无故夜去，邑有兵，近黄祥也[12]）。帝尝御乾清宫，空中坠一鹳，颈穿一箭，至地飞鸣，俄而鹳死[13]。又乾清宫后庑有青霞居、游艺斋，皆陈设宝玉重器于御几，物忽自移，彼此互易其处，或颠倒错乱，失而复得。守者惧得罪，伺之，见御榻重茵中有溺而旋者，狐毛零落，其气尚温[14]。策置王良前驷，房动徙（原注：石氏曰：王良策马则天下大乱，兵大起。次年天弧引满[15]）。二月，填失光道，星燿燿如雨下，荧惑怒角，河鼓坼，摇光坼，芒角黑眚（原注：次年五六月，荧惑犯房、心，天津坼。巫咸曰：河鼓，金官也，主金鼓。河鼓坼，则金鼓不震。天津主河梁。石氏曰：天津覆，洪水滔天。自汴梁没后，河再决于山东。摇光者，北斗之第七星，其名为应，主兵。又曰：应星色黑，有水眚，有徙民[16]）。闯贼循山西平阳（今山西临汾）州县。破太原（今山西太原），执晋王[17]；犯大同（今山西大同），杀代王宗室殆尽[18]，直入居庸（今北京居庸关），真（今河北正定）、保定（今河北保定）、大名（今河北大名）皆不守[19]。献贼在万县（今四川万县）阻水涨三阅月[20]。命太监高起潜等分据要害[21]。大学士魏藻德夜间闻刀兵之声入其寝，三月初，举家闻哭泣声[22]。太仓（今江苏太仓）邑绅张采家，李生黄瓜。采叹曰：李生黄瓜，民皆无家，乱其至矣[23]。常州（今江苏常州）五牧镇，人影见壁上；距镇半里许，农家陈姓者，其壁上日影中见行人来去不绝，长不盈尺，头面须发手足毕具，或持兵器，或车骑冠履，或甲胄铮铮若有声。最后一人衣黄袍冕旒乘辇，群力士拥卫之。乡人观者如堵，有少年挥剑斩壁，其人皆作怒色而不畏，如是一月始灭[24]。三月朔，营头昼陨，声如雷[25]（占曰：营头之所坠，其下覆军流血三千里[26]。袁山松书曰：怪星昼行，名曰营头，行振大诛也。汉光武击二公兵，昼有云气如坏山，堕军上，军人皆厌，所谓营头之星也。二公兵乱败，自相贼，就死者数万人。竞赴滍水，死者委积，滍水为之不流。杀司徒王寻，军皆散走。王邑还长安，莽败，俱诛死，覆军流血之应也[27]）。以司礼太监王承恩提督内外京城，召前太监曹化淳等分守诸门[28]（原注：后王承恩从帝缢死）。东南蚩尤旗见[29]（原注：占曰：蚩尤旗见，则主征伐四方[30]）。十八日夜，月赤如血[31]（原注：月色变青为忧，为饥。赤为争、为兵。白为丧、为旱，黑为水、疾疫、死丧。月赤如赭，大将死野[32]）。十九日，闯贼陷京师（今北京），帝崩于煤山（今北京景山公园）[33]。宜兴丰义村雨血[34]。夏四月初四日，大风飘沙如震号，日色暗淡无光，都城内外黑气隐隐不散，皇极殿作白色[35]。闯贼走京师，称帝。西走真定[36]。五月戊子朔，两星夹日，轩辕绝续不常，大小失次[37]（原注：至十月乃复），天狗下尾长白竟天（原注：天狗下则四方相射，其君失地，兵大起[38]。周书云：天狗所止，地尽倾，余光烛天为流星，长十数丈，行其疾如风，声如雷，光如电[39]）。太白昼见[40]（原注：三日乃没）。闯贼走平阳，走韩城，益发兵陷汉中[41]。六月朔，日有食之[42]。淮城（今江苏淮安）雨黄沙，大风蔽日。当涂（今安徽当涂）有星陨清源门内刘姓家，陨火十余处，照耀如白昼[43]。异鸟来，作恨声，俗谓之恨虎[44]（原注：明年，当涂城被屠，焚烧过半）。四川日月无光，赤如血，人仰视北斗不复见。有大星出西方，芒焰闪烁，摇漾不定。献贼入涪州、泸州，陷重庆，瑞王阖宫被害[45]。闯贼复遣贼出潼关，掠河南，又遣贼略四川保宁[46]。是月初十日，上海廿三保祝圣尧家，群奴持刀弑主父子，立时焚烬，延至各乡大户，无不烧抢。又有顾六等，倡率各家奴辈入城，先至绅家索鬻身文契，其家立成齑粉，主被殴辱，急书退契，焚劫大家，为之一空（原注：按，明季缙绅多收投靠，而世隶之邑几无王民矣。然主势一衰，跋扈而去。甚有反占主田产，坑主赀财转献新贵。有势力家因而投牒兴讼者，有司亦惟力是视而已。物极必反，以是顾六一呼，从者蜂起[47]。回忆情状，毛发悚然）。秋七月，将乐（今福建将乐）大旗山顶出旗五色，逾时而没[48]。广州太白经天[49]。会同（今海南琼海东北）雨雹大如斗[50]。八月，闯贼伪立祖祢庙于西安，驻韩城，日恣屠戮[51]。宜兴（今江苏宜兴）两氿（音：酒）见古井街衢，舆马通行[52]（原注：《荆州记》曰：江陵县有天井台，东邻天井，井周二里许，中有潜室，人时见之，辄有兵、疫[53]）。义乌（今浙江义乌）中天虹见，两头开丫。山阴（今浙江绍兴）野羊入城[54]。冬十月，紫微无光，前星下移四五度（原注：至次年八月乃复[55]）。文昌坼（音：撤）[56]（原注：文昌主国之上将，宁南、兴平、靖南先后死国[57]）。狼怒跃[58]（原注：至次年四月。《荆州占》曰：狼为盗贼。巫咸曰：狼星易处，天下大饥，兵满野[59]。万历十六年戊子九月，狼星变耀，大如日，赤如血，坠下十余丈，摇动十余次，复依；其次至二十年，宁夏杀主将；二十一年，倭国攻朝鲜，杀戮甚多[60]；二十七年，播州（今贵州遵义）反）。漳、泉镇海卫学文庙先师圣像首忽堕地[61]。献贼陷成都（今四川成都），蜀王阖宫被害[62]。十一月，荥泽县（今河南郑州古荥镇北）东十里平地，忽现一城，雉堞井幹皆具，久之始没[63]。杭州猎人献鴸鸟，人面、鸟身、两翼、四足[64]（《山海经》曰：其状如鸱而人手，其音如痺，其名曰鴸，其鸣自号也，见则其县多放士）。献贼称西王，改元大顺[65]。十二月初三日夜，杭州（今浙江杭州）雷无电[66]。秦州关中田鼠化为鹌鹑者以数千计[67]。琼州海忠介石坊每日流血，淫淫若泪[68]（原注：癸未春至本年五月止）自七月至是，成都属邑之民俱被杀尽[69]（原注：贼杀蜀人之惨，割手足曰瓠奴；分夹脊曰边地；枪其背于空中曰雪鳅；置火城以围数百小儿，见奔走呼号以为乐曰贯戏；剖孕妇之腹，抽善走之胫，碎人肝以饲马，张人皮以悬市[70]）。记曰：治世之音安以乐，其政和；乱世之音，怨以怒，其政乖；亡国之音，哀以思，其民困。声音之道，与政通矣[71]。兵未起时，中州诸王府中，乐府造弦索，渐流江南，其音繁促凄紧，听之哀荡，士大夫雅尚之。又江南人多唱挂枝儿，而大河以北所谓侉调者，其言尤鄙，大抵男女相愁离别之音，靡细难辨。自此以后，政事日蹙，情态纤迫，兵满天下，夫妇仳离者，不可胜数也[72]。此之谓滥音亡国之音也，其政散，其民流，诬上行私而不可止也[73]。

夫圣人观天文以察时变，天文七曜、三垣、二十八宿为大，此其有恒之象也。云雨震电风雪霜露类皆天象而非其恒也。彗孛虹珥之类，其怪也。夫日，太阳之精光，君象也。月，太阴之精光，后象也。上有失德则适见于天而薄食。日食，阳不胜阴也；月食，阴不让阳也。先王谨天戒，莫严于日食矣。春秋二百四十二年而日食三十六，日官失之也，史官失之也[74]。日轮大，月较小。日道近，天在上；月道近，人在下，故日食既时四面有光溢出也。水火金木土即人间日用五府之精光也。木行最速，一泻千里；金行于世，其流如泉；火，三月而改；木，一岁而凋；土，博厚不迁，故金木附日，岁一周天，火二岁，木十二岁，土二十八岁一周天。土亦名填，读如镇，以填静为体；读如田，以填塞为用也。木星八十三年而与日合者七十六；火七十九年而与日合者三十七，土五十九年而与日合者五十七。金、水虽随日，然金八年而合于日者五，水四十六年而合于日者一百四十五[75]。三垣：曰天市，明堂位也；曰太微，朝廷位也；曰紫微，宫寝位也。明堂位者，天子巡狩之居也。朝廷位者，听政之居也。宫寝位者，燕息之居也。天市歳临之太微，日临之紫微，朝夕在焉。七曜必遵黄道，歴天街，歳一受事太微，而出犹大臣受天子之命于朝以行其职也。二十八宿分列四方，各守其野，率诸经星以共紫微之帝，犹郡国百司各治其职，安其民人，以承天子也。二十八宿者，苍龙、白虎、朱雀、玄武各七宿也：角主发育万物，亢曰疏庙氐为天根，房天子之后寝，键闭鉤钤两咸以防淫而谨内也，心天子象言天地之心人之主也，尾主后妃叙御于所箕成帚扫又扬谷之器，尾而受之以箕示妇道也，五星聚箕尾而有天寶之乱，乱自色荒也，斗主荐贤受禄，斗为器量，所以斟酌也。民事莫重于耕织，故牛女相聯，牛农丈人耕具，骊珠女献工也，天田九星象井田狗天鸡教树畜也，罗堰九坎天渊言农桑者先水利也，北阴也，故虚与危主死丧危祸事，室以农毕而见，故主营建宫室事。嘉靖甲申，五星聚营室矣，壁图书之秘府，奎天子武库，娄主蓄牧牺牲以供祀事。自室以至于娄，天子之宫馆苑圃在焉。胃储藏五谷之府，昴主刑狱又名旄头，为白衣会。毕主边兵，昴毕之间有天街以分界也。参中三星，中军其中大将，旁参谋也；二肩左右将军，二足前后将军。觜行军之藏府。井主水泉，主水衡、法令平中之事。物之平者莫如水，故营国制城，画野分州，皆取象焉。鬼主内外祠祀事。柳主草木，又为天厨，主飨燕事。星为文明之会，主衣裳文绣。张主珍宝、宗庙服用。翼天子之乐府也。轸主车骑、任载，又星摇、星陨大异也。凌、犯、守、留、芒、角、掩，各以类占之。若乃日行之道，周天如循环，月亦然，两环两交，一谓之天首，一谓之天尾。天尾为计，天首为罗，月行迟速有常度，最迟处即孛也，故谓之月孛，孛六十二年而七周天。气生于闰，二十八年十闰，而气行一周天。气、孛皆有度数，无光象，故与罗、计同谓之四余，并七政为十一也[76]。此皆阴阳之精，其本在地，而上发于天者也。政失于此，则变见于彼，象之可见者也[77]。五气顺布，四时行焉[78]。天气始于甲，地气始于子，子甲相合，而岁名焉[79]。月十二会为一周，故岁有十二月。月凡三十日，本三百六十六日。天顺动而不止，不能无小失也，故节减其六日，又减小月六日，以顺天象。三岁足一月余六日，故三岁而闰也。又余六日，积二岁又余二十四日，故五岁再闰，而后五行之气始备，而度始周也[80]。出甲于甲，奋轧于乙，明炳于丙，大盛于丁，丰茂于戊，理纪于己，敛更于庚，悉新于辛，怀妊于壬，陈揆于癸[81]。阴阳合德，化生万物也[82]。故曰天干滋生于子，屈曲于丑，髌于寅，冒于卯，伸于辰，毕布于巳，交牾于午，向幽于未，简持于申，成就于酉，灭息与戌，坚核收藏于亥，所谓十二支也。大挠占斗，建作甲子，以支干分配五行，而阴阳之情著，天人之交粲然矣[83]。箕子之陈《洪范》也，初一曰五行，水曰润下，火曰炎上，木曰曲直，金曰从革，土爰稼穑。其用于人也，则为五事，曰貌，曰言，曰视，曰听，曰思，其总之则曰建用皇极也[84]。是故田猎不宿，饮食不享，出入不节，夺民农时及有奸谋，则木不曲直，时则雨木冰，及木为变怪；时则有出奔执辱之异，战败伤目之忧，属常雨也。弃法律，逐功臣，杀太子，以妾为妻，则火不炎上。时则灾宗庙、烧宫馆，时则四国灾、有大疫。杀其民人，治宫室，饰台榭，内淫乱，犯亲戚，侮父兄，则稼穑不成；时则冬大水，亡麦禾。好攻战，轻百姓，饰城郭，侵边境，则金不从革；时则有石言，时则石鼓鸣，有兵简，宗庙不祷，祠废祭祀，逆天时，则水不润下；时则有雾水暴出。百川逆溢，坏乡邑，溺人民，及淫雨伤稼穑；时则大风天黄，地生虫，雨杀人以陨霜。五行之用为五事，貌之不恭，厥罚恒雨，时则有服妖，时则有龟孽，时则有鸡祸，时则有下体生上之疴，时则有青眚、青祥。唯金沴（音：力）木。言之不从，厥罚恒阳，时则有诗妖，时则有介虫之孽，时则有犬祸，时则有口舌之疴，时则有白眚、白祥，唯木沴金。视之不明，厥罚恒燠，时则有草妖，时则有蠃虫之孽，时则有羊祸，时则有目疴，时则有赤眚、赤祥，惟水沴（音：力）火。听之不聪，厥罚恒寒，时则有鼓妖，时则有鱼孽，时则有豕祸，时则有耳疴，时则有黑眚、黑祥，惟火沴（音：力）水。思心之不睿，厥罚恒风，时则有脂液之妖，时则有华孽，时则有牛祸，时则有心腹之疴，时则有黄眚、黄祥，时则金、木、水、火沴（音：力）土[85]。而终之皇之不极，是谓不建皇君也，极中建立也。人君貌言视听思心五事皆失，不得其中，则不能立万事。贵而亡，位高而亡民，贤人在下位而亡辅，如此则君有南面之尊，而无一人之助。人之所叛，天之所去，时则有日月乱行，星辰逆行[86]。呜呼！五行一阴阳也，阴阳一天道也，唯天垂象见吉凶。国家将兴，必有祯祥；国家将亡，必有妖孽。祥多者，其国治，国不治而祥见者，亦足征其伪，且有代之祥者[87]。是以太上修德，其次修政，其次修救，其次修攘[88]。凡所以畏天戒，恤民隐也。畏天戒，则君德修，君德修则皇极建，皇极建则天地可位，而万物可育也。

【1】文、注皆见于（清）吴伟业：《绥寇纪略·虞渊沉》。按，《崇祯实录》和光绪《昌平州志》《密云县志》均记载当年正月至三月有大风霾。《清世祖章皇实录》记载十月、

十二月有大雾。

【2】见于（清）吴伟业：《绥寇纪略·虞渊沉》。

【3】见于（清）吴伟业：《绥寇纪略·虞渊沉》。

【4】（清）吴伟业：《绥寇纪略·虞渊沉》："乙酉（顺治二年，1645 年）正月枉矢东流，冲太阴。"《晋书天文志中》："枉矢，类流星，色苍黑，蛇行，望之如有毛，目长数匹，著天，主反萌，主射愚。见则谋反之兵合射所诛，亦为以乱伐乱。"太阴即月。《二申野录》系此事于崇祯十七年（1644 年），两书有一年之差。

【5】（清）谷应泰《明史纪事本末·李自成之乱》："崇祯十七年春正月，李自成称王于西安，僭国号大顺，改元永昌。自成久觊尊号，惧张献忠、老回回相结为患。既入秦，通好献忠。献忠厚币逊词以报之，自成喜，遂僭号。牛金星为丞相，更定六政府尚书等伪官。"

【6】（清）谷应泰《明史纪事本末·张献忠之乱》："崇祯十七年正月，张献忠自岳阳渡江，虚设伪官于江南，大队俱往江北。遂弃长沙，造浮桥于三江口，以一军过荆州，尽弃舟楫，步骑数十万入夔州。"

【7】见于（清）吴伟业：《绥寇纪略·虞渊沉》。

【8】（清）吴伟业：《绥寇纪略·虞渊沉》："崇祯十五、六、七年凤阳地震，连岁不止。"

【9】见于（清）吴伟业：《绥寇纪略·虞渊沉》、（清）董含《三冈识略·陵哭》。

【10】（清）张岱《石匮书后集·烈皇帝本纪》："崇祯十七年正月癸丑夜，星入月中，占为'国破君亡'。"

长庚星即太白金星，又称启明星，是二十八星宿之外的古代人认为最亮的星宿。传说太白星主杀伐，太白星在夜晚出现，日出的时候隐没。可是如果太阳升起太白星还没完全隐没时，看起来就好像天空中有两个太阳，所以占星术又以这种罕见的现象为封建王朝"易主"之兆。

【11】（清）吴伟业：《绥寇纪略·虞渊沉》："崇祯十七年正月，帝饯李建泰于正阳门，建泰顿首拜谢，印绶花怒张如斗，同官谬贺此取金印如斗象也，识者以为不祥。"

（明）王汝南《续补明纪编年》："崇祯十七年正月癸丑夜，星入月中；占曰：国破君亡。乙卯，李建泰出师。上以特牲告庙，廷授节剑、法驾；御正阳门设宴作乐，亲赐卮酒，曰：'先生之去，如朕亲行。'建泰顿首起行，上目送之。是日，大风扬沙；占曰：不利行师。建泰肩舆不数武，杆折；识者忧之。"

《明实录附录·崇祯实录长编》："崇祯十七年正月乙卯，命驸马都尉万炜告太庙，行遣将礼，敕吏部右侍郎兼东阁大学士李建泰曰：'咨尔建泰，代朕亲征，以尚方剑从事一切调度，赏罚俱不中制。'上临轩授尚方剑，幸正阳门楼宴饯之，命文武大臣侍坐，乐作，上手赐卮酒曰：'代朕亲行。'建泰顿首，起谢，不觉泪下。酒罢，即趋行。上目送之，亦泣下。是日大风霾，登城西望，埃尘涨天，上下神意惨丧，建泰单骑驰去。"

（清）张岱《石匮书后集·烈皇帝本纪》："崇祯十七年正月癸丑夜，星入月中，占为'国破君亡'。大学士李建泰出师，上临轩授建泰节敕；上亲赐卮酒曰：'先生之去，如朕亲行！'建泰顿首起行，上目送之，良久返驾。是日大风扬沙，建泰御肩舆，不数武，杆折；识者忧之。"

【12】（清）吴伟业：《绥寇纪略·虞渊沉》："又，上内殿奏章房，多鼠盗食，与人相触而不畏，崇祯十七年元旦后鼠忽屏迹，寇入，奏章尽焚。《周易·飞候》曰：鼠群居不穴，君死国亡。它占曰：鼠无故夜去，邑有兵，近黄祥也。"（唐）瞿昙悉达《大唐开元占经》："鼠无故群不居穴，众聚居殿中者，其君死。鼠无故舞邑门外，厥君亡于廷中道上，其邑有大兵。"

【13】（清）吴伟业：《绥寇纪略·虞渊沉》："帝尝御乾清宫，空中坠一鹳，颈穿一箭，至地犹飞鸣，俄而鹳死。"按，《二申野录》："至地飞鸣"，缺"犹"字。

【14】见于（清）吴伟业：《绥寇纪略·虞渊沉》。又，（清）徐鼒《小腆纪年》："乾清宫后庑陈设宝玉重器，忽自移其处。守者伺之，御榻重茵中有溺而旋者；狐毛零落，其气尚温焉。"

【15】文、注皆见于（清）吴伟业：《绥寇纪略·虞渊沉》。按，策，即鞭策。又是星名，在王良、阁道间。王良，《汉书·天文志》又称"王梁"，星名。王良，原是春秋时晋国一个善于驭马者。驷，星名。《汉书·天文志》："汉中四星，曰天驷。旁一星，曰王梁。"以上诸星均属二十八星宿中的"室宿"。房，即房宿，是东方星宿之一，与心宿接近。古人认为心宿象征明堂（集宫殿中天子朝会、封赏、庆典的最主要的建筑物）。房宿象征天府。天府，是朝廷藏物府库，或天上神仙所设的朝廷。天弧，星名，又称弧矢，又名"天弓"，属于南方七宿中的井宿。凡九星（汉时谓有四星），形如弓弧。星为弓形，外一星象矢，古人认为主弭兵盗。弧矢动移不如常而现角芒，古人以为主兵盗。

【16】文、注均见于（清）吴伟业：《绥寇纪略·虞渊沉》。按，填，即填星，又称镇星，即土星，是五星中移动最慢之星，每一年坐镇一个星宿，故二十八年才可坐镇完二十八星宿。顺行时有福力，逆行时会有祸患。《晋书·天文志中》："填星曰中央季夏土，信也，思心也。仁义礼智，以信为主，貌言视德，以心为正，故四星皆失，填乃为之动。"角，即角宿，二十八宿之一，东方七宿之第一宿。《荆州占》曰：荧惑犯左角，都尉死之。陈卓占曰：荧惑犯角，赦期一月。石氏曰：荧惑犯左、右角，大人忧；一曰：有兵，大臣为乱。河鼓三星，一名天鼓，一名三武，一名三将军，属北方牵牛星宿，主军鼓。盖天子三将军也，中央大将军也，其南左星，左将军也，其北右星右将军也，所以备关梁而拒难也。

【17】《明史·庄烈帝纪二》："崇祯十七年二月辛酉，李自成陷汾州，别贼围怀庆。丙寅，陷太原，执晋王朱求桂，巡抚、都御史蔡懋德死之。"

【18】《明史·庄烈帝纪二》："崇祯十七年三月庚寅，贼至大同，总兵官姜瑰降贼，

代王朱传𤇥𤇥遇害，巡抚都御史卫景瑗被执，自缢死。"

【19】《明史·庄烈帝纪二》："崇祯十七年三月乙未，总兵官唐通入卫，命偕内臣杜之秩守居庸关。己亥，李自成至宣府，监视太监杜勋降，巡抚都御史朱之冯死之。癸卯，唐通、杜之秩降于李自成，贼遂入关。甲辰，陷昌平。乙巳，贼犯京师。

【20】（清）吴伟业：《绥寇纪略·盐亭诛》："二月，贼在万县，湖滩水涨不得上，留屯者三阅月。民皆逃避，贼诱以降者不杀，既出悉驱之入水。"

【21】《明实录附录·崇祯实录长编》："崇祯十七年二月丁丑，命内官监制各镇，太监高起潜总监关、蓟、宁远，卢惟宁总监天津、通、德、临津，方正化总监真定、保定，杜勋总监宣府，王梦弼监视顺德、彰德，阎思印监视大名、广平，凡边地要害尽设监视。"《明史纪事本末·甲申之变》多"牛文柄监卫辉、怀庆，杨茂林监大同，李宗允监蓟镇中协，张泽民监西协。"数句。

【22】（清）吴伟业：《绥寇纪略·虞渊沉》："崇祯十七年二月，大学士魏藻德夜间闻刀兵之声入其寝，三月初举家闻哭泣。"

【23】（清）吴伟业：《绥寇纪略·虞渊沉》："崇祯十七年太仓邑绅、知临川张采家，李生黄瓜。采叹曰：古语云，李生黄瓜，民皆无家，乱其至矣。既而，采亦几及于难。"

【24】（清）徐鼒《小腆纪年》："常州五牧镇农家陈姓者，其壁上日影中见行人来去不绝，长不盈尺，头面须发手足毕具，或持兵器、或车骑冠履、或甲胄；最后一人衣黄袍、冕旒，乘辇，群力士拥卫之：观者如堵，一月始灭。"《常州府志·灾祥志》："崇祯十七年三月，距五牧镇半里许，农家陈姓者，壁上日影中，见行人来去不绝。长不盈尺，头面、须发、手足毕具。或持兵器，或车骑冠履，或甲胄铮铮若有声。最后一人，黄袍、冕旒、乘辇，群力士拥卫之。乡人观者如堵。有少年挥剑斩壁上，其人皆怒而不畏。如是二月而灭。陈氏惧而他徙，其家竟亦无恙。或曰：'天市垣影也。'或曰：'游魂也，主人民死亡离散。'邑人陈玉瑾有《影壁记》。"

【25】见于（清）吴伟业：《绥寇纪略·虞渊沉》。

【26】（清）吴伟业：《绥寇纪略·虞渊沉》："营头所坠，有破军杀将，流血三千里。"按，营头，流星名。

【27】《汉书·天文志上》："昼有云气如坏山，堕军上，军人皆厌，所谓营头之星也。占曰：'营头之所堕，其下覆军，流血三千里。'是时，光武将兵数千人赴救昆阳，奔击二公兵，并力猋发，号呼声动天地，虎豹惊怖败振。会天大风，飞屋瓦，雨如注水。二公兵乱败，自相贼，就死者数万人。竞赴滍水，死者委积，滍水为之不流。杀司徒王寻。军皆散走归本郡。王邑还长安，莽败，俱诛死。营头之变，覆军流血之应也。"注云：袁山松书曰："怪星昼行，名曰营头，行振大诛也。"

【28】《明实录附录·崇祯实录长编》："崇祯十七年三月戊戌，总督蓟辽王永吉请严居庸关守御，遂命司礼太监王承恩提督内外京城，王永吉节制各镇，俱听便宜行事。"

【29】出处不详。按，蚩尤旗：古人以一种彗星称蚩尤旗，或是一种云，其象上黄下白，作为兵乱的征兆。

【30】（唐）瞿昙悉达《大唐开元占经》引《荆州占》："蚩尤旗见，则兵大起，不然有丧。"又引《洪范·五行传》曰："武帝建元六年八月，长星出东方，长竟天。占曰：是蚩尤旗见，则王者征月伐四方。自是之后，兵讨四夷，连二十年。"

【31】康熙《常州府志·祥异》："崇祯十七年三月十八日夜，月赤如血。"

【32】（唐）瞿昙悉达《大唐开元占经》："月色青，不复有暴疾之君。色青白，有白衣之会，期三月。色黄黑更弊。色黑有大水，期三年中，其有期三月中。色黑白，郭坏之，有暴水，若大风，期六月中。"又引《荆州占》："月赤如赭，大将死于野。"按，白衣之会，指帝王或其配偶之丧。在星占中，白衣之会为大凶之兆。

【33】（清）谷应泰《明史纪事本末·甲申殉难》："崇祯十七年三月十九日丁未，贼李自成陷京师，帝崩于煤山，大学士兼工部尚书范景文死之。"《明实录附录·崇祯实录长编》："崇祯十七年三月丙午，上遂同王承恩幸南宫，登万岁山，望烽火烛天。徘徊踰时，回乾清宫，朱书谕内阁：命成国公朱纯臣提督内外诸军事，夹辅东宫，内臣持至阁臣。因命进酒，召周后、袁妃同坐对饮，慷慨诀绝，叹曰：所痛者我阖城百姓耳。以太子永王、定王分送外戚周氏。谓皇后曰：大事去矣，尔宜死。各泣下，宫人环泣，上挥去，令各为计。皇后顿首谢，拊太子二王恸良久，遣之出，乃缢。召公主至，年十五，叹曰：尔何生我家。左袖掩面，右挥刃，断左臂，未殊，手栗而止。命袁贵妃自经，系绝，久之苏。又刃所御妃嫔数人。昧爽，上微服出自中南门，杂内侍数十人，皆骑而持斧，欲出东华门，内监守城施矢石相向。时成国公朱纯臣守齐化门，趋其第，阍人辞焉。上太息去，趋安定门，门坚不可启。天且曙，仍回南宫，散遣内员，携王承恩入内苑，登万岁山之寿皇亭，俄而上崩。太监王承恩亦自缢从死焉。"

【34】康熙《常州府志·祥异》："崇祯十七年三月，宜兴丰义村雨血。"

【35】见于（清）李天根《爝火录》。

【36】（清）谷应泰《明史纪事本末·甲申殉难》："崇祯十七年三月丁亥昧爽，李自成出齐化门西走……吴三桂复率大兵追贼。至保定，贼还兵而斗，奋击破之。又追破之于定州北，夺其妇女二千，获辎重无算，招降溃贼万余人。自成屯真定，既屡败，愤极，复勒精骑击三桂。三桂兵张两翼以进击，斩其大将三人，首万级。自成大败，还真定，益发兵攻三桂……自成中流矢坠马，掖而骑驰还营，即拔营西走，度故关入山西。三桂以兵逐之，及关而止，遂还军京师。"

【37】（清）吴伟业：《绥寇纪略·虞渊沉》："崇祯十七年五月，轩辕绝续不常，大小失次，至九十月乃复。"

【38】文、注均见于（清）吴伟业：《绥寇纪略·虞渊沉》。

【39】（唐）瞿昙悉达《大唐开元占经》："《周书》云天狗所止，地盖顶，余光飞

天为流星，长数十丈，其疾如风，声如雷，走如电。”按，天狗，流星名。

【40】太白昼见：太白即金星，它在夜晚出现，日出的时候隐没。可是如果太阳升起太白星还没完全隐没时，看起来就好像天空中有两个太阳，所以占星术又以这种罕见的现象为封建王朝“易主”之兆。

【41】（清）谷应泰《明史纪事本末·李自成之乱》：“崇祯十七年三月丁亥，李自成自井陉西行至平阳，分兵守山西诸隘，益发关中兵西攻汉中，陷之。”

【42】见于康熙《江阴县志·祥异》。

【43】【44】（明）徐芳烈《浙东纪略》：“崇祯十七年六月初一日，淮城雨黄沙，大风蔽日。”（清）徐鼒《小腆纪年》：“崇祯十七年六月，是月淮城雨，黄沙大风蔽日。当涂有星陨清源门内刘姓家，陨火十余处，照耀如白昼；异鸟来，作恨声，俗谓之恨虎。四川日月无光，赤如血，人仰视北斗不复见；有大星出西方，芒焰闪烁不定。”民国《当涂县志·大事记》：“崇祯十七年，异鸟来，作恨声。按，明年，当涂城被屠，焚烧过半。六月，星陨于清源门内刘姓家，陨火十余处，照耀如白昼。”

【45】（清）谷应泰《明史纪事本末·张献忠之乱》：“崇祯十七年六月，张献忠陷涪州、泸州，蜀王告急，请济师于南都。左良玉兵屯德安。献忠顺流陷佛图关，遂围重庆。悉力拒守，四日而陷，瑞王阖宫被难，旧抚陈士奇死之。贼屠重庆，取丁壮万余刳耳鼻，断一手，驱徇各州县，兵至不下，以此为令。但能杀王府官吏，封府库以待，则秋毫无犯。由是，所至官民自乱，无不破竹下者。”

【46】（清）谷应泰《明史纪事本末·李自成之乱》：“崇祯十七年，李自成复遣兵出潼关攻掠河南，又遣降贼叛将马科至四川，掠保宁一路。”

【47】按，文、注均见于（清）李天根《爝火录》：“上海二十三保祝圣尧家，群奴持刀弑主父子，屋宇立时焚毁；延至各乡，大户无不烧抢。又有顾六等倡率各家奴辈入城，先至绅家索鬻身文契，其家立成齑粉；主被殴辱，急书退契。各大家为之焚掠一空。按，明季缙绅多收投靠者，而世隶之县邑几无王民矣。然主势一衰，跋扈而去。甚有反占主产，坑主赀财献之新贵。有势力家因而投牒兴讼者，有司亦惟力是视。物极必反，以是顾六一呼，从者蜂起。”

【48】乾隆《将乐县志·灾祥》：“崇祯十七年甲申七月，大旗山出旗五色，逾时没。”按，大旗山在福建将乐县境内，两峰高耸如旗，故名。

【49】太白经天：太白即金星，它在夜晚出现，日出的时候隐没。可是如果太阳升起太白星还没完全隐没时，看起来就好像天空中有两个太阳，所以占星术又以这种罕见的现象为封建王朝“易主”之兆。

【50】乾隆《琼州志·灾祥》：“崇祯十六年，会同雨雹，如斗大。”

【51】见于（清）赵吉士《寄园寄所寄·裂眦寄·流寇琐闻》引《啸虹笔记》。

【52】（清）李天根《爝火录》：“宜兴两氿见古井街衢，舆马通行；五行家云：主

兵、疫。”

【53】(唐)欧阳询《艺文类聚·水部下·井》:“盛弘之《荆州记》又曰:江陵县东北十里天井台,东临天井,井周回二里许,中有潜室,人时见之,辄有兵、寇。”按,《二申野录》记云“辄有兵、疫”,误。

【54】(清)李天根《爝火录》:“义乌中天虹见,两头见丫(一作“开丫”)。山阴野羊入城。”

【55】(清)吴伟业:《绥寇纪略·虞渊沉》:“崇祯十七年,是年十月,紫微无光。”“崇祯十七年十月,前星下移四五度,至次年八月乃复。”

【56】(清)吴伟业:《绥寇纪略·虞渊沉》:“崇祯十七年,文昌坼。”

【57】(清)吴伟业:《绥寇纪略·虞渊沉》:“按云,文昌主国之上将,十三年后,武陵(杨嗣昌)、韩城(薛国观)、宜兴(周延儒)三相皆不以令终;宁南、兴平、靖南三将先后死,国家之祸。君后及将相并受之,天道洵可畏哉。”

【58】(清)吴伟业《绥寇纪略·虞渊沉》:“崇祯十七年十月,狼怒跃,至次年四月。”狼,即狼星,在参宿以东。《史记天官书》:“其东有大星曰狼。狼角变色,多盗贼。下有四星曰弧。”

【59】(清)吴伟业《绥寇纪略·虞渊沉》:“《荆州占》曰:狼为盗贼。巫咸曰:狼星易处,天下大饥,兵满野。又曰:天弧引满,天下兵。石氏曰:王良策马,则天下大乱,兵大起。”

【60】(明)来集之《倘湖樵书·外国诗文 》引《平壤录》:“万历壬辰(二十年,1592年),倭陷朝鲜王京,宫眷南辕,宦属尽遭鱼肉,妇人死节者甚众。”

【61】见于(清)李天根《爝火录》。

【62】(清)谷应泰《明史纪事本末·张献忠之乱》:“崇祯十七年八月,张献忠进陷成都,蜀王阖宫被难,巡抚龙文光暨道府各官皆死之。”按,《二申野录》系于十月,误。

【63】(清)吴伟业:《绥寇纪略·虞渊沉》:“崇祯十七年十一月,荥泽县东十里平地,忽现一城,雉堞井干皆具,久之始没,几同影国。”(清)李天根《爝火录》:“荥泽县东南三十里郭家村见大城一座,敌兵望见,亦为惊骇;识者以为中州鼎沸之象。”

【64】见于(清)李天根《爝火录》。

【65】《明史·张献忠传》:“崇祯十七年春陷夔州,至万县,水涨,留屯三月。已,破涪州,败守道刘麟长、总兵曾英兵。进陷佛图关。破重庆,瑞王常浩遇害……遂进陷成都,蜀王至澍率妃、夫人以下投于井,巡抚龙文光被杀。是时我大清兵已定京师,李自成遁归西安。南京诸臣尊立福王……献忠遂僭号大西国王,改元大顺,冬十一月庚寅,即伪位,以蜀王府为宫,名成都曰西京。用汪兆麟为左丞相,严锡命为右丞相。设六部五军都督府等官,王国麟、江鼎镇、龚完敬等为尚书。养子孙可望、艾能奇、刘文秀、李定国等皆为将军,赐姓张氏,分徇诸府州县,悉陷之。保宁、顺庆先已降

自成，置官吏，献忠悉逐去。自成发兵攻，不克，遂据有全蜀。惟遵义一郡及黎州土司马金坚不下。”

【66】（清）李天根《爝火录》：“崇祯十七年十二月初三日，是夜，杭州雷，无电。”

【67】（清）李天根《爝火录》：“崇祯十七年十二月初十日，秦州、关中田鼠化为鹌鹑，以数千计。”

【68】（清）李天根《爝火录》：“崇祯十七年十二月初十日，琼州海忠介公石坊每日流血，淫淫若泪。”按，海忠介公，即明代忠臣海瑞。

（清）屈大均《广东新语》：“琼州有忠介石坊者，崇祯癸未（十六年，1643年）春，石坊每日流血，淫淫若泪。明年（1644年）五月，威庙哀诏至，血流乃止。盖公之神灵，存没无间，知国之将亡而主殉，故先之哀痛若此。嗟乎忠哉！”按，崇祯皇帝卒后，南明弘光年间定庙号思宗，后改为毅宗。隆武年间谥为威宗。清军入京以后，多尔衮为笼络民心，定“怀”为崇祯的庙号。后世一般称为“思宗”或“毅宗”。

【69】（清）赵吉士《寄园寄所寄·裂眦寄·流寇琐闻》：“崇祯十七年十二月，自七月至是，成都属邑之人俱被杀尽。”

【70】（清）吴伟业《绥寇纪略·车箱困》：“贼杀蜀人之惨：割手足曰鏉奴；分夹脊曰边地；枪其背于空中曰雪鳅；置火城以围数百小儿，见奔走呼号以为乐曰贯戏；剖孕妇之腹；抽善走之胫；碎人肝以饲马；张人皮以悬市。”

（清）彭遵泗《蜀碧》：“杀人之名，割手足谓之匏奴，分夹脊谓之边地，枪其背于空中谓之雪鳅，以火城围炙小儿谓之贯剧，抽善走之筋，斮妇人之足，碎人肝以饲马，张人皮以悬市。”

【71】《礼记·乐记》：“治世之音安以乐，其政和；乱世之音怨以怒，其政乖。声音之道，与政通矣。”

【72】（清）叶梦珠《阅世编·纪闻》：陈卧子曰：‘声音，患逆之先见者也。’昔兵未起时，中州诸王府，乐府造弦索，渐流江南，其音繁促凄紧，听之哀荡，士大夫雅尚之。因大河以北有所谓夸调者，其言绝鄙，大抵男女相怨离别之音，靡细难辨，又近边声。自此以后，政事日壅，兵满天下，夫妇仳离者，不可胜数。”

【73】《礼记·乐记》：“桑间濮上之音，亡国之音也。其政散，其民流，诬上行私而不可止也。”

【74】（明）章潢《图书编·观象赋》：“圣人观天文以察时变，观此也，此其有恒之象也。云雨震电风雪霜露类皆天象，而非其常也。彗孛虹珥之类，其怪也。夫日，太阳之精光，君象也。月，太阴之精光，后象也。上有失德，则适见于天而薄食。日食，阳不胜阴也；月食，阴不让阳也。先王谨天戒，莫严于日食矣。春秋二百四十二年，而日食三十六，日官失之也，史官失之也。”《周易·贲卦》说：“圣人观乎天文，以察时变；观乎人文，以化成天下。”

【75】（明）程敏政《明文衡·日轮》："日轮大，月轮较小。日道近天在外，月道近人在内。故日食既时四面犹有光溢出可见，月轮小不能尽掩日轮也。木星八十三年而七周天与日合者七十六，火星七十九年而四十二周天与日合者三十七，土星五十九年而二周天与日合者五十七。金水二星虽随日一年一周天，然金星八年而合于日者五，水星四十六年而合于日者一百四十五。"

【76】（明）章潢《图书编·观象赋》："三垣：曰天市，明堂位也；曰太微，朝廷位也；曰紫微宫，寝位也。明堂位者，天子巡狩之居也。朝廷位者，听政之居也。宫寝位者，燕息之居也。天市岁临之，太微日临之，紫微朝夕在焉。七曜必遵黄道，历天街，岁一受事。太微而出，犹大臣受天子之命，于朝以行其职也。二十八宿分列四方，各守其野，率诸经星，以共紫微之帝，犹郡国百司各治其职、安其民人，以承天子也。二十八宿者：苍龙、白虎、玄武、朱雀，各七宿也。角主发育万物，亢曰疏庙，氐为天根，房天子之后寝，键闭钩钤两咸以防淫而谨内也。心，天子象，言天地之心人之主也。尾，主后妃叙御于所，主箕成帚，又扬谷之器；尾而受之，以箕示妇道也。五星聚箕尾，而有天宝之乱，乱自色荒也。斗，主荐贤受禄，斗为器量，所以斟酌也。民事莫重于耕织，故牛女相联，牛，农丈人耕具。骊珠女献工也。天田九星，象井田。狗，天鸡，教树畜也。罗堰九坎天渊言农桑者先水利也，北阴也，故虚与危主死丧危祸事。室以农毕而见，故主营建宫室事。嘉靖甲申，五星聚营室矣，壁图书之秘府，奎天子武库。娄，主蓄牧牺牲以供祀事。自室以至于娄，天子之宫馆苑囿在焉。胃，储藏五谷之府。昴，主刑狱，又名旄头，占四夷顺逆。毕，主边兵。昴、毕之间有天街分疆域也。参中三星，中军其中大将，旁参谋也。二肩左右将军，二足前后将军。觜，行军之藏府。井，主泉水、主衡法令。平中之事物之平者，莫如水，故营国制城画野分州皆取象焉。鬼，主内外祀祠事。柳，主草木。又为天厨，主飨燕事。星为文明之会，主衣裳文绣。张，主珍宝宗庙服用。翼，天子之乐府也。轸，主车骑任载，又星摇、星陨大异也。凌、犯、守、留、芒角、掩，各以类占之。若乃日之行道，周天如循环；月亦然，两交一谓之天首，一谓之天尾。天尾为计，天首为罗。月行迟速有常度，最迟处即孛也，故谓之月孛。孛六十二年而七周天，气生于闰，二十八年十闰。而气行一周天。气、孛皆有度数，无光象，故与罗计同谓之四余，并七政为十一也。"

【77】《汉书·天文志》："此皆阴阳之精，其本在地，而上发于天者也。政失于此，则变见于彼。"

【78】五气顺布，四时行焉：指水火木金土的五种元气，按顺序分布，并按春夏秋冬之四时，适应变化而运行。

【79】《素问·六微旨大论》云："天气始于甲，地气始于子，子甲相合，命曰岁立。"

【80】（明）陈三谟《岁序总考全集》："一岁本有三百六十六日，天顺动而不止，

不能无失，故节减其六日，又减小月六日，以顺天象。三岁是得一月余六日，故五载而闰又余六日，积二岁又余二十四日，五载再闰。”

【81】《汉书·律历志上》:“出甲于甲，奋轧于乙，明炳于丙，大盛于丁，丰茂于戊，理纪于己，敛更于庚，悉新于辛，怀任于壬，陈揆于癸。故阴阳之施化。”

【82】《史记·律历三》:“阴阳合德，气钟于子，化生万物也。”

【83】《汉书·律历上》:“此阴阳合德，气钟于子，化生万物者也。故孳萌于子，纽牙于丑，引达于寅，冒茆于卯，振美于辰，已盛于巳，咢布于午，昧暧于未，申坚于申，留孰于酉，毕入于戌，该阂于亥。”

按，子者，孳也。阳气既动。万物孳萌。丑者。纽也。纽者，系也。续萌而系长也。故曰孳萌于子。纽牙于丑。寅者，移也。亦云引也。物牙稍吐，引而申之，移出于地也。卯者，冒也。物生长大。覆冒于地也。辰者，震也。震动奋迅，去其故体也。巳者，已也。故体洗去，于是已竟也。午者，仵也，亦云萼也。仲夏之月，万物盛大，枝柯萼布于午。未者，昧也。阴气已，万物稍衰。申者，伸也。伸，犹引也，长也。衰老引长。酉者，老也，亦云熟也。万物老极而成熟也。戌者，灭也，杀也，物皆灭也。亥者，核也，阂也。十月闭藏，万物皆入核阂。

【84】《汉书·五行志》引刘向《五行传》:“初一曰五行；次二曰羞用五事；次三曰农用八政；次四曰协用五纪；次五曰建用皇极；次六曰艾用三德；次七曰明用稽疑；次八曰念用庶征；次九曰向用五福，畏用六极。”

【85】《汉书·五行志》引刘向《五行传》:传曰:“田猎不宿，饮食不享，出入不节，夺民农时，及有奸谋，则木不曲直。”“《春秋》成公十六年‘正月、雨、木冰’。是时叔孙乔如出奔，公子偃诛死。一曰，时晋执季孙行父，又执公，此执辱之异。是岁晋有鄢陵之战，楚王伤目而败。属常雨也。”

传曰:“弃法律，逐功臣，杀太子，以妾为妻，则火不炎上。”“说曰:自上而降，及滥炎妄起，灾宗庙，烧宫馆，虽兴师众，弗能救也，是为火不炎上。”:“春秋四国（宋、卫、陈、郑四国）同日灾。”（东汉）荀悦《前汉纪》:“好治宫室。饰台榭。内淫乱。犯亲戚。侮父兄。则稼穑不成。好攻战。轻百姓。乱饰城郭。侵边境。则金不从革。简宗庙。不祷祠。废祭祀。逆天时。则水不润下。”《左传》曰昭公八年“春，石言于晋”“石长丈三尺，广厚略等，旁著岸胁，去地二百余丈，民俗名曰石鼓。石鼓鸣，有兵。”“《五行传》曰:“简宗庙，不祷祠，废祭祀，逆天时，则水不润下。”“雾水暴出，百川逆溢，坏乡邑，溺人民，及淫雨伤稼穑，是为水不润下。”“其水也，雨杀人以陨霜，大风天黄。”“水流杀人，已水则地生虫。”

《传》曰:“貌之不恭，是谓不肃，厥咎狂，厥罚恒雨，厥极恶。时则有服妖，时则有龟孽，时则有鸡祸，时则有下体生上之疴，时则有青眚青祥。唯金沴木。”

《传》曰:“言之不从，是谓不艾，厥咎僭，厥罚恒阳，厥极忧。时则有诗妖，时则有介虫之孽，时则有犬祸，时则有口舌之疴，时则有白眚白祥。惟木沴金。”

《传》曰：“视之不明，是谓不哲，厥咎舒，厥罚恒奥（燠），厥极疾。时则有草妖，时则有蠃虫之孽，时则有羊祸，时则有目疴，时则有赤眚赤祥。惟水沴火。”

《传》曰：“听之不聪，是谓不谋，厥咎急，厥罚恒寒，厥极贫。时则有鼓妖，时则有鱼孽。时则有豕祸，时则有耳疴，时则有黑眚黑祥。惟火沴水。”

《传》曰：“思心之不睿口，是谓不圣，厥咎霿，厥罚恒风，厥极凶短折。时则有脂夜（液）之妖，时则有华孽，时则有牛祸，时则有心腹之疴，时则有黄眚黄祥，时则有金木水火沴土。”

【86】《汉书·五行志》引刘向《五行传》：传曰：“皇之不极，是谓不建，厥咎眊，厥罚恒阴，厥极弱。时则有射妖，时则有龙蛇之孽，时则有马祸，时则有下人伐上之疴，时则有日月乱行，星辰逆行。”“人君貌言视听思心五事皆失，不得其中，则不能立万事，失在眊悖，故其咎眊也。王者自下承天理物。云起于山，而弥于天；天气乱，故其罚常阴也。一曰，上失中，则下强盛而蔽君明也。《易》曰‘亢龙有悔，贵而亡位，高而亡民，贤人在下位而亡辅’，如此，则君有南面之尊，而亡一人之助，故其极弱也。盛阳动进轻疾。”

【87】（汉）戴圣《礼记·中庸》：“国家将兴，必有祯祥；国家将亡，必有妖孽。”

【88】《史记·天官书》：“太上修德，其次修政，其次修救，其次修禳，正下无之。”